元代灾荒史

陈高华　张国旺　著

SPM 南方出版传媒

全国优秀出版社　全国百佳图书出版单位　广东教育出版社

·广州·

图书在版编目（CIP）数据

元代灾荒史／陈高华，张国旺著. —广州：广东教育出版社，2020.7

ISBN 978-7-5548-2543-3

Ⅰ.①元…　Ⅱ.①陈…　②张…　Ⅲ.①自然灾害—历史—中国—元代　Ⅳ.①X432

中国版本图书馆CIP数据核字（2018）第211886号

责任编辑：阳　洋　梁淑娴
责任技编：涂晓东
设计指导：张容容
装帧设计：刘凌利　陈明燕

元代灾荒史
YUANDAI ZAIHUANG SHI

广东教育出版社出版发行
（广州市环市东路472号12-15楼）
邮政编码：510075
网址：http://www.gjs.cn
广东新华发行集团股份有限公司经销
广州市岭美文化科技有限公司印刷
（广州市荔湾区花地大道南海南工商贸易区A幢）
787毫米×1092毫米　16开本　40.75印张　815 000字
2020年7月第1版　2020年7月第1次印刷
ISBN 978-7-5548-2543-3
定价：198.00元

质量监督电话：020-87613102　邮箱：gjs-quality@nfcb.com.cn
购书咨询电话：020-87615809

目录
CONTENTS

目录 CONTENTS

绪　论

—— XULUN ——

第一章
元朝历史简述

　　元朝是中国历史上承前启后的一个重要朝代。它是由我国北方的蒙古族建立的。

　　从 10 世纪中叶至 13 世纪初，在我国历史上是一个分裂的局面。宋辽、宋金相继南北对峙，同时存在的有西夏、大理、畏兀儿、西辽、吐蕃等地方政权。北方草原上生活着许多游牧部落，其中势力较大的有克烈部、乃蛮部、弘吉剌部、蒙古部、篾儿乞部、塔塔儿部、汪古部等。他们有时归附辽朝和金朝，有时起来反抗。各部之间互争雄长，草原陷于极端混乱的状态。

　　12 世纪末至 13 世纪初，蒙古部铁木真在草原群雄中脱颖而出。铁木真是蒙古部首领也速该的长子，九岁时也速该被塔塔儿部毒死，家族势力中衰，"除影儿外无伴当，除尾子外无鞭子"①。但是也速该之妻孛儿帖克服种种困难，将儿女培育成人。铁木真历经艰险，连年征战，取得一个又一个胜利。他与克烈部首领王罕联合，先后击败篾儿乞部、塔塔儿部和蒙古部中其他势力，成为草原上的一支重要力量。铁木真与王罕原以父子相称，铁木真势力的不断壮大，引起克烈部首领的严重不安，双方终因利害冲突而彻底决裂。铁木真被克烈部打得大败，只剩下十余骑。但他并没有气馁，而是努力团结部众，积蓄力量，并招降了弘吉剌等部，然后命令自己的兄弟向王罕诈降。他乘王罕父子以为胜利、不加防备之际，发动突然袭击。经过三天三夜的苦战，彻底打垮了克烈部，王罕在逃亡途中被乃蛮部杀死。

这时草原上能与蒙古部抗衡的只有西边号称"国大民众"的乃蛮部。"天上止有一个日月，地上如何有两个主人？"②乃蛮部的首领太阳汗与铁木真之间为争夺草原统治权展开了激烈的斗争。最后，铁木真得到汪古部的支持，打败了人口众多、势力强大的乃蛮部。这样，草原上的游牧民都归于铁木真的统治下。1206年，铁木真在斡难河（今译鄂嫩河）源召开忽里勒台。忽里勒台原意是大聚会，即氏族、部落成员会议。此时的忽里勒台则是贵族和将领的会议。在忽里勒台上，与会者共推铁木真为大汗，尊号"成吉思汗"，并宣布建立大蒙古国。草原和世界的历史从此进入一个新时期。

大蒙古国建立前后，成吉思汗几次进攻位于草原西南的西夏，迫使西夏国王献女纳贡求和。1211年，发动对金战争，取得一系列的胜利。金朝大部分领土均被蒙古铁骑践踏，都城中都（今北京）亦遭围困。1214年，金朝献公主求和，并送上大批童男童女和金帛、马匹，蒙古军才退回草原。金朝朝廷随即从中都（今北京）迁到汴京（今河南开封），而中都很快便被蒙古占领。接连几年的战争给金朝统治下的北方农业区居民带来极大的苦难，人口锐减，土地荒芜。

在对金战争取得重大胜利以后，成吉思汗的注意力转向西方。主要居住在别失八里（今新疆吉木萨尔）和哈剌火州（今新疆吐鲁番）的畏兀儿人，以及居住在阿力麻里（今新疆伊宁）等地的哈剌鲁人自动归附。在中亚建国的西辽被逃亡的乃蛮王子屈出律篡夺了政权。成吉思汗派遣军队前去追

① 《蒙古秘史》卷2。

② 《蒙古秘史》卷7。

捕，灭西辽，屈出律在逃亡中死去。随之蒙古与中亚的大国花剌子模发生冲突。1219年起，成吉思汗率军西征，灭花剌子模，占领中亚广大土地。1223年，成吉思汗回师。1225年，再度对西夏用兵。1227年，蒙古灭西夏，成吉思汗病死军中。

成吉思汗正妻孛儿帖有四个儿子：术赤、察合台、窝阔台和拖雷。在占领了中亚及其以西广大土地以后，成吉思汗将这些地区分封给术赤、察合台和窝阔台，并按蒙古习俗，由幼子拖雷管理蒙古本土。成吉思汗死后，拖雷摄政。按照成吉思汗生前安排，1229年召开的忽里勒台，推举窝阔台为大蒙古国第二代大汗。大蒙古国随即发动了新的大规模的对金战争。1234年，蒙古灭金，控制了全部北方农业区（此后称为"汉地"）。蒙金战争延续了二十多年。原金朝统治下的农业地区遭受了极其严重的破坏。金朝全盛时，境内人口达七百六十余万户，主要居住在"汉地"。而蒙古灭金后统计，"汉地"居民仅百万户左右，减少六百余万户，这是十分惊人的数字。减少的人口主要死于战争中的杀戮以及持久战争带来的饥荒和疾病，也有不少逃往南方，有的则遁迹山林，成为流民。

金朝灭亡后，随之而来的是蒙宋对峙的局面。双方时战时和。在军事上，蒙古完全处于主动的地位。在窝阔台汗时代还发动了由术赤之子拔都指挥的第二次西征，占领了今俄罗斯的大片土地，前锋到达东欧。后来，拔都建立了钦察汗国，都城萨莱在今俄罗斯伏尔加河畔。1241年，窝阔台汗病死，妻六皇后脱列哥那摄政5年。1246年，窝阔台长子贵由嗣位。贵由多病，即位两年后死去，妻斡兀立海迷失摄政。13世纪40年代先后有两个女性成为大蒙古国的执政者，这在历史上是罕见的。也是在40年代，成吉思汗家族各支系为争夺汗位展开了激烈的斗争。在1251年的忽里勒台上，拖雷的长子蒙哥成为大汗。从此大汗的宝座从窝阔台家族转到拖雷家族手里。

蒙哥同母弟三人，即忽必烈、旭烈兀和阿里不哥。他派遣旭烈兀发动第三次西征，"帅师征西域哈里发八哈塔等国"①。"八哈塔"即今伊拉克巴格达，当时是黑衣大食（阿拔斯王朝）的都城。"哈里发"是黑衣大食国主的称呼。旭烈兀攻下八哈塔，灭黑衣大食，建立伊利汗国。蒙哥又命

① 《元史》卷3《宪宗纪》。

令自己的另一个兄弟忽必烈管理"漠南汉地军国庶事"①。忽必烈在漠南金莲川建造开平城（今内蒙古正蓝旗境内），作为管理"汉地"的基地，并招徕许多"汉地"人物，为自己出谋划策。由此他积累了统治经验，在政治上崭露头角。1253年，忽必烈奉命出征云南，灭大理国。1257年，蒙哥汗发动对宋战争，亲率大军进攻四川，另外命令忽必烈进攻长江中游的重镇鄂州（今湖北武昌），留下幼弟阿里不哥镇守漠北。

　　1259年，蒙哥在进攻四川钓鱼山时死去。忽必烈闻讯立即北还，在开平召开忽里勒台，成为新的大汗。幼弟阿里不哥则在漠北自立为大汗。双方为争夺汗位展开了激烈的斗争。忽必烈最终取得了胜利。他积极推行各种中原传统的政治、经济制度。大蒙古国建立之初，政权结构简单，随着统治区域的不断扩大，统治机构"随事创立，未有定制"。忽必烈即位后，"采取故老诸儒之言，考求前代之典，立朝廷而建官府"②。他在中央设中书省、枢密院分管行政、军政，又设御史台负责监察。在地方则分立路、府、州、县。在路上又设置行省，起初作为中书省的派出机构，后来成为固定的地方行政机构。他采用"大元"作国号，先后建元中统、至元，并在原金朝都城中都的东北建造新城作为首都，定名大都（今北京），开平则称为上都。元朝皇帝每年都要从大都到上都避暑，成为固定的两都巡幸制度。在广泛采用中原传统政治体制的同时，忽必烈将一些蒙古旧制保留了下来，比较突出的是怯薛和达鲁花赤。怯薛原是大汗的侍卫，由贵族、将领的子弟组成，除了保卫大汗的安全以外，还要承担宫廷中各种职务。后来，怯薛作为大汗的亲信，常被派遣担任重要的官职。达鲁花赤是监督官，蒙古每征服一地，常以当地人管理民政，派遣蒙古人做达鲁花赤进行监督。忽必烈当政后，各级机构都设置达鲁花赤，由蒙古、色目人充当。忽必烈建立的混合中原传统和蒙古旧俗的政治体制，成为有元一代的制度。

　　至元十一年（1274）起，元朝大举向南宋进攻。至元十三年（1276），南宋都城临安（今浙江杭州）下，南宋小皇帝和太皇太后成为俘虏，但余部仍在各地抵抗。至元十六年（1279）二月，崖山（今广东新会境内）海战，南宋残余力量被歼，宋亡。长期以来，大蒙古国发动的战争，都以掠夺财富为主要目的。而在灭宋战争中，忽必烈明确提出"取其土地人民……

① 《元史》卷4《世祖纪一》。

② 《经世大典序录·官制》，见苏天爵：《国朝文类》卷40。

使百姓安业力农"①的方针，甚至要统帅伯颜学习宋朝开国将领曹彬，"不嗜杀人"②。比起大蒙古国以往的军事活动来，有很大的改变。无可否认，元朝对南宋的战争，给南方居民带来很大的苦难，杀戮、劫掠不断发生，甚至有屠城的极端野蛮的举动。但与蒙金战争对北方农业区造成的严重破坏相比，灭宋战争对南方社会经济的破坏相对来说是比较轻的。全国统一以后，南方的人口远远超过北方，南方的手工业和农业都比北方发达。在中国历史上，社会经济重心原来在北方，中唐以后逐渐改变。北宋灭亡，南宋与金对峙，北方社会经济停滞，南方发展迅速。经历蒙金、元宋战争以后，社会经济南北巨大差异成为定局，在有元一代没有改变。这种局面对后代有很大的影响。

忽必烈在位35年（1260—1294），庙号世祖。至元十年（1273），忽必烈仿效中原传统制度，立真金为太子，作为自己的继承者。但真金于至元二十二年（1285）病死，忽必烈生前没有再立太子。真金有三个儿子：甘麻剌、答剌麻八剌、铁穆耳。在忽里勒台上，经过一番争议，铁穆耳被拥上帝位。铁穆耳在位13年（1295—1307），死后庙号成宗。明初编纂《元史》，对他的评价是："承天下混一之后，垂拱而治，可谓善于守成者矣。"③成宗晚年多病，朝政由皇后卜鲁罕和一些亲信掌握，吏治腐败，政纪废弛。各种自然灾害不断发生。大德九年（1305），成宗立德寿为皇太子，德寿是皇后卜鲁罕所生。不幸的是，不到半年德寿便病死。大德十一年（1307）正月，成宗病死。卜鲁罕和亲信商议，打算立安西王阿难答为帝，自己垂帘听政。阿难答不是真金的后代，而是忽必烈另外一个儿子忙哥剌之子，血缘关系比较疏远。真金的次子答剌麻八剌早死，其正妻答己有两个儿子，长子海山领兵镇守漠北，次子爱育黎拔力八达和答己留在大都。成宗病重时，卜鲁罕心怀疑忌，命他们出居怀州（今河南沁阳）。这时朝中宗王、大臣分为两派，一派拥立阿难答和卜鲁罕，另一派则拥立海山或爱育黎拔力八达。爱育黎拔力八达和答己闻讯迅速赶回大都，在部分大臣的支持下发动政变，逮捕并处死卜鲁罕和阿难答等。答己有意立爱育黎拔力八达为帝，海山得知后大为不满，率大军由漠北南下，争夺帝位。答己和爱育黎

① 《元史》卷8《世祖纪五》。

② 陶宗仪：《南村辍耕录》卷1《平江南》。

③ 《元史》卷21《成宗纪四》。

拔力八达不得不做出让步，双方达成妥协。在上都举行的忽里勒台上，海山被拥立为帝，立爱育黎拔力八达为皇太子，同时还约定"兄弟叔侄世世相承"，即帝位在兄弟之间及两人的后代子孙中轮流。这种做法虽然暂时缓和了矛盾，但留下了很大的隐患。

海山在位不到四年（1307—1311），庙号武宗。他长期在漠北领兵，对中原制度并不熟悉。"流民未还，官吏并缘侵渔，上下因循，和气乖戾。""百姓艰食，盗贼充斥。"[①]赏赐无节，吏治腐败，财政困难，灾害频繁，社会矛盾日趋尖锐。"至元、大德之政，于是稍有变更云。"[②]武宗病死，爱育黎拔力八达嗣位（1312—1320），庙号仁宗。仁宗"通达儒术，妙悟释典"[③]，对中原传统文化有较深的理解。他即位后整顿吏治，重新启动科举取士制度，很想有所作为。但是他的一些改革措施遭到以太后答己、丞相铁木迭儿等为首的守旧势力的抵制，成效不大。按照原来的约定，仁宗应传位给武宗之子和世球。但仁宗将和世球放逐到外地，立自己的儿子硕德八剌为太子。仁宗死，硕德八剌嗣位（1321—1323），庙号英宗。英宗与答己、铁木迭儿为争夺权力有很大的矛盾，答己、铁木迭儿相继病死，英宗便着手整肃他们的党羽，但操之过急，引起强烈的反弹。至治三年（1323）八月癸亥，英宗由上都返回大都，当天晚上在南坡遇刺身亡，史称"南坡之变"。英宗无子，镇守北方的晋王也孙铁木儿是真金长子甘麻剌的儿子，得到部分贵族、大臣的拥戴，在漠北即帝位，在"成吉思皇帝的大斡耳朵里，大位次里坐了也"[④]。

也孙铁木儿在位不到四年（1324—1327），由于政局的变化，他死后没有庙号，史称泰定帝。各种自然灾害不断发生。也孙铁木儿重用回回人，立自己的儿子阿速吉八为皇太子。致和元年（1328）七月，也孙铁木儿在上都病死。掌握兵权的钦察人燕铁木儿在大都发动政变，拥立武宗海山的次子图帖睦尔为帝。燕铁木儿的父亲床兀儿当年是海山的亲信，早就想把皇位夺归海山家族，也孙铁木儿之死给他提供了机会。这时回回人倒剌沙等在上都拥立阿速吉八为帝，双方为争夺帝位爆发了战争，史称"两都之战"。

① 《元史》卷22《武宗纪一》。

② 《元史》卷23《武宗纪二》。

③ 《元史》卷26《仁宗纪三》。

④ 泰定帝即位诏书，见《元史》卷29《泰定帝纪一》。

大都一方取得了胜利。当时被仁宗放逐的武宗长子和世㻋远在西北，按照过去武宗和仁宗的协议，和世㻋才是帝位的继承人。文宗图帖睦尔在即位时也表示："谨俟大兄之至，以遂朕固让之心。"①战争结束以后，他便派遣使节北上，迎接和世㻋回来。和世㻋在漠北即帝位，并以图帖睦尔为皇太子。兄弟两人在旺忽察都（今河北张北境内，武宗曾于此建中都）相会，没有几天，和世㻋"暴崩"②，实际是被毒死。图帖睦尔重新登上帝位。图帖睦尔在位四年（1328—1331），庙号文宗。文宗统治时期，燕铁木儿专权，政治腐败更甚，自然灾害日益严重。他病死时出于内疚，遗命立和世㻋之子为帝。和世㻋有两个儿子，长妥懽帖睦尔，次懿璘质班。燕铁木儿和文宗皇后为便于控制，立和世㻋次子、年方七岁的懿璘质班为帝。懿璘质班在位不到两个月即病死（1332），燕铁木儿和文宗皇后只好迎立妥懽帖睦尔为帝（1333—1368），这是元朝的最后一位皇帝。

元朝统一以后，在一段时间内，政治比较稳定，经济有所复苏，但阶级矛盾和民族矛盾都很严重，政治腐败，再加上统治集团内部的权力斗争不断，各种自然灾害接连发生，社会日益动荡不安。到顺帝统治时期，灾害加剧，经济衰退，发展到民不聊生的地步，终于在至正十一年（1351）爆发了全国规模的农民战争。朱元璋在南方兴起，1368年建立明朝。同年，明军攻克大都，顺帝北走，元亡。元朝的历史，从1206年成吉思汗建立大蒙古国算起，到顺帝时灭亡，前后共163年。

作为一个统一的多民族国家，元朝结束了长期以来南北分治的局面，同时将众多边疆地区也纳入中央政权的管辖之下，这在中国历史上是空前的。南北之间、中原与边疆之间以及各民族之间的联系和交流，比起以前各朝来，都有所加强，这是元朝历史不同于以前各朝的一大特点。

和前代一样，元代社会性质的主体是封建所有制社会。皇帝、贵族官僚地主和民间地主占有大量土地，用租佃、雇佣和直接人身占有等多种方式对劳动者进行残酷的剥削。站在地主阶级对立面的是以农民为主体的广大劳动者，其中包括佃农、自耕农、手工业者、驱口（奴隶）、雇身奴婢等。元朝政府是地主阶级的政治代表，皇帝是全国最大的地主，但边疆地区某些民族则处于奴隶所有制社会甚至更落后的形态。

---

① 《元史》卷31《明宗纪》。

② 同上。

元朝是蒙古族上层建立的。元朝将管辖下的百姓，按民族和地域分为四个等级，即蒙古人、色目人、汉人、南人。蒙古指蒙古族。色目原是种类的意思，当时用来泛指我国西北、中亚以及中亚以西各族，包括党项、吐蕃、畏兀儿、哈剌鲁、回回、康里等。汉人指原金朝统治下的汉、女真、契丹、渤海等族，四川居民也在汉人之列。南人则指除四川以外原南宋统治下的南方各族居民。四等人制渗透在元代社会生活的各个方面。蒙古人、色目人享受到种种特权，汉人、南人则受歧视，其中南人更甚。蒙古人、色目人殴打汉人、南人时，汉人、南人不得还手。汉人、南人不许学习武艺，不许持有军器，等等。元朝推行四等人制，意在制造民族之间的隔阂，挑动各族民众之间互不信任的心理，用以达到分而治之的目的。有元一代，民族矛盾始终是尖锐而且复杂的。

第二章
行政区划和经济区域

元朝是一个统一的多民族国家。其疆域之广，在中国历史上是空前的。"自封建变为郡县，有天下者，汉、隋、唐、宋为盛，然幅员之广，咸不逮元。……其地北逾阴山，西极流沙，东尽辽左，南越海表。"①元朝在中央设中书省，在地方设行中书省，"中书省统山东西、河北之地，谓之腹里"②。腹里就是中书省直辖的地区，辖境大体包括今山东、山西、河北三省及内蒙古、河南部分地区。行省共有 10 处，即岭北、辽阳、河南、陕西、四川、甘肃、云南、江浙、江西、湖广。岭北行省包括今蒙古国和我国新疆、内蒙古部分地区，以及俄罗斯西伯利亚地区，治和林（在今蒙古国后杭爱省额尔德尼召北）。辽阳行

① 《元史》卷58《地理志一》。
② 同上。

省辖境包括今辽宁、吉林、黑龙江及俄罗斯远东部分地区，治辽阳。河南行省辖境包括今河南大部及湖南、安徽、江苏三省的长江以北地区，治汴梁（今河南开封）。陕西行省辖境包括今陕西大部及内蒙古、甘肃部分地区，治京兆（今陕西西安）。四川行省辖境包括今四川大部及陕西、湖南部分地区，治成都（今四川成都）。甘肃行省辖境包括今甘肃、宁夏及内蒙古部分地区，治甘州（今甘肃张掖）。云南行省辖境包括今云南及四川、广西部分地区，以及泰国、缅甸北部的一些地方，治中庆（今云南昆明）。江浙行省包括今浙江、福建两省和江苏南部，以及江西部分地区，治杭州（今浙江杭州）。江西行省辖境包括今江西大部及广东，治龙兴（今江西南昌）。湖广行省辖境包括今湖南、贵州、广西三省区大部和湖北南部地区，治鄂州（今湖北武昌）。

除了腹里及10个行省之外，吐蕃地区则归宣政院管辖，分设三道宣慰司。吐蕃等处宣慰司都元帅府，又称朵思麻宣慰司，治河州（今甘肃临夏），辖境包括今青海东部、甘肃甘南、四川阿坝等地区。吐蕃等路宣慰司都元帅府，又称朵甘思宣慰司，其辖境包括今四川甘孜藏族自治州、西藏昌都地区及青海玉树、果洛等地区。乌思藏纳里速古鲁孙三路宣慰司都元帅府，管理乌思（前藏）、藏（后藏）、纳里速古鲁孙（阿里三路）地区，大致相当于今西藏自治区。今新疆地区东部哈刺火州（今新疆吐鲁番）、别失八里（今新疆吉木萨尔）由畏兀儿（今维吾尔族）首领亦都护管辖，新疆其余地区则分别由察合台系后王和窝阔台系后王管辖。

行省以下，分设路、府、州、县。据至元三十年（1293）统计，共有路169，府43，州398，县1165。[①] 后来逐步有所调整。据元朝中期统计，共有路185，府33，州359，县1127。[②] "大卒以路领州、领县，而腹里或有以路领府、府领州、州领县者，其府与州又有不隶路而直隶省者。"[③] 路有上、下之分，"定十万户之上者为上路，十万户之下者为下路，当冲要者虽不及十万户亦为上路"[④]。上路秩正三品，下路秩从三品。府秩正四品。府为数有限，有的归路管辖，如山西的河中府属晋宁路；有的直隶行

---

① 《元史》卷17《世祖纪十四》。

② 《元史》卷58《地理志一》。

③ 同上。

④ 《元史》卷91《百官志七》。

省，如河南行省的南阳府，江浙行省的松江府。府管辖州或县，多少不等，如南阳府领2县、5州，河中府领6县，松江府领2县。州大多属路管辖，亦有的归府管辖，如上述南阳府。此外，腹里有若干州直属中书省，如曹州、濮州、高唐州、泰安州、德州等。州分上、中、下，北方15 000户之上为上州，6000户以上为中州，6000户以下为下州。至元二十年（1283），定江南5万户以上为上州，3万户以上为中州，不及3万户为下州。[①] 元贞元年（1295）五月，"升江南平阳等县为州。以户为差，户至四万、五万者为下州，五万至十万者为中州"[②]。这一次调整显然限于江南。由此可知，调整后江南上州人口应在10万户以上。上州秩从四品，中州正五品，下州从五品。有的州领2县或数县，有的州下不设县。县亦有上、中、下之分，在北方，6 000户以上为上县，2 000户以上为中县，不及2 000户为下县。在南方，3万户以上为上县，1万户以上为中县，1万户以下为下县。上县秩从六品，中县正七品，下县从七品。[③] 路、府、州、县的官员都是中书省任命的。发生各种自然灾害，通常由县出面申报。元朝政府文书和各种文献报道灾害发生情况时，都要提到具体的行省、路，有的到府、州、县。

县以下一般分乡、都两级。以镇江路（今江苏镇江）为例，共辖3县，内丹徒县下辖8乡、19都，丹阳县下辖10乡、22都，金坛县下辖9乡、29都。[④]"乡都之设，所以治郊墅之编氓，重农桑之庶务。"也就是说，为了管理郊区的农民和农业生产。有的地方都下还分里、村、保、庄。乡设里正，都设主首。"里正催办钱粮，主首供应杂事。"[⑤]里正、主首是差役，一般按户等在当地居民间轮流选充。元朝实行户等制，居民按资产（土地、房屋、牲畜等）划分上、中、下三等。里正、主首通常在上、中户中轮流。因为差役是义务，没有报酬，所以要有一定资产才能负担。元朝还

① 《元史》卷91《百官志七》。

② 《元史》卷18《成宗纪一》。

③ 《元史》卷91《百官志七》。

④ 俞希鲁：《至顺镇江志》卷2《地理·乡都》。

⑤ 同上。

有一种社会组织称为社。世祖至元六年（1269）朝廷发布诏令，农村中"凡五十家立为一社，不以是何诸色人等并行入社。令社众推举年老通晓农事有兼丁者立为社长。……其社长使专劝农"。元朝在农村设义仓，作为救灾的重要措施，义仓以社为单位设置，并由社长主持。[①]元灭南宋后，社制也推行到南方。社制在实施过程中，社长的职能逐渐发生变化，除了劝农之外，还要承担催办赋役、调解民事纠纷、维持社会治安等事宜。也就是说，社长和里正、主首的职能实际上区别不大，都是地方官府的基层办事人员。灾害发生后的申报和检查，官方和民间赈恤的分配，常常都要通过里正、主首、社长进行。

除了中书省、行省、路、府、州、县这一行政管理系统之外，元朝还有中央和地方的监察系统。在中央设御史台，从一品。另设两处行御史台，作为御史台的派出机构。一称江南行御史台，设在集庆（今江苏南京）；一称陕西行御史台，设在奉元（今陕西西安）。至元五年（1268）设御史台，其职责之一是："虫蝻生发飞落，不即打捕申报，及部内有灾伤，检视不实，委监察并行纠察。"[②]在御史台、行御史台下面分设22道肃政廉访，其中内道八，隶御史台：山东东西道，置司济南路（今山东济南）；河东东西道，置司冀宁路（今山西太原）；燕南河北道，置司真定路（今河北正定）；江北河南道，置司汴梁路（今河南开封）；山南江北道，置司中兴路（今湖北江陵）；淮西江北道，置司庐州路（今安徽合肥）；江北淮东道，置司扬州路（今江苏扬州）；山北辽东道，置司大宁路（今内蒙古宁城）。江南十道，隶南台：江东建康道，置司宁国路（今安徽宣城）；江西湖东道，置司龙兴路（今江西南昌）；江南浙西道，置司杭州路（今浙江杭州）；浙东海右道，置司婺州路（今浙江金华）；江南湖北道，置司武昌路（路治今湖北武昌）；岭北湖南道，置司天临路（今湖南长沙）；岭南广西道，置司静江府（今广西桂林）；海北广东道，置司广州路（今广东广州）；海北海南道，置司雷州路（今广东雷州）；福建闽海道，置司福州路（今福建福州）。陕西四道，隶西台：陕西汉中道，置司凤翔府（今陕西凤翔）；河西陇北道，置司甘州路（今甘肃张掖）；西蜀四川道，置司成都路（今四川成都）；云南诸路道，置司中庆路（今云南昆明）。地方官府上报灾情，

---

① 《通制条格》卷16《田令》。

② 《元典章》卷5《台纲一·内台·设立宪台格例》。

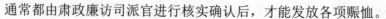

通常都由肃政廉访司派官进行核实确认后，才能发放各项赈恤。

　　监察系统各道的划分，与行政区域有密切关系，但又不完全一致。人口较少、经济相对落后的省份如辽阳、云南、四川、陕西每省设一道，而人口较多、经济比较发达的行省如江浙、河南等则每省数道。监察系统各道的划分，主要是为了监察工作的需要。但在实际生活中，监察系统的"道"，常常被人们作为地理区域的概念，与行政区域的行省、路、府等混合使用。关于灾情的报告，常常也涉及监察系统的道。例如，大德十一年（1307）八月甲午，"浙东、浙西、湖北、江东诸郡饥，遣官赈之"①。浙东、浙西、湖北、江东都是监察系统的道名。文宗天历二年（1329）六月，"命中书集老臣议赈荒之策。时陕西、河东、燕南、河北、河南诸路流民十数万，自嵩、汝至淮南，死亡相籍，命所在州县官，以便宜赈之"②。陕西、河南是行省名，河东、燕南、河北是监察系统的道名。嵩、汝是州名，二州属河南行省南阳府。淮南则是前代的区域概念，包括元代的淮东与淮西。

　　从大蒙古国到元朝，进行过几次人口统计。《元史·地理志》说："灭金得中原州郡。七年乙未下诏籍民，自燕京、顺天等三十六路，户八十七万三千七百八十一，口四百七十五万四千九百七十五。宪宗二年壬子，又籍之，籍户二十余万。世祖至元七年，又籍之，又增三十余万。十三年，平宋，全有版图。二十七年，又籍之，得户一千一百八十四万八百有奇。于是南北之户总书于策者，一千三百一十九万六千二百有六，口五千八百八十三万四千七百一十有一，而山泽溪洞之民不与焉。……文宗至顺元年，户部钱粮户数一千三百四十万六百九十九，视前又增二十万有奇，汉、唐极盛之际，有不及焉。"③关于乙未（1235）籍户，有记载说百万左右。④关于至元二十七年（1290）籍户，也有不同说法。据《元史·世祖纪》记载，至元二十八年（1291），"户部上天下户数，内郡百九十九万九千四百四十四，江淮、四川一千一百四十三万八百七十八，口

　　①《元史》卷22《武宗纪一》。

　　②《元史》卷33《文宗纪二》。

　　③《元史》卷58《地理志一》。

　　④《元史》卷157《刘秉忠传》；宋子贞：《中书令耶律公神道碑》，见苏天爵：《国朝文类》卷57。

五千九百八十四万八千九百六十四，游食者四十二万九千一百九十八"[1]。
这应该就是至元二十七年籍户的结果。《元史·世祖纪》又记，至元三十
年（1293），"是岁天下……户一千四百万二千七百六十"[2]。同是《元
史》，记载却有如此不同。《元史·地理志》的史源是元代中期编纂的政
书《经世大典》，而《元史·世祖纪》的史源则是《世祖实录》。很难断
定哪种记载更为准确。但可以肯定，在官方户籍上登记的户数应在 1300 万
到 1400 万之间，口数约为 5900 万。

　　元代各行省户口差别很大。江浙行省户口最多，有 588 万余户，2873
万余口。其次是湖广行省和江西行省，分别为 277 万户，942 万余口和 233
万余户，1166 万余口。中书省直辖的腹里地区为 135 万余户，369 万余口。
河南行省为 80 万余户，406 万余口。四川、陕西、辽阳、甘肃四省人口偏少，
户口记载亦不完整。四川行省有 9 路 3 府，有记载的路、府近 10 万户，61
万余口。陕西行省有记载的路、府有 87 000 余户，75 万余口。辽阳行省有
记载的近 5 万户，48 万余口。甘肃行省 7 路 2 州，仅甘州路和肃州路的户
口有记载，共 2800 余户，32 000 余口。以上是《元史·地理志》的记载，
缺岭北行省、云南行省以及吐蕃地区、畏兀儿地区等边疆地区的数字。[3]

　　从上述数字可以看出，江浙、湖广、江西三省集中了全国五分之四的
人口；余下五分之一人口中的大部分居住在腹里和河南。陕西、四川屡经
战争，人口偏少。辽阳、甘肃是少数民族居住的地区，地广人稀。上述《元
史·地理志》所载各行省的数字，主要是至元二十七年（1290）调查登记
的结果，到元代中、后期无疑有所变化，但人口分布的大格局应该是变动
不大的。此外，据藏文史籍记载，吐蕃地区"共计三万六千四百五十三户"[4]，
和辽阳、甘肃相近。岭北、畏兀儿地面及其周围地区的人口，缺乏记载，
但可以肯定人口数亦有限。另有记载说，忽必烈征云南，"云南平，列为
郡县……见户百二十八万七千七百五十三，分隶诸道，立行中书省于中庆

---

　　①《元史》卷16《世祖纪十三》。

　　②《元史》卷17《世祖纪十四》。

　　③《元史》卷58～63《地理志一～六》；陈高华、史卫民：《中国经济通史·元代
经济卷》。

　　④达仓宗巴·班觉桑布：《汉藏史集》。

以统之"①，则其户数与腹里地区相当。但这个数字是否可信，有待进一步研究。

元朝是一个疆土广袤的统一多民族国家。在元朝管辖的国土内，有多种生态环境，形成了不同的经济生活形态。大体来说，有农业经济、牧业经济、狩猎经济和渔业经济四种；从地域来说，腹里和河南、陕西、四川、江浙、湖广、云南诸省都以农业为主，岭北大部和腹里、辽阳的部分地区以牧业为主，岭北和辽阳的部分地区以狩猎为主。云南、甘肃和吐蕃地区兼有农业、牧业和狩猎业。畏兀儿地区以农业为主，兼有牧业。元朝有漫长的海岸线和众多的海岛，沿海和海岛居民主要从事或兼营海洋捕捞。内地湖泊和江河亦有渔民捕捞。

中原农业经济区和北方游牧经济区大体以漠南草原南端的燕山山脉为界。13世纪20年代，长春真人丘处机应成吉思汗之邀前往中亚。他由中原北上，"北度野狐岭，登高南望，俯视太行诸山，晴岚可爱；北顾但寒烟衰草，中原之风自此隔绝矣"②。13世纪40年代，张德辉应忽必烈之请到漠北，"出得扼胡岭"③。扼胡岭即野狐岭，在今河北张北境内，俗称坝上，是天然的农牧分界线。在农业区内，又有两条分界线。淮河和秦岭是中国暖温带地区与亚热带地区的自然分界线，也是中原麦作区与南方稻作区的分界线。淮河、秦岭以北，农作物以麦（小麦、大麦）为主，其次是粟，也有少量水稻。淮河、秦岭以南则多种水稻，小麦、大麦次之。南岭则是中国亚热带地区和热带地区的分界线。南岭南北气候差异很大，粮食作物区别不大，但水果种类很不相同。南岭以南气候炎热，种植许多热带水果。种植桑树，养蚕缫丝，是农业区最普遍的也是最重要的副业。棉花种植在元代也已流行，但主要在淮河、秦岭之南。

燕山山脉以北，既有水草茂盛的草原，也有荒无人烟的沙漠。草原、沙漠冬季漫长，气候寒冷。牧民牧养的牲畜以羊、马为主，其次有驼、牛等。牧民随季节变迁，逐水草而居。

有元一代，各种自然灾害频繁，对社会生产造成很大的破坏。在农业区，主要是旱、蝗、水灾，尤以旱灾居多，地震和传染病也时有发生。牧

---

① 程钜夫：《平云南碑》，《程雪楼文集》卷5。

② 李志常：《长春真人西游记》卷上。

③ 张德辉：《纪行》，王恽：《秋涧先生大全集》卷100。

区主要是旱灾和雪灾。沿海和海岛则有海潮之灾。总的来说，有元一代，江淮以北农业区，发生灾害比南方多，时间长，破坏也大。

上编

灾害发生史

第一章
灾情综述

第一节　前四汗时期的灾情

　　1206 年，蒙古部首领铁木真经过长期的征战，统一草原各部，建立大蒙古国，号成吉思汗，这是元朝历史的开始。大蒙古国建立后，连续数次发动对金朝的战争，1234 年，蒙古灭金，全面控制了原金朝统治的北方农业区，这一地区当时称为"汉地"。

蒙金战争延续二十余年，对"汉地"造成了巨大的破坏。正如中国古代哲人所说，大兵之后，必有凶年。"会壬辰、癸巳，饥馑荐臻，饿莩塞途。"[1] 壬辰是 1232 年，癸巳是 1233 年，正是金朝灭亡的前夕。金朝灭亡以后，"汉地"状况仍然严重，连年灾荒不断，饥民遍野。丙申（1236），"燕境因旱而蝗"[2]。到戊戌年（1238），旱、蝗更甚。"戊戌……秋七月，大蝗，居人之乏食者十八九。"[3]"戊戌，飞蝗为灾，赵境民大饥。"[4] 这一年八月，"陈时可、高庆民等言诸路旱蝗，诏免今年田租，仍停旧未输纳者，俟丰岁议之"。"七月……以山东诸路灾，免其税粮"[5]。蒙古第二代大汗窝阔台即位后，在庚寅年（1230）接受耶律楚材建议，于"汉地"立十道课税所，陈时可即燕京课税所的长官，高庆民应是课税所官员。他们有征收赋税的职责，旱、蝗成灾，征税必然困难，因此上报灾情。在窝阔台汗时代，蒙古朝廷中处理"汉地"事务，耶律楚材起重要的作用。陈时可等人的意见要通过耶律楚材才能引起窝阔台汗的重视。因而有的记载说："戊戌，天下大旱、蝗。上（窝阔台汗——引者）问公（耶律楚材——引者）以御之之术，公曰：今年租赋，乞权行倚阁。上曰：恐国用不足。公曰：仓库见在可支十年。许之。"[6] 可见这一年的旱、蝗灾造成的破坏是深重的。

戊戌以后，"蝗、旱连岁，道殣相望"[7]。当时"汉地"军阀割据，山头林立。这些军阀都要向大蒙古国朝廷交纳贡赋。真定（今河北正定）是军阀史氏的地盘。"戊戌、己亥间，仍岁蝗、旱"，史氏"复假贷以足贡数"[8]。戊戌（1238）、己亥（1239）两年间，蝗、旱连年，百姓穷困，无力交纳租赋。当时经营高利贷的主要是回回商人，史氏显然是从回回商人处借高

---

① 韩仲元：《王公乐封墓志》，清光绪《潞城县志》，引自李修生《全元文》第18册。

② 杨奂：《洞真真人于先生碑》，《还山遗稿》卷上。

③ 张文谦：《刘文贞公行状》，引自李修生《全元文》第22册。

④ 李谦：《王公夫人李氏墓铭》，《常山贞石志》卷16。

⑤ 《元史》卷2《太宗纪》。

⑥ 宋子贞：《中书令耶律公神道碑》，见苏天爵：《国朝文类》卷57。

⑦ 好问：《史邦直墓表》，《遗山先生文集》卷22。

⑧ 王恽：《忠武史公家传》，《秋涧先生大全集》卷48。

利贷来应付蒙古汗廷的勒索。"岁己亥，相、卫蝗，野无青草，民乏食。"[1]相指彰德（今河南安阳），卫指辉州（今河南辉县）。可知当时从今河北中部到今河南北部大片土地，都有旱、蝗灾。从丙申（1236）到己亥，河北、河南一带的旱、蝗灾至少延续了四年之久。

　　1241年窝阔台汗去世。1246年，其子贵由汗嗣位，在位三年，死于戊申（1248）。"是岁大旱，河水尽涸，野草自焚，牛马十死八九，民不聊生。"[2]这段文字所说主要应是北方草原的灾情。贵由汗死后，蒙古统治集团内部发生激烈的斗争。成吉思汗第四子拖雷早逝，其子蒙哥在斗争中获胜，成为大蒙古国第四代大汗。在蒙哥统治时期（1251—1259），灾害仍时有发生。如壬子年（1252）以后，卫（今河南辉县）曾出现"大旱"[3]。1259年，蒙哥汗在征南宋时死于四川。次年，其弟忽必烈即位，建元中统。建元诏书中说："百姓困于弊政久矣，今旱暵为灾，相继告病，朕甚悯焉。"[4]亦可证明在此以前旱灾肆虐，成为一大社会问题。

　　有关蒙古前四汗时期社会经济状况的记载比较贫乏。但从上面列举的一些事例来看，大蒙古国统治下的"汉地"和北方草原，自然灾害都是很严重的。这一时期"汉地"经济凋敝，民不聊生，除了政治腐败之外，自然灾害的破坏也是不能忽视的。

第二节　世祖时期的灾情

　　元世祖忽必烈即位后，积极推行"汉法"，即中原传统的治理方式，取得了明显的成效。在忽必烈的统治下，北方的社会经济逐步得到恢复，实现了全国的统一，文化亦有所发展。忽必烈时代（1260—1294）是元朝的黄金时代，但忽必烈时代也是自然灾害多发的时代。

　　水灾。据《元史·世祖纪》（卷4～17）和《五行志一》（卷50）统计，世祖在位期间，至少有25年发生过不同程度的水灾，遍布全国各地。

①胡祗遹：《蒙古公神道碑》，《胡祗遹集》卷15。

②《元史》卷2《太宗纪》。

③王恽：《贞常真人行状》，《秋涧先生大全集》卷47。

④张光大：《救荒活民类要·经史良法》。按，此段文字不见于《元史》和《元典章》。

水灾可分两类,一是河水泛滥,二是雨水过多,即所谓"淫雨"或"霖雨",当然河水泛滥常因"淫雨"或"霖雨"引起。全国统一以前,北方影响较大的水灾有数次。一是至元元年(1264)"顺天、洺磁、顺德、大名、东平、曹、濮州、泰安、高唐、济州、博州、德州、济南、滨棣、淄莱、河间大水"[①];二是至元五年(1268),"以中都、济南、益都、淄莱、河间、东平、南京、顺天、顺德、真定、恩州、高唐、济州、北京等处大水,免今年田租"[②]。这两次水灾,涉及今天河北、山东广大地区,但具体情况不很清楚。还有一次发生在至元九年(1272)六月壬辰(初六),"是夜,京师大雨,坏墙屋,压死者众"[③]。全国统一以后,北方水灾仍时有发生。如至元二十六年(1289)六月,"济宁、东平、汴梁、济南、棣州、顺德、平滦、真定霖雨害稼,免田租十万五千七百四十九石"[④]。以上地名包括今河北(真定、平滦)、山东(济宁、东平、济南、棣州)、河南(汴梁、顺德)广大地区。其中仅平滦路的水灾,即"坏田稼一千一百顷"[⑤]。同年,大都路霸州等处亦有水灾。此后数年北方水灾主要发生在腹里(中书省直辖地区)的中部,即今河北省。二十七年(1290)十一月,"易水溢,雄、莫、任丘、新安田庐漂没无遗。命有司筑堤障之"。次年八月,"大名之清河、南乐诸县霖雨害稼,免田租万六千六百六十九石"。九月,"景州、河间等县霖雨害稼,免田租五万六千五百九十五石"。"以岁荒,免平滦屯田二十七年田租三万六千石有奇。""保定、河间、平滦三路大水。"[⑥]雄州、新安属保定路,莫州、任丘、景州、河间属河间路,都在今河北省中部。大名路在河北省南部,平滦路则在河北省东部。可知这一带当时是水灾多发地区。至元二十九年(1292)闰六月,辽阳行省多处雨雹害稼,影响很大(见下面关于雹灾的叙述)。

忽必烈统治时期,北方水灾最突出的问题是黄河决口。至元二十年

---

① 《元史》卷5《世祖纪二》。

② 《元史》卷6《世祖纪三》。

③ 《元史》卷7《世祖纪四》。按,《元史》卷50《五行志一》记:"至元九年六月丁亥,京师大雨。"丁亥与壬辰相距6天。

④ 《元史》卷15《世祖纪十二》。

⑤ 《元史》卷50《五行志一》。

⑥ 《元史》卷16《世祖纪十三》。

（1283），"秋，雨潦，河决原武，泛杞，灌太康，自京北东，潴为巨浸，广员千里，冒垣败屋，人畜流死"①。至元二十三年（1286）十月，"河决开封、祥符、陈留、杞、太康、通许、鄢陵、扶沟、洧川、尉氏、阳武、延津、中牟、原武、睢州十五处"②。至元二十五年（1288）五月，"汴梁大霖雨，河决襄邑，漂麦禾"，"河决汴梁，太康、通许、杞三县，陈、颍二州，皆被其害"。③至元二十七年（1290）六月，"河溢太康，没民田三十一万九千余亩"。十一月，"河决祥符义唐湾，太康、通许、陈、颍二州大被其患"④。数年之内，黄河接连决口，造成百姓生命财产的重大损失。

这一时期南方水灾很多。至元二十四年（1287），"是岁……浙西诸路水，免今年田租十之二"。次年四月，尚书省臣上奏说："今杭、苏、湖、秀四州复大水，民鬻妻女易食，"请求予以救济。⑤诗人元淮作《水灾行》，诗序中说："丁亥六月十九日，霖潦大作，苏、湖、常、秀与溧阳，圩田与禾苗悉为水毁，黎民绝食，渔舟衔尾过江乞食于中州。"诗中说："只今斗米值万钱，纵有金珠无处觅。哀哉田夫遭此荒，苏湖富户吃糟糠。富户吃糠犹可为，贫民山中掘野藋。"⑥元淮诗是此次浙西水灾的可贵记录。至元二十七年（1290）水灾很普遍。正月，"无为路大水"。二月，"晋陵、无锡二县霖雨害稼"。五月，"江阴大水"。七月，"江西霖雨，赣、吉、袁、瑞、建昌、抚水皆溢，龙兴城几没"。八月，"广州清远大水"。十月，"尚书省臣言：江阴、宁国等路大水，民流移者四十五万八千四百七十八户。帝曰：'此亦何待上闻，当速赈之。'凡出粟五十八万二千八百八十九石"⑦。由流民之多和赈粟数量之大，可以想见这场水灾的规模。至元二十九年（1292）六月，"甲子，平江、湖州、常州、镇江、嘉兴、松江、绍兴等路水，免至元二十八年（1291）田租十八万四千九百二十八石"。

①姚燧：《南京路总管张公墓志铭》，《牧庵集》卷28。

②《元史》卷14《世祖纪十一》。

③《元史》卷15《世祖纪十二》。

④《元史》卷16《世祖纪十三》。

⑤《元史》卷15《世祖纪十二》。

⑥元淮：《金囱集》。

⑦《元史》卷16《世祖纪十三》。

"丁亥，湖州、平江、嘉兴、镇江、扬州、宁国、太平七路大水，免田租百二十五万七千八百八十三石。"两条记载涉及九路一府，面积广大。至元三十年（1293）五月，"诏以浙西大水冒田为灾，令富家募佃人疏决水道"[1]。从以上记载来看，南方水灾发生在浙西地区（包括平江、湖州、常州、嘉兴、杭州、镇江、建德七路和松江府）居多，江西、江东等处次之。浙西多水害，与太湖有关。浙西"这几路的地方中心里有一个太湖，那周围的山水尽都流入那湖里去"。太湖水经淀山湖（在松江）入海。宋代太湖水利有专人管理。入元以后，无人管理，军官和"蛮子有气力的富户"（南方有势力的富户）围湖造田，湖水排泄受阻。"为那般上，太湖的水每年有雨的时节溢出来，那几路的百姓每的田禾被水潦了的缘故，因这般有。"[2]因此，在世祖末年，便开始浚治太湖。

蝗灾。蝗灾一旦发生，对于农业生产的破坏是毁灭性的。忽必烈时代的诗人胡祇遹写道："飞蝗扑绝子复生，脱卵出土顽且灵。有如巨贼提群朋，群止即止行且行。过坎涉水不少停，若奔期会赴远程。开林越山忘险平，倍道夜走寂无声。累累禾穗近秋成，利吻一过留枯茎。……咄哉妖虫竟何能，火云赤日劳群氓。"[3]据《元史·世祖纪》（卷4～17）与《五行志一》（卷50）统计，世祖在位三十余年中，至少有22年发生过规模不等的蝗灾。蝗灾分布在长江以北，遍及腹里、河南、陕西等地，尤以腹里（包括今河北、山东、山西及内蒙古、河南部分地区）最为严重。河南行省北部亦不少，河南行省南部的徐州（今江苏徐州）、邳州（今江苏徐州）、宿州（今安徽宿州）则偶有发生。从时间上说，至元二年到至元九年（1265—1272）间，蝗灾最为频繁。至元二年七月，"益都大蝗，饥"。"是岁……西京、北京、益都、真定、东平、顺德、河间、徐、宿、邳蝗、旱。"[4]这次蝗灾很厉害，"至元二年……徐、宿大蝗。移公（陈祐——引者）督捕，役农民数万。度其势猝不能歼，秋稼垂成，即散遣收获自救。"[5]数万农民仍不能将蝗群消灭，其势之盛，可想而知。至元三年（1266），"是岁……东平、济南、益都、

①《元史》卷17《世祖纪十四》。

②任仁发：《水利集》卷3，引"至元三十年十一月初二日中书省奏章"。

③胡祇遹：《后捕蝗行》，《胡祇遹集》卷4。

④《元史》卷6《世祖纪三》。

⑤王恽：《陈公神道碑》，《秋涧先生大全集》卷54。

平滦、真定、洺磁、顺天、中都、河间、北京蝗"。至元四年（1267），"是岁……山东、河南北诸路蝗"。至元五年（1268）六月，"东平等处蝗"。至元六年（1269）六月，"丁亥，河南、河北、山东诸郡蝗。癸巳，敕：真定等路旱、蝗，其代输筑城役夫户赋悉免之"①。据元朝官员胡祗遹说："至元六年，北自幽蓟，南抵淮汉，右太行，左东海，皆蝗。朝廷遣使四出掩捕。"②至元七年（1270）三月，"益都、登、莱蝗、旱，诏减其今年包银之半"。五月，"南京、河南等路蝗，减今年银丝十之三"。七月，"山东诸路旱、蝗"。十月，"以南京、河南两路旱、蝗，减今年差赋十之六"③。不少记载都提到至元七年蝗灾，可见其予人印象之深。如："七年，河朔大蝗，卫独不为灾。"④"七年，会上以蝗、旱为忧，俾［李德辉］录山西、河东囚。"中国古代的天人感应观念，刑罚不当，会产生戾气，引起灾害的发生。忽必烈下令"录囚"，就是要以平反冤狱来感动上天，化解灾情。⑤至元六年，高良弼任河南转运使。"明年夏，旱、蝗，……［公］亟发仓以粜，众赖以生存，执政龀之。是岁至八月，不雨。"高良弼设坛祈祷，居然下雨。⑥至元八年（1271）四月，"以至元七年诸路灾，蠲今岁丝料轻重有差"。六月，"上都、中都、河间、济南、淄莱、真定、卫辉、洺磁、顺德、大名、河南、南京、彰德、益都、顺天、怀孟、平阳、归德诸州县蝗"⑦。"这一年五月十六日，监察御史魏初上奏说：'比闻朝廷以山东蝗、旱，民多阙食。已差官给粮赈济，及倚阁悬欠税粮，其民固已幸矣。'⑧另据王恽说，"八年，螟蝗为灾"，朝廷命太一道掌门李居寿在岱宗（东岳泰山）等处"设驱屏法供，秋乃大熟"⑨。魏初和王恽的文字都说明这一年蝗灾的普遍，引起了朝廷的重视。至元九年（1272）二月，元朝政府"以去岁东

① 《元史》卷6《世祖纪三》。

② 胡祗遹：《捕蝗行》，《胡祗遹集》卷4。

③ 《元史》卷7《世祖纪四》。

④ 王恽：《塔必公神道碑》，《秋涧先生大全集》卷51。

⑤ 姚燧：《李忠宣公行状》，《牧庵集》卷30。

⑥ 萧㪺：《高公墓志铭》，《勤斋集》卷4。

⑦ 《元史》卷7《世祖纪四》。

⑧ 魏初：《奏章九》，《青崖集》卷4。

⑨ 王恽：《太一五祖演化贞常真人行状》，《秋涧先生大全集》卷47。

平及西京等州县旱、蝗、水潦，免其租赋"①。此后，蝗灾相对减轻，有几年未见记载。至元十五年（1278）起又逐渐出现。至元十六年（1279）四月，"大都等十六路蝗"。六月，"左右卫屯田蝗蝻生"②。至元十七年（1280）五月，"真定、咸平、忻州、涟海、邳、宿诸州郡蝗"③。至元二十二年（1285）四月，"大都、汴梁、益都、庐州、河间、济宁、归德、保定蝗"。七月，"京师蝗"。至元二十五年（1288）七月，"真定、汴梁路蝗"。八月，"赵、青、冀三州蝗"。至元二十六年（1289）七月，"东平、济宁、东昌、益都、真定、广平、归德、汴梁、怀孟蝗"。至元二十七年（1290）四月，"河北十七郡蝗"④。以后几年又趋低潮，只有少数地区发生蝗灾。

旱灾。据《元史·世祖纪》（卷4～17）和《五行志一》（卷50）统计，忽必烈在位期间，至少有28年在不同地区发生程度不等的旱灾。总的来说，这一时期旱灾主要发生在长江以北的广大地区，遍及腹里和河南、陕西、甘肃、辽阳诸行省，包括今河北、山东、山西、甘肃、辽宁、内蒙古以及江苏北部等地。其中比较严重的是至元十九年（1282）和二十年（1283）。十九年八月，"真定以南旱，民多流移"⑤。胡祗遹说，"至元壬午秋旱，米涌贵，人绝食，禁糜黍作酒，因以除酒课焉"⑥。这次大面积旱灾延续到二十年，"燕南、河北、山东"大旱，"民流徙就饶"，达数万人。⑦所谓"就饶"就是"转徙于南"。元朝政府担心劳动力大量流动，对北方经济不利，派人"于河上以扼之"⑧。至元二十年中书省的一件文书中说："照得近岁天旱，中原田禾薄收，物斛价高，百姓艰食，诸处商贾搬贩南米者极多。"⑨也说明这次遭受旱灾的主要在北方。值得注意的是，旱灾与蝗灾往往同时发生，如至元七年（1270）三月，"益都、登、莱蝗、旱"。七月，

---

① 《元史》卷7《世祖纪四》。

② 《元史》卷10《世祖纪七》。

③ 《元史》卷11《世祖纪八》。

④ 以上见《元史》卷13、卷15、卷16《世祖纪十、十二、十三》。

⑤ 《元史》卷12《世祖纪九》。

⑥ 胡祗遹：诗题，《胡祗遹集》卷4。

⑦ 姚燧：《南京路总管张公墓志铭》，《牧庵集》卷28。

⑧ 王思廉：《河东廉访使程公神道碑》，见苏天爵：《国朝文类》卷67。

⑨ 《元典章》卷59《工部二·造作·籴贩客船不许遮当》。

"山东诸路旱、蝗"。同月，"南京、河南诸路大蝗"①。十月，"以南京、河南两路旱、蝗，减今年差赋十之六"②。南方旱灾只是在个别地方发生。

雹灾。根据《元史·世祖纪》（卷4～17）和《五行志一》（卷50）的记载，世祖时代至少有19年发生过雹灾。多数年份有雹灾的不过一两处，但中统三年（1262）、四年（1263）和至元二年（1265）、二十四年（1287）、二十六年（1289）、三十一年（1294）均有多处。忽必烈统治时期发生雹灾的地区大多都在黄河以北，两淮之间次之。江南未见记载。一般来说，雹灾和水、旱、蝗灾不同，发生在较小范围内，破坏性相对也小一些。但雹有时大如鸡卵，有时和狂风、暴雨结合在一起，成为"风雹""雨雹"，便会造成较大的破坏。至元二十九年（1292）闰六月，"辽阳、沈州、广宁、开元等路雨雹害稼，免田租七万七千九百八十八石"③。上述四起都在辽阳行省境内，元代中期辽阳行省税粮总数是72 066石。④忽必烈时期应大体相同。也就是说，这一年辽阳行省因遭灾免除了全部税粮，按照元朝制度"损八分以上"才得全免，可以想见这次"雨雹"波及的范围很广，这场雹灾是很罕见的。

地震。至元二十一年（1284）九月，"京师地震"⑤。二十七年（1290）二月，"泉州地震"。泉州即今福建泉州。同年八月癸巳（二十三日），"地大震，武平尤甚，压死按察司官及总管府官王连等及民七千二百人，坏仓库局四百八十间，民居不可胜计"⑥。武平路原名北京路，至元七年（1270）改大宁路，至元二十五年（1288）改此名，后复为大宁，属辽阳行省，路治大定县，在今内蒙古宁城县西。另有记载说："是岁地震，北京尤甚，地陷，黑砂水涌出，死伤者数万人。"⑦可知这次地震面积很广，震级很高，武平是震中所在，造成居民生命财产的很大破坏。至元二十八年（1291），

---

① 《元史》卷50《五行志一》。

② 《元史》卷7《世祖纪四》。

③ 《元史》卷17《世祖纪十四》。

④ 《元史》卷93《食货志一·税粮》。

⑤ 《元史》卷13《世祖纪十》。

⑥ 《元史》卷16《世祖纪十三》。

⑦ 杨载：《赵公行状》，《松雪斋文集》附录。

"八月己丑，平阳路地震，坏庐舍万八百区"①。平阳路治临汾（今山西临汾）。平阳这次地震的震级也是比较高的。

此外，还有虫灾、霜灾、风灾、雪灾等。

胡祗遹说："中统建元以来，三十年间无大旱、大水、虫蝗之灾厄。"②在忽必烈当政的三十余年间，自然灾害时有发生，但总的来说，没有发生影响巨大的灾害，全国经济生活基本上仍是正常运转的。但在忽必烈统治的末期，即13世纪80年代末到90年代前期，各种自然灾害明显增多。至元二十九年（1292）十月，御史台的一件文书中说："比年以来，水旱相仍。"③成宗初年，赵天麟说："顷年以来，水旱相仍，蝗螟蔽天，饥馑荐臻，四方迭苦，转互就食。……延及京畿，亦尝如是。"④大体上反映了当时的情况。

第三节　成宗至宁宗时期的灾情

成宗到宁宗（1295—1332）的三十余年间，是各种灾害多发时期，几乎每年都要发生多种灾害。就地区而言，大江南北无地无之，边疆地区也时有发生，其中尤以岭北行省为多。就灾害种类而言，水、旱、蝗、雹，可以说无年无之，特别是地震比前一阶段明显增多，还出现了大疫、海溢、大风雪等灾。大德六年（1302）十二月，"御史台臣言：自大德元年以来，数有星变及风水之灾，民间乏食。……而今春霜害麦，秋雨伤稼"⑤。大德十一年（1307）春，武宗即位。九月，"御史台臣言：……粤自大德五年以来，四方地震水灾，岁仍不登，百姓重困"⑥。至大元年（1308）九月丙辰，"中书省臣言：'夏、秋之间，巩昌地震，归德暴风雨，泰安、济宁、真定大水，庐舍荡析，人畜俱被其灾。江浙饥荒之余，疫疠大作，死者相枕籍。父卖其子，

① 《元史》卷50《五行志一》。

② 胡祗遹：《论积贮》，《胡祗遹集》卷22。

③ 《元典章》卷27《户部十三·私债·放粟依乡原例》。

④ 赵天麟：《太平金镜策·树八事以丰天下之食货·课义仓》，选自《元代奏议集录》，第357页。

⑤ 《元史》卷20《成宗纪三》。

⑥ 《元史》卷22《武宗纪一》。

夫鬻其妻，哭声震野，有不忍闻'"①。至大二年（1309）十月的诏书中说："前岁江浙饥疫，今年蝗旱相仍，疠气延及山东，大河南北，民或尽室死无以藏，幸生者流离道路，就饥无所。"②仁宗延祐二年（1315）正月，"御史台臣言：比年地震、水、旱，民流盗起……"③。泰定三年（1326）八月，监察御史建言："比者燕南、山东等处连年水旱，黎民缺食。加之今岁夏、秋，水潦非常，禾稼伤损，民庶嗷嗷，糊口不给，秋耕失所，岁计何望。千里萧条，无复麦种。饥饿之民，疮痍未复。荐罹荒歉，初则典质田宅，鬻卖子女，今则无可典卖矣。初则撅取草根，采剥树皮，今则无可采取矣。是饥民望绝计穷之时也。"④泰定四年（1327）正月，"御史辛钧言：……今水、旱民贫，请节其费"。七月，"御史台臣言：内郡、江南，旱、蝗荐至，非国细故"⑤。御史台是元朝的监察机构，负有劝谏皇帝的责任。由历年御史台的言论，亦可以看出灾变之频繁。元朝皇帝和大臣不时集议赈灾、御灾之策。灾害及灾害对策已经成为元朝政治生活的重要内容。

这一阶段有三次影响很大的自然灾害，先后发生。

第一次是大德七年（1303）山西的大地震。大德七年（1304）八月辛卯（初六）"夜，地震，平阳、太原尤甚。村堡迁徙，地裂成渠，人民压死不可胜计。遣使分道赈济，为钞九万六千五百余锭，仍免太原、平阳今年差税，山场河泊听民采捕"⑥，"七年八月辛卯夕，地震，太原、平阳尤甚，坏官民庐舍十万计。平阳赵城县范宣义郇堡徙十余里。太原徐沟、祁县及汾州平遥、介休、西河、孝义等县地震成渠，泉涌黑沙。汾州北城陷，长一里，东城陷七十余步"⑦。这次地震造成的损失极为惨重，"城邑乡村屋庐俱摧，压死者不可胜计"⑧，出现多处地裂、地陷、山崩、滑坡现象。

①《元史》卷22《武宗纪一》。

②张光大：《救荒活民类要·经史良法·元制》。按，《元典章》卷3《圣政二·霈恩宥》载此诏，作："蝗旱相仍，民或尽死，幸生者流离道路。"有删节。

③《元史》卷25《仁宗纪二》。

④张光大：《救荒活民类要·救荒一纲》。

⑤《元史》卷30《泰定帝纪三》。

⑥《元史》卷21《成宗纪四》。

⑦《元史》卷50《五行志一》。

⑧吴澄：《天宝宫碑》，《吴文正公集》卷26。

有的记载说："压杀者二十余万人。"①地震主要发生在太原路（阳曲，今山西太原）和平阳路（临汾，今山西临汾），相当于今山西的中部和南部。据研究，震中应在霍州（今山西霍县，在临汾北，属平阳路）附近。据当时学者萧㪺说，地震造成的破坏，"汾晋尤甚，涌堆阜，裂沟渠，坏墙屋，压人畜，死者无数。延、庆次之，安西又次之"②。延指延安路，治肤施（元代属陕西行省，今陕西延安）。庆指庆阳府（元代属陕西行省，今甘肃庆阳）。安西即安西路，路治所在即今陕西西安。这是对平阳、太原以西地区的影响。在平阳、太原以东，大都（今北京）在八月亦发生地震。③"八月初六之夕，京师地震者三，市庶恟恟，莫知所为。越信宿，而卫辉、太原、平阳等处驰驿报闻者接踵，虽震有轻重，而同出一时，人民房舍十损八九，震而且陷，前所未闻。"④可知大都、卫辉路均有震。卫辉路治汲县，今河南卫辉市。大德七年（1303）三月，元朝派遣奉使宣抚循行各道，其中刘敏中前往山北辽东道。刘敏中亲身体验了这次地震。他说："尊依巡历回至大宁路，乃以八月初六日戌时地震。土人云：'本处自至元二十七年（1290）八月二十三日地震之后，至今时时震动未已。'当时不以为虑，数日访之，旁郡以及上都、隆兴皆然，而太原、平阳为甚。九月，复历上都、隆兴等处，其震不时复作，未见止息。"⑤刘敏中这段话很重要。一是说明平阳、太原地震波及上都（开平，今内蒙古正蓝旗）、隆兴（高原，今河北张北），一直到大宁路（大定，见前）；二是说明大德八年（1304）平阳、太原地震与至元二十七年（1290）武平路（大宁路）地震有明显的联系，至元二十七年武平地震的次年爆发平阳地震，而这次平阳、太原地震直接引发武平（大宁）的地震，很可能在同一地震带上。此外，曹州（今山东菏泽）儒学毁于大德七年（1303）地震。⑥根据以上记载，这次地震至少涉及今山西、陕西、甘肃、河北、山东、内蒙古广大地区。当代地震学界估计，这次大地震是八级地震，烈度为十一度，在历史上是罕见的。大地震发生

① 霍章：《大帝庙碑》，《山右石刻丛编》卷30。

② 萧㪺：《地震问答》，《勤斋集》卷4。

③ 程钜夫：《拂林忠献王神道碑》，《程雪楼文集》卷5。

④ 郑介夫：《太平策·因地震论治道疏》，选自《元代奏议集录（下）》，第126页。

⑤ 刘敏中：《奉使宣抚回奏疏》，《中庵先生刘文简公文集》卷7。

⑥ 康熙《曹县志》卷18。

以后，余震不断，"岁癸卯秋，河东、关中地震，月余不止"①。大德八年
（1304）正月，"平阳地震不止，已修民屋复坏"。大德九年（1305）四月，"乙
酉，大同路地震，有声如雷，坏官民庐舍五千余间，压死二千余人。怀仁
县地裂二所，涌水尽黑，漂出松柏朽木。遣使以钞四千锭、米二万五千余
石赈之"②。怀仁县属大同路，在路治大同（今山西大同）之南。大同地震
"可以看作是在大德七年八月平阳、太原地震的影响下爆发的"③。

　　第二次是"丁未大饥"。丁未是大德十一年（1307）。这一年正月，
成宗铁穆耳病死，武宗海山嗣位。事实上，这次饥荒在大德十年（1306）
已经发生，十一年达到高峰，延续到至大元年（1308），先后有三年之久。
"丙午，江淮大饥。"④刘埙说："大德十年丙午岁春夏间，江浙大饥，吾
邦与邻郡皆然，景象恶甚。""本州归附三十余年，多遇丰岁，民各安生。
亦曾间有艰歉之时，然止是小歉，不至大伤。唯有今年，凶荒独甚。……
即今饥民充塞道途，沿门乞食，扶老携幼，气命如丝，菜色雷腹，行步颠
倒，一村一保之间，儿号妇哭，所不忍闻。"⑤刘埙是江西南丰人，江西灾
情相当严重，作为"邻郡"的江浙更可想而知。到了大德十一年（1307），
灾情更有进一步发展。"十一年，江南大饥。"⑥这一年七月，"江浙、湖
广、江西、河南、两淮属郡饥，于盐、茶课钞内折粟，遣官赈之。诏富家
能以积粟赈贷者，量授以官"。八月，"浙东、浙西、湖北、江东郡县饥，
遣官赈之，""江南饥，以十道廉访司所储赃罚钞赈之"。九月，"江浙饥，
中书省臣言：'请令本省官租，于九月先输三分之一，以备赈给……'"。
同月，"敕弛江浙诸郡山泽之禁"。开放山泽，用意是允许百姓捕捞狩猎，
以补粮食之不足。十月，因"江浙岁俭"，减少每年北运的海漕粮。同月，
"杭州、平江水，民饥，发粟赈之"。十一月，"杭州、平江等处大饥，
发粮五十万一千二百石赈之"。十二月，"山东、河南、江浙饥，禁民酿

　　① 苏天爵：《萧贞敏公墓志铭》，《滋溪文稿》卷8。

　　② 《元史》卷21《成宗纪四》。

　　③ 闻黎明：《大德七年平阳太原的地震》，《元史论丛》第4辑。

　　④ 姚燧：《吕君神道碑》，《牧庵集》卷24。

　　⑤ 刘埙：《呈州转申廉访分司救荒状》，《水云村泯稿》卷14。

　　⑥ 《元史》卷166《赵宏伟传》。

酒"①。官方文献中这一连串记载，可以看出这一年灾情之普遍，其中江浙（浙西、浙东）显然特别严重。这一年御史台的文书中说："据各道廉访司申，江南连年水旱相仍，米价踊贵。"江南行台的文书中说："江南田禾不收的上头，百姓每哏忍饥有。"②一些民间的记载，对于当时的灾情有更清晰的记述。"大德丁未之岁，江南北大旱，饿莩载道路。"③"大德丁未，吴、越大旱。"④"大德丁未，岁大旱。"⑤可知这次主要是特大旱灾，导致饥荒。"岁丁未，浙江大祲。戊申，复无麦，民相枕死。"⑥"大德丁未旱，明年大饥，越尤甚，死相践藉。"⑦"当丁未、戊申间，闽、越饥疫，露骸横藉，行商景绝。"⑧灾情蔓延，甚至出现了人吃人的悲惨景象："越民死者殆尽，人相食以图苟安。"⑨"越"指浙东而言。"大德丁未，岁大祲，人相食。"⑩这条记载讲的是明州象山（今浙江象山）的情况。明州当时亦属浙东。大饥之年有大批流民，社会为之动荡不安。"丁未，岁祲，人相食。君（兰溪人姜泽——引者）往籴七闽。时流民所在成群，动以数百计，乘间钞道，莫敢如何。"⑪"大德丁未，岁恶，人相食。府君（金华人宋守富——引者）出籴于杭。无赖男子结为队伍，夜半推人门，称相公，杀戮卤掠呼号相闻，里中惴惴不自保。"⑫兰溪、金华都属浙东婺州路。这场饥荒延续到至大元年（1308）。这一年正月，"绍兴、台州、庆元、广德、建康、镇江六路饥，死者甚众，饥户四十六万有奇"。绍兴、台州、庆元均属浙东，广德、建康、镇江属江东，都是江浙行省的组成部分。六月，"中书省臣言：江浙行省

---

① 《元史》卷22《武宗纪一》。

② 《元典章》卷3《圣政二·救灾荒》。

③ 徐一夔：《吴君墓志铭》，《始丰稿》卷12。

④ 黄溍：《上天竺湛堂法师塔铭》，《金华黄先生文集》卷41。

⑤ 黄溍：《昆山荐岩寺竺元禅师塔铭》，《金华黄先生文集》卷42。

⑥ 宋濂：《胡长孺传》，《宋文宪公全集》卷48。

⑦ 邓文原：《旌表义士夏君墓志铭》，《巴西邓先生文集》。

⑧ 刘埙：《奉议大夫南丰州知州王公墓志铭》，《水云村泯稿》卷8。

⑨ 吾衍：《闲居录》。

⑩ 王袆：《陈孝妇传》，《王忠文公集》卷21。

⑪ 宋濂：《姜府君墓碣铭》，《宋文宪公全集》卷10。

⑫ 宋濂：《先大父府君神道表》，《宋文宪公全集》卷50。

管内饥，赈米五十三万五千石，钞十五万四千锭，面四万斤"。九月，"中书省臣言……江浙饥荒之余，疫疠大作，死者相枕籍。父卖其子，夫鬻其妻，哭声震野，有不忍闻。"[1]"方大德之末，天下旱、蝗，饥疫洊臻，发粟之使相望于道。而吴、越、齐、鲁之郊骨肉相食，饿莩满野，行数十里不闻人声。"[2]"大德十有一年冬……明年是为至大元年。两年之间，浙以东以旱特闻，而越为甚，民无食，流且死者以万计。"[3]总的来看，这次延续三年之久的"大饥"，中心是浙东，浙西、江东、江西、福建、山东亦受影响，主要应是旱灾、蝗灾造成的，又引起"疫疠"，因而破坏性极大。

第三次是泰定、天历北方旱灾。"泰定之际，关陕连岁大旱，父子相食，死徙者十九。"[4]泰定四年（1327）二月改元致和。七月，泰定帝病死。元文宗夺取帝位，改元天历，后又改至顺。"天历、至顺之间，天下大旱蝗，民相食"。[5]元朝官方记载说："陕西自泰定二年至是岁（天历元年——引者）不雨，大饥，民相食。"[6]致和元年（1328）七月，陕西地方官员在《西岳祈雨文》中说："三四年来，旱魃为虐，有夏无秋，有秋无夏。饥吻嗷嗷，盖不胜苦。今年之旱势益酷烈，麦莍岁之入，仅具斗升。自四月至于今七月，云雨之兴，曾不一二时。赫日炎炎，如焚如燎。黍稷之苗，十死八九。是无夏又无秋也，民将何以为命乎？……民今扶老携幼，流离播散，县邑为之一空。"[7]但祈雨没有效果，旱情仍在发展。天历二年（1329）正月，"丙戌，陕西大饥，行省乞粮三十万石，钞三十万锭。诏赐钞十四万锭，遣使往给之"。四月，"戊戌，以陕西久旱，遣使祷西岳、西镇诸祠"。癸卯，"陕西诸路饥民百二十三万四千余口，诸县流民又数十万，先是尝赈之，不足，行省复请令商贾入粟中盐，富家纳粟补官，及发孟津仓粮八万石及河南、汉中廉访司所贮官粮以赈，从之"[8]。陕西行

---

① 《元史》卷22《武宗纪一》。

② 程钜夫：《书柯自牧自序救荒事迹后》，《程雪楼文集》卷23。

③ 任士林：《诸暨州寿圣院观音殿记》，《松乡集》卷7。

④ 揭傒斯：《吕公墓志铭》，《揭傒斯全集·文集》卷8。

⑤ 揭傒斯：《甘景行墓志铭》，《揭傒斯全集·文集》卷8。

⑥ 《元史》卷32《文宗纪一》。

⑦ 同恕：《榘庵集》卷10。

⑧ 《元史》卷33《文宗纪二》。

省户口不多，饥民和流民竟如此众多，是很惊人的。兴元儒士蒲道源在一封写给行省参政的信中说："关中之灾，近岁罕见。……国家自有关陕以来，涵育几百年，生齿之繁伙，一旦疾疫、饥荒相戕害而食与夫流徙四方者，十室而空矣，州郡县邑，荒凉至甚。"[1] 另有记载说，这一年"饥馑疾疫，民之流离死伤者十已七八"[2]。也是在天历二年（1329）四月，"丙辰，河南廉访司言：河南府路以兵、旱民饥，食人肉事觉者五十一人，饿死者千九百五十人，饥者二万七千四百余人。乞弛山林川泽之禁，听民采食，行入粟补官之令，及括江淮僧道余粮以赈。从之"[3]。河南府路治洛阳，即今河南洛阳，属河南行省，邻近陕西。同年五月，"庚辰，陕西行省言，凤翔府饥民十九万七千一九百人，本省用便宜赈以官钞万五千锭"。六月，"命中书集老臣议赈荒之策。时陕西、河东、燕南、河北、河南诸路流民十数万，自嵩、汝至淮南，死亡相藉，命所在州县官以便宜赈之"[4]。可知关陕旱灾已蔓延到北方广大地区，波及淮河以南。张养浩奉命到陕西救济灾民，"路出河南，流民寝遇。抵新安、硖石，则纵横山谷，鹄形菜色，殊不类人，死者枕藉，臭闻数里"[5]。他为此写下了《哀流民操》，"哀哉流民，为鬼非鬼，为人非人"，表达了他对流民的无比同情。[6] 当时北方农业区，特别是陕西遭受的损害是巨大的。这次大灾到至顺元年（1330）才逐渐有所缓和。

除了以上几次影响很大的集中发生的灾害以外，这一阶段还有两种持续发生的灾害也是特别值得注意的。

首先是黄河不断泛滥。见于《元史》诸帝《本纪》（卷18～37）和《五行志一》（卷50）、《河渠志》（卷65）记载的即有30余次，主要有元贞二年（1296）九月，"河决河南杞、封丘、祥符、宁陵、襄邑五县"[7]。"十

① 蒲道源：《与蔡逢原参政书》，《闲居丛稿》卷17。

② 同恕：《西亭记》，《榘庵集》卷3。

③ 《元史》卷33《文宗纪二》。

④ 同上。

⑤ 张养浩：《祭李宣使文》，《归田类稿》卷24。

⑥ 张养浩：《归田类稿》卷23。

⑦ 《元史》卷19《成宗纪二》；卷50《五行志一》。

第一章 灾情综述

月，河决开封县。"①大德元年（1297）"三月，归德徐州，邳州宿迁、睢宁、鹿邑三县，河南许州临颖、郾城等县，睢州襄邑，太康、扶沟、陈留、开封、杞等县，河水大溢，漂没田庐"。"五月，河决汴梁，发民夫三万五千塞之"②。七月，"河决杞县蒲口"③。大德二年（1298）"六月，河决杞县蒲口，凡九十六所，泛溢汴梁、归德二郡"④。七月，"汴梁等处大雨，河决坏堤防，漂没归德数县禾稼庐舍。免其田租一年，遣尚书那怀、御史刘赓等塞之。自蒲口首事，凡筑九十六所"。⑤按，河决蒲口应是"大德元年夏"的事⑥，以上分别见于《元史·成宗纪》和《元史·五行志一》的记载，应为一事。可知河决蒲口以后，继续扩大，元朝政府内部经过一番争论之后决定塞蒲口。"成宗大德三年五月，河南省言：河决蒲口儿等处，浸归德府数郡，百姓被灾。差官修筑……役夫七千九百二人。"⑦这是蒲口塞河后再次决口。"复之明年，蒲口复决，障塞之役，无岁无之。"⑧大德九年（1305）六月，"汴梁阳武县思齐口河决"。"八月，归德府宁陵、陈留、通许、扶沟、太康、杞县河溢。"⑨据后来工部报告："大德九年黄河决徙，逼近汴梁，几至浸没。"⑩可知此次黄河泛滥相当严重。因此，大德十年（1306）正月，"发河南民十万筑河防"⑪。大德十一年（1307），"丁未之秋，河

①《元史》卷50《五行志一》。

②《元史》卷50《五行志一》。《元史》卷19《成宗纪二》也有记五月河决汴梁，但无三月河溢的记载。

③《元史》卷19《成宗纪二》。

④《元史》卷50《五行志一》。

⑤《元史》卷19《成宗纪二》。

⑥李旄鲁翀：《尚公神道碑》，见苏天爵：《国朝文类》卷68。

⑦《元史》卷65《河渠志二》。

⑧李旄鲁翀：《尚公神道碑》，见苏天爵：《国朝文类》卷68。

⑨《元史》卷50《五行志一》。按，《元史》卷21《成宗纪四》也有记八月"归德、陈州河溢"，但无六月河决记载。

⑩《元史》卷65《河渠志二》。

⑪《元史》卷21《成宗纪四》。

决原武，东南注汴"①。此次河决不见于《元史》有关纪、志，尚有待考订。

武宗至大二年（1309），"七月，河决归德府，又决汴梁封丘县"②。皇庆元年（1312）年"五月，归德睢阳县河溢"③。皇庆二年（1313）六月，"河决陈、亳、睢三州，开封、陈留等县"④。延祐二年（1315）六月，"河决郑州，坏汜水县治"⑤。延祐三年（1316）六月，"河决汴梁，没民居"⑥。延祐七年（1320）六月，汴梁路荥泽县、开封县决口三处。⑦"是岁……河决汴梁原武，浸灌诸县。"⑧至治二年（1322）"正月，仪封县河溢伤稼，赈之"⑨。泰定元年（1324）七月，"奉元路朝邑县、曹州楚丘县、大名路开州濮阳县河溢"⑩。泰定二年（1325）五月，"河溢汴梁，被灾者十有五县"。七月，"睢州河决"⑪。泰定三年（1326）"二月，归德府属县河决，民饥，赈粮五万六千石"。"七月，河决郑州阳武县，漂民万六千五百余家，赈之"。十月，"癸酉，河水溢，汴梁路乐利堤坏，役丁夫六万四千人筑之"。十二月，"亳州河溢，漂民舍八百余家，坏田二千三百顷，免其租"⑫。泰定四年（1327）五月，"睢州河溢"。六月，"汴梁路河决"。八月，"汴梁路扶沟、兰阳县河溢，没民田庐。并赈之"。"是岁……汴梁诸属县霖雨，

---

①苏天爵：《王公行状》，《滋溪文稿》卷23。孛朮鲁翀：《王公神道碑》（《国朝文类》卷68）所记略同。

②《元史》卷50《五行志一》；卷23《武宗纪二》。

③《元史》卷50《五行志一》；卷24《仁宗纪一》。

④同上。

⑤《元史》卷50《五行志一》；卷25《仁宗纪二》。

⑥《元史》卷25《仁宗纪二》。但《元史》卷50《五行志一》无此记载。

⑦《元史》卷65《河渠志二》。

⑧《元史》卷27《英宗纪一》。《元史》卷50《五行志一》载："是岁，河灌汴梁原武县。"

⑨《元史》卷28《英宗纪二》；卷50《五行志一》。

⑩《元史》卷29《泰定帝纪一》；卷50《五行志一》。

⑪《元史》卷50《五行志一》；卷29《泰定帝纪一》。

⑫《元史》卷30《泰定帝纪二》。《元史》卷50《五行志一》记二月、七月河决，十月河溢缺载。

河决。"① 致和元年（1328）三月，"河决砀山、虞城二县"②。至顺元年（1330）六月，"黄河溢大名路之属县，没民田五百八十余顷"③。曹州济阴县河堤亦有缺口。④ 至顺三年（1332）五月，"汴梁之睢州、陈州，开封、兰阳、封丘诸县河水溢"⑤。

综上所述，这一时期（1295—1332）黄河决口比起前一阶段来明显增多，差不多平均每年一次。有几次造成的破坏已相当严重。黄河决口集中在中段即元朝汴梁路和归德府境内，相当于今河南省北部和河南、江苏、山东交界地区。元朝政府虽然也不断组织力量进行治理，但总的来说是因循苟且，得过且过，不是很得力，因而也就种下了很深的隐患，在下一阶段成为严重的问题。

其次，是漠北草原的自然灾害。漠北草原的自然条件是很严酷的。伴随着严寒而来的暴风雪以及长期的干旱时有发生，都会导致水草的枯竭，牲畜倒毙，牧民挣扎在死亡线上。为了生存，他们往往被迫迁徙，这在中国古代历史上是屡见不鲜的。元朝以前，牧民为逃避灾荒的迁徙，有时向西，有时向南，这种迁徙往往导致战争的发生。元朝实现了前所未有的统一，漠北草原牧民遇到严重的灾荒便纷纷南来，到"汉地"亦即中原农业区寻求救援。这一时期漠北草原屡次发生大灾。大德九年（1305），"朔方乞禄伦之地岁大风雪，畜牧亡损且尽，人乏食"⑥。第一次大灾发生在大德十一年到至大元年（1307—1308）。大德十一年（1307），漠北大雪，牧民"往往以其男女弟侄，易米以活"⑦。大批草原牧民被迫向"汉地"迁徙。至大元年（1308）二月，"和林贫民北来者众，以钞十万锭济之，仍于大同、隆兴等处籴粮以赈，就令屯田"。三月，"以北来贫民八十六万八千户，仰食于官，非久计，给钞百五十万锭，币帛准钞五十万锭，命太师月赤察

---

① 《元史》卷30《泰定帝纪二》。《元史》卷50《五行志一》载，泰定四年十二月"夏邑县河溢"。

② 《元史》卷50《五行志一》。但《元史》卷30《泰定帝纪二》未载。

③ 《元史》卷34《文宗纪三》；卷50《五行志一》。

④ 《元史》卷65《河渠志二》。

⑤ 《元史》卷36《文宗纪五》。但《元史》卷50《五行志一》未载。

⑥ 虞集：《贾忠隐公神道碑》，《道园类稿》卷40。

⑦ 刘敏中：《顺德忠献王碑》，《中庵先生刘文简公文集》卷4。

儿、太傅哈剌哈孙分给之，罢其廪给"。闰十一月，"北来民饥，有鬻子者，命有司为赎之"[1]。元朝设和林行省，管理漠北广大草原。"和林贫民"即指因饥荒南来的贫苦牧民。漠北人口缺乏统计，但草原的生态环境能负担的人口是有限的。一般认为成吉思汗建国时不会超过十万户百万口。随着形势的发展，漠北户口肯定有很大增加。但南迁竟达86万余户，若以每户四口计则有350余万口，实在是惊人的数字。元世祖时，"汉地"即北方农业区居民总数不过130余万户，北来贫民数量如此之大，必然给"汉地"带来很大的压力。到至大三年（1310）六月，"和林省臣言：贫民自迤北来者，四年之间靡粟六十万石、钞四万余锭、鱼网三千、农具二万。诏尚书、枢密差官与和林省臣核实，给赐农具田种，俾自耕食，其续至者，户以四口为率给之粟"[2]。仁宗皇庆元年（1312）二月，"敕岭北行省赈给阙食流民"[3]。这次大灾引发的流民问题至此告一段落，持续了近五年。第二次大灾发生在元仁宗时代："延祐间，朔漠大风雪，羊马驼畜尽死，人民流散，以子女鬻人为奴婢。"[4]延祐四年（1317）十二月，"遣官即兴和路及净州发廪赈给北方流民"。兴和路治高原，今河北张北；净州城位于今内蒙古四子王旗境内。这是一次新的南来流民潮的来临。由此可以推知，漠北草原新的大灾应发生在延祐三年（1316）或四年。延祐五年（1318）四月，"遣官分汰各部流民，给粮赈济"。六月，"遣阿尼八都儿、只儿海分汰净州北地流民，其隶四宿卫及诸王、驸马者，给资粮遣还各部"。六年（1319）四月，"命京师诸司官吏运粮输上都、兴和，赈济蒙古饥民"。同年还有多个赈济蒙古贫民的措施。[5]七年（1320）六月，"赈北边饥民，有妻子者钞千五百贯，孤独者七百五十贯"[6]。大批牧民南来对于社会来说是不安定的因素，元朝政府大力推行遣返活动。英宗至治二年（1322）十二月，"给蒙古流民粮、钞，遣还本部"[7]。泰定元年（1324）三月，"给蒙古流民粮、

① 《元史》卷22《武宗纪一》。

② 《元史》卷23《武宗纪二》。

③ 《元史》卷24《仁宗纪一》。

④ 《元史》卷136《拜住传》。

⑤ 《元史》卷26《仁宗纪三》。

⑥ 《元史》卷27《英宗纪一》。

⑦ 《元史》卷28《英宗纪二》。

钞，遣还所部"。六月，"赈蒙古饥民，遣还所部"①。遣返活动拖了很长时间，直到天历二年（1329）、至顺元年（1330）还在进行。漠北草原是"兴王根本之地"，连续发生严重的天灾，意味着根本动摇。这对于元朝来说，不仅是经济上的沉重负担，也是政治上的重大打击。

第四节　顺帝时期的灾情

元朝最后一个皇帝元顺帝妥懽帖睦尔在位期间（1333—1368）爆发了特大的灾荒，直接引发了全国规模的农民战争，导致了朝代的更迭。

顺帝统治的前 10 年，和前一阶段一样，各种灾害多发。在北方，山东棣州一带，"元统癸酉，岁俭，大疫且四起，道殣相望"②。棣州治今山东阳信。癸酉是元统元年（1333）。更严重的是元统元年六月的京畿水灾，"大霖雨，京畿水平地丈余，饥民四十余万"③。后至元三年（1337）六月，"辛巳，大霖雨，自是日至癸巳不止。京师，河南、北水溢，御河、黄河、沁河、浑河水溢，没人畜、庐舍甚众"④。辛巳是十二日，癸巳是二十四日，这场大雨连下十余日，引起北方很多河流泛滥成灾。后至元四年（1338），监察御史宋褧出巡，回来报告说："窃见檀、顺、通、蓟等处，去岁夏、秋霖雨，及溪河泛涨，淹没田禾，十损八九。"宋褧所到之处，"人民告诉，百端生受，情状可伤，饥寒蓝缕，不能存活"。而蒙古贵族属下的"鹰坊、牧马并各枝儿怯怜人儿等"还仗势勒索"酒饭、鹰食等物……稍或推阻诉难，辄便吊缚打拷，重者伤残肢体性命"。百姓无法生存，只好逃亡。⑤这种情况在北方农业区是很普遍的。后至元五年（1339）三月、五月、六月、八月不断有"达达民饥""爱马人民饥"，加以赈济的记载，有的还提到"大风雪"⑥。"达达"即蒙古，"爱马"是蒙语，意为"部"。"爱马人民饥"即蒙古各部民众饥。可见，在后至元四年至五年之间，漠北草原又

①《元史》卷29《泰定帝纪一》。

②　宋濂：《棣州高氏先茔石表辞》，《宋文宪公全集》卷15。

③《元史》卷38《顺帝纪一》，《宋文宪公全集》卷15。

④《元史》卷39《顺帝纪二》。

⑤宋褧：《建言救荒》，《燕石集》卷13。

⑥《元史》卷39《顺帝纪二》。

发生了风雪灾害。后至元六年（1340）七月，"达达之地大风雪，羊马皆死。赈军士钞一百万锭，并遣使赈怯列干十三站，每站一千锭"①。显然，在后至元五年至六年间，漠北草原继续发生"大风雪"。这样连年的灾荒，对草原的破坏是极大的。至正二年（1342），北方部分地区旱情严重，"彰德、大同二郡及冀宁平晋、榆次、徐沟县，汾州孝义县，忻州皆大旱，自春至秋不雨，人有相食者"②。实际上，发生大旱的远不止上述地区，属于冀宁路的平定州（今山西平定），"至正壬午岁（至正二年——引者）境内大旱，自春徂秋，罔有雨泽，赤地千里而纤卉莫生焉。越明年癸未，魃虐尤甚，阳石炽火，渴井腾烟，莽麦灰槁，菽粟焦焚。一郡之民，流离逃散，靡所至止，死亡饿殍，罔有孑遗。农民蹙额，市户嗷嗷"③。保定路行唐县（今河北行唐），"壬午秋，邑大饥，野有饿莩，民采木叶以食……癸未冬，民愈乏食，饿莩尤甚"④。

江南亦多灾害。元统二年（1334）三月，"杭州、镇江、嘉兴、常州、松江、江阴水旱疾疫"。五月，"中书省臣言：江浙大饥，以户计者五十九万五百六十四"⑤。后至元二年（1336），"是岁……江浙旱，自春至于八月不雨，民大饥"⑥。后至元四年（戊寅，1338），"浙西有水，苏、湖、杭、秀之田皆在淹没，而松江为独甚。松江二县惟华亭素称富饶福善之邦，每岁官粮自该八十余万石，今乃一概入水。乡村不可居者散而之四方，城中地稍卑者例遭沉没。……尝见己巳大旱，庚午大水，辛未饥疫，民度苦劫以来，疲困凋残，六七年尚未苏醒。不幸今戊寅之水，其毒尤酷"⑦。己巳是天历二年（1329），庚午是至顺元年（1330），辛未是至顺二年（1331）。至正元年（1341）六月，"扬州路崇明、通、泰等州海潮汹涌，

---

① 《元史》卷40《顺帝纪三》。

② 《元史》卷51《五行志二》。

③ 王烈：《灵源公祈雨感应记》，《山右石刻丛编》卷36。

④ 程渊：《主簿刘公遗爱碑记》，清乾隆《行唐县志》卷8，引自李修生《全元文》第58册，第110页。

⑤ 《元史》卷38《顺帝纪一》。

⑥ 《元史》卷39《顺帝纪二》。

⑦ 释惟则：《答弟行远二》，《天如惟则禅师语录》卷7。这次浙西水灾，《元史》的《顺帝纪》和《五行志一》都没有记载。

溺死一千六百余人"[1]。"至正元年，浙东旱，明郡尤甚。二月至五月不雨，秧不得莳，已莳随槁。"[2]"明郡"即庆元路（治今浙江宁波），古称明州。至正二年（1342）夏，"江浙病疟死者十有三四"[3]。

这一时期，苏天爵上疏说："爰自去岁以来，不幸天灾时见，或值旱干，或遇霖雨，河水泛滥，年谷不登，以致江浙、辽阳行省，山东、河北诸郡，元元之民，饥寒日甚。始则质屋典田，既不能济，甚则鬻妻卖子，价值几何。朝廷虽尝赈恤，数日又复一空。朝餐树皮，暮食野菜，饥肠暂充，形容已槁。父子不能相顾，弟兄宁得同居。壮者散为盗贼，弱者死于途路。闻之亦为寒心，见者孰不陨涕。"[4]大范围的多种灾荒，加速了劳动者的赤贫化，导致社会的动荡不安。

至正四年（1344）、五年（1345）间，各种灾害更趋严重。据官方记载，淮河以北，腹里所辖河北、山西、山东以及河南行省所辖汴梁路等接连发生水灾，"饥民有相食者"。"河南北诸郡灾于水，民死亡不可胜数。"[5]曹州、胶州等处旱。归德府等处蝗。济南大疫。在南方，福州大旱，"自三月不雨至于八月"。邵武、镇江等处旱。福州、邵武、延平、汀州有大疫。温州路"飓风大作，海水溢，地震"。此外，南北都有一些地方发生地震。[6]江西兴国，"岁甲申大疠为人灾，朝疾而暮即殪，有一室尽丧者，积尸纵横，无人具棺敛"[7]。至正五年（1345），"江右之境，连岁旱饥，加以疫疠，道殣相望"[8]。江西建昌南城，"前年甲申六月，大旱，强梁亡命求食劫掠不可止"。过了两年，"疫大作"[9]。河南长社（今河南许昌），"至正甲申岁凶荒，饥民流移外窜，弃妻鬻子，人相食者有之。田野荒芜，

①《元史》卷40《顺帝纪三》。

②程端礼：《送道士啬斋吕君序》，《畏斋集》卷3。

③段天祐：《城隍庙记》，清光绪《分水县志》卷2，引自李修生《全元文》第45册。

④苏天爵：《乞免饥民夏税》，《滋溪文稿》卷26。

⑤宋禧：《送王巡检赴岑江序》，《庸庵集》卷12。

⑥《元史》卷41《顺帝纪四》。

⑦宋濂：《吕府君墓志铭》，《宋文宪公全集》卷15。

⑧虞集：《江西监郡刘公去思碑》，《道园类稿》卷40。

⑨虞集：《江西分宪张公旴江生祠记》，《道园类稿》卷26。

庐舍空旷，蓬蒿口野，殆若无人之境"①。由于腹里地区灾荒蔓延，许多灾民流入元朝都城大都。当时生活在大都的高丽士人李穀在至正五年五月写了一篇《小圃记》，叙述他在赁屋小圃种菜三年，第一年丰收，第二、第三年因灾害相继，一年不如一年。"予尝以小揆大，以近测远，谓天下之利，当耗其大半也。四年秋果不熟，冬阙食，河南北民多流徙，盗贼窃发，出兵捕诛不能止。及春饥民集京师，都城内外，呼号丐乞，僵仆不起者相枕籍。庙堂忧劳，有司奔走，其所以设施救活，无所不至。至发廪以赈之，作粥以食之，然死者已过半矣。由是物价涌贵，米斗八九千。今又自春末至夏至不雨，视所种菜如去年，未知从今得雨否？"②另据官方记载，五年四月，"大都流民，官给路粮，遣其还乡"③。可见流民已成为大都的突出社会问题，而这完全是由腹里灾荒造成的。

这两年间，最严重的灾荒要数河南行省南部的特大旱灾和大疫，以及黄河的决口。至正五年诗人乃贤由江南前往大都途中，经过河南，根据见闻，写下了《颍州老翁歌》："河南年来数亢旱，赤地千里黄尘飞。麦禾槁死粟不熟，长镵挂壁犁生衣。……市中斗粟价十千，饥人煮蕨供晨炊。木皮剥尽草根死，妻子相对愁双眉。""今年灾虐及陈、颍，疫毒四起民流离。连村比屋相枕籍，纵有药石难扶治。一家十口不三日，藁束席卷埋荒陂。"余阙为此诗写的后记中说："至正四年，河南北大饥，明年又疫，民之死者过半。……然民瘏大困，田莱尽荒，蒿蓬没人，狐兔之迹满道。"余阙当时任御史，在河南目睹大灾带来的惨象。④陈州属河南行省汴梁路，今河南淮阳。颍州属河南行省汝宁府，今安徽阜阳。明朝开国皇帝朱元璋是濠州（今安徽凤阳）人，濠州属河南行省安丰路，颍州与濠州两地都在淮河以北，相去不远。至正四年（甲申，1344），朱元璋17岁。"值四方旱蝗，民饥，疫疠大起"。一月之内，父母、长兄相继死亡。"值天无雨，遗蝗腾翔，里人缺食，草木为粮。"无奈之下，只好出家为僧。但寺院亦缺乏粮食，"居未两月，寺主封仓，众各为计，云水飘扬"。朱元璋只好

---

① 宫珪：《长社县尹袁公去思碑》，民国《许昌县志》卷16，引自李修生《全元文》第31册。

② 李穀：《稼亭集》卷4。

③ 《元史》卷41《顺帝纪四》。

④ 乃贤：《金台集》卷1。

游食四方。由朱元璋的遭遇亦可见此次大疫不限于《颍州老翁歌》所说的陈、颍，波及地区很广，灾情十分惨烈。① 这场"疫毒""疫疠"，来势凶猛，显然是一种恶性传染病。另有记载说："乙酉年后，北方饥，子女渡江转卖与人为奴为婢。"显然，江北许多饥民逃到江南，衣食无着，只好出卖子女来苟全性命。② 此后稍有缓解，但到至正七年（1347），又是大旱之年。"丁亥岁，河南自正月至七月无雨，流民相于道，哭声满野。"③ 数年大旱加之大疫，对河南行省南部造成了严重的破坏。至正八年（1348），刘秉直任卫辉路（路治今河南卫辉）总管，"岁大饥，人相食，死者过半"④。

　　黄河决口是另一起巨大的灾难。元统元年（1333）、后至元元年（1335）、后至元三年（1337）、至正二年（1342）都曾发生"黄河水溢"，但范围不大。至正四年（1344）正月，"河决曹州，雇夫万五千八百修筑之"。"是月，河又决汴梁。"⑤ 到五月，形势进一步恶化："夏五月，大雨二十余日，黄河暴溢，水平地二丈余，北决白茅堤。六月，又北决金堤。并河郡邑济宁、单州、虞城、砀山、金乡、鱼台、丰、沛、定陶、楚丘、武城［成武］，以至曹州、东明、巨野、郓城、嘉祥、汶上、任城等处皆罹水患，民老弱昏垫，壮者流离四方。水势北侵安山，沿入会通、运河，延袤济南、河间，将坏两漕司盐场，妨国计甚重。"⑥ 白茅堤在今山东曹县西北，金堤在今河南兰考东北。从上面列举的地名来看，此次黄河泛滥涉及济宁路（单州、虞城、砀山、金乡、鱼台、丰、沛、巨野、郓城、嘉祥、任城）、东平路（汶上）、曹州（定陶、楚丘、成武）、大名路（东明），均属腹里（中书省直辖地区），大体相当于今山东西南以及河南、安徽、江苏交界处，而且漫入联系南北的大动脉会通河和运河，逼近济南（路治历城，今山东济南）、河间（路治河间，今河北河间），面积广阔，造成了生命财产的巨大损失。"比年以来，黄河失道，泛滥曹、濮间，生民垫溺，中原雕耗，莫此为甚。"⑦ "河

---

①《明洪武实录》卷1；朱元璋：《皇陵碑》，《明太祖集》卷14。

②孔齐：《至正直记》卷3《乞丐不为奴婢》。

③陈基：诗题，《夷白斋稿》外集卷上。

④《元史》卷192《良吏二·刘秉直传》。

⑤《元史》卷41《顺帝纪四》。

⑥《元史》卷66《河渠志三》。

⑦王喜：《治河图略》，选自《元代奏议集录（下）》，第336页。

南北诸郡灾于水，民死亡不可胜计。"[1] 面对这场巨大的灾难，元朝上层争论不休，束手无策。"河决白茅堤，又决金堤，方数千里，五年不能塞。"[2] 直到至正九年（1349），元朝政府才下决心治河。经过一段时间筹备之后，在至正十一年（1351）四月正式动工，征调民工 15 万、军人 2 万。十一月，工程结束，"河乃复故道，南汇于淮，又东入于海"[3]。

至正七年（1347）七月十七日，朝廷发布圣旨，"作新风宪"，即整顿监察机构，其中说："灾沴荐臻，水旱连年，盗贼时起，富民被掠，农民阻饥。""近年水旱荐臻，郡县失治，盗贼窃发，百姓被害。"[4] 灾荒导致社会矛盾尖锐，统治秩序动摇。元朝政府企图挽救，但杯水车薪，没有多大效果。灾情继续扩大，矛盾不断加剧。至正十一年（1351）五月，刘福通在颍州起义，揭开了绵延二十余年的全国农民战争的序幕。刘福通起义与黄河决口有密切关系。"先是中书省右丞相脱脱在任，灾异叠见，黄河变迁。至正十一年，遣工部尚书贾鲁役民夫一十五万，军二万，决河故道，民不聊生。河南韩山童首事作乱……渐致滋蔓，陷淮西诸郡。继而湖广、江西、荆襄等处，皆沦贼境。"[5] 黄河泛滥，使两岸人民挣扎在死亡线上，"济宁、曹、郓，连岁饥馑，民不聊生"[6]。元朝政府用强制的手段，大量征调民工修河，无异雪上加霜。"韩山童等因挟诈，阴凿石人，止开一眼，镌其背曰：'莫道石人一只眼，此物一出天下反。'预当开河道埋之。掘者得之，遂相为惊诧而谋乱。"[7] 韩山童是栾城（今河北栾城）人，"祖、父以白莲会烧香惑众，谪徙广平永年县（今河北永年）"。十一年，即在修河工程开动后不久，他便以宋徽宗八世孙自命，聚众起事。但事机不密，被当地官府发觉，"山童就擒"。其徒刘福通逃到淮西，在五月间"以红巾为

① 宋禧：《送王巡检赴岑江序》，《庸庵集》卷12。

② 《元史》卷138《脱脱传》。

③ 《元史》卷66《河渠志三》。

④ 《宪台通纪续集·作新风宪制》，王晓欣点校：《宪台通纪（外三种）》。

⑤ 陶宗仪：《南村辍耕录》卷29《记隆平》。

⑥ 《元史》卷186《成遵传》。

⑦ 叶子奇：《克谨篇》，《草木子》卷3上。由于元朝政府的严密部署，修河期间民工并未造反，此次工程得以顺利完成。但这些听到民谣的民工，在遣散以后，有很多人参加农民起义军，是可以想见的。

号，陷颍州"①。如上所述，颍州正是至正四年（1344）、五年（1345）大旱、大疫的中心地区。这一带有大量像朱元璋一样饥寒交迫的流民。刘福通的到来，犹如火种，立刻引起了燃烧两淮的熊熊烈火，而且迅速扩展，成为全国规模的农民战争。

在中国历史上，任何一场大规模的、持久的农民战争，都有其深刻的社会根源。元末农民战争绵延十余年，遍及全国，"其致乱之阶非一朝一夕之故，所由来久矣"②。从根本上说是由于地主剥削农民，导致严重的贫富分化，"人物贫富不均，多乐从乱"，"贫者从乱如归"③。但无可否认，不断发生的各种自然灾害，在不同程度上加剧了阶级矛盾，而顺帝时期特大的旱、疫和河灾，则对元末农民战争起着直接导火线的作用。

元顺帝统治的中后期，减灾救灾工作则完全陷于瘫痪，因此由灾害引起的"大饥"连年不绝。浙东仙居，"至正癸巳，大旱，民或鬻子以食"。癸巳是至正十三年（1353）。至正十四年（1354），安庆一带，"春夏大饥，人相食"④。浙东处州一带，"至正丙申，岁大俭，斗米或至钱千，道馑相望"⑤。丙申是1356年。最突出的是至正十八年到二十年（1358—1360）间京师的大饥疫和至正十九年（1359）北方的蝗灾。十八年七月，"是月，京师大水、蝗，民大饥"⑥。"冬，京师大饥，人相食。"⑦ "至正十八年，京师大饥疫。时河南北、山东郡县皆被兵，民之老幼男女避居聚京师，以故死者相枕籍。[宦者朴]不花欲要誉一时，请于帝，市地收瘗之。……至正二十年（1360）四月，前后瘗者二十万，用钞二万七千九十余锭，米五百六十余石。"⑧ 有的记载对死亡人数估计更高："京师大饥，民殍死者几百万，十一门外各掘万人坑掩之。"⑨ 诗人张翥时在大都做官，"戊戌七

① 《元史》卷42《顺帝纪五》。

② 《元史》卷66《河渠志三》。

③ 叶子奇：《草木子》卷3上《克谨篇》。

④ 《元史》卷143《余阙传》。

⑤ 宋濂：《处州教授吴君妻丘氏孟贞墓铭》，《宋文宪公全集》卷11。

⑥ 《元史》卷45《顺帝纪八》。

⑦ 《元史》卷51《五行志二》。

⑧ 《元史》卷204《宦者·朴不花传》。

⑨ 权衡：《庚申外史》卷下。

元代灾荒史
Yuandai Zaihuang Shi

月"，他写了一首题为《书所见》的诗，其中说："沟中人啖尸，道上母抛儿。""地南官掘穴，日见委尸盈。"①大都城简直成了人间地狱。其实大疫并不限于京师，北方很多地区都有发生。东昌路博平县房德麟为东平路吏员，"戊戌春，暴兵猬起，糜烂济、兖州郡，乃与乡之老稚挈家走河间。先是连岁饥馁，而疫气大作，人多逃死。妻张洎三男皆物故，惟少子纲在，才八岁耳，乃襁负而北"②。戊戌是至正十八年（1358）。房德麟的家庭变化不难想见当时山东大疫造成灾难之巨大。

咸阳（今陕西咸阳）地区，"至正戊戌迨己亥，旱、蝗相仍"③。戊戌是至正十八年（1358），己亥是十九年（1359）。类似的情况实际上北方很多地区都有发生。至正十九年五月，"山东、河东、河南、关中等处，蝗飞蔽天，人马不能行，所落沟堑尽平，民大饥"。七月，"霸州及介休、灵石县蝗"。八月，"蝗自河北飞渡汴梁，食田禾一空"。"是月，大同路蝗。"④蝗虫"食禾稼草木俱尽，所至蔽日，碍人马不能行，填坑堑皆盈。饥民捕蝗以为食，或曝干而积之。又罄，则人相食"⑤。这样严重的蝗灾，在历史上并不多见。蝗灾主要发生在北方农业区即"汉地"，这一地区是元军与农民起义军激烈交战的地方，又遭遇大灾，真是赤地千里了。"河朔之乱，连岁不熟，民多为饥卒所食，骸骼遍野，腥秽塞天。……已而远近大饥，饿殍满道。"⑥

在各路农民军打击下，元朝统治处在风雨飘摇之中。群雄割据，道路阻隔，江南财赋来源断绝。至正十八至十九年的特大灾荒，造成"汉地"社会经济的全面崩溃，更使其落入摇摇欲坠的境地。朱元璋在南方兴起，举兵北伐，很快便攻下大都，完成朝代的更替。元朝的灭亡，有政治、军事的原因，也有经济的因素。而自然灾害的频繁发生，无疑起了重要的激化作用。

---

① 张翥：《张蜕庵诗集》卷1。

② 李继本：《房氏家传》，《一山文集》卷6。

③ 殷奎：《咸阳侯氏谱图序》，《强斋集》卷1。

④ 《元史》卷45《顺帝纪八》。

⑤ 《元史》卷51《五行志二》。

⑥ 李继本：《刘义士传》，《一山文集》卷6。

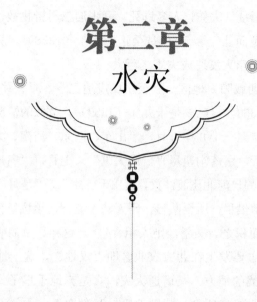

第二章
水灾

　　水灾是指某一具体年、季、月的降水量比常年平均降水量显著增多，从而导致农业生产和人类生活受到较大危害的现象。因降水量增多，造成河流涌溢而威胁农业生产和人畜生命的灾害也被视作水灾的范畴。水灾根据性质的不同可以分为洪灾和涝灾。一般来说，河流上游降雨量或降雨强度过大，急骤融冰化雪或水库垮坝等导致河流突然水位上涨和径流量增大，超过河道正常行水能力，或暴雨引起山洪暴发，河流暴涨漫溢或堤防溃决，造成的灾害是洪灾。由于本地降雨过多，长久不能排出的积水灾害是涝灾。①本章将根据学界的习惯将元代洪灾和涝灾一并作为水灾进行研究。

目前学界对水灾的分级不尽相同，呈现出多元化的特点。国家气象局气象科学研究院根据明清地方志、实录和档案等资料重构了 1470 年以来我国 120 个站点 510 年旱涝等级序列。②根据这个序列，旱涝灾害可分为五级，其中第一级为涝灾，即持续时间长而强度大的降水和大范围降水，如"春夏霖雨"，"春夏大水，溺死人畜无算"等；第二级则为偏涝，即春秋单季成灾不重的持续降水，局部地区大水，成灾稍轻的飓风大雨，如"春霖雨伤禾"，"秋霖雨害稼"，"四月大水，饥"等。这五级旱涝等级的分类过于笼统，加之其资料来源的限制，存在诸多无法解决的问题。根据受灾范围的不同，邹逸麟等将旱涝灾害划分为五等，即局部地受灾年、中等受灾年、大灾年、特大灾年和毁灭性灾年。③宋正海将涝灾划分为微小雨涝、小雨涝、中等雨涝、大雨涝和特大雨涝。④王培华则根据受灾范围的状况将水灾年分为三级，即小范围水灾年、中范围水灾年和大范围水灾年。⑤但无论如何，受灾范围和水灾持续时间是水灾分级的重要参考指数。笔者参照前人的成果，以受灾范围和持续时间等为参考指数，以灾年为单位，将元代水灾年份整合分为四级：一般水灾年，指受灾限于局部范围、持续时间历时几天的水灾年份；严重水灾年，指受灾涉及较多路份（5～10 路），持续时间月余的水灾年份；重大水灾年，指受灾范围较大，涉及 10～20 路，持续时间一般在数月（或跨季），灾情出现叠加的水灾年份；特大水灾年，指时间持续数个季度，受灾波及范围达到 20 路以上的水灾年份。

关于元代水灾的研究，和付强对有元一代的水灾发生频次、时空分布

①丁一汇、张建云等：《暴雨洪涝》，北京：气象出版社，2009年，第191页。

②国家气象局气象科学研究院：《中国近五百年旱涝分布图集》，北京：地图出版社，1981年。

③邹逸麟：《黄淮海平原历史地理》，合肥：安徽教育出版社，1997年，第60～62页。

④宋正海：《中国古代自然灾异动态分析》，合肥：安徽教育出版社，2002年，第177页。

⑤王培华：《元代北方灾荒与救济》，北京：北京师范大学出版社，2010年，第2～9页。

特点进行了统计和研究^①，失之简略。王培华依据《元史》之《本纪》《五行志》，对从元太宗十年至至正二十六年（1238—1366）129年间，包括中书省、辽阳行省、陕西行省、河南行省在内的4省56路水灾的时空分布特点进行了分析。^② 此外，还有尹钧科、于德源、吴文涛等对元代大都路水灾的探讨，袁林、陈广恩对元代西北地区水灾的研究等。^③ 除岑仲勉论及元代河患外，^④邱树森对元代河患进行了专题研究。^⑤以上研究的资料多囿于《元史》，对水灾的统计有纰漏之处；或局限于一隅，无法探知元代水灾发生的全面情况。本章在前人研究的基础上，以《元史》为主要参考，辅之以元人文集等资料，试图全面勾勒出元代水灾发生状况，并对其时空分布进行分析。

关于元代水灾的发生统计，学界有着不同的标准。邓云特指出元代163年间共发生水灾约为92次。^⑥赵经纬认为元代从宪宗辛亥年到至正二十八年（1251—1368）的118年间，共发生水灾687次。^⑦王培华认为从中统三年到至正二十六年（1262—1366）的105年间，有93年发生水灾，占总统计年数的89%，只有12年无水灾记载，占总数的11%。^⑧ 和付强则认为如果以年为单位，由1276年至1367年的92年间都有水灾；若以路或县和以年为单位，元朝水灾达600多次。^⑨可以看出，有以水灾发生次数统计水灾者，也有用水灾发生年份来统计水灾者。不可否认，两者都有助于元代水灾发生史的考察。鉴于水灾统计的复杂性，用灾年来统计水灾更能够

①和付强：《中国灾害通史·元代卷》，郑州：郑州大学出版社，2009年，第119～144页。

②王培华：《元代北方灾荒与救济》，第1～93页。

③尹钧科、于德源、吴文涛：《北京历史自然灾害》，北京：中国环境科学出版社，1997年；袁林：《西北灾荒史》，兰州：甘肃人民出版社，1994年；陈广恩：《关于元朝赈济西北灾害的几个问题》，《宁夏社会科学》2005年第3期。

④岑仲勉：《黄河变迁史》，北京：人民出版社，1957年。

⑤邱树森：《元代河患与贾鲁治河》，《元史论丛》第三辑，北京：中华书局，1986年。

⑥邓云特：《中国救荒史》，第26页。

⑦赵经纬：《元代的天灾状况及其影响》，《河北师院学报》1994年第3期。

⑧王培华：《元代北方灾荒与救济》，第10页。

⑨和付强：《中国灾害通史·元代卷》，第145～146页。

元代灾荒史
Yuandai Zaihuang Shi

凸显出水灾发生的总体状况，进而从中找出水灾发生的规律。据不完全统计，元代163年间，水灾发生年份为105年。自中统元年至至正二十八年（1260—1368）的109年间，水灾发生年份约为103年。水灾的发生很复杂。以往统计水灾次数大多都没有关注文献记载水灾发生地域的关联性，而多将一处记载计为一次。若以一地（路州）水灾计算水灾次数，则元代水灾达1240余次。

上述各位学者对元代水灾应从何时统计有着不同的观点。本章将包括大蒙古国时期在内的有元一代作为考量的范畴，即自成吉思汗1206年即位开始，直至至正二十八年（1368）蒙古势力退出大都的163年间。需要说明的是，大蒙古国时期，包括元前期，元政权的控制范围仅限于北方一隅，远没有包括全国。本章仅探讨元政权控制地域范围之内所发生的水灾状况。

第一节　蒙古前四汗与世祖时期的水灾

蒙古前四汗时期辖境内水灾较少，且多为一般水灾。太祖二十二年（1227）六月，丘处机"浴于东溪。越二日，天大雷雨，太液池岸北水入东湖，声闻数里，鱼鳖尽去，池遂涸，而北口高岸亦崩"[1]。宪宗九年（1259）四月丙子，"大雷雨凡二十日"[2]，水灾发生地不详。同年，蒙宋对战的四川清江"水暴涨，浮桥坏，西岸军多漂溺"[3]。

世祖在位35年间，共有30个水灾发生年，总计发生水灾260余次。水灾发生地主要集中在腹里地区的河北、山东、西京路等地和河南行省北部，水灾波及范围广。黄河决口是这一时期水灾的重要内容。南方水灾相对较少，主要集中在长江流域的浙西地区，其他地区水灾呈分散式分布。

至元元年（1264），有重大水灾发生。真定路、顺天路、洺磁路、顺德路、大名路、东平路、曹州、濮州、泰安州、高唐州、济宁路济州、博州路、德州、淄莱路、河间路、济南路滨棣二州大水，水灾发生范围涉及腹里地区的16个路州。[4]至元二年（1265），大名路"岁大水，漂没庐

---

① 《元史》卷202《释老传》。

② 《元史》卷3《宪宗纪》。

③ 《元史》卷154《石抹按只传》。

④ 《元史》卷5《世祖纪二》。

舍，租税无从出"①。至元四年（1267）五月乙未。西京路应州大水。②六月，江表地区"大雨震电"，"雨连江表黑，电入海东红。川渎翻冥涨，乾坤破猛风"③。至元五年（1268）为重大水灾年。八月己丑，归德府亳州大水。九月癸丑，中都路水，免今年田租。④十二月戊寅，朝廷以"中都、济南、淄莱、河间、东平、南京、顺天、顺德、真定、恩州、高唐、济州、北京等处大水，免今年田租"⑤。可知当年上述地区均有大水灾发生。

至元六年（1269）正月甲戌，益都、淄莱大水。⑥七月，襄阳大霖雨，汉水溢，"山下营屯涨没几尽"⑦。十二月，河间路献、莫、清、沧四州及西京路丰州、浑源县大水。⑧至元七年（1270）八月辛卯，保定路霖雨"伤禾稼"，"御河水泛武清县"⑨。至元八年（1271），东平、西京等地州县有水灾发生，遂有至元九年（1272）"以去岁东平及西京等州县旱蝗水潦，免其租赋"⑩。同年，"江水暴溢"⑪。至元九年为重大水灾年。五月二十五日至二十六日，大都大雨，"流潦弥漫，居民室屋倾塌，溺压人口，流没财物粮粟甚众。通元门外，金口黄浪如屋，新建桥庑及各门旧桥五六座一时摧败如拉朽，漂枯长楣巨栋，不知所之。里闾耆艾莫不惊异，以谓自居燕以来，未省有此水也"⑫。六月丁亥，京师大雨，时隔六日后的壬辰夜，京师再次大雨。这次破坏严重，"坏墙屋，压死者众"⑬。七月，河决，

① 《元史》卷156《张弘范传》。

② 《元史》卷6《世祖纪三》。

③ 郝经：《丁卯夏六月大雨震电》，《郝文忠公陵川文集》卷14。

④ 《元史》卷6《世祖纪三》。

⑤

⑥ 同上。

⑦ 《元史》卷128《阿术传》；张之翰《大元故荣禄大夫中书平章政事赵公神道碑铭》，《张之翰集》卷19。

⑧ 《元史》卷50《五行志一》。

⑨ 《元史》卷7《世祖纪四》；卷64《河渠志一》。

⑩ 《元史》卷7《世祖纪四》。

⑪ 《元史》卷165《张禧传》。

⑫ 魏初：《青崖集》卷4。

⑬ 《元史》卷50《五行志一》；卷7《世祖纪四》。

卫辉路新乡县广盈仓南河北岸决五十余步。八月，"又崩一百八十三步，其势未已，去仓止三十步"①。九月，南阳、怀孟、卫辉、顺天等郡，洺、磁、泰安、通、滦等州淫雨，"河水并溢，圮田庐，害稼"②。显然此次黄河泛溢乃南阳等地霖雨所致。

至元十年（1273），霖雨害稼九分。七月庚寅日，河南发生水灾，遂"发粟赈民饥，仍免今年田租"③。至元十一年（1274）五月，淮西正阳城霖雨，淮水溢，不久"水入外郭"④。至元十二年（1275），河间霖雨伤稼，"凡赈米三千七百四十八石，粟二万四千二百六石"⑤，其中虽包括卫辉、太原等路旱灾的赈济，但足见这次受灾之严重。至元十三年（1276），东平、济南、泰安、德州、涟、海、清河、平滦、西京西三州"以水旱缺食，赈军民站户米二十二万五千五百六十石，粟四万七千七百十二石，钞四千二百八十二锭有奇"⑥。西京西三州当指丰州、云内、东胜等三州。涟、海、清河即涟州、海州、清河县，均属淮安路。济宁路也因遭受水灾而获免当年田租。元宋前线的寿春（后属安丰路）"天雨不止"⑦。

全国统一后的北方水灾依然严重。至元十四年（1277）五月，"以河南、山东水旱，除河泊课，听民自渔"⑧。可知河南、山东地区有水灾发生。六月，济宁路雨水"平地丈余，损稼"⑨。曹州定陶县、武清县、濮州、东昌路堂邑县雨水淹没庄稼。十二月，冠州及洺磁路永年县因水灾而获免当年田租，后又经疏导任河，"复民田三千余顷"⑩。至元十五年（1278），西京路奉圣州及彰德等处因水旱民饥，"赈米八万八百九十石，

---

① 《元史》卷65《河渠志二》。

② 《元史》卷50《五行志一》。

③ 《元史》卷8《世祖纪五》。

④ 《元史》卷129《阿塔海传》；卷156《董文炳传》。

⑤ 《元史》卷8《世祖纪五》。

⑥ 《元史》卷9《世祖纪六》。

⑦ 《元史》卷50《五行志一》；卷124《李桢传》。

⑧ 《元史》卷9《世祖纪六》。

⑨ 《元史》卷50《五行志一》。

⑩ 同上。

粟三万六千四十石、钞二万四千八百八十锭有奇"①。至元十六年（1279）
七月间，广平路鸡泽县"霖雨久降，沙、洺泛涨，焦佐等村河口冲决，溺
损民田"②。十二月，保定等二十余路水旱风雹害稼。③至元十七年（1280）
正月，广平路磁州，保定路永平县水。八月，大都、北京、怀孟、保定、东平、
济宁等路水，濮州和广平路磁州也发生水灾。至元十八年（1281）的水灾
局限于辽阳行省辽阳路懿州、盖州和保定路清苑县两地，分别发生在二月
和十一月。④至元二十年（1283），"是秋，霖雨。大河、清、沁皆泛溢，
为卫辉、怀孟害"⑤。其中黄河河水涌溢，造成南阳府唐、邓、裕、嵩四州
损稼无算。沁河水涌溢，坏太原、怀孟、河南等路民田一千六百七十余顷。⑥
清河出现涌溢，卫辉路损稼无算。程思廉"乘舟临视赈贷，全活甚众"，"水
浸城不没者数版"⑦。十月，拒马河涌溢，大都路涿州受灾严重。⑧

至元二十一年（1284）四月，拒马河决，"冲突三十余里"⑨，大都
路涿州受灾严重。六月，保定、河间和济南滨、棣二州大水，大都路雄州
新城县水。⑩秋，"西临滹沱、白沟，东与郎城蛤喇港接"的后卫亲军都指
挥使司营地"大霖雨"⑪。至元二十二年（1285）二月，浑河河堤出现决口。
秋，"又雨，群川漫流，营居水中，士马告病"⑫。同年秋，河南行省高邮
府等地"伤人民七百九十五户，坏庐舍三千九十区"，而河水坏南京、彰德、

---

① 《元史》卷10《世祖纪七》。

② 胡仲昇：《刘公德政碑》，民国三十一年《鸡泽县志》卷26，引自李修生《全元
文》第46册。

③ 《元史》卷50《五行志一》。

④ 同上。

⑤ 王思廉：《河东廉访使程公神道碑》，见苏天爵：《国朝文类》卷67。

⑥ 《元史》卷50《五行志一》。

⑦ 王思廉：《河东廉访使程公神道碑》，见苏天爵：《国朝文类》卷67；《元史》
卷163《程思廉传》。

⑧ 《元史》卷50《五行志一》。

⑨ 《元史》卷13《世祖纪十》。

⑩ 《元史》卷50《五行志一》；卷96《食货志四》。

⑪ 赵孟頫：《明肃楼记》，《松雪斋文集》卷7。

⑫ 同上。

大名、河间、顺德、济南等路田三千余顷。^① 至元二十三年（1286）为重大水灾年。三月甲戌，保定路雄州、大都路霸州等地洪水泛滥，"冒官民田"，遂"发军民筑河堤御之"^②。六月，安西路华州华阴县大雨，潼水和谷水涌溢，"平地三丈余"^③。而北方大都涿州、漷州、檀州、顺州和蓟州等五州，汴梁、归德辖下七县都有水灾发生。^④ 十月，开封、祥符、陈留、杞、太康、通许、鄢陵、扶沟、洧川、尉氏、阳武、延津、中牟、原武、睢州十五处河决，调动南京民夫二十万四千三百二十三人分筑堤防。十月，平滦、太原、汴梁诸路因水旱为灾，获免"民租二万五千六百石有奇"^⑤。可知这些地区也有水灾发生。

至元二十四年（1287）为重大水灾年，水灾发生范围较广。三月，汴梁路河水泛滥，役夫七千修完故堤。^⑥ 六月乙亥，大都路霸州益津县霖雨伤稼。^⑦ 胡祗遹鉴于八月二十五日雨，至二十九日未霁，作诗云："不雨夏无麦，久雨伤秋禾。六气良难调，水旱何恒多。霖淫五昼夜，陆地成江河。早谷未登场，穗黑芽成科。"^⑧ 九月，东京义、静、麟、威远、婆娑等处水，保定、太原、河间、河南等路霖雨害稼。具体受灾地区远不止此，当为"保定、太原、河间、般阳、顺德、南京、真定、河南等路"。这些地区霖雨害稼，太原尤甚，"屋坏压死者众"^⑨。而扬州路因水灾，"其地税在扬州者全免"^⑩，足见扬州水灾之严重。十一月，大都路水，"赐今年田租十二万九千一百八十石"^⑪。同年，白、潞河决，"漂庐舍，突障塞势益张"^⑫。

① 《元史》卷50《五行志一》。

② 《元史》卷14《世祖纪十一》。

③ 《元史》卷50《五行志一》。

④ 同上。

⑤ 《元史》卷14《世祖纪十一》。

⑥ 《元史》卷50《五行志一》。

⑦ 《元史》卷14《世祖纪十一》；卷50《五行志一》。

⑧ 胡祗遹：《苦雨叹时八月二十五日雨至二十九日未霁》，《胡祗遹集》卷1。

⑨ 《元史》卷14《世祖纪十一》；卷50《五行志一》。

⑩ 《元史》卷96《食货志四》。

⑪ 《元史》卷14《世祖纪十一》。

⑫ 程钜夫：《元都水监罗府君神道碑铭》，《程雪楼文集》卷20。

至元二十五年（1288）为特大水灾年。二月，京师水灾。五月己丑月，汴梁大霖雨，[1]"汴梁路阳武县诸处河决二十二所，飘荡麦禾房舍"[2]。其中汴梁路襄邑河决，漂没禾稼。辛亥日，河决汴梁，太康、通许、杞三县，陈、颍二州皆被害。六月壬申日，睢阳霖雨，"河溢害稼，免其租千六十石有奇"。乙亥，"以考城、陈留、通许、杞、太康五县大水及河溢没民田，蠲其租万五千三百石"[3]。同月，资国、富昌等一十六屯雨水害稼。[4]七月，胶州大水，"民采橡而食"[5]。保定路、大都路霸、漷二州都发生霖雨害稼的状况。八月丁丑，济宁路"嘉祥、鱼台、金乡三县霖雨害稼，蠲其租五千石"[6]。九月己丑，献、莫二州霖雨害稼，免田租八百余石。[7]十二月，太原、汴梁二路河溢害稼。[8]同年，潞河决，直沽"水溢，几及仓，罗璧树栅，率所部畚土筑堤捍之"[9]。

至元二十六年（1289）为特大水灾年。四月庚午，沙河决堤。[10]五月辛丑，御河溢入会通渠，漂没东昌民庐舍。五月，泰安寺屯田大水，获免今年岁租。六月，济宁、东平、汴梁、济南、顺德、真定、平滦、棣州等地霖雨害稼，"免田租十万五千七百四十九石"[11]。七月，尚珍署屯田大水，"雨坏都城，发兵、民各万人完之"[12]。癸巳日，平滦屯田也出现了霖雨害稼的状况。甲午日，御河涌溢，河间大水害稼。癸卯日，沙河溢，铁灯杆决堤。八月，大都路霸州大水，"民乏食，下其估粜直沽仓

元代灾荒史
Yuandai Zaihuang Shi

---

① 《元史》卷50《五行志一》。

② 《元史》卷65《河渠志二》。

③ 《元史》卷15《世祖纪十二》。

④ 同上。

⑤ 《元史》卷15《世祖纪十二》；卷50《五行志一》。

⑥ 同上。

⑦ 同上。

⑧ 《元史》卷50《五行志一》。

⑨ 《元史》卷166《罗璧传》。

⑩ 《元史》卷15《世祖纪十二》。

⑪ 同上。

⑫ 同上。

米五千石"，大都路霖雨害稼，"免今岁租赋，仍减价粜诸路仓粮"①。九月，平滦昌国等屯田霖雨害稼。十月，营田提举司水害稼，平滦路水害稼，"坏田稼一千一百顷"②。闰十月，左右卫新附军屯田"大水伤稼乏食"。丙申，宝坻屯田大水害稼，十一月，陕西凤翔屯田大水。十二月，平滦再次发生大水，"伤稼"，获"免其租"③。

至元二十七年（1290）为特大水灾年。正月，甘州路、无为路大水，无为路获免"今年田租"④。四月，安丰路芍陂屯田"以霖雨河溢，害稼二万二千四百八十亩有奇，免其租"⑤。五月，尚珍署广备等屯大水，获免其租。六月，怀孟路武陟县、汴梁路祥符县皆大水。"以霖雨免河间等路丝料之半"⑥，黄河太康县段涌溢，没民田三十一万九千八百余亩，免其租八千九百二十八石。七月，终南等屯霖雨害稼万九千六百余亩，凤翔屯田霖雨害稼，受损较为严重。御河魏县段涌溢，害稼五千八百余亩，获免租百七十五石。八月，沁水溢，害冀氏民田，免其租。九月丁未，御河高唐州段决堤，冲没民田。十一月，广济署洪济屯大水，免租额达到万三千一百四十一石之多。癸亥日，河决祥符县义唐湾，太康、通许、陈、颍二州大被其患。乙丑日，易水雄、莫、任丘、新安段涌溢，"田庐漂没无遗"⑦。

至元二十八年（1291）为重大水灾年。二月壬辰，京城霖雨成灾，毁坏了太庙第一室，不得不"奉迁神主别殿"⑧。夏，济南路棣州境内霖涝成灾，"饥民啖藜藿木叶"⑨。七月，京城大雨，毁坏了城墙。八月，大名之清河、南乐诸县霖雨害稼，获免田租万六千六百六十九石之多。⑩洺水与溽

① 《元史》卷15《世祖纪十二》。

② 《元史》卷50《五行志一》。

③ 《元史》卷15《世祖纪十二》。

④ 《元史》卷16《世祖纪十三》。

⑤ 同上。

⑥ 《元史》卷96《食货志四》。

⑦ 《元史》卷16《世祖纪十三》。

⑧ 同上。

⑨ 《元史》卷17《世祖纪十四》。

⑩ 《元史》卷16《世祖纪十三》。

沱河水汇合，"洨水南来接北溏，两河会合泛田庐"。"宁晋东南旧马头，今年秋稼被灾稠。至今田畯扬旌处，犹作长河水漫流。""涨痕到处尽翻耕，陇亩纵横宿麦青。马首野人争说似，肯教欺昧老提刑。薄有田畴在远坰，近村减掩不能耕。今年已损秋禾了，庶望来年麦有成。野涨平田一漫苍，只缘沟浍失堤防。田庐相近初无碍，赖有庄东白草冈。"①九月，平滦、保定、河间三路大水。乙巳日，河间路景州、河间等地淫雨害稼，所免田租达五万六千五百九十五石。十月，广济署大昌等屯发生水灾。②

至元二十九年（1292）为重大水灾年。六月，扬州路大水。闰六月辛亥，河西务遭受水灾。九月丁丑日，平滦路发生大水。至元三十年（1293）三月，京师霖雨再次冲坏都城。五月甲申日，真定路深州静安县大水为灾，民饥，遂发义仓粮二千五百七十四石赈之。八月，营田提举司所辖屯田一百七十七顷被水吞没。九月，恩州水，"百姓阙食"③。十月，平滦路水，广济署水灾损坏屯田一百六十五顷。同年，真定路宁晋等地也曾遭受水灾。④至元三十一年（1294），北方水灾零星散布。五月，峡州路大水。八月，赵州宁晋县水，平滦路迁安县水。十月，辽阳行省所属九处大水，"民饥，或起为盗贼"⑤。

至元时，不明具体时间的北方水灾比比皆是。"通州到大都，陆运官粮，岁若千万石，方秋霖雨，驴畜死者不可胜计"⑥。王恽上书记黄河利害，指出"今夏自中堡村南卧去京城廿里，而近撞圈水三百余步，势湍悍。旧筑月堤一荡而尽。又自河抵京北郊，地势渐下，南北争悬七尺之上，中间土脉疏恶，素无堤防固护，以捍水冲。又见犯去处不下五六十步，南接陈桥六丈，故沟至甚宽，浚北势既高，水性趋下，断无北泛之理"⑦。王恽还就沁水、浑河泛溢事宜上状请求整治："切见今年雨水稍作，黄、沁北泛，决坏武涉县坝闸，北与御河合流，淇门以下，漕岸低狭，不能吞。伏幸不

---

① 王恽：《农里叹并序》，《秋涧先生大全集》卷34。

② 《元史》卷16《世祖纪十三》。

③ 《元史》卷17《世祖纪十四》。

④ 《元史》卷17《世祖纪十四》；卷50《五行志一》。

⑤ 《元史》卷18《成宗纪一》；卷50《五行志一》。

⑥ 《元史》卷164《郭守敬传》。

⑦ 王恽：《黄河利害事状》，《秋涧先生大全集》卷91。

为患，兼今日堤防未修，倘值雨潦大作，自卫已东非惟漂没田庐、盐场，所在有大可虑者。""伏自今月内武清县北乡按部回至洪济镇。值浑河泛涨，其濒水民家已为潴没，若汤汤不已，大有可虑者，因行视堤堰。水势东南至孙家务，西北至本镇南，东西横亘约十五余里，其堤堰低狭高阔不过丈余，又年深颓剥，冲湮一土坅而已。河水伏槽，时视堤南平地尚下数尺。兼土脉疏弱，土性善崩，黄猫野鼠穿穴又多，固不足以御大患，捍水冲，万一泛决，沛然莫御。而堤南二十余村人畜田庐尽为漂没，其害又非虫蝗之可比也。就问得孙家务一带，去年秋已被灾伤，但不致太甚耳。外据漷阴县东北沙涡口等处略与武清县北乡事势相同，即目县西北近河堤南田禾已在水中，及有潴死头畜，合无专令各县正官一员昼夜巡防堤备破决，倘望不致疏虞，才候农隙，令都水监官相视堤岸疏恶去处，如法修筑，使一方永逸，以绝水患。"①

全国统一后，南方水灾仍比较严重。至元十四年（1277），"福建多水灾"，百家奴"出私钱市米以赈，贫民全活者甚众"②。至元十八年（1281），徽州路祁门"如春苦淫雨，至是雨甚，泥淖载途，士马艰于行。乙丑至邑，雨益甚"③。至元十九年（1282），湖广行省邕州"一日而没岸，再日而浸城。郡侯忧在生灵，急命杜塞城门，填筑沟洫，无罅不补，靡神不举。几日，雷怒雨注，水乃穿窦而入，裂地而出，一郡汹汹，如遇兵寇。戊辰日丑初，宁江门水灌城，奔如长鲸，涌如潮头，迅湍激涛，环走四向，触仓库，突寺观，翻屋庐。民有奔命而上城者，皆可幸保；守家者，俱无所逃。城隍庙本据高地，水毒所逼，四址亦溃，劫水为虐，固如是哉！"④八月，江南遭受水灾，"民饥者众"，"和礼霍孙请所在官司发廪以赈，从之"⑤。至元二十年（1283），江南"以水旱相仍，免江南税粮十分之二"⑥。

①　王恽：《论塞绝沁水事状》《论浑河泛溢请修治堤堰事状》，《秋涧先生大全集》卷89。

②　《元史》卷129《唆都传附百家奴传》。

③　汪梦斗：《歙乌聊山忠烈庙享神辞》，程敏政：《新安文献志》卷49。

④　张良金：《城隍庙碑》，《广西通志》卷143，引自李修生《全元文》第31册。

⑤　《元史》卷12《世祖纪九》。

⑥　《元史》卷96《食货志四》。

至元二十一年（1284）春，浙西发生水灾。建宁路"复霖雨，米价涌贵"，史弼"发米十万石，平价粜之"①，可见受灾之严重。而杭州路大雷雨雹。②至元二十二年（1285）秋，江浙行省庆元路大水，伤人民，坏庐舍。③至元二十三年（1286）六月，浙西大水，杭州、平江二路属县发生水灾，"坏民田一万七千二百顷"④，"时苏湖多雨伤稼，百姓艰食"，雷膺遂奏请"发廪米二十万石赈之"⑤。至元二十四年（1287），浙西诸路因去年大水发生获免当年田租十分之二。然浙西的大水并没有停止，"所在膏腴，悉成巨浸，百姓阙食，卖子鬻妻者不可胜计"⑥。其中常德路湖"大溢，水不冒防，才二尺"⑦。至元二十五年（1288），浙西水灾更为严重。四月，杭、苏、湖、秀等地再次发生大水灾，受灾者众，"民鬻妻女易食，请辍上供米二十万石，审其贫者赈之"⑧。五月丁酉，平江等路水。至元二十六年（1289）二月，绍兴大水，"免地税十之三"⑨。至元二十七年（1290）二月，常州路晋陵、无锡二县霖雨害稼，并免其田租。五月，江阴州、宁国路大水，民流移者四十五万八千四百七十八户，江阴州获免田租万七百九十石。⑩六月，泉州大水。七月戊申，江西霖雨，赣、吉、袁、瑞、建昌、抚水皆溢，龙兴城几乎被淹没。湖广行省武昌路江夏水溢，"害稼六千四百七十余亩"⑪。

至元二十八年（1291）春，浙西水，以"杭州被水"，"杭州地税并除之"⑫。二月，常德路大水，次月即免除田租二万三千九百石之

① 《元史》卷162《史弼传》。

② 方回：《夜大雷雨雹》，《桐江续集》卷4。

③ 《元史》卷50《五行志一》。

④ 《元史》卷168《陈思济传》；卷50《五行志一》。虞集：《陈公（思济）神道碑》，《道园学古录》卷42。

⑤ 《元史》卷170《雷膺传》。

⑥ 《大德八年江浙行省咨都省开吴松江》，任仁发：《水利集》卷4。

⑦ 姚燧：《奉训大夫知常德龙阳州孝子梁公神道碣》，《牧庵集》卷25。

⑧ 《元史》卷15《世祖纪十二》。

⑨ 《元史》卷96《食货志四》。

⑩ 《元史》卷16《世祖纪十三》。

⑪ 《元史》卷16《世祖纪十三》。

⑫ 戴表元：《遗安堂记》，《剡源先生文集》卷2；《元史》卷96《食货志四》。

多。可见这次水灾造成的损失之严重。浙东的婺州路因水灾获免田租四万一千六百五十石。至元二十九年（1292）五月，龙兴路南昌、新建、进贤三县遭受水灾。六月甲子，平江、湖州、常州、镇江、嘉兴、松江、绍兴等路府水。丁亥，湖州、平江、嘉兴、镇江、宁国、太平路大水，免除田租一百二十五万七千八百八十三石。闰六月，浙西大水，"雨水大呵，太湖的水为闭塞了，流水的港口漫出来，损着周回有的多百姓每的田禾的上头"，造成太湖"水潦田禾，人民阙食"[①]。同月，岳州路华容县因水灾获免田租四万九百六十二石，并有十二月发米二千一百二十五石赈济岳州华容饥民之举。可见这次水灾之严重。至元三十年（1293）五月，浙西大水冒田为灾。至元三十一年（1294），常德、岳州、鄂州、汉阳府等地水灾。山南道松滋、枝江有水患，"岁发民防水，往返数百里"[②]。龙兴路"城郭俯赣江，连岁大水，城不没者数板，坏民庐舍，饥死者众"。遂有元贞元年（1295）路总管陈某"请于行省，罢河泊之征，为钞二十万贯，听民自取，以续食，赖以全活者无数，由是得免转徙流移之患"[③]。

综上所述，蒙古前四汗时期，北方水灾见于记载者较少。忽必烈在位的35年间，约有30年有水灾发生，水灾发生次数达260余次。除中统年间以及至元三年（1266）未见水灾记载外，其余年份均有水灾发生。其中一般水灾年11年，严重水灾年9年，重大水灾年7年，特大水灾年3年，而特大水灾年主要集中在至元二十五年至至元二十七年（1288—1290）三年间。水灾多发于腹里地区的大都路、河间路、平滦路、顺天路（保定路）、西京路、洺磁路（广平路）、真定路、大名路、济宁路、东平路等地。南京汴梁路也是水灾较为严重的地区。黄河决口、涌溢达10余次，大多为附近地区霖雨所致。汴梁、河南府、南阳、彰德、大名、顺德、怀孟、济南、卫辉、洺磁（广平）、汝宁等黄河沿岸等地人民和农作物遭受了巨大的损失。此外，华北地区河流涌溢的状况也比较多见。沁河、浑河、拒马河、御河、滹沱河都有涌溢的情况发生，给沿岸人民的生产、生活造成了不小的损失。相比于北方，南方水灾则次数并不多，主要集中在浙西地区。杭、苏、湖、秀等地多次发生严重水灾，破坏性大。江西行省的水灾主要集中在至

①《至元三十年四月十四书吏王京承》，任仁发：《水利集》卷3。

②《元史》卷170《畅师文传》。

③赵孟頫：《故嘉议大夫浙东海右道肃政廉访使陈公碑》，《松雪斋文集》卷9。

元二十七年（1290）的龙兴、赣州、吉安、袁州、瑞州、抚州、建昌等路。其他地区水灾发生较为分散。

第二节　成宗至宁宗时期的水灾

成宗至宁宗的 38 年间，共有 38 个水灾年，即这一时段年年都有水灾发生，是元代水灾发生最为严重的时期。

成宗在位的 13 年间，年年有水灾发生，其中一般水灾年 2 年，严重水灾年 1 年，重大水灾年 4 年，特大水灾年 6 年。水灾总次数为 260 余次，与世祖时期水灾的总数相当。水灾发生区域主要集中于腹里地区、河南行省和江浙行省，其中腹里地区水灾占到这一时期水灾总次数的 45.7%，是水灾最为严重的地区。河南行省与江浙行省水灾发生次数基本相当。

元贞元年（1295）为特大水灾年。五月，建康溧阳州，太平当涂县，镇江金坛、丹徒等县，常州无锡州，平江长洲县，湖州乌程县，饶州余干州，常德沅江、澧州安乡等县发生水灾。六月，泰安州奉符、曹州济阴、济宁路兖州峄阳等县水。江西行省所辖郡县"大水无禾，民乏食，令有司与廉访司官赈之，仍弛江河湖泊之禁"[①]。戊申，济南路历城县大清河水溢，"坏民居"。七月，辽东大宁路和州、大都武卫屯田、东平、常德、湖州武卫屯田大水。八月，江浙行省平江路、河南行省安丰路大水。九月，平江再次发生大水，庐州路也有大水灾发生，而上都路宣德府也因大水"军民乏食"[②]。同年，辽阳行省咸平府以"供给繁重及水伤禾稼"，免"边民差税"[③]。

元贞二年（1296）为特大水灾年。五月，太原之平晋，河间献州之交河、乐寿，莫州之莫亭、任丘及湖广行省天临路醴陵州皆水。六月，大都益津、保定、大兴三县水损田稼七千余顷，真定鼓城、获鹿、藁城等县，保定葛城、归信、新安、束鹿等县，汝宁颍州，济宁沛县，扬、庐、岳、澧四郡，建康、太平、镇江、常州、绍兴五郡水。七月，彰德、真定、曹州、济南路滨州水。八月，济南路棣州、曹州水，宁海州大雨，大名路水。九月，河决汴梁杞、

① 《元史》卷18《成宗纪一》。

② 同上。

③ 《元史》卷96《食货志四》。

封丘、祥符、宁陵、襄邑五县，常德之沅江县水。十月，广备屯及宁海州文登县水，黄河汴梁开封县段决堤。十一月，象食屯水。十二月，河南行省中兴路江陵县、潜江县，沔阳府玉沙县，淮安海宁州朐山、盐城等县水。

大德元年（1297）为特大水灾年。"随处水旱等灾，损害田禾，疫气渐染，人多死亡。"[1] 正月，汴梁、归德水，其中归德府徐州、邳州宿迁、睢宁，亳州鹿邑三县，汴梁路许州临颍、鄢城等县，睢州襄邑，太康、扶沟、陈留、开封、杞等县河水大溢，"漂没田庐"。夏，"河决蒲口"[2]。五月丙寅，河决汴梁。龙兴、南康、澧州、南雄、饶州五郡水。这次饶州路水灾主要发生在鄱阳县和乐平州。五月，漳河溢，"损民禾稼"。六月，庐州路和州历阳县江涨，"漂没庐舍万八千五百余家"[3]。常德"一夕洪水骤至，平地寻丈，几冒城郭"[4]。夏秋之间，肇庆路"西潦洊至，田庐沦没，种植废遗"，廉访司金事聂辉"备舟以踏淹浸之田，委官视验，共减粮斛七千七百石有奇"[5]。七月，汴梁杞县蒲口黄河决堤。彬州路、耒阳州、衡州之酃县大水山崩，溺死三百余人。八月，池州、南康、宁国、太平等路水。九月，澧州、常德、饶州、临江等路，温之平阳、瑞安二州大水，"溺死六千八百余人"[6]。十月，韶州、南雄、建德、温州皆大水。庐州路无为州"江潮泛滥，漂没庐舍"[7]。十一月，常德路武陵县大水。同年，中书省之济南路，大都之檀州、顺州，辽阳行省之辽阳路金复州、广宁府路均有水灾发生。

大德二年（1298）为特大水灾年。正月，建康、龙兴、临江、宁国、太平、广德、饶州、池州等处水。二月，江浙行省之浙西嘉兴路、江阴州诸属县，江东建康路溧阳州、池州路等地水旱为灾，湖广行省汉阳府汉川县水。六月，大名、东昌、平滦等路水。河决蒲口凡九十六所，泛溢汴梁、

---

① 《元典章》卷3《圣政二·复田租》。

② 字朮鲁翀：《平章政事致仕尚公神道碑》，见苏天爵：《国朝文类》卷68。

③ 《元史》卷19《成宗纪二》。

④ 姚燧：《武陵县重修虞帝庙记》，《牧庵集》卷5。

⑤ 赵鼎：《廉访张聂二公德政碑记》，清光绪二年《肇庆府志》卷21，引自李修生《全元文》第35册。

⑥ 《元史》卷50《五行志一》。

⑦ 《元史》卷19《成宗纪二》。

归德二郡，黄河水"奔流而来，水至［萧县］城下，横溢无涯，城不及者三版"，"城既久为水围浸淫，与地泉接，平地深数尺，庐舍漂没，非舟楫不能往来"①。七月，汴梁等处大雨，"河决坏堤防，漂没归德数县禾稼、庐舍"②。同月，江西、江浙发生水灾，江州路彭泽县"水潒了田禾"③。

大德三年（1299）水灾比较分散。五月，"河决蒲口儿等处，浸归德数郡，百姓被灾"，河南行省派官"合修七堤二十五处，共长三万九千九十二步"④。八月，河间路水。十月，汴梁路、归德府水。

大德四年（1300）夏秋以来，"霖雨风水为灾，南北数路民罹其害"⑤。五月，真定路、保定路、大都路通、蓟二州水。六月，汴梁路睢州大水。同年，浑河"水发为民害"⑥。同年，上都大雨，"山水注下"，铁幡竿渠"不能容"，"漂没人畜庐帐，几犯行殿"⑦。

大德五年（1301）为特大水灾年。峡州路，德安府随州，安陆府，荆门州，汝宁府光州，扬州路泰州、扬州、滁州、高邮，安丰路霖雨，大名、上都路宣德府奉圣州、归德府、宁海州、济宁、般阳登州、莱州、益都潍州、博兴、东平、济南滨州、保定、河间、真定、大宁等路发生水灾。京师大水，"泸沟泛溢，决牙梳堰，坏民田若干顷。庙堂檄公治之。公命伐荆为巨囷，实石其中，以杀水势，使复故道，而堤遂完。自京城至涿道途舆梁为雨水所坏者，公相地所宜，皆改为之"⑧。五月，上都宣德府、保定、河间属州、宁海州水。六月，济宁、般阳、益都、东平、济南、襄阳、平江七郡大水。其实受灾者远超出这个范围，达十四路之多。大都路、平滦路也发生水灾。七月，辽阳行省大宁路水，大都、保定、河间、济宁、大名水。戊戌朔，"暴

①蒋伯昇：《开南伏道口北铁窗孔记》，清康熙十一年《顺治萧县志》卷8，引自李修生《全元文》第39册。

②《元史》卷19《成宗纪二》。

③《元典章》卷6《台纲二·照刷稽迟罚俸不须问审》。

④《元史》卷65《河渠志二》。

⑤张光大：《救荒活民类要·水旱虫蝗灾伤》。

⑥《元史》卷66《河渠志三》。

⑦《元史》卷164《郭守敬传》。

⑧苏天爵：《故少中大夫同金枢密院事郭简侯神道碑铭并序》，《滋溪文稿》卷11。

风起东北，雨雹兼发，江湖泛溢，东起通、泰、崇明，西尽真州，民被灾死者不可胜计"。具体而言，这次水灾"漂没庐舍，被灾者三万四千八百余户"①。八月，顺德路水。九日（己巳日），平滦路霖雨，"滦、漆、泖、汝河溢，民死者众"②。"至十五日夜，滦河与泖、洳三河并溢，冲塌城东南二处旧护堤、东西南三面城墙，横流入城，漂郭外三关濒河及在城官民屋庐粮物，没田苗，溺人畜，死者甚众，而雨犹不止。至二十四日夜，滦、漆、泖、洳诸河水复涨入城，余屋飘荡殆尽"③。

大德六年（1302），上都路大水，民饥。五月，济南路大水，归德府徐州、邳州睢宁县雨五十日，"沂、武二河合流，水大溢"④。浑河东安州段涌溢，"坏民田一千八十余顷"⑤。六月，广平路水。七月，顺德路水。十月，济南路滨、棣二州、泰安州、高唐州霖雨为灾，"米价腾涌，民多流移"⑥。同年，坝河水涨，"冲决坝堤六十余处"⑦。

大德七年（1303）为重大水灾年。五月，济南、河间等路水。闰五月二十九日始，白浮瓮山"昼夜雨不止。六月九日夜半，山水暴涨，漫流堤上，冲决水口"⑧。六月，辽阳、大宁、平滦、昌国、沈阳、开元六郡雨水为灾，"坏田庐，男女死者百十有九人"⑨。其中平滦路大水。正是同一年，平滦路以水患改为永平路。修武、河阳、新野、兰阳等县赵河、湍河、白河、七里河、沁河、潦河皆溢。台州路宁海、临海二县风水大作，"宁海、临海二县死者五百五十人"⑩。浙西地区因"天雨淋淫，田畴多被水伤，即于大德六年（1302）、大德七年（1303）分，浙西数郡官民田土

---

① 《元史》卷20《成宗纪三》；卷50《五行志一》。

② 《元史》卷20《成宗纪三》。

③ 《元史》卷64《河渠志一》。

④ 《元史》卷50《五行志一》。

⑤ 同上。

⑥ 《元史》卷20《成宗纪三》。

⑦ 《元史》卷64《河渠志一》。

⑧ 同上。

⑨ 《元史》卷50《五行志一》。

⑩ 《元史》卷50《五行志一》。

淹没不知其数"，"民饥者十四万"[①]。同年，顺德、恩州、大名、高唐州以及真定路冀州、怀庆路孟州、卫辉路辉州、大同路云内州、大宁路锦州均出现霖雨害稼的状况，且"河决杨村"[②]。

大德八年（1304）为重大水灾年。四月，永平路，河间路清沧二州和柳林屯田遭受水灾，百姓不得不借贷食物。五月，大名之浚、滑，德州之齐河霖雨，"坏民田六百八十余顷"[③]，且汴梁之祥符、太康，卫辉之获嘉，太原之阳武河溢。六月，汴梁祥符、开封、陈州霖雨。同年，济宁路"霖雨伤稼"[④]；泾水暴涨，"毁堰塞渠"[⑤]。

大德九年（1305）为重大水灾年。六月甲午，四川行省潼川府郪县霖雨，绵江、中江溢，"水决入城"，"漂没民居，溺死者众"[⑥]。同月，东昌博平、堂邑二县雨水为害。龙兴、抚州、临江三路发生水灾。汴梁霖雨为灾，原武县思齐口河决，"逼近汴梁，几至浸没"[⑦]，黄河为患，归德"城野居民漂没殆尽"[⑧]。七月，沔阳之玉沙江溢，陈州之西华河溢。益都路峄州，扬州路之泰兴、江都二县，淮安路之山阳县水。八月，大名元城县大水。同年曹州禹城县霖雨害稼，民饥。

大德十年（1306）为重大水灾年。闰月以后，淫雨连绵，至三月二十一日夜半，抚州路南丰州"西乡峰岭等处山水发洪，冲田拔屋，莽为沙丘，如秧如麦，俱已荡尽。沿河一带，弥望萧然"[⑨]。春夏间，江浙大饥。自大德十年春以来，松江府"雨水频并，数月不止，河港盈溢，又值数次飓风决破围岸，上源水势湍急，遂于庙泾等处开挑减水河五道，及

---

① 任仁发：《水利集》卷4；《元史》卷21《成宗纪四》。

② 程端学：《元故从仕郎杭州路税课提举杜君墓志铭》，《积斋集》卷5。

③《元史》卷50《五行志一》。

④《元史》卷21《成宗纪四》。

⑤《元史》卷66《河渠志三》。

⑥《元史》卷21《成宗纪四》；卷50《五行志一》。

⑦《元史》卷65《河渠志二》；苏天爵：《元故参知政事王宪穆公（忱）行状》，《滋溪文稿》卷23。

⑧ 侯有造：《重修庙学记》，明嘉靖三十年《夏邑县志》卷8，引自李修生《全元文》第46册。

⑨ 刘埙：《呈州转申廉访分司救荒状》，《水云村泯稿》卷14。

有吴淞江已置石木二闸泄放上水，方得退落。据当年淹没田园，比之大德七年水灾数目止及三分之一①。三月，道州营道等处暴雨，"江溢山裂，漂没民庐，溺死者众"②。四月，赣州路赣县暴雨水溢。五月，保定路雄州、大都路漷州水，平江、嘉兴等路水灾伤稼。夏，吴淞江流域"雨霖霪，潦水泛溢"③。五月初三日以来，松江府"适值霪雨大作，江湖泛涨"。六月，保定路满城、清苑二县雨水为害，大名、益都等路及保定路易州定兴县大水。河间景州霖雨害稼。同年夏，江阴州大水，"居民缚筏以居，米值腾起"④。七月，平江路吴江州两次发生大水，初八、初九日，西北风大作，"湖水泛溢"，"当日水势暴涨三尺八寸"，吴江州南北道路一概淹没，"州市街道亦深一尺五寸"，"比之至元二十四年、二十七年、大德七年水势，今岁最大，各人年及七十岁不曾见此大水"⑤。

　　大德十一年（1307）为特大水灾年，水灾波及范围很广。五月，"淮水泛涨，漂没乡村庐舍。馆驿楼下南门，其水深七尺，止有二尺二寸不抵圈砖顶"⑥。六月，河间路靖海县，保定路容城、束鹿、新城等县，真定路隆平县水。河南行省汴梁路、南阳府、归德府和江西、湖广等地都发生水灾，"河决原武，注汴、宋，汴尤急。吏士具舟楫以逭漂溺，民大惧"⑦。七月，江浙地区因水灾造成民众饥荒。保定、河间、晋宁等路水，冀宁路文水县汾水溢。八月，真定路隆平县，冀宁路文水县、平遥县、祁县，晋宁路霍邑县，河间路靖海县，保定路容城县、束鹿县均有水灾发生。九月，襄阳路霖雨，民饥。十月，杭州路、平江路水，民饥。十一月，永平路卢龙、滦州、迁安、昌黎、抚宁等县因水灾民饥。同年，江阴州旱潦相仍，

　　①《大德十一年六月十九日牒行都水监》，任仁发：《水利集》卷5。

　　②《元史》卷21《成宗纪四》。

　　③《大德十一年六月十九日牒行都水监》，任仁发：《水利集》卷5。

　　④陆文圭：《送乔州尹序》，《墙东类稿》卷6。

　　⑤《大德十一年十一月行都水监照到原科先合拯治江湖河闸等工程未了缘故乞添力》，《至大二年十一月浙东道宣慰使都元帅李中奉言吴松江利病》，任仁发：《水利集》卷5。

　　⑥韩居仁：《纪水碑记》，明万历二十七年《帝乡纪略》卷11，引自李修生《全元文》第28册。

　　⑦宇尤鲁狮：《参知政事王公神道碑》，《中州名贤文表》卷29。

"岁大祲，谷比不登，价复增倍"①。湖广行省澧州路"水暴至，濒水居者将淹没"。澧州路教授王君"悬赏募善游者挐舟俱救，凡活一人，畀宝钞十千。民赖之不垫溺水死者男女八十余人"②。

武宗在位的4年间，水灾依然严重，水灾次数达到59次。其中一般水灾年1年，重大水灾年2年，至大四年（1311）为特大水灾年。水灾发生区域主要集中在腹里和河南行省。黄河、御河、滹沱河、浑河等河决，给当地百姓的生产、生活造成了巨大的损失。

至大元年（1308）为重大水灾年。江南北水旱民饥，"其科差、夏税并免之"③。五月，宁夏府路水。五月十八日申时，御河"水决会川县孙家口岸约二十余步，南流灌本管屯田（左翼屯田万户府所辖屯田——作者，在河间路会川县）"④。六月，益都路水，"民饥，采草根树皮以食"⑤。十一日，大名路浚州霖雨，一直持续到十七日。⑥七月辛卯，济宁大水入城，"平地丈余，暴决入城，漂庐舍，死者十有八人"⑦。己巳日，真定路淫雨，水溢，"入自南门，下及藁城，溺死者百七十七人"⑧，滹沱河水，"漂南关百余家，淤塞冶河口，其水复滹河。自后岁有溃决之患"⑨。彰德、卫辉二路水灾"损稻田五千三百七十顷"⑩。七月十一日连雨至十七日，"清、石二河水溢李家道，东南横流"，"水源自卫辉路汲县东北，连本州淇门西旧黑荡泊，溢满出岸，漫黄河古堤，东北流入本州齐贾泊，复入御河，漂及门民舍"。而"七月十二日卯时，御河水骤涨三尺，十八日复添四尺"，

---

①陆文圭：《送乔州尹序》，《墙东类稿》卷6。

②谢端：《元故将仕郎澧州路教授王君（元明）墓志碣铭》，清同治八年《续修永定县志》卷11，引自李修生《全元文》第33册。

③《元史》卷96《食货志四》。

④《元史》卷64《河渠志一》。

⑤《元史》卷22《武宗纪一》。

⑥《元史》卷64《河渠志一》。

⑦《元史》卷50《五行志一》。

⑧《元史》卷22《武宗纪一》。卷50《五行志一》作"大水入南门，下注藁城，死者百七十人"。

⑨《元史》卷64《河渠志一》。

⑩《元史》卷50《五行志一》。

到达了很高的水位。①

至大二年（1309）七月癸未，河决归德府境，"城郭、神祠、民屋、悉被湮毁"②。己亥，河决汴梁路封丘县。十月，"浑河水决左都威卫营西大堤，泛溢南流，没左右二翊及后卫屯田麦"，其中十月五日"水决武清县王甫村堤，阔五十余步，深五尺许，水西南漫平地流，环圆营仓局，水不没者无几"③。

至大三年（1310）为重大水灾年。六月，汴梁路洧川县、濮州鄄城县、东平路汶上县水。襄阳路、峡州路、荆门州大水，"山崩，坏官廨民居二万一千八百二十九间，死者三千四百六十六人"④，而《元史·五行志一》记载峡州一路遭受水灾的遇难者达万余人之多。其中襄阳路"大水"，武安、灵溪二堰复决。⑤此外，南阳府汝州大水，死者九十二人；庐州路六安州大水，死者五十二人；益都路沂州、莒州，济宁路兖州诸县"水没民田"⑥。七月，江西行省循州、惠州路大水，"漂庐舍二百九十区"，其中循州大水发生在丙戌日，"漂庐舍二百四十四间，死者四十三人"⑦。此外，汴梁路汜水县，荆门州长林、当阳二县，峡州路夷陵、宜都、远安诸县水。十月，山东、归德府徐、邳等处因水旱受到赈济。十一月庚辰，河南发生水灾，有漂没庐舍和死者。同年，大同路兴云桥"又以水坏"⑧。

至大四年（1311）为特大水灾年。这一年，浙西发生水灾。六月，大都三河县、潞县，冀宁路祁县，大同路怀仁县，永平路丰盈屯雨水害稼；济宁、东平、归德徐州、邳州以及高唐州等地水。河间、陕西诸县水旱伤稼。

---

① 《元史》卷64《河渠志一》。

② 侯有造：《重修庙学记》，明嘉靖三十年《夏邑县志》卷8，引自李修生《全元文》第46册。

③ 《元史》卷64《河渠志一》。

④ 《元史》卷23《武宗纪二》。

⑤ 何文渊：《重修武安灵溪二堰记》，明万历十二年《襄阳府志》卷48，引自李修生《全元文》第35册。

⑥ 《元史》卷23《武宗纪二》。

⑦ 《元史》卷50《五行志一》；卷23《武宗纪二》。

⑧ 虞集：《兴云桥记》，《道园学古录》卷9。

七月，东平、济宁、般阳、保定等路大水。江陵路松滋县、桂阳路临武县水。其中松滋县"民死者众"。太原、河间、真定、顺德、彰德、大名、广平等路，德、濮、恩、通等州霖雨伤稼。丁丑，巩昌府宁远县因暴雨导致"山土流涌"的泥石流灾害。九月，江陵路水，"漂民居，溺死十有八人"①。

仁宗在位的9年间，每年都有水灾发生，水灾总次数达117次。其中一般水灾年4年，严重水灾年1年，重大水灾年1年，特大水灾年3年，分别是延祐元年（1314）、延祐六年（1319）和延祐七年（1320）。水灾遍及腹里和河南、辽阳、陕西、江浙、江西、湖广诸行省，而以腹里、河南行省水灾波及范围最广，分别为45个路州和33个路州，江浙、江西、湖广行省的水灾次数都达到10次，辽阳行省也有6次之多。陕西行省有3次水灾发生。腹里地区则以延祐六年、延祐七年水灾最为严重。而浑河、滹沱河、黄河、长江的决口和涨溢对百姓生产造成了严重的影响。

皇庆元年（1312），大都路霸州文安县屯田水患，宁国路泾县水。二月十七日，浑河水溢，"决黄埚堤十七所"，其中左卫报告"浑河决堤口二处，屯田浸不耕种"②。四月，龙兴路新建县霖雨伤禾。五月，归德府睢阳县河溢。皇庆二年（1313）五月，辰州路沅陵县水。六月，大都路涿州范阳县，东安州宛平县，固安州，霸州益津、永清、永安等县"坏田稼七千六百九十余顷"，河决汴梁路之陈、亳、睢州、开封、陈留县，"没民田庐"。三十日，大都路东安州霖雨，浑河"水涨及丈余，决堤口二百余步，漂民庐，没禾稼"③。

延祐元年（1314）为特大水灾年。五月，常德路武陵县霖雨害稼，水溢，"坏庐舍，溺死者五百人"④。六月，浑河大都路涿州范阳、房山二县段涌溢，"坏民田四百九十余顷"⑤。十四日，浑河决武清县刘家庄堤口。七月，浑河武清段决堤，"淹没民田"。辰州路沅陵县、卢溪县水。七月八日，真定路真定县滹沱河水决，"冲塌李玉飞等庄及木方、胡营等村三处堤，

---

① 《元史》卷24《武宗纪三》。

② 《元史》卷64《河渠志一》。

③ 同上。

④ 《元史》卷50《五行志一》。

⑤ 同上。

长一千二百四十步"①。八月，肇庆、武昌、建康、杭州、建德、南康、江州、临江、袁州、建昌、赣州、安丰、抚州、台州、岳州、武冈、常德、道州等路皆水。同年，汴梁路、南阳府、归德府、汝宁府、淮安路均有水灾发生，汴梁路睢州诸处，"决破河口数十，内开封县小黄村计会月堤一道"②。同年，平江路吴江州水，"水潦田禾，缺食生受"③。

延祐二年（1315）为重大水灾年。正月丙寅，霖雨冲坏了浑河的堤堰，河水淹没了民田。夏，徽州路休宁大水。④七月，畿内大雨，大都路"漷州、昌平、香河、宝坻等县水，没民田庐"⑤。四日，御河"决吴桥县柳斜口东岸三十余步"⑥。河南府路、归德府徐邳二州、南阳府、汝宁府、荆门州、襄阳路等处水⑦，河决于汴梁路郑州，冲坏汜水县县治。七月，潭州路、全州路、永州路、茶陵州霖雨，江涨，没田稼。

延祐三年（1316），中书省议"浑河决堤堰，没田禾，军民蒙害"，而上自石径山金口，下至大都路武清界旧堤的长达三百四十八里的堤岸中，"涨水所害合修补者一十九处，无堤创修者八处，宜疏通者二处"⑧。四月，黄河汝宁府颍州太和县段涌溢。六月，汴梁等地黄河决堤，淹没民居。七月，徽州路婺源州雨水为灾，"溺死者五千三百余人"⑨。同年，晋宁路解州盐池"以池为雨所坏"，止办课钞八万二千余锭。⑩

延祐四年（1317）正月初一，上都"城南御河西北岸为水冲啮，渐至颓圮"⑪。解州盐池水，造成解州食盐减产。二月，曹州水，"免今年田租"⑫。

① 《元史》卷64《河渠志一》。

② 《元史》卷65《河渠志二》。

③ 《元典章》卷18《嫁娶·丁庆一争婚》。

④ 陈栎：《送张静山序》，《定宇集》卷2。

⑤ 《元史》卷25《仁宗纪二》。

⑥ 《元史》卷64《河渠志一》。

⑦ 《元史》卷96《食货志四》。

⑧ 《元史》卷64《河渠志一》。

⑨ 《元史》卷50《五行志一》。

⑩ 《元史》卷94《食货志二·盐法》。

⑪ 《元史》卷64《河渠志一》。

⑫ 《元史》卷26《仁宗纪三》。

四月，辽阳行省辽阳路盖州"雨水害稼"①。二十六日，上都路开平县霖雨，"至二十八日夜，东关滦河水涨，冲损北岸"②。同年，延安路青瞳县"经值河水泛涨，漂没房舍，头畜尽绝"③。

延祐五年（1318）四月，庐州路合肥县大雨水。五月，巩昌府陇西县大雨，造成"南土山崩，压死居民"④。七月四日，平江路昆山州大水异常，有诗云："洋云翻墨蔽金鸦，惊定愁闻雨脚斜。潮势驱山平作地，秋声连海浩无涯。冯夷伐鼓飞龙虎，飓母追锋驾鬼车。潓潓牛羊浮浪去，不胜生聚化虫沙"⑤。

延祐六年（1319）为特大水灾年。六月，汴梁、益都、般阳府、济南、东昌、东平、济宁、泰安、高唐、濮州、曹州、淮安诸处大水，辽阳行省辽阳路、广宁府路、沈阳路、开元路和中书省永平路也发生了水灾。其中，东昌路霖雨，会通河"雨多水溢，月河、土堰及石闸雁翅日被冲啮，土石相离，深及数丈"⑥。此外，大名路属县水灾"坏民田一万八千顷"⑦。归德、汝宁、彰德、真定、保定、卫辉、南阳等郡大雨水。七月，大都路霸州文安县霖雨，"害稼三千余顷"。十月，济南路滨棣二州以及章丘县水。同年，河间路漳河水涌溢，"坏民田二千七百余顷"⑧。

延祐七年（1320）为特大水灾年。四月至九月间，均有水灾发生。四月，归德府亳州城父县水。淮河安丰路、庐州路段涌溢，"损禾麦一万顷"。五月，江陵路江陵县水。汝宁府霖雨"伤麦禾"⑨。河决汴梁路原武县，"浸灌诸县"。六月十一日，"河决［汴梁路荥泽县］塔海庄东堤十步余，横堤两重，又缺数处"。二十三日夜，"开封县苏村及七

① 《元史》卷50《五行志一》。

② 《元史》卷64《河渠志一》。

③ 《至正条格·断例》卷7《水灾不申》。

④ 《元史》卷26《仁宗纪三》。

⑤ 吕诚：《戊午七月四日立秋大水异常谩书以记之》，《来鹤亭集》卷3。

⑥ 《元史》卷64《河渠志一》。

⑦ 《元史》卷50《五行志一》。

⑧ 同上。

⑨ 《元史》卷27《英宗纪一》。

里寺复决二处"①。济南路棣州、德州和高邮府、江陵路等地大雨水，"坏田四千六百余顷"②。济南路邹平县"大水坏民田，山东乏食"③。七月，后卫屯田及汝宁府颖州、息州、汝阳、上蔡、西平等县水。八月，河间路水，冀宁路汾州平遥县水。九月，沈阳路水旱害稼。同年，陕西行省秦州成纪县因暴雨而出现山崩，出现泥石流，"朽壤坟起，覆没畜产"④。浑河涌溢，冲坏民田和庐舍；滹沱河大都路文安、大成等县段决口害稼，真定路真定县霖雨，"水溢北岸数处，浸没田禾"⑤。东昌路莘县"大水为患"，关王庙"檐楹俱圮，阶门倾侧，殆无以展邑人香火之敬"⑥。

英宗在位时的 3 年间，水灾较为严重，其中重大水灾年 1 年，特大水灾年 2 年，水灾发生次数约为 93 次。这一时期水灾主要发生在腹里地区和河南行省，分别占到水灾次数的 51% 和 20%。江浙行省、江西行省和辽阳行省分别达到 8 次、7 次和 7 次。陕西行省和湖广行省水灾较小，主要集中在至治二年（1322），分别涉及 3 个路州和 1 个路。

至治元年（1321）为特大水灾年。四月，江西行省江州、赣州、临江等路霖雨。五月壬寅，开元路霖雨。六月，扬州路滁州通济屯霖雨伤稼。霸州大水，"浑河溢，被灾者二万三千三百户"⑦。七月，辽阳、开元等路及大都路蓟州平谷、渔阳等县，顺德路邢台、沙河二县，大名路魏县，永平路石城县大水，彰德临漳县漳水涌溢。丙子，淮安路清河县、山阳县大水。大都路固安州、东安州宝坻县、真定路元氏县、保定路、济宁路也有大水灾发生，滹沱河及大都路范阳县拒马河涌溢。因大霖雨，"卢沟决金口，

① 《元史》卷65《河渠志二》。

② 《元史》卷50《五行志一》。

③ 张临：《崔居士墓铭》，民国二十二年《邹平县志》卷17，引自李修生《全元文》第47册。

④ 《元史》卷27《英宗纪一》。

⑤ 《元史》卷27《英宗纪一》；卷50《五行志一》；卷64《河渠志一》。

⑥ 忽都答儿：《重修关王庙记》，民国二十六年《莘县志》卷10，引自李修生《全元文》第47册。

⑦ 《元史》卷26《仁宗纪三》。

势俯王城，补筑堤百七十步，崇四十尺，水以不及天邑"①。乞里吉思部江水溢。戊寅，大都路通州潞县榆棵水决口。东平、东昌二路以及高唐、曹、濮等州雨水害稼。乙酉，大雨，浑河决堤。八月，高邮府兴化，淮安路盐城、山阳等县水。安陆府雨水七日，江水大溢，坏民庐舍，被灾者三千五百户。九月庚子，安陆府京山、长寿二县汉水涌溢，冲毁民田。十月，辽阳、肇庆等路水。十二月，真定、保定、大名、顺德等路，归德府，辽阳、大都路通州等处霖雨，其中大水决通州运粮河岸。②此外，河间、河南和山东十二路府都在秋天发生霖雨，造成民众饥荒。

至治二年（1322）为特大水灾年。正月，汴梁路仪封县河溢伤稼。二月，濮州大水，顺德路九县有水灾发生，恩州也发生水灾。四月，松江府上海县水。闰五月，归德府睢阳县亳社屯大水。壬戌日，安丰路属县霖雨伤稼。秋，河北大雨水，"镇定瀛、易固同其患矣。然太行以南，壑谷诸流乘高直灌冶河而下，合滹沱、滋阳二水，奔放横溢，盖将泽镇定而后被于瀛、易"。朝廷遂"辍朝士往视其灾，发粟劝分，凡以安活之者几无遗策"③。曹州禹城县霖雨伤稼。浙西大水，"灾疹相仍，稼不登者十九"④。六月甲戌，陕西行省邠州新平、上蔡二县水。丁亥日，奉元路郿县水，建德路水。壬午，辰州路江水溢，毁坏百姓住所。七月，淮安路水，南康路大水，庐州六安县大雨，"水暴至，平地深数尺，民饥"⑤。八月己卯，庐州路六安、舒城县水。九月，大宁路、水达达等驿"水伤稼"。秋，"浙西水旱相仍，民食大祲"⑥。十一月，平江路大水，"损官民田四万九千六百三十顷"。十二月，南康路建昌州大水，出现山崩，"死者四十七人，民饥"⑦。徽州、庐州、济南、真定、河间、大名、归德、汝宁、巩昌诸处及河南芍陂屯田水。

至治三年（1323）为重大水灾年。水灾发生于五月至九月间。五月丙辰，

①宋本：《都水监事记》，见苏天爵：《国朝文类》卷31。

②《元史》卷64《河渠志一》。

③柳贯：《送王吏部签宪燕南序》，《柳待制文集》卷16。

④陆文圭：《送丁师善序》，《墙东类稿》卷6。

⑤《元史》卷28《英宗纪二》。

⑥陆文圭：《备荒问》，《墙东类稿》卷3。

⑦《元史》卷28《英宗纪二》。

大都路东安州水，"坏民田千五百六十顷"[①]。戊午日，真定路武邑县雨水害稼，大名路魏县霖雨。夏，保定路定兴县，济南路无棣、厌次县，济宁路砀山县，河间路齐东县等地霖雨伤稼，诸卫屯田及大都路永清县水。平江路大霖雨，"大雨水，暴溢，桥居两水之交，所施材甓皆腐缺，莫能与水抗，一夕尽圮"，阊门内西虹桥遂坏。[②]六月乙酉，大都路霸州、保定路易、安、祁州，河间路沧、莫诸州及诸卫屯田水，"坏田六千余顷"[③]，其中大都路永清县雨水，"损田四百顷"[④]。七月，大都漷州雨水，屯田禾稼受损严重。九月，南康建昌州、漳州路等处水。秋，河南行省高邮府高邮县"秋水大淹，民以灾告，君行水所至，悉得其实"[⑤]。

泰定帝时期是元代水灾最为严重的时期。泰定元年至泰定四年（1324—1327）间，年年有水灾发生。其中泰定四年为重大水灾年，泰定元年至泰定三年（1324—1326）均为特大水灾年，发生水灾次数130余次。这一时期水灾主要发生于腹里地区和河南行省，分别占水灾总次数的48%和15%。陕西行省泰定元年水灾严重，辽阳行省泰定三年有严重水灾发生。

泰定元年（1324）四月，云南行省中庆路昆明等地屯田水。五月，大都路漷州、固安州水，陕西行省巩昌府陇西县大雨水，"漂死者五百余家"[⑥]。龙庆、延安、吉安、杭州、大都诸路属县雨水伤稼，出现饥荒。六月，益都、济南、般阳、东昌、东平、济宁等郡二十有二县，曹州、濮州、高唐州、德州等处十县淫雨，"水深丈余，漂没田庐"[⑦]。汴梁路陈州，冀宁路汾州，大都路顺州，真定路晋州、深州和恩州等六州雨水害稼，真定路滹沱河涌溢，漂没庐舍。大同路浑源河溢。陕西大雨，渭水及黑水河涌溢，损坏百姓庐舍，奉元路诸路以及甘肃河渠营田等处霖雨伤稼。大司农屯田、诸卫屯田、彰德等路雨水伤稼。顺庆路广安府、渠州江水溢。夏"暑雨，泾水泛溢，浪

---

① 《元史》卷28《英宗纪二》

② 虞集：《平江路重建虹桥记》，《道园学古录》卷9；黄溍：《平江西虹桥记》，《金华黄先生文集》卷9。

③ 《元史》卷28《英宗纪二》。

④ 《元史》卷50《五行志一》。

⑤ 张枢：《元故礼部郎中吴君墓表》，吴师道：《吴正传先生文集》附录。

⑥ 《元史》卷50《五行志一》。

⑦ 同上。

凌峭壁，洪渠圃磺悉漂没，不遗泛梗"①。七月，大都路固安州清河溢，真定、河间、保定、广平等郡三十有七县大雨水五十余日，害稼，奉元路朝邑县、曹州楚丘县、大名路开州濮阳县河溢，庐州路霖雨伤稼，顺德路任县沙、洚、洺水溢，定州屯河溢、山崩。八月，汴梁考城、仪封，济南沾化、利津等县霖雨损禾稼，秦州成纪县大雨，造成山崩、"水溢"。九月，濮州馆陶县及诸卫屯田水，延安路洛水溢，奉元路长安县大雨导致沣水涌溢。十二月，两浙及江东地区水旱，"坏田六万四千三百余顷"②。其中温州路乐清县盐场水，造成盐业减产，民众饥荒。同年，平江、松江等路府"各处河道壅塞，不能通流，雨水频并，将嘉定等处百姓每田苗淳没了"③。永平路屯田总管府"霖雨，水溢，冲荡皆尽，浸死屯民田苗，终岁无收"④。

泰定二年（1325）自正月至十月间都有水灾发生，其中河北大水，"无麦禾，民无以为食"⑤，"河决雨水，百姓流殍"⑥。正月，大都路宝坻县、肇庆路高要县雨水，巩昌府水。闰正月，保定路雄州归信诸县大雨，"河溢，被灾者万一千六百五十户"⑦。重庆路南宾州、济南路棣州等处水，民饥，有死者。二月，甘州路大雨水，"漂没行帐孳畜"。三月辛酉，辽阳行省咸平府清河、寇河合流，失故道，坏堤堰。四月，大都路涿州房山、范阳二县水，宣政院所属岷、洮、文和陕西行省所辖阶州雨水，巩昌府扶羌县大雨山崩。五月，大都路檀州大水，"平地深丈有五尺"⑧，高邮府兴化、江陵路公安二县水，江溢。浙西地区江湖水溢。汴梁路十五县河溢。六月，奉元路、卫辉路及永平屯田丰赡、昌国、济民等署雨伤稼。济宁路虞城、砀山、

---

①段循：《重修郑白渠记》，明嘉靖《泾阳县志》卷5，引自李修生《全元文》第45册。

②《元史》卷29《泰定帝纪一》。

③《中书省札付开江立闸》，任仁发：《水利集》卷1。

④《元史》卷64《河渠志一》。

⑤苏天爵：《元故赠亚中大夫东平路总管李府君神道碑》，《宁晋张氏先茔碑铭》也云"泰定间，京畿雨水"。《滋溪文稿》卷16。

⑥宋褧：《大中大夫陕西诸道行御史台治书侍御史仇公（浚）墓志铭有序》，《燕石集》卷14。

⑦《元史》卷29《泰定帝纪一》。

⑧《元史》卷50《五行志一》

单父、丰、沛五县水；大都路通州三河县大雨，"水丈余"①。冀宁路汾河溢。潼川府绵江、中江水溢入城郭，"深丈余"。七月，汴梁路睢州河决。八月，大都路霸州，涿州永清、香河二县大水，"伤稼九千五十余顷"②。卫辉路汲县河溢。九月，开元路三河溢，冲毁民田，毁坏庐舍。御河水溢。汉中道文州霖雨，山崩。十月，宁夏府路鸣沙州大雨水，曹州属县水。同年，四川行省叙州路富顺州庙学圮，"泛流湍悍，基址崩摧，仅存三门"③。

泰定三年（1326）正月，恩州水。二月，归德属县河决，民饥。五月，太平路、兴化路属县，扬州路属县财赋官田都发生水灾。癸丑日，瑞州路雨水暴至，"势怒冲决，明日坏北堤，桥岌岌不能支。又明日，雨止，颓缺叁伍之一，而绝岸奔流浩渺数十尺"④。六月，大同路大同县大水，汝宁府光州水，大宁、庐州、德安、梧州、中庆诸路属县也有水灾发生。大都路大兴"霖雨，山水暴涨，泛没大兴县诸乡桑枣田园"⑤。大昌屯河决。七月二日，斡耳朵思住冬营盘"为滦河走凌河水冲坏"⑥。七月，大都路东安、檀、顺、漷四州霖雨，永平、大都诸路属县水，并伴有大风和冰雹；延安路肤施县水，"漂民居九十余户"⑦；汴梁路水，大同路浑源河溢。河决汴梁路郑州、阳武县，"漂民万六千五百余家"⑧。大都路檀、顺等州两河决，温榆水溢。八月，真定路蠡州，奉元路蒲城县，庐州路无为州，和州历阳、含山等县水。九月，扬州、宁国、建德诸属县水，冀宁路汾州平遥县汾水溢。十月，沈阳、辽阳、大宁等路及金复州水，汴梁路乐利堤坏，河水涌溢。十一月，广宁府路属县霖雨害稼，永平路遭受大水，大宁路锦州水溢，"坏田千顷，漂死者百人"⑨。十二月，辽阳行省大宁路瑞州大水，"坏民

① 《元史》卷29《泰定帝纪一》。

② 《元史》卷50《五行志一》。

③ 赵祖全：《富顺州学礼器记》，清乾隆《富顺县志》卷2，引自李修生《全元文》第53册。

④ 柳贯：《瑞州新修仁济桥记》，《柳待制文集》卷14。

⑤ 《元史》卷64《河渠志一》。

⑥ 同上。

⑦ 《元史》卷50《五行志一》。

⑧ 《元史》卷30《泰定帝纪二》。

⑨ 《元史》卷30《泰定帝纪二》

田五千五百顷，庐舍八百九十所，溺死者百五十人"①。归德府亳州河溢，"漂民舍八百余家，坏田二千三百顷"②。

泰定四年（1327）三月，浑河决口。六月，大都东安、固安、通、顺、蓟、檀、漷七州，永清、良乡等县雨水伤稼。七月，上都路云州大雨，黑河水溢。衢州路大雨水，有漂死者。夔州路云安县水。八月，汴梁路扶沟、兰阳县河溢，"漂民居一千九百余家"③；济宁虞城县河溢伤稼。二日，白河溢，"坏营北门堤约五十步，漂旧桩木百余，崩圮犹未已"④。三日至六日，白浮瓮山"霖雨不止，山水泛溢，冲坏瓮山诸处笆口，浸没民田"⑤。十月，大都路诸州县霖雨水溢，坏民庐舍。同年，滹沱河水溢。十二月，夏邑县河溢，而汴梁路属县霖雨，黄河决堤。

文宗至宁宗在位的5年间，有水灾年5年，其中重大水灾年1年，特大水灾年4年，尤以至顺元年（1330）水灾最为严重。水灾总次数约113次。这一时期的水灾主要发生在腹里地区、江浙行省和河南行省。其中腹里地区发生水灾45次，约占同时期水灾总数的40%，而江浙行省和河南行省分别发生水灾34次和23次，约占同时期水灾总数的30%和20%。浙行省水灾主要发生在天历元年（1328）和至顺元年，而河南行省水灾主要发生在至顺元年和至顺三年（1335），当地霖雨导致黄河决口，受灾严重。

天历元年为特大水灾年。三月，济宁路砀山、虞城二县河决。四月，广宁路大水。六月，南宁、开元、永平等路水。益都、济南、般阳、济宁、东平等郡三十县，濮、德、泰安等州九县雨水害稼。河间路临邑县也出现水灾。六月三日，奉元路骤雨，"泾水泛涨，原修洪堰及小龙口尽圮"⑥。七月，广西两江诸州水。八月，淮浙大水，"民以灾告"，其中杭州、嘉兴、平江、湖州、建德、镇江、池州、太平、广德九郡，"没民田万四千余顷"⑦。淮安路海宁州、盐城、山阳等县也有水灾发生。

① 《元史》卷50《五行志一》。

② 《元史》卷30《泰定帝纪二》。

③ 《元史》卷50《五行志一》。

④ 《元史》卷64《河渠志一》。

⑤ 同上。

⑥ 《元史》卷65《河渠志二》。

⑦ 《元史》卷186《曹鉴传》；卷50《五行志一》。

天历二年至至顺三年（1329—1332）间，元代水灾仍然严重，遍及南北各地。天历二年为重大水灾年。春，益都路莒、密二州水。五月，辽阳行省水达达路阿速古儿千户所霖雨为灾，黑龙、宋瓦二江水溢，"民无鱼为食"。"大都之东安、蓟州、永清、益津、潞县，春夏旱，麦苗枯，六月壬子雨，至是日〔戊午〕月乃止，皆水灾"①。此外，河间路靖海县雨水害稼。丙午，永平屯田府所隶昌国诸屯大风骤雨，平地出水。陕西霖雨。淮东诸路、归德府徐邳二州大水。所谓"淮东诸路"当包括淮安路、扬州路和高邮府等地。七月，宗仁卫屯田大水，"坏田二百六十顷"②。

至顺元年为特大水灾年。二月，卫辉路胙城、新郑县遭受大风雨灾。六月，高唐州、曹州及前、后、武卫屯田水灾。大名路长垣、东明二县黄河决堤涌溢，"大名路之属县没民田五百八十余顷"③。六月五日，"魏家道口黄河旧堤将决，不可修筑"。而曹州济阴县沛郡安乐等保"今复水涝，漂禾稼，坏室庐，民皆缺食"，"今冲破新旧堤七处，共长一万二千二百二十八步"④。六月二十三日夜，"白河水骤涨丈余，观音寺新修护仓堤，已督有司差夫救护，今水落尺余"⑤。江浙行省夏秋也遭受了严重的灾害。闰七月，松江、平江、嘉兴、湖州等路府水，"漂民庐，没田三万六千六百余顷，饥民四十万五千五百七十余户"。杭州、常州、庆元、绍兴、镇江、宁国诸路及常德、安庆、池州、荆门诸路州属县皆水，"没田一万三千五百八十余顷"。其中望江、铜陵、长林、宝应、兴化等县都有水灾发生。大都、大宁、保定、益都诸属县及京畿诸卫、大司农诸屯水，"没田八十余顷"⑥。九月十九日雨，二十四日复雨，"缘此辛马头、孙家道口障水堤堰又坏"⑦。这一年中，安庆路望江县，淮安路山阳县，常德路桃源州，高邮府宝应等县，扬州路泰兴，江都二县，德安府、庐州路、澧州路、淮安路泗州属县都曾遭遇水灾。

---

① 《元史》卷33《文宗纪二》。

② 同上。

③ 《元史》卷34《文宗纪三》。

④ 《元史》卷65《河渠志二》。

⑤ 《元史》卷64《河渠志一》。

⑥ 《元史》卷34《文宗纪三》。

⑦ 《元史》卷65《河渠志二·黄河》。

至顺二年（1331）为特大水灾年。四月，晋宁路潞州潞城县大水。五月，河间路莫亭县、宁夏府路河渠县、绍庆路彭水县、德安府屯田、保定路大水。六月，大都、保定、真定、河间、东昌诸路属州县及诸屯水，彰德路属县漳水决口。秋，水暴溢括苍山中，"被郡境飑风，激海水相辅为害，堤倾路夷，亭随仆，永和盐仓亦圮。水怒未已，且将破庐舍，败城郭"①。七月甲午，归德府霖雨伤稼，大都路、河间路、汉阳府属县水。二十三日，庆元路慈溪县大雨，"孟秋之月月在毕，雨气斗集云深黳。悬河翻空海水立，万瓦千溜如奔溪。向来高原变涝泽，巨浪上蹴天为低。三吴良田入井底，菜茹岂复如畛畦。室庐藩溷尽漂没，存者历落犹鸡栖。男儿性命不自保，往往中路遗婴嫛"②。八月，江浙水潦害稼，"计田十八万八千七百三十八顷"③。十月，平江路吴江州"大风雨，太湖溢，漂没庐舍资畜千九百七十家"④。十二月，真定路深州、晋州水。

　　至顺三年（1332）为特大水灾年。五月，扬州之江都、泰兴，德安府之云梦、应城县水。汴梁之睢州、陈留、开封、兰阳、封丘诸县河水溢。滹沱河决口，"没河间清州等处屯田四十三顷"⑤。奉元路朝邑县洛水溢。六月，冀宁路汾州大水，益都路、济宁路大雨，庐州路无为州、和州水。八月，高邮府之宝应、兴化二县，德安府之云梦、应城二县大雨水，长江又发生涌溢，百姓受灾严重。九月，益都路之莒、沂二州，泰安州之奉符县，济宁路之鱼台、丰县，曹州之楚丘县，平江、常州、镇江三路，松江府、江阴州，中兴路之江陵县皆大水。

　　综上所述，元代成宗至宁宗的 38 年间，每年均有水灾发生，同期水灾总次数 770 余次。其中重大水灾年约 19 年，足见水灾较为严重。水灾主要发生在腹里地区、河南行省和江浙行省。三地发生水灾分别占同期水灾总数的 46%、21% 和 14%。腹里地区主要发生在大都、河间、永平等腹里东部地区以及黄河沿岸的腹里南部地区。河南行省主要发生在黄河流域的汴梁、归德、河南府等地。江浙行省仍以浙西水灾最为严重。其他地区水灾则呈

①黄溍：《永嘉县重修海堤记》，《金华黄先生文集》卷9。

②黄玠：《辛未七月廿三日大雨》，《弁山小隐吟录》卷2。

③《元史》卷35《文宗纪四》。

④同上。

⑤《元史》卷36《文宗纪五》。

分散式分布。北方地区的浑河、滹沱河和黄河，南方的长江洪水是造成附近区域水灾严重的重要因素。

第三节　顺帝时期的水灾

顺帝在位的 36 年间，共有 35 个水灾发生年。即仅有至正二十一年（1361）未见水灾记载，其余年份都有水灾发生。南方水灾较为严重，黄河决口的影响较大。

顺帝即位之初，水灾就十分严重。元统元年（1333）五月，黄河汴梁路阳武县段涌溢，害稼。六月，黄河大溢，河南出现严重水灾，而京畿大霖雨，"水平地丈余，饥民四十余万"[1]。潮州路水。泉州路霖雨，"溪水暴涨，漂民居数百家"[2]。关中泾河溢，成灾。七月，潮州路大水。此后若干年间，水灾并不是很严重，水灾发生地多零星散布全国。元统二年（1334）为重大水灾年。正月辛卯，东平路须城县、济宁路济州、曹州济阴县水灾，民饥。二月，瑞州路水。滦河、漆河溢，永平路诸县水灾。三月，杭州、镇江、嘉兴、常州、松江、江阴等地也因遭受水旱疾疫受到赈济。山东地区霖雨，水涌，民饥。四月，东平路、益都路水。五月，镇江路水，上都路宣德府大水。六月戊午，淮河河水上涨，淮安路山阳县满浦、清冈等处民畜房舍多被漂溺。九月，吉安路有水灾发生。

后至元元年（1335）六月，大霖雨，具体地点不明。八月，道州路、郴州路永兴县发生水灾。江西也发生大水灾，百姓出现饥荒。同年，黄河汴梁封丘县段决堤。后至元二年（1336）五月乙卯，南阳府邓州大霖雨，"自是日至于六月甲申乃止"[3]，湍河、白河大溢，水为灾。六月，泾河溢。八月，大都路通州霖雨，大水。

后至元三年（1337）为重大水灾年。春，徽州路新安"淫雨害麦，民且忧饥年"[4]。二月，绍兴路大水。五月，广西贺州大水害稼。六月，京师大霖雨。彰德路大水，"深一丈"。黄州路及衢州路常山县大水。六月辛巳日，

---

① 《元史》卷38《顺帝纪一》。

② 《元史》卷51《五行志二》。

③ 《元史》卷39《顺帝纪二》

④ 郑玉：《重修忠烈陵庙记》，《师山先生文集》卷4。

京师、河南北大霖雨，"自是日至癸巳不止，京师、河南、北水溢，御河、黄河、沁河、浑河水溢，没人畜、庐舍甚众"①。汴梁路兰阳、尉氏二县，归德府等地皆河水泛滥。大名路受灾严重，"水入郡城，没官民舍且尽"，铜台驿"荡塌"，"天子为遣官赈恤，所全活者不可胜计"②。卫辉路淫雨，"至七月，丹、沁二河泛涨，与城西御河通流，平地深二丈余，漂没人民房舍田禾甚众。民皆栖于树木"，"月余水方退"③。夏秋之时，大都路所辖檀、顺、通、蓟等处"霖雨，及溪河泛涨，湵没田禾，十损八九"，"所至之处，人民告诉，百端生受，情状可伤，饥寒蓝缕，不能存活。强壮者犹能趁逐微细生理，日求升合。老弱无依人民，扫拣秕谷，以粥饮度日"④。秋七月己亥朔，漳河泛溢，至广平城下，⑤怀庆路水。

后至元四年（1338）水灾主要发生在五六月间。五月，益都路沂州临沂、费县水，吉安路永丰县大水。六月己丑日，邵武路大雨，"水入城郭，平地二丈"，"城市皆洪流，漂沿溪民居殆尽"⑥。辛卯日，铅山州"暴雨三日，夜水大至。民居下者及檐，学地高犹半壁。屋岁久朽蠹，前后修者徒事外饰，故坏十六七"⑦。秋，彰德路"大雨乃不止，田将没，洹之涨，且及城。八月四日，侯禜于城东门，雨俄息"⑧。

后至元五年（1339）水灾主要发生在六七月间。夏，"河决于陵之界，直趋河口"⑨。六月庚戌，汀州路长汀县大水，"平地深三丈许，损民居八百家，

①《元史》卷39《顺帝纪二》。

②苏天爵：《元故翰林直学士赠国子祭酒范阳郡侯谥文清宋公墓志铭并序》，《滋溪文稿》卷13；苏天爵：《元故大中大夫大名路总管王公（惟贤）神道碑铭》，《滋溪文稿》卷17；许有壬：《大名路重建铜台驿记》，《至正集》卷42。

③《元史》卷51《五行志二》。

④宋褧：《建言救荒·至元四年戊寅按部京畿东道》，《燕石集》卷13。

⑤《元史》卷39《顺帝纪二》。

⑥《元史》卷39《顺帝纪二》；卷51《五行志二》。

⑦程端礼：《铅山州修学记》，《畏斋集》卷5。

⑧许有壬：《禜文门》，《至正集》卷41。

⑨刘沂：《南皮县郎儿口浚川记》，光绪十四年《南皮县志》卷13，引自李修生《全元文》第58册。

坏民田二百顷，溺死者八千余人"①。七月，邵武路光泽县大水。甲申，常州路宜兴县出现山洪，"势高一丈，坏民庐"②。益都路沂州沂、沭二河暴涨，决堤防，害田稼。

后至元六年（1340）的水灾也比较分散，但灾情比较严重。六月，衢州路西安、龙游二县大水。庚戌，"处州松阳、龙泉二县积雨，水涨入城中，深丈余，溺死五百余人。遂昌尤甚，平地三丈余，桃源乡山崩，压溺民居五十三家，死者三百六十余人"③。七月壬子日，延平路南平县淫雨，"水泛涨，溺死百余人，损民居三百余家，坏民田二顷七十余亩"④。乙卯日，奉元路鳌屋县河水溢，漂溺居民。八月甲午，卫辉路大水，"漂民居一千余家"⑤。十月，河南府路宜阳县大水，"漂没民庐，溺死者众"⑥。同年，晋宁路"绛水为虐"，三湫龙祠"就倾塌，栋宇榱桷，殆无完者，而神像无少缺落"⑦。

至正初年的涝灾并不严重。至正元年（1341），汴梁路钧州大水。四月丁酉，"以两浙水灾，免岁办余盐三万引"，似说明两浙地区也有水灾发生。至正二年（1342）春，黄河水溢。⑧济南路发生山洪，"癸丑夜，济南山水暴涨，冲东西二关，流入小清河，黑山、天麻、石固等寨及卧龙山水通流入大清河，漂没上下民居千余家，溺死者无算"⑨。六月，汾水大溢。保定路深泽县"夏潦秋霖，汪洋蔽野，滋、沙二河汹涌决溢，兼以横堤侵透溃然。方此时，深泽城殆如瞿塘滟滪之当崩湍骇浪也。居民怅贸悚怖，四顾改容，如婴儿之失慈母，深可畏也。及乎行潦既定，而城西小巷

---

① 《元史》卷51《五行志二》。

② 《元史》卷40《顺帝纪三》。

③ 《元史》卷51《五行志二》。

④ 同上。

⑤ 同上。

⑥ 《元史》卷40《顺帝纪三》；卷51《五行志二》。

⑦ 邵亨贞：《重建三湫龙祠疏》，《野处集》卷4。

⑧ 《元史》卷183《王思诚传》。

⑨ 《元史》卷51《五行志二》。

潴水尚深，趋城邑者尤为不便"①。秋，彰德路霖雨害稼。九月，归德府睢阳县因黄河为患，出现饥荒。同年，广州路东莞"禾将秋成，雨淫潦涨，堤力不足，崩溃者二十三所，半为渊潭。失业之民，寄食于他境者，十尝八九"②。

至正三年（1343）二月，秦州成纪县，巩昌府宁远、伏羌县发生山洪，"溺死人无算"。四月至七月间，河南霖雨不止，汴梁路荥泽县，钧州新郑、密县霖雨害稼。五月，黄河于白茅口处决堤。夏，"大水，松江、平江稻尽，没围田"，浙民终得"减田半租"③。七月，汴梁路中牟、扶沟、尉氏、洧川四县，郑州荥阳、汜水、河阴三县大水。元顺帝驻跸上都路云州，"遇烈风暴雨，山水大至，牛马人畜皆漂溺，脱脱抱皇太子单骑登山，乃免"④。

至正四年（1344）为特大水灾年。"河南北诸郡灾于水，民死亡不可胜数"⑤。正月庚寅，黄河曹州段决堤。夏，汴梁路兰阳县，许州长葛、郾城、襄城，睢州，归德府亳州之鹿邑，济宁之虞城霖雨害蚕麦，"禾皆不登"。五月，"大雨二十余日"，"黄河溢，平地水二丈，决白茅堤、金堤，曹、濮、济、兖皆被灾"⑥。大都路霸州大水。六月，济宁路兖州，汴梁路鄢陵、通许、陈留、临颍等县大水害稼，出现了"人相食"的状况。黄河"又北决金堤，并河郡邑济宁单州、虞城、砀山、金乡、鱼台、定陶、楚丘、武城，以至曹州、东明、巨野、郓城、嘉祥、汶上、任城等处皆罹水患，民老弱昏垫，壮者流离四方。水势北侵安山，沿入会通、运河，延袤济南、河间，将坏两漕司盐场，妨国计甚重"⑦。由此"黄河泛滥，与会通、洸、泗接敌

①卢旭：《安济桥记》，清雍正《深泽县志》卷13，引自李修生《全元文》第58册。

②黎玉瑛：《重修福隆护田堤记》，民国十六年《东莞县志》卷9，引自李修生《全元文》第58册。

③李祁：《故将仕郎浙江财赋府照磨贺君（景文）墓志铭》，《云阳集》卷8。

④《元史》卷138《脱脱传》。

⑤宋禧：《送王巡检赴岑江序》，《庸庵集》卷12。

⑥《元史》卷66《河渠志三》；卷41《顺帝纪四》。苏天爵：《元故荣禄大夫御史中丞董忠肃公（守简）墓志铭有序》，《滋溪文稿》卷12。

⑦《元史》卷66《河渠志三》；卷187《贾鲁传》；卷138《脱脱传》。

荡溃，日以靡策可除，兼以霖潦相仍，诸山之水，汹涌合流，一汇于中"①。河南府巩县大雨，伊洛水溢，漂民居数百家。秋"霖雨大作，山东州郡率为水浸"，濮州范县宣圣庙"庙之门庑、两斋复圮于水"②。七月，东平路东阿、阳谷、汶上、平阴四县，衢州路西安县大水。滦河水溢，"出平地丈余，永平路禾稼庐舍漂没甚众"③。八月丁卯，山东霖雨，民相食。同年夏，婺州路义乌县"水暴而堤坏，田遂不稔"④，抚州路金溪县"水旱疾疫并作"⑤。

至正五年（1345）五月，河间转运司灶户遭受水灾。夏秋之间，汴梁路祥符、尉氏、洧川，郑州、钧州，归德府亳州等地久雨害稼，"二麦禾豆俱不登"⑥。河间路霖雨妨碍了盐课的办纳。七月，曹州济阴县河决，"漂官民亭舍殆尽"⑦。十月，黄河泛滥成灾。至正六年（1346），黄河再次决口。五月，朝廷遂设立河南山东都水监管理黄河，"以专疏塞之任"⑧，并委派工部尚书迷儿马合谟巡视金堤。然而，这些举措都没有收到预期的效果。

至正七年（1347）五月，黄州路大水。夏，松江府"水雨大至，□□之田被水者什六七"⑨。"时河决东明之白茅口，浸山东曹、济诸郡"⑩。至正八年（1348）为重大水灾年。正月辛亥日，黄河再次发生决口。二月，

---

①潘士文：《重修鲁桥记》，清乾隆五十年《济宁直隶州志》卷4，引自李修生《全元文》第56册。

②楚惟善：《重修范县宣圣庙记》，《续修范县县志》卷6，引自李修生《全元文》第31册。

③《元史》卷51《五行志二》。

④宋濂：《蜀墅塘记》，《宋文宪公全集》卷4。

⑤危素：《兰溪桥记己丑》，《说学斋稿》卷1。

⑥《元史》卷51《五行志二》。

⑦同上。

⑧《元史》卷92《百官志八》。

⑨干文传：《知府王至和赈贷饥民记》，明正德十六年刻本《华亭县志》卷8，引自李修生《全元文》第32册。

⑩李好文：《重修西海河渎庙记》，清光绪十二年《永济县志》卷17，引自李修生《全元文》第47册。

因"河水为患"，诏在济宁路郓城设立行都水监，由贾鲁负责。[①] 四月，平江路、松江府等地大水。五月，京师大霖雨，城墙出现坍塌；汴梁路钧州新郑县淫雨害麦。壬子日，湖广行省宝庆路大水。庚子日，广西"山崩水涌，漓江溢，平地水深二丈余，屋宇、人畜漂没"[②]。江西行省肇庆路"西水骤涨，城中水流数尺，濒河居民漂没屋庐者不可胜数，嗷嗷缺食，几不聊生"[③]。六月，中兴路松滋县骤雨，"水暴涨，平地深丈有五尺余，漂没六十余里，死者一千五百人"[④]。山东益都路胶州也因大水造成饥荒。七月，高密县大水。

至正九年（1349）正月，设立山东河南等处行都水监专治河患。五月，"白茅河东注沛县，遂成巨浸"[⑤]。之后贾鲁以工部尚书担任总治河防使，整治黄河。同月，蜀江大溢，"浸汉阳城，民大饥"[⑥]。七月，归德府大雨连下了十旬，共一百余天。中兴路公安、石首、潜江、监利等县及沔阳府大水。夏秋之际，蕲州路大水伤稼。至正十年（1350）二月，彰德路大雨害麦，"麦成疽，十得一二"[⑦]。夏，"江水暴涨，怀丘陵灭，市肆民多垫馁"[⑧]。五月，龙兴路、瑞州路大水。六月，晋宁路霍州灵石县雨水暴涨，冲决堤堰，漂没民居甚众。七月，静江路荔浦县大水害稼。汾水溢。九月，许有壬位于彰德的僮屋为大雨所仆。[⑨]

至正十一年（1351）夏，龙兴路南昌、新建二县大水；安庆路桐城县雨水泛涨，"花崖、龙源二山崩，冲决县东大河，漂民居四百余家"[⑩]。七月丙辰，广西大水，靖江路大水，冲决南北二陡渠。而黄河归德府永城

① 《元史》卷92《百官志八》。

② 《元史》卷51《五行志二》。

③ 刘鹗：《广东宣慰司同知德政碑》，《惟实集》卷3。

④ 《元史》卷51《五行志二》。

⑤ 《元史》卷42《顺帝纪五》。

⑥ 同上。

⑦ 许有壬：《即事二首》，《圭塘小稿》别集卷上。

⑧ 杨铸：《王良德政碑》，清道光十三年《肇庆府志》卷21，引自李修生《全元文》。

⑨ 许有壬：《僮屋为大雨所仆歌》，《圭塘小稿》别集卷上。

⑩ 《元史》卷51《五行志二》。

县段决口，"坏黄陵冈岸"①。晋宁路平晋、文水二县大水，汾河泛溢东西两岸，漂没禾稼数百顷。至正十二年（1352），中兴路松滋县骤雨，"水暴涨，漂民居千余家，溺死七百人"②。大名路开、滑、浚三州，元城十一县等地也有水灾发生，当时这一地区遭受水旱虫蝗的饥民达到七十一万六千九百八十口。七月，衢州路西安县大水。

至正十三年（1353）六月，大都路蓟州丰润、玉田、遵化、平谷四县大水。至正十四年（1354）春，"大雨凡八十余日，两浙大饥"③。六月，河南府巩县大雨，造成"伊、洛水溢，漂没民居，溺死三百余人"④。秋，大都路蓟州大水。同年"河溢，金乡、鱼台坟墓多坏"⑤。至正十五年（1355）六月，荆州大水。夏，淮西安庆路大雨，江涨，"屯田禾半没，城下水涌，有物吼声如雷"⑥。同年，陕西行省"一夜大风雨，有一大山西飞者十五里，山之旧基，积为深潭"⑦。至正十六年（1356）八月，山东大水。黄河郑州河阴县段决堤，河阴县"官署民居尽废，遂成中流"⑧。至正十七年（1357）六月，广平路漳河因雨泛溢。秋，涂川万全石塘因大风雨而"水暴涌坏焉"⑨。八月，大都路蓟州又大水。十月，静江路大水，同时伴有山崩地陷等地质灾害。

至正十八年（1358）七月，京师及蓟州、广东惠州路、广西四县、贺州皆大水。至正十九年（1359）四月，汾水暴涨。九月，黄河济宁路任城县段决堤。至正二十年（1360）七月，益都路高苑县、河南府路陕州渑池县大雨害稼。大都路通州大水。至正二十二年（1362）三月，邵武路光泽县大水。七月，拒马河范阳县段决堤，"漂民居"⑩。

---

① 《元史》卷51《五行志二》。

② 同上。

③ 叶子奇：《草木子》卷3上《克谨篇》。

④ 《元史》卷51《五行志二》。

⑤ 《元史》卷198《孝友传二·史彦斌传》。

⑥ 《元史》卷143《余阙传》。

⑦ 叶子奇：《草木子》卷3上《克谨篇》。

⑧ 《元史》卷51《五行志二》。

⑨ 苏伯衡：《敏斋处士林君碣》，《苏平仲文集》卷12。

⑩ 《元史》卷46《顺帝纪九》。

至正二十三年（1363），怀庆路河内县、武陟县、修武县及孟州济源、温县水。七月，黄河东平路寿张县段决口，"圮城墙，漂屋庐，人溺死甚众"①。至正二十四年（1364）三月，怀庆路孟州河内、武陟县发生水灾。七月，益都路寿光县，胶州高密县水，密州安丘县大雨。

至正二十五年（1365）六月，京师大雨。秋，大都路蓟州发生较大水灾。益都路密州安丘县，晋宁路潞州，汴梁路许州及钧州之密县淫雨害稼。台州路仙居县大水，县学咏沂亭仆。②七月，黄河于小流口决堤，黄河水与清河合流，东平路须城、东阿、平阴三县受灾严重，"坏民居，伤禾稼"③。至正二十六年（1366）为重大水灾年。二月，黄河河道北徙，上自大名路东明县、曹州、濮州，下及济宁路，皆受其害。七月，大都路蓟州等四县、卫辉路、汴梁路钧州大水害稼。八月，黄河泛滥，"济宁路肥城县西黄水泛溢，漂没田禾民居百有余里，德州齐河县境七十余里亦如之"④，大清河决济南路滨、棣二州之界，"民居漂流无遗"⑤。同年汾水又溢。至正二十七年（1367）秋，彰德路淫雨为灾。至正二十七年腊月至至正二十八年（1368）三月，松江府"淫雨不休，农以潦告。官修围岸，迫农车泄潦，农力竭而潦不退"⑥。

此外，没有明确纪年的水灾也为数不少。至正时，磁河"水频溢"，决铁灯干等地。⑦龙兴路"江水暴溢，居民几致漂溺"⑧。

综上所述，元顺帝在位的36年，除至正二十一年（1361）未见局部水灾外，其余35年间均有水灾发生，水灾总次数200余次。但顺帝时期的水灾并不太严重，35个水灾年中，一般水灾年22年，严重水灾年8年，重大水灾年4年，特大水灾年1年。水灾发生地域主要集中在腹里地区，水

---

① 《元史》卷51《五行志二》。

② 吴师道：《咏沂亭记》，《吴正传先生文集》卷12。

③ 《元史》卷46《顺帝纪九》；卷51《五行志二》。

④ 《元史》卷51《五行志二》。

⑤ 同上。

⑥ 杨维桢：《天车诗并引》，《铁崖古乐府》卷4。

⑦ 《元史》卷183《王思诚传》。

⑧ 危素：《安公堤记己丑》，《说学斋稿》卷1。

灾发生次数约占全国同时期水灾总次数的47%。其中，京师仍是水灾较为严重的地区，而黄河出现了改道，从而造成曹州、济宁、大名等路州水灾频繁而严重，且以至正四年（1344）和至正二十六年（1366）的黄河决口破坏性巨大，产生了严重的社会影响。其次是河南行省、江浙行省，水灾发生次数分别约占全国同时期水灾总次数的18%和14%。另外，江西行省、湖广行省与陕西行省也有水灾发生，但并不严重。

第四节　水灾的时空分布

　　元代水灾总计发生年份为105年，总计1240余次。其中，蒙古前四汗时期辖境内见于记载的2年，而其发生区域多集中于腹里地区、河南行省与江浙行省辖境。笔者在前人统计的基础上，试对元代水灾的时空分布略作梳理。

一、时间分布

　　元代水灾发生年份为105年。自中统元年至至正二十八年（1260—1368）的109年间，水灾发生年份为103年，仅有中统元年到中统四年（1263）、至元三年（1266）和至正二十一年（1361）6年间未见水灾发生。元代水灾中，一般水灾年45年，严重水灾年18年，重大水灾年21年，特大水灾年23年。若按照十年为时间段对元代水灾的发生情况进行统计，可制成图2-1：元代水灾发生趋势图。

　　由图2-1可以看出，自大蒙古国建立到宪宗八年的1206—1258年间，见于记载的水灾发生年仅有2年，且均为一般水灾年。1259—1268年的十年间，重大水灾发生年为2年，一般水灾发生年3年。1269—1278年的十年间，每年都有水灾发生，但一般水灾发生年多达7年，严重水灾年为2年，重大水灾年仅为1年。1279—1288年的十年间一般水灾年为3年，严重水灾年为4年，重大水灾年为2年，特大水灾年为1年。1289—1298年的十年间，无一般水灾年，严重水灾年2年，重大水灾年2年，特大水灾年6年。1299—1308年的十年间，一般水灾年2年，严重水灾年1年，重大水灾年5年，特大水灾年2年。1309—1318年的十年间，一般水灾年5年，严重水灾年1年，重大水灾年2年，特大水灾年2年。1319—1328年的十年间，均为重大水灾年和特大水灾年，分别为2年和8年。此后一般水灾年逐渐增多，重大水灾年、特大水灾年相应减少。1329—1338年的十年间，一般水灾年3年，严重水灾年 1 年，重大水灾年和特大水灾年均为 3 年。1339—1348 年的十年间，一般水灾年 5 年，严重水灾年 3 年，重大水灾年和特大水灾年各 1 年。1349—1358 年的十年间，一般水灾年 8 年，严重水灾年 2 年，无重大水灾年和特大水灾年。元朝最后十年中，一般水灾年 7 年，严重水灾年 1 年，重大水灾年 1 年。

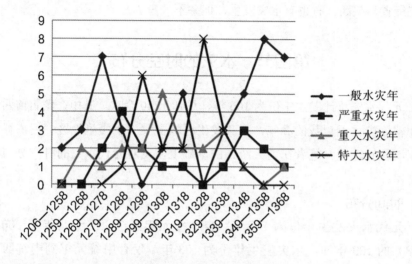

图 2-1　元代水灾发生趋势图（单位：年）

元代特大水灾年约 23 年，集中在 1279—1348 年的 7 个十年间。其中 1279—1288 年的十年间为 1 年，1289—1298 年的十年间为 6 年，1299—1308 年、1309—1318 年的两个十年间均为 2 年，特大水灾发生年最多的时段在 1319—1328 年的十年间此后的一个十年，特大水灾发生年为 3 年。由此元代特大水灾主要发生在 1289—1338 年的 50 年间，其中以 1319—1328 年的十年间特大水灾年最多，其次是 1289—1298 年的十年间。

元代重大水灾年约 21 年，除 1349—1358 年的十年间无重大水灾外，自宪宗九年（1259）始，每个十年时间段内均有重大水灾发生。1259—1268 年的十年间为 2 年，1269—1278 年的十年间为 1 年。1279—1298 年的两个十年间，重大水灾发生年都为 2 年。1299—1308 年的十年间，重大水灾年为 5 年。1309—1328 年的两个十年间，重大水灾年都为 2 年。1329—1338 年的十年间，重大水灾为 3 年。1339—1348 年、1359—1368 年的两个十年间，重大水灾年各为 1 年。1349—1358 年的十年间，未见重大水灾年。

　　若我们将受灾范围超过 10 路州的重大（特大）水灾年的发生情况制成图 2-2：元代重大（特大）水灾年趋势图，可见元代重大（含特大）水灾年的发生趋势呈"M"形。1259—1268 年的十年间，重大（含特大）水灾年仅为 2 年，之后的十年间降为 1 年。继而有所增加，1279—1288 年的十年间，重大（含特大）水灾年增加为 3 年。1289—1298 年的十年间，骤增为 8 年，1299—1308 年的十年间减少为 7 年，继而在下一个十年中减少为 4 年。1319—1328 年的十年间，年年均为重大（特大）水灾年，破坏相当严重。下一个十年间，重大（特大）水灾年减少为 6 年。1339—1358 年的十年间，重大（特大）水灾年减少为 2 年。1349—1358 年的十年间则未见重大（特大）水灾年。1359—1368 年的十年间，重大（特大）水灾年仅为 1 年。由此元代水灾主要集中发生在世祖至元末到顺帝后至元初的 50 年间，其中以世祖至元二十六年至武宗至大元年（1289—1308），延祐六年至后至元四年（1319—1338）的 40 年间水灾尤为严重，其间涉及世祖、成宗、武宗和仁宗、英宗、泰定帝、文宗、明宗和顺帝诸帝。

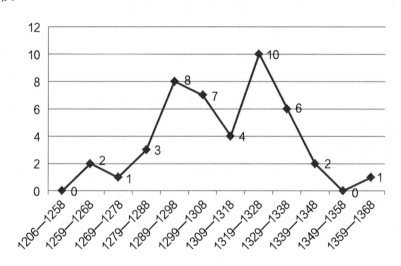

图 2-2　元代重大（特大）水灾年趋势图（单位：年）

　　元代水灾的发生也呈现出鲜明的月季变化。现将元代水灾月季变化制成图 2-3：元代水灾月季变化图。

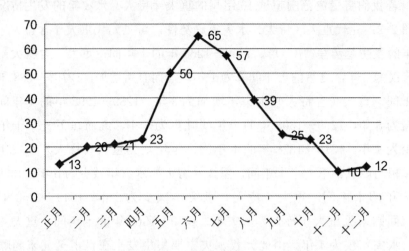

图2-3　元代水灾月季变化图（单位：年）

由图2-3可以看出，几乎每个月都有水灾发生，但水灾的季节性较为明显。夏秋两季，特别是农历五月至八月水灾最为严重，六月达到水灾发生的峰值。据不完全统计，明确记载发生月份的水灾中，正月有13个水灾发生年，二月有20个水灾发生年，三月有21个水灾发生年，四月有23个水灾发生年，五月则骤然增加为50个水灾发生年，六月则达到峰值的65个水灾发生年，随之七月水灾发生年减少为57年，八月水灾发生年减少为39年，九月至十一月，则分别递减为25年、23年、10年，十二月则略有抬升，增加为12年。

二、空间分布

就目前统计来看，元代水灾发生遍及全国，涉及腹里地区、河南行省、辽阳行省、陕西行省、甘肃行省、江浙行省、江西行省、湖广行省、四川行省、云南行省宣政院辖区等地。现将元代水灾发生区域制成图2-4：元代水灾发生区域图。

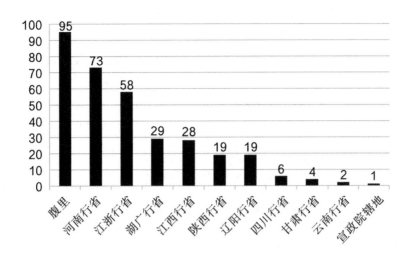

图 2-4　元代水灾发生区域图（单位：年）

由图 2-4 可以看出，腹里地区发生水灾的年份为 95 年。其次是河南行省有 73 个水灾发生年。再次为江浙行省，有 58 个水灾发生年。其余湖广行省、江西行省水灾发生年均在 20 年以上，分别为 29 年、28 年。陕西行省、辽阳行省水灾发生年都为 19 年。其余四川行省、甘肃行省、云南行省、宣政院辖地水灾发生年数较少。由此可见，元代水灾主要集中发生于腹里地区，河南行省和江浙行省。

在此有必要对各区域水灾年的分布状况做一分析。我们将元代各地水灾年份分布制成表 2-1：元代各地水灾年分布表。由表 2-1 可以看出，腹里地区的水灾较为频繁，除 1259—1268 年的十年间，水灾较少仅为 4 年外，自 1269—1368 年的 10 个十年间，平均水灾年均在 8 ～ 10 年之间。也就是说，以十年为计量单位，元代腹里地区没有水灾的年份仅有 1 ～ 2 年。其中 1289—1308 年的 20 年间、1319—1328 年的 10 年间，腹里地区更是年年有水灾发生。河南行省水灾的发生年份为 73 年，仅次于腹里地区。其中主要发生在 1269—1358 年的 9 个 10 年间，而以 1289—1348 年的 6 个 10 年间最为频繁。江浙行省辖地有 58 个水灾年，主要分布在 1279—1348 年的 7 个 10 年间，而以 1279—1298 年、1319—1348 年的 5 个 10 年间最为频繁。湖广行省的 29 个水灾年中，以 1289—1298 年的 10 年间最为频繁，达到 8 个年份。江西行省的 28 个水灾年分布较为分散，以 1289—1298 年和 1319—1328 年的 2 个 10 年最多，均为 6 个水灾年。陕西行省的 19 个水灾年中，以 1319—1328 年的 10 年最多，达到 6 个年份。辽阳行省的 19 个水灾年中，分布较为分散，以 1319—1328 年的 10 年间最为频繁，达到 7 个年份。其余四川行省、甘肃行省、云南行省和宣政院辖区的水灾年分布则较为分散。当然这或与这些地区相关资料的有限有关。

表 2-1　元代各地水灾年分布表（单位：年）

时　间	腹里地区	河南行省	江浙行省	湖广行省	江西行省	陕西行省	辽阳行省	四川行省	甘肃行省	云南行省	宣政院辖地
1259—1268	4	1	1	0	0	0	1	1	0	0	0
1269—1278	8	6	2	0	0	0	0	0	0	0	0
1279—1288	9	5	7	2	0	0	3	0	0	0	0
1289—1298	10	7	9	8	6	2	3	0	1	0	0
1299—1308	10	9	5	2	3	1	2	1	1	0	0
1309—1318	9	9	5	4	3	3	1	0	0	0	0
1319—1328	10	10	7	3	6	6	7	3	1	2	1
1329—1338	9	9	7	4	4	4	2	1	1	0	0
1339—1348	9	8	8	1	3	2	0	0	0	0	0
1349—1358	9	6	3	5	3	1	0	0	0	0	0
1359—1368	8	3	4	0	0	0	0	0	0	0	0
合计	95	73	58	29	28	19	19	6	4	2	1

腹里地区水灾的发生区域几乎遍布中书省所辖的所有路州。其中发生水灾较为频繁的有大都路、保定路（顺天路）、河间路、永平路（平滦路）、真定路、大名路、济宁路、东平路、益都路、济南路、曹州等路州。如将有元一代腹里地区超过 10 个水灾发生年的路州制成图则更为明了（见图 2-5：元代腹里地区部分水灾分布图）。

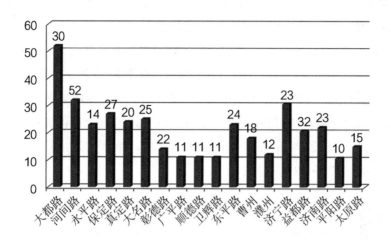

图 2-5　元代腹里地区部分水灾分布图（单位：年）

由图 2-5 可以看出，腹里地区水灾分布大致可以分为四个区域：大都为中心的滦河、拒马河、白河流域，南部的滹沱河、漳卫河流域，黄河流域的山东地区和汾水流域的山西地区。以大都路、保定路（顺天路）、河间路、永平路为中心的滦河、拒马河、白河流域，水灾最为严重。这些路份的水灾年数均在 20 年以上，其中大都路水灾年为 52 年，保定路有 27 个水灾年，河间路有 32 个水灾年，永平路（平滦路）则有 23 个水灾年。真定路、大名路、彰德路、广平路、顺德路、卫辉路等南部地区所在的滹沱河和漳卫河流域，水灾年均在 10 年以上。其中真定路有 24 个水灾年，大名路有 25 个水灾年，是滹沱河流域水灾最为严重的路份。以东平路、曹州、濮州、济宁路、益都路、济南路为中心的黄河流域，水灾也较为严重。其中济宁路因为霖雨等原因而导致济宁段黄河屡次决口，水灾年达 30 个年份，仅次于大都路、河间路。东平路、益都路、济南路三个路份的水灾年均在 20 年以上，曹州、濮州水灾年分别为 18 年和 12 年，主要是黄河决口造成的水灾。以太原路（冀宁路）、平阳路（晋宁路）为中心的山西地区，水灾年份相对较少。其中汾水流域的太原路（冀宁路）水灾发生年最多，为 15 年，平阳路（晋宁路）水灾发生年仅为 10 年。

河南行省的水灾主要分布在三个区域（见图 2-6：元代河南行省水灾分布图。）①汴梁路、归德府、河南府路在内的黄河流域。这一区域多因霖雨造成黄河决口，成为河南行省水灾的主要发生地。其中汴梁路有 39 个水灾发生年，归德府有 29 个水灾发生年，河南府路有 12 个水灾发生年。
②峡州路、中兴路、沔阳府、蕲州路、黄州路、安庆路、庐州路和扬州路
在内的长江北岸地区。长江北岸的河南行省辖境内所有路份均有水灾发生，
以庐州路、扬州路和中兴路水灾发生较为频繁，分别为 13 年、10 年、10 年，
但较之黄河流域水灾发生率较低，水灾情况也并不严重。③南阳府、汝宁府、
安丰路、淮安路和高邮府在内的淮水流域。这一地区虽没有黄河流域水灾
频繁，也没有长江北岸地区的庐州路水灾发生多，但水灾发生较为平均，
水灾发生年都在 7 ～ 12 年之间。

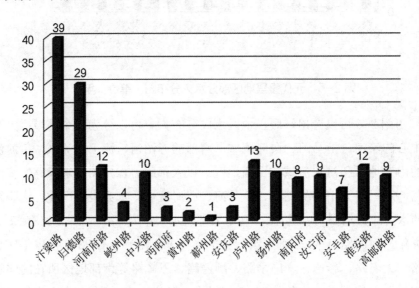

图 2-6　元代河南行省水灾分布图（单位：年）

　　江浙行省水灾并不严重。文献中多以记载"江表""长江""江南"
水灾称之，浙西更是江浙行省水灾发生年最多的地区，未明确记载路州，
仅载"浙西"水灾的就有 11 年之多。江浙行省的水灾分布可以制成图 2-7：
元代江浙行省水灾分布图。由图 2-7 可知，江浙行省水灾主要发生在浙西
的太湖流域，其中又以平江路、杭州路和松江府水灾较为严重，水灾发生
年分别达到了 17 年、10 年、12 年。

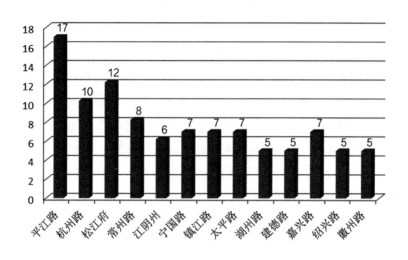

图 2-7　元代江浙行省水灾分布图（单位：年）

江西行省的水灾主要集中在北部，龙兴路水灾发生年最多，为 9 年。江州路、南康路、瑞州路、袁州路、抚州路、临江路、吉安路、赣州路等路水灾发生年均在 3 ～ 5 年之间。江西行省南部的水灾见于记载者较少，其中肇庆路水灾发生年为 5 年，惠州路有 2 年发生水灾，广州路、潮州路、循州都有水灾发生，但较为分散，水灾发生次数较少。湖广行省的水灾则主要集中在北部的常德路、武昌路、澧州路、岳州路、汉阳府等地，其中以常德路水灾发生年最多，为 8 年，其余路府水灾发生年均在 3 ～ 5 年之间。湖广行省南部水灾则以广西最多，约 4 个年份。

辽阳行省水灾主要发生于浑河流域，而以大宁路（北京路、武平路）水灾发生年最多，为 9 年，而辽阳路以 7 个水灾发生年次之。开元路、沈阳路、广宁府路、咸平府、水达达路、东京路均有水灾发生，但水灾发生年份并不均衡。开元路水灾发生年份为 5 年，沈阳路和广宁府路都有 4 个水灾发生年，而咸平府和水达达路仅有 2 个水灾发生年。

陕西行省的水灾多发生于渭水流域，而以其支流泾水水灾最为严重。陕西行省水灾具体分布于奉元路、巩昌府、延安路、秦州、凤翔府、邠州等地，以奉元路和巩昌府水灾最为严重。奉元路水灾发生年为 7 年，巩昌府水灾发生年为 6 年。甘肃行省水灾主要见于宁夏府路和甘州路，水灾发生年分别为 3 年和 2 年。宣政院辖区的水灾则仅见于与陕西行省交界的文州。四川行省水灾则散见于潼川府、顺庆路、夔州路、叙州路和绍庆路。

除潼川府有 2 个水灾发生年外，其余地区仅见 1 个水灾发生年。云南行省的见于记载的 2 次水灾，均发生在中庆路。

综上所述，元代水灾主要集中发生在世祖至元末到顺帝后至元初的 50 年间，以世祖至元二十六年至武宗至大元年（1289—1308）、延祐六年至后至元四年（1319—1338）的 40 年间水灾尤为严重。夏秋两季，特别是农历五月至八月水灾最为严重，六月达到水灾发生的峰值。元代水灾仍然主要发生于海河流域（滦河和拒马河流域）、黄河流域、汾水流域、辽河流域（浑河流域）、渭水流域、长江流域。霖雨频繁导致的流域性水灾，给百姓生产生活带来了深重的灾难，其中以大都为中心的滦河和拒马河流域、黄河流域和太湖流域的水灾最为严重。

第五节　黄河水患

元代黄河水患较为严重，黄河决堤或涌溢时有发生。岑仲勉、《黄河水利史述要》编写组、邱树森[①]、邹逸麟[②]、王颋[③]、宋正海、和付强等都曾对元代黄河水患有所叙述和统计。岑氏根据记载制成河事简表，其中黄河水灾年有 44 年，共发生水患近 70 次。[④]从《黄河水利史述要》所作《元代黄河下游主要决溢统计表》中可以看出，其所统计元代黄河水患 70 余次，水患发生年 42 年。[⑤]邹逸麟所列附录所记元代黄河水患有 50 年。[⑥]宋正海指出，在元代的 89 年（1279—1368）中，"史书上记载黄河决溢的年份达 41 个，平均 2 年多就决溢 1 次。将有明确月份或季节记载的决溢次数加以统计，则有 62 次。其中发生在夏秋季节的 45 次，占总次数的 73%；在冬春两季决溢的 17 次，占 27%。可见元代黄河水患发生在冬春两季也是较

①邱树森：《元代的河患与贾鲁治河》，《元史论丛》第三辑。

②邹逸麟：《元代河患与贾鲁治河》，《顾颉刚先生纪念论文集》；又见邹逸麟：《椿庐史地论稿》，第50～71页。

③王颋：《黄河故道考辨》，上海：华东理工大学出版社，1995年，第144～163页。

④岑仲勉：《黄河变迁史》，第426～431页。

⑤《黄河水利史述要》编写组：《黄河水利史述要》，郑州：黄河水利出版社，2003年，第228～234页。

⑥邹逸麟：《元代河患与贾鲁治河》，《椿庐史地论稿》，第63～71页。

多的"①。和付强则认为，"整个元朝，黄河主干共决溢最少 67 次"②。值得注意的是，岑仲勉、邹逸麟等利用了《古今图书集成》中的资料，但《古今图书集成》并非一手资料，我们则更多利用原始资料进行统计。据笔者不完全统计，有元一代，黄河约有 51 个年份，84 次发生决堤或涌溢。受灾区域以黄河沿岸的汴梁、河南府路、归德、曹州、济宁、怀孟、卫辉等地最为严重。

元世祖时期的黄河水患发生年有 8 年。元代黄河水患，最早见于至元九年（1272）。七月，卫辉路新乡县广盈仓南河北决五十余步，是有元一代见于记载的第一次黄河水患。八月，此地又崩一百八十三步，"其势未已，去仓止三十步"③。九月，南阳、怀孟、卫辉等郡，洺、磁、泰安等州淫雨，造成"河水并溢，塌田庐，害稼"④。这次水患因黄河下游霖雨所致。至元十四年（1277）夏，"河水自中堡村南卧，去京城（南京路——作者按）二十里，势湍悍，旧筑月堤一荡而尽"⑤。至元二十年（1283），南阳府唐、邓、裕、嵩四州因黄河涌溢损稼无算。⑥秋，黄河卫辉、怀孟段因霖雨"泛溢，为卫辉、怀孟害"⑦，而"雨潦，河决原武，泛杞，灌太康。自京北东莽为巨浸，广员千里，冒垣败屋，人畜流死"，"水又啮京城，入善利门，波流市中，昼夜董役，土薪木石，尽力以与，水斗不少杀，乃崩城堰之，城害既弭"⑧。可见，至元二十年的黄河水患受灾地主要集中在汴梁路、卫辉路、怀孟路和南阳府。

至元二十二年（1285）秋，河水坏南京、彰德、大名、河间、顺德、济南等路田三千余顷。⑨至元二十三年（1286）十月，开封、祥符、陈留、杞、太康、通许、鄢陵、扶沟、洧川、尉氏、阳武、延津、中牟、原武、

① 宋正海：《中国古代自然灾异动态分析》，第258页。

② 和付强：《中国灾害通史·元代卷》，第125页。

③《元史》卷65《河渠志二》。

④《元史》卷50《五行志一》。

⑤ 王恽：《论黄河利害事状》，《秋涧先生大全集》卷91。

⑥《元史》卷50《五行志一》。

⑦ 王思廉：《河东廉访使程公神道碑》，见苏天爵：《国朝文类》卷67。

⑧ 姚燧：《南京路总管张公（庭珍）墓志铭》，《牧庵集》卷28。

⑨《元史》卷50《五行志一》。

睢州十五处河决，调动南京民夫二十万四千三百二十三人分筑堤防。① 此十五处决口均属南京路（后属汴梁路）。至元二十四年（1287）三月，汴梁路河水泛滥，役夫七千修完故堤。② 至元二十五年（1288）五月己丑，汴梁路大霖雨，"河决二十二所，漂荡麦禾房舍③"。其中襄邑段河决，漂没禾稼，太康、通许、杞三县，陈、颍二州皆被害。汴梁阳武诸处河决。④ 六月壬申，黄河睢阳县段因霖雨而河溢，"害稼，免其租千六十石有奇"。乙亥日，"以考城、陈留、通许、杞、太康五县大水及河溢没民田，蠲其租万五千三百石"⑤。可见，这次水灾主要涉及汴梁路襄城、太康、通许、杞县、陈留、考城、陈州，汝宁府颍州和归德府睢阳等地。十二月，太原、汴梁二路河溢害稼。⑥ 至元二十七年（1290）四月，芍陂屯田，"以霖雨河溢，害稼二万二千四百八十亩有奇，免其租"。六月，黄河太康县段涌溢，"没民田三十一万九千八百余亩，免其租八千九百二十八石"。十一月癸亥，"河决祥符义唐湾，太康、通许、陈、颍二州大被其患"⑦。由此，河决所波及的范围仍是汴梁路和汝宁府颍州。

元成宗在位的13年间，有7年发生黄河水患，发生频率相当频繁。元贞二年（1296）九月，黄河决汴梁路杞、封丘、祥符、襄邑四县和归德府宁陵县。十月，黄河开封县段决堤。⑧ 大德元年（1297）三月，归德府徐州，邳州宿迁、睢宁，亳州鹿邑县，汴梁路许州临颍、郾城等县，睢州襄邑，太康、扶沟、陈留、开封、杞等县河水大溢，"漂没田庐"，"免其田租"⑨。五月丙寅，河决汴梁，"发民夫三万五千塞之"⑩。七月，杞县蒲口黄河决堤，尚文奉檄文按视河防，指出"今陈留抵睢，东西百有余里，

---

① 《元史》卷14《世祖纪十一》。

② 同上。

③ 《元史》卷65《河渠志二》。

④ 同上。

⑤ 《元史》卷15《世祖纪十二》。

⑥ 《元史》卷50《五行志一》。

⑦ 《元史》卷16《世祖纪十三》。

⑧ 《元史》卷50《五行志一》。

⑨ 《元史》卷50《五行志一》；卷19《成宗纪二》。

⑩ 《元史》卷50《五行志一》。

南岸旧河口十一，已塞者二，自涸者六，通川者三，岸高于水，计六七尺，或四五尺；北岸故堤，其水比田高三四尺，或高下等，大概南高于北，约八九尺，堤安得不坏，水安得不北也！"而"蒲口今决千有余步，迅疾东行，得河旧渎，行二百里，至归德横堤之下，复合正流"①。大德二年（1298）六月，河决蒲口凡九十六所，泛溢汴梁、归德二郡。②七月，汴梁等处大雨，"河决堤防，漂没归德数县禾稼、庐舍"，遂得"免其田租一年"③。大德三年（1299）五月，河南省言："河决蒲口儿等处，浸归德府数郡，百姓被灾。差官修筑计料，合修七堤二十五处，共长三万九千九十二步，总用苇四十万四千束，径尺桩二万四千七百二十株，役夫七千九百二人。"④修堤当在河决之后，由此大德三年黄河蒲口段再次决溢，七堤二十五处决堤总长为三万九千九十二步。大德八年（1304）五月，汴梁之祥符、太康、阳武三县，卫辉之获嘉河溢⑤，"河决落黎堤，势甚危"，身为河南行省平章的也先不花"督有司先士卒以备之，汴以无患"⑥。可见在也先不花的积极防护下，汴梁城并没有受到影响。大德九年（1305）六月，汴梁阳武县思齐口河决。八月，归德府宁陵，汴梁路陈留、通许、扶沟、太康、杞县河溢。这一年的黄河决徙，"逼近汴梁，几至浸没。本处官司权益开辟董盆口，分入巴河，以杀其势，遂使正河水缓，并趋支流"。但这样一来，黄河得以暂时安流，而巴河的容量有限，常常决口，遂导致"南至归德诸处，北至济宁地分"至至大时仍"不息"⑦。大德十一年（1307）秋，"河决原武，东南注汴。官吏具舟为避走计，民大惊恐"。时任汴梁路总管的王忱建议导水东下，遂"乘舟行视河分，命决其壅塞，于以分流杀水，而汴城始完"⑧。

武宗时期仅有至大二年（1309）有黄河水患发生。至大二年七月癸未，

---

① 《元史》卷19《成宗纪二》；卷170《尚文传》。

② 《元史》卷50《五行志一》。

③ 《元史》卷19《成宗纪二》。

④ 《元史》卷65《河渠志二》。

⑤ 《元史》卷21《成宗纪四》。

⑥ 《元史》卷134《也先不花传》。

⑦ 《元史》卷65《河渠志二》。

⑧ 苏天爵：《元故参知政事王宪穆公（忱）行状》，《滋溪文稿》卷23。

河决归德府境。己亥，又决汴梁路封丘县。仁宗在位的9年间，有7年水患发生年。除延祐四年（1317）和延祐六年（1319）未见黄河水患发生外，其他年份都有黄河水患发生。皇庆元年（1312）五月，归德府睢阳县河溢。皇庆二年（1313）六月，河决汴梁路陈州、睢州、开封、陈留县和归德府亳州，"没民田庐"①。延祐元年（1314）八月，河南行省言："黄河涸露旧水泊汙地，多为势家所据，忽遇泛溢，水无所归，遂致为害"，而"汴梁路睢州诸处，决破河口数十，内开封县小黄村计会月堤一道"，由此，延祐元年也似有黄河决溢发生。②延祐二年（1315），河决郑州，冲坏了汜水县县治。延祐三年（1316）四月，颍州太和县黄河涌溢。六月，汴梁等地黄河决堤，淹没民居。延祐五年（1318），河奥屯所称"近年河决杞县小黄村口，滔滔南流，莫能御通，陈、颍濒河膏腴之地浸没，百姓流散。今水迫汴城，远无数里"③。似也说明这一段时间，杞县小黄村口段黄河决口频繁，陈州、颍州受灾严重。延祐七年（1320），河决汴梁原武县，"浸灌诸县"④。汴梁路荥泽县六月十一日，"河决塔海庄东堤十步余，横堤两重，又缺数处"，二十三日夜，"开封县苏村及七里寺复决二处"⑤。

英宗时，至治二年（1322）正月，汴梁路仪封县河溢伤稼。泰定帝在位的4年时间中，年年都有黄河水患发生。泰定元年（1324）七月，陕西行省奉元朝邑县、腹里曹州楚丘县、大名路开州濮阳县河溢。泰定二年（1325）五月，汴梁路十五县河溢。七月，睢州河决。八月，卫辉路汲县河溢。泰定三年（1326）二月，归德属县河决，民饥，"赈粮五万六千石"⑥，可见受灾相当严重。七月，河决郑州，阳武县"漂民万六千五百余家"⑦。十月，汴梁路乐利堤坏，河水涌溢，"役丁夫六万四千人筑之"⑧。十二月，

---

① 《元史》卷24《仁宗纪一》。

② 《元史》卷65《河渠志二》。

③ 同上。

④ 《元史》卷27《英宗纪一》。

⑤ 《元史》卷65《河渠志二》。

⑥ 《元史》卷30《泰定帝纪二》。

⑦ 同上。

⑧ 同上。

亳州河溢，"漂民舍八百余家，坏田二千三百顷，免其租"①。泰定四年（1327）五月，睢州河溢。六月，汴梁路河决。八月，汴梁路扶沟、兰阳县河溢，"漂没民居一千九百余家"②；济宁路虞城县河溢伤稼。十二月，归德府夏邑县河溢。《元史·泰定帝纪二》所载"汴梁属县霖雨，河决"，当指五月、六月和八月事。

　　文宗至宁宗的 5 年间，有 3 年发生黄河水患。致和元年（1328）三月，河决济宁路砀山、虞城二县。至顺元年（1330）六月，大名路长垣、东明二县黄河决堤，"大名路之属县没民田五百八十余顷"③。五日，曹州济阴县"魏家道口黄河旧堤将决，不可修筑，以此差募民夫，创修护水月堤，东西长三百九步，下阔六步，高一丈。又缘水势瀚漫，复于近北筑月堤，东西长一千余步，下广九步，其功未竟。至二十一日，水忽泛溢，新旧三堤一时咸决，明日外堤复坏，急率民闭塞，而湍流迅猛，有蛇时出没于中，所下桩土，一扫无遗"。其中魏家道口砖堌等村"缺破堤堰，累下桩土，冲洗不存，若复闭筑，缘缺堤周回皆泥淖，人不可居，兼无取土之处"，沛郡安乐等保"今复水涝，漂禾稼，坏室庐，民皆缺食"。这次河决冲破魏家道口、黄家桥、辛马头、孙家道口、磨子口等新旧堤七处，共长一万二千二百二十八步。其中魏家道口缺堤"东西五百余步，深二丈余，外堤缺口，东西长四百余步"，而磨子口护水堤"东西长一千五百步"，朱从马头西旧堤"东西长一百七十余步"④。九月十九日雨，二十四日复雨，"缘此辛马头、孙家道口障水堤堰又坏"⑤。至顺三年（1332）五月，汴梁之睢州、陈留、开封、兰阳、封丘诸县河水溢。十月丙寅，曹州楚丘县河堤坏，"发民丁二千三百五十人修之"⑥。

　　顺帝时期是黄河水患发生较为频繁的时期。顺帝在位的 36 年间，有 20 个黄河水患发生年。元统元年（1333）五月，汴梁路阳武县段涌溢，害

①《元史》卷30《泰定帝纪二》。

②《元史》卷50《五行志一》。

③《元史》卷34《文宗纪三》。

④《元史》卷65《河渠志二》。

⑤同上。

⑥《元史》卷37《宁宗纪》。

稼。六月，黄河大溢，河南出现严重水灾。[①]后至元元年（1335），汴梁封丘县段黄河决堤。次年，黄河复于故道。后至元三年（1337）六月，河南北水溢，"御河、黄河、沁河、浑河水溢，没人畜、庐舍甚众"[②]。其中汴梁兰阳、尉氏二县，归德府等地皆河水泛滥。后至元六年（1340）七月乙卯，奉元路鼇厔县河水溢，漂流人民。[③]至正元年（1341），"黄河决"，泰不华奉诏致祭河神。[④]《元史·王思诚传》云至正二年（1342）"方春首月蝗生，黄河水溢"，可知至正二年春，黄河发生水患。九月，归德府睢阳县因黄河为患，出现饥荒，获"赈粜米万三千五百石"[⑤]。至正三年（1343）五月，黄河决白茅口。

至正四年（1344）正月庚寅，黄河曹州段决堤，后"又决汴梁"。五月，"大霖雨，黄河溢，平地水二丈，决白茅堤、金堤，曹、濮、济、兖皆被灾"[⑥]。这次黄河决溢显然因大霖雨所致，"大雨二十余日，黄河暴溢，水平地深二丈许，北决白茅堤"。六月，"又北决金堤，并河郡邑济宁单州、虞城、砀山、金乡、鱼台、丰、沛、定陶、成武，以至曹州、东明、巨野、郓城、嘉祥、汶上、任城等处皆罹水患，民老弱昏垫，壮者流离四方。水势北侵安山，沿入会通、运河，延袤济南、河间，将坏两漕司盐场，妨国计甚重"[⑦]。单州、虞城、砀山、金乡、鱼台、丰县、沛县以及巨野、郓城、嘉祥、任城属济宁路，定陶县、成武县属曹州，东明属大名路，汶上属东平路。可见这次水患决堤于白茅堤和金堤，受灾范围包括大名路、曹州、济宁路，并经由运河，延伸至济南、河间两路。

至正五年（1345）七月丁亥，济阴县河决，"漂官民亭舍殆尽"[⑧]。十月，黄河泛滥成灾。至正六年（1346）五月丁酉，朝廷"以黄河决"，"连年

① 《元史》卷38《顺帝纪一》。

② 《元史》卷39《顺帝纪二》。

③ 《元史》卷40《顺帝纪三》；卷51《五行志二》。

④ 《元史》卷143《泰不华传》。

⑤ 《元史》卷40《顺帝纪三》。

⑥ 《元史》卷41《顺帝纪四》。

⑦ 《元史》卷66《河渠志三》；卷187《贾鲁传》。

⑧ 《元史》卷51《五行志二》。

河决为患"①，遂设立河南山东都水监管理黄河。至正七年（1347）十一月，"以河决"②，委派工部尚书迷儿马合谟巡视金堤。可知，是年有黄河水患发生。至正八年（1348）正月辛亥日，黄河再次发生决口，"陷济宁路"③。二月，因"河水为患"④，在济宁郓城设立了行都水监，由贾鲁负责。至正九年（1349）正月癸卯，设立山东河南等处行都水监专治河患。三月，河北溃。五月，"白茅河东注沛县，遂成巨浸"⑤。至正十一年（1351）四月壬午，诏开黄河故道，命贾鲁以工部尚书担任总治河防使总负责此事。"自黄陵冈南达白茅，放于黄固、哈只等口，又自黄陵西至阳青村，合于故道，凡二百八十有奇"⑥。七月，归德府永城县段黄河决口，"坏黄陵岗岸"⑦。至正十四年（1354），河溢，济宁路金乡、鱼台等地"坟墓多坏"⑧。至正十五年（1355），归德府邳州有黄河水患发生。⑨至正十六年（1356）八月，郑州河阴县段黄河决堤，河阴县"官署民居尽废，遂成中流"⑩。至正十九年（1359）九月，济州任城县段黄河决堤。至正二十三年（1363）七月，东平寿张县段黄河决口，"圮城墙，漂屋庐，人溺死者众"⑪。至正二十五年（1365）七月，河决小流口，"达于清河"，东平须城、东阿、平阴三县受灾严重，"坏民居，伤禾稼"⑫。至正二十六年（1366）二月，河道北徙，上自东明、曹、濮，下及济宁，皆受其害。八月，黄河泛滥，"济宁路肥城县西黄水泛滥，漂没田禾民居百有余里，德州齐河县境七十余里亦如

① 《元史》卷92《百官志八》；卷41《顺帝纪四》。

② 《元史》卷41《顺帝纪四》。

③ 《元史》卷51《五行志二》。

④ 《元史》卷92《百官志八》。

⑤ 《元史》卷42《顺帝纪五》。

⑥ 同上。

⑦ 《元史》卷51《五行志二》。

⑧ 《元史》卷198《孝友传二·史彦斌传》。

⑨ 同上。

⑩ 《元史》卷44《顺帝纪七》；卷51《五行志二》。

⑪ 《元史》卷51《五行志二》。

⑫ 《元史》卷51《五行志二》；卷46《顺帝纪九》。

之”①。

　　若以十年为单位，通过十年的水患发生频率，可以看出元代黄河水患的发生趋势，见图2-8。由图2-8可以看出，1269—1278年的十年间，黄河仅有2年发生水患，1279—1288年的十年间，黄河水患骤增为5年，1289—1308年的2个10年间，每十年均有4次黄河水患发生。1309—1328年的2个10年间，黄河水患陡增为7年。1329—1338年的十年间，黄河水患略有减少，但仍有5个发生年。1339—1348年的十年间，黄河水患发生年达到最高的8年，之后有所下降，但1349—1358年仍有5个水灾发生年，1359—1368年有4个水灾发生年。

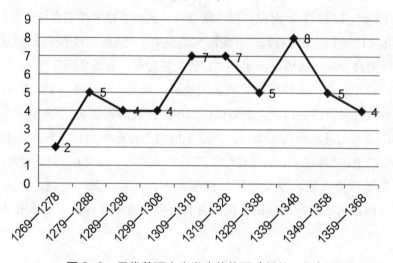

图2-8　元代黄河水患发生趋势图（单位：年）

　　根据明确记有黄河水患发生月份的资料，可将其季节性变化制成图2-9。由图2-9可知，大部分月份均有黄河水患发生，而以六、七月最多，均为12年。五月，黄河水患仅比六、七月份少一年，基本相当。其他月份中，八月份发生黄河水患为6年，九月份发生黄河水患为5年，其余月份发生黄河水患均在4年以下。由此，黄河水患主要发生在农历五月至七月间，即夏秋时节。文献中虽没有记载月份，但夏秋两季发生黄河水患的年份确实不少。

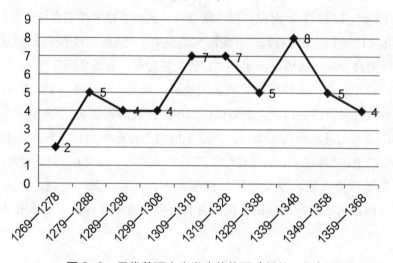

——————————
① 《元史》卷51《五行志二》。

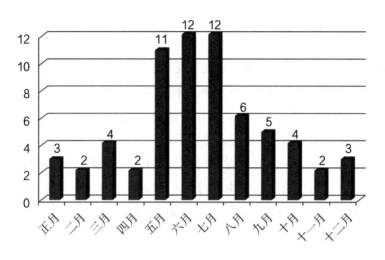

图 2-9　元代黄河水患月份分布图（单位：年）

元代黄河水患主要发生在河南行省的汴梁路（南京路）、归德府和腹里地区的卫辉路、怀孟路、洺磁路、曹州、濮州、济宁路和东平路等地。世祖至元二十三年（1286）之前，黄河水患主要发生在卫辉、怀孟、大名等地。至元九年（1272）的黄河水患，漫及南阳、怀孟、卫辉、洺磁和泰安州。至元二十年（1283）的黄河水患，受灾地区集中在南阳、卫辉、怀孟和汴梁等地。至元二十二年（1285）的黄河水患则波及南京路、彰德路、大名路、河间路、顺德路、济南路。至元二十三年至英宗至治二年（1286—1322），黄河水患基本上发生在汴梁和归德府，汝宁府颍州仅有 2 个发生年，而济宁、卫辉等地偶有发生。泰定元年至至正二年间（1324—1342），黄河水患有了新的趋向，虽然仍以汴梁、归德府为主，但黄河水患出现北移的迹象，北道沿途的大名、济宁、曹州水灾逐渐增多。泰定元年，黄河下游的水患集中发生于曹州、大名路。泰定二年（1325），除汴梁路外，卫辉路也有黄河水患发生。泰定四年（1327），除汴梁、归德府外，济宁路有黄河水患发生。致和元年（1328），仅见济宁路有黄河水患发生。至顺元年（1330），黄河水患主要发生在大名路、曹州等地。至顺三年（1332），汴梁路外，曹州也有黄河水患发生。而后至正二年（1342），黄河水患的主要发生地仍集中在汴梁路和归德府。至正三年（1343）始，黄河水患的发生区域北移，主要表现为北道白茅口、金堤的溃决，波及曹州、濮州、济宁路、东平路，甚至济南路、河间、大名等路，而以济宁路、曹州最多。

汴梁路、归德府水患相对减少。归德府仅有至正十一年（1351）、至正十五年（1355）两年发生水患，而汴梁更是仅至正十六年（1356）有黄河水患发生。可见元代黄河水患有着其变化的过程，不能简单划分。

值得注意的是，元代黄河上游也有两次水患发生，主要集中在陕西行省的奉元路。泰定元年（1324），奉元路朝邑县河溢。后至元六年（1340），奉元路鳌屋县河水溢。两次水患都是"河溢"而产生。

元代黄河水患的发生既与堤坝是否坚固有关，同时更多的是这一下游地区的集中"霖雨"所致。其中"河决"大多因霖雨时，堤坝不坚固，导致堤坝崩决，从而出现水患。而"河溢"则因霖雨过大，进而导致河水漫溢，水患产生。

第三章
旱灾

旱灾是指某一具体年、季、月的降水量比常时平均降水量显著偏少，从而导致农业生产和人类生活受到危害的现象。[1] 元代旱灾比较严重，时人指出："天灾流行孰可御，水灾何如旱灾苦。秋旱十日已成灾，自夏穷秋天不雨。细民安敢厌藜藿，谷菜无苗尽焦土。谁能一日不再食，火湿寒泉釜空煮。"[2]"灾有大小，而蝗旱为最。"[3] 和付强研究了有元一代旱灾发生

---

① 张强：《干旱》，北京：气象出版社，2009年，第2页。

② 胡祗遹：《哀饥民》，《胡祗遹集》卷4。

③ 王恽：《为救治虫蝗事状》，《秋涧先生大全集》卷89。

的频次，时空分布特点，[1]失之简略。关于元代地方旱灾的研究，王培华依据《元史·本纪》和《元史·五行志》，对从元太宗十年至至正二十六年（1238—1366）的129年间，包括中书省、辽阳行省、陕西行省、河南行省在内的4省56路旱灾的时空分布特点进行了分析。[2]此外，还有尹钧科、于德源、吴文涛等对大都路旱灾的探讨，袁林、陈广恩对西北地区旱灾的研究等。[3]以上研究的资料均囿于《元史》，对旱灾的统计有纰漏之处；或局限于一隅，无法探知元代旱灾发生的全面情况。本章在前人研究的基础上，以《元史》为主要参考，辅以元人文集等资料，试图全面地勾勒出元代旱灾的发生状况，并对其时空分布进行分析。

目前对旱灾的分类，呈现出多元化的特点。《保定地区旱涝史记》首先使用五级旱涝等级，之后被《华北东北近五百年旱涝史料》推向全国。国家气象局气象科学研究院根据明清地方志、实录和档案等资料重构了1470年以来我国120个站点510年旱涝等级序列。[4]根据这个序列，旱涝灾害可分为五级，其中第四级为偏旱，即单季、单月成灾较轻的旱灾，局部地区旱灾，如"春旱""秋旱""旱""旱蝗"等；第五级则为旱，即持续数月干旱，跨季度的旱灾，大范围严重干旱，如"春夏旱，赤地千里，人食草根树皮，夏秋旱，禾尽槁"，"夏大旱，饥"，"四至八月不雨，万谷不登"，"河涸、塘干"等。但是这五级旱涝等级的分类过于笼统，加之其资料来源的局限，存在诸多无法解决的问题。根据受灾范围的不同，邹逸麟等将旱涝灾害划分为五等，即局部地受灾年、中等受灾年、大灾年、特大灾年和毁灭性灾年。[5]宋正海将干旱划分为微小干旱、小干旱、中等干旱、大干旱和特大干旱。[6]王培华则根据受灾范围的状况将旱灾年分为三

①和付强：《中国灾害通史·元代卷》，第145～162页。

②王培华：《元代北方灾荒与救济》，第1～93页。

③尹钧科、于德源、吴文涛：《北京历史自然灾害》，第44～57页；袁林：《西北灾荒史》；陈广恩：《关于元朝赈济西北灾害的几个问题》，《宁夏社会科学》2005年第3期。

④国家气象局气象科学研究院：《中国近五百年旱涝分布图集》。

⑤邹逸麟：《黄淮海平原历史地理》，第60～62页。

⑥宋正海：《中国古代自然灾异动态分析》，第121页。

级，即小范围旱灾年、中范围旱灾年和大范围旱灾年。[1] 笔者参照前人的成果，根据旱灾的情况不同，考虑到受灾范围和持续时间等问题，将旱灾整合分为四级：一般旱灾年，指受灾限于局部范围（1～5路）、持续时间或单月的旱灾年份；严重旱灾年，指受灾涉及较多路份（6～10路），持续时间较长，或数月，或跨季的旱灾年份；重大灾害年，指受灾范围较大，涉及10～20路份，持续时间一般在两三季，灾情出现叠加的旱灾年份；特大灾害年，指持续时间一年或以上，受灾范围波及达到20路以上的旱灾年份。

关于元代旱灾的发生统计，学界有着不同的标准。邓云特指出元代163年内共发生旱灾约为86次。[2] 赵经纬认为元代从窝阔台十年到至正二十八年（1238—1368）的131年间，共发生旱灾256次。[3] 王培华认为从太宗十年到至正二十六年（1238—1366）的129年间，地方有80年发生旱灾，占总统计年数的62%，49年无旱灾记载，占总数的38%。[4] 和付强的研究则出现了自相矛盾的统计。他指出"元代的163年间发生了86年旱灾"，继而他又指出"1260—1363年，104年中有89年发生旱灾"，还是在不考虑"1364—1368年估计天下大乱，国家的申灾系统已经瘫痪"的情况下。[5] 可以看出，以往统计，或以旱灾发生次数统计，或用旱灾发生年份统计。我们更倾向于后者，因为用灾年来统计旱灾更能够考察出旱灾发生发展的总体状况，进而从中找出旱灾发生的规律。

上述各位学者对从何时统计元代旱灾有着不同的观点。我们将包括蒙古前四汗时期在内的有元一代作为考量的范畴，即自成吉思汗1206年即位开始，直至至正二十八年（1368）蒙古势力退出大都的163年间。据不完全统计，元代的163年间，旱灾发生年份为107年。自中统元年至至正二十八年（1260—1368）的109年间，旱灾发生年份约为96年，旱灾发生率约为88%。需要说明的是，蒙古前四汗时期和元前期，控制范围仅限于北方一隅，远没有包括全国。我们仅探讨控制范围之内所发生的旱灾情况。

① 王培华：《元代北方灾荒与救济》，第2～9页。

② 邓云特：《中国救荒史》，第26页。

③ 赵经纬：《元代的天灾状况及其影响》，《河北师院学报》1994年第3期。

④ 王培华：《元代北方灾荒与救济》，第12页。

⑤ 和付强：《中国灾害通史·元代卷》，第145～146页。

第一节　蒙古前四汗时期的旱灾

元代见于记载的最早旱灾发生在太祖二十年（1225）。元好问有诗云："一旱近两月，河洛东连淮。骄阳佐大火，南风卷尘埃。草树青欲干，四望令人怜。"[①]可见乙酉年五六月间，河洛与淮河流域有重大旱灾发生，且持续近两月之久。丁亥年（1227），丘处机"又为旱祷，期以三日雨"[②]。可知当年有旱灾发生。

太宗六年（1234），蒙古灭金，控制了原金朝统治的北方农业区"汉地"。太宗八年（1236）为严重旱灾年，"燕境因旱而蝗"[③]。太宗十年（1238），天下"大旱蝗"[④]，遂有八月陈时可、高庆民等谏言，"诏免今年田租，仍停旧未输纳者，俟丰岁议之"[⑤]。其中山阳县旱灾历春夏秋三季，"此雨非旧雨，春旱历夏秋。道路土三石，今朝见浮沤"[⑥]。旱灾一直持续到太宗十一年（1239），同时伴有蝗灾发生，"蝗旱连岁，道殣相望"[⑦]。"迨戊戌己亥间，仍岁蝗旱。"[⑧]连年蝗旱灾害，百姓无力承担租赋，以致真定史氏不得不借回回商人的高利贷来应付蒙古汗廷的勒索。

定宗三年（1248），"是岁大旱，河水尽涸，野草自焚，牛马十死八九，人不聊生"[⑨]。可见这次旱灾相当严重。定宗去世后，海迷失后监国。庚戌年（1250）夏，河内县发生旱灾。[⑩]

宪宗蒙哥统治时期（1251—1259），旱灾时有发生。宪宗二年（1252）

---

① 元好问：《乙酉六月十一日雨》，《遗山先生文集》卷1。

② 《元史》卷202《释老传》。

③ 杨奂：《洞真真人于先生碑并序》，《还山遗稿》卷上。

④ 宋子贞：《中书令耶律公神道碑》，见苏天爵：《国朝文类》卷57。

⑤ 《元史》卷2《太宗纪》。

⑥ 元好问：《戊戌十月山阳雨夜二首》，《遗山先生文集》卷2。

⑦ 元好问：《史邦直墓表》，《遗山先生文集》卷22。

⑧ 王恽：《忠武史公家传》，《秋涧先生大全集》卷48。

⑨ 《元史》卷2《太宗纪》。

⑩ 胡祗遹：《大元故怀远大将军怀孟路达噜噶齐兼诸军鄂勒蒙古公神道碑》，《胡祗遹集》卷15。

冬，卫"大旱"[1]。宪宗五年（1255）二月，汴梁久旱。[2]宪宗六年（1256），"正月不雨"，"夏四月不雨"[3]。长时间没有降水，注定会发生旱灾。宪宗七年（1257）夏四月不雨，以致"枯风吹尘，赤野立块，穑人焦劳，额地祈谷"[4]，发生地不详。彰德路"时适旱"[5]，有旱灾发生。

　　因资料记载的缺乏，且蒙古前四汗统辖的地域范围有限，无法完全统计出蒙古前四汗时期旱灾的发生情况。就我们目力所及，可知发生旱灾的年份有 11 个。其中最早见于记载的蒙古前四汗时期的旱灾发生在太祖二十年（1225）的黄淮流域，为重大旱灾年。太宗十年（1238）天下旱灾，一直持续到次年，伴有蝗灾发生，为重大旱灾年。定宗和海迷失后时，分别有 1 个蝗灾年。宪宗时，则有 4 个旱灾年，但都限于卫、汴梁、彰德等局部地区。

第二节　世祖时期的旱灾

　　自中统元年至元十二年（1260—1275）的 16 年间，旱灾发生年份达 13 年。这 13 年中，旱灾的受灾面积不大，未见特大旱灾发生。旱灾发生地主要集中在腹里南部地区和河东地区，陕西行省京兆和凤翔也有旱灾发生。东平路在此期间共有 6 个旱灾发生年，是旱灾发生最为频繁和严重的地区。

　　1260 年，忽必烈建元中统，诏书云："今旱暵为灾，相继告病，朕甚悯焉。"[6]可见中统元年（1260）有旱灾发生。其中怀孟大旱，[7]卫"阖境

---

①王恽：《太一王祖演化贞常真人行状》，《秋涧先生大全集》卷47。

②元好问：《乙卯二月二十一日归自汴梁二十五日夜久旱而雨》，《遗山先生文集》卷14。

③魏初：《三秋霁赋并序》，《青崖集》卷2。

④郝经：《送张汉臣序》，《郝文忠公陵川文集》卷30。

⑤胡祗遹：《大元故怀远大将军彰德路达噜噶齐扬珠台公神道碑铭》，《胡祗遹集》卷15。

⑥张光大：《救荒活民类要·经史良法》。

⑦《元史》卷191《良吏一·谭澄传》；卷202《释老传》。

旱暵"①。中统三年（1262），东平路、济南路滨棣二州旱。中统四年（1263），真定路、彰德路、洺磁二州发生旱灾，免除"彰德今岁田租之半，洺、磁十之六"②，可见彰德、洺磁两地旱灾都比较严重，且洺、磁二州旱灾比彰德路更为严重。十一月，东平、大名等地因旱灾而"量减今岁田租"③。

至元元年（1264）春，东平旱。④四月壬子，东平、太原、平阳旱，分遣西僧祈雨。⑤可见东平旱灾自中统四年（1263）一直持续到至元元年（1264）四月。至元二年（1265）为严重旱灾年。东平路春旱，西京、北京、益都、真定、顺德、河间和徐、宿、邳等地都遭旱蝗灾。⑥至元三年（1266），京兆、凤翔等地旱，平阳路大旱。⑦至元四年（1267），顺天路束鹿县百姓因旱灾获免其租。⑧至元五年（1268），京兆大旱。⑨至元六年（1269）秋，"大蝗旱，冬复无雪，民骚然，有冻馁流移之患"⑩。其中九月壬戌日，西京丰州、云内、东胜等地因旱灾获免租赋。十月丁亥日，广平路因旱灾"免租赋"⑪。

至元七年（1270），旱灾涉及山东诸路、河东和河南等地。三月戊午日，益都、登州、莱州等地蝗旱并发，"诏减其今年包银之半"⑫。夏，河南路发生旱灾。⑬秋，山东诸路旱蝗并发。七月，"免军户田租，戍边者给粮"⑭。

---

① 王恽：《青岩山道院记》，《秋涧先生大全集》卷40。

② 《元史》卷5《世祖纪二》。

③ 同上。

④ 王恽：《玉堂嘉话三》，《秋涧先生大全集》卷95。

⑤ 《元史》卷5《世祖纪二》；卷50《五行志一》。

⑥ 《元史》卷163《张德辉传》；卷6《世祖纪三》。

⑦ 《元史》卷6《世祖纪三》；卷154《郑鼎传》。

⑧ 《元史》卷6《世祖纪三》。

⑨ 《元史》卷6《世祖纪三》。按，《元史》卷50《五行志一》作十二月，疑误，今从本纪。

⑩ 刘敏中：《至元恩泽颂并序》，《中庵先生刘文简公文集》卷14。

⑪ 《元史》卷6《世祖纪三》。

⑫ 《元史》卷7《世祖纪四》。

⑬ 萧㪺：《元故淮安路总管高公（良弼）墓志铭》，《勤斋集》卷3。

⑭ 《元史》卷7《世祖纪四》。

东平等地"苦旱，冬天无雪"①。李德辉因蝗旱录囚山西河东，可知河东也有旱灾发生。②至元八年（1271）四月，上都路蔚州灵仙、广灵二县旱。济宁路兖州"亢旱"，"春夏不雨，二麦将槁"③。次年二月戊戌，"以去岁东平及西京等州县旱蝗水潦，免其租赋"④。可知至元八年，东平路、西京路等州县有旱灾发生。至元九年（1272），平阳路绛州久旱。至元十二年（1275），卫辉路、太原路有旱灾发生。⑤

至元十三年（1276）为重大旱灾年，发生区域涉及腹里地区南部、河南行省东部地区、江西行省江州路。东平、济南、泰安、德州、平滦、西京西三州、淮安路涟海、清河等地因水旱缺食，军民站户受到赈济。西京西三州当指西京西部的丰州、云内、东胜三州。平阳路因旱"免今年田租"⑥。春，彰德路旱。⑦夏，泰州"旱甚，民困"⑧。江州路发生旱灾。⑨冬，江表无雪雨，以致次年下雪之后，王恽写下了《瑞雪歌》："去岁一冬无雪雨，地不藏阳变恒煦。就中气运北自南，江表严凝比燕土。"⑩至元十四年（1277）二月，春旱，发生地点或为京师。《牧庵集》云："京师自九月不雨，至于三月。"⑪可见这次旱灾是至元十三年（1276）旱灾的继续，持续时间长达7个月之久，世祖为此颁布了为春旱禁酒诏。⑫五月辛亥，"以河南、山东水旱，除河泊课，听民自渔"⑬，可见河南、山东等地有旱灾发生。至元

①王恽：《僧传古坐龙图严东平所藏》，《秋涧先生大全集》卷7。

②姚燧：《中书左丞李忠宣公行状》，见苏天爵：《国朝文类》卷49。

③《元史》卷170《张炤传》；胡祗遹：《张彦明世德碑铭》，《胡祗遹集》卷15。

④《元史》卷7《世祖纪四》。

⑤《元史》卷167《王恽传》；卷8《世祖纪五》。

⑥《元史》卷9《世祖纪六》。

⑦许有壬：《西域使者哈扎哈津碑》，《至正集》卷53。

⑧刘敏中：《郭公神道碑铭》，《中庵先生刘文简公文集》卷16。

⑨胡祗遹：《正议大夫两浙都转运使李公墓志铭》，《胡祗遹集》卷18。

⑩王恽：《秋涧先生大全集》卷8。

⑪姚燧：《姚文献公神道碑》，《牧庵集》卷15。

⑫王恽：《为春旱禁酒诏》，《秋涧先生人全集》卷93。

⑬《元史》卷9《世祖纪六》。

十五年（1278），西京奉圣州及彰德等处"水旱，民饥"，而淮安路境内"旱蝗"，"是年冬，无雪"①。

至元十六年（1279），旱灾主要发生于保定路和真定路赵州等地。三月，"以保定路旱，减是岁租三千一百二十石"。七月，"以赵州等处水旱，减今年租三千一百八十一石"②。至元十七年（1280）为严重旱灾年。四月二十四日，保定路深泽县西河乡发生旱灾。③八月，大都、北京、怀孟、保定、平阳和南京许州等地发生旱灾，受灾范围涉及六个路份。④至元十八年（1281）二月，辽阳懿州、盖州，北京大定诸州旱。同年，平阳路松山县也有旱灾发生。至元十九年（1282）为特大旱灾年。秋，"大旱"⑤，受灾范围涉及燕南、河北和山东等地区。这次秋旱，造成"米涌贵，人绝食，禁糜黍作酒，因以除酒课焉"，故有诗云："今年秋旱人绝粮，酒禁申明严律度。外方郡县内京畿，不见青帘蔽街路。"⑥八月，真定路以南旱，"民多流移"，有流移至江南者。次年正月，"以燕南、河北、山东诸郡去岁旱，税粮之在民者，权停勿征"⑦。其中"迤南二十余处，经值旱灾"⑧。淮南地区"旱蝗"⑨，也有旱灾发生。至元二十年（1283）为重大灾害年，河北大旱，"民流徙就饶及河朔数万人"⑩。

至元二十二年（1285）五月戊寅日，广平、汴梁路钧州、郑州旱。戊戌日，汴梁、怀孟、濮州、东昌、广平、平阳、彰德、卫辉等地旱。同年，

① 《元史》卷10《世祖纪七》；卷191《许维桢传》。

② 《元史》卷10《世祖纪七》。

③ 王恽：《悯雨行》，《秋涧先生大全集》卷8。

④ 《元史》卷11《世祖纪八》。

⑤ 《元史》卷174《夹谷之奇传》。

⑥ 胡祗遹：《至元壬午秋旱米涌贵人绝食禁糜黍作酒因以除酒课焉喜为之赋诗》，《胡祗遹集》卷4。

⑦ 《元史》卷12《世祖纪九》。

⑧ 《至正条格·条格》卷27《赋役·灾伤随时检覆》。

⑨ 宋无：《己亥秋淮南饥客中怀故里朋游寄之》，《翠寒集》。

⑩ 姚燧：《南京路总管张公墓志铭》，见苏天爵：《国朝文类》卷52。

淮东、腹里地区保定诸郡也有旱灾发生。^①至元二十三年（1286）为特大旱灾年。五月，旱灾的范围扩大到整个京畿地区。甲戌日，汴梁路旱。癸巳日，京畿旱。同年，浙东地区也有旱灾发生。^②江西行省吉水州旱灾，持续到次年。^③至元二十四年（1287）春，平阳旱，"二麦枯死，秋种不入土"^④。四月，节时颇旱。^⑤至元二十五年（1288）二月甲戌，辽阳路盖州民因旱饥，"蠲其租四千七百石"^⑥。夏，庆元路发生大旱，"吏祷不应"^⑦。九月，甘州旱饥，"免逋税四千四百石"^⑧。同年，旱灾还波及东平路须城等六县，安西路商、耀、乾、华等十六州。至元二十六年（1289）六月，桂阳路因"寇乱水旱"，"下其估粜米八千七百二十石以赈之"^⑨。夏，保定路庆都县少雨而旱。^⑩同年，平阳绛州大旱，"夏邑象山以旱特闻"^⑪。至元二十七年（1290）四月，真定路平山、真定、枣强三县因旱而获免其租。七月，河间路乐陵县因旱免除田租三万三百五十六万石之多。至元二十八年（1291）春，济南路"棣州境内春旱且霜"^⑫。至元二十九年（1292）五月，滦阳"逾月不雨"^⑬。六月，大宁路惠州因出现连年旱涝，"民饿死者五百人，诏给钞二千锭及粮一月赈之"^⑭。至元三十年（1293）五六月间，彰德路不雨，

---

① 《元史》卷169《谢仲温传》；刘敏中：《敕赐太傅右丞相赠太师顺德忠献王碑铭》，《中庵先生刘文简公文集》卷4。

② 《元史》卷14《世祖纪十一》；卷168《陈思济传》。

③ 刘将孙：《吉水玉华观记》，《养吾斋集》卷17。

④ 《元史》卷14《世祖纪十一》；卷50《五行志一》。

⑤ 王恽：《喜雨》，《秋涧先生大全集》卷18。

⑥ 《元史》卷15《世祖纪十二》。

⑦ 任士林：《庆元路道录陈君墓志铭》，《松乡集》卷3。

⑧ 《元史》卷15《世祖纪十二》。

⑨ 同上。

⑩ 苏天爵：《从仕郎保定路庆都县尹尚侯惠政碑铭》，《滋溪文稿》卷18。

⑪ 任士林：《庆元路道录陈君墓志铭》，《松乡集》卷3。

⑫ 《元史》卷17《世祖纪十四》。

⑬ 任士林：《庆元路道录陈君墓志铭》，《松乡集》卷3。

⑭ 《元史》卷17《世祖纪十四》。

"民有旱之忧，物价增贵"①。"通惠河自壬辰秋开治，至今年夏六月中，穿土未已。时方旱，暑气极炽，兵民颇困于役"②。真定宁晋等处也有遭受旱灾者。

世祖在位的 35 年间，共有 30 个旱灾发生年份，主要发生区域集中在腹里地区。腹里地区约有 28 个旱灾发生年份，其次是河南行省和辽阳行省，旱灾发生年份分别为 8 个和 6 个，陕西行省、江西行省均有 3 个旱灾发生年份，而江浙行省、湖广行省、甘肃行省见于记载者较少。腹里地区旱灾主要发生在河东的平阳路，有 10 个旱灾发生年份，西京路则有 5 个旱灾发生年份，而太原路仅有 3 个旱灾发生年份。河北地区真定路有 6 个旱灾发生年份，而彰德路、保定路均有 5 个旱灾发生年份，广平、怀孟、卫辉等路仅有 3 个旱灾发生年份。山东地区以东平路受灾最为频繁，有 8 个受灾年份，而济南地区仅有 3 个受灾年份。河南行省的旱灾主要发生在汴梁路（南京路）和淮东地区。辽阳行省的旱灾主要发生在北京路（大宁路）和辽阳路。陕西行省的旱灾主要发生在京兆、凤翔府和安西路等地。

第三节　成宗至宁宗时期的旱灾

成宗在位的 13 年间，每年都有旱灾发生。元贞元年（1295）、大德元年（1297）、大德四年（1300）为重大旱灾年，大德三年（1299）为特大旱灾年。旱灾主要发生在腹里地区的真定、大名、顺德、卫辉以及大都、河间等路，河南行省的淮安、扬州、安丰等地以及汴梁、南阳等地。江浙行省和湖广行省虽然涉及范围较广，但旱灾发生频次不高。陕西行省旱灾主要发生在奉元路和凤翔府，江西行省旱灾则主要发生在抚州路和赣州路。

元贞元年（1295）为重大旱灾年，受灾范围集中在江浙行省，陕西行省的巩昌路伏羌和通渭等县、环州、庆阳府、延安路葭州、安西路咸宁县，河南行省的汴梁路、高邮府、安丰路、淮安路泗州，腹里地区的真定路、太原路、平阳路、河间路肃宁和乐寿二县和湖广行省贺州等地。③ 这些地区

① 胡祗遹：《彰德路得雨诗序》，《胡祗遹集》卷8。

② 王恽：《贺雨诗并序》，《秋涧先生大全集》卷11。

③ 《元史》卷134《秃忽鲁传》；卷18《成宗纪一》；卷50《五行志一》。

的旱灾主要发生在六月至九月间,其中安西路六月、八月均有旱灾发生,泗州和贺州七月、九月均有旱灾发生。由于旱灾的持续性,可见安西路七月,泗州、贺州八月份也有旱灾发生。元贞二年(1296)春,太原路并州、汾州旱饥。[①]七月,怀孟、大名、河间旱。八月,大名路开州、怀孟路武陟县、河间路肃宁县旱。九月,河间路莫州、献州旱。十月,湖广行省化州路旱。十二月,辽东、开元二路旱。同年,河南府路、安丰路芍陂以及关中地区都有旱灾发生,而太原、开元、河南、芍陂等地因旱获"蠲其田租"[②]。湖广行省澧州路澧阳县大旱。[③]

大德元年(1297)旱灾几乎遍及三月至十二月间,为重大旱灾发生年。三月,道州路旱,"发粟赈之"[④]。广平路境内"春夏不雨,大无麦禾,民且疫"[⑤]。庐州路历阳、合肥、梁县及安丰路蒙城、霍丘等县"自春及秋不雨"[⑥]。六月,汴梁、南阳等地大旱,有"民鬻子女"[⑦]者。河间、大名等路旱。七月,怀州武陟县。八月,受灾范围包括扬州路、淮安路、真定路、顺德路和河间路,而真定、顺德、河间的旱灾或诱发了疫灾。九月,镇江路丹阳、金坛二县旱,卫辉路则旱疫并发。十一月,常州路及宜兴州旱。十二月,平阳曲沃县旱。同年,济南路以及辽阳路金复州发生水旱灾害。

大德二年(1298)二月,浙西的嘉兴路、江阴州,江东的建康路溧阳州和池州路因水旱而受到赈恤。五月壬寅日,平滦路旱,"发米五百石,减其值赈之",卫辉路、顺德路旱,"大风损麦,免其田租一年"[⑧]。同年,扬州路、淮安路也发生旱灾,且旱蝗并发。大德三年(1299)为特大旱灾年。五月,湖广行省的鄂州(武昌路)、岳州路、汉阳府、兴国路、常德路、澧州路、潭州路、衡州路、辰州路、沅州路、宝庆路、常宁州、桂阳路、茶陵州发生旱灾,获"免其酒课、夏税",江陵路则因旱蝗并发而"弛其

---

① 字朮鲁翀:《参知政事王公神道碑》,见苏天爵:《国朝文类》卷68。

② 《元史》卷19《成宗纪二》;卷168《许国桢传》。

③ 宋褧:《西潭谢君墓碣铭有序》,《燕石集》卷14。

④ 《元史》卷19《成宗纪二》。

⑤ 《响堂山石窟碑刻题记总录》。此则史料蒙朱建路先生提供,谨致谢意。

⑥ 《元史》卷19《成宗纪二》。

⑦ 《元史》卷50《五行志一》。

⑧ 《元史》卷19《成宗纪二》。

湖泊之禁，仍并以粮赈之"①。夏六月，钱塘地区"天旱不雨，民以为忧"②。九月，扬州路、淮安路因旱灾获免田租。十月，以"淮安、江陵、沔阳、扬、庐、随、黄旱"③，免除当地的田租。十二月，甘肃行省亦集乃路屯田因旱灾赈以粮。此外，河朔地区因连年水旱，"五谷不登"④。大德四年（1300）为重大旱灾年。三月，江浙行省宁国路、太平路旱，"以粮二万石赈之"⑤。五月，河南行省扬州路、南阳府、归德府徐州、安丰路濠州和芍陂以及腹里地区的顺德路、东昌路、济宁路等地旱蝗并发。八月，大名路白马县旱。十一月，真定路平棘县旱。同年，江浙行省镇江路旱，"蠲民租九万五千石"⑥，可见旱灾相当严重。

大德五年（1301）六月，汴梁路、南阳府、卫辉路、大名路和濮州旱。九月，河南行省江陵路，湖广行省常德路、澧州路皆旱，"并免其门摊、酒醋课"⑦。《元史·成宗纪三》云："是岁，汴梁之封丘、阳武、兰阳、中牟、延津，河南渑池，蕲州之蕲春、广济、蕲水旱。"此处或指六月份汴梁路旱灾，具体发生在汴梁路开封为中心的封丘、阳武、兰阳、中牟、延津等县。此外，河南府渑池县和蕲州蕲春、广济、蕲水等县也有旱灾发生。

大德六年（1302）正月，陕西因旱"禁民酿酒"⑧。三月丁酉日，以旱溢为灾，"民不聊生者众"⑨，诏赦天下。大德七年（1303），台州因旱民饥，"道殣相望"⑩。温州乐清"今冬又大旱"，也有较大旱灾发生。上京旱。⑪

①《元史》卷20《成宗纪三》。

②吾丘衍：《招雨师文》，《竹素山房诗集》卷3，《影印文渊阁四库全书》本。

③《元史》卷20《成宗纪三》。

④《元史》卷177《吴元珪传》。

⑤《元史》卷20《成宗纪三》。

⑥许谦：《治书侍御史赵公行状》，《许白云先生文集》卷2。

⑦《元史》卷20《成宗纪三》。

⑧同上。

⑨张光大：《救荒活民类要·元朝令典》。

⑩《元史》卷190《陈孚传》。

⑪袁桷：《玄教大宗师张公家传》，《清容居士集》卷34。

大德八年（1304）的南丰州旱灾，"损其半"①。六月，凤翔府扶风、岐山、宝鸡三县旱。京师自秋八月不雨，出现旱灾。②次年，"以陕西渭南、栎阳诸县去岁旱，蠲其田租"③，可见大德八年，陕西行省奉元路渭南、栎阳诸县也发生旱灾。江西行省南丰州也有旱灾发生，并延续到大德八年。

大德九年（1305）旱灾主要发生在五月至八月间，发生地域主要集中在腹里和湖广行省。五月，大都路、道州路旱。六月，凤翔府扶风县旱，这次旱灾造成饥荒，凤翔税使李某之妻"发粟麦以石计百有五十，惠及一方"④。七月，真定路晋州饶阳县、汉阳府汉川县旱。八月，湖广行省象州、融州、柳州属县旱。大德十年（1306），安西路春夏大旱，"二麦枯死"⑤，造成饥荒，以致次年七月"以粮二万八千石赈之"⑥。五月辛未日，大都路旱。陕西行省已"不雨三年"⑦。大德十一年（1307），天下旱蝗饥疫并发。江南北大旱，"饿殍载道路"⑧。江浙行省因旱灾造成饥荒，松江旱。⑨昆山州"大旱，官吏父老请雨不应"⑩。温州也有大旱发生。江阴州"旱潦相仍，岁大祲，谷比不登，价复增倍"⑪。江西行省抚州路崇仁县大旱。⑫南康路"秋、夏之间，亢阳不雨，虫旱相仍，田产所收仅及分数。五谷不登，百物皆贵。税家无蓄积之米，细民有饥馑之忧"⑬。

①刘埙：《呈州转申廉访分司救荒状》，《水云村泯稿》卷4。

②邓文原：《故大中大夫刑部尚书高公行状》，《巴西邓先生文集》。

③《元史》卷21《成宗纪四》。

④萧㪺：《李税使妻马氏哀诗序》，《勤斋集》卷1。

⑤《元史》卷50《五行志一》。

⑥《元史》卷22《武宗纪一》。

⑦《元史》卷191《良吏一·田滋传》。

⑧徐一夔：《故元赠承务郎江浙等处行中书省左右司员外郎吴君墓志铭》，《始丰稿》卷12。

⑨邓文原：《旌表义士夏居墓志铭》，《巴西邓先生文集》。

⑩黄溍：《昆山荐严寺竺元禅师塔铭》，《金华黄先生文集》卷42。

⑪陆文圭：《送乔州尹序》，《墙东类稿》卷6。

⑫程钜夫：《温州达鲁花赤拜帖木儿德政序》，《程雪楼文集》卷15；虞集：《崇仁县显应庙冲惠侯故汉栾君之碑》，《道园学古录》卷41。

⑬《元典章》卷3《圣政二·救灾荒》。

武宗在位的 4 年间，年年都有旱灾发生。其中至大元年（1308）为重大旱灾年，旱蝗并发，受灾严重。这一时期旱灾主要发生在腹里地区的山东地区和京师，江南、江北受灾较为严重。

至大元年（1308），"旱蝗为灾"[①]，基本上延续了成宗大德末的状况，为重大旱灾年。大德十一年至至大元年的两年间，浙东地区"以旱特闻，而越为甚，民无食且死者以万计"[②]。绍兴路旱灾，"凡佃户止输田主十分之四"[③]。太平路也有旱灾发生。秋，江阴州暨阳因旱灾"田禾将槁"[④]。七月，江南、江北出现水旱饥荒。同年二月，河南行省汝宁府、归德府二府因旱蝗民饥，"给钞万锭赈之"。五月，陕西行省巩昌路渭源县旱饥，"给粮一月"[⑤]。

至大二年（1309），"今年蝗旱相仍，民或尽死"[⑥]。宋裒记载下了某地旱灾因雨而得到缓解的情况。[⑦] 至大三年（1310）夏，广平路亢旱。六月，广平路肥乡县、鸡泽县、威州洺水县旱。秋，江阴州"旱，田禾将槁"[⑧]。七月，磁州、威州诸县旱蝗并发。十月，山东地区以及河南行省归德府徐、邳二州也有旱灾发生。同年，江浙行省太平路大旱。[⑨] 至大四年（1311）旱灾主要发生在夏季，特别是六月份，集中发生在河间路、陕西诸县。这些地区因水旱"伤稼"，"命有司赈之，仍免其今年租"[⑩]。夏，河东冀宁路繁峙县"弥月不雨"[⑪]。

仁宗在位的 9 年间，年年有旱灾发生。旱灾主要发生在京畿地区，其

① 《元史》卷175《敬俨传》。

② 倪云林：《诸暨州寿圣院观音殿记》，《松乡集》卷2。

③ 《元史》卷22《武宗纪一》。

④ 陆文圭：《常州路达鲁花赤太中大夫德政碑》，《墙东类稿》卷9。

⑤ 《元史》卷22《武宗纪一》。

⑥ 《元典章》卷3《圣政二·霈恩宥》。

⑦ 宋裒：《济南张侯至大二年奉御香祷旱历山舜祠雨应是年十二月也》，《燕石集》卷7。

⑧ 陆文圭：《常州路达鲁花赤太中大夫德政碑》，《墙东类稿》卷9。

⑨ 《元史》卷170《畅师文传》。

⑩ 《元史》卷24《仁宗纪一》。

⑪ 李继本：《喜雨赋》，《一山文集》卷1。

元代灾荒史
Yuandai Zaihuang Shi

他地域则相对比较分散。

皇庆元年（1312），辽阳行省大旱。[①] 三月，京师不雨。六月，济南路滨州蒲台县、棣州阳信县、德州旱。八月，滨州因旱民饥，"出利津仓米二万石，减价赈粜"[②]。冬则无雪，"诏祷岳渎"[③]。次年三月壬子日，秃忽鲁指出，"去秋至春亢旱，民间乏食"[④]，可见这次旱灾持续时间由皇庆元年秋至次年的春天，达到了三个季度。皇庆二年（1313）为重大旱灾年。春夏，京师不雨。王恽有诗云："癸丑六月旱，草木变萎黄。"[⑤] 九月，京畿大旱。京师地区旱灾并没有缓解，而是继续发展，持续了整个年度。十二月，京师因为"久旱，民多疾疫"[⑥]。同年夏，济南路也有旱灾发生。[⑦]

延祐元年（1314），旱灾发生地较为零散。夏，济南路旱。[⑧] 江西行省南丰州"岁频亢旱"[⑨]。湖广行省乾宁安抚司临高县旱。冬，大都路檀州、蓟州等地无雪。这种状况一直持续到延祐二年（1315）春，"草木枯焦"[⑩]。延祐二年，旱灾范围有所扩展，江南和陕西地区均有大旱发生。春，大都路檀州、蓟州和安丰路濠州旱。夏，巩昌路、兰州旱。济宁、益都等地亢旱，遂有六月辛丑日"以济宁、益都亢旱，汰省宿卫士刍粟"[⑪] 的决定。同年，台州路宁海县大旱，湖广行省乾宁安抚司临高县旱。[⑫] 延祐三年（1316）旱灾集中在河东等地。[⑬] 夏，澧州路慈利县大旱。九月，平江路儒学申报水旱

① 《元史》卷169《王伯胜传》。

② 《元史》卷24《仁宗纪一》。

③ 《元史》卷50《五行志一》。

④ 《元史》卷24《仁宗纪一》。

⑤ 王恽：《喜雨》，《秋涧先生大全集》卷13。

⑥ 《元史》卷24《仁宗纪一》。

⑦ 刘敏中：《灵惠祠新田记》，《中庵先生刘文简公文集》卷12。

⑧ 同上。

⑨ 刘埙：《奉议大夫南丰州知州王公墓志铭》，《水云村泯稿》卷7。

⑩ 《元史》卷50《五行志一》。

⑪ 《元史》卷25《仁宗纪二》。

⑫ 危素：《黄公（潜）神道碑》，黄潜：《文献集》卷7下；范梈：《临高县龙坛记》，见苏天爵：《国朝文类》卷31。

⑬ 苏天爵：《故嘉议大夫江西湖东道肃政廉访使董某行状》，《滋溪文稿》卷23。

灾伤田土七十四顷二十八亩三分五厘，昆山州旱。① 延祐四年（1317），为重大旱灾年。畿辅久旱。② 四月，河南行省德安府旱，"免屯田租"③。延祐五年（1318）七月，真定中山府、河间、广平等地大旱。延祐六年（1319），江东道久旱不雨。④ 江东道即江东建康道肃政廉访司，所统辖的范围包括宁国路、徽州路和饶州路。延祐六年四月，左卫屯田旱蝗。六月，黄州路、蕲州路及荆门州旱，江西行省南丰州"州境大旱，祷诸山川，弗应"⑤。九月，沈阳路水旱害稼，"弛其山场河泊之禁"⑥。同年，松江府大旱，"苗尽槁"⑦，受灾严重。至治元年（1321）五月，"以兴国路去岁旱，免其田租"⑧。可知延祐七年（1320）兴国路也有旱灾发生，且引起了朝廷的重视。

英宗在位的3年，旱灾也很严重。英宗皇帝嗣位之初，即有重大旱灾发生。南丰州又有旱灾发生。⑨ 至治二年（1322）三月，河间、河南和陕西等十二路因春旱秋霖，"民饥，免其租之半"⑩，显然是针对至治元年情况而做出的蠲免举措。至治元年四月，江西行省袁州路、建昌路旱，"民皆告饥"。丁巳日，江浙行省广德路旱，"发米九千石减值赈粜"⑪。仲夏，江阴州"不雨，秋苗渐槁，里农惶惶"⑫。五月，河南行省高邮府旱。六月，大同路、江西行省临江路旱。同年，南丰州、安丰路洪泽和芍陂屯田与汴梁路睢、许二州旱。至治二年旱灾发生范围较广，为特大旱灾年。

① 《元典章新集·灾伤·儒学灾伤田粮》；余阙：《张同知墓表》，《青阳集》卷4；陈基：《昆山州重建城隍庙记》，《夷白斋稿》卷23。

② 柳贯：《故奉议大夫监察御史席公墓志铭有序》，《柳待制文集》卷10。

③ 《元史》卷26《仁宗纪三》。

④ 《元史》卷172《邓文原传》。

⑤ 虞集：《灵惠冲虚通妙真君王侍宸记》，《道园学古录》卷25。

⑥ 《元史》卷27《英宗纪一》。

⑦ 邵亨贞：《汪公行状》，《野处集》卷3。

⑧ 《元史》卷27《英宗纪一》。

⑨ 虞集：《灵惠冲虚通妙真君王侍宸记》，《道园学古录》卷25。

⑩ 《元史》卷28《英宗纪二》。

⑪ 《元史》卷27《英宗纪一》。

⑫ 陆文圭：《喜雨诗序》，《墙东类稿》卷5。

元代灾荒史
Yuandai Zaihuang Shi

二月，顺德路九县因水旱获得赈济。夏，浙西旱。①四月，松江府上海县旱灾并没有因水灾而缓解。闰五月，南康路旱，获免其租。六月，扬州、淮安属县都因旱而获免其租。九月，临安路河西县春夏不雨，"种不入土，居民流散"②。秋，浙西水旱相仍，"民食大祲"③。十一月，岷州旱疫并发。十二月，河南府路以及云南行省乌蒙等处屯田都有旱灾发生。至治三年（1323），旱灾主要发生在夏季。腹里地区顺德、真定、冀宁等路大旱，宣政院所属岷州旱。五月，大同路雁门屯田旱，"损麦"④。十一月，安丰路芍陂屯田因旱灾而获得赈济。

泰定帝在位的 5 年间，均有旱灾发生，且相对严重。泰定间，关陕及大河南北"频岁亢旱不雨，麦禾槁死，民皆菜色，至烦朝廷出粟与币以惠活之"⑤。"陕西自泰定二年至是岁不雨，大饥，民相食。"⑥"关陕连岁大旱，父子相食，死徙者十九。"⑦其他地区也受灾不轻。

泰定元年（1324）为特大旱灾年。三月，陕西行省临洮府狄道县，腹里冀宁路石州离石、宁乡县旱饥，"赈米两月"⑧。六月，河间路景、清、沧、莫等州，晋宁路临汾县，泾州泾川县、灵台县，河南行省安丰路寿春县，扬州路六合县都有旱灾发生。湖广、河南诸屯田皆旱。九月，云南行省建昌路旱。同年，两浙和江东地区因水旱"坏民田六万四千三百余顷"⑨。这一年，"救流民水旱之灾，不知其几万人"⑩。泰定二年（1325）三月，河

①陆文圭：《送丁师善序》，《墙东类稿》卷6。

②《元史》卷28《英宗纪二》。

③陆文圭：《备荒》，《墙东类稿》卷3。

④《元史》卷28《英宗纪二》。

⑤苏天爵：《新城县紫泉龙祠记》，《滋溪文稿》卷2；苏天爵：《宁晋张氏先茔碑铭》，《滋溪文稿》卷16。

⑥《元史》卷32《文宗纪一》。

⑦揭傒斯：《故荣禄大夫陕西等处行中书省平章政事吕公墓志铭》，《揭文安公全集》卷13。

⑧《元史》卷29《泰定帝纪一》。

⑨《元史》卷29《泰定帝纪一》。

⑩刘岳申：《江西和卓平章遗爱碑》，《申斋刘先生文集》卷7。

南行省荆门州旱，"赈粮、钞有差"①。五月，湖广行省潭州、茶陵州、兴国路永兴县等地旱。六月，江西行省新州路旱。七月，德安府随州、汝宁府息州、顺德、汴梁等路百姓因旱灾获免田租。

泰定三年（1326）为重大旱灾年，多地发生旱灾。夏，燕南、河南十四个州县"亢阳不雨"②。五月，河南行省庐州路、湖广行省郁林州以及洪泽屯田因旱获免田租。六月，河南行省峡州路旱。七月，辽阳行省大宁路，河南行省庐州路、德安府，湖广行省梧州路，云南行省中庆路属县水旱，"并蠲其租"③。大名路、永平路，陕西行省奉元路属县旱。九月，南恩州旱饥。十月，怀庆路修武县因旱灾获免其租。十一月，沔阳府因旱灾获免其税。此外，江浙行省的福建闽海道也有旱灾发生。④持续的水旱灾害给人民的生产生活造成影响，以至御史台官员不时地提醒皇帝应该节约费用。如泰定三年（1326）十二月，泰定帝曾经下令元夕构灯山于内廷。御史赵师鲁以水旱灾害请罢其事，泰定帝遂放弃了此事。次年正月，御史辛钧言"西商鬻宝，动以数十万锭，今水旱民贫，请节其费"⑤，显然也是针对泰定三年旱灾而言。

泰定四年（1327）为特大旱灾年，旱灾发生范围较广。御史台言"内郡、江南，旱蝗荐至"，而河朔大旱。二月，陕西行省奉元路醴泉县、邠州淳化县、腹里顺德唐山县旱。五月，大都路、南阳府、汝宁府、庐州路属县旱蝗。汝宁府旱灾一直持续到六月份。晋宁路潞州、霍州，延安路绥德州旱灾发生在六月份。七月，延安路属县因旱灾而获免租税。八月，益都路滕州、真定、晋宁、延安、河南等路屯田旱。十月，龙兴路属县旱，"免其租"⑥。十一月，永平路水旱民饥。十二月，大都、保定、真定、东平、济南、怀庆诸路因旱灾获"免田租之半"⑦。此外，汴梁路、峡州路也

①《元史》卷29《泰定帝纪一》。

②《元史》卷50《五行志一》。

③《元史》卷30《泰定帝纪二》。

④程端礼：《送宋铉翁诗序》，《畏斋集》卷4。

⑤《元史》卷30《泰定帝纪二》。

⑥《元史》卷30《泰定帝纪二》。

⑦同上。

遭受旱灾。致和元年（1328）二月，广平、彰德等郡旱。陕西大旱，[①]旱灾依然严重，无怪乎有人说："三四年来，旱跋为虐，有夏无秋，有秋无夏，饥吻嗷嗷，盖不胜苦。今年之旱势益酷烈，蒡麦之入仅具斗升，自四月至于今七月，云雨不兴曾不一二时，赫日炎炎，如焚如燎，黍稷之苗，十死八九，是无夏，又无秋也。"[②]五月，泾州灵台县旱。六月，江陵路属县旱。八月，陕西大旱。陕西是旱灾最为严重和集中的地区，"民相食，郡县为空"[③]。九月，河南府路偃师县旱，"死徙无所"[④]。天历二年（1329）正月，"大同路言，去年旱且遭兵，民多流殍，命以本路及东胜州粮万三千石，减时值十之三赈粜之"[⑤]。可见天历元年（1328）有旱灾发生。就其赈粜粮食的数量而言，可知大同路所受旱灾相当严重。冬，无雪。

文宗至宁宗在位的 5 年间，天历元年（1328）冬无雪的状况一直延续到次年春天，"今春不雨"[⑥]。天历二年（1329）为特大旱灾年，旱灾主要发生在关中、江南等地，关中甚至出现"饥民相食"[⑦]的情况。四月，河南廉访司言，河南府路遭受旱灾和兵乱，发生饥荒，"食人肉事觉者五十一人，饿死者千九百五十人，饥者二万七千四百余人"[⑧]。诸王忽剌答儿言黄河以西所部发生旱蝗灾害，受灾者达一千五百户。五月，西木怜等四十三驿发生旱灾，赵王马扎罕部落旱，民五万五千四百口不能自存。[⑨]夏，真定、河间、大名、广平等四路四十一县发生旱灾。大都路东安州、蓟州、永清县、益津县、潞县"春夏旱，麦苗枯"[⑩]，直到六月壬子日，才有雨。六月，峡州路等地旱，益都路莒、密二州旱蝗并发，饥民达三万一千四百户。陕西延安诸屯

①陈旅：《乱石湫祷雨诗序》，《安雅堂集》卷4。

②同恕：《西岳祈雨文》，《榘庵集》卷10。

③《元史》卷32《文宗纪一》；虞集：《建宁路崇安县尹邹君去思之碑》，《道园学古录》卷41。

④宋褧：《偃师县赵君遗爱记》，《燕石集》卷12。

⑤《元史》卷33《文宗纪二》。

⑥同上。

⑦《元史》卷175《张养浩传》。

⑧《元史》卷33《文宗纪二》。

⑨《元史》卷31《明宗纪》。

⑩《元史》卷33《文宗纪二》。

田因旱灾而免征旧所逋粮。夏秋之交，蕲州路旱饥，"赈米五千石"。八月，浙西湖州，江东池州、饶州等路以及腹里地区大名、真定、河间诸属县旱。九月，旱灾发生地主要有江南、卫辉路、上都路西按塔罕、阔干忽剌秃之地。十月，湖广行省常德、武昌、澧州诸路旱饥，"出官粟赈粜之"①。十一月，腹里地区冠州，河南行省庐州路，江西行省龙兴路、抚州路、南康路、瑞州路、袁州路、吉安路均有旱灾发生。十二月，冀宁路旱饥。此外，安丰路濠州、奉元路华阴县、集庆路溧阳州、武昌路武昌县、宁国路宣城县、广德路建平县、南丰州、淮安路均有不同程度的旱灾发生。其中武昌路"大旱"，宣城县"特甚，录其数至三十三万余口"，而江淮地区大旱，"田苗槁死，民无所食"，邗沟"又值旱干水涸"②。

天历年间的旱灾一直持续到至顺元年（1330），"天下大旱蝗，民相食"③，江淮地区依然大旱。④七月，广宁府路肇州、上都路兴州、大同路东胜州、冀宁路榆次、广平路滏阳等十三县，开元、真定等路以及忠翊侍卫左右屯田旱，其中开元、大同、真定、冀宁、广平诸路及忠翊侍卫左右屯田"自夏至于是月不雨"⑤。九月，岭北行省"铁里干、木邻等三十二驿自夏秋不雨，牧畜多死，民大饥"⑥。扬州路"岁大旱"⑦。至顺二年（1331）为重大旱灾年。大同路累岁水旱，民大饥。四月，晋宁、冀宁、大同、河间诸路属县"皆以旱不能种告饥"。具体来讲，当为晋宁霍州、冀宁隰州、石州，大同路平地县，河间路阜城县。六月，晋宁路、亦集乃路旱。自六月始，河间路景州不雨，直到八月间，持续时间长达三个月，跨越夏秋两季。陕西行省的金州和西和州接续往年的旱灾发展情况，"频年旱灾，民饥，

---

① 《元史》卷33《文宗纪二》。

② 许有壬：《故封从仕郎武昌路武昌县尹万君墓碣铭》，《至正集》卷54；吴师道：《宁国路修学救荒记》，《吴礼部集》卷12；苏天爵：《董忠肃公墓志铭有序》，《滋溪文稿》卷12。

③ 揭傒斯：《甘景行墓铭》，《揭文安公全集》卷13。

④ 苏天爵：《杨府君墓志铭》，《滋溪文稿》卷19。

⑤ 《元史》卷34《文宗纪三》。

⑥ 同上。

⑦ 许有壬：《谨正堂记》，《至正集》卷36。

赈以陕西盐课钞五千锭"①。庆元路"夏少旱"②。江西行省于至顺三年（1332）正月因"梅州频岁水旱，民大饥"奏闻，遂"命发粟七百石以赈枭"③，可见至顺二年梅州也有旱灾发生。至顺三年二月，"德宁路去年旱，复值霜雹，民饥，赈以粟三千石"④。可见至顺二年德宁路也有旱灾发生。

至顺三年，旱灾发生地较为分散。江西行省抚州路"六月不雨，至于七月水田干坼，稻苗萎薾，早熟之稻仅收，已损其半，民情惶惶，所在祷雨俱未应"，"殆及七月下旬，旱势逾剧"⑤。刘诜描绘出当年旱灾的情况："七月暑逾炽，夜凉如高秋。阴阳既罕觌，时雨知难求。良苗委白莽，遂兹空田畴。疾风起地埃，枯槁鸣萧飕。饘粥当不具，官赋何以酬。卒岁无卉服，谁能完纩裘。怅然悲疲甿，吾亦忧吾忧。"⑥八月，冀宁路阳曲、河曲二县以及河南行省荆门州皆旱。九月，河南府洛阳县发生旱灾。

成宗至宁宗在位时的38年间，共有38个旱灾发生年，年年都有旱灾发生。其中大德三年（1299）、泰定元年（1324）、泰定四年（1327）、天历二年（1329）为特大旱灾年。旱灾主要发生在京畿地区、汴梁以及两淮、关中、两浙和江东地区。

第四节　顺帝时期的旱灾

元统元年（1333），旱灾仍然主要发生在两淮和江浙等地，且多集中在夏季。六月，淮东、淮西旱，"民大饥"⑦。江浙大旱，造成饥荒。十一月，"发义仓粮、募富人入粟以赈之"⑧。其中绍兴路"自四月不雨，至于

---

①《元史》卷35《文宗纪四》。

②程端礼：《庆元路总管沙木思迪音公去思碑》，《畏斋集》卷5。

③《元史》卷36《文宗纪五》。

④同上。

⑤吴澄：《抚州路达鲁花赤祷雨记》，《吴文正公集》卷19。

⑥刘诜：《山中杂赋六首壬申》，《桂隐文集·诗集》卷1。

⑦《元史》卷51《五行志二》；卷38《顺帝纪一》。

⑧《元史》卷184《王克敬传》；卷38《顺帝纪一》。

七月"①，江阴州也有旱灾发生。②

元统二年（1334）为重大旱灾年，旱灾发生范围较之元统元年有所扩大，涉及江浙、陕西、辽阳、湖广、河南诸行省。二月癸未日，安丰路旱饥，"敕有司赈粜麦万六千七百石"③。三月至八月间，湖广行省未见下雨，造成极旱，这次持续的时间长达六个月，跨越春夏秋三个季节。三月庚子日，江浙行省杭州路、镇江路、嘉兴路、常州路、松江府和江阴州因水旱疾疫而发义仓粮赈饥民五十七万二千户，可见受灾相当严重。四月，陕西行省成州旱饥。河南"自是月不雨，至于八月"④。六月，辽阳行省大宁路、广宁路、辽阳路、开元路、沈阳路懿州等地因水旱蝗灾出现大饥荒，用于赈灾的钱钞达到二万锭。秋，徽州路祁门县大旱。⑤八月，湖广行省南康路诸县旱蝗，民饥，"以米十二万三千石赈粜之"⑥。

后至元时的旱灾以后至元二年（1336）最为严重。后至元元年（1335），旱灾主要发生在益都、河南、邵武、兴元、徽州、大名等地。三月，益都路旱灾主要发生在沂水、日照、蒙阴、莒县等县份，造成饥荒。夏，河南及邵武等地大旱。五月，兴元则"旱气蕴隆，吁嗟求者未臻，感应丰凶之决，近在旬日"⑦。秋，徽州路祁门县大旱。⑧京师旱，冬无雪。⑨后至元二年（1336）为重大旱灾年，旱灾主要发生在江南和陕西地区。春，彰德路旱。⑩三月，陕西暴风，旱，无麦。江浙旱，自春至于八月不雨，民大饥。五月，浙东婺州不雨，至于六月，兰溪县夏秋不雨，"赭原焦野，民忧无年"⑪。"江

---

① 《元史》卷51《五行志二》。

② 陆文圭：《故司狱赵君墓志铭》，《墙东类稿》卷12。

③ 《元史》卷38《顺帝纪一》。

④ 《元史》卷38《顺帝纪一》；卷51《五行志二》。

⑤ 汪克宽：《重建西峰大圣卓锡亭记》，《环谷集》卷5。

⑥ 《元史》卷38《顺帝纪一》。

⑦ 蒲道源：《李录事祈雨有感诗序》，《闲居丛稿》卷20。

⑧ 汪克宽：《重建西峰大圣卓锡亭记》，《环谷集》卷5。

⑨ 虞集：《河图仙坛之碑》，《道园学古录》卷20。

⑩ 许有壬：《西域使者哈扎哈津碑》，《至正集》卷53。

⑪ 柳贯：《横山龙神庙记》，《柳待制文集》卷15。

南六月旱弥盛，黍稻冥冥赭如病。良田迸火大龟裂，野埃驰空群马并。"[1]浙东旱灾并不限于婺州，浙西东"皆不雨，自钱塘至京口水不足以负舟，吴江之渊可历而涉也"[2]。衢州、绍兴也有旱灾发生。绍兴路会稽县自"夏五月至于秋七月不雨"[3]，持续时间长达三个月，跨越夏秋两季。江东的信州路、池州路建德县均发生旱灾。河南行省蕲州路、黄州路都有旱灾发生。当年黄州路黄冈县的周姓产妇生下一个男孩。孩子生下来便因畸形而夭折，"狗头人身"。人们都以为这就是旱魃。[4]此外，江西行省瑞州路、陕西行省皆旱。后至元三年（1337），未见旱灾发生记载。后至元四年（1338）夏，彰德"旱甚"，"又数日不雨，则苗尽槁，人何食，赋何征，责何以逭"[5]。后至元六年（1340），江西行省南雄路旱，"自二月不雨至于五月，种不入土"[6]。四月三日，抚州路崇仁县"其旱尤甚，苗有未入土者，民甚惶惧"[7]。冬，京师无雪，燕南之地亢旱。[8]

至正元年（1341）为重大旱灾年。四月，浙东地区旱，庆元路尤甚，"二月至五月不雨，秧不得莳，已莳随槁，遍祷弗效，公私忧惶"，"沟浍扬尘，田畴坼兆，苗之已莳立槁，未莳失时"[9]。至正二年（1342），王思诚上书言"京畿去秋不雨，冬无雪"[10]，可见至正元年京畿旱灾持续时间跨越至少两个季度。至正二年，旱灾主要集中在腹里地区的彰德、大同、冀宁、卫辉等地。其中彰德、大同二郡和冀宁路平晋、榆次、徐沟县，汾州孝义县，

① 刘诜：《岩雨行为安成汶源王氏丙子祷雨仙岩作》，《桂隐文集·诗集》卷2。

② 陈旅：《送韩伯清北上诗序》，《安雅堂集》卷6。

③ 陈旅：《韩明善祷雨诗序》，《安雅堂集》卷6。

④ 《元史》卷51《五行志二》。

⑤ 许有壬：《五龙庙碑》，《至正集》卷52。

⑥ 《元史》卷51《五行志二》。

⑦ 虞集：《崇仁县显应庙冲惠侯故汉栾君之碑》，《道园学古录》卷41；《相山重修保安观记》，《道园学古录》卷47。

⑧ 《元史》卷184《崔敬传》。

⑨ 程端礼：《送道士啬斋吕君序》，《畏斋集》卷4；《喜雨诗卷序》，《畏斋集》卷3。

⑩ 《元史》卷183《王思诚传》。

忻州等地皆大旱，"自春至秋不雨，人有相食者"①。至正三年（1343）夏，吴江等地大旱，"田禾焦然就槁，民心惶惶无粮"②。集庆路江宁县蝗旱并发，百姓有"饥而死"③者。七月，兴国路大旱。兴国路永兴县粮房贴书尹章被雷击毙，人们在他的后背上发现朱书："有旱却言无旱，无灾却道有灾。未庸歼厥渠魁，且击庭前小吏"④，是对当地官员的讽刺和警示。至正四年（1344），旱灾集中发生在江浙行省的福州、兴化、邵武、镇江和湖广行省的桂阳。福州大旱，"自三月不雨，至于八月"⑤，持续时间长达六个月，跨越了三个季度。婺州路兰溪州水旱疾疫并发。⑥至正五年（1345），见于记载的旱灾主要发生在曹州禹城县和胶州高密县，其中前者大旱。

至正六年（1346），旱灾仅见于江浙行省镇江路、庆元路奉化州和松江府上海县，后者大旱。⑦闰十月乙亥朔，诏敕天下，"水旱之地全免"⑧。至正七年（1347），"各处水旱，田禾不收"⑨。河南和河东等地都发生大旱。怀庆路、卫辉路、凤翔之岐山县、汴梁之祥符县、河南之孟津县皆大旱。河南府路自正月至七月无雨，"流民相属于道，哭声满野，不忍闻之"⑩。四月，河东大旱，"民多饥死，遣使赈之"，迤北地区"荒旱阙食，遣使赈济驿户"⑪。徽州路休宁县夏不雨，"至于秋七月"⑫，跨越了两个季度。至正八年（1348）春，湖广行省道州路旱。三月，益都临淄县大旱。夏，

---

① 《元史》卷51《五行志二》。

② 郑元祐：《吴江甘泉祠祷雨记》，《侨吴集》卷9。

③ 刘诜：《送达子通》，《桂隐文集·诗集》卷1。

④ 《元史》卷51《五行志二》。

⑤ 同上。

⑥ 危素：《兰溪桥记》，《说学斋稿》卷1。

⑦ 黄溍：《上海县主簿吴君墓志铭》，《金华黄先生文集》卷38。

⑧ 《元史》卷41《顺帝纪四》。

⑨ 同上。

⑩ 陈基：《丁亥岁河南自正月至七月无雨流民相属于道哭声满野不忍闻之》，《夷白斋稿》外集卷上。

⑪ 《元史》卷41《顺帝纪四》。

⑫ 杨翮：《请雨记》《唐县尹生祠记》，《佩玉斋类稿》卷2。

温州路平阳州括山大旱。[①]四月辛未，河间等路以连年河决，水旱相仍，户口消耗，乞求减少盐额。五月，四川旱。卫辉路则"天不雨，禾且槁"[②]。至正九年（1349），未见旱灾记载。至正十年（1350）夏秋，彰德路旱，持续时间跨越两个季度。至正十一年（1351），旱灾主要发生在镇江路和婺州路浦江县。镇江路大旱。六月，浦江"时境内已弥月不雨，民心弗宁"，之后虽然旱情有所缓解，但"既而不雨者复弥月"[③]，旱情依然严重。至正十二年（1352），受灾范围较广。浙东绍兴、台州等地旱，"台州自四月不雨，至于七月"[④]。河南行省蕲州路、黄州路大旱，甚至出现了"人相食"[⑤]的状况。六月丙午，中书省奏报大名路开、滑、浚三州以及元城等十一县水旱虫蝗灾情，可见大名路也有旱灾发生，且数灾并举，"饥民七十一万六千九百八十口"[⑥]。

至正十三年（1353）是重大旱灾年，受灾范围较广，涉及河南行省蕲州路、黄州路，浙东的庆元、衢州、婺州等路，江东的饶州路，江西行省龙兴、瑞州、建昌、吉安、南雄、永州、桂阳等地。这些地区旱灾持续时间长，"自六月不雨，至于八月"[⑦]，达三个月之久，跨越了夏秋两季。夏，庆元路鄞县、婺州路东阳县有旱灾发生。[⑧]绍兴路诸暨州遭受大旱，徽州路婺源州发生旱灾，"遍野忧惶"[⑨]。至正十四年（1354），婺源州再次发生旱灾。怀庆路河内县、孟州，汴梁路祥符县，福建泉州路，湖南永州路、宝庆路，广西梧州路皆大旱。其中汴梁路祥符县再现旱魃。泉州则出现了"种不入土，人相食"[⑩]的状况。至正十五年（1355），卫辉路大旱。秋，

---

①苏伯衡：《见山处士王君墓志铭》，《苏平仲文集》卷14。

②《元史》卷192《良吏二·刘秉直传》。

③戴良：《喜雨诗序》，《九灵山房集》卷5。

④《元史》卷51《五行志二》。

⑤同上。

⑥《元史》卷42《顺帝纪五》。

⑦《元史》卷43《顺帝纪六》。

⑧刘基：《故鄞县尹许君遗爱碑铭》，《诚意伯文集》卷9；王祎：《南溪堰记》，《谕龙文并序》，《王忠文公集》卷10。

⑨赵汸：《孝则居士程君可绍墓表》，《东山存稿》卷7。

⑩《元史》卷51《五行志二》。

淮西大旱。① 至正十六年（1356），江浙行省婺州路、处州路皆大旱，绍兴路上虞县也有旱灾记载。② 至元十八年（1358）春，大都路蓟州旱。益都路莒州、济南路滨州、般阳府路淄川县、晋宁路霍州、延安路鄜州和凤翔府岐山县春夏皆大旱，持续时间跨越两个季度。其中莒州出现"家人自相食"的情况，岐山县也发生"人相食"的惨剧。③ 至元十九年（1359），晋宁路、凤翔府和湖广行省梧州、象州等路州皆大旱。夏，台州路天台县大旱，"至八月六日，天气郁蒸，云勃怒起"④。至正二十年（1360），大都路通州旱。冀宁路汾州介休县"自四月至秋不雨"⑤。湖广行省宾州"自闰五月不雨，至于八月"⑥。两地旱灾持续时间都较长。至正二十一年（1361），杭州路钱塘县旱。⑦ 至正二十二年（1362），河南府路洛阳、孟津、偃师三县大旱，民饥，出现了"人相食"的情况。⑧ 至正二十三年（1363）春三月，漳州路南靖县久不雨，当时"农作方时而田不可耕，秧不可莳，溪涧且涸，原隰若焚，札瘥已兆……旱莫苦于春，春莫甚于三月"⑨。济南路、湖广行省贺州等地皆大旱。此后两年，未见旱灾发生记载。至正二十六年（1366）夏，婺州路金华县有旱灾发生。⑩

顺帝在位的 36 年间，共有旱灾发生年份 28 个，旱灾发生频次约为 78%。其间并无特大旱灾年发生，元统二年（1334）、后至元二年（1336）、至正元年（1341）、至正十三年（1353）为重大旱灾年。总体来说，这一时期的旱灾发生地域较为分散。腹里地区发生旱灾年份最多的路份为益都路和彰德路，约为 4 个旱灾发生年，大都路、卫辉路和冀宁路也仅有 3 年发生旱灾。河南行省则主要分布在蕲州路、黄州路和河南府路，也仅有 3 个旱灾发生年。江浙行省旱灾主要集中在婺州路、徽州路、绍兴路和镇江

① 《元史》卷143《余阙传》。

② 贡师泰：《上虞县复湖记》，《玩斋集》卷7。

③ 《元史》卷51《五行志二》。

④ 阮拱辰：《白露雨并引》，赖良：《大雅集》卷2。

⑤ 《元史》卷51《五行志二》。

⑥ 同上。

⑦ 贝琼：《天冠法师邓均谷祷雨歌》，《清江诗集》卷4。

⑧ 《元史》卷51《五行志二》。

⑨ 林弼：《喜雨诗序》，《林登州集》卷13。

⑩ 宋濂：《风门洞碑》，《宋文宪公全集》卷16。

路，也分别有 6 个、5 个、5 个、4 个旱灾发生年。其他地区则更为分散，一般均有 1 ~ 2 个旱灾发生年。

第五节　旱灾的时空分布

据不完全统计，元代的 163 年间，旱灾发生年份为 107 年。自中统元年至至正二十八年（1260—1368）的 109 年间，旱灾发生年份约为 96 年。元代旱灾主要发生在腹里地区、河南行省、关中地区等北方地区，南方地区旱灾较为分散。

一、时间分布

蒙古前四汗时期见于记载的旱灾发生年为 11 年。世祖朝有 30 个旱灾发生年，仅中统二年（1261）、至元十年（1273）、至元十一年（1274）、至元二十一年（1284）、至元三十一年（1294）未见旱灾发生。成宗至宁宗的 38 年间，年年都有旱灾发生。顺帝时期在位的 36 年间，有 28 个旱灾发生年。其中后至元三年（1337）、后至元五年（1339）、至正九年（1349）、至正十七年（1357）、至正二十四年（1364）、至正二十五年（1365）、至正二十七年（1374）、至正二十八年（1368）未见旱灾记载。由此，大蒙古国和元朝时期的旱灾发生年总数达到 107 年。其中一般旱灾年 59 年，严重旱灾年 25 年，重大旱灾年 17 年，特大旱灾年 6 年。若以十年为时间段对元代旱灾的情况进行统计，可制成图 3-1。

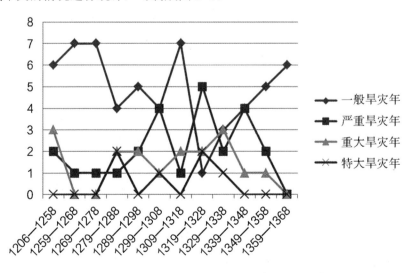

图 3-1　元代旱灾发生趋势图（单位：年）

由图3-1可以看出，自大蒙古国建立到宪宗八年的1206—1258年年间，见于记载的旱灾发生年份为11年，其中一般旱灾年为6个年份，严重旱灾年为2个年份，重大旱灾年为3个年份，无特大旱灾年发生。1259—1268年的十年间，一般旱灾年为7年，严重旱灾年为1年。1269—1278年的十年间与1259—1268年的十年旱灾发生情况相同。1279—1288年的十年间，一般旱灾年减少为4年，严重旱灾年为1年。1289—1298年的十年间，一般旱灾年为5年，严重旱灾年为2年。1299—1308年的十年间，一般旱灾年和严重旱灾年均为4年。1309—1318年的十年间，一般旱灾年为7年，严重旱灾年为1年。1319—1328年的十年间，一般旱灾年为1年，严重旱灾年为5年。1329—1338年的十年间，一般旱灾年为3年，严重旱灾年为2年。1339—1348年的十年间，一般旱灾年和严重旱灾年均为4年。1349—1358年的十年间，一般旱灾年为5年，严重旱灾年为2年。1359—1368年的十年间，见于记载的6个旱灾发生年份都是一般旱灾年。

元代重大旱灾年共17年，除蒙古前四汗时期的3次重大旱灾年外，其余重大旱灾年主要集中发生在1279—1358年的80年间，分布较为平均。1279—1288年、1289—1298年的两个十年间，均有2个重大旱灾年。1299—1308年的十年间，重大旱灾年减少为1年。1309—1318年、1319—1328年的两个十年间，重大旱灾年又增加为2年。1329—1338年的十年间，重大旱灾年增加为3年。1339—1348年、1349—1358年的两个十年间，重大旱灾年均减少为1年。元代最后一个十年未见重大旱灾年。

元代特大旱灾年共6年。1279—1288年的十年间，有2个特大旱灾年。此后的十年，未见特大旱灾年发生。1299—1308年的十年间，有1个特大旱灾年。1319—1328年的十年间，有2个特大旱灾年。1329—1338年的十年间，有1个特大旱灾年。其他时间段未见特大旱灾年发生。

我们将受灾范围超过10路州的重大（特大）旱灾年的发生情况制成图3-2，可知蒙古前四汗时期有3个重大旱灾年。1259—1278年的二十年间，未见重大（含特大）旱灾年出现。1279—1288年的十年间，重大（含特大）旱灾年为4年，1289—1298年的十年间减少为2年。1299—1308年、1308—1318年的两个十年间，重大（含特大）旱灾年均为2年。1319—1328年的十年间，重大（含特大）旱灾年增加为4年。1329—1338年的十年间，重大（含特大）旱灾年仍为4年。1339—1348年的十年间，重大（含特大）旱灾年骤减为 1 年。1349—1358 年的十年间，重大（含特大）旱灾年仍为 1 年。元代最后一个十年，未见重大（含特大）旱灾年。

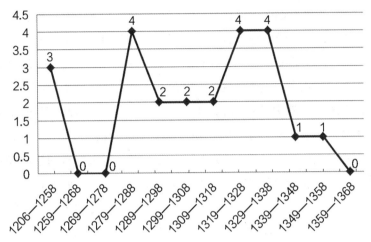

图 3-2　元代重大（含特大）旱灾发生趋势图（单位：年）

元代旱灾的发生具有鲜明的季节变化。现将具有明确记载的元代旱灾季节变化情况制成图 3-3。由图 3-3 可知，元代旱灾中，发生于春季的有 39 个年份，夏季有 68 个年份，秋季有 46 个年份，冬季有 23 个年份。可知元代旱灾，夏旱最为严重，秋旱次之，春旱又次之，冬旱发生年份最少。值得注意的是，春夏旱、夏秋旱往往持续发生，有元一代不在少数。

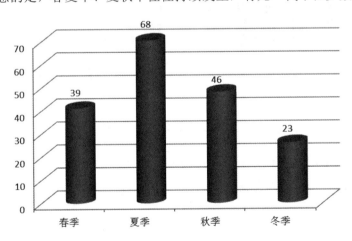

图 3-3　元代旱灾季节变化趋势图（单位：年）

二、空间分布

蒙古前四汗时期的旱灾主要发生在"燕境"。据现有统计看，元代旱灾发生区域涉及腹里地区、河南行省、辽阳行省、陕西行省、江浙行省、江西行省、湖广行省、云南行省、甘肃行省、宣政院辖区、四川行省、岭北行省等地。现将元代旱灾发生区域分布情况制成图3-4元代旱灾区域分布图。

图3-4的数据并不包括蒙古前四汗时期的旱灾发生年份。由图3-4可知，腹里地区发生旱灾的年份为79年，其次是河南行省，有41个旱灾发生年。再次为江浙行省，有40个旱灾发生年。陕西行省、湖广行省有23个旱灾发生年，而江西行省有19个旱灾发生年，辽阳行省的旱灾发生年达到12个年份。其余云南行省、甘肃行省、宣政院辖地、四川行省和岭北行省旱灾发生年份较少。由此，腹里地区是元代旱灾最为严重的地区，河南行省、江浙行省、陕西行省、湖广行省也是元代旱灾的主要发生地。

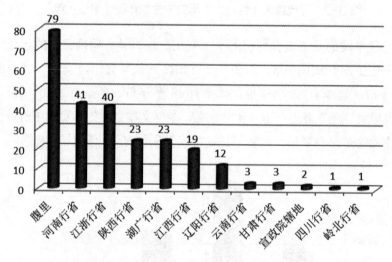

图3-4　元代旱灾区域分布图（单位：年）

我们有必要对各地旱灾发生的时间分布状况做一分析。现将元代部分地区旱灾年分布情况制成表3-1。

表 3-1 元代部分地区旱灾年分布表（单位：年）

时间	腹里地区	江浙行省	河南行省	湖广行省	陕西行省	江西行省	辽阳行省
1259—1268	7	0	1	0	2	0	1
1269—1278	8	0	3	0	0	1	0
1279—1288	9	2	4	0	1	2	3
1289—1298	9	3	4	4	1	0	3
1299—1308	7	5	5	3	5	3	0
1309—1318	9	3	3	3	1	1	1
1319—1328	9	6	9	3	5	6	2
1329—1338	7	6	7	2	5	4	2
1339—1348	6	6	1	3	1	1	0
1349—1358	5	5	3	2	1	1	0
1359—1368	3	4	1	3	1	0	0
合计	79	40	41	23	23	19	12

由表 3-1 可知，腹里地区旱灾的发生年份比较平均，除最后十年有 3 个旱灾发生年外，其他几个十年间均有 5 个旱灾发生年以上。1259—1338 年的 8 个十年间，每十年最少有 7 个旱灾发生年，1279—1288 年、1289—1298 年、1309—1318 年、1319—1328 年的 4 个十年间，每十年旱灾发生年均有 9 个。也就是说这 4 个十年间，均只有一年没有旱灾发生，可见腹里地区旱灾的频繁程度。河南行省 41 个旱灾发生年中，以 1319—1328 年的十年间旱灾发生年最高，为 9 年，其次为 1329—1338 年的十年间，旱灾发生年为 7 年，1299—1308 年的十年间旱灾发生年为 5 年，其余各十年间旱灾发生年均小于 5 年。江浙行省 40 个旱灾发生年中，1319—1348 年的 3 个十年间，每十年中发生旱灾的年份均为 6 年，而 1299—1308 年、1349—1358 年的 2 个十年间，每十年中有 5 年发生旱灾。其余时段都比较分散。湖广行省和陕西行省的旱灾发生年均为 23 年。但湖广行省的旱灾分布相对较为分散，而陕西行省旱灾以 1299—1308 年、1319—1328 年、1329—1338 年的 3 个十年间为最多，均为 5 个旱灾发生年。江西行省 19 个旱灾发生年中，以 1319—1328 年的十年间旱灾发生年最多，达到 6 个年份。辽阳行省的旱灾分布较为分散。云南行省、四川行省、宣政院辖地和岭北行省的旱灾发生年相对较少。

腹里地区旱灾几乎发生在元代中书省所辖的所有路州。根据现有统计，可将腹里地区主要路份旱灾发生年的状况制成图 3-5。

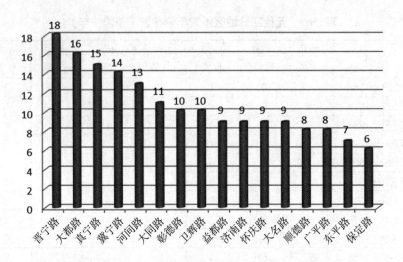

图 3-5　元代腹里地区部分路州旱灾发生图（单位：年）

由图 3-5 可知，腹里地区以晋宁路（平阳路）发生旱灾的年份最多，为 18 年。其次是大都路，有 16 个旱灾发生年。真定路、冀宁路、河间路、大同路、彰德路、卫辉路等路份的旱灾发生年份均在 10 年及以上。益都路、济南路、怀庆路、大名路的旱灾发生年份均为 9 年。顺德路、广平路旱灾发生年均为 8 年，东平路有 7 个旱灾发生年，保定路有 6 个旱灾发生年。由此可知，元代腹里地区的旱灾主要发生在包括晋宁路、冀宁路和大同路在内的山西河东地区，包括大都路、河间路、保定路、真定路、怀庆路、彰德路、卫辉路、大名路、顺德路、广平路等在内的河北地区，以及以益都路、济南路为中心的山东地区。

河南行省的 41 个旱灾发生年，根据现有统计，我们可以窥知元代河南行省各路份的旱灾发生情况（见图 3-6）。其中河南府路旱灾发生年为 12 年，汴梁路有 11 个旱灾发生年，淮安路和安丰路均有 10 个旱灾发生年，而扬州路旱灾发生年达到 9 个年份，蕲州路有 6 个旱灾发生年，其他路份的旱灾发生年均在 5 年及以下。由此可知，元代河南行省旱灾主要分布在以汴梁路和河南府路为中心的黄河流域和以淮安路、扬州路、安丰路为中心的两淮地区。

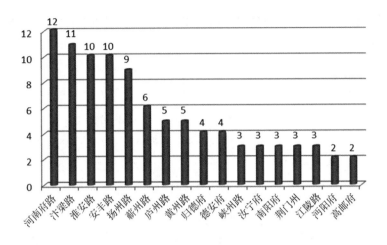

图 3-6　元代河南行省各路份旱灾发生图（单位：年）

据现有统计，除腹里地区和河南行省外，其余地区路份旱灾发生年超过 10 年者少见。江浙行省旱灾发生年最多的路份为江阴州，达到 7 个年份，绍兴路、镇江路、徽州路、婺州路均有 6 个旱灾发生年，而其余路份的旱灾发生年均在 5 年及以下。陕西行省的 23 个旱灾发生年中，以奉元路最多，为 6 年，凤翔府有 5 个旱灾发生年，其余路份的旱灾发生年均在 5 年以下。湖广行省的 23 个旱灾发生年中，以澧州路最多，为 5 个，桂阳路有 4 个旱灾发生年，其余路份的旱灾发生年均在 4 年以下。江西行省的赣州路有 5 个旱灾发生年，抚州路有 4 个旱灾发生年，是江西行省所辖路份中旱灾发生最为频繁的路份。辽阳行省大宁路和辽阳路是旱灾发生较为频繁的路份，分别有 6 个和 5 个旱灾发生年，其余路份旱灾发生年均在 5 年以下。甘肃行省旱灾分别发生在甘州路和亦集乃路，云南行省旱灾发生于临安路、中庆路、建昌路和乌蒙地区，宣政院辖区见于记载的旱灾主要发生在岷州地区。

综上所述，元代的 163 年间，旱灾发生年份为 107 年，其中元代有 96 年发生旱灾。除蒙古前四汗时期的 3 个重大旱灾年外，其余重大旱灾年主要集中发生在 1279—1358 年的 80 年间，分布较为平均。就季节变化而言，元代夏旱最为严重，秋旱次之，春旱又次之，冬旱发生年份最少。元代旱灾主要分布在腹里地区的河东、河北和山东地区，河南行省的黄河流域、两淮地区，陕西行省的奉元路和凤翔府，辽阳行省的大宁路和辽阳路，江浙行省的江阴州、绍兴路、镇江路、徽州路、婺州路等地，湖广行省的澧州路、桂阳路，江西行省的赣州路和抚州路，甘肃行省的甘州路和亦集乃路，宣政院所辖的岷州等地。

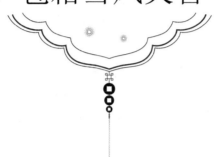

第四章
雹霜雪风灾害

　　除水旱灾害外，雹灾、霜冻灾害、雪灾、风灾（含风沙、雾霾以及风暴潮灾害）等气象灾害都在一定程度上给人民生产生活造成极大的影响。和付强在《中国灾害通史·元代卷》中对霜冻灾害、雹灾、风沙灾害的时空分布进行了探讨。[①] 王培华对北方的雹灾和雪灾的分布特点做了分析。[②] 本章主要探讨元代霜冻灾害、雹灾、雪灾和风灾等气象灾害的发生状况，分析这些气象灾害的时空分布特点。

---

　　① 和付强：《中国灾害通史·元代卷》，第205～211页。

　　② 王培华：《元代北方灾荒与救济》，第94～126页。

第一节　雹灾

冰雹是在对流性天气控制下，积雨云中凝结生成的冰块从空中降落所致。雹灾指冰雹掉落后对农作物和人畜造成危害，从而成灾。其主要危害是损伤农作物的茎和果实，从而造成农作物减产，甚至绝收，百姓因此发生饥荒。也偶有对人畜的身体损伤甚至造成死亡的情况。雹灾发生时通常伴有雨雪天气和大风天气。

王培华对河南行省淮河流域以北的10路府、腹里地区大都等30路，以及辽阳、陕西和甘肃行省雹灾的时空分布特点进行了考察，并根据冰雹的大小、灾伤申报检覆制度将元代雹灾分为三级，即灾伤1～4分收9～6分的地亩为一级，灾伤5～7分收5～3分的地亩为二级，灾伤8～10分收2～0分的地亩为三级。[①] 宋正海根据资料拟定了中国历史冰雹强度定级标准。这一标准将雹灾分为特大、大、中等、小、微小冰雹五级。其依据多是根据雹子的大小及其造成危害的历史叙述。[②] 事实上，由于资料的限制，利用冰雹的大小和灾伤申报检覆制度对冰雹灾害进行分类有一定的难度和不确定性。笔者根据文献资料中冰雹所造成的危害，参考前人的分类方法，将元代雹灾分为三级：文献记载中仅载发生雹灾，而没有详细记录的为一般雹灾；文献记载中的"大雹""杀禾""害稼"，且冰雹大小"大如鸡卵""如拳"者为严重雹灾；情况更为严重的诸如"苗稼尽损""禾尽损"，冰雹大小如"马首"等为特大雹灾。

关于元代雹灾的发生次数，邓云特统计为69次，[③] 和付强统计为289次。[④] 宋正海统计1260—1379年间，即元代和明初发生雹灾的频次约为37。[⑤] 而据笔者统计，元代雹灾发生年份为82年。由于雹灾的发生具有区域性和季节性的特点，元代雹灾的发生次数约为155次。如果将每一地发生雹灾的情况简单相加，雹灾发生次数可达290余次。

---

①王培华：《元代北方灾荒与救济》，第107～126页。

②宋正海：《中国古代自然灾异动态分析》，第228页。

③邓云特：《中国救荒史》，第26页。

④和付强：《中国灾害通史·元代卷》，第207页。

⑤宋正海：《中国古代自然灾异动态分析》，第227页。

一、雹灾概述

笔者所见元代文献记载的最早雹灾发生在中统二年（1261）四月，发生地不明，冰雹"大如弹丸"，与雨俱下。① 世祖在位的35年间，有19年发生雹灾。受灾范围涉及腹里地区、河南行省、辽阳行省和陕西行省的31个路州，尤以中书省的真定路、保定路、济南路、大同路受灾次数为多。其中真定路受灾次数达到6个县份，共计9次。中统三年（1262）五月，顺天、平阳、真定、河南等郡"雨雹"。次年七月，燕京昌平县，河间景州蓨县，开平路兴、松、云三州和隆兴路"雨雹害稼"。时隔两年至元二年（1265）七月，雨雹范围涉及彰德、大名、南京、河南府、济南、太原、淄莱、西京路弘州等地。至元四年（1267）起，所发生的雹灾多为严重灾害。该年三月辛丑，高唐州夏津县"大雨雹"②。王恽在《大雹行》中描绘了这一年五月十五日大都雹灾的情景："雷师掠地西山麓，北会丰隆出苍峪。崩云掩落赤日乌，烈缺光腾烛龙目。黑风驾海天外立，万骑先声振林谷。云涛怒卷恶雨来，中杂冰丸几千斛。杀声咆哮屋碎瓦，百万神兵自天下。奋然横击合阵来，昆阳之战何雄哉。又如马陵之道万弩发，矢下雨如无魏甲。斧形鸡卵见自昔，异状奇模此其匹。野人庭户变缟馆，雾涌烟霾与龙敌。又疑蛟人泉客泣相别，泪洒珠玑恣狼籍。叶穿鸟死庭树惨，禾麦击平惊赭赤。神威收敛俄寂然，潇潇合浦还珠批。整冠变色立前庑，但见土窝万杵一一皆深圆。五行有占非小变，调元失所谁之愆。又闻夏冬愆伏之所致，亦以坎治持化元。"③ 次年六月，真定路中山府"大雨雹"④。至元六年（1269）七月壬戌，西京大同县"大雨雹"。至元七年（1270）五月辛丑，怀州河内县大雨雹。此后十余年间仅至元十五年（1278）闰十一月，海州赣榆县"雨雹伤稼"⑤。海州即后来的淮安路海宁州，元至元十五年升为海州路总管府，复改为海宁府，未几降为州，隶淮安路。自至元八年至至元十四年（1271—1277）的七年间未见雹灾记载。至元十六年至十八年（1279—1281）的三年间也未见雹灾记载。

---

① 《元史》卷50《五行志一》。

② 《元史》卷6《世祖纪三》；卷50《五行志一》。

③ 王恽：《秋涧先生大全集》卷6。

④ 《元史》卷50《五行志一》。

⑤ 同上。

至元十九年（1282），京师发生雹灾，"大如鸡卵"。次年全国多处发生严重雹灾和特大雹灾。四月，河南雹灾同时伴有"风雷雨""害稼"①。五月，安西路"风雷雨雹"。八月，真定路元氏县的雹灾为特大雹灾，冰雹伴有大风，"禾尽损"。次年七月，冠州雹灾为一般雹灾。至元二十四（1287）年九月戊申，咸平府、辽阳路懿州和北京路的金源、高州、武平、兴中州等地因雹灾和乃颜之乱，"民废耕作"，"告饥"，遂有世祖下诏"以海运粮五万石赈之"之举。②同年的严重雹灾还涉及西京路、隆兴府、平滦路、南阳府路和怀孟路等地。巩昌路也有雹灾发生，但似乎为一般雹灾。至元二十五年（1288）三月己酉，归德府徐、邳州屯田和灵璧、睢宁二地屯田均发生雹灾，"雨雹如鸡卵，害麦"，当为严重雹灾。③此外，淮安路泗州虹县也发生严重雹灾。五月辛亥，太原路孟州乌河川，"雨雹五寸，大者如拳"④。十二月，真定路灵寿县、太原路阳曲县、兴和路天成县雨雹"害稼"。次年夏，平阳、大同、保定等郡大雨雹。七月辛巳，两淮屯田雨雹害稼。至元二十七年（1290）四月，真定路灵寿、元氏二县大雨雹。六月己亥，济南路棣州厌次、济阳二县"大风雹害稼"，"伤禾黍菽麦桑枣"。⑤至元二十九年（1292）闰六月丁酉，辽阳沈州，广宁、开元等路发生严重雹灾，"害稼"，遂免田租七万七千九百八十八石。⑥至元三十年（1293），保定路易州雨雹，大如鸡卵。真定路宁晋县等地遭受水旱蝗雹灾害者达二十九处之多。至元三十一年（1294）四月，益都路即墨县、密州诸城县、大都路武清县都有雹灾发生，未见受灾程度的记载。七月，济南路棣州的阳信县，真定路的南宫县、新河县和保定路易州涞水等县也有一般雹灾发生。同年八月，德州安德县发生严重雹灾，"大风雨雹"⑦。

成宗至宁宗的元中期历时 38 年，是元代雹灾发生最为严重的时段。成宗在位 13 年，除大德六年（1302）、七年（1303）外，其他年份都有雹灾

---

① 《元史》卷50《五行志一》。

② 《元史》卷14《世祖纪十一》。

③ 《元史》卷15《世祖纪十二》。

④ 同上。

⑤ 《元史》卷16《世祖纪十三》；卷50《五行志一》。

⑥ 《元史》卷17《世祖纪十四》。

⑦ 《元史》卷18《成宗纪一》。

发生。雹灾波及范围包括腹里地区的大都路、隆兴路、太原路、平阳路、大同路、宣德路、怀孟路、顺德路、彰德路、平滦路，河南行省的汴梁路、扬州路，陕西行省的金州、会州、西和州、奉元路，辽阳行省的大宁路也偶有雹灾发生。值得注意的是，江浙行省宁国路和台州路各发生一次雹灾。元贞元年（1295）五月，陕西行省巩昌路金州、会州以及西和州发生特大雹灾。雹灾造成三地粮食绝收，"无麦禾"，损失惨重。① 七月，隆兴路也有雹灾发生。次年五月，平阳路河中府猗氏县发生雹灾。六月，隆兴路威宁县，顺德路邢台县，太原路交城县、离石县、寿阳县雨雹。七月，太原、怀孟路有雹灾发生。八月，怀孟路武陟县雨雹。大德元年（1297）六月，太原路崞州冰雹夹杂着风雨而下，似没有造成太大的灾害。次年二月，大都路檀州雨雹。八月，彰德路安阳县雨雹。大德三年（1299）八月，隆兴路、平滦路、大同路和宣德路都有雹灾发生。次年三月，江浙行省宁国路泾县、台州路临海县发生风雹，较为罕见。五月，奉元路同州、平滦路和隆兴路发生雹灾为一般雹灾。大德五年（1301）七月初一，东起通州、泰州、崇明州，西到真州的广大区域，暴风骤起于东北，"雨雹兼发，江湖泛溢"，这次灾害中受灾人口众多，不可胜计。② 大德六年（1302）二月，王沂注意到延平路南平县内雹灾发生时的情景："初从屋瓦乱奔腾，散入阶除更跳跃。"③ 大德八年（1304），雹灾愈发严重。五月，大宁路建州、宣德路蔚州灵仙县雨雹。太原路阳曲县，隆兴路天成、怀安县，大同路白登县"大风雨雹伤稼，人有死者"。八月，太原路交城县、阳曲县、管州、岚州和大同路怀仁县"雨雹陨霜杀禾"，遂有朝廷"发粟赈之"之举。④ 次年六月，分别改称晋宁、冀宁的平阳、太原等路和宣德路、大同路大雨雹害稼，宣德路桓州、宣德两地大雨雹，受灾似较轻。大德十年（1306）四月，汴梁路郑州管城县"暴风雨雹，大若鸡卵"，"积厚五寸"，"麦及桑枣皆损"。五月，有大雨雹发生，但具体地点不详。七月，宣德路宣德县"雨雹害稼"，灾害较为严重。⑤ 次年五月，大宁路建州有大雨雹发生。

---

① 《元史》卷18《成宗纪一》；卷50《五行志一》。

② 《元史》卷20《成宗纪三》。

③ 王沂：《壬寅纪异同刘以和赋》，《伊滨集》卷5。

④ 《元史》卷21《成宗纪四》。

⑤ 《元史》卷21《成宗纪四》；卷50《五行志一》。

武宗和仁宗在位的 13 年间，雹灾的发生频率较高。除延祐四年（1317）未见雹灾外，其余年份均有雹灾发生，且一年发生多次，受灾较为严重。受灾范围涉及腹里地区、陕西行省、河南行省、四川行省和甘肃行省的 25 个路州，而以中书省境内的大同路雹灾频次最高，达到 7 次。至大元年（1308）四月，般阳路新城县、济南厌次县、益都高苑县三县发生风雹。五月己巳，汴梁路管城县大雨雹，雹"深一尺，无麦禾"①。可见雹灾已经造成管城县绝收。八月戊子，晋宁路大宁县雨雹"害稼，毙畜牧"②。次年三月己酉，曹州济阴县、定陶县雨雹。六月，源州③、冀宁路崞州、大同路金城县雨雹。延安路神木县碾谷、盘西、神川等处大雨雹，"大雹一百余里，击死人畜"。可见这次雹灾为特大雹灾。至大三年（1310）三月二十日，释善住写下了"疾雷惊过鸟，飞雹打行人"④的诗句。四月，真定路灵寿县、东平路平阴县雨雹。次年四月，南阳府路雨雹。闰七月，大同路宣宁县的雹灾为特大雹灾，雨雹"积五寸，苗稼尽殒"⑤。仁宗皇庆年间各地雹灾并不严重。皇庆元年（1312）四月，大名路浚州、彰德路安阳县、河南府路孟津县雨雹。五月，彰德路、河南府路再次发生雹灾，巩昌路陇西县也有雹灾发生。六月，开元路雹灾较为严重，"风雹害稼"⑥。次年正月二十四日傍晚，太平路芜湖"大霹雳雪雹与雨杂下，三昼夜乃已"⑦。七月，冀宁路平定州雨雹，河间路阜城县风雹。八月，大同路怀仁县雨雹。延祐元年（1314）五月，延安路肤施县大风雹，既造成了农作物减产，也对人畜造成了伤害，"损禾并伤人畜"。六月，上都路宣平县、成都路仁寿县、大同路白登县等县发生严重雨雹，"损稼，伤人畜"⑧。次年五月，大同、宣德等郡雷雹害稼。而秦州成纪县的雹灾伴随着地壳的运动。延祐三年（1316）五月，大都路蓟州的冰雹深达尺

① 《元史》卷22《武宗纪一》；卷50《五行志一》。

② 《元史》卷50《五行志一》。

③ 《元史》卷22《武宗纪一》。载至大元年十二月，降隆兴为源州。

④ 释善住：《庚戌三月廿日之作》，《谷响集》卷1。

⑤ 《元史》卷24《仁宗纪一》。

⑥ 《元史》卷50《五行志一》。

⑦ 吴澄：《元赠少中大夫轻车都尉彭城郡刘侯封彭城郡张氏太夫人墓碑》，《吴文正公集》卷33。

⑧ 《元史》卷25《仁宗纪二》。

余。延祐四年（1317）未见雹灾记载。次年四月的凤翔府有雹"伤麦禾"。九月庚戌，大同路大同县有大雨雹发生，冰雹"大如鸡卵"，为严重灾害。同时，晋宁路晋阳州，永昌路西凉州，汴梁路钧州阳翟、新郑、密县等县大雨雹。延祐六年（1319）七月，巩昌路陇西县"雹害稼"。次年八月，大同路雷风雨雹，冰雹"大者如鸡卵"，当为严重雹灾。

　　英宗至文宗的 12 年间，共发生雹灾 90 余次，年均发生 6.9 次，且每年都有雹灾发生。雹灾发生的范围涉及腹里地区、陕西行省、辽阳行省、河南行省、湖广行省、甘肃行省、江浙行省、宣政院等辖地的 31 个路州。其中雹灾的多发地带主要集中于腹里地区的大都路、冀宁路、真定路和陕西行省的延安路。

　　至治元年（1321）六月，大同路武州雨雹害稼。永平路发生严重雹灾，"大雹深一尺，害稼"①。戊午，陕西行省所辖泾州雨雹。七月，真定、顺德、大同等地都有雹灾发生，但危害不大。次年四月辛亥，泾州泾川县雨雹，政府遂有"免被灾者租"之举，可见冰雹还是造成了危害，且引起了官府的重视。甲寅日，南阳府西穰等屯田发生风雹，也获得了"免其租"的待遇，可见雹灾的严重程度。六月庚寅，湖广行省思州风雹，遂"赈之"②。至治三年（1323）五月庚子，柳林行宫大风雨雹。十二月，辽阳答失蛮、阔阔部因风雹被赈济。泰定元年（1324）五月，冀宁路阳曲县雨雹"伤稼"，思州龙泉平雨雹"伤麦"③。六月，发生雹灾的地区有上都路宣德府、湖广行省八番顺元宣慰司之金石番太平军安抚司，陕西行省巩昌路、定西州等处。七月，大都路龙庆州雹灾当为特大雹灾，"雨雹，大如鸡卵，平地深三尺余"④。八月，大同路白登县也有雹灾发生。同年延安路也因雹灾"赈粮一月"⑤。泰定二年（1325）雹灾主要分布在四月至九月间，雹灾的发生同时伴有霖雨，且无严重雹灾发生。四月，奉元路白水县雨雹。五月，临洮府狄道县、吐蕃等处宣慰司都元帅府之洮州可当县雨雹。六月，上都路兴州和延安路鄜州、肤施县、安塞县，静宁州，秦州成纪县，巩昌通渭县，

---

①　《元史》卷50《五行志一》。

②　《元史》卷28《英宗纪二》。

③　《元史》卷50《五行志一》。

④　《元史》卷50《五行志一》；卷29《泰定帝纪一》。

⑤　《元史》卷29《泰定帝纪一》。

奉元路白水县雨雹。七月，大都路檀州雨雹，延安路鄜州、绥德州和巩昌等处雨雹。八月，大都路檀州、巩昌府静宁县、延安路安塞县雨雹。九月，大都檀州再次雨雹。值得注意的是，一年之中，大都路檀州发生三次雹灾，且分布在秋季三个月中。陕西行省的雹灾也集中于延安、巩昌等地。泰定三年（1326）雹灾集中于六、七、八三个月间，雹灾多为严重灾害。六月，奉元路、巩昌路属县发生大雨雹。其中奉元路乾州永寿县有雹灾发生记载。真定路中山府安喜县"雨雹伤稼"，遂"蠲其租"①。七月，大都路房山县、宝坻县，永平路玉田县，保定路永平县有"大风雹"发生，风雹"折木伤稼"②。八月，大都路龙庆州"雨雹一尺，大风损稼"③。泰定四年（1327）五月，常州、淮安等路以及中书省宁海州"大雨雹"。六月，真定路中山府雨雹。七月，彰德路汤阴县、冀宁路定襄县和大同路武州、应州雨雹害稼。1328年，泰定帝改元致和。这一年的雹灾依然严重，多处发生大雨雹灾害。四月，大名路浚州、泾州大雹"伤麦禾"，甘肃行省宁夏府路之灵州也发生大雨雹。五月，冀宁路阳曲县、广平路威州、真定路井陉县都有发生大雨雹。六月，泾州泾川县、彰德路汤阴县等县大雨雹，大宁路、永平路属县雨雹。

文宗在位的 4 年间，同样年年都饱受雹灾的困扰。这一时期发生的雹灾多为严重雹灾。天历二年（1329），冀宁路阳曲县七、八两月间两次遭受雹灾，两次冰雹均"大如鸡卵"，给农作物的生长造成了严重的后果。此外，七月，大宁路惠州也有雨雹发生。次年的雹灾依旧严重。七月，大都路顺州、东安州，真定路平棘，广平路肥乡，保定路曲阳、行唐等县雨雹害稼，开元路则发生雨雹。八月，永平路发生雹灾，直至至顺元年（1330）正月，永平路才将灾情上报给朝廷。④改元至顺后的三年中，均有雹灾发生。至顺元年七月，大都路顺州、东安州再次大风雨雹伤稼，开平路则雨雹伤

---

① 《元史》卷30《泰定帝纪二》。

② 《元史》卷50《五行志一》。

③ 《元史》卷50《五行志一》。卷30《泰定帝纪二》"龙庆州"作"龙庆路"，疑误。

④ 《元史》卷34《文宗纪三》。

稼。次年七月，冀宁路清源县[①]雨雹伤稼。《元史·文宗纪五》载：至顺三年（1332）二月，"德宁路去年旱，复值霜雹，民饥，赈以粟三千石"。可见至顺二年（1331），腹里地区德宁路也曾发生雹灾，而且十分严重。至顺三年五月，甘肃行省甘州路有大雨雹发生。

元顺帝在位 36 年，其间雹灾的发生年份为 25 年，发生雹灾为 35 次，年均约 1 次。这一时段雹灾的发生呈现出零星状空间分布，且严重雹灾乃至特大雹灾常见。涉及腹里地区、河南行省、江浙行省、江西行省、湖广行省和陕西行省等省份的 24 个路州，其中尤以大都路和益都路发生雹灾较多，然也仅仅分别为 4 次和 3 次。

元统元年（1333），江浙行省绍兴路萧山县大风雨雹，"杀麻麦，毙伤人民"。次年二月甲子，上都的东凉亭发生雹灾，造成当地百姓饥荒。此次雹灾引起了顺帝的重视，下诏命上都留守发放仓廪赈灾。后至元元年（1335）七月，陕西西和州、徽州也因雨雹灾害造成饥荒。同年，傅若金在从真定到大都的途中，夜晚行至郭村店时，遇到雹灾："午发溽阳城，莫投郭村店。人烟树相错，分野昂所占。连屋临古涂，幽花垂深堑。行旅各已息，下马卸征辔。形容风日槁，衣服尘土染。倚床秋萧萧，汲井月滟滟。舍翁得客喜，亭长见官厌。田家始收获，勤苦供税敛。夜来大雨雹，妇子忧食歉。还闻公侯家，终岁酒肉餍。"[②]次年八月甲午朔，高邮府宝应县大雨雹。当时淮浙发生大旱灾，只有宝应县濒水，田禾尚且可以收获，但都被这场雹灾所害，几乎绝收。后至元四年（1338）四月癸巳日傍晚时分，河间清州八里塘有严重雹灾发生，"大过于拳，其状有如龟者，有如小儿形者，有如狮象者，有如环玦者，或椭如卵，或圆如弹，玲珑有窍，色白而坚"，无怪乎有人说："大者固常见之，未见有奇状若是也。"[③]至正元年（1341），淮安路"雨雹杀麦七十亩"[④]。次年五月，东平路东阿

---

①《元史》卷35《文宗纪四》作"冀宁路属县"，卷50《五行志一》作"冀宁路清源县"。按"清源县"为冀宁路属县。后者当有所本，故采用后者将雹灾发生地点具体化。《五行志一》记雹灾发生时间为十二月份，疑误。

②傅若金：《使至真定赴都计事遇大雹伤谷时逆臣唐其势诛》，《傅与砺诗文集·诗集》卷2。

③《元史》卷51《五行志二》。

④李祁：《故将仕郎江浙财赋府照磨贺君墓志铭》，《云阳集》卷8。

县雨雹，"大者如马首"①。七月七日，建德路分水县发生大风雨雹。② 至正三年（1343）六月，东平阳谷县雹灾为一般雹灾。次年二月二十六日，方回曾经描写下了当时大雷雨雹灾的情景："雹声击瓦疑皆碎，电影穿帷恍似虚。明日麦催桃李仆，更惊无叶剩园蔬。"③ 至正六年（1346）二月辛未，兴国路雨雹，大如马首，小如鸡子，造成了家禽和牲畜大量死亡，破坏性巨大。五月辛卯，晋宁路绛州雨雹，"大者如二尺余"。至正八年（1348）四月庚辰，汴梁路钧州密县雨雹，冰雹"大如鸡子，伤麦禾"。龙兴路奉新县也发生大雨雹，"伤禾折木"。八月己卯，山东益都路临淄县雨雹，"大如杯盂，野无青草，赤地如赭"④。次年，龙兴路再次发生大雨雹。至正十一年（1351）四月乙巳，彰德路发生特大雹灾，当时冰雹"大者如斧，时麦熟将刈，顷刻亡失，田畴坚如筑场，无秸粒遗留者，地广三十里，长百有余里，树木皆如斧所劈，伤行人、毙禽兽甚众"⑤。五月癸丑，冀宁路文水县雨雹。至正十三年（1353）四月，益都高苑县雨雹，伤及麦禾和桑树。次年六月辛卯朔，大都路蓟州雨雹。至正十七年（1357）八月丙寅，济南雹灾伴有大风雨。陕西行省庆阳府、镇原州发生严重雹灾。至正十九年（1359）四月，益都路莒州蒙阴县雨雹。至正二十年（1360）五月的某一天，大都蓟州遵化县雨雹终日。次年五月，东平路雨雹害稼。次年八月，南雄路雨雹如桃李。至正二十三年（1363）五月，延安路鄜州宜君县雨雹"大如鸡子"，豆麦等农作物受损。七月戊辰朔，京师发生严重雹灾，"大雹，伤禾稼"。晋宁路隰州永和县大雨雹。至正二十五年（1365）五月，东昌路聊城县雨雹大如拳头，小的像鸡子，大小麦等农作物几近绝收，所谓"二麦不登"。次年六月，冀宁路汾州平遥县发生大雨雹灾。至正二十七年（1367）二月乙丑，永州城中"尽晦，鸡栖于埘，人举灯而食，既而大雨雹，逾时方明"。五月，益都路大雷雨雹。七月，冀宁路徐沟县大风雨雹，"拔木害稼"。次年六月，庆阳府雨雹，"大如盂，

---

① 《元史》卷51《五行志二》。

② 王祎：《灵祐庙碑并序》，《王忠文公集》卷16。

③ 方回：《夜大雷电雹》，《桐江续集》卷4。

④ 《元史》卷51《五行志二》。

⑤ 同上。

小者如弹丸，平地厚尺余，杀苗稼，毙禽兽"[1]，危害相当严重，为特大雹灾。

当然，也有资料不明，无法确认雹灾发生的时间和地点者。如许衡《吴行甫雨雹韵二首》描写了雹灾的情况和受灾百姓的愁苦心情："山云突起凌碧虚，怪壮奇态成须臾。惊风急雨进飞雹，飘骤散落千万珠。半空光冷掣电火，平地声走轰雷车。神龙奋怒乃若此，不识造化将何如。默知嘉禾伤漂没，坐看积潦横穿窬。小民咨嗟复愁叹，谩执俗议尤当途。"[2]耶律铸提及和林雨大雹，有如鸡卵者[3]，但不知雹灾发生的确切年份。"江城奔雨撼风雷，飞雹如驱万马来。蜥蜴吐成嵩顶见，蛟龙摄取凌人猜。声疑玉斗鸿门碎，势似冰山白日摧。个个钱文如刻就，未应伤稼必为灾。"[4]这首描写江城雹灾情况的诗句无法确定具体年份。王恽指出"陶晋卿说获嘉县今年五月初雨雹为灾，其大如杯、拳，桑枣皆戕折无余，及多拔大木，有提去百步者，如此凡一十八村，其可畏也"[5]，具体年份尚须考订。"日月相斗鹑火中，晡时欲息云埋空。雨脚初来杂鸣雹，雷驱电挟声汹汹。排檐倒槛挥霍入，犀兵快马难为雄。中休颇意绝崩进，转横更觉加铦锋。乱抛荆玉抵飞鹊，恣掷桃核随飘风。坐移向壁防碎首，急卷巾席何匆匆。"[6] 柳贯这首诗描述的大雨雹灾无法确定发生的具体时间和地点。如此情况尚多，恕不枚举。需要指出的是，雹灾的发生总是伴随大风或雨。

二、雹灾的时空分布

雹灾发生的时间和空间分布有着自己的特点。王培华和和付强都对雹灾的时空分布进行了分析。[7]但前者并没有对雹灾发生的趋势进行探究。笔者对雹灾的统计也有与后者不尽相同之处。囿于资料所限，笔者仅对元代雹灾进行了粗略的统计，试图勾勒出元代雹灾的时空分布特点。

---

① 《元史》卷51《五行志二》。

② 许衡：《鲁斋遗书》卷11。

③ 耶律铸：《和林雨大雹有如鸡卵者》，《双溪醉隐集》卷5。

④ 钱惟善：《大风雷雨雹是日漳州李智甫作耗》，《江月松风集》卷7。

⑤ 王恽：《雹说》，《秋涧先生大全集》卷46。

⑥ 柳贯：《六月二十五日大雨雹行是日月食》，《柳待制文集》卷3。

⑦ 王培华：《元代北方灾荒与救济》，第107～112页；和付强：《中国灾害通史·元代卷》，第207～208页。

（一）雹灾的时间分布

以十年为单位，元代雹灾的发生年份和发生次数呈现出如下趋势，见图 4-1：元代雹灾发生年份及次数趋势图。

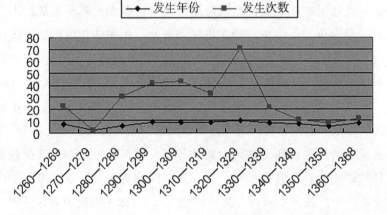

图 4-1　元代雹灾发生年份及次数趋势图（单位：次）

由图 4-1 可以看出，有元一代 11 个十年间均有雹灾发生。发生年份最少的出现在第二个十年，即 1270—1279 年之间，这一时段仅有 2 年有雹灾发生。雹灾发生年份最多的时间段为第七个十年，即 1320—1329 年之间。元代雹灾以十年为单位统计发生年份呈现出一定的趋势。第一个十年中的 7 年有雹灾发生，第二个十年雹灾发生年份减少为 2 年，之后的第三个十年间雹灾发生年份略有上升，达到 6 年，第四、第五、第六个十年间雹灾发生年份均为 9 年，接近第七个十年。自第八个十年开始，雹灾发生年份逐渐下降。第八个十年雹灾发生年份为 8 年，第九个十年雹灾发生年份为 7 年，第十个十年雹灾发生年份为 5 年。元代最后的 9 年间，雹灾发生年份有所上升，达到 8 年。

若以十年为单位，元代雹灾发生次数的趋势与雹灾发生年份的趋势基本相同。第二个十年段内，仅有 2 次雹灾发生，是元代雹灾发生次数最少的十年。第七个十年中，雹灾发生次数最多，达到 71 次。据不完全统计，第一个十年间，共发生雹灾 23 次。第二个十年骤减为 2 次。之后雹灾发生次数逐渐增加。第三个十年，达到 31 次，第四个十年则增加为 42 次。第五个十年基本维持在与第四个十年相等的情况，发生雹灾 43 次。此后的第六个十年雹灾发生次数下降为 33 次。元代雹灾在第七个十年间最为多发，为 71 次。此后第八、第九、第十个十年雹灾发生次数逐渐下降为 21、11、8 次。元朝最后 9 年间，共发生雹灾约 12 次。

元代雹灾主要集中在 1280—1339 年的 60 年中。这一时段无论是雹灾的发生年份，还是雹灾的发生次数都相对较多。而第七个十年，即 1320—1329 年间，雹灾的发生最为严重。[①] 相对而言，第二个十年，即 1270—1279 年间，雹灾的发生年份和发生次数均为最少。

由于雹灾发生程度的不同，我们将元代雹灾划分为一般雹灾、严重雹灾和特大雹灾。各级雹灾的发生规律也不同。笔者分别对雹灾、严重雹灾和特大雹灾的发生次数进行了统计，试图探寻严重雹灾和特大雹灾与雹灾发生的关系。如图 4-2：元代分级雹灾统计柱形图。

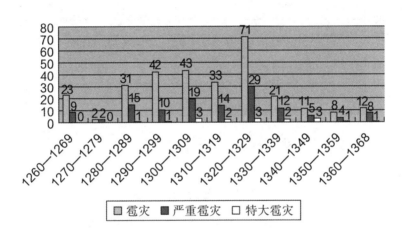

图 4-2　元代分级雹灾统计柱形图（单位：次）

由图 4-2 可以看出，第二个十年段内，仅有 2 次严重雹灾发生，是元代雹灾发生次数最少的十年。第七个十年中，严重雹灾发生次数最多，达到 29 次。第一个十年严重雹灾的发生次数为 9 次。第二个十年发生的 2 次雹灾均为严重雹灾。第三个十年严重雹灾略有增加，为 15 次。此后的第四个十年减少为 10 次严重雹灾。第五个十年又增加为 19 次。继之的第六个十年，严重雹灾又减少 14 次。在经过波动之后，在第七个十年时，严重雹灾的发生达到 29 次，为元代严重雹灾最为频繁的时间段。之后的第八至第十个十年段，严重雹灾逐渐减少为 12、5、4 次。最后 9 年，严重雹灾为 8 次，较之前两个十年有所上升。元代严重雹灾的发生状况和雹灾的发生

① 　和氏认为，1330—1340 年间雹灾最为严重。

趋势基本上是一致的，均发生在 1280—1339 年的 60 年间。

特大雹灾似乎与雹灾和严重雹灾发生状况关系并不十分紧密。前两个十年内未见有特大雹灾发生。1280—1299 年的 2 个十年间特大雹灾均发生 1 次。第五个十年，特大雹灾增加为 3 次。此后的十年，特大雹灾减少为 2 次。第七个十年，特大雹灾发生 3 次。第八个十年，又减少为 2 次。第九个十年再次增加为 3 次。此后的第十个十年和最后 9 年，特大雹灾发生减少为 1 次。可见在 1300—1349 年，均有 2 ～ 3 次特大雹灾发生。

由于雹灾的季节性特点，元代雹灾还呈现出月季变化。笔者对元代雹灾发生的月份进行了粗略的统计，试图从中发现雹灾的月季变化特点。闰月发生的雹灾则计入本月之中。见图 4-3：元代雹灾发生月季变化图。

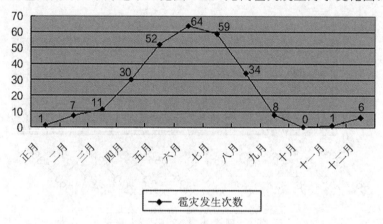

图 4-3　元代雹灾发生月季变化图（单位：次）

由图 4-3 可以看出，除十月份外，其他月份均有雹灾发生。四月到八月间是雹灾的多发期。而六月发生雹灾最多，继之则是五月和七月。也就是说五月到七月是雹灾最为活跃的月份，而夏季成灾率最高。自正月到六月，雹灾的发生次数逐渐增多。正月有 1 次，二月增加为 7 次，三月增加为 11 次，四月增加为 30 次，五月则为 52 次，六月达到最高值 64 次。自七月份起，雹灾发生则逐渐减少。七月有 59 次，八月有 34 次，九月为 8 次，十月降为最低，为 0 次。此后月份略有增加，十一月为 1 次，十二月为 6 次。

（二）雹灾的空间分布

元代雹灾的空间分布呈现出不平衡的特点。腹里地区雹灾发生次数最多，且基本上涵盖了腹里地区所辖的所有路州。陕西行省、河南行省和辽阳行省次之。雹灾分布的具体区域见表 4-1。

表 4-1 元代雹灾地域分布统计表（单位：次）

省份	路份	雹灾发生频次
腹里地区	太原、大同、平阳、大都、上都、兴和、平滦、保定、真定、河间、彰德、大名、顺德、广平、怀庆、济南、般阳、高唐州、冠州、益都、德州、曹州、东平、宁海州、德宁、东昌	184
陕西行省	奉元、巩昌、兴元、延安、凤翔府、西和州、会州、秦州、泾州、临洮府、庆阳府、镇原州、徽州、定西州	42
辽阳行省	大宁、咸平、辽阳、广宁、开元	18
河南行省	河南府、汴梁、淮安、南阳府、归德府、扬州、高邮	25
江浙行省	绍兴、常州、台州、太平、建德、延平、宁国	7
湖广行省	永州、八番顺元宣慰司、思州宣抚司、兴国	5
江西行省	龙兴、南雄	3
四川行省	成都	1
甘肃行省	甘州、永昌、宁夏府	3
宣政院辖地	洮州	1

由表 4-1 可以看出，腹里地区是元代雹灾最为严重的地区，发生雹灾达到 180 余次，远远超过其他行省所发生雹灾次数的总和。腹里地区内发生雹灾的路州达到 26 个，基本上囊括了腹里地区所辖的所有路州。其次陕西行省发生雹灾达 42 次，雹灾发生的范围包括奉元、巩昌、兴元、延安、凤翔府、西和州、会州、秦州、泾州、临洮府、庆阳府、镇原州、徽州、定西州在内的 14 个路州，其中又以延安路和巩昌路受灾最为严重，雹灾次数分别达到 12 次和 7 次。延安路雹灾主要分布在神木县、肤施县、鄜州、安塞县、绥德州等地。巩昌路雹灾主要分布在陇西县、通渭县、静宁县等地。奉元路雹灾则主要分布在同州白水县和乾州永寿县。

河南行省雹灾的发生次数有 25 次，分布于河南府路、汴梁路、南阳府路、归德府、扬州路、淮安路和高邮府等 7 路州。其中汴梁路发生雹灾次数最多，为 7 次。雹灾主要分布在汴梁路的管城、密县、阳翟、新郑等县份，而河南府路和淮安路都有 5 次雹灾记载。河南府路雹灾主要分布在孟津县，淮安路赣榆县和虹县都有雹灾发生。大德五年（1301）七月戊戌朔扬州路雹灾波及范围较广，东起通州、泰州、崇明州，西至真州，"雨雹兼发，江湖泛溢"①，当地百姓受灾严重。

辽阳行省雹灾达18次。受灾路州包括大宁、咸平、辽阳、广宁和开元等路州，其中以大宁路所受雹灾最为严重，为9次，涉及大定、金源、高州、武平、兴中州、建州、惠州等7个州县。辽阳路雹灾达到5次，主要集中于沈州和懿州等地。

其他行省和宣政院辖地发生雹灾较少，分布地点相对零散。江浙行省有元一代见于记载的雹灾有7次，分布在绍兴、常州、台州、太平、宁国、建德、延平等地，并没有连成一片。湖广行省雹灾主要发生在永州、八番顺元宣慰司、思州宣抚司、兴国等地。江西行省仅有龙兴、南雄两路有雹灾记载，所发生灾害都为严重雹灾。有元一代，甘肃行省发生3次雹灾，分别是致和元年（1328）的灵州雹灾、至顺三年（1332）五月甘州雹灾和延祐六年（1319）六月的永昌路西凉州雹灾。这三次雹灾均为严重雹灾。四川行省雹灾仅见一处，即延祐元年（1314）六月的成都路仁寿县雹灾。宣政院辖地雹灾也仅见一处，为泰定二年（1325）五月的洮州可当县雹灾。

从纬度来看，腹里地区、河南行省、陕西行省和辽阳行省的雹灾发生地位于北纬30°～45°之间。②

腹里地区由于区域的不同，雹灾的发生次数也不一致。笔者选择雹灾发生较为严重的12个路州，将当地发生雹灾的情况制成图4-4。

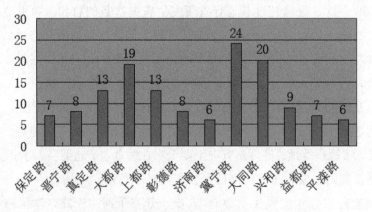

图4-4　腹里地区雹灾发生统计图（单位：次）

①《元史》卷20《成宗纪二》。

②王培华：《元代北方灾荒与救济》，第109页。

由图 4-4 可知，腹里地区冀宁路雹灾发生最为频繁，达到 24 次。大同路则以 20 次雹灾次之。随后是大都路、上都路、真定路，雹灾发生频次分别达到 19 次、13 次、13 次。诸如保定路、晋宁路、彰德路、济南路、兴和路、益都路、平滦路雹灾发生均在 10 次以下，其余路州雹灾发生频次更低。如此，我们可以大体说，以冀宁和大同为中心的河东北部、以大都和上都为中心的京畿北部地区，以及以真定为中心的河北南部地区是中书省雹灾的多发区。山东地区以及和河南行省交界的地区也是雹灾的多发地域，但雹灾发生频率相对较低。

要之，元代雹灾的成灾区域比较集中，且其空间分布呈现出南少北多，中东部多，西部少的格局。东部的冰雹主要集中在华北地区的河东北部、河北北部、河北南部与河南行省交界的地区以及环渤海地区。陕西行省与腹里地区、河南行省接壤的中南部，与宣政院辖地接壤的西南部也是元代冰雹的多发区域，这些地区大多集中在北纬 30°～45°之间。

根据雹灾发生季节的不同，雹灾的发生区域也呈现出明显的变化。正月至三月，江南诸路中有太平路、南平、宁国、台州、绍兴、兴国、龙兴、永州等地均发生雹灾。四月间，元代雹灾主要发生在腹里地区的大都、河间、真定、大名、彰德、益都、般阳、济南、东平，河南行省的河南、南阳、汴梁等路。五月，雹灾主要发生在腹里地区所辖大都、平滦、兴和、上都、保定、真定、彰德、平阳（晋宁）、太原（冀宁）、大同、怀庆、益都、东平以及陕西行省的奉元、巩昌、延安诸路。六月，雹灾主要发生在大都、永平（平滦）、兴和、上都、真定、彰德、平阳、太原、大同、济南、东平和陕西行省的奉元、巩昌、延安诸路。七月，雹灾主要发生在腹里地区的大都、永平（平滦）、兴和、上都、河间、保定、真定、彰德、怀孟、平阳、太原、大同、济南和陕西行省的巩昌和延安等路。河南行省的淮安路和扬州路雹灾也发生在七月。八月雹灾主要发生在大都、永平、兴和、上都、真定、大名、彰德、平阳、太原、大同、益都、般阳，济南诸路和陕西行省的巩昌、延安等路。九月雹灾则主要集中在腹里地区的大都和大同以及辽阳行省的大宁路、咸平、辽阳诸路府。由此，腹里地区在四至九月之间都有雹灾发生，属于夏秋多雹。河南行省雹灾主要发生在三至五月，为春末夏季多雹。陕西行省雹灾主要集中在四至八月，为夏季和初秋多雹。辽阳行省雹灾则集中发生在五、六、七月和九月间，为夏季和秋末多雹。

总体来看，可以看到雹灾的发生随着月季变化，其雹灾的发生区域发生了相对的变化。

第二节　霜冻灾害

霜冻是生长季节里因气温降到0℃或0℃以下而使植物受害的农业气象灾害。其主要危害是使农作物、经济作物（主要是桑树等）的生长受到影响，甚至出现农作物、经济作物死亡，从而造成减产，甚至绝收。和付强、王培华分别对元代霜冻灾害的时空分布特点及其危害进行了探讨。[①]但其统计尚有缺漏抑或错谬之处。本节则在前人研究的基础上，力图勾勒出元代霜冻灾害的情况，并对元代霜冻灾害的时空分布特点进行分析。

一、霜冻灾害概述

关于元代霜冻灾害发生次数的统计，学界有着不同的结果。邓云特认为元代霜雪灾害有28次。[②]和付强指出元代霜冻灾害的发生年份有53年。[③]王培华对包括中书省、岭北行省、陕西行省、辽阳行省以及河南行省的河南府、淮安等10路，自中统元年至至正二十八年（1260—1368）这一时段发生的霜冻灾害统计后认为，这一时段共有44个霜冻年，"差不多每两年半就有一年发生霜冻"[④]。就笔者统计，元代霜冻灾害发生年份约为45年。

最早见于记载的元代霜冻灾害史发生于中统二年（1261）五月的西京，"陨霜杀禾"，造成了农作物减产。世祖在位的35年中，共有14个霜冻发生年。这一时段霜灾主要集中在五个区域：西京、平阳、太原等地；燕京附近的燕京、宣德、隆兴等路；包括辽阳行省北京路、辽阳路、咸平府、广宁府和中书省平滦、河间等路在内的环渤海地区；山东东部的济南、益都、宁海、般阳等路州；陕西行省西南部的巩昌、临洮、平凉、会州、兰州等地。

---

①和付强：《中国灾害通史·元代卷》，第205～206页；王培华：《元代北方灾荒与救济》，第94～97页。

②邓云特：《中国救荒史》，第26页。

③和付强：《中国灾害通史·元代卷》，第205页。笔者根据其所列《元代灾害年表》对霜灾进行了统计，霜灾年份远没有53年这么多，不知作者统计数字所来由自。

④王培华：《元代北方灾荒与救济》，第94页。作者将中统元年对应的公元纪年标示为1261年，误。此处中统元年当为中统二年之误。

中统二年七月庚辰日，西京、宣德两地"陨霜杀禾"[1]。次年五月，西京、宣德、威宁、龙门陨霜，未见具体受灾情况。八月，河间、平滦、广宁、西京、宣德、北京等地大面积霜灾给当地农作物造成了危害。中统四年（1363）四月丙寅日，西京武州的小麦等农作物受霜灾。同年大名等路也因霜灾而获得减少税粮的眷顾。时隔一年之后的八月，太原发生霜灾，但未见具体灾情描述。自至元三年至至元六年（1266—1269）的四年间未见霜冻灾害的记载。至元七年（1270）四月壬午，檀州"陨黑霜三夕"[2]。次年七月乙亥，陕西行省巩昌、临洮、平凉府、会州、兰州等地发生大面积的霜冻灾害，农作物受损严重。自至元九年至至元十六年（1272—1279）的八年间，未见霜冻灾害发生的记载。至元十七年（1280）四月，山东东部的益都路、宁海等四路州发生霜灾，桑树受损。至元二十一年（1284），山东地区又一次遭受霜冻灾害，桑树受灾严重，蚕无桑叶可食，"尽死"，受灾者达到三万余家。[3] 至元二十四年（1287），咸平、辽阳路懿州和北京路同样遭受大面积霜冻，加之当年因乃颜之乱而荒废生产，人民困苦，发生饥荒。九月，北京路大定、金源、高州、武平、兴中州等地也发生霜雹灾害。至元二十六年（1289），秃木合之地霜冻"杀稼"[4]。次年五月庚戌，陕西南市百姓因陨霜杀稼而获免其租。七月，大同、平阳、太原等地发生霜灾。十一月[5]，隆兴路、宣德路兴、松二州因霜冻杀禾而免除了当地民户的租税。怯怜口也因此于次年获得两个月的口粮赈济。至元二十九年（1292）二月，山东廉访司向上级部门申报："棣州境内春旱且霜，夏复霖涝，饥民啖藜藿木叶，乞赈恤。"[6] 可见山东廉访司所申报的内容应为前一年，即至元二十八年（1291）的情况。由此可见至元二十八年春，济南路棣州发生霜灾，加之旱涝灾害，当地人民以树叶为食。至元二十九年三月，济南、般阳等路及恩州属县都有霜灾发生，桑树受灾。同年，平滦路发生霜灾。元贞元年（1295）正月，朝廷以陨霜杀禾为由，复赈安西王山后民米一万石。

---

① 《元史》卷50《五行志一》。

② 《元史》卷7《世祖纪四》。

③ 《元史》卷50《五行志一》。

④ 《元史》卷15《世祖纪十二》。

⑤ 《元史》卷96《食货志四》作"十月"。

⑥ 《元史》卷17《世祖纪十四》。

可以想见这次发生在至元三十一年（1294）的霜灾的严重程度。

成宗至宁宗的元中期历时 38 年，共有 25 个霜冻灾害发生年，是元代霜冻灾害最为严重的时段。成宗在位的 13 年中，有 8 个霜冻灾害发生年。这一时段霜灾的发生地主要集中在延安路和奉元路在内的陕西行省东部地区，济南路、河间路、益都路、般阳路在内的环渤海地区，河东地区和辽东半岛等地。元贞元年九月，武卫万盈屯和延安路"陨霜杀禾"①。次年八月，隆兴路咸宁县、辽阳路金复州农作物因霜冻灾害受损。大德五年（1301）三月，彰德发生霜灾，小麦受灾。五月，奉元路商州小麦遭受霜灾。次年十二月辛酉，御史台曾提及"今春霜杀麦"②，可见大德六年（1302）春天有霜灾发生，小麦受灾，但无法确定霜灾发生地。同年八月，大同、太原陨霜杀禾。大德七年（1303）四月，济南路陨霜杀麦。五月，临近的般阳路也有霜灾发生。次年三月，济南路济阳县、真定路滦城县遭受霜灾，桑树受灾严重。八月，太原之交城、阳曲、管州、岚州，大同之怀仁等禾苗受霜严重，遂"发粟赈之"③。大德九年（1305）三月，河间、益都、般阳属县桑树遭受霜灾，河间路的清、莫、沧、献四州桑树受灾达二百四十一万株。桑树受灾，造成桑叶无处可采，因此"坏蚕一万二千七百余箔"④。可见霜灾造成的危害严重之至。次年七月，大同路浑源县禾稼遭受霜灾。八月，延安路绥德州米脂县霜灾受灾面积达二百八十顷。⑤

武宗和仁宗在位的 13 年间，有 9 个霜冻灾害发生年。霜灾发生地较为分散。但这一时段各地遭受霜灾面积较大，灾情相对比较严重，尤以延祐元年（1314）三月发生在腹里地区南部、河间路，河南行省汴梁路以及延祐四年（1317）夏六盘山地区的霜灾损失最为惨重。至大元年（1308）八月己酉，次年八月丁丑，大同、永平等路均有霜杀禾。至大四年（1311）七月，大宁等路发生霜灾，遂"敕有司赈恤"⑥。皇庆二年（1313）三月，济宁路桑树遭受霜灾。秃忽鲁奏报"去秋至春亢旱，民间乏食，而又陨霜

---

① 《元史》卷18《成宗纪一》。

② 《元史》卷20《成宗纪三》。

③ 《元史》卷21《成宗纪四》。

④ 《元史》卷50《五行志一》。

⑤同上。

⑥ 《元史》卷24《仁宗纪一》。

雨沙"，要求仁宗体天之道，罢黜他等，以示皇恩。可见皇庆二年春霜灾
十分严重。延祐元年（1314）三月，东平、般阳等路，泰安州、曹州、濮
州等地霜灾杀桑，同时伴有大雨雪三日。闰三月，汴梁、济宁、东昌等路
以及陕西陇州，临洮府渭源县，大名路开州东明、长垣二县，河间路青城、
齐东二县"陨霜杀桑果禾苗"[①]，无蚕可收，受灾可谓严重。延祐四年（1317）
夏，六盘山地区"陨霜杀稼五百余顷"[②]。延祐五年（1318）五月，保定路
雄州归信县，次年三月，奉元路同州都有霜灾发生。延祐七年（1320），
诸卫屯田霜灾给农作物造成了破坏，而八月大都路霸州益津县竟"雨黑
霜"[③]。

　　英宗至宁宗在位的 12 年间，有 8 个霜冻灾害发生年。霜灾主要发生
在冀宁、大同、晋宁等地和京师、兴和路、德宁路所在的腹里地区北部。
陕西行省的中南部和宁夏府路是元代霜灾发生的又一重要区域。至治二年
（1322）闰五月乙卯，因辽阳路"陨霜杀禾"[④]，当地百姓获免其租。次年
七月，冀宁路阳曲县、大同路大同县、兴和路威宁县发生霜灾。同年八月，
袁州路宜春县"陨霜害稼"。而冀宁路沂州定襄县及忠翊侍卫屯田所（大
同路）、营田象食屯所都因霜灾而造成禾稼受损。泰定二年（1325）七月，
宗仁卫屯田受灾。次年，怯怜口屯田因霜灾被"赈粮二月"[⑤]。文宗在位 4
年间，年年都有严重霜灾发生。致和元年（1328），陕西因霜旱获免科差
一年。至顺元年（1330）二月自庚寅至甲午日，京师大霜，白天笼罩在浓
浓的大雾之中。癸卯日，汴梁路封丘、祥符诸县发生霜灾。闰七月丙戌，
忠翊卫左右屯田"陨霜杀稼"，甘肃行省的宁夏府路应理州、鸣沙州，陕
西行省的巩昌路、西和州、静宁、邠、会等路州，凤翔府麟游县、大同路
山阴县、晋宁路潞城县、隰川县均有霜灾发生。次年七月，宁夏府路再次
发生霜灾，获免今年田租。至顺三年（1332）二月，德宁路"去年旱，复
值霜雹，民饥，赈以粟三千石"。去年无疑指至顺二年（1331），即至顺
二年德宁路有霜灾发生。至顺三年八月，霜灾发生在大同浑源、云内二州。

---

① 《元史》卷25《仁宗纪二》。

② 《元史》卷50《五行志一》。

③ 《元史》卷27《英宗纪一》；卷50《五行志一》。

④ 《元史》卷28《英宗纪二》。

⑤ 《元史》卷30《泰定帝纪二》。

顺帝在位的 36 年间，共有 6 个霜灾发生年份。霜灾发生频率并不高，平均 6 年发生一次，且霜灾发生的时间间隔较长。这一时段霜灾的发生地也较为分散。霜灾发生的南端到江浙行省的邵武路，西则达奉元路，北至辽阳路。至正七年（1347）八月，卫辉路"陨霜杀稼"[①]。九月甲辰，辽阳路霜灾造成禾稼损失，遂"赈济驿户"[②]。时隔六年后的至正十三年（1353）秋，江浙行省邵武路光泽县遭受雹灾，农作物损失严重。而后十年中未见有关霜灾的记载。至正二十三年（1363）三月，东平路须城、东阿、阳谷三县因"陨霜杀桑"而"废蚕事"[③]。八月，汴梁路钧州密县之菽遭受霜灾。至正二十七年（1367）五月，"以去岁水潦霜灾，严酒禁"。可见至正二十六年（1366）有霜灾发生，但不能确定其地点。至正二十七年五月辛巳，大同小麦遭受霜灾。次年四月丙午，奉元路所种菽遭受霜灾。

二、霜冻灾害的时空分布

元代霜灾的发生年份达到 45 年。其发生地域主要集中在腹里地区、陕西行省和辽阳行省等地。

（一）霜灾的时间分布

笔者以十年为单位，对元代霜灾的发生情况做了梳理，制成图 4-5。

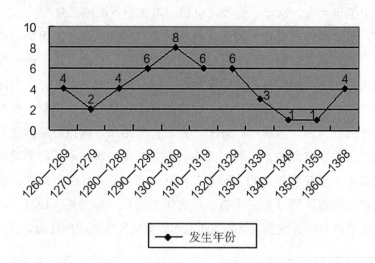

图 4-5　元代霜灾发生年份趋势图（单位：年）

① 《元史》卷51《五行志二》。

② 《元史》卷41《顺帝纪四》。

③ 《元史》卷51《五行志二》。

由图 4-5 可以看出，元代所有 11 个十年间均有霜灾发生。1290—1329
年的 40 年间，是元代霜灾的多发时段。其中第九、第十两个十年，即
1340—1359 年间，霜灾发生年份最少，各为 1 年。第五个十年，即 1300—
1309 年间，霜灾发生年份最多，达到 8 年。元代的霜灾根据时间段的不同，
呈现出一定的变化。元代最初十年间，霜灾发生年份为 4 年，之后的第二
个十年，霜灾发生年份下降为 2 年。自第三个十年至第五个十年间，霜灾
发生年份呈现逐渐递增的态势。第三个十年霜灾发生年份为 4 年，第四个
十年霜灾发生年份为 6 年，直至第五个十年，霜灾发生年份达到 8 年。此
后每十年段内，霜灾逐渐减少。第六、七两个十年段，霜灾发生年份均为 6 年。
第八个十年段，霜灾发生年份骤减为 3 年。第九个十年段，霜灾发生年份
则减少为 1 年。第十个十年段，霜灾发生频率基本与第九个十年段相当。
元代最后的 9 年中，雹灾发生年份上扬，达到 4 年。值得说明的是，霜灾
的发生在某种程度上反映了气候冷暖的变化。1290—1329 年的 40 年间无
疑较之前后相对寒冷一些。

　　霜灾的发生还呈现出月季变化。笔者对具有明确月季记载的霜灾年份
进行了统计，制成图 4-6。

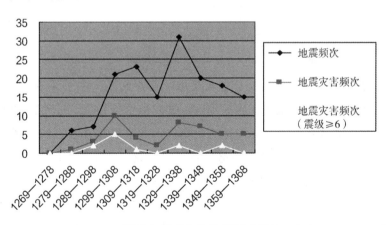

图 4-6　元代霜灾月季变化趋势图（单位：年）

　　由图 4-6 可以看出，元代霜灾在三月和七八月间较为频繁，可以分为
春霜灾和秋霜灾。正月、六月、十月未见有关霜灾的记载。有元一代，二
月仅有 1 个年份发生霜灾，三月霜灾发生年份则达到 10 年，四月霜灾发生
年份明显减少，仅有 5 年。五月，霜灾发生年份又略有上升，达到 7 年。
七月，霜灾发生年份骤然升至 11 年，八月，霜灾发生年份更是达到 12 年。

九月，霜灾发生年份明显减少，仅为4年。而十一月、十二月则少见霜灾发生，霜灾发生年份仅为1年。

（二）霜灾空间分布

元代霜灾的分布集中在腹里地区、陕西行省中南部和辽阳行省的环渤海地区。霜灾的具体分布可参见表4-2。

表4-2　元代霜灾发生区域（单位：年）

省份	分布区域	发生年份
腹里地区	大都、上都、兴和、德宁、河间、平滦、真定、保定、卫辉、彰德、大名、济南、东平、济宁、曹州、濮州、恩州、东昌、泰安州、益都、般阳、宁海、平阳、太原、大同	32
陕西行省	巩昌、临洮府、兰州、会州、静宁州、西和州、平凉府、陇州、凤翔府麟游县、邠州、奉元商州、同州、延安路、陕西南市屯田	10
辽阳行省	咸平府，辽阳金复州、懿州，北京（大宁）、广宁	7
甘肃行省	宁夏府路应理州、鸣沙州，六盘山	3
河南行省	汴梁	3
江西行省	袁州	1
江浙行省	邵武路光泽县	1

由表4-2可以看出，元代霜灾形成了南少北多，中东部多，西部少的格局。元代霜灾主要集中在腹里地区，其发生年份为32年，比其他诸行省发生年份的总和还要多。腹里地区的霜灾涉及中书省所辖的25个路州。其中北部的大都、上都、兴和等路，河东的太原、大同等地，山东的济宁、般阳、济南等路是霜冻的重灾区，尤以太原、大同与北部的上都、兴和霜冻灾害最为严重。陕西行省境内的14个路州有霜灾发生，但大多集中在北纬34°~38°之间。辽阳行省的霜灾主要集中在大宁、辽阳和咸平府等环渤海地区。河南行省仅有汴梁路发生霜灾。这一地区的霜灾往往与腹里地区的大名、济宁等地连接在一起，形成片状分布。而江西行省袁州路和江浙行省邵武路光泽县的霜灾则均为点状分布。

值得注意的是，霜灾的发生往往会呈现出片状分布的特点，即几个地区霜灾的发生时间几乎同时。如中统三年（1262）八月，西京（大同）、宣德（上都）、北京（大宁）、广宁、河间、平滦等地同时发生霜灾。又如至元二十七年（1290）七月，大同、平阳、太原等地所发生的霜灾几乎同时。至元二十九年（1292）三月，济南、般阳、恩州等地属县桑树遭受霜灾。大德九年（1305）三月，河间、益都、般阳三郡属县霜灾。延祐元年（1314），东平、般阳、泰安州、曹州、濮州等地同时发生霜灾。至治三年（1323）七月，冀宁路、大同、兴和三路属县同时受灾。

元代霜灾造成的危害有两种：一种是农作物受灾，即文献记载中的"杀稼""杀禾""杀菽""杀麦"等；另一种是经济作物，主要是桑树受灾，即文献记载中的"杀桑""损桑"。农作物遭受霜灾的地区主要有中书省所辖的大同、平阳、太原、兴和、上都、河间、平滦、彰德、济南、卫辉等路，辽阳行省的北京（大宁）、广宁、辽阳等路，陕西行省的延安、奉元、巩昌、凤翔府、静宁州、邠州、会州、临洮府、平凉府、兰州等路州，甘肃行省的宁夏府路，江西行省的袁州路、江浙行省的邵武路，河南行省的汴梁路等地。经济作物（主要是桑树）遭受霜灾的地区主要有中书省所辖的山东地区，如宁海州、益都路、济南路、般阳路、恩州、济宁路、东平路、泰州、曹州、濮州等路州，河间路也有桑树遭受霜灾。农作物遭受霜灾的时间段比较分散，自始至终均有农作物受灾的记载。相对而言，桑树受灾则有 8 个年份，分别为至元十七年（1280）、大德二十一年（1284）、至元二十九年（1292）、大德八年（1304）、大德九年（1305）、皇庆二年（1313）、延祐元年（1314）和至正二十三年（1363）。可见桑树受灾的年份主要集中在 1280—1319 年的 40 年间。

综上所述，元代有 45 年发生霜冻灾害，而 1290—1329 年的 40 年间，是元代霜灾的多发时段。就霜冻的月季变化而言，三月和七八月间较为频繁，可以分为春霜灾和秋霜灾。元代霜灾形成了南少北多，中东部多，西部少的格局，主要集中在腹里地区、陕西行省中南部和辽阳行省的环渤海地区。霜灾的发生往往呈现片状分布的特点。元代霜灾造成的危害有两种：农作物受灾主要集中发生于腹里、陕西行省北部、甘肃行省六盘山地区，而经济作物受灾则多见于腹里的山东和河北东部地区，南方则少有霜冻灾害。

第三节 雪灾

雪灾又称白灾，是因积雪达到一定厚度，从而影响牲畜觅食，或者因寒冷造成人畜冻伤，甚至死亡。文献记载中的"大雪"即被视为雪灾。然而需要甄别的是，某些大雪发生在久旱以后，而事实上未见其对人畜造成一定的伤害，故这些大雪则不能称为雪灾。目前学界仅有王培华对雪灾进行了探讨，[①] 但其资料来源仅限于元史的《五行志》和《本纪》，统计难免有纰漏之处。笔者结合元人文集统计后认为元代目前见于记载的雪灾发生年份为30年。

元代见于记载的最早雪灾是太宗四年丙申（1232）的大雪。[②] 但由于没有受灾情况的记载，只可推知这场雪应该不小。蒙古前四汗时期，见于记载的仅有3次雪灾。宪宗四年甲寅（1254）冬十一月，杞县发生大雨雪。[③] 三年之后，王恽在前往汴京的途中遭遇大雪，三日方歇。[④] 可见这一时期的雪灾主要集中在13世纪50年代的汴京地区。

世祖在位的35年中，共有4年发生雪灾，这一时间段的雪灾较为集中。一是中统元年（1260）、中统二年（1261）发生在燕京的大风雪；二是至元二十二年（1285）发生在杭州的大雪和至元二十四年（1287）中书省北部的西京、隆兴、平滦及辽阳行省的北京路、中书省南部的怀孟路和河南行省的南阳府路都发生风雪雹灾。中统元年的雪灾发生在十二月壬寅夜，造成燕京极度严寒，"寒苦"。次年正月丁巳元夕的大风雪，白天"尽晦"[⑤]。至元二十二年，杭州大雨雪，入山伐木，死者数百人。这些死者或因雪天寒冷所致。至元二十四年的风雪雹灾"害稼"[⑥]，造成了农作物的减产。

成宗至宁宗在位的38年间，是元代雪灾发生严重的时段。据不完全统计，这一时段共有12年发生雪灾。雪灾主要发生在岭北行省，腹里北部的

---

① 王培华：《元代北方灾荒与救济》，第98～102页。

② 《元史》卷2《太宗纪》。

③ 郝经：《须城县令孟君墓志铭》，《郝文忠公陵川文集》卷35。

④ 王恽：《河冰篇》，《秋涧先生大全集》卷10。

⑤ 王恽：《中堂事记上》，《秋涧先生大全集》卷80。

⑥ 《元史》卷14《世祖纪十一》。

大同路、上都路、兴和路和大都路，江浙行省，江西行省等地。这一时段雪灾的发生集中在两个时间段：一是大德中后期，即大德五年至十年（1301—1306）间；二是至治二年至至顺三年（1322—1332）间。大德五年七月，岭北行省称海至北境十二站大雪，"马牛多死"①。大德九年（1305），北方乞禄伦部大雪，"畜牧亡且损尽，人乏食"。贾昔刺奏闻买驼马，补其死损，"全活者数万人"②。可见，这次雪灾造成牲畜死伤，同时有数万人受灾。次年二月，大同路出现暴风雪，"坏民庐舍，明日雨沙阴霾，马牛多毙，人亦有死者"③。这次暴风雪夹杂着沙尘，造成人畜死伤，雪灾造成的后果何其惨烈。同年，江浙行省发生雪灾，雪冻造成当地百姓"大饥"④。延祐四年（1317），岭北行省发生风雪灾害，其中和宁路诸甸"大雪盈尺，人畜死伤"⑤。蒙古大千户部"比岁风雪毙畜牧"，可见蒙古大千户部经常发生风雪灾害，造成牲畜死亡，故有至治二年（1322），赈钞二百万贯之举。至治三年（1323）九月，大宁蒙古大千户部再次发生风雪灾害，有大量牲畜死亡。⑥泰定二年（1325）三月，上都路云需府因大雪造成饥荒。致和元年（1328）诸王喃答失、彻彻秃、火沙、乃马台诸部风雪"毙畜牧，士卒饥"，遂有朝廷"赈粮五万石、钞四十万锭"之举。⑦同年十二月江西的大雪灾，为当地历史上几十年未遇。江西吉水州"老者久不见三白，少者有生三十年未曾识者"。次年的江西再次发生雪灾，雪灾加冻，"大江有绝流者，小江可步，又百岁老人所未曾见者"。而"吾乡有岁一至大兴、开平者，曰：两年之雪，大兴所无；去年之冻，中州不啻过也；六月之寒则近开平矣。有自五岭来者皆云连岁多雪"⑧。可见这两次大雪造成的灾情。文宗至顺年间，几乎年年受灾。至顺元年（1330），京师霰雪。次年四月，镇宁

---

① 《元史》卷20《成宗纪三》。

② 虞集：《宣徽院使贾公神道碑》，《道园学古录》卷17；《元史》卷169《贾昔刺传》。

③ 《元史》卷21《成宗纪四》。

④ 刘壎：《呈州转申廉访分司救荒状》，《水云村泯稿》卷14。

⑤ 柳贯：《故奉议大夫监察御史席公墓志铭有序》，《柳待制文集》卷10。

⑥ 《元史》卷28《英宗纪二》；卷29《泰定帝纪一》。

⑦ 《元史》卷30《泰定帝纪二》。

⑧ 刘岳申：《送萧太玉教授循州序》，《申斋集》卷2。

王那海部曲二百以风雪损挚畜。十一月，腹里地区兴和路鹰坊和蒙古百姓一万一千一百余户遭受雪灾，大量牲畜被冻死。至顺三年（1332）正月至二月，京师连续二十多日大雨雪。"虽在隆冬"，但在历史上也"犹以为异"①。

顺帝在位的 36 年间，共有 11 个年份发生雪灾。就雪灾发生时间而言，顺帝时雪灾主要发生在三个时段：自后至元元年至后至元六年（1335—1340）；自至正六年至至正十一年（1346—1351）；至正二十七年（1367）。第一个时段共有 4 个受灾年份，雪灾主要集中在岭北行省、腹里地区的大都路，宣政院所辖河州路、江浙行省婺州和湖广行省宝庆路也都有雪灾发生。以后至元六年（1340）雪灾最为严重。三月，大斡耳朵思风雪为灾，"马多死"。六月，达达之地发生大风雪，"羊马皆死"，军士和站户的生活也受到影响。十二月，湖广行省的宝庆路大雪"深四尺五寸"②。其他雪灾如后至元元年（1335）三月壬辰，宣政院所辖河州路大雪十日，"深八尺，牛羊驼马冻死者十九，民大饥"③。次年，浙东婺州发生雪灾。胡助写下了当时的情况："至元四年冬仲月，朝朝水冰夜飞雪。山川缟素积坚凝，羲御杳冥厚地裂。僵卧马牛缩如猬，土居塞向人处穴。"④后至元五年（1339）五月，晃火儿不剌、赛秃不剌、纽阿迭烈孙、三卜剌等处六爱马大风雪灾从而造成当地百姓饥荒。第二个时段雪灾发生频率略有降低，为 5 年。至正六年（1346）九月，彰德路发生雨雪灾害，"结冰如琉璃"。至正八年（1348）正月，岭北行省通往大都的驿道木怜等处驿站遭受雪灾，羊马等牲畜多被冻死，在一定程度上影响了交通。次年三月，江浙行省温州路大雪。至正十年（1350）春，彰德路天气异常寒冷，临近清明节，"雨雪三尺，民多冻馁而死"，受灾严重。次年三月，汴梁路钧州发生大雷雨雪灾，密县"平地雪深三尺余"⑤。第三个时段雪灾主要发生在至正二十年（1360）和至正二十七年（1367）。至正二十年，江浙行省绍兴等路发生大雪："庚子之岁云暮矣，越中大雪若幽蓟。冻云十日拨不开，乱洒斜飞势容裔。山川高下烂琼瑶，世界三千色无二。倚壑高松折巨枝，入地遗蝗藏丑类。乾坤已回北作南，凝沍阴中

①苏天爵：《赵侯神道碑铭》，《滋溪文稿》卷11。

②《元史》卷40《顺帝纪三》。

③《元史》卷38《顺帝纪一》。

④胡助：《苦寒行》，《纯白斋类稿》卷6。

⑤《元史》卷51《五行志二》。

元代灾荒史
Yuandai Zaihuang Shi

有和气。白头父老为咨嗟，百年睹此真奇异。仄闻城市三尺余，陋巷益深难拥篲。"①至正二十七年（1367）三月，彰德路发生雪灾，"寒甚于冬，民多冻死"。同年秋，冀宁路徐沟、介休等县雨雪，未见详细灾情记载。

综上所述，就时间来看，元代的雪灾主要发生在14世纪上半期的大德五年到至正十一年（1301—1351）的50年间。就雪灾发生地来看，主要发生在岭北行省和腹里地区北部的大同、兴和、上都、大都等地，南方的江浙行省、江西行省。而位于腹里地区南部的怀孟路、彰德路和河南行省的汴梁路、河南府路也是雪灾的多发地带。岭北行省和腹里地区北部自正月至十一月都有雪灾记载。而南方如江西、江浙一带的雪灾多发生于十二月到三月的冬春之际。彰德路除春季发生雪灾外，至正六年（1346）九月发生雨雪天气，"结冰如琉璃"，可以看出当时当地的气候异常严寒。此外，雪灾的发生或伴有大风、大雨，风雪交加和雨雪交加也加重了大雪造成的恶劣后果。

需要指出的是，以上仅对能够确定时间和地点的元代雪灾的发生情况进行了简单的勾勒和时空分析。由于文献记载有限，有些雪灾记载则很难确定其发生时间。如王恽曾提到"上都路今春雪寒，损伤马牛数多"②。《闲居丛稿》卷二《仲春十三日大风雪》则无法确定时间和地点："两日东风何作恶，横将桃李花吹落。阳和歘忽变寒威，晓来陡觉春衫薄。纷纷扑面飞虫乱，细看六花惊雪作。"又如许有壬纪苏志道在和林事，也无法确定这次雪灾发生的具体时间："天复大雪，至丈余，畜僵死且尽，人并走和林乞食。时仓储仅五万石米，八十万钱，强者相食，弱者相枕籍死。"③

第四节　风灾

风灾是因大风，包括暴风、台风或飓风过境造成的自然灾害。风灾的情况比较复杂，其中既有因为暴风造成的林木和粮食作物的损失，多伴有雨雪和雹灾发生，也有因风而起的风沙灾害，更有以台风或飓风为主要诱因的风暴潮灾。以往学界并没有充分重视元代风灾的专题研究。邓云特统

---

① 陈镒：《次韵孙都事越中大雪歌》，《午溪集》卷5。

② 王恽：《为春寒马牛损伤课程带纳马匹事状》，《秋涧先生大全集》卷85。

③ 许有壬：《苏公神道碑铭并序》，《至正集》卷47。

计元代风灾有 42 次，[①] 和付强则统计了明显由风与风沙造成的危害共计 27 次。[②] 两者比较，显然邓云特所统计数据的范围要比和付强宽得多。笔者约略对元代风灾做了初步的统计，其发生次数达 90 余次。

一、暴风灾害概述

蒙古前四汗时期暴风灾害的资料缺乏。《元史·太宗纪》和《五行志一》载太宗五年（1233）十二月，太宗行至阿鲁兀忽可吾行宫时，有大风霾发生，一直持续七天七夜。宪宗六年（1256）春，欲儿陌哥都刮起大风，"起北方，砂砾飞扬，白日晦冥"[③]。

元世祖时期，暴风灾害主要集中于北方地区，且多伴有雪雹灾害。中统元年（1260）十二月壬寅夜，上都发生大风雪。次年正月十五元夕，中都（今北京）也有大风雪发生，"尽暝"。三月十五日申刻，察罕脑儿行宫"大风作，玄云自西北突起，少顷四合，雪花掌如"[④]。至元八年（1271）十月己未，檀州（今密云）、顺州（今顺义）"风潦害稼"[⑤]。至元十八年（1281），腹里地区怀孟发生风灾，"风拔木"，造成林木的损失。[⑥] 至元二十年（1283）正月，河南行省的汴梁延津、封丘二县，发生大风灾，"麦苗尽拔"[⑦]。八月，真定路元氏县大风夹杂着冰雹，"禾尽损"[⑧]。至元二十四年（1287），西京、北京、隆兴、平滦、南阳、怀孟等路都发生了风雹灾，"害稼"[⑨]，无疑风灾对庄稼造成了危害，而北边的大风雪造成拔突古伦所部"牛马多死"[⑩]，遂有次年三月乙未赐米千石之举。至元二十七年（1290）四月，真定路灵寿县有大风雹发生，六月己亥，棣州厌次、

① 邓云特：《中国救荒史》，第26页。

② 和付强：《中国灾害通史·元代卷》，第209页。

③ 《元史》卷3《宪宗纪》。

④ 王恽：《中堂事记上》，《秋涧先生大全集》卷80。

⑤ 《元史》卷7《世祖纪四》。

⑥ 《元史》卷158《许衡传》。

⑦ 《元史》卷50《五行志一》。

⑧ 同上。

⑨ 《元史》卷14《世祖纪十一》。

⑩ 《元史》卷15《世祖纪十二》。

元代灾荒史
Yuandai Zaihuang Shi

济阳二县也有大风雹发生，"伤禾黍菽麦桑枣"①。雹灾是一方面，而风灾也会造成粮食作物的减产。至元二十九年（1292）五月，龙冈"暴风大作，扬沙走石"②。至元三十一年（1294）七月，棣州阳信县同样发生大风雹灾，其中"大风拔木发屋"③。八月，德州安德县发生大风雨雹。④

成宗至宁宗在位时期，暴风灾害并不是十分严重。元贞二年（1296），金复州发生暴风灾害，"损禾"⑤。大德元年（1297）六月，太原发生风灾，并伴有雹灾。次年五月麦收时节，卫辉、顺德等路发生大风灾害，"大风损麦"遂"免其田租一年"⑥，可见此次风灾造成小麦的大量减产。大德七年（1303）十一月十八日，顺德府"大风尽晦，草木变色"⑦，是典型的沙尘天气。次年五月，蔚州灵仙县、太原阳曲县、隆兴天城县和怀安县、大同白登县发生风灾，伴有雨雹灾害，"伤稼，人有死者"⑧。大德九年（1305），克鲁伦地区发生大风雪灾，"畜牧亡损且尽，人乏食"⑨。次年，大同路"暴风大雪，坏民庐舍，明日雨沙阴霾，马牛多毙，人亦有死者"⑩。四月，郑州暴风伴有雨雹，对小麦和桑枣都有损坏。

武宗时期至大元年（1308）夏秋之交，归德府路发生暴风雨。至大四年（1311）七月癸未，甘州地震时，也伴有大风。仁宗即位时，致祭文宣王，"忽大风起，殿上及两庑烛尽灭，烛台底铁镈入地尺，无不拔者"⑪。皇庆二年（1313）正月二十四日，芜湖"西北云集，风起，并力牵拽"，"未

① 《元史》卷50《五行志一》；卷16《世祖纪十三》。

② 任士林：《庆元路道录陈君（可复）墓志铭》，《松乡集》卷3。

③ 《元史》卷18《成宗纪一》。

④ 《元史》卷18《成宗纪一》；卷50《五行志一》。

⑤ 《元史》卷19《成宗纪二》。

⑥同上。

⑦ 王思廉：《顺德府大开元寺弘慈博化大士万安恩公碑》，引自李修生《全元文》第10册。

⑧ 《元史》卷21《成宗纪四》。

⑨ 虞集：《宣徽院使贾公神道碑》，《道园学古录》卷17。

⑩ 《元史》卷21《成宗纪四》。

⑪ 《元史》卷204《宦者传·朴不花》。

几，雷电风雨霜雹交作"，"后舟多有损者"①。延祐元年（1314）五月，陕西行省肤施县大风夹杂着冰雹，"损禾并伤人畜"②。五年（1318），因大风雪，朔漠各项官养孳畜"尽死，人民流散，以子女鬻人为奴婢"③。七年（1320）八月，汴梁路延津县大风，"尽晦，桑损者十八九"④。至治元年（1321）三月，大同路发生大风灾，"走沙土，壅没麦田一百余顷"⑤。三月正是冬小麦生长的季节，一百余顷的小麦因风受损，其损失是相当大的。次年四月，南阳府西穰等屯田因风灾加之雹灾，农作物受损而获准免租。六月，思州因大风雨雹而获得赈济。同年，大同、卫辉、江陵属县及丰赡署大惠屯都有风灾发生。⑥至治三年（1323）三月，卫辉路因大风"桑凋蚕死"⑦，损失惨重。五月庚子，柳林行宫发生大风灾，"拔柳林行宫内外大木二千七百"⑧。十二月，阔阔部因风灾和雹灾并发而获得赈济。

泰定二年（1325）三月乙巳日，湖州路安吉县发生暴风灾，"风暴雨甚，雷轰电掣，沙扬砾飞，闻有声自山巅来者，视之乃石也"⑨。次年七月，大都路所辖宝坻、房山县，永平路所辖玉田、永平等县发生大风雹，"折木伤稼"。八月，大都路昌平等县大风一昼夜，"坏民居九百余家"，龙庆州也有大风灾发生，"大风损稼"。泰定四年（1327）五月，卫辉路辉州大风九日。时值麦熟，大风造成小麦减产，"禾尽偃"⑩。天历二年（1329）六月丙午，永平屯田府所属昌国诸屯，大风骤雨，平地出水。次年二月，

①吴澄：《张氏太夫人墓碑》，《吴文正公集》卷33。

②《元史》卷25《仁宗纪二》。

③《元史》卷136《拜住传》。

④《元史》卷50《五行志一》；卷27《英宗纪一》。

⑤《元史》卷50《五行志一》。

⑥《元史》卷50《五行志一》；卷27《英宗纪一》。

⑦《元史》卷50《五行志一》。

⑧《元史》卷28《英宗纪二》；卷50《五行志一》。卷51《五行志二》作："柳林行宫大木拔三千七百株。"

⑨范天辅：《唐李卫公庙落石碑记》，清同治十三年《安吉县志》卷14，引自李修生《全元文》第45册，第108页。

⑩《元史》卷30《泰定帝纪二》；卷50《五行志一》。

祚城县、新乡县大风，这次风灾应同时伴有雨灾。①至顺元年（1330）七月，大都路顺州、东安州，真定路平棘县，广平路肥乡县，保定路曲阳县、行唐县等地"大风雨雹伤稼"②。九月十八日，曹州济阴县大风。次年十月，吴江州发生大风灾，风雨交加，造成太湖水溢。至顺三年（1332）四月，抚州路谯楼因大风而毁坏。③

元统元年（1333）三月戊子，绍兴路萧山县大风雹，"拔木，仆屋，杀麻麦，毙伤人民"，觉苑寺弥阐阁"竟摧仆"④，显然是风灾破坏的结果。后至元二年（1336）三月，陕西爆发旱灾，伴有暴风，造成粮食作物绝收。⑤五年（1339）春，京师大都连日大风，天空"尽晦"⑥。五月己未朔，晃火儿不剌、赛秃不剌、纽阿迭烈孙、三卜剌等处六爱马有大风雪发生。次年三月丁巳，暴风雨造成大斡耳朵思马多倒死。七月，达达之地也因大风雪"羊马皆死"⑦。至正元年（1341）四月戊寅，彰德"有赤风自西北来，忽变为黑，昼晦如夜"⑧。至正三年（1343）三月至四月，忻州风霾"尽晦"⑨。至正六年（1346）夏，江州路大风雷雨，"坏三门"⑩。次年，大都大寒而风，"朝官仆者数人"。至正八年（1348）五月十三日，大都"大风飘瓦，拔屋前后巨木数十株"⑪。《草木子》载至正十四年（1354）春，大风拔木，不知具体发生在何处。同年七月甲子，潞州襄垣县大风拔木偃禾，损失惨

① 《元史》卷50《五行志一》；卷34《文宗纪三》。

② 《元史》卷34《文宗纪三》。

③ 虞集：《抚州路重建谯楼记》，《道园学古录》卷37。

④ 《元史》卷51《五行志二》；赵篢翁：《萧山县觉苑寺兴造记》，清道光十六年（1836）《两浙金石志》卷17，引自李修生《全元文》第58册。

⑤ 《元史》卷39《顺帝纪二》。

⑥ 苏天爵：《朝列大夫监察御史孟君墓志铭》，《滋溪文稿》卷13。

⑦ 《元史》卷40《顺帝纪三》。

⑧ 《元史》卷51《五行志二》；卷40《顺帝纪三》。

⑨ 《元史》卷51《五行志二》。

⑩ 危素：《江州路能仁禅寺三门记己丑》，《说学斋稿》卷1。

⑪ 《元史》卷41《顺帝纪四》。欧阳玄：《元故奎章阁侍书学士翰林侍讲通奉大夫虞雍公神道碑》，《圭斋文集》卷9。

重。①次年，《草木子》载陕西省某县"一夜大风雨，有一大山西飞者十五里，山之旧基，积为深潭"②。至正十七年（1357）四月，济南大风雹。次年正月，"大风起自西北，益都土门万岁碑仆而碎"③。至正二十一年（1361）正月癸酉，石州"大风拔木，六畜俱鸣"，影响了百姓的生活。至正二十七年（1367）三月丁丑朔，莱州也有大风发生，受灾程度不明。庚子日，大都路大风，"自西北起，飞沙扬砾"，"昏尘蔽天。逾时，风势八面俱至，终夜不止，如是者连日，自后每日寅时风起，万窍争鸣，戌时方息，至五月癸未乃止"④。七月，冀宁路徐沟县大风"拔木害稼"⑤，伴有雨雹发生。

　　要之，上述明确记载时空信息的暴风灾害共68次，其中与雪灾和雨雹灾害并生的有33次，除此之外，还有30余次暴风灾害。元代的暴风灾害主要发生在长江以北的腹里地区和河南行省，其中发生在腹里地区的暴风灾害达41次，而大都路发生的暴风灾害约12次，大同路、太原路各发生5次，是暴风灾害发生最多的地区。暴风雪主要发生在大都、上都及朔漠地区。暴风雨雹灾害主要发生在腹里地区的大都路、上都路、隆兴路、平滦（永平路），南部的真定路、保定路、广平路、卫辉路、怀孟路，东南部的济南路、德州，西部的西京（大同路）、太原路（冀宁路）等。河南行省与腹里相邻的南阳府路、汴梁路、归德府路，陕西行省的延安路，湖广行省的思州宣抚司，江浙行省的湖州路、泉州路、绍兴路，江西行省的江州路也有暴风雨雹灾害发生。暴风雪多发生在十二月与三月间，暴风雨雹则多发生于夏秋之际的四月到八月间，其他风灾则多发生于冬春与春夏间。

　　暴风往往造成林木和粮食作物的损失，房屋倒塌。这种风灾多与雨雪和雹灾相伴而生。除上述记载外，没有明确时间记载的大风还有多次。杨维桢作《大风谣》："大风起，不终朝，如何三日夜，日日夜夜旋扶摇。

①《元史》卷43《顺帝纪六》；卷51《五行志二》。

②叶子奇：《草木子》卷3上《克谨篇》。

③《元史》卷45《顺帝纪八》。

④《元史》卷47《顺帝纪十》；卷51《五行志二》。

⑤《元史》卷51《五行志二》。

卷水覆我舟，卷土覆我窑。"① 宋褧因街旁的柳树所折而赋绝句一首："妆点官街能几春，经行常羡绿阴匀。邻翁只怪南风恶，不道来年蠹满身。"②陈刚中诗云："岩壑惊摇木树摧，满空苦雾卷尘埃。"③

二、 风霾与雨土

暴风还会引起十分严重的风沙灾害。风沙灾害通常包括沙尘暴、风沙侵蚀与埋压引起的各种天气与气候灾害。据现有研究，近千年来，中国沙尘暴的频发期有5个，即1060—1090年、1160—1270年、1470—1500年、1610—1700年和1820—1890年。④ 显然元代所处的时代风沙灾害并不严重。王社教根据《二十四史》的资料统计后认为，历史时期沙尘天气的年代分布，1251—1300年有7次，1301—1350年有9次，1351—1400年则有2次。⑤实际上，上述暴风灾害中大多伴有沙尘天气。据不完全统计，元代明确记载时空的风沙灾害有15次。

张翥曾指出暴风之时，"闭户复闭户，黄尘千丈生"，"惊沙扑面黑，野日瑛人黄"⑥。而暴风发生时，常有"昼晦"，"走沙土"，"昼晦如夜"，"飞沙扬砾，白日昏暗"⑦的现象。这种风沙漫天，天空昏暗的严重现象在中国古代的文献中有时被称为"霾"。需要指出的是，古代的"霾"与当今所称"霾"有着显著的不同。古代文献中"霾"的本意是一种昏暗的空气混浊状态。元代文献中多次出现的"风霾"，则是由风力而引起的沙尘

① 杨维桢：《铁崖古乐府》卷5。

② 宋褧：《街柳为暴风所折谩赋绝句》，《燕石集》卷8。

③ 陈孚：《禄州遇大风》，《陈刚中诗集》卷2。

④ 王静爱、史培军、王平、王瑛等：《中国自然灾害时空格局》，第64～65页。

⑤ 王社教：《历史时期我国沙尘天气时空分布特点及成因研究》，《陕西师范大学学报》2001年第3期。

⑥ 张翥：《暴风》《大风》，《张蜕庵诗集》卷1。

⑦ 《元史》卷50《五行志一》；卷51《五行志二》。

现象。① 元代文献中，记载最早的是太宗五年（1233）十二月阿鲁兀忽可吾行宫的大风霾，当时的风霾持续了七昼夜。中统二年（1261），世祖北巡，"道出释壶土，风霾昼晦"②。三月二十九日庚寅，"风霾四塞"。至元五年（1268），胡祗遹诗云："今春久未雨，风霾凝阴寒。"③ 大德四年（1300）正月三日，"皆风色阴寒"，"门外风霾障日昏"④。大德十年（1306）二月，大同路伴随着暴风雪，"雨沙阴霾，马牛多毙，人亦有死者"⑤。至正三年（1343）三月至四月，冀宁路忻州连续两月"风霾昼晦"⑥。此外，还有时空记载不明确的风霾。杨宏道诗云："墙下开蔬圃，盘飧得助多。春畦不甲坼，沴气夺阳和。青失南山色，白生北渚波。暮年能委顺，彼亦奈吾何。"⑦ 安熙指出某年春天"风霾连昼夕，登临望还迷。空余衔山日，隐隐留清辉"⑧。

与"风霾"中暴风的明显作用不同，元代文献中还有"雨土霾""雨霾""雨土"。实际上，"雨土霾"或"雨霾"就是"雨土"的另一种称谓，其代表的天气现象是沙尘天气。⑨《尔雅》云"风而雨土为霾"。那是否可以认为"雨土"与风有关系呢？张德二认为"雨土是大气中以风力为搬运

① 夏炎：《"霾"考：古代天气现象认知体系建构中的矛盾与曲折》，《学术研究》2014年第3期。王社教将霾作为沙尘天气进行研究，且将"风霾"视为现代气象学上的浮尘天气，"雨土"等现象视为扬沙天气（包括沙尘暴）。参见王社教：《历史时期我国沙尘天气时空分布特点及成因研究》，《陕西师范大学学报》2001年第3期，第82页。

② 王恽：《大元嘉议大夫签书宣徽院事贾氏世德之碑》，《秋涧先生大全集》卷51；《中堂事记上》，《秋涧先生大全集》卷80。

③ 胡祗遹：《五月十五日夜半急雨喜而不寐》，《胡祗遹集》卷1。

④ 王恽：《觅酒》，《秋涧先生大全集》卷34。

⑤《元史》卷21《成宗纪四》。

⑥《元史》卷51《五行志二》。

⑦ 杨宏道：《风霾》，《小亨集》卷3。

⑧ 安熙：《是春久阙膏泽而连日大风不见天日晚登西皋归而有作》，《默庵集》卷1。

⑨ 夏炎：《"霾"考：古代天气现象认知体系建构中的矛盾与曲折》，《学术研究》2014年第3期。

力的黄土沉降现象，根据发生过程及景况，雨土现象可分为两类，第一类常伴有大风，发生于冷锋天气过程中，沙尘起自西北内陆沙漠；第二类虽无大风发生，应为高空西风携带的粉尘发生的沉降"，并认为元代雨土现象 10 余次。[①]《元史》中的"雨土"当是第二种现象，即由高空西风携带的粉尘发生的沉降。

至元二十四年（1287），薛彻都部"雨土七昼夜，羊畜死不可胜计"[②]。至元二十八年（1291）春，瓯中雨土，"丰凶不可问，疑入瘴乡春。高汉枯无润，刚风吹作尘。园林霜后色，樵牧雾中身。四望荒荒白，谁为洗日人。"二月，吴中地区"是日天雨土，四面集尘埃"[③]。大德十年（1306）二月，大同平地县"雨沙黑霾，毙牛马二千"[④]。至治三年（1323）二月丙戌，"雨土"，致和元年（1328）三月壬申，"雨霾"。天历二年（1329）三月丁亥，"雨土霾"。至顺二年（1331）三月丙戌，"雨土霾"。以上四次没载明地点，笔者怀疑当为京师的情况。后至元四年（1338）四月辛未，京师"雨红沙，昼晦"。次年，信州"雨土"。

由记载来看，元代风霾和雨土等风沙灾害多发生在大都、大同及以北地区，而南方也有"雨土"现象发生，就风沙灾害的分布月份而言，以春季为多。

此外，元代文献中还有"雾"等，也可能是风沙天气造成的。如至正十五年（1355）三月三日，杭州"黄雾四塞、日暗无光"[⑤]。至正二十六年（1366）四月乙丑，奉元路"黄雾四塞"[⑥]。两年后的七月乙亥，京师大都"黑雾，昏暝不辨人物，自旦近午始消，如是者旬有五日"[⑦]。

---

① 张德二：《历史时期"雨土"现象剖析》，《科学通报》1982年第5期。陈倩等则将"雨土"等同于今天的沙尘暴，参见陈倩：《何谓"雨毛"、"雨石"、"雨血"、"雨土"？》，《语文学刊》2006年第10期。

② 《元史》卷14《世祖纪十一》。

③ 林景熙：《雨土至元辛卯春瓯中雨土》，《霁山文集》卷3；陆文圭：《辛卯二月记异》，《墙东类稿》卷15。

④ 《元史》卷50《五行志一》。

⑤ 叶子奇：《草木子》卷3上《克谨篇》。

⑥ 《元史》卷51《五行志二》。

⑦ 同上。

三、风暴潮灾

根据成因不同，潮可以分为潮汐、涌潮、海啸和风暴潮。潮汐和涌潮在台风的作用下，可以形成潮灾。中国古籍中的"海啸"多是有啸声的风暴潮，而非现代意义上的海底地震或火山引起的海啸。[①]风暴潮是现代海洋学提出的概念，是指沿海地区因台风或飓风等热带气旋引起的海面异常升降现象，其主要表现为"飓风，海溢""大风，海溢""海水溢"等。中国古代文献中"风潮"一词最能反映潮灾与台风或飓风的因果关系。元末明初娄元礼所著《田家五行》载："夏秋之交，大风及海沙云起，俗呼谓之'风潮'，古人名之曰'飓风'"，"有此风，必有霖淫大雨同作，甚则拔木、偃禾、坏房舍、决堤堰"[②]。中国古代的潮灾多为风暴潮灾。学界对历史时期的风暴潮灾研究成果丰硕。[③]由于风暴潮"主要是由于夏秋之交中国近海盛行台风和热带气旋以及冬季盛行寒潮大风的缘故"[④]，故笔者将风暴潮灾列入风灾进行研究。

陆人骥利用《元史》和明清方志等资料，罗列了1271年到1368年间元代发生的灾害性海潮。[⑤]和付强将风暴潮灾归入风灾，仅简单述及。[⑥]宋正海在探讨历史时期风暴潮的动态变化时，对13—14世纪风暴潮的发生频次做了分析，认为"1200—1299年风暴潮是33次，而1300—1399年突然增至60次，这种突变明显是与风暴潮本身频繁有关的"[⑦]。于运全统计元

①宋正海：《风暴潮》，《中国古代自然灾异动态分析》，第324～325页。

②娄元礼著，江苏省建湖县《田家五行》选释小组：《〈田家五行〉选释》，北京：中华书局，1976年。

③陆人骥：《中国历代灾害性海潮史料》，北京：海洋出版社，1984年；于运全：《海洋天灾——中国历史时期的海洋灾害与沿海社会经济》，南昌：江西高校出版社，2005年；宋正海：《东方蓝色文化——中国海洋文化传统》，广州：广东教育出版社，1995年；宋正海：《风暴潮》，《中国古代自然灾异动态分析》，第314～333页；宋正海：《中国古代对台风和风暴潮的综合预报》，《中国古代自然灾异群发期》，合肥：安徽教育出版社，2002年，第202～207页。

④宋正海：《风暴潮》，《中国古代自然灾异动态分析》，第324～325页。

⑤陆人骥：《中国历代灾害性海潮史料》，第53～74页。

⑥和付强：《中国灾害通史·元代卷》，第209～211页。

⑦宋正海：《风暴潮》，《中国古代自然灾异动态分析》，第316页。

代渤海湾、黄海海域潮灾有 6 次，东海潮灾有 26 次。其依据多为明清地方志的记载。[1] 然而，明清方志中的资料如何利用，谭其骧曾撰文列举了多条地方史志记载不可轻信的情况。[2] 为了谨慎起见，笔者仅根据《元史》等基本文献和元人文集中的资料对元代风暴潮灾发生史进行探讨。

（一）元代风暴潮灾概述

元世祖在位时，仅见 4 个年份有风暴潮灾记载，主要集中爆发于东南沿海的台州路、福宁州和杭州路等地。至元十八年（1281）秋，台州路宁海县净土寺围田遭受风暴潮灾，"飓风挟潮，围田内外皆海矣"[3]。至元二十二年（1285），台州路象山县飓风，"殿宇颓圮"[4]。至元二十四年（1287），福宁州州学屋宇因"飓风坏之"[5]，杭州斗门"飓风，亭仆"[6]。至元三十年（1293），东部沿海"飓风偾作"[7]。

成宗在位的 13 年间，见于记载的风暴潮灾有 7 个年份，其中以大德五年（1301）秋发生在长江三角洲地区的风暴潮灾所造成的破坏最为严重。元贞元年（1295），福宁州州学再次遭遇飓风，"又坏之"[8]。大德元年（1297），"海溢"，杭州斗门"与附近盐场俱荡"[9]。大德三年（1299），上海"时值风雨交作，海潮涌怒，沉庐漂屋，渺弥一壑，县庭仅撑立，而

---

① 于运全：《海洋天灾—中国历史时期的海洋灾害与沿海社会经济》，第64页、第89~91页。于著在研究黄、渤海海域潮灾时将元代的状况放在"宋以前"，从内容来看应为"明以前"之误。

② 谭其骧：《地方史志不可偏废，旧志资料不可轻信》，《江海学刊》1982年第2期。

③ 牟巘：《净土寺舍田碑》，清光绪《宁海县志》卷21，引自李修生《全元文》第7册。

④ 周巽子：《重修象山县学记》，清雍正《象山县志》卷40，引自李修生《全元文》第36册。

⑤ 程钜夫：《福宁州学记》，《程雪楼文集》卷11。

⑥ 《永乐大典》卷3526。

⑦ 邓文原：《重建广惠庙记》，《巴西邓先生文集》。

⑧ 程钜夫：《福宁州学记》，《程雪楼文集》卷11。

⑨ 《永乐大典》卷3526。

牖壁无完，殆不可居"①。同年，盐官州海塘堤岸崩，②当与风暴潮有关。大德五年（1301）七月初一，长江三角洲地区"尽晦，暴风起东北，雨雹兼发，江湖泛溢，东起通、泰、崇明，西尽真州，民被灾死者不可胜计"③，"江水暴风大溢，高四五丈，连崇明、通、泰、真州、定江之地，漂没庐舍，被灾者三万四千八百余户"④，遂有次年正月赈济淮东被风潮灾伤人户之举。⑤淮安路东海县"有飓风之灾"，尊经阁"碎为齑粉"⑥。浙西同时也遭受风潮灾。"会秋，大风，海溢于润、于常、于江阴，漂溺庐舍，居民存者困不粒食"，"大风海溢，润、常、江阴等州庐舍多荡没，民乏食"，身为浙西肃政廉访司佥事的赵宏伟赈济百姓，"全活者十余万"，"赖以不死者十七万人"⑦。其中"润"即镇江路。镇江路"飓风大作，诸沙漂流"，"飓风大作，暴雨骤至，山川沸腾，民居荡析，庙（东岳别庙——引者）居山巅，颓圮倾敧，十居八九"⑧。松江府兴圣寺宝塔因"飓风大作，塔不得完立。上而相轮，下而栏楯，掣入空中，堕掷如弃。故颓蚀而葺者不以支，剥落而新者不以具矣"⑨。平江路也遭受风暴潮灾，"淮、浙、闽海溢动百里，潮高数十丈，为患已甚，而苏之飓风尤恶，吹郡治离平地起，虚空而后堕。吴长洲县亦然。僧寺楼二十四，撤其楼，掷其钟，居民之高者或不免。朝栋梁而暮瓦砾，太湖之水几入葑门，馆亦就圮，传舍（姑苏驿——引者）萧条，略如废寺"⑩。常熟州谯楼"大风雨踣之"⑪，而嘉定州州学仪门"圮

---

① 唐时措：《（上海）建县治记》，引自李修生《全元文》第28册。

② 《元史》卷65《河渠志二·盐官州海塘》。

③ 《元史》卷20《成宗纪三》。

④ 《元史》卷50《五行志一》。

⑤ 《元典章》卷23《户部九·农桑·立社·社长不管余事》。

⑥ 杨载：《尊经阁记》，明正德《姑苏志》卷4，引自李修生《全元文》第25册。

⑦ 许谦：《治书侍御史赵公行述》，《许白云先生文集》卷2；《元史》卷166《赵宏伟传》。

⑧ 俞希鲁：《至顺镇江志》卷3《户口》；陈膺：《东岳别庙记略》，俞希鲁：《至顺镇江志》卷8。

⑨ 任士林：《兴圣寺重修宝塔记》，《松乡集》卷2。

⑩ 方回：《姑苏驿记》，钱谷：《吴都文粹续编》卷11。

⑪ 周驰：《常熟州重修谯楼记》，引自李修生《全元文》第24册。

于飓风"①。可见这次风暴潮波及长江三角洲、福建等地,所涉范围极广,所受灾害相当严重。大德七年(1303)六月,台州路"风水大作",宁海、临海二县死者五百五十人。②大德八年(1304)八月,江西行省潮州路"飓风起,海溢,漂民庐舍,溺死者众",潮阳所受灾情最为严重,遂有九月"给其被灾户粮两月"之举。③大德十年(1306)七月,平江路"大风海溢"④,"值数次飓风决破围岸",加之"自春以来雨水频并,数月不止,河港盈溢",吴淞江上游水流湍急,但因开挑减水河和开闸泄水,当年淹没的田园数目只是大德七年风暴潮灾时的三分之一。⑤

武宗时未见风暴潮灾记载,然仁宗时有4年发生风暴潮灾。皇庆元年(1312)八月,松江府"大风,海水溢"⑥。次年八月,崇明州、嘉定州"大风,海溢",其中扬州路崇明州"大风,海潮泛溢,漂没民居"⑦。延祐己未、庚申间(1319—1320),盐官州"海汛失度,累坏民居,陷地三十余里"⑧。英宗至治元年(1321)八月,雷州路海康、遂溪二县"海水溢,坏民田四千余顷",遂"免其租"⑨。泰定帝在位的五年中有4年发生风暴潮灾。泰定元年(1324),杭州路盐官州"海水大溢,坏堤堑,侵城郭,有司以石囤木柜捍之不止"⑩。泰定三年(1326)八月,盐官州大风,海溢,捍海堤崩,"广三十余里,袤二十里",即使朝廷遣使祭海神,也未有效果,最后不得不"徙居民千二百五十家以避之"。与此同时,扬州路崇明州"大风雨,海水溢"。这次风暴潮灾中,崇明州三沙镇

---

① 杨维桢:《嘉定州修学记》,钱谷:《吴都文粹续编》卷6。

② 《元史》卷50《五行志一》。

③ 《元史》卷21《成宗纪四》;卷50《五行志一》。《五行志一》作"八月,潮阳飓风,海溢,漂民庐舍"。

④ 《元史》卷50《五行志一》。

⑤ 任仁发:《水利集》卷5。

⑥ 《元史》卷50《五行志一》。

⑦ 《元史》卷50《五行志一》;卷24《仁宗纪一》。

⑧ 《元史》卷65《河渠志二·盐官州海塘》。

⑨ 《元史》卷27《英宗纪一》;卷50《五行志一》。

⑩ 《元史》卷50《五行志一》。

受灾最为严重，"海溢，漂民舍五百家"，遂有十一月"赈粮一月，给死者钞二十贯"，"溺死者给棺敛之"①。次年，盐官州和崇明州再次发生风暴潮灾。正月，盐官州"潮水大溢，坏捍海堤二千余步"。二月，"风潮大作，冲捍海小塘，坏州郭四里"。四月癸未，"海水溢，侵地十九里"，即使及时命都水监及行省派二万余工匠"以竹落木栅实石塞之"，又命张天师嗣成修醮禳灾，也未获成功。②八月，扬州路崇明州、海门县海水溢，"没民田庐"③。致和元年（1328）三四月间，盐官州再次爆发风暴潮灾，"海堤崩"，"海溢"，使朝廷不得不遣使祷告海神，造浮屠二百十六，并发军民营建捍海堤，"置石囤二十九里"。此次涉及的区域还应包括崇明州，"大风，海溢"④。文宗、明宗、宁宗在位的五年中，见于记载的风暴潮灾有3个年份。天历二年（1329），崇明州三沙镇飓风七日。⑤渤海海域也曾发生风暴潮灾，对盐业生产造成了严重的影响。至顺元年（1330）七月，河间运司"海潮溢，漂没河间运司盐二万六千七百余引"⑥。至顺二年（1331）秋，温州路永嘉县遭遇风暴潮灾，风暴潮灾和洪灾并发，受害严重，"水暴溢括苍山中，被郡境。飓风激海水，相辅为害，堤倾路夷，亭随仆，永和盐仓亦圮。水怒未已，且将破庐舍，败城郭"⑦。

---

① 《元史》卷30《泰定帝纪二》；卷50《五行志一》。《五行志一》载泰定三年十一月"崇明州三沙镇海溢，漂民居五百家"，实为八月的受灾情况。

② 《元史》卷30《泰定帝纪二》；卷50《五行志一》；卷65《河渠志二·盐官州海塘》。

③ 《元史》卷30《泰定帝纪二》。

④ 《元史》卷30《泰定帝纪二》；卷50《五行志一》。陆文圭：《送州同知序》，《墙东类稿》卷6。

⑤ 程端学：《灵济庙事迹记》，《积斋集》卷4。

⑥ 《元史》卷34《文宗纪三》。苏天爵《元故太中大夫大名路总管王公神道碑铭》载：王惟贤"升中议大夫、同知河间都转运盐使司事。……值秋大雨，飓风溢潮，舟坏，没官盐七万五千余引，死者三百余人。公力陈于朝"（《滋溪文稿》卷17）。此事疑与至顺元年暴风潮灾为一事。

⑦ 黄溍：《永嘉县重修海堤记》，《金华黄先生文集》卷9。

元顺帝时见于记载的风暴潮灾有 7 个年份。至正元年（1341）六月，扬州路崇明、通、泰等州"海潮涌溢"，"溺死一千六百余人"，这次风暴潮灾受到朝廷的赈济，"赈钞万一千八百二十锭"①。七月，广西雷州路"飓风大作，涌潮水，拔木害稼"。次年十月，台州路海州"飓风作，海水涨，溺死人民"②。至正四年（1344）七月，温州路"飓风大作，海水溢，漂民居，溺死者甚众"③。至正八年（1348），永嘉县"大风，海舟吹上平陆高坡上三二十里，死者千数，世人谓之海啸"④。这次受灾可谓严重。至正十三年（1353）五月乙丑日，湖广行省浔州路"飓风大作，坏官舍民居，屋瓦门扉皆飘扬七里之外"⑤。七月丁卯日，泉州路"海水日三潮"⑥。至正十七年（1357）六月癸酉日，温州路"飓风大作，栋宇尽覆"，"死者万余人"，而开元寺"独宝殿存而上漏傍穿亦已甚矣"⑦。至正二十二年（1362），杭州斗门"风潮复圮"⑧。至正二十四年（1364），台州路黄岩州"海溢，飓风拔木，禾尽偃"⑨。

要之，据不完全统计，元代见于记载的风暴潮灾有 30 个年份。其中元世祖时共有 4 年发生风暴潮灾，成宗时，风暴潮灾发生年份有 7 个，仁宗时风暴潮灾发生年份有 4 个，英宗时风暴潮灾发生年份有 1 个，泰定帝时风暴潮灾发生年份有 4 个，文宗时风暴潮灾发生年份有 3 个，顺帝时风暴潮灾发生年份有 7 个。

（二）元代风暴潮灾的时空分布

元代见于记载的风暴潮灾有 30 年。若按照十年进行统计，可制成图 4-7：

---

① 《元史》卷40《顺帝纪三》；卷51《五行志二》。

② 《元史》卷51《五行志二》。

③ 《元史》卷41《顺帝纪四》；卷51《五行志二》。

④叶子奇：《草木子》卷3上《克谨篇》。

⑤ 《元史》卷51《五行志二》。

⑥同上。

⑦苏伯衡：《温州府开元教寺兴造记》，《苏平仲文集》卷6；《元史》卷45《顺帝纪八》；卷51《五行志二》。

⑧ 《永乐大典》卷3526。

⑨ 《元史》卷51《五行志二》。

元代风暴潮灾发生趋势图。

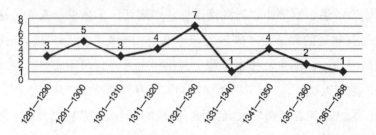

图 4-7　元代风暴潮灾发生趋势图（单位：年）

由图 4-7 可知，元代自 1281 年有风暴潮记载始，至 1320 年的四个十年间，每十年都有 3～5 年发生风暴潮灾，造成不小的损失。1321—1330年的第五个十年间，发生风暴潮灾的年份达到 7 年，频次相当高。之后风暴潮灾频次下降。1331—1340 年的第六个十年间，风暴潮灾仅见 1 年。1341—1350 年间，风暴潮灾发生频次有所回升，达到 4 年。之后风暴潮害逐渐减弱，在 1351—1360 年、1360—1368 年的 18 年间，分别有 2 年和1 年发生风暴潮灾，危害较小。由此，1281—1330 年的 50 年间，是风暴潮灾多发的时期。这一时期恰是世祖至文宗在位的元代前中期。值得注意的是，一年内多次发生风暴潮灾的情况为数不少。如泰定三年（1326），盐官州在正月、二月、四月连续发生风暴潮灾，八月扬州路崇明州、海门县和通州也受灾。因此风暴潮灾的发生次数远超过其发生年，达到了 37 次，其中以大德五年（1301）秋长江三角洲一带发生的风暴潮灾破坏性最大。

风暴潮灾表现出较为明显的月季变化，见图 4-8：元代风暴潮灾月季变化图。

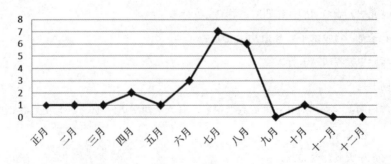

图 4-8　元代风暴潮灾月季变化图（单位：次）

由图 4-8 可以看出，风暴潮灾多发生在秋季，特别是农历七八月间，与现代学者研究台风风暴潮发生月份主要集中在七到九月，峰值在八月大体一致。[1] 元代明确记载发生在秋季的风暴潮约 14 次，其中农历七月、八月分别为 7 次、6 次。发生在正月、二月、三月、五月的风暴潮各有 1 次，四月的风暴潮灾有 2 次，六月份发生的风暴潮灾达到 3 次，发生在十月份的风暴潮灾有 1 次，而九月、十一月、十二月未见风暴潮在发生。

风暴潮灾发生的区域多集中在东南沿海地区。今将风暴潮灾的发生区域做成表 4-3。

表 4-3　元代风暴潮灾发生分区表

所属省份	具体发生路份
江浙行省	杭州路、松江府、镇江路、平江路、常州路、江阴州、温州路、台州路、福州路、泉州路
江西行省	潮州路
湖广行省	雷州、浔州路
河南行省	淮安路、扬州路
腹里地区	河间路

由表 4-3 可以看出，风暴潮灾主要发生在东南沿海路份，特别是江浙行省和河南行省相交的长江三角洲流域。河南行省所属的扬州路、淮安路，江浙行省所属的镇江路、常州路、江阴州、松江府、杭州路以及温州路、台州路等地的风暴潮灾发生频次较为频繁，所受灾害也最为严重。与上述区域相比较，江浙行省所辖福州路、泉州路以及江西行省所辖潮州路，湖广行省所属雷州路、浔州路等南海海域沿岸地区风暴潮灾频次较低，所受风暴潮灾害较小。这主要是由热带气旋（台风、热带风暴）引起的风暴潮。此外，渤海海域的河间路曾发生风暴潮灾，造成盐业减产。与东南沿海的风暴潮灾不同，这主要是温带气旋和冷空气活动而产生的温带气旋风暴潮。这种风暴潮灾发生频率明显低于热带气旋所诱发的风暴潮灾。[2]

要之，据笔者不完全统计，元代见于记载的风暴潮灾约 30 年份，由于一年内风暴潮灾往往多次发生，元代风暴潮灾的发生频次约为 37 次。元代风暴潮灾主要集中爆发于 1281—1330 年的 50 年间，以 1321—1330 年的

---

① 王静爱、史培军、王平、王瑛：《中国自然灾害时空格局》，第119页。

② 同上。

10年间发生年份最多，达到7年。成宗、仁宗、泰定帝以及元顺帝时期风暴潮灾较为频繁，尤其大德五年（1301）秋长江三角洲地区所受破坏最为严重。风暴潮灾多发生在秋季，特别是农历七八月间，与现代学者研究台风风暴潮发生月份主要集中在七到九月，峰值在八月大体一致。风暴潮灾主要发生在东南沿海地区，江浙行省镇江路、杭州路、松江府、平江路、常州路、江阴州、温州路、台州路，河南行省淮安路、扬州路所在的长江三角洲地区是风暴潮灾的高发区。江西行省潮州路，湖广行省雷州路、浔州路也偶有风暴潮灾发生。这些风暴潮灾主要由热带气旋（台风、飓风）引起。渤海沿岸河间路所受风暴潮灾则由温带气旋和冷空气活动产生。

第五章
虫灾

　　虫灾是最严重的生物灾害之一，其中尤以蝗虫灾害最为严重。数量巨大的昆虫成群结队地蚕食粮食作物和经济作物等，造成农作物减产，甚至绝收，从而影响人民的生产生活。元代处于蝗灾比较严重的历史时期。众多学者通常将元代虫灾或蝗灾置于整个中国历史时期内来考察，取得了很好的成果。然而研究中势必有某种厚此薄彼的感觉，对于元代虫灾的状况研究并不透彻。本章在前人研究成果的基础之上，考察元代蝗灾的基本状况，分析其时空分布特点，并对其他昆虫造成的农业灾害进行研究。

第一节　蝗灾概述

"灾有大小，而蝗旱为最。"[1] 蝗灾是元代虫灾中最为严重的灾害，也是主要的自然灾害之一。其发生的频度和地域分布均超过了前代。这既与元代的历史气候有关，也与太阳黑子活动密切相关。学界对元代蝗灾发生史的研究取得了不少成果。王培华集中考察了元代北方，特别是华北区域内蝗虫的空间分布特点及群发性，时间分布特点与时聚性、周期性。杨旺生、龚光明、和付强分别探讨了元代蝗灾的时空分布特征。[2] 以上成果或局限于北方区域，或对蝗灾的分析失于简略，其数据多依据《元史》，然文集中的相关史料未能充分使用，因此元代蝗灾的整体研究还有很大的余地。

据相关学者研究，现今中国版图内的蝗虫主要有东亚飞蝗、亚洲飞蝗和西藏飞蝗三种。东亚飞蝗主要分布在北起北纬 42° 的北京怀柔，南至北纬 18° 的海南三亚，西自东经 107° 的陕西宝鸡，东达东经 122° 的浙江上虞。这些地区为海拔 50 米以下的平原湖区、沿海滩涂和内涝地区。黄土高原和云贵高原一些海拔超过 400 米的河谷地带栖息的散居型飞蝗也为东亚飞蝗。亚洲飞蝗一般生活在海拔 200 ～ 500 米的地区，其主要分布在我国北纬 40° 的新疆阿勒泰至北纬 42° 的内蒙古海拉尔地区。西藏飞蝗主要分布在雅鲁藏布江沿岸。[3] 这三种飞蝗中，以东亚飞蝗分布空间最为广泛，其所造成的灾害也更为严重。由于文献记载的局限性，本节主要研究有元一代东亚飞蝗的发生史。

文献记载中，除蝗外，"蝝"和"蝻"均为蝗虫的幼虫。《说文》："蝝，

---

① 王恽：《为救治虫蝗事状》，《秋涧先生大全集》卷89。

② 王培华：《试论元代北方蝗灾群发性韵律性及国家减灾措施》，《北京师范大学学报》1999年第1期，第67～74页；王培华、方修琦：《1238—1368年华北地区蝗灾的时聚性与重现期及其与太阳活动的关系》，《社会科学战线》2002年第4期，第150～153页；王培华：《元代北方灾荒与救济》，第127～164页；杨旺生、龚光明：《元代蝗灾防治措施及成效论析》，《古今农业》2007年第3期，第64～70页；和付强：《中国灾害通史·元代卷》，第201～204页。

③ 张波：《农业灾害学》，西安：陕西科学技术出版社，1999年，第350～351页。

复陶也。刘歆说螽蚳蜉子。董仲舒说蝗子也。"现代昆虫学者则多认为"螽"为蝗虫的幼虫。[①]"蝻"在元代文献中多与蝗并用。马端临《文献通考》卷三一四《物异考二十》蝗虫门下标注蜚、螽、蝻，可见他是把螽、蝻视为蝗虫。徐光启《农政全书》载："闻之老农言：蝗初生如粟米，数日旋大如蝇，能跳跃群行，是名曰蝻。又数日即群飞，是名为蝗。"因此，我们在统计时，将"螽"和"蝻"造成的灾害作为蝗灾一并研究。

关于蝗灾的灾度，学界尚无统一的分级方法。宋正海等根据中国历史蝗灾发生地域面积、持续时间、破坏程度、灾害数量、死亡人数、社会影响诸方面将蝗灾强度划分为特大蝗灾、大蝗灾和中等蝗灾，而针对元代史料记载缺失诸多信息的特点以及数据源多限于地方志，故受灾地区省份多少成为确定蝗灾强度的主要参照系。[②]章义和根据蝗灾发生区内蝗灾发生状况、有无扩散区、是否影响当年收成和国家税收诸因素将蝗灾发生年份分为四级——一级（或称较弱发生年）、二级（或称一般发生年）、三级（或称严重发生年）、四级（或称特大发生年），文献记载中"蝗""大蝗"分别作为二级、三级发生年来处理。其中蝗灾发生区范围的大小仍是判断蝗灾大小的重要因素。[③]王培华以记载蝗灾发生的年数和受灾路府州县数（折合成路）作为蝗灾强度、频度和范围的量度单位，并根据元廷规定，凡20％以上路府受灾的年份为大蝗灾年，40％以上路府受灾的年份为重大蝗灾年。[④]可以看出，以上三种蝗灾强度的划分标准虽有不同，但受灾地域成为划分蝗灾强度的重要标尺。鉴于历史记载的局限性，我们将以受灾区域、持续时间作为考虑蝗灾强度的重要标尺。又因行政区划的复杂性，我们将以受灾州县数量和发生时间的连续性作为分析蝗灾强度的基准。参照以上三位的做法，我们将蝗灾强度分为四等：

一般蝗灾，即受灾限于局部地区，且持续时间短，损失较轻的蝗灾。文献中直书局部地区"蝗"者，计入一般蝗灾。

---

①周尧：《中国昆虫学史》，西安：昆虫分类学报社，1980年，第60～61页；邹树文：《中国昆虫学史》，北京：科学出版社，1982年，第21页。

②宋正海：《中国古代自然灾异动态分析》，第371～373页。

③章义和：《中国蝗灾史》，合肥：安徽人民出版社，2008年，第50～51页。

④王培华、方修琦：《1238—1368年华北地区蝗灾的时聚性与重现期及其与太阳活动的关系》，《社会科学战线》2002年第4期。

严重蝗灾，即受灾区域涉及 20～30 州县，甚至 40 州县左右，持续时间达数月或跨季，危害较为严重的蝗灾。

重大蝗灾，即受灾范围涉及一省（或行省）以上或相邻 60～80 州县，持续时间在两三季，农作物几近绝收的蝗灾。

特大蝗灾，即受灾范围涉及两省以上或相邻 80 州县以上，持续时间在两季之上，农作物绝收，并出现大量人口流亡的蝗灾。

关于元代蝗灾的统计，众多学者给出了不同的数字。邓云特认为元代出现蝗灾的年份有 61 年。[1] 陆人骥统计出元代发生蝗灾 119 次。[2] 张波统计元代蝗灾发生年份达 64 年。[3] 赵经纬认为元代蝗灾有 213 次之多。[4] 杨旺生等认为有元一代有 68 年发生了蝗灾，年发生率为 0.65 次强，"如按次数计算，总共发生 184 次，年均 1.77 次"[5]。章义和认为元代蝗灾有 84 年。[6] 和付强认为元代共发生蝗灾 147 次。[7] 宋正海等认为 1260—1379 年元代蝗灾有 146 次。[8] 可以看出，邓、张、章统计的是蝗灾发生的年份，陆、赵、和、宋统计的则为频次，而杨旺生既统计出元代蝗灾发生年份，又统计出蝗灾发生频次。由于蝗虫的群聚性和可迁飞性，我们尚无法判断某个时段内不同地域蝗灾是否为同一群蝗虫所致。单纯的以记载发生频次来分析蝗灾显然并不合适。而以灾年进行统计，在此基础上对蝗灾发生的月份及地域进行分析更加合理。

以上统计中，邓云特、张波、赵经纬、杨旺生、和付强等人的数据源

① 邓云特：《中国救荒史》，第55页。按该书的统计标准"不论其灾情之轻重及灾区之广狭，亦不论其是否在同一行政区域内，但在一年中所发生者皆作为一次计算"，实为灾年。

② 陆人骥：《中国历代蝗灾的初步研究》，《农业考古》1986年第1期。

③ 张波：《中国农业自然灾害史料集》，西安：陕西科学技术出版社，1999年，第500～508页。

④ 赵经纬：《元代的天灾状况及其影响》，《河北师院学报》1994年第3期。

⑤ 杨旺生、龚光明：《元代蝗灾防治措施及成效论析》，《古今农业》2007年第3期。

⑥ 章义和：《中国蝗灾史》，第65～70页。

⑦ 和付强：《中国灾害通史·元代卷》，第200页。

⑧ 宋正海：《中国古代自然灾异动态分析》，第370页。

都局限于《元史》的《本纪》和《五行志》。陆人骥则根据《新元史》进行统计。章义和所用数据除《元史》外，还利用了明清地方志，丰富了相关数据的来源。笔者在此基础上又利用元代基本史籍、文集等进行了补充。据笔者不完全统计，元代统治区内发生蝗灾的年份有86年。

一、蒙古前四汗时期的蝗灾

蒙古前四汗时期由于所统治的地域范围有限，文献记载中蝗灾发生的年份也很有限。辖区内见于记载的蝗灾多发生于窝阔台汗时期。发生蝗灾的最早年份为1232年（壬辰，太宗四年）。太宗三年（1231），蒙古统治者委任王钧为凤陇元帅，管理原属金的凤州、陇州等地。次年，凤、陇"大蝗"，造成饥民甚众，王钧只能移民就食秦州。①

太宗二年（1230），蒙古已控制了华北地区的绝大部分。1234年，蒙古灭金，占有原金朝统治的北方农业区——"汉地"。战乱后的"汉地"灾荒频发。丙申年（窝阔台汗八年，1236），"燕境因旱而蝗"②。时隔一年以后，蒙古所统治的"汉地"诸路蝗灾更甚，"天下大旱蝗"③。这两次蝗灾均因旱而起。丙申年蝗灾发生的范围仅限于"燕京"，而戊戌年（1238）蝗灾发生的"诸路"当指其所统治的"汉地"。戊戌年蝗灾发生于七月。"秋七月，大蝗，居人之乏食者十八九"④。由武城县和山阳县的状况可知这次蝗灾的严重性。"武城蝗自北来，蔽映天日。有崔四者行田而仆。其子寻访，但见蝗聚如堆阜，拨视之，见其父卧地上，为蝗所埋，须发皆被啮尽，衣服碎为筛网，一时顷方苏。"⑤这个故事虽然带有传奇色彩，但可以说明当时蝗灾的严重程度。山阳县蝗灾造成流民失所，"一蝗食禾尽，半菽不易求。流民四方来，断港鱼虾稠"⑥。八月，陈时可、高庆民等言："诸路旱蝗，诏免今年田租，仍停旧未输纳者，俟丰岁议之。"⑦

---

① 姚燧：《平凉府长官元帅兼征行元帅王公神道碑》，《牧庵集》卷21。

② 杨奂：《洞真真人于先生碑并序》，《还山遗稿》卷上。

③ 苏天爵：《元朝名臣事略》卷5《中书耶律文正王》。

④ 张文谦：《故光禄大夫太保赠太傅仪同三司谥文贞刘公行状》，刘秉忠：《藏春诗集》卷6《附录》。

⑤ 周密：《武城蝗》，《癸辛杂识》别集卷下。

⑥ 元好问：《戊戌十月山阳雨夜二首》，《遗山先生文集》卷2。

⑦ 《元史》卷2《太宗纪》。

时任燕京路课税使的陈时可丙申年七月受命"阅刑名、科差、课税等案，赴阙磨照"①，因此其建议诸路因旱蝗免除当年田租顺理成章。

北方大范围的蝗灾持续了两年。戊戌岁（1238）始，"蝗旱连岁，道殣相望"②，百姓生活更为艰辛。己亥岁（1239），真定路、相（今河南安阳）、卫（今河南辉县）的蝗灾最为严重。戊戌己亥间（1238—1239），真定路"仍岁蝗旱"。真定虽是史氏的割据范围，但每年都要向蒙古汗廷缴纳贡赋。在连年蝗旱之后，史氏不得不"复假贷以足贡数"，从回回商人处借贷来应付蒙古汗廷的勒索，数目累计达一万三千余锭。③己亥岁，相、卫两地蝗灾爆发，"野无青草，民乏食"，百姓在蒙古巴尔向呼图克熹禀此事，并请求"分军储粮五千石以起饿者"，才导致百姓稍安，不致流亡他乡。④

二、 世祖时期的蝗灾

据不完全统计，忽必烈在位的35年中，至少有28年发生了蝗灾。除中统二年（1261）、至元十一年（1274）、十四年（1277）、十八年（1281）、二十四年（1287）、二十八年（1291）等七年未见蝗灾记载外，其余年份都有不同规模的蝗灾发生。蝗灾发生的区域主要分布在长江以北的广大区域，遍及腹里和河南、陕西等行省，尤以腹里（包括今河北、山东、山西以及内蒙古部分地区）最为严重。河南行省北部地区、东部沿海地区蝗灾发生频度也不小。

中统元年（1260），滑州"蝗食桑"，以致"蚕赋病民"。在知滑州李英的建议下，约定蚕赋秋熟后并取，才算了罢。⑤中统三年到至元八年的10年间（1262—1271），蝗灾频仍。中统三年（1262），蝗灾发生区域仅限于真定、顺天、邢州等腹里南部区域。次年六月，除真定外，燕京、河间、东平、益都均有蝗灾发生。八月，济南路所属的滨、棣等州发生了蝗灾。

①《元史》卷2《太宗纪》。

②元好问：《史邦直墓表》，《遗山先生文集》卷22。

③苏天爵：《丞相史忠武王》，《元朝名臣事略》卷7；王恽：《开府仪同三司中书左丞相忠武史公家传》，《秋涧先生大全集》卷48。

④胡祇遹：《大元故怀远大将军怀孟路达噜噶齐兼诸军鄂勒蒙古公神道碑》，《胡祇遹集》卷15。

⑤袁桷：《武略将军裕州知州李公神道碑铭》，《清容居士集》卷26。

至元初，吏部侍郎高逸民出捕飞蝗，"以不克禁绝为忧"[1]。可见至元初始，飞蝗就成为统治者的大患。至元二年（1265），"西京、北京、益都、真定、东平、顺德、河间、徐、宿、邳蝗旱"[2]。其中七月，益都"大蝗，饥"。徐、宿等地大蝗，"移公[陈祐]督捕，役农民数万，度其势猝不能歼，秋稼垂成，即散遣收获自救"[3]。由数万农民捕蝗的景象可知蝗灾的严重程度。还须注意的是，汲县邻道也曾以蝗灾告备。按汲县属卫辉路，其周围淇州、胙城、新乡、辉州等州县均为卫辉路所属，似可认为当年卫辉路也爆发了蝗灾，而蝗虫"已而竟不入境"，汲县得以幸免。[4] 至元三年（1266），东平、济南、益都、平滦、真定、洺磁、顺天、中都、河间、北京等地发生蝗灾。次年，"山东、河南北诸路蝗"。至元五年（1268）六月，"东平等处蝗"[5]。次年盛夏，"北自幽蓟，南抵淮汉，右太行，左东海，皆蝗"。为此，"朝廷遣使四出掩捕"。胡祇遹奉命赴济南路，"前后凡百日而绝"[6]。开封府洧川县达鲁花赤盛夏也发动百姓捕蝗。六月丁亥日，河南、河北、山东诸郡蝗。癸巳日，世祖敕："真定等路旱蝗，其代输筑城役夫户赋悉免之。"[7] 可见这次蝗灾因旱而生。至元七年（1270）"河朔大蝗，卫独不为灾"[8]。蝗灾遍及黄河以北的地区，尤以山东、南京、河南诸路蝗灾最为严重。三月，"益都、登、莱蝗旱"。五月，"南京、河南等路蝗"，一直延续到七月，并有愈演愈烈之势。"南京、河南诸路大蝗"[9]，而世祖特命李德辉前去山

①苏天爵：《题诸公寄赠马尚书尺牍后》，《滋溪文稿》卷29。

②《元史》卷6《世祖纪三》。《元史》卷50《五行志一》作"至元二年十二月，西京、北京、顺德、徐、宿、邳等州郡蝗"，此处从《世祖纪三》。

③王恽：《大元故中奉大夫浙东道宣慰使陈公神道碑铭并序》，《秋涧先生大全集》卷54。

④王恽：《故将仕郎汲县尹韩府君墓表》，《秋涧先生大全集》卷60。

⑤《元史》卷6《世祖纪三》；卷50《五行志一》。

⑥胡祇遹：《捕蝗行并序》，《胡祇遹集》卷4。

⑦《元史》卷6《世祖纪三》。

⑧王恽：《大元国故卫辉路监郡塔必公神道碑铭并序》，《秋涧先生大全集》卷51。

⑨《元史》卷7《世祖纪四》；卷50《五行志一》。

西河东录囚，似说明当地也有蝗灾发生。① 这次蝗灾同样因旱而起。山东诸路"旱蝗"，而南京、河南"蝗旱"，"岁旱荒"②。王恽指出至元八年"螟蝗为灾"，朝廷命太一道掌门李居寿于岱宗（东岳泰山）、汾、睢等处"设驱屏法供"，最终秋收之时"乃大熟"③。祭祀山岳是至高的国家祭祀礼仪，可见这次严重的螟蝗灾害已经引起了蒙古统治者的高度重视。而蝗灾发生的范围空前广泛。六月，"上都、中都、河间、济南、淄莱、真定、卫辉、洺磁、顺德、大名、河南、南京、彰德、益都、顺天、怀孟、平阳、归德诸州县蝗"④。此外，东平、西京等州县或有蝗旱灾害发生。⑤ 至元八年（1271），高良弼任职河南转运使。次年河南"旱蝗"，"至八月不雨"⑥。

至元十年到至元十五年（1273—1278）的六年间，蝗灾相对较轻，发生地域较为分散。腹里地区的真定路、平阳路及河南行省的淮安路是这一时段蝗灾的重点发生区域。发生年份有至元十年（1273）、至元十二年（1275）、至元十三年（1276）、至元十五年（1278）四个年份。至元十年（1273）夏，真定路大水，蝗；平阳路襄垣县蝗，而诸路蝗蝻发生较为严重，受灾五分。至元十二年（1275），大名路东明县先水后蝗，大饥。次年，真定路巨鹿县蝗，民以蝗为食。⑦ 至元十五年（1278），淮安境内旱蝗，许维桢祷告祈雨，"蝗亦息"⑧。而腹里地区的濮州、永平路卢龙县和平阳路稷山县都有蝗灾发生，但危害不大。

至元十六年（1279）始，蝗灾再次严重爆发，直至至元二十九年（1292）的 14 年间，蝗灾发生年份为 11 年。蝗灾发生地区主要集中在腹里地区和河南行省所属的归德府，还有别十八里。除此之外，蝗灾的分布较为分散。

---

① 姚燧：《中书左丞李忠宣公行状》，《牧庵集》卷30。

② 《元史》卷96《食货志四》；姚燧：《有元故少中大夫淮安路总管兼府尹兼管内劝农事高公神道碑》，《牧庵集》卷23；《元史》卷7《世祖纪四》。

③ 王恽：《太一五相演化贞常真人行状》，《秋涧先生大全集》卷47。

④ 《元史》卷7《世祖纪四》；卷50《五行志一》。

⑤ 《元史》卷7《世祖纪四》。至元九年二月戊戌，"以去岁东平及西京等州县旱蝗水潦，免其租赋"。

⑥ 萧㪺：《元故淮安路总管高公墓志铭》，《勤斋集》卷3。

⑦ 《元史》卷8《世祖纪五》。

⑧ 《元史》卷191《良吏一·许维桢传》。

至元十六年四月，大都等十六路蝗。六月丙戌，左右卫屯田蝗蝻生。次年五月，真定路、平阳路忻州、辽阳行省咸平府以及河南行省的涟、海、邳、宿等州发生蝗灾。至元十九年（1282）五月丙戌，别十八里城东三百余里蝗害麦。同时河南、河东、山东五十余州县皆蝗。河东"蝗飞蔽天，人马不能行，所落沟堑尽平，民大饥"。平阳路乡宁县、临汾县、稷山县、河津县均发生蝗灾，潞城县春夏之间旱蝗。芮城县"蝗飞蔽天，岁大饥"。武乡县"大蝗，民饥，禾稼草木皆尽，人马不能行"。壶关县"蝗，禾稼草木皆尽，民饥，人相食"。太原路崞州"夏蝗飞蔽天，人马不能行"。平定州"大蝗饥，民捕蝗为食"。七月，介休、灵石蝗。八月，"大同路蝗"。襄垣县螟蟓。太原路文水、榆次、寿阳、徐沟四县及汾州孝义、平遥、介休三县，平阳路潞州及壶关、潞城、襄垣三县，霍州赵城、灵石二县，隰州之永和县、沁州之武乡县、辽州之榆社县"蝗食禾稼草木俱尽，所至蔽日，碍人马不能行，填坑堑皆盈，饥民捕蝗以为食，或爆干而积之，又罄则人相食。大饥，人相食"①。至元二十年（1283）四月，燕京、河间等路蝗。次年六月乙丑，中卫屯田蝗。至元二十二年（1285）四月，大都、汴梁、益都、庐州、河间、济宁、归德、保定等路蝗。七月，京师蝗。次年五月辛卯，大都路霸州、漷州蝗蝻为灾。至元二十五年（1288）六月，资国、富昌等一十六屯"雨水、蝗害稼"。七月丙戌，真定、汴梁两路蝗。八月，"赵、晋、冀三州蝗"②。次年七月，东平、济宁、东昌、益都、真定、广平、归德、汴梁、怀孟等腹里南部区域及河南行省北部发生蝗灾。至元二十七年（1290）四月癸巳，河北十七郡蝗。至元二十九年（1292）闰六月，东昌路蝗。乙卯，济南、般阳路蝗。《元史·五行志一》记载除以上三路外，还有归德路。而广济署屯田"既蝗复水"，遂有八月"免今年田租九千二百十八石"的记载。③

世祖在位的最后两年和成宗初一样，蝗灾仅在小范围地域内的零星发生，没有造成特别严重的后果。至元三十年（1293）六月，大都路所属大兴县有蝗灾发生，而通州、漷州蝗虫"食稼几尽"。九月辛巳，登州蝗，"百姓阙食，赈以义仓米五千九百余石"。同年真定路宁晋等处"被水旱蝗雹

---

① 雍正《山西通志》卷162《祥异》。

② 《元史》卷15《世祖纪十二》；卷50《五行志一》。

③ 《元史》卷17《世祖纪十四》。

为灾者二十九"①。次年六月，大都路所属东安州蝗。

三、成宗到宁宗时期的蝗灾

　　成宗到宁宗的38年间共有31年发生蝗灾。这一时期腹里地区仍为蝗灾发生最严重的地区。大都、真定、保定、河间、大名、彰德、顺德、广平、卫辉、怀孟、德州、济宁、东平、东昌、益都、济南、般阳、平阳、太原、永平等路均有不同程度的蝗灾发生。与腹里地区毗邻的辽阳行省大宁路、辽阳路等环渤海地区也有较为严重的蝗灾发生。河南行省所辖的河南府路、南阳路、汴梁路、归德府、汝宁府、扬州路、淮安路、高邮府、庐州路、江陵路、峡州路、襄阳路，蝗灾时有发生。陕西行省凤翔府及奉元路成为这一时段蝗灾发生的西界。此外，江浙行省太平路、常州路、镇江路、绍兴路、建康路、建德路、庆元路，江西行省龙兴路、南康路，湖广行省的澧州路、岳州路、雷州路、兴国路，均时有蝗灾发生，蝗灾发生的最南端为雷州路。

　　元贞元年（1295），仅有零星散布的蝗灾发生。六月，汴梁路陈留、太康、考城等县以及睢、许诸州蝗。七月，平阳路浮山县蝗，八月，大名路东明县出现蝗灾。元贞二年（1296）至大德七年（1303）的八年间，是蝗灾发生较为严重的时段。元贞二年六月至八月间，夏秋蝗为灾范围涉及腹里的大都、真定、保定、大名、彰德、济宁、东平、德州、平阳、太原等路州，江浙行省的太平、常州、镇江、绍兴、建康等路，湖广行省的澧州、岳州、龙阳州、汉阳府，河南行省的庐州、汝宁、归德府。次年六月，归德府徐、邳二州再次发生蝗灾。②大德二年（1298），归德等处又蝗。四月，江南、山东、江浙、两淮、燕南属县一百五十处发生蝗灾，其灾情可见一斑。其中"腹里百姓每几处缺食，更蝗虫生发，百姓饥荒"③。淮安路"捕蝗迟慢"，"本管安东、海宁等处虫蝻生发"，打捕治中刘瑞奉宣慰司札付前去安东州催督捕蝗，但"不候打绝还府"，被罚一个月的俸禄，并"通行标附"，而海宁州沭阳、朐山等县地面"节续蝗虫生发"，州官"不行从小着紧捕打尽绝，以致飞腾生发，打捕不绝"④。六月，蝗灾主要集中

----

① 《元史》卷17《世祖纪十四》。

② 《元史》卷19《成宗纪二》；卷50《五行志一》。

③ 《元典章》卷21《户部七·仓库·余粮许粜接济》。

④ 《至正条格·断例》卷7《户婚·虫蝻失捕》。

元代灾荒史
Yuandai Zaihuang Shi

于山东、河南、燕南、山北五十余处。① 次年五月，江陵路、淮安路属县旱蝗，七月，扬州、淮安两路蝗虫为灾，"正打的其间，五千有余秃鹫飞将来。不怕打蝗虫人每，啖吃了蝗虫，饱呵，却吐了，再吃。飞呵，一处飞起来，教翅打落，都吃了有"。遂有七月十八日，中书省奏准扬州、淮安属县禁打捕秃鹫的诏令发布。② 十月，陇、陕两地因蝗灾而免除租赋。十一月，江陵路再次发生蝗灾。大德四年（1300）五月，腹里的顺德、东昌、济宁等路，河南行省的扬州、南阳等路以及归德府徐州、安丰路濠州、芍陂等地旱蝗并发，显然蝗灾因旱灾而起。③ 次年蝗灾主要发生在河南行省汴梁路、归德府、南阳路、襄阳路、汝宁路、高邮府、扬州路以及江浙行省常州路。实际上，蝗灾发生区域并不局限于此。六月，顺德、怀孟两路以及卫辉路淇州发生蝗灾。七月，广平、真定等路蝗。八月，"河南，淮南，睢、陈、唐、和等州，新野、汝阳、江都、兴化等县蝗"④。此处"河南"当指黄河以南的汴梁路、南阳路、汝宁路和庐州路，"淮南"指淮水以南的高邮府和扬州路。睢州、陈州均隶属汴梁路，而唐州以及新野隶南阳路，汝阳属汝宁路，和州属庐州路，江都县属扬州路，兴化属高邮府。大德六年（1302），真定、大名、河间、扬州、淮安等路蝗。大都路蝗灾一直持续到七月，遂有七月"大都诸县"发生蝗灾的记载。此处的大都诸县当指大都路涿、顺、固安三州所辖县。镇江路丹徒县、安丰路濠州钟离县也有蝗灾发生。⑤ 此外，据章义和考证，腹里地区大名路长垣县、平阳路曲沃县也有零星蝗灾发生。⑥ 次年五月，蝗灾集中于腹里东南部的东平、益都、济南等路。六月，辽阳行省大宁路出现蝗灾。⑦

大德八年（1304）、九年（1305）两年间，蝗灾发生比较分散，没有形成规模。大德八年，蝗灾发生范围多限于二三县。四月，腹里地区益都

---

① 《元史》卷19《成宗纪二》；卷50《五行志一》。

② 《元典章》卷38《兵部五·捕猎·打捕·禁打捕秃鹫》。

③ 《元史》卷20《成宗纪三》；卷50《五行志一》。

④ 《元史》卷50《五行志一》。

⑤ 同上。

⑥ 章义和：《中国蝗灾史》，第293页。

⑦ 《元史》卷21《成宗纪四》；卷50《五行志一》；卷197《孝友传一·吴国宝传》。

路临朐县、德州齐河县蝗。六月，大都路益津县蝗。八月，湖广行省雷州境内"蝗害稼"①。次年蝗灾虽仍较分散，但蝗灾范围略有扩大，且多集中于六月至八月。六月，扬州路通州、泰州以及河间路静海、大都路武清县发生蝗灾。七月，湖广行省桂阳路发生蝝灾。八月，大都路涿州、良乡县、东安州，河间南皮县以及嘉兴路海盐等州发生蝗灾。②大德十年（1306）、十一年（1307），腹里地区南部与河南行省北部蝗灾再次趋于严重，发生地域趋于扩大，且多集中于夏秋两季。大德十年四月，腹里的大都、真定、河间、保定，河南行省河南府等五路蝗。大都、真定、河间等路的蝗灾则延续至五月。六月，江西行省龙兴路、南康路发生蝗灾。七月，德州平原县也有蝗灾发生。③次年旱蝗频发，"民多因饥为盗"，蝗灾仍集中于腹里地区中南部。五月，真定、河间、顺德、保定等郡发生蝗灾，保定属县蝗灾延续到六月。七月，德州蝗。八月，"河间、真定等郡蝗"④。

　　武宗在位4年间，前三年均有蝗灾发生，而以至大二年（1309）、三年（1310）最为严重。至大元年（1308）二月，河南行省汝宁路、归德府二路"旱蝗，民饥，给钞万锭赈之"。五月，晋宁路等处蝗灾，而东平、东昌、益都等地以蝝为灾。六月，保定、真定二路因蝗为灾。八月，淮东的扬州、淮安等路蝗。这一年绍兴路诸暨州也有蝗灾发生，"僚属分地以捕，君所分特甚，度非民力可制，乃诣后土祠"，进行祷告，"诘旦，蝗出其境"⑤。至大二年蝗灾空前严重，主要表现在蝗灾发生地域的空前广大。腹里地区中南部、河南行省东部、陕西行省奉元路以及江浙行省地处的吴越之地均有蝗灾发生。四月，腹里东南部以及河南行省的东部发生蝗灾，主要涉及益都、东平、东昌、济宁、河间、顺德、广平、大名等路，泰安、高唐、曹、濮、德等州，河南行省汴梁、卫辉等路，高邮府，扬州路滁州、扬州等处。六月，除泰安州、高唐州、曹州、濮州继续发生蝗灾外，蝗灾分布由原地域向南

　　①《元史》卷21《成宗纪四》；卷50《五行志一》；卷197《孝友传一·吴国宝传》。

　　②《元史》卷21《成宗纪四》；卷50《五行志一》。

　　③同上。

　　④《元史》卷22《武宗纪一》；卷175《敬俨传》。

　　⑤《元史》卷22《武宗纪一》；卷50《五行志一》。张养浩：《江浙等处儒学提举柯君墓志铭》，《归田类稿》卷13。

北双向延伸。大都路檀州、霸州以及良乡县蝗，庐州路舒城县、历阳县、合肥县、六安县，江浙行省的江宁县、句容县、溧水州、上元县等都有不同程度的蝗灾发生。七月，蝗灾主要集中在腹里地区东部的济南路、济宁路、般阳路、曹州、濮州、德州、高唐州以及西部的晋宁路河中府、解州、绛州，陕西行省奉元路的耀州、同州和华州。地处江南的吴越之地蝗灾最为严重，"吴越大蝗，蝗且入境"。奉化州松溪县，"蝗发境上，官督民捕蝗，日以斗斛征之。民泣诉于公。顷之，蝗飞积庙前高数丈，民取以输，遗蝗亦自投于海，禾不为灾"，可见飞蝗之多。而建德路分水县"大蝗"。八月，真定、保定、河间、顺德、广平、彰德、卫辉、怀孟以及河南行省汴梁等路蝗。^① 次年，蝗灾虽然有所减轻，但依旧相当严重。二月，尚书省即因涿州等处飞蝗生发督责各处捕蝗官吏并力捕除尽绝，检阅前时圣旨条画以及古书略陈捕蝗之法，奏请各地施行。^②《元史·五行志一》载同年四月，"宁津、堂邑、荏平、阳谷、平原、齐河、禹城七县蝗"。《元史·武宗纪二》载除以上各县外，还有盐山、高唐等县。其中宁津县属真定路，荏平县、堂邑县属东昌路，阳谷县属东平路，平原县、齐河县属德州，禹城县属曹州，盐山县属河间路，高唐县属高唐州。可见这次蝗灾仍集中于腹里地区的东部、南部地区，其中山东地面最为严重，遂有地方官员所谓山东地面"今岁加以蝗虫食损田禾，人民饥荒之际，诚恐因而别生事端"的担忧。^③同年五月，蝗灾发生地域主要集中在河南行省庐州路、安丰路和安庆路，具体地点是庐州路合肥县、舒城县、历阳县，安丰路蒙城县、霍丘县，安庆路怀宁县等地。七月，广平路磁州、威州诸县蝗，并向北扩展到真定路饶阳、元氏、平棘等县，大名路元城县，河间路无棣县等地。八月，蝗灾南向，主要集中在河南行省北部的汴梁路、归德府、汝宁路、南阳路以及河南府路，与之相邻的怀孟、卫辉、彰德均有蝗灾发生。^④

　　仁宗在位的9年间，蝗灾并不严重，仅3年有蝗灾发生，且蝗灾发生

---

　　① 《元史》卷23《武宗纪二》；卷50《五行志一》。程钜夫：《温州路达鲁花赤伯帖木儿德政序》，《程雪楼文集》卷15；宋濂：《景祐庙碑》，《宋文宪公全集》卷50；王祎：《灵祐庙碑并序》，《王忠文公集》卷16。

　　② 《元典章》卷23《户部九·农桑·灾伤·捕除虫蝗遗子》。

　　③ 《元典章》卷57《刑部十九·诸禁·杂禁·禁治锣鼓》。

　　④ 《元史》卷23《武宗纪二》；卷50《五行志一》。

地域呈零星分布。皇庆元年（1312）四月，彰德路安阳县蝗虫为灾。次年五月，大都路檀州、真定路获鹿县蝗蝻为灾。七月，兴国属县蝗蝻为灾。同年秋，腹里地区南部发生蝗灾，知济南路方某向天祷告，"是夜，闻空中声薨薨，乃飞蝗蔽天而过，郡独不为灾"①。之后6年间，全国各地未见有蝗灾记载。延祐七年（1320）四月，左卫屯田因旱而蝗。六月，益都路蝗。七月，大都路霸州和东昌路堂邑县蝗虫为灾。

英宗在位3年间，每年都可见蝗灾发生，发生地域较之仁宗时有所扩大，而以至治二年（1322）最为严重。至治元年（1321）五月丁丑，霸州蝗。六月戊辰，卫辉、汴梁等路蝗。七月癸酉，卫辉路胙城县蝗。壬午，汴梁路通许县，淮安路临淮、盱眙等县蝗。庚寅，河间路清池县蝗。八月丙午，扬州路泰兴、江都蝗。十二月，位于山东半岛东部的宁海州发生蝗灾。这一年洪泽、芍陂等地屯田也遭受蝗灾，遂有至治二年四月甲寅日"免其租"的法令颁布。②至治二年，蝗灾发生范围包括腹里地区顺德、河间、保定、济南、益都、濮州等路州，河南行省汴梁路、江浙行省庆元路诸属县以及诸卫屯田。其中汴梁路祥符县蝗，"有群鹭食蝗，既而复吐，积如丘垤"，可见蝗虫之多。③次年五月，保定路归信县蝗。七月，真定路诸县蝗。

泰定帝在位的5年间，每年都可见大规模蝗灾发生，是元代蝗灾发生最为严重的时期。主要发生地域仍以腹里地区、河南行省为中心。泰定元年（1324）六月，蝗灾发生地域遍及腹里地区大都路、顺德路、东昌路、卫辉路、保定路、益都路、济宁路、彰德路、真定路、般阳路、广平路、大名路、河间路、东平路等二十一郡。④次年五月，彰德路又蝗。六月，济南路、河间路、东昌路、德州、濮州、曹州、般阳路等九路州发生蝗灾，而明确记载有蝗灾发生的县份有历城县、章丘县、淄川县、柳城县、茌平县等。⑤七月，般阳路新城县蝗。九月，济南路又蝗，归德府亦发生蝗灾。泰定三年（1326）夏，蝗灾频发，为灾相当严重。六月，东平路须城县、

---

①苏平仲：《贞惠先生方公哀辞有叙》，《苏平仲文集》卷1。

②《元史》卷27《英宗纪一》；卷28《英宗纪二》；卷50《五行志一》。

③《元史》卷28《英宗纪二》；卷50《五行志一》。

④《元史》卷29《泰定帝纪一》；卷50《五行志一》。柳城县疑为"聊城县"之误。

⑤同上。

兴国路永兴县蝗，而卫辉路淇州"大蝗"，西北乡"有蝗生焉"，"至暮，有群鸦飞集，食蝗皆尽"①。七月，大名路，顺德路，卫辉路，广平路，真定路赵州，怀庆路修武县，大都路霸州、涿州以及保定路雄州、曲阳县、庆都县、满城县，河南行省所属淮安路、高邮府、汴梁路睢州以及诸卫屯田均有蝗灾发生。八月，汴梁路又蝗，永平路、怀庆路也遭受蝗灾。怀庆路蝗灾一直持续到九月，而河南行省所辖庐州九月份也发生了蝗灾。泰定四年（1327），蝗灾涉及腹里地区及河南行省的十余路份，更包括江南等地，遂有御史台所称"内郡、江南旱蝗荐至，非国细故"②。《元史·泰定帝纪二》称这一年"济南、卫辉、济宁、南阳八路属县蝗"。而《元史·五行志一》载当年十二月"保定、济南、卫辉、济宁、庐州五路，南阳、河南二府蝗。博兴、临淄、胶西等县蝗"。十二月正值冬季，华北地区并非适宜蝗虫的生长，因而几乎没有发生蝗灾的可能。又《元史》本纪中往往在年末书写本年度受灾情况，故所称十二月当指泰定四年全年而言。据史料记载，泰定四年五月，大都、南阳、汝宁、庐州等路属县旱蝗，河南洛阳县"有蝗可五亩，群乌食之既，数日蝗再集，又食之"③。六月，大都、河间、济南、大名、峡州等路属县蝗。夏秋之交，暨阳州"蝗蝻继发，极力收捕，幸无害稼"④。七月，大都路籍田蝗。八月，大都路、河间路又蝗，腹里怀庆路、冠州、恩州及陕西奉元路有蝗灾发生。1328年，泰定帝改元致和。这一年，蝗灾发生并不像前几年那样集中，呈分散性分布。四月，大都路蓟州、永平路石城县蝗，而陕西行省凤翔府岐山县因蝗而"无麦苗"⑤。五月，汝宁府颍州、卫辉路汲县蝗。六月，凤翔府武功县蝗。河南行省北部"频岁蝗旱"，造成了粮食作物的减产，遂有十一月要求汴梁、河南等路及南阳府"禁其境内酿酒"的禁令。⑥此外，大名路东明县、益都路莒州也有蝗灾发生。

　　文宗、明宗、宁宗三位皇帝在位仅5年，而以文宗在位时间最长。5年中，

　　①《元史》卷30《泰定帝纪二》；卷50《五行志一》。苏天爵：《元故赠亚中大夫东平路总管李府君神道碑》，《滋溪文稿》卷16。

　　②《元史》卷30《泰定帝纪二》；卷50《五行志一》。

　　③同上。

　　④陆文圭：《戊辰劝农文》，《墙东类稿》卷10。

　　⑤《元史》卷30《泰定帝纪二》；卷50《五行志一》

　　⑥《元史》卷30《泰定帝纪二》；卷32《文宗纪一》；卷50《五行志一》。

因文宗九月才得以继承大统，而蝗灾发生多集中于四月至八月间，故致和元年已列入泰定帝时期进行研究。其余四年均有蝗灾发生，且发生范围较广，所受损失十分严重。天历二年（1329）四月，大宁路兴中州、怀庆路孟州、大都路宛平县、庐州路无为州蝗，而诸王忽剌答儿所属的黄河以西分地旱蝗，遭受损失者有一千五百户。六月，益都路莒、密二州旱蝗，饥民三万一千四百户；永平屯田府昌国、济民、丰赡诸署"以蝗及水灾，免今年租"，汴梁路也发生蝗灾。七月，"真定、河间、汴梁、永平、淮安、大宁、庐州诸属县及辽阳之盖州蝗"①。陕西行省奉元路白水县因蝗灾甚至出现了"人相食"的现象。八月，保定路行唐县蝗。值得说明的是，《元史·五行志一》载这一年淮安、庐州、安丰三路属县出现蝻灾。按蝻为蝗虫的幼虫，淮安、庐州属县蝻灾当发生在七月。然关于安丰路蝗蝻为灾的状况，《元史》本纪中并无记载，似说明淮安、庐州路属县蝗蝻为灾程度较安丰严重。至顺改元，蝗灾更为严重，且主要集中在五至七月间。五月，"广平、河南、大名、般阳、南阳、济宁、东平、汴梁等路，高唐、开、濮、辉、德、冠、滑等州及大有、千斯等屯田蝗"②。六月，蝗灾向北向东扩展，大都、益都、真定、河间诸路，献、景、泰安诸州及左都威卫屯田蝗。七月，蝗灾在原有地域基础上向西扩展到晋宁和陕西奉元等地，并继续向东南延伸。"奉元、晋宁、兴国、扬州、淮安、怀庆、卫辉、益都、般阳、济南、济宁、河南、河中、保定、河间等路及武卫、宗仁卫、左卫率府诸屯田蝗"，而"解州、华州及河内、灵宝、延津等二十二县蝗"③。此后蝗灾有所减轻，且呈现出分散的特点。至顺二年（1331）三月，河南府路陕州诸县蝗。四月，晋宁路河中府蝗。六月，河南、晋宁二路属县蝗，怀庆路孟州济源县也遭受蝗灾。七月，蝗灾主要发生在河南府路和奉元路。河南府路闵乡县、陕县，奉元路蒲城、白水等县均有蝗灾发生。④次年蝗灾主要集中于五月，发生地域为大名、河间两路属县。⑤

① 《元史》卷33《文宗纪二》；卷50《五行志一》。

② 《元史》卷34《文宗纪三》。

③ 《元史》卷34《文宗纪三》；卷50《五行志一》。

④ 《元史》卷35《文宗纪四》；卷50《五行志一》。

⑤ 章义和：《中国蝗灾史》，第299页。

四、顺帝时期的蝗灾

顺帝妥懽帖睦儿在位的 36 年间，蝗灾发生年份达到 23 年。腹里地区以及河南行省北部仍是蝗灾的高发地区。辽阳行省的大宁路、广宁路、辽阳路、开元路、沈阳路懿州等地成为这一时期蝗灾的最北界，西界则至陕西行省凤翔府等关中地区，南方蝗灾主要集中在江西行省南康路。

顺帝即位之初，即有蝗灾发生，且相当严重。元统元年（1333），"河北、山东旱蝗为灾"，身为监察御史的朵儿直班"条陈九事上之"①。次年蝗灾多与水旱灾害相伴而生。六月，辽阳行省的大宁、广宁、辽阳、开元、沈阳、懿州等地发生水旱蝗灾害。虽没有明确说明蝗灾发生的具体地域，但这次灾害造成的后果十分严重，当地百姓"大饥"，遂有朝廷"以钞二万锭，遣官赈之"的诏令。八月，江西行省"南康路诸县旱蝗"，也有"以米十二万三千石赈粜之"的官方救灾行为。②

后至元元年到五年（1335—1339）的五年间，未见大规模蝗灾发生，蝗灾发生地域多限于一路或一县范围。章义和曾翻检地方志，查找出后至元元年（1335）保定路定兴县、大名路东明县均有蝗灾发生，而益都路临朐县"大蝗"，受灾最为严重。③次年七月，河南行省黄州路蝗，"督民捕之，人日五斗"，可见蝗虫之多。④后至元三年（1337）六月，腹里地区怀庆路、江浙行省温州路及河南行省汴梁路阳武县有蝗灾发生。次月，阳武县蝗虫迁飞至河南府路武陟县，"俄有鱼鹰群飞啄食之"，将要收获的庄稼才免于受灾。⑤后至元五年（1339）七月，益都路胶州即墨县蝗。⑥

后至元六年到至正二年（1340—1342）的三年间，是蝗灾较为严重的时期。其发生地域主要集中在腹里地区。后至元六年（1340），"京畿南北蝗飞蔽天"。这次蝗灾主要发生在六月，且相当严重，遂有顺帝七月戊午以"星文示异，地道失宁，旱蝗相仍"而"颁罪己诏于天下"⑦。次年，

---

① 《元史》卷139《朵儿直班传》。

② 《元史》卷38《顺帝纪一》。

③ 章义和：《中国蝗灾史》，第299页。

④ 《元史》卷39《顺帝纪二》；卷51《五行志二》。

⑤ 同上。

⑥ 《元史》卷51《五行志二》。

⑦ 《元史》卷184《崔敬传》；陈旅：《陈允恭捕蝗序》，《安雅堂集》卷5。

河间等路"旱蝗，阙食，累蒙赈恤，民力未苏"，买得起食盐的人很少。①
长期干旱是大面积蝗灾发生的诱因。这年秋天"不雨，冬无雪"，以致至
正二年（1342）"方春首月蝗生"②，作为河间行盐地面的京畿南北"旱蝗
相仍"③。

　　自至正三年至十七年（1343—1357）的 15 年间，仅有 8 个年份有蝗
灾发生，蝗灾发生地域局限于一路或一县。至正四年（1344），旱蝗。④《元
史·五行志二》载至正四年河南行省归德府永城县及亳州蝗。章义和通过
翻检地方志查找出：至正五年（1345）六月，曹州禹城蝗，七月卫辉路蝗，
鹳鹆食蝗；至正六年（1346）七月，晋宁路长子县蝗；至正八年（1348），
永年县、威州蝗，人相食；至正十一年（1351），大都路昌平州大蝗。⑤至
正十二年（1352）六月，中书省臣指出，"大名路开、滑、浚三州，元城
十一县水旱虫蝗，饥民七十一万六千九百八十一口"⑥，可见受灾之严重。至
正十三年（1353）至至正十六年（1356）的四年中，未见蝗灾记载。至正
十七年（1357），仅见东昌路茌平县有蝗灾发生。⑦

　　至正十八年（1358）、十九年（1359）两年间蝗灾又趋于严重。至正
十八年蝗灾分布虽仍较分散，但其发生地域渐广。此年夏，大都路蓟州，
晋宁路辽州，益都路潍州昌邑县、胶州高密县蝗。辽州蝗灾一直延续到五月。
七月，京师"大水，蝗，民大饥"，受灾可谓严重。⑧除大都路外，广平、
顺德等路及益都路潍州北海县、莒州蒙阴县，加之河南行省汴梁路陈留县、
归德府永城县均有蝗灾发生。蝗灾造成农作物大量减产，使百姓不得不以
蝗虫充饥，甚至出现食人现象，"顺德九县民食蝗，广平人相食"⑨。至正
十九年（1359），蝗灾主要集中在五月至八月间，为害区域之广，对农作

　　①《元史》卷97《食货志五》。

　　②《元史》卷183《王思诚传》。

　　③《元史》卷97《食货志五》。

　　④《明史》卷1《太祖纪一》。

　　⑤章义和：《中国蝗灾史》，第300页。

　　⑥《元史》卷42《顺帝纪五》。

　　⑦《元史》卷51《五行志二》。

　　⑧《元史》卷45《顺帝纪八》；卷51《五行志二》。

　　⑨《元史》卷51《五行志二》。

物蚕食之严重，十分罕见。《元史·五行志二》载："大都霸州、通州，真定，彰德、怀庆，东昌，卫辉，河间之临邑，东平之须城、东阿、阳谷三县，山东益都、临淄二县，潍州、胶州、博兴州，大同、冀宁二郡，文水、榆次、寿阳、徐沟四县，忻、汾二州及孝义、平遥、介休三县，晋宁潞州及壶关、潞城、襄垣三县，霍州赵城、灵石二县，隰之永和，沁之武乡，辽之榆社、奉元，及汴梁之祥符、原武、鄢陵、扶沟、杞、尉氏、洧川七县，郑之荥阳、汜水，许之长葛、郾城、襄城、临颍，钧之新郑、密县皆蝗，食禾稼草木俱尽，所至蔽日，碍人马不能行，填坑堑皆盈。饥民捕蝗为食，或曝干而积之。又罄，则人相食。"事实上，这次蝗灾为害的范围不只限于腹里地区。关中地区、河南行省淮安路均受到这次蝗灾的影响。五月，"山东、河东、河间、关中等处，蝗飞蔽天，人马不能行，所落沟堑尽平，民大饥"[1]。蝗虫的迁飞特性是蝗灾为害至大的重要原因。七月，"淮安路清河县飞蝗蔽天，自西北来，凡经七日，禾稼俱尽"[2]。八月己卯，"蝗自河北飞渡汴梁，食田禾一空"[3]。霸州及介休、灵石的蝗灾持续到七月份。大同路蝗灾则持续到八月。

　　至正二十年至二十八年（1360—1368）的九年间，蝗灾并不严重，见于记载的仅四年有蝗灾发生。蝗灾分布多以一二路或几县为主，未见大面积蝗灾发生。至正二十年（1360），"益都临朐、寿光县二县，凤翔岐山县蝗"[4]。至正二十一年至二十二年（1361—1362）的蝗灾主要发生在河南府路、卫辉路以及汴梁路等地。至正二十一年六月，"河南巩县蝗，食稼俱尽"[5]。七月，蝗灾扩展到卫辉路以及汴梁路荥泽县、郑州等地。至正二十二年秋，"卫辉以及汴梁开封、扶沟、洧川三县，许州及钧之新郑、密二县蝗"[6]。至正二十五年（1365），凤翔岐山县发生蝗灾。之后的三年间，未见有蝗灾发生的记载。

---

① 《元史》卷45《顺帝纪八》。

② 《元史》卷51《五行志二》。

③ 《元史》卷45《顺帝纪八》；卷51《五行志二》。

④ 《元史》卷51《五行志二》。

⑤同上。

⑥ 《元史》卷51《五行志二》。

第二节　蝗灾的时空分布

有元一代（包括蒙古前四汗时期）的163年中，蝗灾发生年份达86年，平均不到两年便有蝗灾发生，其中窝阔台汗时期、元前中期是蝗灾的高发时段。就地域来看，腹里地区、河南行省是蝗灾的主要发生区域，以黄淮海为中心，东北扩展到辽阳行省，西部则延及陕西行省所在的渭河流域。江浙行省的浙西地区、江西行省、湖广行省时有蝗灾发生。

一、蝗灾的时间分布

据不完全统计，有元一代重大蝗灾发生年份为9年，特大蝗灾发生年份为31年。根据发生地域的不同，笔者将蝗灾年份、重大蝗灾年份以及特大蝗灾年份进行统计，制成图5-1：元代蝗灾发生年份统计图。

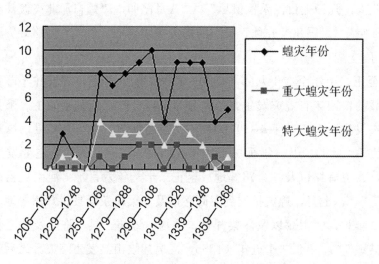

图 5-1　元代蝗灾发生年份统计图（单位：年）

由图5-1可以看出，元初的蝗灾并不严重。1259—1268年的十年间骤然增加，达到8年。此后的十年中，发生蝗灾的年份虽略有下降，但仍然达到7年。随后的三个十年间，蝗灾发生年份逐渐增多，自1299年至1308年的十年间年年都有蝗灾发生。此后的十年蝗灾发生年份略有下降，仅为4年。从1319年至1348年的三个十年间蝗灾发生年份基本维持在多发的状态，十年内有九年发生蝗灾，可见蝗灾发生之频繁。自1349年至1368年元朝灭亡，蝗灾呈现出零星的状态，两个十年内发生蝗灾的年份分别为 4 年和 5 年。

元代特大蝗灾发生年份呈现出与蝗灾发生年份一致的趋势。蒙古前四汗初期的 40 年间蝗灾的发生年份很少。特大蝗灾年份主要发生在窝阔台汗时期丙申（1236）、戊戌己亥年间（1238—1239）。蝗灾发生范围遍及当时蒙古统治下的诸路。1259—1268 年的十年间特大蝗灾频发，有 4 年蝗灾的发生范围超过了 80 州县。此后 30 年间，每十年均有 3 年发生特大蝗灾。1299—1308 年的十年间，特大蝗灾发生年份再次达到 4 年。之后十年间特大蝗灾发生年份为 3 年。1319—1328 年间的特大蝗灾发生年份再次达到 4 年。此后的 30 年间，特大蝗灾发生年份呈现递减的趋势，且在 1349—1358 年的十年间没有特大蝗灾发生。元朝最后十年内仅有一次特大蝗灾发生。

介于两者之间的重大蝗灾的发生年份相对较少。仅在 1289 年至 1308 年的 20 年间，每十年均有两年发生重大蝗灾，之后十年间未见重大蝗灾发生。此后十年又有两年发生重大蝗灾。此后直至元末，则鲜有重大蝗灾发生。

需要说明的是，1206—1258 年之间，蒙古前四汗的范围仅限于黄淮海地区，尚未完成统一，因此所统计的资料似并不能反映当时整个中国的全貌。

关于蝗灾的发生是否有周期性，学界有着不同的看法。满志敏认为历史时期黄淮海平原蝗灾大爆发事件并没有表现出明显的周期性特征。[1]马世骏则认为现代生物学上一般发生地蝗灾有 9～11 年一遇的周期。[2]王培华肯定了 1238—1368 年大蝗灾有 11 年左右和 60 年左右的周期性，并试图从太阳黑子 11 年周期和 61 年周期中找到解释。[3]实际上元代享国时间太短，加上蒙古前四汗时期，总共享国 160 余年，且辖境内有关蝗灾的最早记录是 1232 年的凤陇地区"大蝗"。受文献记载的限制，寻找蝗灾发生的规律存在不小的难度。就笔者所见，蝗灾的发生固然会受到太阳黑子活动的影响，但就现有材料来看，尚无法确定元代蝗灾形成了具有规律性的周期变化。

研究蝗灾的时间分布还须注意到蝗灾发生的月季变化。笔者据文献记

---

① 邹逸麟：《黄淮海平原历史地理》，第 91～94 页。

② 马世骏：《中国东亚飞蝗蝗区的研究》，北京：科学出版社，1965 年，第 20 页。

③ 王培华：《元代北方灾荒与救济》，第 134～164 页。

载对元代蝗灾发生的月季变化进行了统计，制成图5-2元代蝗灾发生月季变化图。

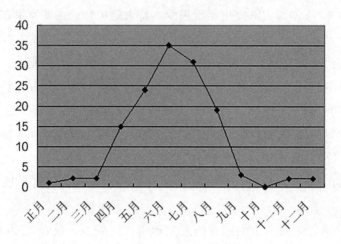

图5-2　元代蝗灾发生月季变化图（单位：年）

由图5-2可见，元代蝗灾主要发生在四月至八月间。其中六月最为严重，七月次之，五月又次之，八月和四月又次之。元代蝗灾，夏蝗多于秋蝗。这当与蝗虫的生活习性有关。六月正是蝗虫的羽化期。[1] 明代徐光启曾经指出蝗虫"是最盛于春秋之间，与百谷长养成熟之时，正相值也，故为害最广"[2]。

二、蝗灾的空间分布

元代蝗灾的地域分布与其他朝代一样形成了北重南轻的格局。王培华曾指出"从蝗灾在省级单位的分布看，腹里地区最多，其次是河南省，陕西较少，辽阳最少，西北的别失八里的蝗灾记载只有一次"，并认为元代北方蝗区主要集中在环渤海区，环黄海区，永定、滹沱河泛区及附近内涝区，漳卫河河泛区及内涝区，黄河河道区和运河河道区。[3] 笔者将元代蝗灾发生的地域进行了统计，见表5-1：元代蝗灾发生地域统计表。

---

①郭郛：《中国飞蝗生物学》，济南：山东科学技术出版社，1991年，第59页。

②徐光启：《荒政》，《农政全书》卷44。

③王培华：《元代北方灾荒与救济》，第131～134页。

表 5-1　元代蝗灾发生地域统计表（单位：年）

所属省份	具体地域	发生蝗灾年数
腹里地区	高唐州、卫辉、真定、顺天、大都、河间、益都、东平、济南、大同、顺德、平滦、上都、大名、怀孟、彰德、平阳、般阳、泰安州、濮州、太原、保定、东昌、登州、德州、滑州、曹州、威州、冠州	77
河南行省	归德、汴梁、河南府、淮安、庐州、扬州、江陵、南阳、安丰、襄阳、汝宁、高邮、峡州	40
陕西行省	凤翔府、奉元	9
辽阳行省	大宁、辽阳、广宁、咸平府	6
江浙行省	太平、镇江、常州、嘉兴、绍兴、集庆（建康）、温州	7
湖广行省	雷州、兴国、澧州、岳州、龙阳州、汉阳府	5
江西行省	桂阳州、龙兴、南康	3
察合台汗国	别失八里	1

　　由表 5-1 可以看出，元代蝗灾以腹里地区最为严重，河南行省次之。与腹里地区毗邻的陕西行省、辽阳行省有多次蝗灾发生。与北部中国蝗灾严重不同，统一后的南部中国蝗灾呈零星分布。有元的近百年间，江浙行省仅有 7 年发生蝗灾，湖广行省、江西行省则分别有 5 年和 3 年发生蝗灾。可见元代南方的蝗灾并不严重。

　　值得说明的是，别失八里东三百里是见于元代文献记载的蝗灾发生的西至。别失八里是元代西北的重镇，其故城在今新疆吉木萨尔北破城子，[①]其距离陕西行省发生蝗灾的地域包括奉元路、凤翔府在内的关中地区尚很远。由此王培华认为当地蝗灾为亚洲飞蝗。[②]据研究，中国境内的亚洲飞蝗主要分布在我国北纬 40°的新疆阿尔泰至北纬 42°的内蒙古海拉尔地区。[③]虽然别失八里所处纬度在北纬 44°以上，但仍然可以认为该地蝗虫的品种为亚洲飞蝗。

----

　　①《中国历史大辞典·辽夏金元史》，第218页。

　　②王培华：《元代北方灾荒与救济》，第130页。

　　③张波：《农业灾害学》，第350～351页。

由表 5-1 可以看出，蝗灾发生的地域西至陕西行省的奉元路、凤翔府等地。凤翔府的行政中心正是今天的宝鸡。南端到达湖广行省的雷州路，距离海南岛仅有一尺之隔。北端至上都，也就是今内蒙古锡林郭勒盟一带。东至以辽阳行省的辽阳路和咸平府为界。蝗灾的分布与东亚飞蝗的分布范围大体一致。

陕西行省境内蝗灾发生见于记载的仅限于奉元路、凤翔府所在的关中地区。辽阳行省的蝗灾主要分布在环渤海地区的大宁、广宁府、辽阳、咸平等地。湖广行省蝗灾的发生区域除雷州路外，其他如兴国、澧州、岳州、龙阳州、汉阳府均与河南行省接壤。江浙行省蝗灾的发生路份大体可以分为两种。一种较为集中，如太平路、建康路、镇江路、常州路与河南行省一江之隔，与江北的庐州路、扬州路发生的蝗灾当属于同一范围。其他地区则较为分散，如嘉兴、绍兴以及温州等地濒临东海，并未与其他路份连成一片。

元代蝗灾以腹里地区和河南行省所辖路份最为严重。腹里地区是蝗灾的重灾区，受灾路份达到 29 个，几乎遍及腹里地区的全部路份。根据区域发生蝗灾的不同年份，我们对河东、河北、山东三个区域的蝗灾情况进行了统计，制成表 5-2：元代腹里地区蝗灾统计表。

表 5-2　元代腹里地区蝗灾统计表（单位：年）

区域	路份	发生蝗灾年数
河东	平阳、太原、大同	21
河北	卫辉、真定、保定、大都、河间、顺德、永平、广平、上都、大名、怀孟、彰德	62
山东	益都、东平、济南、般阳、泰安州、濮州、东昌、登州、德州、曹州、冠州、高唐州、宁海州、济宁	45

由表 5-2 可以看出，腹里地区蝗灾的分布以河北最重，山东[①]次之，河东又次之。由于太行山的阻隔，河东的平阳、太原和大同等地的蝗灾往往与陕西行省的奉元路、凤翔府和河南行省的河南府路、汴梁路以及腹里地区的怀庆路连成一片。如至大二年（1309），晋宁路的河中府、解州和绛州和与之相邻的奉元路同州、华州和耀州发生蝗灾。天历二年（1329），

① 关于对元代山东区划的研究，可以参见默书民：《元代的山东东西道辖区考析》，《中国史研究》2007年第3期。

包括晋宁路解州、奉元路华州以及河南行省河南府路灵宝县、汴梁路延津县以及怀庆路河内县在内的22县发生蝗灾。至正十九年（1359），河东与山东、河南、关中50余州县受灾，其中河东的受灾县份达到20余个，几乎遍布河东所有县份。总体而言，河东地区的蝗灾并不严重，其地域分布也呈现点状和零星状。

河北地区受灾路份达到12个。笔者根据现有记载对各地发生蝗灾年份进行了统计，可以更明了地揭示蝗灾分布的情况。见图5-3：元代河北地区蝗灾发生年份统计图。

由图5-3可以看出，河北地区内除兴和路外，其余诸路均有蝗灾发生。大都、真定、河间发生蝗灾的年份最多，分别达到36年、34年和27年。而腹里南部的真定、顺德、大名、广平、怀庆等路，蝗灾发生年数均达到或超过20年。由此可知，大都、河间等腹里地区的核心地带以及南部地区是元代腹里蝗灾较为频发的地区。相对而言，大都附近蝗灾发生路份较为集中，且发生年份较多，蝗灾的破坏性巨大。而南部地区蝗灾发生面积较大，往往和黄河对岸河南行省的汴梁路、河南府路、归德路以及山东地区形成一片。

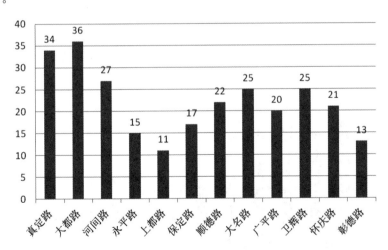

图5-3 元代河北地区蝗灾发生年份统计图（单位：年）

笔者对山东地区各路份蝗灾的发生年份进行了统计，如图5-4：元代山东地区蝗灾发生年份统计图。

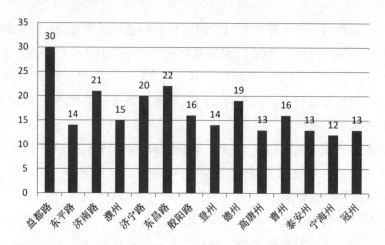

图 5-4　元代山东地区蝗灾发生年份统计图（单位：年）

由图 5-4 可以看出，元代山东地区各路份均有不同程度的蝗灾发生。该地区蝗灾的发生地主要集中在益都路、东昌路、济宁路、济南路等地。其中益都路、济南路濒临渤海湾，与河间、永平以及辽阳行省都属于环渤海蝗灾区。

与腹里地区相比，河南行省发生蝗灾的年份要少得多。见图 5-5：元代河南行省蝗灾发生年份统计图。

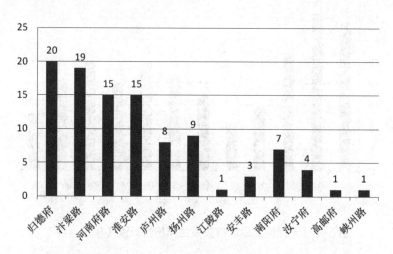

图 5-5　元代河南行省蝗灾发生年份统计图（单位：年）

由图 5-5 可知，元代河南行省的蝗灾主要发生在北部的归德府、汴梁路、河南府路和东部沿海的淮安路、扬州路等地。虽有省份之别，但河南行省北部与腹里南部地区形成了蝗灾发生的聚集地。

我们注意到，元代蝗灾发生的范围十分宽广，且华北地区的蝗灾最为严重。蝗灾发生年份较多的区域集中在大都、真定、益都等地。蝗灾的发生往往表现出群发性的特点，如至元六年（1269）发生的蝗灾发生区域"北自幽蓟，南抵淮汉，右太行，左东海"[①]。此外，由于蝗虫具有迁飞性，同年导致蝗灾发生的蝗虫可能是同一批。至元十九年（1282）八月"蝗自河北飞渡汴梁，食田禾一空"[②]，即汴梁蝗灾是受河北蝗虫迁飞的影响。这一影响似并不仅这一次，而是带有规律性。同年七月，淮安清河县"飞蝗蔽天，自西北来，凡经七日，禾稼俱尽"[③]。

三、蝗灾相关性

蝗虫的生长环境与气温、降水等有着密切的关系。从现有资料来看，蝗灾的发生多与旱灾有关。夏秋季干旱将在某种程度上有利于蝗虫的生长。元代蝗灾有明确记载与旱有关者达到24年。太宗丙申年（1236）燕境"因旱而蝗"[④]。戊戌己亥年（1238—1239）间，天下大旱蝗，显然蝗灾与旱灾相关。至元六年（1269），腹里地区大部"大蝗旱"[⑤]，河南路"旱蝗，是岁至于八月不雨"[⑥]。之后两年间蝗灾均与旱灾并发，涉及腹里地区的大部和河南行省北部地区。至元十五年（1278）、元贞元年（1295）、大德二年（1298）、大德十一年（1307）、至大元年（1308）、延祐七年（1320）、至治元年（1321）、天历元年（1328）、天历二年（1329）、元统元年（1333）、元统二年（1334）、至正元年（1341）、至正二年（1342）、至正十二年（1352）、至正十八年（1358）、至正十九年（1359）均是蝗旱并发。大饥荒因蝗旱灾害频频发生。

但也有蝗灾与水灾并发者。至正十八年京师大水，蝗，造成"民大饥"的凄惨景象。陈崇砥《治蝗书》对这种情况进行了分析："蝗乃旱虫，故飞蝗之患多在旱年。殊不知其萌蘖则多由于水，水继以旱，其患成矣。"也就是说水灾发生后，一般都继之以旱灾，而水旱交融的状况为蝗虫的生

---

① 胡祗遹：《捕蝗行并序》，《胡祗遹集》卷4。

② 《元史》卷45《顺帝纪八》。

③ 《元史》卷51《五行志二》。

④ 杨奂：《洞真真人于先生碑并序》，《还山遗稿》卷上。

⑤ 刘敏中：《至元恩泽颂并序》，《中庵先生刘文简公文集》卷14。

⑥ 萧𣂵：《元故淮安路总管高公墓志铭》，《勤斋集》卷3。

产发育创造了良好的条件，于是蝗灾发生也就不可避免了。

综上所述，元代统治区内发生蝗灾的年份为86年。其中重大蝗灾发生年份为9年，特大蝗灾发生年份为31年。窝阔台汗时期、元前中期是元代蝗灾的高发期，而以1299—1308年十年间蝗灾发生最为频繁，受灾状况也最为严重。虽然蝗灾发生与太阳黑子活动有关，然就现有资料来看，尚无法确定元代蝗灾的周期性。元代蝗灾主要发生在四月至八月间，尤以六月最为严重。就空间分布而言，元代蝗灾形成了北重南轻的格局，腹里地区和河南行省北部最为严重，而腹里地区又以河北地区受灾最为严重。就蝗灾发生的相关性而言，蝗灾常与旱灾相伴而生。

第三节　其他虫灾

除蝗灾外，其他虫灾也给当地农作物，特别是经济作物造成了不可估量的损失。见于记载的其他昆虫主要有蚼蝻、螟、蟊、蠹、野蚕、黑蛛、尺蠖、青虫等。和付强统计元代除蝗灾外的其他虫灾有48次。但他将蟓等蝗灾也统计在内。[1]王培华指出元代文献明确记载12年份发生桑树病虫灾。[2]据笔者初步统计，元代其他虫灾共发生50余次，涉及32年份。最为严重的是大德九年（1305）江浙行省"虫伤尤多"[3]。后至元五年（1339），"畿内田有虫孽"[4]为灾。

蚼蝻，即黏虫。幼虫头褐色，背面有彩色纵纹，成虫为淡灰褐色，具有迁飞的习性，是农作物的重要害虫之一。元代蚼蝻为灾共发生8次。[5]至元八年（1271）六月，辽州和顺县、解州闻喜县蚼蝻为灾。[6]至元十一年（1274），蚼蝻灾害最为严重。当时忽必烈所统辖的范围仍为华北、陕西诸路，其中有九个地方发生蚼蝻灾。[7]蚼蝻以农作物为蚕食对象，大规模

①和付强：《中国灾害通史·元代卷》，第200页。

②王培华：《元代北方灾荒与救济》，第165页。

③刘壎：《呈州转申廉访分司救荒状》，《水云村泯稿》卷14。

④虞集：《河图仙坛之碑》，《道园学古录》卷25。

⑤和付强《中国灾害通史·元代卷》中作6次，第200页。

⑥《元史》卷7《世祖纪四》。

⑦《元史》卷8《世祖纪五》。

的蚜蚄蚕食农作物，往往造成农作物的减产。至元二十四年（1287），巩昌路蚜蚄为灾。[①]泰定四年（1327）七月，关中地区奉元路咸阳、兴平、武功三县，凤翔府岐山等县蚜蚄害稼。[②]至正二十二年至二十三年（1362—1363）的两年间，蚜蚄为灾范围主要集中在山东半岛的莱州胶水县、招远县、莱阳县以及登州、宁海州等地。[③]由此可见，蚜蚄为灾呈现出零星分布的特点。其主要发生地域在腹里地区和陕西行省交界的平阳、关中地区和胶东半岛等地。

对农作物造成危害的还有螟虫、蟊和青虫等。文献中往往将螟、蟊并称。“田家爱苗如爱身，朝锄夕拥屯苍云。那知螟蟊作妖孽，雄吞恣食何纷纷。”[④]螟主要以稻茎的髓部为食，危害巨大。“螟生则禾不实。”[⑤]元代见于记载的螟虫为灾有8次。至元五年（1268）七月，“螟生牧野南”，有鹳鹆自西北来，“方六七里间，林木皆满，遂下啄螟”[⑥]，食尽乃去。可见这次螟虫为灾的范围在六七里之间。至元二十七年（1290）四月癸酉，江浙行省婺州路螟害稼。[⑦]元贞元年（1295）六月，辽阳行省大宁路利州龙山县、辽阳路盖州明山县有螟虫为害。[⑧]元贞二年（1296）五月，济宁路济州任城县螟虫为害。[⑨]大德七年（1303）四月，卫辉路辰州螟为灾。至正八年（1348）七月，卫辉路再次发生螟灾。至正二十二年（1362）春，卫辉路又有螟灾发生。[⑩]晋宁路螟灾则发生在至正十九年（1359）八月襄垣县。[⑪]元代螟虫灾害主要发生在腹里地区卫辉路、晋宁路、济宁路，辽阳行省大宁路、辽

---

①《元史》卷14《世祖纪十一》；卷50《五行志一》。

②《元史》卷50《五行志一》。

③《元史》卷51《五行志二》。

④王袆：《捕蝗叹》，《王忠文公集》卷2。

⑤刘敏中：《阳丘尉高君饯行诗序》，《中庵先生刘文简公文集》卷13。

⑥王恽：《鹳鹆食蝗》，《秋涧先生大全集》卷44。

⑦《元史》卷16《世祖纪十三》；卷50《五行志一》。

⑧《元史》卷18《成宗纪一》；卷50《五行志一》。

⑨《元史》卷19《成宗纪二》。

⑩《元史》卷21《成宗纪四》；卷192《良吏二·刘秉直传》；卷51《五行志二》。

⑪《元史》卷45《顺帝纪八》。

阳路及江浙行省婺州路，这些地区均为稻作区。① 蟊也是一种稻作害虫。元代见于记载的仅有一例：至元十八年（1281），腹里地区高唐州夏津、武城等地蟊害稼。加之保定路清苑县水，平阳路松山县旱，当年朝廷将这三个地方总计约三万六千八百四十石的租税一同免除。②

青虫为灾的记载仅有2例，集中在湖广行省的中东部地区，主要发生在六七月间。至顺元年（1330）闰七月，湖广行省宝庆、衡州、永州等路田生青虫，食禾稼。③ 至正三年（1343）六月，江浙行省梧州路青虫食稼。

与农作物受灾的零星点状分布不同。桑树受灾呈现出面状分布的特点。有元一代，有关桑树虫灾的记载有22次，涉及13个年份。至元七年（1270）五月，大名、东平等路蚕桑皆灾。④ 至元十七年（1280）四月，真定七郡的虫灾"皆损桑"⑤，其中还应该包括保定路。四月二十四日，王恽从束鹿县到深泽境内的西河乡，写下"旱虫食桑桑叶无"⑥的诗句。至元二十九年（1292）五月，真定路中山府新乐县、平山县、获鹿县、元氏县、灵寿县，河间路沧州无棣县，景州之阜城、东光县，益都路潍州北海县等地"有虫食桑叶尽，无蚕"⑦。元贞元年（1295）四月，真定路的平山、灵寿等县有虫食桑。大德元年（1297），平滦路虫食桑。大德五年（1301）四月的桑虫灾较为严重，涉及大都、彰德、广平、真定、顺德、大名、濮州等地。至大元年（1308）五月，真定、大名、广平复有桑虫灾发生。至治元年（1321）五月，保定路飞虫食桑。致和元年（1328）六月，河南行省德安府尺蠖食桑。天历二年（1329）桑虫灾比较严重。二月，真定路平山县、河间路临津县、大名路魏县都有桑虫灾发生，直至"叶尽，虫俱死"⑧。三月，桑虫灾的发

① 关于元代水稻的地域分布，参见陈高华、史卫民：《中国经济通史·元代经济卷》，北京：经济日报出版社，2000年，第102～108页；吴宏岐：《元代农业地理》，西安：西安地图出版社，1997年，第120～129页。

② 《元史》卷11《世祖纪八》。

③ 《元史》卷34《文宗纪三》；卷51《五行志二》。

④ 《元史》卷7《世祖纪四》。

⑤ 《元史》卷11《世祖纪八》。

⑥ 王恽：《悯雨行》，《秋涧先生大全集》卷8。

⑦ 《元史》卷17《世祖纪十四》。

⑧ 《元史》卷33《文宗纪二》。

生范围主要集中在河间路沧州南皮、盐山等县和高唐州的武城县。五月，大名路发生蚕灾。六月，卫辉路也发生蚕灾。至顺元年（1330）三四月间，濮州诸县以及河间沧州、高唐州等属县"虫食桑叶将尽"[①]。次年的桑虫灾最为严重。二月，仅真定路深、冀二州有虫灾发生。三月，真定路晋、冀、深、蠡等州虫灾继续发生。冠州的四十余万株桑树都被虫蚕食。此外，汴梁路延津县、河间路景州和献州、济宁路郓城县"俱有虫食桑为灾"[②]。五月间，东昌封丘等县、保定博野等县、曹州禹城、濮州以及南阳府路唐州有桑虫灾发生。六月，济宁路"虫食桑"[③]。至顺三年（1332）桑虫灾依然严重。三月，高唐州、德州、大名路、汴梁路、广平路以及真定路冀州"有虫食桑叶尽"[④]。四月，虫灾延及东平路、济宁路以及曹、濮诸州。六月，晋宁路、真定路冀州桑灾当与桑虫灾有关。

从桑虫灾的时空分布来看，元代桑虫灾主要发生在二月至六月间。发生范围主要集中在腹里地区的河北和山东地区。真定路、大名路、河间路是桑虫灾发生的重灾区，分别达到了9次、6次、5次。其次，濮州、保定路、高唐州和济宁路桑虫灾次数也达到3～4次。其余腹里地区的大都、平滦、彰德、广平、顺德、卫辉、冠州、东平、益都、曹州、东昌等地也有相关桑虫灾的记载。河南行省汴梁路、南阳府路、德安府也有零星桑虫灾的记载。从纬度来看，桑虫灾的重灾区在北纬35°～39°之间。[⑤]需要说明的是，虫灾的发生往往与旱灾有关。

对桑树造成危害的害虫主要有步屈、黑蛛、麻虫、桑狗等。《农桑辑要》引《农桑要旨》指出："害桑虫蠹不一：蟖蛛、步屈、麻虫、桑狗为害者，当生发时，必须于桑根周围，封土作堆，或用苏子油于桑根周围涂扫。振打既下，令不得复上，既蹉扑之，或张布幅，下承以筛之。"[⑥]步屈和黑蛛的区别和危害，胡祗通记载最详："有虫局行名步屈，有虫夜飞名黑蛛。

---

① 《元史》卷34《文宗纪三》。

② 《元史》卷35《文宗纪四》。

③ 同上。

④ 《元史》卷36《文宗纪五》。

⑤ 王培华认为从纬度看，桑虫灾主要分布于北纬30°～40°之间，见氏著《元代北方灾荒与救济》，第166页。

⑥ 《农桑辑要校注》卷3《栽桑》。

二虫有吻食桑叶，绿云一扫成枯株。朝才掩扑暮复盛，感化生殖乃尔殊。呜呼天将佑凶物，繁衍不许人力除。密云抟空不为雨，烁烁旱火烧八区。蚕生无食满筐筥，农人倚杖空咨吁。"[1] 其危害程度可见一斑。步屈，即尺蠖，爬行时身体一屈一伸，如用手丈量长短，故称尺蠖。致和元年（1328）六月，河南行省德安府桑灾即因尺蠖所致。[2] 桑树虫灾的直接后果是无桑叶留存，随之靠桑叶生存的蚕无食物可食，难以生存。

除农作物、经济作物外，一些树木也频遭昆虫的危害。吴师道在大都郊外前往昭潭的沿途看到虫食松叶尽枯："县南县北几百里，沿道苍松半枯死。毡虫无数枝上悬，食尽青青成尔子。雪霜不朽千岁质，摧败一朝天所使。残骸砾砾怒犹张，流膏滴滴泣未止"[3]。槐树也受虫灾影响："槐虫复槐虫，高槐郁郁如青龙。枝枝叶叶被尔食，青云萧瑟生秋风。槐虫肥，枝上垂。一枝摇曳势欲绝。欲堕不堕风凄凄，下有车辙交马蹄。不可堕地身为泥，闺中女儿莫尽之，令尔肌肉生疮痍。"[4] 蔬菜的生长也因虫害损失惨重，"菜苗虫食且半枯。"[5]

①胡祗遹：《诅桑叶虫》，《胡祗遹集》卷4。

②《元史》卷30《泰定帝纪二》。

③吴师道：《七月十八日郊外抵昭潭沿道观虫食松叶尽枯感而赋诗》，《吴正传先生文集》卷5。

④李序：《槐虫吟》，顾嗣立编：《元诗选三集》卷6。

⑤贡师泰：《学圃吟》，《玩斋集》卷2。

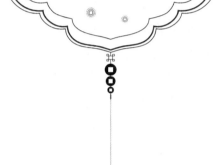

第六章
地震地质灾害

　　地震灾害（以下简称"震灾"）是元代自然灾害中比较突出的一种。元代是中国历史上地震的活跃期。据不完全统计，元代有感地震次数160余次，其中构成地震灾害的破坏性地震近50次，尤以大德七年（1303）的平阳、太原大地震破坏最为严重。[1] 目前学界成果中全面论述元代地震灾害的成果殊少，且过于简略，大多限于地域性地震灾害的研究。[2] 本章旨在前人研究的基础上对有元一代地震灾害的发生史进行考察。

第一节　地震灾害概述

蒙古前四汗时期因文献记载阙如，辖境内有感地震发生情况不得其详。据史料记载，元代最早的地震发生于至元十六年（1279）的萨斯迦。据邓云特统计，元代有感地震为 56 次。[3] 中国科学院地球物理研究所编《中国强地震简目》列有元代震级大于等于 6 级的地震 9 次。[4] 顾功叙主编《中国地震目录（前 1831—1969）》记录了元代震级大于等于 4.75 级的强震 24 次，震级大于等于 6 级的地震 9 次。[5]《中国历史地震图集（远古至元时期）》列有感地震（即 M＜4.75）102 次，其中破坏性地震 30 次。[6] 国家地震局震灾防御司编《中国历史强震目录》列有元代大于等于 4.75 级以上的地震 35 次，其中震级大于等于 6 级的地震 9 次。[7] 刁守中、晁洪太主编《中

①综合性研究有，和付强：《中国灾害通史·元代卷》，第162～169页；闻黎明：《元代地震后更改地名一事浅议》，《地震》1983年第5期。区域性地震的研究以大德七年赵城地震的成果最为丰富，其他区域地震的研究有，胡廷荣：《关于1290年武平路地震震级讨论》，《华北地震科学》1984年第1期；谷炳麟：《1318年懿州5级地震质疑》，《东北地震研究》1997年第2期。对历代地震资料整理也有很多种。本章写作时主要参考了谢毓寿、蔡美彪主编：《中国地震历史资料汇编（第一卷）》，北京：科学出版社，1983年，第159～215页。

②和付强：《中国灾害通史·元代卷》，第162页。

③邓云特：《中国救荒史》，第26页。

④《中国强地震简目》，北京：地图出版社，1976年，第4页。

⑤顾功叙：《中国地震目录（前1831—1969）》，北京：科学出版社，1983年，第16～23页。

⑥国家地震局地球物理研究所、复旦大学中国历史地理研究所：《中国历史地震图集（远古至元时期）》，北京：中国地图出版社，1990年，第147～174页。书中描绘出32次地震的示意图。其中两次为4.5级，震级高于或等于4.75级的地震为30次。

⑦《中国历史强震目录》，北京：地震出版社，1995年，第30～44页。

国历史有感地震目录》列有元代在 3 级和 4.75 级之间的地震 118 次。[①] 和付强则认为元代发生地震 145 次。[②] 据笔者不完全统计，至元十六年到至正二十八年（1279—1368）的 90 余年间，见于记载的有感地震 160 余次，其余震次数更是不胜枚举。其中顺帝在位的 30 余年间，地震发生次数基本相当于此前 60 余年的总和。京师、河东、陕西、东南沿海等地是地震的高发地带。其中地震灾害约近 50 次。强地震（震级≥6 级）有 9 次，尤以大德七年（1303）的平阳、太原大地震破坏力最为巨大。现代地震学者将其定为 8 级地震。震级为 7 级地震则有至元二十七年（1290）八月二十三日辽阳行省武平路地震和至正十二年（1352）闰三月初四日陕西行省会州地震。地震频仍，造成人口、财产和建筑物的极大破坏，给人民生产生活造成了深重的灾难。

一、世祖时期的地震灾害

忽必烈在位的 30 多年中，发生有感地震 12 次，其中破坏性地震为 6 次。虽然地震次数不是很多，但地震强度较大，破坏力不小。这一时段地震主要分布在宣政院辖地、大宁路（后改武平路）、杭州路、京师、平阳路和泉州路等地，而破坏性地震主要发生在宣政院辖地、大宁路和平阳路。至元十六年（1279）五月初五的萨斯迦地震为史籍所载有元一代最早的地震。除此之外，宣政院所属的楚布寺（今西藏堆龙德庆西）至元二十年（1283）三月"大地不停"。这次地震持续二十一天，反复出现发声、发光、地震、下花雨等现象。[③] 大宁路发生地震两次。大宁路即辽金时的中京大定府，元初为北京路总管府，领兴中府及义、瑞、兴、高、锦、利、惠、川、建、和十州。至元七年（1270），改北京路为大宁路，二十五年（1288），改为武平路，后复为大宁路。至元二十五年，大宁路发生地震，但没有详细记载。[④] 至元二十七年（1290）的武平路（治今内蒙古宁城县）地震史料记载比较详赡。地震发生前，"大雾四起"[⑤]。《元史·五行志一》提到发生

---

① 《中国历史强震目录》，北京：地震出版社，2008年，第34～40页。

② 和付强：《中国灾害通史·元代卷》，第162页。

③ 蔡巴·贡噶多吉：《红史》，东嘎·洛桑赤列校注，陈庆英、周润年译。

④ 袁桷：《推诚保德功臣开府仪同三司太傅上柱国追封蓟国公谥忠哲梁公行状》，《清容居士集》卷32。

⑤ 袁桷：《翰林学士嘉议大夫知制诰同修国史赵公行状》，《清容居士集》卷32。

地震的时间为八月癸未(十三日),《元史·世祖十三》则言为八月癸巳(二十三日),袁桷和刘敏中均提到这次地震发生在癸巳日。①故《元史·五行志一》的记载似不正确。这次"地大震,武平尤甚,压死按察司官及总管府官王连等及民七千二百二十人,坏仓库局四百八十间,民居不可胜计"②,伤亡人数总计达到"数十万",同时发生了"地陷,黑沙水涌出"等现象。③同时位于武平路义州(治今辽宁义县)的大奉国寺因这次地震而"欹斜骞崩,殆不可支"④。现代地震学者将这次地震的震级定为7级。九月戊申,武平路再次发生地震,当为八月癸巳地震的余震。杭州路发生地震两次。其中以至元二十五年(1288)十月二十四日丙子夜正中时发生的地震震感较为强烈。周密记载了当时的情况:"地大震。始如暴风驾海潮之声自西南来,鸡犬皆鸣,窗户磔磔有声。继而屋瓦皆摇,势如掀箕。余初闻是声大惊,以为大寇至,惧甚,噤不敢出息。继而觉卧榻撼如乘舟迎海潮,始悟为地震也。"这次地震"凡两茶顷甫定"⑤。十一月,杭州路、湖州路发生地震,当为十月地震的余震。至元二十八年(1291)八月初一日的平阳地震破坏性较大,"坏民庐舍万有八百二十六区,压死者百五十人"⑥。现代地震学者将这次地震定为6.5级。此外,京师大都于至元二十一年(1284)九月戊子、甲申和至元二十六年(1289)正月丙戌发生地震,黄梅县于至元二十六年发生地震,泉州于至元二十七年(1290)二月癸未、丙戌接连发生地震,文献中记载仅有"地震"字样,可知这些地震强度不大。

二、成宗到宁宗时期的地震灾害

成宗在位的13年间是元代地震较为活跃的阶段,发生有感地震17次,年均1.3次,其中破坏性地震为9次。这一时期地震的分布主要集中在河东地区,尤以大德七年(1303)的平阳路、太原路地震破坏最为严重。事

---

①袁桷:《翰林学士嘉议大夫知制诰同修国史赵公行状》,《清容居士集》卷32;刘敏中:《奉使宣抚回奏疏》,《中庵先生刘文简公文集》卷7。

②《元史》卷16《世祖纪十三》。

③《元史》卷172《赵孟𫖮传》。

④卢懋:《义州重修大奉国寺碑》,罗福颐校录《满洲金石志》卷4。

⑤周密:《戊子地震》,《癸辛杂识》续集上,吴企明点校。

⑥《元史》卷16《世祖纪十三》。卷50《五行志一》作"坏民庐舍万有八百区",与本纪有出入,今从本纪。

实上，大德六年（1302），平阳路即发生了地震，造成平阳尧庙和洪洞县儒学坍塌。这次地震还波及万泉县。次年八月初一至初二，平阳泽州和高平县均发生地震，"八月朔日，夜将半，忽大风起西北，官民皆惊起，须臾地震，如摇橹荡桨之状，官舍民庐坏者无算"①。震感比较强烈。现代地震学者将此次地震震级定为5.5级。八月初六发生的辛卯地震，破坏力最为强烈。现代地震学者将此次地震震级定为8级，烈度为XI度。②地震发生在夜间。震中当在霍州（治今山西霍县，属平阳路）附近。此次地震"平阳、太原尤甚"，多处出现村堡移徙，地裂地陷，山崩滑坡，墙倒屋塌的状况。"平阳赵城县范宣义郇堡徙十余里，太原徐沟、祁县及汾州平遥、介休、西河、孝义等县地震成渠，泉涌黑沙。汾州北城陷，长一里，东城陷七十余步。"③这次地震造成巨大的人身伤亡和财产损失。据相关数据记载，这次地震伤亡人数达到四十万人。民宅庙宇倒塌者不计其数。同时这次地震西向波及陕西行省的延安、庆阳、安西等路，东向波及大都、卫辉、上都、隆兴和曹州，甚至辽阳行省的大宁路，涉及今天山西、陕西、甘肃、河北、北京、山东、内蒙古的广大地区。这次地震似与至元二十七年（1290）武平地震有着明显联系。此次地震发生后，余震不断，还诱发了大同、宣德地震。④

　　大德八年（1304），京师地震。次年二月，十年闰正月和十一年（1307）八月，平阳路、太原路多次发生地震。大德九年（1305）四月乙酉发生了大同路地震。地震发生时，"有声如雷"，地震"坏官民庐舍五千余间，压死二千余人"⑤。其中怀仁县出现两处地裂，涌水尽黑，其一广十八步，深五丈，其一广六十六步，深一丈。同年十一月、十二月以及十一年发生的地震均为辛卯地震所诱发。此外，大德六年（1302）十二月辛酉、戊辰，云南行省发生地震。此次地震接连发生，"地大震，三日及于寻甸"⑥。大德十年（1306）八月，陕西行省开成路地震，"王宫及官民庐舍皆坏，压

①范绳祖：《高平县志》卷9，顺治十五年刊本；朱樟：《泽州府志》卷50《祥异》，雍正十三年刊本。

②国家地震局震灾防御司：《中国历史强震目录》，第31页。

③《元史》卷50《五行志一》。

④闻黎明：《大德七年平阳太原的地震》，《元史论丛》第4辑。

⑤《元史》卷21《成宗纪四》。

⑥李月枝：《寻甸州志》卷1《灾祥》，康熙五十九年刊本。

死故秦王妃也里完等五千余人"①。次年三月，再次发生地震，当为前次地震的余震。

武宗时期是元代地震发生频度最大的时段。武宗在位 4 年中，见于记载的地震共计 11 次，平均每年 2.75 次，未见有关地震灾害的记载。地震范围涉及陕西行省的巩昌府陇昌、宁远县，甘肃行省的甘州路、宁夏路，云南行省的乌撒、乌蒙，腹里地区的京师和冀宁路、晋宁路阳曲县、灵石县。②至大元年（1308）、二年（1309），晋宁路地震。至大三年（1310），京师地震。晋宁路地震当为大德七年（1303）山西地震的延续。此 11 次地震震级均相对较小，史籍记载中多为"地震"二字，其损失状况不得而知。唯有至大元年（1308）六月云南行省乌撒、乌蒙地区地震震级较大，且持续时间较长，"三日之中地大震者六"③。至大四年（1311）七月癸未，甘州地震时，伴有"大风，有声如雷"④。

仁宗在位的 9 年中，共发生地震 15 次，年均约 1.67 次，频度有所降低，其中破坏性地震有 2 次。地震发生时间主要集中在皇庆二年至延祐五年之间（1313—1318）。其发生范围涉及腹里地区的京师、冀宁路、晋宁路、真定路，河南行省的汴梁路、河南府路，辽阳行省的大宁路、辽阳路懿州，岭北行省和宁路，江西行省的德庆路，而以腹里地区和辽阳行省的大宁路最为集中。其中延祐元年（1314）八月冀宁、汴梁以及武安、涉县的地震最为强烈。"坏官民庐舍，武安死者十四人，涉县三百二十六人。"⑤延祐三年（1316）九月的冀宁路、晋宁路地震、延祐三年十月的河南路地震以及延祐四年（1317）正月和七月冀宁路地震，仍似大德七年（1303）山西大地震的延续。延祐三年晋宁路蒲县地震造成"栋宇再摧"⑥。除腹里地区之外，这次地震还波及河南行省的北缘。范德机曾亲历皇庆二年（1313）六月己未朔的京师地震。他记述到："二年六月己未朔，京城五更大地作。

---

① 《元史》卷21《成宗纪四》。

② 《元史》卷22《武宗纪一》作"陵县"，卷50《五行志一》作"灵县"，王会安、闻黎明等先生认为此处当作灵石县，今从。参见《中国历史地震资料汇编》。

③ 《元史》卷22《武宗纪一》。

④ 《元史》卷24《仁宗纪一》。

⑤ 《元史》卷25《仁宗纪二》。

⑥ 《重修东岳庙碑铭》，胡聘之：《山右石刻丛编》卷39。

卧者颠衣起若吹，起者环庭眩相愕。屋宇无波上下摇，乾坤有位东西却。自我南来睹再震，初震依微不今若。昨朝展席坐堂上，耽玩图书坐无觉。堂下群儿又惊报，方馔饔人丧杯勺。栉者仓皇下床榻，门屋铿锵振铃铎。"[1]这次地震未见受灾记载。京师在这次地震后先后于六月丙寅、七月壬寅接连发生地震，但均未造成太大损失。大宁路自延祐元年（1314）二月始，至十一月戊辰终，发生地震见于记载者有三，均为有感地震，特别是十一月戊辰地震，伴有"有声如雷"的自然现象。辽阳懿州地震应为大宁路地震的余震。延祐四年（1317）九月始，岭北行省"地震三日"，而次年二月癸巳和宁路地震，当为岭北地震的余震。延祐五年（1318）己卯，江西行省的德庆路也有发生地震。

英宗至治二年（1322），京师发生地震2次。其一在九月癸亥，其一在十一月癸卯。前一次强度应该不是很大。第二次地震波及范围较广，"宣德府宣德县地屡震"[2]，似说明京师地震与宣德府地震之间有着密切的联系。《中国地震历史资料汇编》中列有至治二年十一月癸卯和乙卯两次地震。其依据为《元史·英宗纪二》所载："乙卯，遣西僧高主瓦迎帝师。宣德府宣德县地屡震，赈被灾者粮、钞。"但"宣德府宣德县地屡震"应为"赈被灾者粮、钞"的原因，即地震造成人民受灾。乙卯日当为宣德府地震之事传到大都，政府给予赈被灾者粮、钞，而非宣德县地屡震之日。闻黎明认为这是大德七年（1303）山西大地震诱发大德九年（1305）大同地震，而大德九年（1305）大同地震又诱发了至治二年（1322）宣德府的第一次地震，[3]是有道理的。

泰定帝至宁宗的9年间，见于记载的地震共计27次，年均3次之多。其中破坏性地震仅3次。地震发生的范围除京师、冀宁路、真定路，辽阳行省的大宁路，河南行省的蕲州路、庐州路外，还有江浙行省的永嘉县，甘肃行省的宁夏路，陕西行省的奉元路、凤翔路、兴元路、巩昌府，四川行省的成都路、江陵路，岭北行省的和宁路和宣政院所辖乌思藏等地。其中京师、大宁路、宁夏路发生地震次数较多。京师地震4次，分别发生在泰定元年（1324）四月、至顺三年（1332）五月、九月和至顺四年（1333）

① 范梈：《歌行曲类·己未行》，《范德机诗集》卷5。

② 《元史》卷28《英宗纪二》。

③ 闻黎明：《元大德七年平阳太原的地震》，《元史论丛》第4辑。

五月戊寅日。冀宁路阳曲县地震发生在泰定四年（1327）十一月辛卯。大宁路地震 5 次，分别发生在致和元年（1328）七月己卯、十月壬寅、天历二年（1329）十月、至顺元年（1330）九月庚辰和四年（1333）四月戊申。陕西行省陇西县地震发生在至顺三年（1332）、四年，宁夏路地震三次分别发生在泰定三年（1326）十二月丁亥、四年（1327）九月壬寅、致和元年（1328）七月辛酉朔。岭北和宁路地震发生在泰定四年三月癸卯，均未见灾情记载。宣政院所属今西藏地区分别于楚布寺、乌思藏和杂日宁马发生 3 次地震，而前两次地震震级较大。这一阶段破坏性以及涉及范围最广的地震发生在泰定四年八月的今川陕交界的碉门、凤翔、兴元、成都、峡州和江陵等地。地震同时伴有山崩等现象。史称："碉门地震，有声如雷，昼晦"，"凤翔、兴元、成都、峡州、江陵同日地震"①，同时这次地震还导致了巩昌府通渭县山崩。至顺二年（1331）真定路涉县的地震持续时间最长，"地一日或五震，或三震"②，"逾月不止"③。河南行省的庐州路合肥县和蕲州路黄梅县也有发生地震，其中黄梅地震后，"越三日，大雪雨雹，坏民居数百区，暴风扬沙石"。灾后重建工作进行得十分艰难。泰定元年（1324）八月二十七日夜间，永嘉乐清地震发生前，天空出现彩虹，"虹见九头，其色如血"④，且"飓风大作"，"海溢入城，至八字桥、陈天雷巷口街，四邑沿江乡村居民飘荡，乐清尤甚"⑤。实际上，地震给人民带来的并非仅有灾难。天历元年（1328）九月，四川行省邛州发生地震，造成"盐水涌溢"，省却了灶户钻井取卤之劳。"州民侯坤愿作什器煮盐而输课于官，诏四川转运盐司主之"⑥。

三、顺帝时期的地震灾害

顺帝在位时间达 36 年，其间发生有感地震达 70 余次，几乎占有元一代发生地震次数的 45%，年频次约 2 次，其中破坏性地震约 14 次。地震范围涉及腹里地区的大都路、上都路、大同路、冀宁路、晋宁路、益都路、

---

① 《元史》卷30《泰定帝纪二》。

② 《元史》卷50《五行志一》。

③ 《元史》卷35《文宗纪四》。

④ 张孚敬：《温州府志》卷6，嘉靖十六年刊本。

⑤ 王瓒、蔡芳：《温州府志》卷17《祥瑞》，弘治十六年刊本。

⑥ 《元史》卷36《文宗纪五》。

东平路，河南行省的安庆路、河南府路、汴梁路、淮安路和中兴路，江浙行省的饶州路、信州路、温州路、台州路、镇江路、宁国路、庆元路以及邵武路、延平路、兴化路和福州路，湖广行省的兴国路、汉阳府、雷州路和南雄路，陕西行省的庄浪、定西、静宁和会州四州，以及江西行省的瑞州路和宣政院所属蕃地。

顺帝时腹里地区仍然是地震多发地域。其中京师在元统二年到至正二年之间（1334—1342），发生地震 7 次。元统二年（1334）八月辛未日，京师地震造成上都路鸡鸣山崩"陷为池，方百里，人死者众"①。后至元三年（1337）八月辛巳夜，京师发生了地震，大都路的顺州、龙庆州、怀来县、宣德府"坏官民庐舍、伤人及畜牧"②，宣德府也因此改名顺宁。壬午夜地又震，损失最为惨重。史籍载：京师地"大震，太庙梁柱裂，各室墙壁皆坏，压损仪物，文宗神主及御床尽碎；西湖寺神御殿壁仆，压损祭器。自是累震，至丁亥方止，所损人民甚众"③。宋褧也提及"京师地震，自夜达旦，连日不定。太庙前殿一室墙圮，神灵震惊，其余官廨民居间有毁塌"④。由上可以看出，其一，这次地震持续时间很长，由后至元三年（1337）八月辛巳（十四日）一直持续到丁亥日（二十日）；其二，对元统治者震撼最大，太庙和西湖寺神御殿皆受损，文宗神主及御床皆碎。其三，这次地震发生范围还波及周边地区，除大都路所属的顺州（治今北京顺义）、龙庆州（治今北京延庆）及怀来县（治今河北怀来县），上都路的宣德府（治今河北张家口宣化）也受到影响。次年八月丙子，京师地震，"日二三次，至乙酉乃止"⑤。此外，大都路蓟州于至正五年（1345）正月和至正十六年（1356）正月两次地震。上都路除宣德府后至元三年（1337）发生地震外，次年八月辛未，再次"地大震"。后至元四年（1338）二月乙酉、七月己酉，奉圣州地震两次，第二次"地大震，损坏人民庐舍"⑥。

河东地区的冀宁路、晋宁路和大同路等地地震活动仍较为频繁。在度

---

① 《元史》卷51《五行志二》。

②同上。

③ 《元史》卷39《顺帝纪二》。

④宋褧：《杂著·灾异封事》，《燕石集》卷13。

⑤ 《元史》卷39《顺帝纪二》。

⑥同上。

过约十五年的平静期之后，至正二年（1342）四月辛丑朔，冀宁路平晋县发生地震。这次地震发生时"声鸣如雷，裂地尺余，民居皆倾"①。之后到至正十年（1350）的八年中，未见这一地区发生地震的记载。至正十年，冀宁路徐沟县发生地震，之后的十八年中，冀宁路、晋宁路及大同路共计发生地震约10次，多限一州一县范围。其中波及范围较大的地震主要有三次：1. 至正十一年（1351）四月壬午日，冀宁路汾、忻二州，文水、平晋、榆次、寿阳四县，晋宁路辽州之榆社、怀庆路河内、修武二县及孟州等地发生地震，地震"半月乃止"②，造成"圮房屋，压死者甚众"③。2. 至正二十六年（1366），冀宁路徐沟县、石、忻、临三州，汾之孝义、平遥二县同日地震，"有压死者"。这次地震范围和损失显然较至正十一年地震小。3. 至正二十八年（1368）六月，冀宁文水、徐沟二县，汾州孝义、介休二县，临州、保德州，隰之石楼县及陕西地震。这次最初是庚子朔徐沟县地震，壬戌日，临州、保德州等地地震接连发生，"五日不止"。这次地震波及范围除冀宁路外，还有与之相邻的陕西部分地区，且持续时间较之前两次地震长。震级最大的当属至正二十七年（1367）的丁未太原大地震。史籍载这次地震"凡四十余日。后又大震裂，居民屋宇皆倒坏，火从裂地中出，烧死者数万人"④。大同路仅有应州发生地震。

腹里地区的益都路和东平路也多次发生地震，但震级不大，没有造成太大的伤亡和财产损失。益都路地震主要集中在至正三年到至正七年的5年间（1343—1347）。至正三年（1343）十二月，益都路胶州及其属邑高密县地震。次年八月，益都路莒州蒙阴县地震。同年东平路东阿、阳谷、平阴三县地震。至正六年（1346）二月，益都路益都县、昌乐县、寿光县，潍州北海县，胶州即墨县地震，"七日乃止"⑤。三月，益都路高苑县地震，坏民居。次年二月己卯，益都路临淄、临朐，潍州之昌邑，胶州之高密，济南之棣州地震，"坏城郭，棣州有声如雷"⑥。而三月，东平路东阿、阳

①《元史》卷40《顺帝纪三》。

②《元史》卷42《顺帝纪五》。

③《元史》卷51《五行志二》。

④叶子奇：《草木子》卷3上《克谨篇》。

⑤《元史》卷41《顺帝纪四》。

⑥同上。

谷、平阴三县地震，"河水动摇"①。五月，临淄地又震，七日乃止。至正十八年（1358）五月和二十七年（1367）五月，山东两次地震，都伴有"天雨白毛"的自然现象。②

河南行省的北部地区和南部地区是这一时期地震高发地带。元末河南行省北部的河南府路和汴梁路发生地震次数较多。后至元三年（1337）八月癸未，河南府路地震。次年八月，汴梁路密州安丘县地震。至正元年（1341）二三月间，汴梁路接连地震。至正三年（1343）二月，钧州新郑、密县等地再次地震。至正二十六年（1366）七月，河南府路巩县地震，同时伴有大霖雨和山崩。③安庆路位于河南行省与江浙行省的交界之处。元顺帝时的第一次地震于元统元年（1333）十一月癸卯发生在所属灊山县。后至元元年（1335），河南行省安庆路再次地震，所属宿松、太湖、灊山三县俱震，并波及庐州、蕲州和黄州等路。次年正月乙丑，宿松再次发生地震。受地震影响，出现了山裂现象。④庐州路与江浙行省毗邻，蕲州路、黄州路则与江西行省、湖广行省接壤。此外，与湖广行省接壤的中兴路、峡州路以及荆门州于至正十一年（1351）八月丁丑朔发生地震。⑤处于黄海之滨的淮安路海州于至正十三年（1353）、二十六年（1366）两次地震。后一次地震发生时，有声"如雷"。受地震影响，赣榆县吴山崩。⑥

江浙行省元末地震频次较高，元顺帝在位的36年中共发生地震16次。地震主要发生在东南沿海地震带上。杨维桢曾有《地震谣》，是根据"至正壬午七月朔，地震如雷，民屋机隉，土出毛如白丝"而作。其中有云："四月一日南省火，七月一日南地震。地积大块作方载，岂有坏崩如杞人。如何一震白毛茁，泰山动摇海水泄。"⑦此处"南省"当指杭州。⑧故此处

----

① 《元史》卷51《五行志二》。

② 《元史》卷45《顺帝纪八》；卷47《顺帝纪十》。

③ 《元史》卷51《五行志二》。

④ 《元史》卷39《顺帝纪二》。

⑤ 《元史》卷42《顺帝纪五》；卷51《五行志二》。

⑥ 《元史》卷51《五行志二》。

⑦ 杨维桢：《地震谣》，《铁崖古乐府》卷5。

⑧ 《中国历史地震资料汇编》，第205页。

地震当指至正二年（1342）七月朔杭州地震。至正四年（1344）七月戊子朔，温州飓风大作，海水溢，地震。至正九年（1349）六月，台州路地震。十四年（1354）十二月己酉，绍兴路地震。至正十九年（1359）正月甲午，庆元地震。至正二十三年（1363）十二月丁巳，台州路地震。至正二十五年（1365）闰十月，兴化路地震。至正二十七年（1367）十月丙辰和十二月庚午，福州路地震。可见，元末江浙行省地震涉及杭州路、绍兴路、庆元路、台州路、温州路、福州路、兴化路等。加之此前的泉州路，几乎涉及所有沿海路份。江浙行省与江西行省交界的地区也是地震高发地带。元统元年（1333）十二月，饶州路德兴县，余干、乐平二州地震。次年五月，信州路地震。后至元元年（1335）十二月，饶州地震。值得说明的是，《元史·五行志二》载"饶州亦地震"，似说明后至元元年十二月的地震与同时发生的安庆、蕲州、黄州、庐州等路地震有关。至正六年（1346）九月戊子，邵武路地震，翌日，"地中有声如鼓，夜复如之"①。次年二月，延平路顺昌县地震。至正十四年（1354），宁国路所领宁国、旌德二县地震。至正五年（1345）十二月乙丑，镇江路地震。至正七年（1347）十一月，镇江路丹阳地震。

后至元元年（1335）十一月壬寅，兴国路地震。兴国路属湖广行省，与河南行省蕲州路相邻。十二月丙子，安庆、蕲州、黄州等地发生地震。似可推知，两次地震之间有着某种必然的联系。至正四年（1344），与河南行省接壤的汉阳府地震。②此外，至正十六年（1356）六月，湖广行省南部的雷州路"地大震"③，震级较高。江西行省境内的瑞州路新昌州于后至元四年（1338）春地震。至正二十二年（1362）三月，南雄路地震。受灾情况，史无记载。

顺帝时，陕西仅发生地震4次，分别发生在至正十二年（1352）闰三月丁丑，次年三月、至正二十八年（1368）六月和十月辛巳，地震发生带主要集中在庄浪、定西、静宁、会州等地。虽然频次不高，但受灾情况比较严重，尤以至正十二年闰三月丁丑地震为最。现代地震学者将这次地震

① 《元史》卷51《五行志二》。

② 《元史》卷41《顺帝纪四》。

③ 《元史》卷51《五行志二》。

震级定为7级。这次地震发于陇西，地震百余日，"城郭颓夷，陵谷迁变，定西、会州、静宁、庄浪尤甚。会州公宇中墙崩"[①]。地震损失之大前所未有，遂有后来统治者改定西为安定州，会州为会宁州。至正二十八年（1368）六月陕西地震显然与同年冀宁地震有关，[②]同年十月辛巳地震当为六月地震的余震。还需说明的是，至正十三年（1353）宣政院所属蕃地发生大地震。

综上所述，元世祖时（1260—1294），地震频次不高，但地震震级较大。至元二十五（1288）年杭州路地震、至元二十七年（1290）武平路地震、至元二十八年（1291）平阳路地震震级都较大，受灾程度比较严重。成宗大德时（1297—1307）地震震级较大，受灾严重。受大德七年（1303）山西特大地震的影响，各地地震不断。这一时期的地震灾害多发生于大德六年至十一年之间（1302—1307）。武宗和仁宗时期（1308—1320），除皇庆元年（1312）、延祐二年（1315）、延祐六至七年（1319—1320）未发生地震外，几乎年年有地震发生，地震频次最多年份达四次。这一时期的地震震级较低，未见受灾比较严重的记载。英宗、泰定帝时（1321—1327），地震仅有15次，但集中在至治二年（1322）和泰定元年（1324）至四年（1327）的六年间，年均3次。但这一时期地震震级不大，地震发生时多伴有余震，"有声如雷"，持续时间较长。文宗、宁宗在位的五年间（1328—1332）地震15次，几乎年年地震，年均约3次，是元代地震高发时段，大地震仅三次，未见受灾情况记载。而顺帝最初的六年间，年年地震，地震达17次，年均约2.83次。这一时期较大地震为后至元三年（1337）京师地震。之后，地震次数逐渐减少，但年均地震频次仍高达1.77次。

第二节 地震灾害时空分布

蒙古前四汗时期因史料记载及其辖境有限，未见地震发生的记载。元代最早的地震是发生在至元十六年（1279）五月初五日的萨斯迦地震。有元一代，共发生有感地震约160次，地震发生年份为64年，年均2.5次。其中破坏性地震约50次。根据灾情的不同，地震灾害可以分为一般震灾、

---

① 《元史》卷42《顺帝纪五》。"三月"，卷51《五行志二》作"闰三月丁丑"。

② 《元史》卷47《顺帝纪十》。

严重震灾、重大震灾和特大震灾。其中一般性震灾有33次，严重震灾5次，重大震灾6次，特大震灾1次。地震灾害不仅使地貌发生了改变，同时也造成了建筑物的损坏，人口的巨大伤亡和财产的严重损失。因此探讨有元一代地震灾害的时空分布特点有着重要意义。

一、地震灾害的时间分布

目前元代见于记载最早的地震发生在至元十六年（1279）。之后的90年间发生有感地震约160次。其中破坏性地震近50次。我们以二十年为间隔单位，将所统计元代地震及地震灾害频次制成下图（见图6-1）。

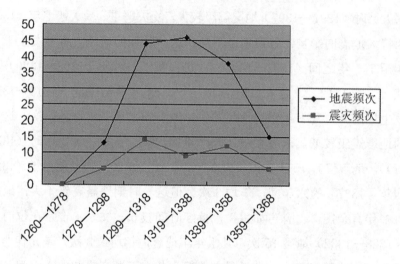

图6-1　元代地震及震灾间隔20年频次图（单位：次）

由图6-1可以看出，元代地震频次前期有逐渐增加的趋势，到1319—1338年的20年间达到顶峰，而后逐渐减少。其中从1299年至1358年的60年间，地震频次最高。元代地震灾害与地震活动虽然存在一定的关联性，1299—1358年的60年间是两者集中发生的时段，但两者也存在一定的差别。1299—1318年的20年间，破坏性地震的发生次数最多，之后略有减少。1339—1358年的20年间，破坏性地震发生频次又有所上升，之后逐渐减少。

若以十年为间隔单位，将所统计地震发生次数、震灾次数以及强震灾（震级（M）≥6）次数，制成元代地震及震灾间隔10年频次图（图6—2），我们将能更清晰地了解元代地震及震次的时间分布。

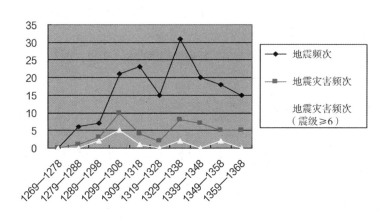

图6-2　元代地震及震灾间隔10年频次图（单位：次）

由图6-2可以看出，至元十六年（1279）后的头20年，地震频次仅为13次，尚不及后来地震最少的十年。元代前期地震发生频次逐渐增加，1319年至1328年的十年间稍有缓冲，而后的十年地震频次达到最高，达到31次。之后，地震频次随着时间的推移逐渐减少。可以看出，有元一代有两个地震频发期，即自1299—1318年的二十年和自1329—1358年的三十年，共五十年。值得注意的是，地震灾害的发生次数与地震频次的关系并不密切。1299—1308年的十年间是元代地震灾害最为强烈的时期，1303年的平阳太原8级地震就发生在这一时期。之后地震灾害逐渐减少。但1329—1338年的十年间，地震灾害频次增加为8次，之后虽略有减少，但仍高达5次之多。

元代震级大于6级以上的地震灾害共计有12次。至元二十七年（1290）八月二十三日发生的辽阳行省武平路地震为元代有史料记载的第一次6级以上地震。次年发生的平阳路地震被现代地震学者定为6.5级。[①]1299—1308年的十年间是强烈地震的高发期，共发生6级以上的强烈地震5次，而以大德七年（1303）八月初六日平阳太原大地震破坏性最大。之后强烈性地震的发生频次逐渐减少，并呈现阶段性发生。1329—1338年的十年间发生两次，之后十年没有强烈地震发生，1349—1358年的十年间又发生两次强烈地震，之后十年未见有强烈地震灾害发生。

地区不同，地震发生的时间分布呈现出不同的特点。笔者以十年为

①国家地震局震灾防御司：《中国历史强震目录》，第31页。

单位，对至元十六年（1279）后的地震频次进行了统计，如表6-1元代各省/行省地震频次表。

表6-1　元代各省/行省地震频次表（单位：次）

地区	1279—1288年	1289—1298年	1299—1308年	1309—1318年	1319—1328年	1329—1338年	1339—1348年	1349—1358年	1359—1368年
腹里地区	1	3	15	12	4	11	11	8	5
河南行省	0	1	0	2	1	6	3	2	2
江浙行省	2	2	0	0	1	3	5	3	6
陕西行省	0	0	3	0	2	2	0	2	2
四川行省	0	0	0	0	2	0	0	0	0
云南行省	0	0	2	0	0	0	0	0	0
湖广行省	0	0	0	0	0	1	1	1	0
江西行省	0	0	0	1	0	1	0	0	0
辽阳行省	1	2	0	3	2	3	0	0	0
甘肃行省	0	0	0	3	3	0	0	0	0
岭北行省	0	0	0	2	2	0	0	0	0
宣政院辖地	2	0	0	0	0	4	0	1	0

由表6-1可知，作为发生地震频度最高的腹里地区，几乎每个单位时间内均有地震发生，但主要集中在1299—1318年和1329—1358年的两个时段的五十年间。其中京师地区地震在文宗和顺帝在位的1332—1338年间比较集中，而河东地区地震主要发生在成宗在位的1302—1310年的九年间，山东地区地震主要发生在顺帝时1343年至1347年的五年间。与腹里地区毗邻的河南行省，地震发生时间主要集中在1329—1338年的十年间。江浙行省地震主要集中在元代的最后三十年。而辽阳行省地震主要发生在至大二年到后至元四年（1309—1338）的三十年间，而四川行省、岭北行省、甘肃行省主要发生在至大二年至天历元年（1328）的二十年间。宣政院辖地地震于天历二年到后至元四年（1329—1338）的十年间比较集中。陕西省除第1、第2、第4、第7个十年没有地震外，其余时间地震频度基本相当。

地震的发生并不一定能够给人类造成灾害。只有破坏性地震才会造成灾害的发生，因此地震灾害的发生频次与表6-1略有不同，如表6-2：元代各省／行省地震灾害频次表。

表6-2　元代各省／行省地震灾害频次（单位：次）

地区	1279—1288年	1289—1298年	1299—1308年	1309—1318年	1319—1328年	1329—1338年	1339—1348年	1349—1358年	1359—1368年
腹里地区	0	2	6	2	1	2	6	2	3
河南行省	0	0	0	0	0	2	1	1	2
江浙行省	0	0	0	0	0	0	0	0	0
陕西行省	0	0	2	0	0	0	0	1	0
四川行省	0	0	0	0	0	0	0	0	0
云南行省	0	0	2	0	0	0	0	0	0
湖广行省	0	0	0	0	0	0	0	0	0
江西行省	0	0	0	0	0	1	0	0	0
辽阳行省	0	1	0	1	0	0	0	0	0
甘肃行省	0	0	0	1	0	0	0	0	0
岭北行省	0	0	0	0	0	0	0	0	0
宣政院辖地	1	0	0	0	1	3	0	1	0
总计	1	3	10	4	2	8	7	5	5

由表6-2可知，自1279—1368年的九个十年间，均有强烈地震发生。腹里地区所发生的地震灾害次数最多，自第二个十年至元朝灭亡，共发生地震灾害24次。其中1299年至1308年的十年间发生地震灾害6次，而后逐渐减少，至1339年至1348年的十年间，地震灾害又上升为6次，而后有所减少。这与华北地区当时处于地震活跃期有关。河南行省所发生的地震灾害多集中在元朝中后期（1329—1368）。陕西行省所发生的地震灾害多集中在1299—1308年和1349—1358年。宣政院辖地除至元十六年（1279）地震外，强烈地震多集中在1319—1338年，1353年蕃地有强烈地震发生。辽阳行省在1289—1298年、1309—1318年发生强烈地震各1次。甘肃行省宁夏路地震灾害发生在至大四年（1311）。江浙行省、四川行省、湖广行省、岭北行省则未见有强烈破坏性地震发生的记载。

值得注意的是，元代地震活动也表现出月际变化的特征。为研究方便，笔者根据相关记载对元代地震活动以及地震灾害的发生月份（农历）进行了统计。如图 6-3 元代地震活动月际变化图。

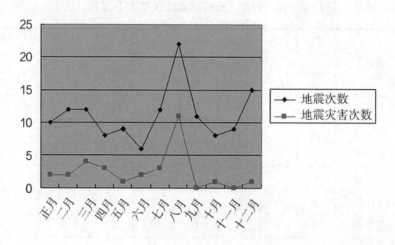

图 6-3 元代地震活动月际变化图（单位：次）

由图 6-3 可以看出，元代地震自正月到二月活动频率较高，之后有所减弱，七月到九月的第三季度再度频繁，并在八月份达到最高值。地震灾害的发生和中强地震有关。由上图可知，除九月、十一月外，其他月份均有地震灾害发生。正月到四月份地震灾害频繁，之后略有下降，自六月始，地震灾害逐渐增多，以八月份最为严重，达到 11 次之多，八月份后鲜见地震灾害的发生。

二、地震灾害的空间分布

元代地震与地震灾害呈现出鲜明的地域特点。我们对有元一代约 160 次有感地震的发生省份做了统计，见图 6-4：元代地震空间分布比例图。

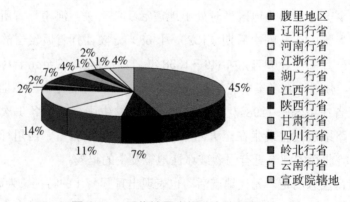

图 6-4 元代地震空间分布比例图

由图 6-4 可以看出，腹里地区、河南行省、江浙行省、辽阳行省和陕西行省是元代地震的多发省份。

元代各行省地震灾害发生比例可见图 6-5。

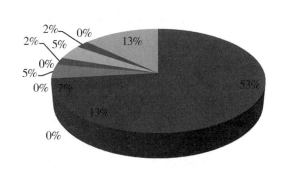

图 6-5　元代各行省地震灾害比例图

由图 6-5 可知，腹里地区、河南行省、陕西行省和宣政院辖地是地震灾害的多发省份。腹里地区所在的华北地震带是元代地震活动最为频繁的区域，也是地震灾害最为严重的地区。

有元一代，腹里地区辖境发生地震 72 次，约占全国范围内地震发生次数的 45%。破坏性地震次数占全国地震灾害次数的 53%。其中位于临汾盆地的平阳路和太原路地震次数最多，达到 33 次，占据腹里地区地震次数的 45.8%，全国地震次数的 20%。该地发生的破坏性地震次数最多，达到 18 次，占全国破坏性地震次数的 40%。元代破坏性最大的大德七年（1303）平阳太原地震就发生在这一区域，这是因为平阳路、太原路处于汾渭地震带上。由 1209—1368 年长达 160 年的时间内，山西正处于第五个地震活跃期。[①]真定路涉县的地震多与河东地震相关联。其次是位于华北平原地震带的京师地区，包括大都所在的大都路和上都所在的上都路。地震次数达 27 次，占据腹里地区地震的 36%。两地地震之和达 60 次，占元代腹里地区地震的 80%。相关研究表明，由 1209—1368 年的华北地区处在地震第一活跃期。[②]

① 山西自然灾害编辑委员会：《山西自然灾害》，太原：山西科学教育出版社，1989年，第255页。

② 宋正海：《中国古代自然灾异动态分析》，第44页。

此外，中书省辖境内位于"郯城－营口"地震带上的益都路和东平路在元末也有破坏性地震发生。现代地震学者在编绘地震图集时将山东半岛发生的两次5级地震的震中定为渤海。①辽阳行省地震灾害则主要发生在大宁路（武平路）。

河南行省和宣政院辖地是腹里地区外地震灾害最严重的地区，均发生强烈破坏性地震6次。河南行省地震灾害主要发生在两个地区：一是与腹里地区毗邻的汴梁路和河南府路的北部边缘，因其正处于汾渭地震带的南向延长线上，故汴梁路和河南府路地震灾害或与山西地震有关；二是包括中兴路、安庆路、庐州路、黄州路、蕲州路、峡州路在内的南部地区。宣政院辖地破坏性地震分布较广，除乌思藏、楚布寺等地外，与四川行省相邻的硐门地震应与成都地震有关。泰定四年（1327）八月的硐门、凤翔、兴元、成都、峡州、江陵等处同时地震，似可说明这几个地点位于同一条地震带上。

陕西行省地震灾害主要发生在与甘肃行省临近的开成、庄浪、会宁、静宁、会州等地以及与四川行省相邻的巩昌路、凤翔府、兴元路、奉元路等地。该行省境内所发生的破坏性地震分别在开成路和庄浪、会宁、静宁、会州等地。甘肃行省的地震灾害发生于宁夏路，即与陕西省毗邻的东部地区。这样陕甘两行省交界之处是元代破坏性地震的又一多发区域。四川行省地震主要集中在成都路和嘉定路，即与宣政院辖地、陕西行省接壤的地区。云南行省地震则集中在其与四川行省交界的乌撒、乌蒙地区。这些破坏性地震的发生区域正处在"祁连山－六盘山"地震带上。

江浙行省地震灾害多发于包括杭州路、湖州路、绍兴路、庆元路、温州路、台州路、兴化路、福州路、泉州路等地所处的东南沿海地震带，而与河南行省、江西行省相邻的饶州路、信州路、邵武路、延平路和宁国路发生的地震次数也不少，但记载所见破坏性地震只有一次，即元统元年（1333）十二月饶州路德兴县、余干州、乐平州地震。江西行省、湖广行省发生地震次数较少，地点也比较零散，但雷州路地震当与东南沿海地震有关，而汉阳府地震似因其位于湖广行省与河南行省交界的地震带上。岭北行省地震限于和宁路。有元一代，以上三个行省均未见有破坏性地震发生。

---

① 《中国历史地震图集》，第167～168页。

综上所述，元代是震灾的多发期，其中见于记载的有感地震约 160 次，破坏性地震近 50 次。元世祖时期地震频次不高，但地震震级较大。至元二十五年（1288）杭州路地震、至元二十七年（1290）武平路地震和至元二十八年（1291）的平阳路地震受灾程度较严重。1299—1318 年的二十年间地震最为活跃，震灾也最为严重。震级为 8 级的山西大地震就发生在这一时期。英宗、泰定帝以及文宗、宁宗时期的地震频次为 3 次。顺帝时地震频次有所下降，受灾情况并不是很严重。就震灾发生的月际变化特点来看，地震灾害主要发生在正月到八月间，而以八月份最为严重。地震灾害主要发生在腹里地区、河南行省、陕西行省等地。汾渭地震带、太行山断裂带以及渤海地震带、东南沿海地震带是主要的震灾发生区域，其中以腹里地区所在的太行山断裂带最为频繁和严重，河南行省北部、南部，陕西行省、甘肃行省、四川行省、宣政院交界地带震灾时有发生。

第三节　大德七年平阳、太原特大地震灾害

大德七年（1303）发生在平阳和太原两路的地震因其震级高、烈度较大、人员伤亡惨重，屋宇损坏严重，历来受到历史学界和地震学界的重视。关于这次大地震的研究，已经取得了很好的成果。[①] 本节在前人研究的基础上，结合相关资料，试图复原这次大地震时的状况。

---

① 闻黎明：《大德七年平阳太原的地震》，《元史论丛》第4辑；孟繁兴、临洪文：《略谈利用古建筑及附属物研究山西历史上两次大地震的一些问题》，《文物》1972年第4期；王汝鹏：《从史料看元大德七年山西洪洞大地震》，《山西地震》2003年第3期；郭增建、吴瑾冰：《1303年山西洪洞8级大地震有关问题的讨论》，《山西地震》2003年第3期；徐道一：《1303年山西洪洞8级大地震的时间有序性特征》，《山西地震》2004年第3期；赵晋泉、张大卫、高树义、苏宗正：《1303年山西洪洞8级大地震郇堡地滑之研究》，《山西地震》2003年第3期；中科院地球地理研究所、山西地震队宏观调查组：《1303年9月17日山西洪洞县地震考察报告》，《山西地震》2003年第4期；谢新生、江娃利、王焕贞、冯西英：《山西太谷断裂带全新世活动及1303年洪洞8级地震的关系》，《地震学报》2004年第3期；张梅、马心红、马心正、张馥琴：《1303年洪洞大地震的启迪》，《山西师范大学学报》2004年第4期；齐书勤：《1303年山西8级大震研究刍议》，《中国地震》2005年第2期。

这次地震发生的时间，《元史·成宗纪三》载为"大德七年八月辛卯夜"。《元史·五行志一》则称"大德七年八月辛卯夕"。"夜"在时间上不太好把握，而"夕"恰说明这次地震发生在傍晚时分。《赵城县霍山中镇庙祭祀碑》称"大德癸卯八月六日，夜漏栖戍[①]。而《后土圣母庙大殿明间后坡上平榑题记》[②]《西河县榆苑村五岳殿梁坊墨书题记》[③]《西河县重建西岳行祠碑》[④]《河伯将军为记》[⑤]《永和县吾儿岭摩崖石刻》[⑥]均称地震发生在"八月初六日戍时"。刘敏中也称这次地震发生在八月初六日戍时。[⑦]戍时即 19～21 点之间。八月正值夏季，白天较长。戍时当为傍晚时分或入夜未久的一段时间。很多人可能已经睡下，这是造成这次地震重大人员伤亡的重要原因。

这次地震并非偶然。早在至元二十八年（1291）八月初一，平阳路就曾发生地震，且地震"坏民庐舍万有八百二十区，压死者百五十人"[⑧]。其破坏性也不小。大德六年（1302）平阳路的洪洞、万泉一带有地震发生，造成一些庙学坍塌。[⑨]

大德七年（1303）八月初一、初二日，平阳路泽州和高平县也发生地震，"夜将半，忽大风起西北，官民皆惊起。须臾，地震如摇橹荡桨之状。

---

① 王汝鹏：《山西地震碑文集》，第8页。该碑现存山西洪洞县兴唐寺村中镇庙遗址。

② 同上书，第12页。该碑现存山西省汾阳市肖家庄镇望春村后土圣母庙大殿明间上平榑。

③ 同上书，第27页。该碑现存山西省汾阳市三泉镇北榆苑村五岳庙。刘永生，商彤流：《汾阳北榆苑五岳庙调查简报》，《文物》1991年第12期。

④ 王汝鹏：《山西地震碑文集》。该碑已佚，文据成化《山西通志》卷14。

⑤ 同上书，第47页。该牌现存山西省博物馆。

⑥ 同上书，第55页。该石刻现在在山西省永和县阁底乡东北庄则岭村以东3公里的吾儿岭砂岩山崖上。

⑦ 刘敏中：《奉使宣抚回奏疏》，《中庵先生刘文简公文集》卷7。

⑧ 《元史》卷16《世祖十三》。

⑨ 毛铎：《万泉县修风伯雨师庙记》，周景柱：《蒲州府志》卷19，乾隆十九年刊本；乔因羽：《洪洞县志》卷4，万历十九年刊本。

官舍民庐坏者无算"①。这次地震虽破坏性不大，但当与初六日地震存在直接的联系。这次地震以平阳、太原最为剧烈。《元史·成宗纪三》载"地震，平阳、太原尤甚"。《元史·五行志一》则称"地震，太原、平阳尤甚"。虽可表明这次地震主要发生在河东地区的平阳路和太原路，但两者不同的位置排列，似乎说明两地受灾程度略有不同。赵城属霍州，被地震学界作为这次地震的震中。②霍州"民居官舍震撼摧压，荡然无遗"③。这次河东地震，赵城"尤重，靡有孑遗"，"上下渠堰陷坏，水不得通流"④。同时还伴有范宣义郇堡徙十余里的现象。郇堡山所过之地，"所过居民庐舍皆摧压倾圮"⑤。《重修三圣楼记》载"本路一境房屋尽皆塌坏，压死人口二十七万有余，地震频频不止，直至十一年乃定"。三圣楼位于今山西襄汾辛建村，可以断定"本路"指平阳路。从房屋损坏、人员伤亡以及余震等情况看，平阳路均较太原路受灾严重。根据赵州屋塌、人员伤亡等情况，确定霍州赵城为震中较为合理。国家地震局震害防御司编的《中国历史强震目录》将震中定为山西赵城洪洞，北纬 36.3°，东经 111.7°⑥。

《元史·五行志一》记载较详："平阳赵城县范宣义郇堡徙十余里，太原徐沟、祁县及汾州平遥、介休、西河、孝义等县地震成渠，泉涌黑沙。汾州北城陷，长一里，东城陷七十余步。"其中除赵城属平阳路外，徐沟、祁县及汾州平遥、介休、西河、孝义等县均属太原路。实际上，仅就河东地区而言，受灾范围远不止于这些地区。这次地震几乎遍及平阳路全境。平阳路辖境内南达河中府，"大德七年（1303）八月初六日，地震。其堂殿廊庑，悉皆摧坏"⑦。临晋"大德七年，地愆厥常，震于中夏。居人室屋

---

① 范绳祖：《高平县志》卷9，顺治十五年刊本；朱樟：《泽州府志》卷50，雍正十三年刊本；林荔：《凤台县志》卷12，乾隆四十九年刊本。

② 孟繁兴、临洪文：《略谈利用古建筑及附属物研究山西历史上两次大地震的一些问题》，《文物》1972年第4期；闻黎明：《大德七年平阳太原的地震》，《元史论丛》第4辑。

③ 王士贞：《霍州公宇记》，《山右石刻丛编》卷29。

④ 王剌哈剌：《重修明应王殿之碑》。该碑现存山西洪洞县水神庙。

⑤ 《元史》卷197《孝友传》。

⑥ 《中国历史强震目录》，第31页。

⑦ 宁德豫：《封二贤碑阴诏记》，《山右石刻丛编》卷29。

十偾八九”①。垣曲“大德七年八月，地大震，文庙公廨，摧折多半”②。绛州“河东垣屋十陨八九”③。曲沃儒学、文庙在这次地震中废坏，而感应寺的十二层砖塔在这次地震中“裂而为二，堕其四”④。位于翼城的岱岳行祠，“大德七年秋，值坤载弗牧，悉荡而平土，折桷圮栋、风脆雨腐者百不一二存，其故基莽为瓦砾榛芜之墟”⑤。夏县“尤甚，一时官署及温公书院俱倾，止存一大成殿”⑥。闻喜县宣圣庙、关王庙及儒学均因地震坍塌。东部的潞州庙学，“大德癸卯，坤舆震动，悉为隳圮，惟正殿仅存，墙壁倾仆，圣像损缺，堂基鞠草，瓦砾盈庭”⑦。潞城“当大德七年秋八月有六日夜经地震，凡庙宇神像，一无所存”，而“殿宇廊庑、县宅、公廨，凡民廛舍亦倾为丘墟焉”⑧。壶关“山崩地陷，人之居舍少有完全者”⑨。辽州、榆社儒学皆因地震倾覆。⑩西部地区所受影响较小，与极震区房屋倒塌十之八九相比，吉州“为轻，屋之存者十三四”⑪。石楼县文庙也仅有正殿倾倒。⑫晋宁路则主要集中在徐沟县、祁县及汾州平遥、介休、西河、孝义等县。此外，还有文水县“邑民室□□庙宇撼摇摧圮，扫地一空，俱为瓦砾，而民多伤

①刘致：《中条孙氏先茔碑》，《山右石刻丛编》卷30。

②纪宏谟：《垣曲县志》卷12，康熙十一年刊本。

③吕经：《绛州志》卷3，正德十六年刊本。

④刘鲁生：《曲沃县志》卷4，嘉靖三十三年刊本。

⑤续执中：《复建岱岳行祠碑》，《山右石刻丛编》卷30。

⑥穆尔赛：《山西通志》卷30，康熙二十一年刊本；列榮：《平阳府志》卷34，康熙四十七年刊本。

⑦李天禄：《重修文庙学记》，《山右石刻丛编》卷30。

⑧杨仁风：《重修孔子庙又记》，崔晓然：《潞城县志》卷4，光绪十年刊本；同氏：《重修孔子庙记》，张士浩：《潞城县志》卷7。

⑨王天利：《重修灵泽王庙记》，《山右石刻丛编》卷30。

⑩杨宗气：《山西通志》卷13，嘉靖四十二年刊本；石麟：《山西通志》卷36，嘉庆十六年增补雍正十二年刊本。

⑪霍章：《大帝庙碑》，《山右石刻丛编》卷30。

⑫李思：《东岱岳行宫庙记》；周士章：《石楼县志》卷2，顺治十五年刊本。

其命"①。太谷庙学"癸卯地震圮"②。石州、定襄庙学也因地震而坍塌。

这次地震波及范围很广。除平阳路、太原路外，隆兴路、延安路、上都路、大同路、怀孟路、卫辉路、彰德路、真定路、河南府路、安西路等处都受到波及。大德八年（1304）的一件诏书明确指出："去岁地震，平阳、大原两路灾重去处系官投下一切差发税粮自大德八年为始，与免三年，隆兴、延安两路与免二年，上都、大同、怀孟、卫辉、彰德、真定、河南、安西等处被灾人户亦免二年。"③可见各地受灾程度也有不同。平阳、太原作为主震区受灾最重外，隆兴、延安次之，而上都、大同、怀孟、卫辉、彰德、真定、河南、安西又次之。《勤斋集》称"岁在癸卯八月辛卯初夜地震，汾晋尤甚，涌堆阜，裂沟渠，坏墙屋，压人畜，死者无数。延、庆次之，安西又次之"④。延指延安路（肤施县，今陕西延安），庆指庆阳府（治今甘肃庆阳），安西即安西路（今陕西西安）。奉元路（即安西路）同州同日发生地震，"震圮县厅"⑤。地震向东波及大都和卫辉两路。大德七年（1303）八月，京师发生地震。"八月初六日之夕，京师地震者三，市庶恟恟，莫知所为。越信宿，而卫辉、太原、平阳等处驰驿报闻者接踵，虽震有轻重，而同出一时，人民房舍十损八九，震而且陷。前所未闻。"⑥可知大都、卫辉（治汲县，今卫辉市）、与太原、平阳地震"同出一时"。而怀孟路的河内县，"元大德岁次癸卯秋八月，值大地震，其（真泽庙）殿宇廊庑俱为摧坏竭矣"⑦。大德七年（1303）三月，刘敏中奉使宣抚山北辽东道，"尊依巡历回至大宁路"时，亲身经历了这次地震。当地人称"本处自至元二十七年八月二十三日地震之后，至今时时震动未已"。待数日寻访过后，得知"旁郡以及上都、隆兴皆然，而太原、平阳为甚"。九月，"复

①武功：《重建文庙记》，《山右石刻丛编》卷30。

②沈树声：《太原府志》卷11，乾隆四十八年刊本。

③《元典章》卷3《圣政二·复租赋》。

④肖𣂏：《杂著·地震问答》，《勤斋集》卷4。

⑤苏天爵：《元故集贤学士国子祭酒太子左谕德萧贞敏公墓志铭》，《滋溪文稿》卷8；郭实：《朝邑县志》卷8，万历十二年刊本；张一英：《同州志》卷16，天启十二年刊本。

⑥郑介夫：《太平金镜策·因地震论治道疏》。

⑦陈宾道：《重修真泽庙记》，碑存河南省沁阳赵寨。

历上都、隆兴等处，其震不时复作，未见止息"①。可知，平阳、太原地震波及上都（开平，今内蒙古正蓝旗）、隆兴（治高原，今河北张北）一直到大宁路。大德七年（1303）平阳太原地震与至元二十七年（1290）八月二十三日武平路地震有着明显的联系。盖平阳、太原和武平路在同一地震带上。此外，曹州（治济阴，今山东菏泽）儒学毁于地震，所属盘石镇地震，而濮州朝城县也发生地震。②

　　据地震专家研究，这次地震烈度达到11度，其破坏程度之大也很罕见。上文已约略谈及各地地震时建筑损失状况。受灾严重的地区民舍官廨多十损八九，受灾略轻的吉州屋宇所存也不过十之三四。庙宇寺观更是多被夷为平地，荡然无存。同时还伴有地裂、地陷、山崩和滑坡等地质灾害。此外，这次地震造成了巨大的人员伤亡。《元史·成宗纪三》称"人民压死不可胜计"，但没有交代大致数目。《归田类稿》称这次地震"河东尤甚，民压死数十万"③，也是对地震死亡人数的粗略估计。大德十一年（1307）《河伯将军为记》称："大德七年八月初六日戌时，地震平阳，倒塌房舍七分，塌死人四十七万五千八百。"《重修三圣楼记》载平阳路"一境房屋尽皆塌坏，压死人口二十七万有余，地震频频不止，直至十一年乃定"。大德十年（1306）《木雕神像肚藏题记》云："打死人一十万有余。"④至大四年（1311）《大帝庙碑》云：河东地震，压杀者二十余万人。⑤至正五年（1345）《会仙观碑记》云："于时死者二十余万人。"⑥三处记载虽时间上有巨大差别，若三者都可信的话，大德十年（1306）的十多万人是当时的一个记载，而之后的二十万人在事情经过一段时间后，对死亡人数的再次核定。至正五年（1345）自然会使用最新的数字。平阳浮山县《唐阁河村山崖壁题记》载"大德七年八月初六日地动，人打死三分"。这是对当地死亡人数的粗略估计。而平遥县城内的《二郎庙梁上题记木牌》载这

　　①刘敏中：《奉使宣抚回奏疏》，《中庵先生刘文简公文集》卷7。

　　②门可荣：《曹县志》卷5、卷18，康熙十二年刊本；祖植桐：《朝城县志》卷10，民国重刊康熙十二年本。

　　③张养浩：《陈公神道碑》，《归田类稿》卷10。

　　④碑藏今山西省襄汾市小邓村。

　　⑤胡聘之：《山右石刻丛编》卷30。

　　⑥高塏：《临汾县志》卷20，乾隆四十四年刊本。

次地震死亡"二十余万人，头畜不知其数，有伤之人数十万"。所记当为太原路伤亡的情况。根据后面文字可知，二十余万当为死亡人数，也就是说太原路在这次地震中死亡当为二十余万人。如此算来，《河伯将军为记》所载死亡人数为四十七万实为平阳路二十七万与太原路二十余万之和。

文献中对局部地区的伤亡人数也有记载。这次地震中，平遥县"人死者三千六百三十六口，伤者三千三百九十口，头畜死者五百二十"，而乏食之家达一万三百五十口。[①] 需要说明的是，元代由于施行诸色户计制度，平遥县伤亡人数当多为民户。此外，因宗教而划分的道户伤亡情况也有记录。道士死伤者千余人。

这次地震后，余震不断。"岁癸卯秋，河东、关陇地震，月余不止。"[②] 刘敏中也谈到"其震不时复作，未见止息"[③]。《重建三圣楼记》称："地震频频不止，直至十一年乃定。"大德八年（1304）正月，"平阳路地震不止，已修民屋复坏"[④]。同年京师地震。[⑤] 大德九年（1305）二月，平阳路、太原路地震。大德十年闰正月，晋宁（太原）、冀宁（平阳）地震不止。次年八月，冀宁路地震，灵石县"至大德十一年震不住"[⑥]。值得说明的是，大德七年（1303）平阳、太原地震发生时，大同路并未同时发生地震。大德九年（1305）四月，大同路地震，"坏官民庐舍五千余间，压死二千余人。怀仁县地裂二所，涌水尽黑，飘出松柏朽木"[⑦]。十一月至十二月，大同路地震不止。大德十一年（1307），大同路再次发生地震。可以认为"大德七年平阳、太原地震，于大德九年或诱发了大同路地震"[⑧]。

大德七年，平阳、太原大地震，是中国历史上有文献和实物资料确切

① 陈以悃：《平遥县志》卷下，康熙十二年刊本；王道一：《汾州府志》卷16，万历三十七年刊本。

② 苏天爵：《元故集贤学士国子祭酒太子左谕德萧贞敏公墓志铭》，《滋溪文稿》卷8。

③ 刘敏中：《奉使宣抚回奏疏》，《中庵先生刘文简公文集》卷7。

④ 《元史》卷21《成宗四》；卷50《五行一》；卷72《祭祀一》。

⑤ 《元史》卷134《爱薛传》。

⑥ 《河伯将军为记》木牌，今存山西大宁南桑峨村。

⑦ 《元史》卷21《成宗四》。

⑧ 闻黎明：《大德七年平阳太原的地震》，《元史论丛》第4辑。

记载、受灾范围最广、破坏最大、人员伤亡最多、震级最高的特大地震灾害，也是国家地震局确认的我国历史上发生的第一次 8 级特大地震灾害。这次地震灾害在研究中国古代历史地震方面具有标志性的意义。

第四节　地质灾害

元代的地质灾害很严重。据不完全统计，有元一代，除地震灾害以外的地质灾害次数达 60 余次，受灾年份达 34 年。主要有山崩、滑坡、泥石流等斜坡地质灾害和地裂、地陷等地面变形地质灾害，而以山崩地质灾害发生频率最高，且多伴有滑坡、泥石流等地质灾害。这些地质灾害除因地质构造变化而发生外，多为洪涝、地震等灾害的次生灾害。这些地质灾害，尤其是山崩，往往诱发山洪，毁坏民舍，压死民众，造成生态环境的恶化，给社会生产和生活带来了巨大的灾难。学界尚无专文对元代除地震灾害之外的地质灾害进行探讨，笔者不揣简陋，简略述之。

一、山崩地裂等地质灾害概述

山崩在地质学上属于斜坡地质灾害，其发生常伴有滑坡和泥石流。据不完全统计，有元一代发生山崩或山裂等地质灾害约 60 次，处于地质灾害的群发期。[①] 元世祖在位时未见山崩的相关记载。最早见于记载的山崩地质灾害发生在成宗大德元年（1297）七月湖广行省的耒阳州和衡州酃县。当时两地大水，山崩，溺死三百余人。显然这次山崩与耒阳州、衡州的洪水有关，洪水的冲刷是造成山崩的直接因素。洪水与滑落的山石形成了泥石流，溺死三百余人。大德七年（1303），赵城地震导致山西地区山崩地裂。大德十年（1306）三月，湖广行省道州营道县山裂多达一百三十余处，也是洪涝灾害的次生灾害。山崩发生时伴有泥石流，山洪漂没民庐，溺死者众。武宗时仅有的一次山崩也因洪水引发。至大三年（1310）

[①] 程谦恭：《中国古代山崩地裂陷灾害年表》（《灾害学》1990年第3期，第4期）列元代山崩地裂灾害共62次，42个发生年份。而在其《中国近五千年来地质灾害事件群发周期初步研究》（《西安地质学院学报》1995年第4期）一文中指出元代70年内发生山崩地裂灾害事件75起，而作者在统计过程中将后至元年间发生的山崩地裂重复列入至元和后至元，故其统计是有问题的。《中国古代自然灾异动态分析》一书仅列元代山崩地裂有40余次。

六月，河南行省所辖襄阳路、峡州路、荆门州大水，山崩，"坏官廨民居二万一千八百二十九间，死者三千四百六十六人"①。

仁宗时，山崩开始逐渐增多，达到 7 次，发生年份为 5 年，主要集中在陕西行省所辖的秦州、巩昌路。当地山崩的发生多与暴雨有关，且偶有滑坡和泥石流发生。延祐二年（1315）五月，秦州成纪县地貌发生了重大变化，"北山移至夕川河，明日再移，平地突如土阜，高二三丈，陷没民居"②。延祐五年（1318）更是这一时间段内山崩的高发年份。二月、五月和七月三个月间共发生山崩 3 次。这一阶段危害比较大的地质灾害有：延祐四年（1317）七月己丑，成纪县山崩，"土石溃徙，坏田稼庐舍，压死居民"；延祐五年五月，"巩昌陇西县大雨，南土山崩，压死居民"；延祐七年（1320），"秦州成纪县暴雨，山崩，朽壤坟起，覆没畜产"③。

英宗至文宗在位的 10 余年间，山崩次数呈明显增加趋势。发生年份为 7 年。山崩仍以陕西行省辖下的秦州、巩昌路发生最为频繁和严重。至治元年（1321）八月，秦州成纪县山崩。泰定年间，这一地区的山崩多因暴雨所致。泰定元年（1324），该县因大雨，山崩，"水溢，壅土至来谷河成丘阜"④。次年八月，巩昌路伏羌县大雨，山崩。九月，汉中道文州霖雨山崩。泰定四年（1327），巩昌府通渭县山崩。至顺元年（1330）七月，又崩，"压民舍，命陕西行省赈被灾者十二家"⑤。至顺四年（1333）是这一时期山崩地质灾害发生次数最多的一年。八月壬申，巩昌徽州山崩。九月，秦州山崩。十月丙寅，凤州山崩。十一月丙申，巩昌成纪县地裂山崩。辛亥，秦州山崩地裂。显然，地质灾害使当地很多民众受灾，遂有至顺四年（1333）十一月元廷"令有司赈被灾人民"⑥。然这一时期山崩灾害的发生区域并不局限于该地。至治二年（1322）十二月甲子朔，江西行省南康路建昌州"大水，山崩，死者四十七人，民饥"。泰定元年（1324）七月，中书省所属定州"屯河溢，山崩，免河渠营田租"，可见这两次山崩均与

---

① 《元史》卷23《武宗纪二》。

② 《元史》卷50《五行志一》。

③ 《元史》卷26《仁宗纪三》；卷27《英宗纪一》。

④ 《元史》卷29《泰定帝纪一》。

⑤ 《元史》卷34《文宗纪三》。

⑥ 《元史》卷38《顺帝纪一》。

洪水有关。泰定四年（1327）八月，天全道山崩则是碉门地震的次生灾害，"飞石击人，中者辄死"①。

元顺帝时也是山崩地质灾害的多发时段，共发生山崩 32 次，发生年份为 16 年。山崩发生次数约为元中期山崩地质灾害的总和。这一时段渭河流域的秦州、巩昌、奉元路华州等地山崩地质灾害仍比较集中。后至元二年（1336）五月壬申，秦州山崩。后至元四年（1338）七月丙辰，巩昌府山崩。后至元六年（1340）六月己亥，秦州成纪县山崩地坼。至正三年（1343）二月，秦州成纪县、巩昌府宁远、伏羌县山崩，水涌。六月乙巳，秦州秦安县南坡崩裂。七月戊辰，巩昌府山崩，人畜死者众。至正二十六年（1366）十二月庚午，"华州之蒲城县洛水和顺崖崩，其崖戴石，有岩穴可居，是日压死辟乱者七十余人"②。山崩发生地域还包括庆元路奉化州、绍兴路山阴县、泉州同安县、信州路灵山、惠州路罗浮山、龙兴路靖安县、海州赣榆县、广西灵川县、宁国敬亭、麻姑、华阳诸山在内的东南沿海山区。腹里地区的鸡鸣山、济南、沂州、霍州赵城县、汾州白彪山也有山崩发生。这一时段，山崩对人畜、民居以及农作物造成的危害较前时大得多。元统二年（1334）八月，京师地震诱发的鸡鸣山山崩，导致当地"陷为池，方百里，人死者甚众"，被宋正海等认为是元代破坏性最大的山崩，主要是因为这次山崩的范围很大。后至元四年（1338）七月丙辰，巩昌府山崩，"压死人民"。后至元六年（1340）五月甲子，庆元奉化州山崩伴有特大泥石流发生，"水涌出平地，溺死人甚众"。六月庚戌，"处州松阳、龙泉二县积雨，水涨入城中，深丈余，溺死五百余人。遂昌县尤甚，平地三丈余。桃源乡山崩，压溺民居五十三家，死者三百六十余人"。可见暴雨引起的山崩地质灾害破坏性极大，同时"压溺"一词似说明还有泥石流发生。至正二年（1342）七月庚午朔，惠州雨水，"罗浮山崩，凡二十七处，坏民居，塞田涧"。至正三年（1343）二月，秦州成纪县，巩昌府宁远、伏羌县山崩，伴有特大泥石流发生，"水涌，溺死人无算"。六月乙巳，"秦州秦安县南坡崩裂，压死人畜"。七月戊辰，"巩昌山崩，人畜死者众"。至正六年（1346）六月，广州增城县罗浮山崩，"水涌溢，溺死百余人"。

① 《元史》卷28《英宗纪二》；卷29《泰定帝纪一》；卷30《泰定帝纪二》；卷50《五行志一》。

② 《元史》卷47《顺帝纪十》；卷51《五行志二》。

至正八年（1348）五月庚子，"广西山崩，水涌，漓江溢，平地水深二丈余，屋宇、人畜漂没"。至正九年（1349），"龙兴靖安县山石迸裂，涌水，人多死者"。至正十二年（1352），陕西地震导致"移山湮谷，陷没民舍"。十月丙午，"霍州赵城县霍山崩，涌石数里，前三日，山鸣如雷，禽兽惊散"[①]，为重大山崩地质灾害。

地裂和地陷多因地质构造变化而发生，属于地面变形灾害。这些灾害造成的人员伤亡并不严重，但对建筑物的损坏却很致命。元代地裂的次数比较少，见于记载的仅有 7 次，主要分布于汾渭盆地地裂缝带。山西地区是地裂发生的重要区域。这主要与该地区有元一代地震活动频繁有关。大德七年（1303）赵城地震发生后，"太原徐沟、祁县及汾州平遥、介休、西河、孝义等县地裂成渠"，"人之居舍少有完全者"[②]。大德九年（1305）四月，大同地震引发了怀仁县地裂，"怀仁县地裂二所，涌水尽黑，其一广十八步，深十五丈，其一广六十六步，深一丈"[③]。至正二年（1342）四月辛丑朔，冀宁路平晋地震导致"裂地尺余，民居皆倾仆"。至正七年（1347）五月，"河东地坼泉涌，崩城陷屋，伤人民"[④]。至正二十七年（1367），"太原地大震，凡四十余日，后又大震裂，居民屋宇皆倒坏，火从裂地中出，烧死者数万人"[⑤]。除此之外，地裂分别发生于至顺四年（1333）十一月丙申、辛亥和后至元六年（1340）六月陕西行省秦州境内，并与山崩相伴而生。

地陷往往与地震、山崩、洪水伴生。有元一代记载较详的地陷有 3 次，其中发生在燕山山前倾斜区平原的有两次。至元二十七年（1290）地震，"北京尤甚，地陷，黑沙水涌出"，伴有特大泥石流发生，"人死伤数

---

①《元史》卷39《顺帝纪二》；卷51《五行志二》；卷40《顺帝纪三》；卷41《顺帝纪四》。

②《元史》卷50《五行志一》；《重修灵泽王庙记》，胡聘之：《山右石刻丛编》卷30。

③《元史》卷50《五行志一》。

④《元史》卷51《五行志二》。

⑤叶子奇：《草木子》卷3上《克谨篇》。

十万"①。元统二年（1334）八月，京师地震所诱发的鸡鸣山山崩之时，"陷为池，方百里，人死者甚众"②。至正十七年（1357）十月，湖广行省所属静江路城东石山崩，"东门地陷"，并有洪水发生。③

二、山崩地质灾害的时空分布特点

鉴于元代地质灾害中地裂、地陷、滑坡、泥石流的发生频次较少，无法进行详尽的研究，而山崩发生的频次较多，且地裂、地陷、滑坡、泥石流的发生多与山崩伴生，故此处仅对山崩地质灾害的时空分布进行探讨。

（一）山崩地质灾害的时间分布特点

程谦恭认为1310—1370年的60年间是中国历史上的元代山崩地裂群发期④。宋正海则认为1300—1359年的60年间是山崩地裂的多发期⑤。据笔者统计，有元一代山崩地质灾害多发于元代中后期，而见于记载的最早山崩是大德元年（1297）七月湖广行省耒阳州、衡州酃县洪水诱发的山崩。之后70余年间共发生山崩地质灾害近60次，灾年为32年。以十年为统计单位，灾害发生趋势如图6-6。

由图6-6可以看出1309年之前，元代山崩地质灾害发生年份较少。1319—1328年的十年间，山崩骤升为7年，之后略有下降，但1329—1358年的三十年间，每十年发生山崩的年份有5～6年。元朝最后的十年，山崩地质灾害的发生明显减少，发生年份仅为两年。

①《元史》卷172《赵孟頫传》。宋正海：《中国古代自然灾异动态分析》，第86页。

②《元史》卷38《顺帝纪一》。

③《元史》卷51《五行志二》。

④程谦恭：《中国近五千年来地质灾害时间群发期周期初步研究》，《西安地质学院学报》1995年第4期。

⑤宋正海：《中国古代自然灾异动态分析》，第86页。

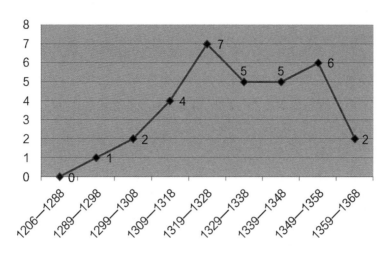

图6-6　元代山崩地质灾害灾年趋势图（单位：年）

我们将元代山崩发生频次和重大山崩发生频次制成图6-7。

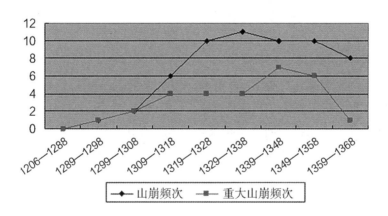

图6-7　元代山崩地质灾害时间分布折线图（单位：次）

由图6-7可见，有元一代山崩地质灾害发生频次和重大山崩的发生频次呈现出大致相同的趋势。1289—1308年的两个十年间，山崩发生频次较低，然所发生者均为重大山崩。自1309年起，山崩地质灾害的发生频次开始走高，达到6次，年均0.6次。1319—1328年的十年间，山崩地质灾害频次达到10次。1329—1338年的十年间，山崩地质灾害频次达到元代最高的 11 次。此后 50 年间山崩发生频次都相对较高。虽 1359—1368 年的十年间，发生山崩地质灾害的频次有所下降，但这一时段山崩地质灾害的发生也更为集中，分布于至正二十六年（1366）、至正二十七年（1367），且以至正二十六年发生山崩地质灾害的频次最高，为 6 次。次年发生山崩地质灾害 2 次。由此可见，元代山崩地质灾害主要发生在 1309—1358 年之间的 50 年间。

值得说明的是，山崩重大地质灾害发生频次与元代山崩地质灾害发生频次的时间分布基本一致，但略有差别。自 1289—1308 年的二十年间，发生的山崩地质灾害均对百姓生命和建筑物造成了巨大灾难。1309—1338 年的三十年间，每十年山崩重大地质灾害发生频次均为 4 次。元统二年（1334）八月，因地震诱发的鸡鸣山特大山崩就发生在这一时间段内。1339—1348 年的十年间重灾发生频率增加到最高，为 7 次。随后的十年间，重灾发生频次略有减少，为 6 次。最后十年中，仅至正二十六年十二月，陕西行省奉元路华州蒲城县洛水和顺崖崩为严重山崩地质灾害，造成避乱者七十余人被压死。

（二）山崩地质灾害的空间分布特点

程谦恭认为元代山崩地裂灾害广泛分布于整个大陆，而以甘肃东部天水渭河流域出现山崩滑坡灾害最多。[①]但并没有交代具体的空间分布特征。和付强《中国灾害通史·元代卷》将地震和山崩地质灾害一体研究，无法明晰元代山崩地质灾害的空间分布特点。[②]宋正海《中国古代自然灾异动态分析》则未提及山崩的空间分布特征。笔者对有元一代山崩地质灾害的空间分布进行了统计，见表 6-3：元代山崩地质灾害的空间分布统计表。

①程谦恭：《中国近五千年来地质灾害时间群发期周期初步研究》，《西安地质学院学报》1995年第4期。

②和付强：《中国灾害通史·元代卷》，第162～169页。

表6-3　元代山崩地质灾害的空间分布统计表（单位：次）

省份	发生路份	频次
腹里地区	晋宁路、冀宁路、大都路、真定路、济南路、益都路、	7
湖广行省	耒阳州、衡州路、道州路、静江路	5
陕西行省	秦州路、巩昌路、奉元路、兴元路	27
河南行省	襄阳路、峡州路、荆门州、安庆路、河南府路、淮东路	4
江西行省	南康路、龙兴路、瑞州路、惠州路、广州路	6
浙江行省	信州路、庆元路、处州路、泉州路、宁国路、绍兴路	8
宣政院辖地	礼店文州蒙古汉儿军民元帅府、碉门安抚司	2

由表6-3可以看出，元代山崩地质灾害发生区域比较广泛。渭水流域山区是有元一代山崩地质灾害发生频次最高的地区，达27次，约占笔者所统计元代山崩地质灾害频次的45.6%。陕西行省西部的秦州、巩昌路山崩发生率较高。"汉中道文州"当指"礼店文州蒙古汉儿军民元帅府"，隶宣政院下辖的吐蕃等处宣慰司，属陕西汉中道廉访司，与秦州、巩昌路同属于该区域。兴元路的凤州、奉元路华州同属于该区域。这一区域的山崩大多与暴雨和地质构造的变化有关。隶属碉门安抚司的天全道山则处在这一区域的南缘。该次山崩是泰定四年（1327）八月碉门地震造成的直接后果。

东南沿海地带的山区也是山崩的多发地带。这一地区有元一代见于记载的山崩达8次之多，占元代山崩地质灾害的13.5%。庆元路、处州路、泉州路、绍兴路、宁国路、信州路均有山崩发生，其中泉州路的山崩多与洪灾有关。湖广行省的山崩主要集中在东部湘江流域的耒阳州、衡州和道州路以及中部的静江路（治今桂林市），地点比较分散，多因当地"水""大水"所致。江西行省的山崩则集中在北部的南康路、龙兴路、瑞州路和南部的广州路和惠州路。这一地区山崩多与洪涝灾害有关。

有元一代见于记载的华北山区山崩地质灾害达7次，约占元代山崩地质灾害的12%。晋宁路、冀宁路所在的太行山山区发生的山崩地裂多与元代这一区域地质构造变化剧烈有关，是地震导致的严重后果之一。元统二年（1334）八月的鸡鸣山特大灾害则是京师地震诱发的结果。泰定元年（1324）七月，定州山崩是屯河洪水冲刷所致。济南路、益都路沂州也偶有山崩发生。

河南行省山崩的主要发生地包括西南部边缘的襄阳路、荆门州和峡州路，与江西、江浙两行省交界的安庆路，与中书省交界的河南府路巩县以及东部沿海的淮安路海宁州赣榆县。这四次山崩地质灾害中，襄阳路、荆门州、峡州路山崩是洪水冲刷所致。而安庆路宿松县、淮东路赣榆县吴山崩均是当地地震造成的破坏性影响，则河南府巩县山崩既有雨水冲刷的因素，也是地震导致的恶果。

　　要之，元代除地震之外，山崩、地裂、地陷、泥石流均有发生，其中以山崩灾害发生频次最高。元代地质灾害多发生于中后期。百姓的生产生活因此遭受到巨大的损失。自大德元年始的 70 余年间共发生山崩地质灾害近 60 次，以 1319—1358 年的 40 年间发生最为频繁。就地域分布而言，元代山崩大多集中于包括秦州、巩昌路、奉元路、兴元路在内的陕西行省西南部地区。其他山区也有零星分布。就山崩灾害发生的相关性而论，陕西行省和江南地区的山崩多与当地的暴雨有关，太行山山区发生的山崩地裂多因这一区域地震频发所致。

第七章
疫灾和火灾

元代灾害中，疫灾和火灾也值得关注。疫病是流行性传染病的总称，是各种致病性微生物或病原体引起的传染性疾病，[①]因疫病导致某一区域人口健康和生命受到危害的灾害可以视之为疫灾。历史文献中，多以"疫""大疫""疾疫""疾疠""疫疠"等述之。火灾或人为产生，或自然产生，均对百姓的生产生活造成了巨大的影响。本章梳理元代疫灾和火灾的发生序列，探讨疫灾和火灾发生的时空分布特点。

[①]张剑光：《三千年疫情》，南昌：江西高校出版社，1998年，第1页。

第一节　疫灾

疫灾是元代重要的自然灾害之一，其危害最为巨大。学界对元代疫灾的探讨取得了丰硕的成果。邓云特指出元代发生疫灾 20 次，符友丰探讨了金元的鼠疫，李文波列举了元代 89 年间的 38 次疫灾，曹树基考察了元代传染病的流行与影响，张剑光分析了元代疫情，张志斌以表格方式列举了元代疫病流行的状况。郭珂、张功员、和付强考察了元代疫灾的状况和时空规律。龚胜生、王晓伟、龚冲亚则考察了元代的疫灾地理。[①]

就上述学者有关疫灾统计的资料来源看，邓云特所统计的 20 次疫灾当来自《元史》记载。李文波关于疫灾的统计多利用二手资料。曹树基列举的元代 31 次传染病资料来源于《元史》。张志斌根据《元史》《续文献通考》《新元史》和明清地方志的记载列有元代疫灾 50 余次，其间相关记载多有重复。郭珂的统计来源不是很明确。和付强的疫情统计主要源于《元史》和部分文集、笔记等元代文献。龚胜生的统计来源则更为广泛，其中除《元史》外，尚有许多元人文集和明清方志。本节在前人研究的基础上，充分利用元人文集、元代基本史料和部分医学著作，对元代的疫情及其时空分布、种类作一概述。

一、疫情概述

以往学界很少将蒙古前四汗时期的疫情统计在内。[②]实际上，大蒙古国辖区内，疫灾并不少见。据不完全统计，蒙古前四汗时期见于记载的灾疫

---

① 邓云特：《中国救荒史》；符友丰：《金元鼠疫史与李杲所论病症》，《中医杂志》1996年第4期；李文波：《中国传染病史料》，北京：化学工业出版社，2004年；曹树基：《地理环境与宋元时代的传染病》，《历史地理》第11辑；张剑光：《三千年疫情》，第247～307页；张志斌：《中国古代疫病流行年表》，福州：福建科学技术出版社，2007年，第40～49页；郭珂、张功员：《元代疫灾述论》，《医学与哲学》2008年第1期；和付强：《中国灾害通史·元代卷》，第169～199页；龚胜生、王晓伟、龚冲亚：《元朝疫灾地理研究》，《中国历史地理论丛》2015年第2辑。相关研究还有王秀莲：《古今瘟疫与中医防治——千余年华北疫情与中医防治研究》，北京：中国中医药出版社，2010年；宋正海：《中国古代自然灾异群发期》等。

② 和付强：《中国灾害通史·元代卷》，第170～171页。

有 10 次，发生于 7 个年份，主要分布在北方的汴梁、怀孟、邓州、曹州、临洮，以及宋蒙战争的前沿扬州、合州、鄂州等地，多为战争发生地。太祖二十一年（丙戌，1226），蒙军攻占灵武时，耶律楚材就收取大黄等药材，以备不时之需。不久"军士病疫，唯得大黄可愈，所活几万人"①。太宗六年（壬辰，金天兴元年，1232），"汴京大疫，凡五十日，诸门出死者九十余万，贫不能葬者不在是数"②。这次疫灾波及大蒙古国所控制的汴梁附近的河南地区，"饥民北徙，殍殣相望"。宋子贞"议作广厦，糜粥以食之，复以群聚多疫，人给米一斛，俾散居近境，所全活无虑万计"③。太宗九年（丁酉，1237），纯只海被任命为京兆行省达鲁花赤，赴任途中，行至怀孟时，"值大疫，士卒困惫"，遂"有旨以本部兵就镇怀孟"。④ 宪宗三年（癸丑，1253），蒙哥征伐云南，董文炳率壮士四十、马二百由临洮出通会关，最终"人马疫死，所存者不数人，公亦病焉"⑤。其时兀良合台负责经营西南边陲。宪宗七年（丁巳，1257）八月，蒙军过邓州，"时值霖雨，民多痢疾"。罗天益遂得白术安胃散、圣饼子，"于高仲宽处传之，用之多效"⑥。宪宗八年（戊午，1258）夏，蒙古百户昔良海在曹州"因食酒肉，饮潼乳，得霍乱吐泻，从朝至午，精神昏聩"⑦。秋，元军南下征宋，总帅也柳干在扬州俘虏一万余人，"内选美色室女近笄年者四，置于左右"。罗天益指出："总帅领十万余众，深入敌境，非细务也。况年高气弱，凡事宜慎。且新虏之人，惊忧气蓄于内，加以饮食不节，多致疾病。近之则邪气相传，其害为大。"果不其然，腊月中班师时，"值大雪三日，新掠

---

① 苏天爵：《元朝名臣事略》卷5《中书耶律文正王》；《元史》卷146《耶律楚材传》；陶宗仪：《南村辍耕录》卷2《大黄愈疾》。和付强将丙戌年指为太祖二十七年，误。

② 《金史》卷17《哀宗纪》。关于这次疫情，可参见李中琳、符奎：《1232年金末汴京大疫探析》，《医学与哲学》2008年第6期。

③ 苏天爵：《元朝名臣事略》卷10《平章宋公》。

④ 《元史》卷123《纯只海传》；刘敏中：《珊竹公神道碑铭》，《中庵先生刘文简公文集》卷6。龚胜生：《元朝疫灾地理研究》将此事系于大德元年，误。

⑤ 王磐：《藁城令董文炳遗爱碑》，引自李修生《全元文》第2册。

⑥ 罗天益：《泄痢门·痢疾》，《卫生宝鉴》卷16。

⑦ 罗天益：《内伤霍乱治验》，《卫生宝鉴》卷16。

人不禁冻馁，皆病头疼咳嗽，腹痛自利，多致死亡者"。次年正月，总帅回至汴梁路，因酒色过度，感染时气而得病，"其证头疼咳嗽，自利腹痛，与新虏人病无异。其脉短涩，其气已衰，病已剧矣，三日而卒"①。征南副帅大忒木儿奉敕立息州，"其地卑湿，军多病疟痢"，罗天益"合辰砂丹、白术安胃散，多痊效"。②宪宗亲征攻宋，驻合州钓鱼山。宪宗九年（己未，1259）夏秋之交，"军中大疫"，汪德臣"卒于军"，蒙哥也在这次大疫中去世。③这次疫灾当为瘴疠所致。疫情发生后，月举连赤海牙"奉命修曲药以疗师疫"④，但无济于事。最终"军中有许多人病亡，他们总共剩下不到五千人"⑤，蒙军很快从钓鱼山班师。而忽必烈所率进攻鄂州的蒙军也发生疫情，郝经所进《班师议》指出当时"诸军疾疫已十四五，又延引月日，冬春之交，疫必大作，恐欲还不能"⑥。

世祖时期的疫情也比较严重。据不完全统计，共发生疫情20次，约15个年份，涉及腹里地区的济南、平阳、顺德等路，宋元前线的襄阳、嘉兴、涟水等地，以及江浙行省的建德路、庆元路、台州路临海县，江西行省吉州路、广州路贺州等地，四川行省的重庆路，湖广行省的武昌路、岳州路等地，甚至包括交趾的交州等地。世祖前期的疫情多发生于江南地区，且多与战争有关。腹里地区以及河南行省所辖汴梁路的疫情仅有5次。中统二年（1261）夏，董文炳奉命平定李璮之乱，率军攻济南，"时暑隆盛，军人饮冷，多成痢疾，又兼时气流行"⑦。至元三年（1266）六月初四日，提学侍其轴"中暑毒，霍乱吐利，昏冒终日，不省人事"，后被罗天益治愈。⑧至元五年（1268），元军围困襄阳。"襄阳之役，以十万众顿坚城之下，

----

① 罗天益：《时气传染》，《卫生宝鉴》卷3。

② 罗天益：《瘴疟治验》，《卫生宝鉴》卷16。

③ 《元史》卷155《史天泽传》；王恽：《开府仪同三司中书左丞相忠武史公家传》，《秋涧先生大全集》卷48；王磐：《中书右丞相史公神道碑》，引自李修生《全元文》第2册；姚燧：《便宜副总帅汪公神道碑》，《牧庵集》卷12。

④ 《元史》卷135《月举连赤海牙传》。

⑤ 拉施特：《史集》卷2《成吉思汗之子拖雷汗之子忽必烈合罕纪》。

⑥ 《元史》卷157《郝经传》；郝经：《班师议》，《郝文忠公陵川文集》卷32。

⑦ 罗天益：《卫生宝鉴》卷4。

⑧ 罗天益：《中暑霍乱吐利治验》，《卫生宝鉴》卷16。

经今四年。暑天炎瘴，攻守暴露，不战而疫死者无日无之。即目已属炎瘴，江水向发，设如去岁夏宋人复以舟师来援，内以穷，寇必出相应其利害所关非轻"[1]。至元八年（1271），汴梁路兰阳令董某受命运粮襄阳，"所部多疾疫，亲访良医以治之，咸得平复"[2]。至元十年（1273），平阳路发生疫灾，"今者云暮未睹其祥，寒律徒切，风埃瀵洞，宿麦虽萎，犹含余冻，载忧载忡，春疫为重"[3]。至元十一年（1274）三月间，南省参议官常德甫在前往大都的路途中感染伤寒，"自内丘县感冒头痛，身体拘急，发热恶寒"，"勉强至真定，馆于常参谋家"，后被罗天益治愈。[4]至元十二年（1275），江东"岁饥，民大疫"，"居民乏食"，伯颜"乃开仓赈饥，发医起病"，"民赖以安"。[5]廉台王千户领兵镇守涟水，"此地卑湿，因劳役过度，饮食失节，至秋深，疟疾并作，月余不愈，饮食全减，形容羸瘦"，最终被罗天益治愈。[6]至元十三年（1276），嘉兴路大疫，身居崇德县的俞镇的祖父和父亲"不幸俱至大故"[7]。同年，伯颜渡江取宋，杜某授吉州路总管府达鲁花赤，"大军之后，疫气甚炽，公莅政未久，亦染斯疾"[8]。

元统一全国后，疫情也较为严重。至元十四年（1277）春，建德路大疫，"饥民旁午"。徐师颜"出粟，募民舁骼坎瘗，可医食者，亲抚视以活"[9]。庆元路也发生"大疫"[10]。至元十五年（1278）春，重庆"春气方燠，人多

① 王恽：《论抚劳襄阳军士事奏状》，《秋涧先生大全集》卷89；王恽：《为优恤襄阳军人事状》，《秋涧先生大全集》卷88。

② 董谅：《董公碑铭》，清光绪十九年《宁陵县志》卷11，引自李修生《全元文》第13册。

③ 王恽：《康泽王庙祈雪文》，《秋涧先生大全集》卷63。

④ 罗天益：《阳证治验》，《卫生宝鉴》卷6。

⑤ 《元史》卷127《伯颜传》；苏天爵：《丞相淮安忠武王（伯颜）》，《元朝名臣事略》卷2。

⑥ 罗天益：《阴阳皆虚灸之所宜》，《卫生宝鉴》卷16。

⑦ 刘岳申：《嘉兴路儒学教授俞君墓志铭》，《申斋刘先生文集》卷9。

⑧ 杜思敬：《故明威将军吉州路达鲁花赤杜公表铭碑并序》，引自李修生《全元文》第9册。

⑨ 袁桷：《徐师颜传》，《清容居士集》卷34。

⑩ 袁桷：《先大夫行述》，《清容居士集》卷33。

疫疾"，二月辛未，以川蜀地"多岚瘴，弛酒禁"①。中书省宣使义坚亚礼出使河南。"适汴、郑大疫，义坚亚礼命所在村郭构室庐，备医药，以畜病者，由是军民全活者众。"②至元十八年（1281），岳州路总管李克忠事先"命民藏冰"，明年大疫，百姓因而最终"得冰即愈"。③至元二十二年（1285）五月，元军攻安南，"适暑雨疫作，兵欲北还思明州"④。至元二十四年（1287），来阿八赤从皇子镇南王征交趾。元军进兵交州，来阿八赤指出"将士多北人，春夏之交瘴疠作，贼弗就擒，吾不能持久矣"。陈日烜据竹洞、安邦海口，阿八赤率兵攻之，"会将士多疫不能进"，阿八赤建议班师。在回师途中，阿八赤被毒矢射中而亡。⑤文趾海船万户张文虎"转粟从至松柏湾，遇贼，逆战击败之。既暑疫，王议罢兵"⑥。至元二十五年（1288），唐州军府万户唐琮屯驻春陵，"屯靖海境。溪岭湍险，艰于驰逐，北兵不习地里"，"加以瘴疠流毒，海飓腾炎，吏士触冒疾疫者过半"。⑦广东也常有疫灾发生，"季阳、益都、淄莱三万户军久戍广东，疫死者众"，遂有至元二十六年（1289）五月丙申，诏令戍广东兵士二年一更。⑧同年七月，刘国杰率军到湖广行省贺州，"士卒冒炎瘴，疾疫大作"，遂"国杰亲抚

① 李谦：《都元帅刘恩先茔碑铭》，引自李修生《全元文》第9册；《元史》卷10《世祖纪七》。

② 《元史》卷135《铁哥术传附义坚亚礼传》。张志斌以铁哥术为中书省宣使，误。

③ 许有壬：《元故中顺大夫同知吉州路总管府事李公神道碑铭并序》，《至正集》卷61；龚胜生等：《元朝疫灾地理研究》误将此事系于至元十七年。按李克忠任同知岳州路总管府事当在庚辰年（至元十七年），而"明年大疫"，因此发生这次疫情的时间当在至元十八年。

④ 《元史》卷13《世祖纪十》。

⑤ 《元史》卷129《来阿八赤传》。

⑥ 王逢：《题元故参政张公画像有序》，《梧溪集》卷4。

⑦ 王恽：《大元故怀远大将军万户唐公死事碑铭并序》，《秋涧先生大全集》卷55；龚胜生：《元朝疫灾地理研究》误指唐琮为唐琮世。

⑧ 《元史》卷15《世祖纪十二》。

视之，疗以医药，多得不死"①。至元二十七年（1290），"秋暑炽甚"，身居南安路的刘埙因患痢疾而作《养生赋》。②此外，没有具体时间的疫灾也有很多。如至元间，台州路临海县盗贼并起，"兵后大疫，君［项鼎］饮食医药，其病敛藏，其死者无一失所"③。

成宗、武宗时期，共发生疫情14次，约9个年份，涉及腹里地区的真定、顺德、河间、卫辉、般阳、济宁等路，陕西行省的邠州，西南地区的八百媳妇、乌撒、乌蒙、霭益州、忙部、东川、播州军民安抚司黄平府，湖广行省以及江浙行省的浙东和福建地区，其中尤以大德十一年（1307）到至大元年（1308）夏秋之交的吴越齐鲁疫情最为严重。

大德元年（1297）八月，真定、顺德、河间旱疫，其中河间之乐寿、交河两县疫情严重，造成六千五百余人死亡。④九月丙寅，"诏恤诸郡水旱疾疫之家"⑤。卫辉路发生旱疫灾害。中书省奏闻："随处水旱等灾，损害田禾，疫气渐染，人多死亡。"⑥闰十二月，般阳路发生饥疫，"给粮两月"⑦。大德四年（1300），陕西邠州新平县"大疫起，居无宁室"。奉恩寺住持普觉玄悟大师"为梵语咒水，遍诣门，饮之皆苏，得不死者众"⑧。大德五年（1301），哈剌哈孙奏发湖广兵二万人征西南夷八百媳妇国，"丁壮役馈挽数十万，将失纪律，果无功而还"，"诸蛮要击，饥疫相仍，比至，将士存者才十一二"⑨。大德八年（1304）六月，乌撒、乌蒙、霭益州、忙部、东川等路饥，有疫发生，并赈恤之。⑩大德九年（1305），湖广行省指

①黄溍：《刘公神道碑》，《金华黄先生文集》卷25；《元史》卷162《刘国杰传》。

②刘埙：《水云村泯稿》卷1。

③虞集：《项鼎墓志铭》，《道园学古录》卷18；龚胜生《元朝疫灾地理研究》将临海灾异系于至元十七年，不知何据。

④《元史》卷19《成宗纪二》。

⑤同上。

⑥《元典章》卷3《圣政二·复租赋》。

⑦《元史》卷19《成宗纪二》。

⑧刘仁本：《陕西邠州新平县奉恩寺开山伟公行业记》，《羽庭集》卷6。

⑨苏天爵：《元朝名臣事略》卷4《丞相顺德忠献王》。

⑩《元史》卷21《成宗纪四》；卷50《五行志一》。

出各处"仲夏盛暑，恐牢狱不为修治，秽气蒸薰，致生疾疫，有司不加医疗，因而死伤人命"①。大德十年至十一年间（1306—1307），镇江路"仍岁灾疫，农民死亡过半，田积荒八百七十顷，赋入无所"，而"织染工匠多流亡"②。

　　大德十一年（1307），"天下旱蝗，饥疫清臻，发粟之使相望于道，而吴越齐鲁之郊骨肉相食，饿莩满野，行数十里不闻人声"③。这次主要限于滨海之州，"独不及鄞"④。其中"越大饥，且疫疠，民死者殆半"，"闽越饥疫，露骸横藉，星尚影绝"，"天灾作于浙东，饥饿疬疫，死者相枕"，由此造成杭州路的商税大量减少。⑤"越"是今浙江省东部的别称。其中"环温诸郡饥疫相仍，流民数千人来归"⑥。此外，这次饥疫还涉及福建，并持续到至大元年（1308）。"初丁未、戊申岁，大祲饥，死疫者骸骴狼藉"，身居杭州富阳的董行修"用浮屠法敛而焚之，且率其徒诵经环绕，喻以迷悟因缘"⑦。至大元年春，何敬德"请破衣，集诸好善人，收聚遗骸枯髅数十万"。然何敬德去世后，其所建杭州天泽院"不复纳云水僧。饥疫，弃尸如山，久莫为掩"⑧。至大元年夏秋之交，江浙地区发生饥荒，"饥荒之余，疾疫大作，死者相枕籍。父卖其子，夫鬻其妻，哭声震野，有不忍闻"，其中绍兴、庆元、台州发生疫情，"死者二万六千余人"⑨。绍兴路"戊申岁土荐饥，疾疬仍臻，民多流殍"。李拱辰迁绍兴路新昌县尹，"岁饥，道馑相望"，"疾疫者，救疗之，所全活甚众"⑩。庆元路奉化"大疫，死

---

　　①《元典章》卷40《刑部二·刑狱·提牢》。

　　②俞希鲁：《段廷珪去思碑记》，《至顺镇江志》卷15。

　　③程钜夫：《书柯自牧自序救荒事迹后》，《程雪楼文集》卷15。

　　④贝琼：《宋县令谢公庙记》，《清江贝先生集》卷30。

　　⑤《元史》卷177《张昇传》；刘埙：《奉议大夫南丰州知州王公（著）墓志铭》，《水云村泯稿》卷8；戴表元：《知奉化州于伯颜去思碑》，《剡源戴先生文集》卷20。

　　⑥程钜夫：《温州路达鲁花赤伯帖木儿德政序》，《程雪楼文集》卷15。

　　⑦王沂：《慈修护圣禅院记》，《伊滨集》卷18。

　　⑧胡长孺：《何长者传》，见苏天爵：《国朝文类》卷69。

　　⑨《元史》卷22《武宗纪一》；卷50《五行志一》。

　　⑩邓文原：《帝禹庙碑》，见苏天爵：《国朝文类》卷20；黄溍：《奉议大夫御史台都事李公墓志铭》，《金华黄先生文集》卷3131。

者相枕。民祷公。公降于人，指庙东井，命民饮，病者饮水立愈"①。此外，杭州路至大二年（1309）九月的诏书中指出"各处人民，饥荒转徙，疾疫死亡，虽令有司赈恤，而实惠未遍"。命"田野死亡，遗骸暴露，官为收拾，于系官地内埋瘗"②。同年十月的诏书指出"前岁江浙饥疫，今年蝗旱相仍，疠气延及山东。大河南北民或尽室死，无以藏幸，生者流离道路，就饥无所"③。至大三年（1310），张养浩上《时政书》指出："比见累年山东、河南诸郡，蝗旱荐臻，疹疫暴作。郊关之外，十室九空。民之扶老携幼，累累焉鹄形菜色，就食他所者，络绎道路。其他父子、兄弟、夫妇至相与鬻为食者，在在皆是。"④即是至大间山东、河南疫灾的情况。此外，大德间，顺元蛮作乱，湖北诸郡民受命飨师隶属于播州军民安抚司的黄平府，"去大军三千余里"，其间"大暑疫疠方作，死者什八九，枕籍于道"⑤。至大时，詹士龙任广西道廉访使司佥事，但"苦于瘴疠，竟移东归"⑥。而济宁路宁阳县大疫，王治母亲"亦染之"⑦。

仁宗时期共发生疫情4次，约2个年份，多集中于腹里地区，系由"连年旱涝"导致饥荒，从而产生的疫情。皇庆二年（1313）九月，"京畿大旱"，大都"以久旱，民多疾疫"⑧。延祐间，赣州路石城县"大疫"，身为达鲁花赤的普颜"躬督医药，疠气为息"⑨。延祐七年（1320），大都再次发生疫情，遂有六月"修佛事于万寿山"⑩。河间张策之父死于延祐七年。在此之前，河间地区"连年旱涝，千里饥馑，随所有赈施，全活甚众。疫疠死

① 宋濂：《景祐庙碑》，《宋文宪公全集》卷71。

② 《元典章》卷3《圣政二·恤流民》。

③ 《元典章》卷3《圣政二·霈恩宥》；张光大：《救荒活民类要·水旱虫蝗灾伤》。

④ 张养浩：《上书·时政书庚戌年上》，《归田类稿》卷2；龚胜生《元朝疫灾地理研究》将此系为至大三年，然"累年"为"连年"之意。

⑤ 宋褧：《吉水州监税谢君墓碣铭有序》，《燕石集》卷14。

⑥ 朱善：《詹士龙传》，《朱一斋先生文集》卷8。

⑦ 王思诚：《宁阳县孝门铭并序》，康熙《宁阳县志》卷8上。

⑧ 《元史》卷24《仁宗纪一》。

⑨ 许有壬：《故奉政大夫淮西江北道肃政廉访使普颜公神道碑铭并序》，《至正集》卷61。

⑩ 《元史》卷27《英宗纪一》。

者相枕籍，日办粥药给宗党，死则瘗之"①。

英宗、泰定帝时期的疫情并不是很多。英宗时期发生疫情7次，约5个年份。疫情的发生较为分散，主要分布于腹里地区的真定、恩州以及河南行省的归德府。至治元年（1321）七月，赵璧守归德府宁陵县。莅任之初，"岁方大歉"，而 "先是，荐罹水旱，加以牛疫，四野莽然，荡无禾黍"②。真定路发生疫情，十二月"赈之"③。至治二年（1322）二月，恩州因水灾发生疫情，遂赈。同年土蕃岷州因旱而疫，十一月下令赈之，这次疫情一直延续到至治三年（1323）春。④泰定帝时期仅见2次疫情，发生于真定路以及江西行省。泰定元年春，南安路大疫，"属邑三，南康尤甚，逾冬不少衰"，次年四月，"省宪命官大赈饥疫，绝崖幽谷、穷庐败垣之氓莫不假息，觊医一投，以齐起死，俄顷生者凡数千人"⑤。泰定二年（1325），真定路中山府"境内大旱，民多疫疠"⑥。同年，江西行省也有疫情发生，江西和卓平章"救饥人疾疠之厄，又不知其几万人"⑦。

文宗时期约发生疫情15次，4个年份，涉及腹里地区保定路、东平路，河南行省河南府路、扬州路，湖广行省横州、庆元南丹溪洞等处，江西行省建昌路、吉安路庐陵县、抚州路崇仁县，江浙行省饶州路、松江府华亭县、江阴州以及关中地区，其中以天历间关中疫情最为严重。"关中之灾，近古罕见。"⑧天历二年（1329）三月，西台御史中丞张养浩以"岁旱民亡，比屋病疫"而祈雨于金天帝君之前。⑨ "三辅之民，自春徂夏，由病疫而

①吴澄：《故赠承事郎乐陵县尹张君墓表》，《吴文正公集》卷34。

②王谅：《宁陵县尹赵侯去思碑并序》，光绪十九年《重刻宁陵县志》卷11，李修生：《全元文》第47册。

③《元史》卷27《英宗纪一》。

④《元史》卷28《英宗纪二》；卷29《泰定帝纪一》。

⑤汪泽民：《南康县新建三皇庙记》，《运使复斋郭公敏行录》。

⑥兀纳罕：《中山周氏义行铭》，民国二十三年《定县志》卷20，选自李修生《全元文》第52册。

⑦刘岳申：《江西和卓平章遗爱碑》，《申斋刘先生文集》卷7。

⑧蒲道源：《与蔡逢原参政书》，《闲居丛稿》卷8。

⑨张养浩：《西华岳庙催雨文》，《归田类稿》卷8。

死者殆数万计。巷哭里哀，月无虚日，使彼有罪已盈其罚"①，可见这次疫情因旱灾而生，且疫情相当严重，一直持续到秋天，"时适丁气数之变，饥馑疾疫，民之流离死伤者十已七八"②。其中奉元路因"亢旱五载失稔，人皆相食，流移疫死者十七八"③。同年，河南府路因旱而发生疫情，又遭兵，遂有八月"赈以本府屯田租及安丰务递运粮三月"④。此外，天历间抚州路崇仁县也有疫灾发生，"当天历旱荒之余，民被饥疫之苦"⑤。至顺元年（1330）春，"吴楚荐饥，天灾流行，连数郡道殣相望，沴气熏袭，为瘥为札，锡之民咸被渐染，大小惴惴，无所请命"⑥。二月，新安、保定"诸驿孳畜疫死"，遂"命中书给钞济其乏"⑦。同年夏，哈八石主仆行至东平，因"时方大疫"而"皆病，归抵淮安，卒于舟中"⑧。八月庚戌，河南府路新安、沔池等十五驿发生"饥疫"，"人给米、马给刍粟各一月"⑨。衡州路属县"比岁旱蝗，仍大水，民食草木殆尽，又疫疠，死者十九"。湖南道宣慰司遂请赈粮米万石，并于至顺二年四月得到文宗恩准。⑩至顺二年（1331）春，许有壬的妹妹许安贞因扬州"时又大疫，遂成疾，十日而卒"⑪。同年，吉安路庐陵县"郡大疫，死亡相属"⑫。饶州路"至顺辛未大疫"⑬。松江府华亭县"辛未饥疫"⑭，"岁多歉涝"，海隅唐氏"为饘粥以食疾疫"⑮。

①张养浩：《为民病疫告斗》，《归田类稿》卷8。

②同恕：《西亭记》，《榘庵集》卷3。

③《元史》卷65《河渠志二》。

④《元史》卷33《文宗纪二》。

⑤苏天爵：《崔孝廉传》，《滋溪文稿》卷23。

⑥倪瓒：《忠靖王庙迎享送神辞并序》，《清闷阁全集》卷10。

⑦《元史》卷34《文宗纪三》。

⑧许有壬：《哈八石哀辞并序》，《至正集》卷68。

⑨《元史》卷34《文宗纪三》。

⑩《元史》卷35《文宗纪四》。

⑪许有壬：《拟毁壁己酉》，《至正集》卷64。

⑫刘诜：《玄妙观经坛买田》，《桂隐先生集》卷1。

⑬周霆震：《番阳潘母胡氏赞》，《石初集》卷10。

⑭释惟则：《答弟行远二》，《天如惟则禅师语录》卷7。

⑮邵亨贞：《海隅唐氏先世事实状》，《野处集》卷3。

这一年，天子遣使观四方民风，使者回还，上疏报告陕西"兵荒之余，储蓄一空，饥疫相仍，死亡流散"①。至顺三年（1332）正月，庆元南丹溪洞军民安抚司言"所属宜山县饥疫，死者众，乞以给军积谷二百八十石赈粜"，获得恩准。②江阴州自天历、至顺以来，"兵徭繁兴，旱潦交作，饥殍满野，疠疫阖家，黎民廪廪，靡有孑遗，赤子失乳，而呼父母"③。建昌路许晋孙于至顺三年六月"以病疫而卒"④，可见至顺三年江西行省建昌路也有疫情发生。

顺帝时期疫情较为严重，共发生疫情34次，21个年份，疫情涉及江浙行省集庆、杭州、镇江、嘉兴、常州、松江府、江阴、建德、婺州、福州、邵武、延平、汀州、饶州、庆元、绍兴、温州等路州，腹里地区的保定路、济南路、冀宁路、大同路、大都路、益都路，河南行省安丰路濠州、扬州路、黄州路，陕西行省"三辅之地"，江西行省龙兴路、建昌路、赣州路、南雄路，湖广行省武昌路等处。顺帝时期多重大疫情发生，其中尤以元统二年（1334）江浙疫情，至正四年（1344）夏秋之交的闽地疫情，至正十四年（1354）的江西、湖广、京师疫情，至正十六年（1356）河南大疫，至正十八年（1358）的京师大疫最为严重。

元统元年（1333），集庆路"岁俭大疫，且四起，道殣相望"，"鬻买槥椟瘗之"⑤。元统二年（1334），江浙行省的杭州、镇江、嘉兴、常州、松江、江阴等地"水旱疾疫"，这次疫情当源于浙西地区的水旱灾害，遂有三月庚子"敕有司发义仓粮，赈饥民五十七万二千户"之举。⑥后至元三年（1337），保定路鼓城县修建崔府君庙，但未获成功，且岁值大疫，发起这次事务的"赵、李二君亦以疾故。疫气方炽，加以年饥，目睹善缘

①张起岩：《张公神道碑铭》，张养浩《归田类稿》卷首。

②《元史》卷36《文宗纪五》。

③陆文圭：《送朝请大夫江阴州尹序》，《墙东类稿》卷6。

④黄潜：《茶陵州判官许君墓志铭》，《金华黄先生文集》卷33。

⑤宋濂：《棣州高氏先茔石表辞》，《宋文宪公全集》卷15；《故高府君圹铭》，《宋文宪公全集》卷6。

⑥《元史》卷38《顺帝纪一》。

中道而废"①。后至元四年（1338），濠州钟离县因旱蝗发生"大饥疫"，朱元璋"父母兄相继殁，贫而不克葬"。②后至元六年（1340），陕西发生灾疫。③至正二年（1342），因"春夏久不雨"，建德路分水县"邻境大疫"。④至正四年（1344）春，婺州路义乌痘疮传染严重，"阳气早动，正月间，邑间痘疮不越一家，卒投陈氏方，童幼死者百余人"⑤。夏秋之交，福州、邵武、延平、汀州四路"大疫"，发生重大疫情。抚州路金溪县"水旱疾疫并作"⑥。至正五年（1345）春夏之交，河南北疫，"民之死者半"。这次疫情可能与至正四年（1344）河南北大饥有关。然"民罹此大困，田莱尽荒，蒿藜没人，孤兔之迹满道"⑦。其中济南路"大疫"。至正八年（1348），"时维扬大疫，染者多暴亡"⑧。

至正十二年（1352），元末农民战争爆发，"自兵兴以来，生民之难极矣。以江南言之，饥馑疠疫，无岁无之"⑨。正月，冀宁路保德州"大疫"⑩。同年夏，龙兴路"大疫"，南昌县"乡里病疫"，身居灌城沙溪里的胡主一"取伯父旧编秘方阅之，先疗家人，并愈，乃依方救疗，施及乡邻，自近及远，无不痊"⑪。至正十三年（1353），黄州路、饶州路"大疫"，"饶

①王仲安：《重修崔府君庙记》，清光绪二十七年印本《山右石刻丛编》卷35，引自李修生《全元文》第55册。

②《明史》卷1《太祖纪一》；朱元璋：《追赠义惠侯夫人娄氏诰》，《明太祖文集》卷3。

③杨瑀：《山居新话》卷1。

④王祎：《灵祐庙碑并序》，《王忠文公集》卷16。

⑤朱震亨：《格致余论·痘疮陈氏方论》。

⑥危素：《兰溪桥记己丑》，《说学斋稿》卷1。

⑦余阙：《书合鲁易之作颍川老翁歌后续集》，《青阳先生文集》卷8。

⑧郑元祐：《赵州守平反冤狱记》，《侨吴集》卷9。

⑨宋禧：《听雪斋记》，《庸庵集》卷14。

⑩《元史》卷51《五行志二》。

⑪朱善：《故顺圣知县胡君墓碣》，《朱一斋先生文集》卷8。

州军士乏食，且重以疫疠"①。十二月，"大同路疫，死者太半"②。至正十四年（1354）四月，江西、湖广两省"大饥，民疫疠者甚众"，京师也因"大饥，加以疾疠"，"民有父子相食者"③。其中，武昌路自至正十二年"为沔寇所残毁，民死于兵疫者十六七"④。建昌路"甲午大疫"，赣州路兴国县"夏大疫"，王敬翁"家人死三四"⑤。至正十六年（1356）春，河南大疫，⑥江浙行省余姚县"疠疫流行"，赵仲容一家"受其灾，而至危者莫吾家若也。""无旬月之蓄，而亲戚、僮仆无一在焉。吾既病甚，吾妇、吾二子又相继病，病甚于吾。四人者同卧一室，相顾待尽。"在孙仲麟的帮助下才渡过难关。⑦至正十七年（1357）六月，莒州蒙阴县大疫。至正十八年（1358）六月，汾州大疫。同年，京师发生重大疫情。⑧这次疫情与连年饥馑，遭受兵难而百姓流徙有关。"时河南北、山东郡县皆被兵，民之老幼男女，避居聚京师，以故死者相枕藉。不花欲要誉一时，请于帝，市地收瘗之，帝赐钞七千锭，中宫及兴圣、隆福两宫，皇太子、皇太子妃，赐金银及他物有差，省院施者无算；不花出玉带一、金带一、银二锭、米三十四斛、麦六斛、青貂、银鼠裘各一袭以为费。择地自南北两城抵卢沟桥，掘深及泉，男女异圹，人以一尸至者，随给以钞，异负相踵。既覆土，就万安寿庆寺建无遮大会。"⑨雄县房氏一族"走河间"，最终"妻张洎三男皆物故"⑩。同年，杭州路富春人李麟病疫，"已而阖室病，兄弟亲戚皆

①《元史》卷51《五行志二》；宋濂：《承事郎漳州府漳浦县知县张府君新墓碣铭有序》，《宋文宪公全集》卷12。

②《元史》卷43《顺帝纪六》；卷51《五行志二》。

③《元史》卷43《顺帝纪六》。

④《元史》卷186《成遵传》。

⑤李祁：《刘快轩先生墓志铭》，《云阳集》卷8；陈谟：《王祖母谢孺人墓志铭》，《海桑集》卷8。

⑥《元史》卷51《五行志二》。

⑦宋禧：《为赵仲容赠孙仲麟序》，《庸庵集》卷13。

⑧张建松：《元末大都的生存危机——以"万人坑"事件为中心》，《元史论丛》第11辑。

⑨《元史》卷204《宦者传·朴不花》。

⑩李继本：《房氏家传》，《一山文集》卷6。

走避"[①]。此外，陕西行省所在的三辅之地"瘟疫大作"，刘钦之弟"敬暨妻魏氏偕以病亡"[②]。到至正二十年（1360）四月，京师前后瘗者二十万，用钞二万七千九十余锭，米五百六十余石，又于大悲寺修水陆大会三昼夜，"凡居民病者予之药，不能丧者给之棺"[③]。至正十九年（1359）春夏，郿州并原县、莒州沂水、日照二县及广东南雄路大疫。同年，杭州"一城之人，饿死者十六七"，之后"又太半病疫死"[④]。至正二十年（1360）夏，绍兴路山阴、会稽二县大疫，杭州大疫。[⑤]至正二十二年（1362）四月，绍兴路大疫，其中"山阴、会稽二县又大疫"[⑥]。至正二十六年（1366）秋，昆山"有腹痢之疫，民之死亡者多其幼稚，里干之间，盖十户而八九也"。当时殷奎之子"亦婴斯疾，状甚暴，势甚张，阽于危殆数矣，赖吾许君仲方以善药治之而后愈"[⑦]。至正二十七年（1367），婺州路金华县"西溪民大疫，死者十七八"[⑧]。至元二十八年（1368），流民经过温州路入闽，"疠气传染，死者相枕籍"，瑞安乡人"忧惧，祷于神，独吾邑获免疾疫"[⑨]。

当然还有很多记载不明时间者。如王恽有诗云："今春疫气是天灾，百日为期力尽能。三尺席庵连夜雨，杵声才歇哭声来。"[⑩]谢应芳有诗云："昨岁夏秋旱，四国人颠连。饿死非不悲，病疫尤可怜。甚者相枕藉，遗骸饱乌鸢。安知期月余，厉气犹郁然。余家百余指，连屋鱼贯眠。顾我如一木，支此败屋颠。上堂问汤药，下厨供粥飦。乡邻不我过，恐为疫鬼缠。

---

①杨维桢：《李裕录》，《铁崖漫稿》卷5。

②赵位岩：《刘钦孝义记》，清乾隆四十九年《醴泉县志》卷8，引自李修生《全元文》第59册。

③《元史》卷204《宦者传·朴不花》。

④陶宗仪：《南村辍耕录》卷11《杭人遭难》。

⑤田汝成：《西湖游览志》卷17。

⑥《元史》卷46《顺帝纪九》；卷51《五行志二》。

⑦殷奎：《赠医师许君仲方序》，《强斋集》卷2。

⑧宋濂：《风门洞碑》，《宋文宪公全集》卷30。

⑨曹睿：《广济庙记》，《瑞安县志稿》卷7，引自李修生《全元文》第59册。

⑩王恽：《录役者语》，《秋涧先生大全集》卷24。

俚俗无足怪，妖巫肆讹传。"[1]

综上所述，元代辖区内共有 63 个疫灾年，100 余次疫情发生。其中蒙古前四汗时期见于记载的有 10 余次疫灾，分布于 7 个年份。元世祖时期有 20 余次疫情，发生于 15 个年份。元成宗、武宗时期，目前有确切时间记载的疫情约有 14 次，发生于 9 个年份。仁宗、英宗、泰定帝时期疫情并不十分严重。这一时期有 11 次疫灾发生，发生于 7 个年份。文宗时期，疫情逐渐严重，共有 15 次疫灾发生，发生于 4 个年份。而元顺帝时疫情最为严重，共有 34 次疫灾发生，发生于 21 个年份。蒙古前四汗时期的疫情主要发生在蒙宋战争的南方地区，元世祖前期疫情的发生地也多处于元宋战争的南方前沿地带。成宗至文宗时期，腹里地区、河南行省的疫情较为严重，关中地区也有较大的疫情发生，其他地区的疫情则较为分散。顺帝时期，随着灾荒和兵火的影响，江浙行省、江西行省、腹里地区、关中地区都有较大的疫情发生。元代疫灾中，重大的疫情主要有宪宗九年（1259）的合州蒙古军中大疫和鄂州军中大疫，至元十二年（1275）的江东大疫，大德十一年到至大元年（1307—1308）的吴越齐鲁大疫，天历年间的关中大疫，元统二年（1334）的江浙大疫，至正四年（1344）夏秋之交的福建大疫，至正十四年（1354）的江西、湖广、京师大疫，至正十六年（1356）的河南大疫，至正十八年（1358）的京师大疫等。

二、疫灾的时空分布

学界对元代疫灾时空分布的探讨成果很多。郭珂、张功员、和付强认为元代"疫灾的时间分布越来越密集，时间间隔越来越短"，且"春夏发病的次数远高于秋冬"，而空间分布上"元代疫灾南北基本持平"，若以行省划分，"最集中的地区是河南行省和中书省，其次是江浙行省和湖广行省"[2]。近来龚胜生等从朝代分布、季节分布、周期规律三个方面考察了元代疫灾的时间分布。他指出元朝初期疫灾多与战争有关，中期多因旱灾及其所致的饥荒引起，后期则是自然灾害群发以及战争所导致，而疫情发生的季节，呈现出"夏季疫灾高发，春秋季疫灾多发，冬季疫灾较少"

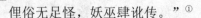

---

① 谢应芳：《自冬而春举家病疫予幸独无恙既而疾止诗以自贺并记里俗之陋云》，《龟巢稿》卷2。

② 郭珂、张功员：《元代疫灾述论》，《医学与哲学》2008年第1期；和付强：《中国灾害通史·元代卷》。

的特点，以十年疫灾指数计，"14 世纪 50 年代十年疫灾指数最高"。他还强调元代"南方疫灾重于北方疫灾"，"疫灾主要分布于东南诸省"，且"江浙行省是疫灾最重的省份"。[①] 可见学界得出的关于元代疫灾时空分布的结论存在争议。我们有必要对元代疫灾的时空分布作进一步的考察。

根据统计资料的来源不同，元代疫情发生的具体数据也不尽相同。邓云特认为元代有 20 次疫灾。[②] 曹树基根据《元史》统计，元代共发生疫灾 31 次，分布在 21 个年份中。[③] 张志斌统计认为元代有疫灾近 50 次。[④] 郭珂、张功员认为元代疫灾"南北持平，北方 22 次，南方 22 次"[⑤]，即共计 44 次。和付强指出元代疫灾最少有 66 次，"还有许多无考的疫灾不计算在内"，而"在 1279—1368 年的 89 年间，共 42 年有疫，严重的疫灾有 30 次之多，约占其间总的疫灾的 60％"[⑥]。龚胜生等人则指出元朝（1279—1368）90 年中，"有 52 年发生疫灾，平均 1.73 年有一次发生疫灾，疫灾频度 57.78％"[⑦]。可以看出，邓云特、张志斌、郭珂、和付强多统计疫灾发生次数，龚胜生则统计疫灾发生年份。曹树基既统计了疫灾次数，又统计了疫灾发生年份。就笔者不完全统计，元代疫灾发生年份为 63 年，100 余次。疫灾主要发生在腹里地区和长江以南地区。需要说明的是，疫灾次数和疫灾发生年份都是疫情统计的重要因子。然由于疫灾传播性较强，尚无法确定不同地域的疫情是否存在关联，因此我们更倾向于用"疫年"，而非"疫次"来说明元代疫灾的时空分布。

（一）时间分布

元代 63 个疫年。以十年为单位，可以大略得出元代疫情的时间分布趋

---

①龚胜生、王晓伟、龚冲亚：《元朝疫灾地理研究》，《中国历史地理论丛》2015 年第 2 期。

②邓云特：《中国救荒史》，第 26 页。

③曹树基：《地理环境与宋元时代的传染病》，《历史地理》第十二辑，第 190 页。

④张志斌：《中国古代疫病流行年表》，第 40～49 页。

⑤郭珂、张功员：《元代疫灾述论》，《医学与哲学》2008 年第 1 期。

⑥和付强：《中国灾害通史·元代卷》，第 178 页。

⑦龚胜生、王晓伟、龚冲亚：《元朝疫灾地理研究》，《中国历史地理论丛》2015 年第 2 辑。

势。见图 7-1：元代疫灾发生时间分布图。

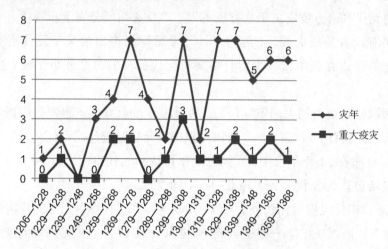

图 7-1　元代疫灾发生时间分布图（单位：年）

由图 7-1 可以看出，蒙古前四汗时期的大部分时间（1206—1259）内，辖区内的疫灾并不严重，1249—1258 年的十年间的 3 年疫情都发生在宪宗时期，而元朝时疫情较为严重。1259 年之后的数十年间，疫情的发生年份分别为 4 年、7 年、4 年、2 年、7 年、2 年、7 年、7 年、5 年、6 年、6 年，发生频度较大，疫情越发频繁，疫灾发生的间隔相对缩短。其中以 1259—1268 年、1299—1308 年、1319—1328 年和 1329—1339 年四个十年间疫情发生较为频繁，而 1289—1298 年、1309—1318 年两个十年间发生频率较小，分别仅有两个年份有疫灾发生。

蒙古前四汗时期，除 1229—1238 年的十年间以及宪宗九年（1259）各有一个重大疫灾年外，基本没有遇到重大疫情。元代的重大疫灾则比较均衡地分布于各个时段。除 1279—1288 年的十年间没有重大疫情外，其他各时段都有重大疫情发生。其中 1299—1308 年的十年间重大疫灾发生年达到 3 个，1269—1278 年、1329—1338 年、1349—1358 年的三个十年都有 2 个重大疫灾年，1289—1298 年、1309—1318 年、1319—1328 年、1339—1348 年、1359—1368 年这五个十年则均有 1 个重大疫年。

疫灾的发生呈现出明显的月季变化。据笔者不完全统计，在明确月份记载的 21 次疫灾中，仅有十月、十一月没有疫灾发生。三月、五月各发生疫灾 1 次，一月、二月、四月、七月、九月、十二月各有两次疫灾发生，而六月有 4 次疫灾发生，八月有 3 次疫灾发生。可见六月和八月是疫灾的多发月份。详见图 7-2 元代疫灾月份分布图。

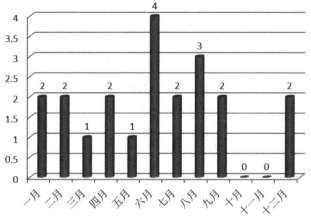

图 7-2　元代疫灾月份分布图（单位：次）

　　需要说明的是，能够统计疫灾发生月份的样本毕竟有限。大多疫灾的记载仅仅交代疫灾发生的季节。因此我们有必要探讨一下元代疫灾发生的季节变化。据笔者不完全统计，在有明确季节记载的 59 次疫灾中，发生在春季的有 19 次，夏季达到 23 次，秋季有 12 次，冬季仅为 5 次。见图 7-3：元代疫灾季节分布图。可以看出夏季是疫灾的高发季节，其次是春季，再次是秋季，冬季则更少。六月属于夏季。由此可以看出，夏季中的六月又是疫灾高发的月份。其之所以多发生在六月，多与六月天气炎热，"暑天炎瘴"有关。①

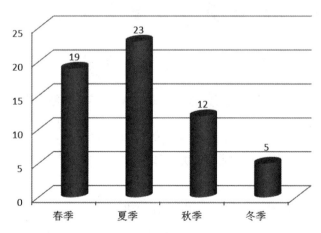

图 7-3　元代疫灾季节分布图（单位：次）

① 刘敏中：《抚劳战士》，《平宋录》卷下。

需要说明的是，元代的疫灾具有时间上的连续性，并不能单独以月份、季节论之。从文献记载来看，元代的疫灾很多都发生于春夏、夏秋之交。如宪宗九年的钓鱼山军中大疫就发生在夏秋之交。至大元年（1308）江浙地区的疫灾发生在夏秋之交。天历二年（1329）关中百姓"自春徂夏，由病疫而死者殆数万计"[①]。至正四年（1344）福州、邵武、延平、汀州四路大疫发生在夏秋之交。至正五年（1345）春夏之交，河南北疫。至正十九年（1359）郴州并原县、莒州沂水、日照二县以及广东南雄路大疫即发生在春夏之交。

（二）空间分布

关于元代疫灾的空间分布，学界有着不同的看法。郭珂、张功员、和付强均认为"元代疫灾南北基本持平"，龚胜生等则认为"疫灾主要分布于东南诸省"，其中"江浙行省是疫灾最重的省份"[②]。事实究竟如何呢？

笔者对元代疫灾的空间分布进行统计。首先我们可以对腹里地区以及各行省、宣政院辖区的疫灾进行统计，制成图7-4。

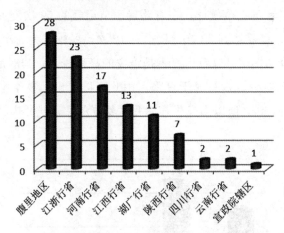

图7-4 元代腹里地区及各行省、宣政院辖区疫灾分布图（单位：次）

由图7-4可知，腹里地区所发生的疫灾次数最多，约为28次。其中又以大都路最为严重，达到了5次，且疫情多较为重大。元代各行省中，

---

①张养浩：《为民病疫告斗》，《归田类稿》卷8。

②郭珂、张功员：《元代疫灾述论》，《医学与哲学》2008年第1期；和付强：《中国灾害通史·元代卷》；龚胜生、王晓伟、龚冲亚：《元朝疫灾地理研究》，《中国历史地理论丛》2015年第2期。

则以江浙行省疫灾发生次数最多，约为 23 次。河南行省疫灾发生次数约为 17 次，江西行省疫灾发生次数约为 13 次，湖广行省疫灾发生次数约为 11 次，陕西行省也有 7 次疫灾发生，四川行省、云南行省均有 2 次疫灾发生，宣政院辖区也有 1 次疫灾发生。

腹里地区及各行省内部疫灾发生的地区，见表 7-1：元代疫灾发生地域统计表。

表 7-1　元代疫灾发生地域统计表（单位：次）

省份	具体路份	发生次数
腹里地区	大都路	5
	真定路、保定路、平阳路、大同路、济南路、顺德路、河间路、卫辉路、般阳路、济宁路、恩州、保定路、东平路、冀宁路、大同路、益都路、怀孟路、曹州	23
河南行省	襄阳路、汴梁路、归德府、河南府路、扬州路、安丰路、黄州路、南阳府、汝宁府	17
陕西行省	邠州、奉元路、临洮府、延安路	7
江浙行省	嘉兴路、建德路、庆元路、台州路、饶州路、松江府、江阴州、集庆路、杭州路、镇江路、常州路、婺州路、福州路、邵武路、延平路、汀州路、绍兴路、温州路	23
江西行省	赣州路、抚州路、吉安路、龙兴路、南雄路、南安路、建昌路	13
湖广行省	武昌路、岳州路、横州、庆元南丹等处、播州宣慰司	11
四川行省	重庆路	2
云南行省	乌撒路、乌蒙路、忙部路、霭益州、东川路、八百媳妇	2
宣政院辖区	岷州	1

由表 7-1 可知，腹里地区大都有 5 次疫灾，在该地区次数最多，其造成的人员伤亡也最为严重。在腹里地区的山西、山东和河北三地中，山西地区包括平阳、太原、大同的疫灾较少。而河北地区和山东地区多次发生疫灾。河北地区疫灾主要分布在保定路、河间路、顺德路、卫辉路、怀庆路，

山东地区则主要分布在济南路、益都路、恩州、东昌路、曹州、济宁路等地，其中又以真定路次数达到 3 次，较之大都之外的其他地区较多。河南行省的疫灾主要发生在北部的汴梁路、河南府路、归德府、汝宁路、东部的安丰路、扬州路和西部的襄阳路、南阳府。与长江相邻的黄州也有 1 次疫灾发生。陕西行省疫情虽然较之腹里地区、河南行省疫情次数少，但受灾也颇为严重。陕西行省的疫情主要分布与腹里交界的其他地区奉元路、延安路和邠州新平县。

江浙行省的疫情与除大都之外的腹里地区所发生的疫灾发生次数基本相同，主要分布在长江沿线的集庆路、镇江路、常州路、江阴州、平江路、松江府，东南沿海的嘉兴路、杭州路、绍兴路、庆元路、台州路、温州路，以及婺州路、建德路和饶州路，此外闽地的福州路、邵武路、延平路、汀州路等路份。其中尤以杭州路疫灾发生频次最多，受灾也最为严重，其次为绍兴路。两浙地区其余各路约有两次疫情发生。

江西行省的疫灾主要分布于龙兴路、抚州路、建昌路、赣州路、吉安路以及广东道宣慰司辖地等地，除龙兴路外，分别各有两次疫灾发生。湖广行省的疫灾主要分布于北部沿江的武昌路、岳州路，南部的广西两江道宣慰司辖境（包括庆元南丹安抚司、横州、贺州等地），以及西部的播州宣抚司等地。四川行省所见两次疫灾均发生在重庆路。云南行省所见疫灾则发生于乌蒙、乌撒、忙部、东川等路和霑益州等地。宣政院辖区仅见至治二年（1322）岷州旱疫一例。

由此可以看出，有元一代，腹里地区和河南行省北部以及江浙行省的东部地区成为主要的灾疫区。然不同地域疫灾发生的情况并不同步。为此我们有必要对腹里地区及各行省疫灾发生的时间进行统计，见表 7-2：元代腹里地区及各行省疫灾发生时间表。

表 7-2　元代腹里地区及各行省疫灾发生时间表（单位：次）

时间	腹里地区	江浙行省	河南行省	江西行省	湖广行省	陕西行省	四川行省	云南行省	宣政院辖地
1206—1228	0	0	0	0	0	0	0	0	0
1229—1238	1	0	1	0	0	0	0	0	0
1239—1248	0	0	0	0	0	0	0	0	0

（续表）

时间	腹里地区	江浙行省	河南行省	江西行省	湖广行省	陕西行省	四川行省	云南行省	宣政院辖地
1249—1258	1	0	3	0	0	1	0	0	0
1259—1268	2	0	2	0	1	0	1	0	0
1269—1278	2	2	3	1	1	0	1	0	0
1279—1288	0	0	0	1	2	0	0	0	0
1289—1298	3	0	0	1	0	0	0	0	0
1299—1308	1	3	0	0	2	1	0	2	0
1309—1318	2	0	1	0	0	0	0	0	0
1319—1328	5	0	1	0	0	0	0	0	1
1329—1338	3	5	4	3	3	2	0	0	0
1339—1348	1	3	2	0	0	1	0	0	0
1349—1358	6	2	3	2	1	1	0	0	0
1359—1368	1	6	0	1	0	1	0	0	0

腹里地区的疫灾主要发生在 1289—1298 年、1319—1328 年、1329—1338 年、1349—1358 年四个十年间，江浙行省疫灾主要发生在 1299—1308 年、1329—1338 年、1339—1348 年、1359—1368 年四个十年间，河南行省疫灾主要分布在 1249—1258 年、1269—1278 年、1329—1338 年、1349—1358 年四个十年间，江西行省疫灾主要发生在 1329—1338 年、1349—1358 年两个十年间，湖广行省疫灾主要发生在 1279—1288 年、1299—1308 年、1329—1338 年三个十年间，陕西行省疫灾主要发生在 1329—1338 年年间，四川行省疫灾主要发生在 1259—1278 年两个十年间，云南行省疫灾主要发生在 1299—1308 年间，宣政院所辖岷州疫灾发生在 1319—1328 年间。

自 1268—1368 年的 100 年间，腹里地区发生疫灾 24 次，江浙行省发生疫灾 21 次，河南行省有疫灾 14 次发生，江西行省有疫灾 8 次发生，从疫灾发生次数上看，腹里地区还是疫灾发生频率最为严重的地区。

腹里地区的重大疫灾 5 次，分别为大德八年（1304）真定、河间、顺德旱疫，至大元年（1308）山东疫灾，至正五年（1345）夏秋之交的河北、山东疫灾，至正十三年（1353）大同路疫灾"死者太半"，至正十七年（1357）的大都疫灾。河南行省的重大疫灾6次，分别为太宗六年（1234）的汴京大疫，宪宗八年（1258）的扬州疫情，至元十五年（1278）的汴郑大疫，至大元年（1308）的河南诸郡疫灾，至正五年（1345）的河南北疫灾，至正十六年（1356）的河南大疫，其中又以与中书省接壤的汴梁路疫情最为严重。陕西行省所发生的7次疫灾中，以天历二年至至顺二年（1329—1331）的疫灾最为严重，这次疫灾集中发生在关中地区，以奉元路受灾最为严重。江浙行省疫情发生的23次疫情中，重大疫灾有大德十一年（1307）的闽越饥疫，至大元年（1308）夏秋之交的绍兴、庆元、台州疫灾，至顺元年（1330）的吴楚饥疫，元统二年（1334）浙西水旱疾疫，至正四年（1344）的福州、邵武、延平、汀州四路大疫，至正二十年（1360）夏的绍兴路、杭州路大疫等。在江西行省的13次疫灾中，重大疫情仅有泰定二年（1325）的疫情比较严重。湖广行省的11次疫灾中，重大疫情仅见大德年间湖北诸郡民众受命向黄平府运送军事物资，以征伐顺元蛮时发生的疫情。就重大疫灾而言，腹里地区和河南行省所在的黄河南北是元代疫灾发生最为严重的地区，江浙行省、江西行省以及湖广行省所在的长江流域与东南沿海地区也较为严重。

三、疫灾的种类及其诱发因素

（一）疫灾种类

学界多认为疫灾是瘟疫流行所致的灾害。[1]《黄帝内经素问》将疫病分为五类。邱模炎则根据清刘奎所著《松峰说疫》将中医疫病大致分为寒疫、温疫（瘟疫）和杂疫三类。[2]符友丰、曹树基认为金元疫灾是鼠疫所致。[3]

---

[1] 宋正海：《中国古代自然灾异群发期》，第215页；龚胜生：《中国疫灾的时空分布变迁规律》，《地理学报》2003年第6期；王秀莲：《古今瘟疫与中医防治——千余年华北疫情与中医防治研究》；余新忠：《清代江南的瘟疫与社会：一项医疗社会史的研究（修订版）》，北京：北京师范大学出版社，2014年；韩毅：《宋代瘟疫的流行与防治》，北京：商务印书馆，2015年，第1页。

[2] 邱模炎：《中医疫病学》，北京：中国中医药出版社，2004年，第19页。

[3] 符友丰：《金元鼠疫史与李杲所论病证》，《中医杂志》1996年第4期；曹树基、李玉尚：《鼠疫：战争与和平——中国的环境与社会变迁（1230—1960年）》，济南：山东画报出版社，2006年。

和付强则考察了元朝的主要疫灾鼠疫和天花。[①] 根据现代传染病学理论和元代的相关医学著作可知，元代疫灾有瘴疫、鼠疫、时气瘟疫、伤寒、疟痢、霍乱、痘症等。

瘴疫。据现代医学专家研究，瘴疫即是疟疾，尤其是恶性疟疾。[②] 瘴疫主要发生于南方地区。其发生的地理北限还会随着气候的冷暖变化而推移。川蜀、云南、广东、广西、福建以及交趾都有瘴疫发生。[③] 川蜀和云南地区"多岚瘴"。一般来说，"三月为始，毒龙瘴气生发，九月方息，犯之者致疾以死"[④]。宪宗九年（1259）夏秋之交，蒙军在攻打合州钓鱼城时，军中大疫即为瘴疾。由于瘴疠之气，霍乱蔓延开来。具体来说，"当蒙哥合罕正在围攻上述城堡时，随着夏天的到来和炎热的加剧，由于那个地区的气候（恶劣），他得起赤痢来了，在蒙古军中也出现了霍乱，他们中间死了很多人"[⑤]。至元十五年（1278），朝廷以川蜀之地"多岚瘴"而弛酒禁。[⑥] 成都府知州李庭筠即因视察驿站而感染瘴毒。此外，云南中庆经由罗罗斯至成都的驿道"其相公岭、雪山、大渡河毒龙瘴气，金沙江烟岚，自建都、武定等路分立站赤，夏月人马不能安止"。而"黎雅站道，烟瘴生发，所过使臣艰难，人马死损"[⑦]。两广地区是瘴疫较为严重的地区。"两广烟瘴要地，北来官员，染病身死"[⑧] 者比比皆是，辞官回乡者有之。詹士龙曾拜广西道肃政廉访司佥事，"苦于瘴疠，竟移东归"[⑨]。屯戍两广的元军感染瘴疫者也为数不少。至元二十五年（1288），季阳、益都、淄莱三万户军屯戍广东，"疫死者众"，当是瘴疾所致。唐州军府万户唐琼屯靖海境，"北

---

① 和付强：《中国灾害通史·元代卷》，第183～188页。

② 周琼：《瘴气研究综述》，《中国史研究动态》2006年第5期；左鹏：《"瘴气"之名与实商榷》，《南开学报》2011年第5期。

③ 左鹏：《宋元时期的瘴疾与文化变迁》，《中国社会科学》2004年第1期。

④ 《经世大典·站赤》《永乐大典》卷19417。

⑤ 拉施特：《史集》第二卷《成吉思汗的儿子拖雷汗之子蒙哥合罕纪》。

⑥ 《元史》卷10《世祖纪七》。

⑦ 《经世大典·站赤》，《永乐大典》卷19419、卷19418。

⑧ 《至正条格·断例》卷8《户婚·入广官员妻妾》。

⑨ 朱善：《詹士龙传》，《朱一斋先生文集》卷6。

兵不习地理"，"加以瘴疠流毒"，造成兵士"触冒疾疫者过半"①。次年，刘国杰所率士卒到贺州，"兵士冒瘴，皆疫"②。福建南部的汀州和漳州也是瘴疫的重要发生地，"汀、漳系烟瘴幽僻之方"③。元代瘴疫的北限很可能是襄阳。至元五年（1268），襄阳之战时，元军则因"暑天炎瘴，攻守暴露，不战而疫者无日无之"④。而交趾的交州也有瘴疫发生。至元二十四年（1287），阿八赤率军攻打交州时，指出"将士多北人，春夏之交瘴疠作，贼弗就擒，吾不能持久矣"⑤。

鼠疫。鼠疫是由鼠疫杆菌耶尔森菌（Yersinia pestis）引起的烈性传染病，其主要通过跳蚤叮咬或接触带菌动物，传染给人类。⑥在临床上，腺鼠疫的症状表现为局部淋巴腺肿胀，剧烈疼痛，淋巴结周围炎及皮下组织水肿，以及病急、寒战、高热、全身酸痛、全身中毒症状重等⑦。伍连德正是鉴于鼠疫患者淋巴腺肿大这一临床特征，认为"恶核"是中国古籍关于鼠疫之记录，影响颇大。符友丰在此基础上指出，"恶核"病名早见于晋，到金元时期仍在沿用。⑧范行准在《中国医学史略》中指出"时疫疙瘩肿毒病"⑨为金元时期的鼠疫。由此，晋唐时期的"恶核"经过金代前期的"时疫疙瘩肿毒"最后变为后来的"时毒"⑩。

金代天眷、皇统间，流行于北部中国的"疙瘩肿毒"是腺鼠疫的明确症状。端效方指出："时疫疙瘩肿毒病者，古方书论所不见其说，古人无此病。

---

① 《元史》卷15《世祖纪十二》；王恽：《大元故怀远大将军万户唐公死事碑铭并序》，《秋涧先生大全集》卷55。

② 《元史》卷162《刘国杰传》。

③ 《经世大典·站赤》，《永乐大典》卷19419。

④ 王恽：《论抚劳襄阳军士事奏状》，《秋涧先生大全集》卷89。

⑤ 《元史》卷129《来阿八赤传》。

⑥ 周冬生、杨瑞馥：《鼠疫研究进展与展望》，《解放军医学杂志》2010年第10期。

⑦ 曹树基、李玉尚：《鼠疫：战争与和平——中国的环境与社会变迁（1230—1960年）》。

⑧ 符友丰：《金元鼠疫史与李杲所论病症》，《中医杂志》1996年第4期。

⑨ 范行准：《中国医学史略》，北京：中医古籍出版社，1986年。

⑩ 符友丰：《金元鼠疫史与李杲所论病症》，《中医杂志》1996年第4期。

自天眷、皇统间，生于岭北，次于太原，后于燕蓟山野村坊，颇罹此患，至今不绝，互相传染，多致死亡，有不保其家者。状如雷头内攻，而咽喉堵塞，头面如牛，又名雷头瘟。"① 可见此处的"雷头瘟"和"时疫疙瘩肿毒病"是同一概念。由此曹树基将"雷头瘟""大头瘟"视为腺鼠疫的别称。② 罗天益《卫生宝鉴》所载"时毒疙瘩方"明确了"时毒疙瘩"的症状："脏腑积热，发为肿毒，时疫疙瘩，头面洪肿，咽嗌堵塞，水药不下，一切危恶疫疠"③。雷头风的症状为"头面疙瘩肿痛，憎寒发热，四肢拘急，状如伤寒"④。元代医家齐德之指出"时毒，大头病是也"⑤。他认为："夫时毒者，为四时邪毒之气而感之于人也。其候发于鼻、面、耳、项、咽喉，赤肿无头，或结核有根，令人憎寒发热、头痛、肢体痛，甚者恍惚不宁，咽喉闭塞。"世人往往与伤寒混淆。这种疾病"世俗通为丹瘤，病家恶言时毒，切恐传染"。在齐德之看来，"盖时毒者，感四时不正之气，初发状如伤寒，五七日之间乃能杀人"。"此病若五日已前，精神昏乱，咽喉闭塞，语声不出，头面不肿，食不知味者，必死之候，治之无功矣。"⑥ 他用葛根牛蒡子汤治时毒，用通气散治"时气头面赤肿，或咽喉闭塞不通"⑦。符友丰认为，齐德之所述时毒与晚清鼠疫和历代文献记录相比，算是较轻的一种。⑧ 元初，姚枢"宿有时毒"。"至元戊辰春，因酒再发，头面赤肿而痛，耳前后尤甚，胸中烦闷，咽嗌不利，身半月不卧于炕，饮食减少，精神困弱，脉得浮数，按之弦细，上热下寒明矣。"⑨

金元时期，"大头天行"也被称为"时毒"。"初觉憎寒体重，次传

① 《朝鲜医方类聚》卷119《时毒疙瘩》，转引自范行准《中国医学史略》。

② 曹树基、李玉尚：《鼠疫：战争与和平——中国的环境与社会变迁（1230—1960年）》。

③ 罗天益：《头面诸病》，《卫生宝鉴》卷9。

④ 。

⑤ 齐德之：《葛根牛蒡子汤》，《外科精义》卷下，胡晓峰整理，北京：人民卫生出版社，2006年。

⑥ 齐德之：《论时毒》，《外科精义》卷上。

⑦ 齐德之：《通气散》，《外科精义》卷下。

⑧ 符友丰：《金元鼠疫史与李杲所论病症》，《中医杂志》1996年第4期。

⑨ 《普济方》卷44。

头面肿盛，目不能开，上喘，咽喉不利，舌干口燥，俗称大头天行。"符友丰认为这种病症预后很差，以致"亲戚不相访问，如染之，多不救"[1]。这种疫病以不同流行方式蔓延于民间，遂当时的医家著作中出现了多种别名[2]。朱震亨认为大头天行病"此湿气在高巅之上，从两颊热肿者是也，俗云鸬鹚瘟"[3]。

危亦林《世医得效方》中提及的"沙症"似为鼠疫。[4] "江南旧无，今所在有之。原其证古方所不载"，其症状"所感如伤寒，头痛呕恶，浑身壮热，手足指末微厥，或腹痛烦乱，须臾能杀人"[5]。

元代相关文献中，记述死鼠的文字并不多。至元二十二年（1285）六月，四川行省马湖部"田鼠食稼殆尽，其总管祠而祝之，鼠悉赴水死"[6]。大德二年（1298）二月，"甘肃省沙州鼠伤禾稼"[7]。历史文献中虽未见大面积死鼠的记载，但并不能否认鼠疫的存在。其典型的临床症状才是判断鼠疫是否存在的关键所在。

需要说明的是，14世纪，欧洲大陆也爆发了大规模的黑死病疫情。加布里埃尔·德米西《疾病的历史》中的相关记载成为学界研究欧洲黑死病的主要来源。许多现代学者据此以为黑死病源于中国。[8]曹树基则认为"中亚草原可能是14世纪欧洲大鼠疫的疫源地"，而非"来自中国的鼠疫"。中亚疫源源于热带非洲鼠疫，经由中东、中亚进入东亚。14世纪，由于蒙古军队的活动和大群商人的往来，将此地的鼠疫转化为人间鼠疫并传染至

①李杲：《时毒治验》，《东垣试效方》卷9，张年顺：《李东垣医学全书》。

②符友丰：《金元鼠疫史与李杲所论病症》，《中医杂志》1996年第4期。

③朱震亨：《大头天行病》，《丹溪治法心要》卷1，田思胜：《朱丹溪医学全书》。

④曹树基，李玉尚：《鼠疫：战争与和平——中国的环境与社会变迁（1230—1960年）》。

⑤危亦林：《大方脉杂医科·沙症》，《世医得效方》卷2，许敬生：《危亦林医学全书》。

⑥《元史》卷13《世祖纪十》。

⑦《元史》卷19《成宗纪二》。

⑧李化成：《瘟疫来自中国？——14世纪黑死病发源地问题研究述论》，《中国历史地理论丛》2007年第3辑。

欧洲。①

瘟疫。瘟疫，又称温疫、天行时疫、时行疫疠、四时瘟疫、时病等，是感受四时邪气而发生的传染性疾病，具有发病快，病情严重等特点，有较强的传染性。朱震亨认为"瘟疫，众人一般病者是，又谓之天行时疫"②，又称作"时行疫疠"。"时行者，春应暖而寒，夏应热而凉，秋应凉而热，冬应寒而温。是以一岁之中，长幼之病俱相似也。疫者，暴厉之气是也，治法与伤寒不同，又不可拘以日数，疫气之行，无以脉论。"③王珪记述了四时瘟疫的诱发原理及其表征："盖四时不正之气，冬当寒而反热，夏当热而反寒，春宜温而反凉，秋宜凉而反温"。具体症状有"大抵使人痰涎风壅，热烦头疼身痛等证，或饮食如常，起居依旧，甚至声哑，市井号为浪子瘟。以其咳声不响，续续相连，俨如蛙鸣，故又号虾蟆瘟。或至赤眼口疮，查腮喉闭，风壅喷嚏，涕唾稠粘，里域皆同者，并治之"④。可见四时瘟疫和时行疫疠是同一种病症。

就小儿瘟疫的治疗而言，罗天益用升麻葛根汤"治大人小儿时气瘟疫，头痛发热，肢体烦热"，用小抱龙丸"治小儿伤风瘟疫，身热昏睡，气粗喘满，痰实壅嗽，及惊风潮搐，中暑"等。⑤危亦林指出瘟疫又作"时疫"，并用十神汤治疗"时令不正，瘟疫妄行"，用败毒散"治冬合寒反暖，春发温疫"，用大柴胡汤"治春合暖反凉，夏发燥疫"，用五苓散"治秋合凉反淫雨，冬发湿疫"，用五积散"治夏合热反寒，秋发寒疫"，用柴胡石膏散"治时行温疫，壮热恶风，头痛体疼，鼻塞，咽喉干燥，心胸满，寒热往来，痰实咳嗽，涕唾稠黏"。由于"凡温疫之家自生恶气，闻之即上泥丸，散入百脉，转相传染"，为此，用苏合香丸驱散疫气，以致医者"入疫家不相染"⑥。

宪宗八年（1258）秋，也柳干率兵南下征宋，在扬州俘虏万余人，由

---

① 曹树基、李玉尚：《鼠疫：战争与和平——中国的环境与社会变迁（1230—1960年）》。

② 朱震亨：《瘟疫五》，《丹溪先生心法》卷1。

③ 朱震亨：《时行疫疠十一》，《丹溪手镜》卷上。

④ 王珪：《败毒散治法·四时瘟疫》，《泰定养生主论》卷15。

⑤ 罗天益：《小儿门》，《卫生宝鉴》卷19。

⑥ 危亦林：《时疫》，《世医得效方》卷2。

于"新虏之人，惊忧气蓄于内，加以饮食不节，多致疾病"，腊月班师时"新掠人不禁冻馁，皆病头疼咳嗽，腹痛自利，多致死亡者"，以致也柳干回到汴梁路也因感染时气而得病，其症状表现为"头疼咳嗽，自利腹痛"[①]，不久病死。这次疫灾由时气传染，当为规模较大的瘟疫。[②]

伤寒。伤寒是由外感寒邪诱发，以发热为症状的传染性疾病，与现代医学中的伤寒和副伤寒有着不同的意义。伤寒最早见于《黄帝内经素问》《难经》《神农本草经》等医学著述中。朱震亨认为"伤寒为病，必身犯寒气，口食寒物者是"，即"有卒中天地之寒气，口伤生冷之物"[③]所致。王好古作《此事难知》，指出伤寒之源在于"冬伤于寒，春必温病。盖因房室劳伤与辛苦之人，腠理开泄，少阴不藏，肾水涸竭而得之，无水则春木无以发生，故为温病。至长夏之时，时强木长，因绝水之源，无以滋化，故为大热病也"。"是以春为温病，夏为热病，长夏为大热病，其变随乎时而已。"[④]

元代对于伤寒的治疗以危亦林《世医得效方》最为丰富和系统。他用发汗法、转下法、取吐法、水渍法、葱熨法、蒸法来治疗伤寒，并分阳证、阴证、和解、相类、通治、阳毒五类，罗列了治疗相关伤寒病症的药方。如他用升麻葛根汤"治伤寒时疫，头痛，增寒壮热，肢体痛，发热恶寒，鼻干，不得睡"，"兼治寒暄不时，人多疾疫，乍暖脱衣，及暴热之次，忽变阴寒，身体疼痛，头重如石"。用小柴胡汤"治伤寒四五日，寒热，胸肋满痛，默默不欲食，心烦"等症，用大柴胡汤"治伤寒十余日，邪气结在里，寒热往来，大便秘涩，腹满胀痛，语言谵妄，心中痞硬，饮食不下"等症，用小承气汤"治伤寒日深，恐有燥屎"等。太阴伤寒则选用治中汤，阴证伤寒，自利不渴则用四逆汤等。[⑤]

至元十一年（1274）三月，常德甫在前往大都途中染上伤寒，"自内

----

①罗天益：《时气传染》，《卫生宝鉴》卷3。

②韩毅认为这次疫病很可能是伤害病，见韩毅：《宋代瘟疫的流行与防治》，第85页。

③朱震亨：《伤寒第三》，《丹溪治法心要》卷1。

④王好古：《伤寒之源》，《此事难知》卷上；盛增秀：《王好古医学全书》。

⑤危亦林：《伤寒》，《世医得效方》卷1。

丘县感冒头痛，身体拘急，发热恶寒"，最终在真定被罗天益治愈。[①]

疟痢。疟痢是疟疾和痢疾的总称，是由于感染疟原虫而引起的疾病。其主要临床表现为寒战、壮热、头痛、汗出，时发时止。疟疾主要通过蚊虫叮咬传播，多发于夏秋两季。[②]疟疾又可分为温疟、瘅疟、牝疟等。"阴气孤绝，阳气独发，则热而少气，烦满，手足热而欲吐，名曰瘅疟"，"温疟者，其脉如平，身无寒，但热，骨筋疼烦，时时呕逆"，"疟疾多寒者，名曰牝疟"[③]。朱震亨认为"疟疾有风、暑、食、痰、老疟、疟母"。其中所谓"痎疟"，"老疟也。以其隔两日一作，缠绵不休，故有是名"。[④]危亦林则将疟疾的医方分为痰疟、瘴疟、劳疟、疟母、热虐、虚疟、久疟、截疟等。[⑤]对于疟疾的治疗，朱震亨认为"风暑当发汗。夏月多在风凉处歇，遂闭其汗而不泄故也。恶饮食者，必自饮食上得之。无汗者要有汗，散邪为主，带补。有汗者要无汗，正气为主，带散。一日一发者，受病一月。间日一发者，受病半年。三日一发者，受病一年，二日连发住一日者，气血俱病"[⑥]。

痢疾，以腹痛、腹泻里急后重，下利赤白脓血为主要症状的消化道传染病。痢疾多发生于夏秋季节，通过污染的食物、水源、蚊蝇等传播。[⑦]朱震亨指出痢疾有赤白两色，"赤属血，血属气，有身热，后重，腹痛，下血"等症状。[⑧]罗天益探讨了痢疾的发病机理。"夫太阴主泻，少阴主痢，是先泄而亡津液。火就燥，肾恶燥，居下焦血分，其受邪者，故便脓血也。然青白为寒，赤黄为热，宜须两审。"[⑨]

元代疟痢的发生较为严重。除瘴疫为一种疟疾外，普通疟疾和痢疾的

---

①罗天益：《阳证治验》，《卫生宝鉴》卷6。

②邱模炎：《中医疫病学》，第228页。

③罗天益：《名方类集·泄痢门·疟病脉证并治》，《卫生宝鉴》卷16。

④朱震亨：《疟八》，《丹溪先生心法》卷2；朱震亨：《痎疟论》，《格致余论》。

⑤危亦林：《大方脉杂医科·痎疟》，《世医得效方》卷2。

⑥朱震亨：《疟八》，《丹溪先生心法》卷2。

⑦邱模炎：《中医疫病学》，第183页。

⑧朱震亨：《痢九》，《丹溪先生心法》卷2。

⑨罗天益：《泄痢门·痢疾》，《卫生宝鉴》卷16。

发生次数相对较多。如宪宗七年（1257）八月，邓州"时值霖雨，民多痢疾"，罗天益用白术安胃散、圣饼子等治愈很多民众。次年大忒木儿奉敕立息州，"其地卑湿，军多病疟痢"，罗天益用辰砂丹、白术安胃散治愈很多军士。①中统二年（1261）夏，董文炳平定李坛之乱，进攻济南时，"时暑隆盛，军人饮冷，多称痢疾"②。至正二十六年（1366）秋，平江路昆山"有腹痢之疫，民之死亡者多其幼稚"，而"里闾之间，盖十户而八九也"③。

霍乱。霍乱是霍乱弧菌使脾胃功能失常而引发的烈性肠道传染病。其主要临床特征是发病急，上吐下泻。霍乱多发于夏秋季节，具有传播快、波及面广等特点。④所谓"霍乱"，"谓邪在上焦而吐，邪在下焦则下利，邪在中焦，胃气不治，为邪所伤，阴阳乖隔，遂上吐而下利。若呕吐而利，谓之吐利；躁扰烦乱，谓之霍乱"⑤。霍乱的主要症状是，"霍乱之候，挥霍变乱，起于仓卒，多因夹食伤寒，阴阳乖隔，上吐下利，而燥扰痛闷，是其候也"。霍乱又分为湿霍乱和干霍乱，"偏阳则多热，偏阴则寒，卒然而来，危甚风烛。其湿霍乱死者少，干霍乱死者多。盖以所伤之物，或因吐利而尽，泄出则止，故死者少也。夫上不得吐，下不得利，所伤之物，拥闭正气，关格阴阳，其死者多"。与伤寒感于邪气不同，霍乱大多因饮食不节所致。朱震亨指出"内有所积，外有所感，致成吐泻，仍用二陈汤加减，作吐以提其气。此非鬼神，皆属饮食"⑥。

宪宗八年（1258），昔良海在曹州"因食酒肉，饮湩乳，得霍乱吐泻，从朝至午，精神昏聩"⑦。至元三年（1266）六月初四日，侍其轴"中暑毒，霍乱吐利，昏冒终日，不省人事"，最后被罗天益治愈。⑧

天花。天花是一种由天花病毒感染而引起的烈性传染性疾病，多发于

①罗天益：《泄痢门·痢疾》，《卫生宝鉴》卷16。

②罗天益：《卫生宝鉴》卷4。

③殷奎：《赠医师许君仲方序》，《强斋集》卷2。

④邱模炎：《中医疫病学》，第174页。

⑤朱震亨：《霍乱六十三》，《丹溪手镜》卷上。

⑥朱震亨：《霍乱十二》，《丹溪先生心法》卷2。

⑦罗天益：《内伤霍乱治验》，《卫生宝鉴》卷16。

⑧罗天益：《中暑霍乱吐利治验》，《卫生宝鉴》卷16。

儿童，具有发病严重，传染性强的特点。古代医籍中称之为"虏疮""豌豆疮""痘疹""痘疮"等。① 罗天益曾用惺惺散治疗小儿风热疮疹。② 朱震亨指出小儿疮疹与伤寒症状相似，"发时烦躁，脸赤唇红，身痛头疼，乍寒乍热，喷嚏呵欠，嗽喘痰涎"。其诱发因素有多种，"始发之时，有因伤风寒而得者，有因时气传染而得者，有因伤食呕吐而得者，有因跌扑惊恐蓄血而得者，或为窜眼禁牙惊搐如风之证，或口舌咽喉腹肚疼痛，或烦躁狂闷昏睡，或自汗，或下痢，或发热，或不发热，症候多端，卒未易辨"。痘疮初发时，"发热、鼻尖冷、哈欠、咳嗽、面赤，方是痘出之候"。③

曾世荣探讨了儿童疮疹的病机和症候。"凡儿所患疮疹、水豆、麻子、蚊丁、火疱等，诸家之说或有异同。大抵此证出乎五脏，肺曰水疱，肝曰脓疱，心曰血疱，脾曰黄疱，肾曰黑子。小儿不问长幼，所出黑子陷者最为恶候，或因风吹，或由触毒，皮下隐隐出而不透，名黑陷子，死者多矣。良由服药有误，冷冰其内，毒不发出，为害甚重。凡疮疹之疾证有多端，其欲发出之时，或有作热者，不作热者，有惊有掣者，有狂躁者，有叫哭者，有烦躁者，有自汗者，有谵语者，有呵欠者，有遁闷者，有神昏者，有呕吐者，乃缘所发于五脏虚实之不同耳。"曾世荣在前人的基础上指出小儿疮疹的治疗方法。"儿气脉充实，宜微下之，恐作烦躁若也。气虚直不可下，恐泻易脱。如欲利下，即用消毒饮子七宝洗心散，或四顺清凉饮一二服，以通为度，切不可用真珠圆，及有巴粉之类并宜禁之。如有热、烦躁，与顺大连翘饮，加紫草茸，功效俱，减黄芩。今人才见疮疹已出未出便与升麻葛根汤，其性颇寒，只宜少少与服。其或不当者，盖用大过反坏其表，凡服葛根汤，宜加白芍药、糯米、人参、紫草茸、川当归，功效甚良。"④

朱震亨、曾世荣所述小儿疱疹的状况，在某种程度上也反映了元代儿童天花的普遍性和严重性。至正四年（1344）春，朱震亨的故里江浙行省婺州路义乌"正月间，邑间疮痘不越一家"。其侄子六七岁时曾患痘疮，"发热、微渴、自利"，"观其出迟，固因自利而气弱；察其所下，皆臭滞陈积，因肠胃热蒸而下也"。又一十六七岁的男子"发热而昏，目无视，耳无闻，

① 黄颖：《天花病名演变探析》，《浙江中医药大学学报》2016年第6期。

② 罗天益：《小儿门·时气瘟疫外伤风寒》，《卫生宝鉴》卷19。

③ 朱震亨：《痘疮九十五》，《丹溪先生心法》卷5。

④ 曾世荣：《疮疹证候方议》，《活幼口议》卷20。

两手脉皆豁大而略数，知其为劳伤矣"①。

　　（二）疫灾诱发因素

　　诱发疫灾的因素众多，既有天气、水旱灾害等自然因素，也有战争、移民、个人饮食不节等众多社会因素。

　　天气。异常天气和环境是诱发疫灾的重要因素之一。瘴气即与川蜀、两广、闽越等地的暑热天气有关。中统二年（1261）夏，董文炳所率军进攻济南，"时暑隆盛，军人饮冷，多成痢疾"②。至元三年（1266），侍其轴也因"中暑毒"而"霍乱吐利"③。宋元襄阳之战中，因"暑天炎瘴，攻守暴露"，遂致"不战而疫者无日无之"④。大德九年（1305），湖广行省指出"各处见禁轻重罪囚数多，即目仲夏盛暑，恐牢狱不为修治，秽气蒸薰，致生疾疫"⑤。可见暑热天气是促成疫灾发生的重要原因，遂有至元十八年（1281），岳州路总管李克忠"命民藏冰"，当地百姓才避免了遭受更大的伤亡。⑥霖雨、大雪等湿润、寒冷也会造成传染性疾病的产生。宪宗七年（1257）八月，蒙军过邓州时"时值霖雨，民多痢疾"⑦。宪宗八年（1258）十二月，也柳干在班师过程中，"值大雪三日"，所俘虏的南人"不禁冻馁，皆病头疼咳嗽，腹痛自利，多致死亡者"。⑧息州和涟水都因为"其地卑湿"，元军因此多病疟痢。

　　自然灾害。大灾之后必有大疫。元代的重大疫情均与大的自然灾害有关。至元十二年（1275），江东因"岁饥"而"民大疫"。大德元年（1297）八月，真定、顺德、河间发生旱疫，九月卫辉路发生旱疫，闰十二月，殷阳路发生饥疫。大德八年（1304）六月，云南行省乌蒙、乌撒等路因饥而

---

①朱震亨：《痘疮陈氏方论》，《格致余论》。

②罗天益：《卫生宝鉴》卷4。

③罗天益：《中暑霍乱吐利治验》，《卫生宝鉴》卷16。

④刘敏中：《抚劳战士》，《平宋录》卷下。

⑤《元典章》卷40《刑部二·刑狱·提牢》。

⑥许有壬：《元故中顺大夫同知吉州路总管府事李公神道碑铭》，《至正集》卷61。

⑦罗天益：《泄痢门》，《卫生宝鉴》卷16。

⑧罗天益：《时气传染》，《卫生宝鉴》卷3。

有疫发生。大德十年到至大元年（1306—1308）"天下旱蝗，饥疫荐臻"[1]，"天灾作于浙东，饥饿疬疫，死者相枕籍"[2]，以致至大二年（1309）的诏书中指出"前岁江浙饥疫，今年蝗旱相仍，疬气延及山东，大河南北民或尽室死"[3]。皇庆二年（1313），京畿大旱，大都以久旱而民多疾疫。至治二年（1322），恩州因水灾发生疫情，泰定二年（1325），真定路中山府因旱灾而有疫情发生。天历二年（1329），关中地区因旱灾而发生疫灾，奉元路"亢旱，五载失稔"，而"流移疫死者十七八"[4]。元统二年（1314），江浙行省的浙西地区水旱疾疫。至正五年（1345）春夏之交，河南北疫因去年河南北大饥所致。可见，元代的疫灾多因水旱灾荒而生，水旱灾荒的发生导致饥荒的出现，连年的大面积饥荒加速了传染性疾病的产生，从而导致了疫灾的出现。

战争。蒙军在攻宋过程中，每每有疫灾发生。规模较大的则是宪宗九年（1259）夏秋之交的钓鱼山大疫，军队中密集的人口，导致他们最终剩下不到五千人，而宪宗蒙哥也在这次疫灾中去世。元宋襄阳之战中，军中"不战而疫死者无日无之"。这些疫灾虽与当地暑热的天气有关，而较为集中的群聚条件在某种程度上使疫情的传播成为可能。至元年间，伯颜渡江攻宋，吉州路"大军之后，疫气甚炽"；台州路临海县平定盗贼之后，"兵后大疫"[5]。此外，军中粮草不足，军士乏食，导致其生理机能的下降，抵抗力减弱也是导致疾疬产生的重要原因。至元十二年（1275），镇守涟水的王千户所率兵士"因劳役过度，饮食失节"[6]导致秋天疟疾并作。至正十三年（1353），饶州路军士乏食，有大疫情发生。

移民。战争和灾荒后多会产生大量移民。大量移民的存在可能会导致更大疫情的发生。太宗六年（1234），金都汴京发生大疫，"饥民北徙，殍殣相望"，从而波及附近的河南地区。宋子贞即以"群聚多疫"，使散

---

① 程钜夫：《书柯自牧自序救荒事迹后》，《程雪楼文集》卷25。

② 戴表元：《知奉化州于伯颜去思碑》，《剡源戴先生文集》卷20。

③ 张光大：《救荒活民类要·元朝令典》。

④ 《元史》卷65《河渠志二》。

⑤ 虞集：《项鼎墓志铭》，《道园学古录》卷18。

⑥ 罗天益：《阴阳皆虚灸之所宜》，《卫生宝鉴》卷16。

居近境。① 至大时，山东、河南地区疫灾暴作，"郊关之外，十室九空。民之扶老携幼，累累焉鹄形菜色，就食他所者，络绎道路"②。众多的移民仍然处于饥饿的状态，同时将致病因子传播到他们所经过的地方，从而扩大了疫情的发生区域。至正十八年（1258），京师发生的重大疫情就与移民有关。"时河南北、山东郡县皆被兵，民之老幼男女，避居聚京师，以故死者相枕籍。"③

其他因素。疫灾的发生也与个人的饮食习惯等，不节的饮食生活会导致疾疫的发生。赣州路会昌州"民素不知井饮，汲于河流，故多疾疠"④。宪宗八年（1258）夏，蒙古百户昔良海"因食酒肉，饮湩乳，得霍乱吐泻，从朝至午，精神昏聩"⑤。同年，也柳干所俘虏的宋人"惊忧气蓄于内，加以饮食不节，多致疾病"，而"近之则邪气相传，其害为大"。⑥

第二节　火灾

火灾的发生对百姓的生产生活造成了巨大的影响。关于元代火灾的研究，《中国火灾大典》上卷收录有元代火灾共 1155 起，其资料来源除《元史》等基本史料外，更多的资料来源于明清地方志。李采芹主编的《中国消防通史》根据《中国火灾大典》探讨了元代寺庙庵观祠塔、学堂书院、官府衙署、城市集镇民居、名胜古迹、道路桥梁、皇宫祖庙陵园和船舶码头等发生的火灾，认为战争、用火不慎、放火、雷击和地震是元代火灾的起因，并对高昌故城毁于战火、交河故城化为废墟、杭城火灾、松江大火、张士诚焚苏州子城等典型火灾进行了描述，考察了元人的火灾观、消防措施和防火技术等问题。⑦ 侯子罡在探讨元代消防管理制度时也对元代火灾作

---

① 苏天爵：《元朝名臣事略》卷10《平章宋公》。

② 张养浩：《时政书》，《归田类稿》卷2。

③ 《元史》卷204《宦者传·朴不花》。

④ 《元史》卷192《良吏二·杨景行传》。

⑤ 罗天益：《内伤霍乱治验》，《卫生宝鉴》卷16。

⑥ 罗天益：《时气传染》，《卫生宝鉴》卷3。

⑦ 李采芹：《中国火灾大典》，上海：上海科学技术出版社，1992年，第383～522页；李采芹：《中国消防通史》上卷，北京：群众出版社，2002年，第680～737页。

了概要的叙述。[①] 元代火灾中，以杭州火灾最为典型。林正秋、苏力先后对杭州火灾作了研究。[②] 我们将主要根据《元史》和元人文集等对元代火灾作一勾勒，并探讨其发生的时空分布。

一、火灾概述

蒙古前四汗时期所发生的火灾众多，除故意纵火外，火灾可考者有4起。太宗时，真定发生火灾，"延烧千家"，"荡空千余室"。[③] 壬寅年（1242）春，因野火波及，泽州阳城县圣王庙发生火灾，所存九间房屋也被烧毁。[④] 定宗三年（1248），"野草自焚，牛马十死八九，民不聊生"[⑤]。庚戌岁（1250），即海迷失后二年，彰德安阳发生火灾，"郡萧侯率民携缠缶力用命，不可灭"[⑥]。可见因"野火"波及在蒙古前四汗时期发生的火灾中占有相当比重。

元世祖时期，除明显由战争导致的火灾外，共有16起火灾记载，其范围涉及北方的诸王算吉部、燕京、淮西扬州路正阳县，南方的杭州路、绍兴路余姚县、会稽县、庆元路鄞县、泉州路永春县、池州路以及抚州路宜黄县、龙兴路新建县、袁州路宜春县等地，尤以杭州火灾最为严重。至元元年（1264）七月，诸王算吉所部营帐军民被火。[⑦] 至元十一年（1274）十二月，淮西正阳县火，"庐舍、甲仗荡无余"，万户爱先不花因此受到杖责。[⑧] 至元十三年（1276）春，庆元路鄞县发生火灾，戴表元宅第受灾，于是他写下《东门行》，描述了火灾后的情况："春风颠狂卷地起，吹动江城寒劫灰。江城千家丹碧窟，过眼不复余楼台。九蛹烛龙竟为尔，六尺

① 侯子罡：《元代消防管理制度述略》，《康定民族师范高等专科学校学报》2008年第6期。

② 林正秋：《元代时期杭州的火灾》，《浙江消防》1994年第4期；苏力：《元代杭州的火灾及其社会应对》，《学习与探索》2014年第7期。

③ 姚燧：《有元故少中大夫淮安路总管兼府尹兼管内劝农事高公神道碑》，《牧庵集》卷23；萧㪺：《元故淮安路总管高公墓志铭》，《勤斋集》卷3。

④ 李俊民：《阳城县重修圣王庙记》，《庄靖集》卷8。

⑤ 《元史》卷50《五行志一》。

⑥ 袁桷：《邢氏先茔碑》，《清容居士集》卷27。

⑦ 《元史》卷5《世祖纪二》。

⑧ 《元史》卷8《世祖纪五》。

海鸥安在哉。平原无人金谷散，惆怅东门归去来。"①同年，抚州路宜黄县发生火灾，宜黄县学"再毁"②。绍兴路余姚县学"毁于火"③。至元十四年（1277）三月，燕京的宫殿发生火灾。六月，泉州路永春县"官署民户毁于火，而是宫（县学）岿然独存"④。而绍兴路会稽县邑学"毁于火"⑤。杭州因"民间失火，飞烬及其宫室（宋宫室——引者），焚毁殆尽"⑥。至元十七年（1280）冬，杭州祐圣观被烧毁，"惟门台及陆君宗补虚白斋存焉"⑦。次年二月，扬州发生火灾，遂有朝廷"发米七百八十三石赈被灾之家"⑧之举，足见受灾之严重。至元十九年（1282），杭州发生火灾。方回回忆了当时的场景："忆昔壬午杭火时，焚户四万七千奇，燖死暍死横道路，所幸米平民不饥。"⑨至元二十年（1283），龙兴路新建县双峰寺火。⑩至元二十八年（1291），杭州再次发生大火，省府与开元宫"俱毁"⑪。次年春，袁州路宜春县南泉寺大慈化禅寺遭受火灾。⑫至元三十一年（1294），池州路学"毁于火"⑬。

　　成宗时期火灾发生较为频繁，几乎年年有火灾发生，可考者约20起。

①戴表元：《东门行二首》，《剡源戴先生文集》卷28。

②吴澄：《宜黄县学记》，《吴文正公集》卷20。

③韩性：《重建余姚县学记》，清乾隆《余姚志》卷30，引自李修生《全元文》第24册。

④程钜夫：《旃檀佛像记》，《程雪楼文集》卷9；卢琦：《重修永春县学记》，《圭峰集》卷下。

⑤韩性：《会稽邑学重建大成殿记》，《绍兴县志资料》第一辑，引自李修生《全元文》第24册。

⑥徐一夔：《宋行宫考》，《始丰稿》卷10。

⑦戴表元：《杭州祐圣观记》，《剡源戴先生文集》卷6。

⑧《元史》卷50《五行志一》；卷11《世祖纪八》。

⑨方回：《续苦雨行二首》，《桐江续集》卷13。

⑩释大：《龙兴路新建县双峰寺记》，《蒲室集》卷10。

⑪虞集：《开元宫碑》，《道园学古录》卷47；陈旅：《重建杭州开元宫碑》，《安雅堂集》卷11。

⑫姚燧：《重建南泉山大慈化禅寺碑》，《牧庵集》卷10。

⑬吴师道：《池州修学记》，《吴正传先生文集》卷13。

这一时期的火灾主要集中在大都，江浙行省的徽州路、杭州路、庆元路慈溪县、广德路，湖广行省的澧州路、武昌路，江西行省龙兴路、袁州路宜黄县、临江路新淦州清江镇。元贞元年（1295），徽州路发生火灾。因"郡城不戒于火"，汪氏尊己堂复遭灾，唐氏见梅堂也"火于乙未，梅亦毁焉"，然"屋毁而砚独无恙"①。火灾或发生在九月初六日，籍贯徽州的方回获知"吾州初一日大火，城中俱尽，吾家亦尽"。初十日"始报吾家幸免，拆毁屋十余间"，二十五日，接到亲家山长王国杰的书信，"始知仅存州治、州仓、州学、书院，吾家免焚，余所免不过数十家"②。同年，湖广行省澧州路也因"居民不戒于火"，庙学为火"延烧"几尽。③次年，杭州发生火灾，"燔七百七十家"，而庆元路慈溪县"庙学俱以灾毁"④。大德二年（1298），杭州发生火灾。大德三年（1299）十一月，杭州发生火灾，遂"发粟赈之"⑤。大德四年（1300）三月二十九日夜二更，杭州再次发生火灾，"焚花巷、寿安坊，至四月一日寅卯止"⑥。大德六年（1302），广德路广惠庙"毁于火"⑦。六月，大都太庙发生火灾。⑧次年三月，大都又发生火灾，于是成宗"命中书省与枢密院议增巡防兵"⑨。同年，龙兴路延真宫发生火灾"其仅存者惟道士徐希真之庐"⑩。大德八年（1304）五月，杭州发生火灾，"燔四百家"，八月又发生火灾，"发粟赈之"⑪。大德九年（1305），

①郑玉：《尊己堂后记》，《师山集》卷5；郑玉：《见梅堂记》，《师山集遗文》卷1；郑玉：《唐氏砚铭》，《师山集遗文》卷4。

②方回：《九月初六日……余所免不过数十家》，《桐江续集》卷20。

③姚燧：《澧州庙学记》，《牧庵集》卷5。

④《元史》卷50《五行志一》；卷19《成宗纪二》。王祎：《慈溪县学记》，《王忠文公集》卷11。

⑤《元史》卷20《成宗纪三》。

⑥方回：《三月二十九夜二更杭火焚花巷寿安坊至四月一日寅卯止》，《桐江续集》卷25。

⑦邓文原：《重建广惠庙记》，《巴西邓先生文集》。

⑧阎复：《太庙火灾祭告祝文》，见苏天爵：《国朝文类》卷48。

⑨《元史》卷21《成宗纪四》。

⑩刘岳申：《延真宫铁柱殿记》，《申斋刘先生文集》卷5。

⑪《元史》卷50《五行志一》；卷21《成宗纪四》。

抚州路宜黄县、兴国路大冶县发生火灾，朝廷有"给被灾者粮一月"①之举，宜黄县学也因"居民失火，又毁"②。此外，澧州路沣阳县火，获"赈粮二月"，而扬州"再火，延烧千余家，火及（李）茂庐皆风返而灭"③。大德十年（1306）十一月，武昌路火，"给被灾者粮一月"④。大德十一年（1307）冬，临江路新淦州清江镇"大火延烧数千家，主人所有靡孑遗，独于烈焰中全此以还"，"主人"指"谢从一"，"此"是指谢野航所书"元日词一首，除日诗四首"⑤。大火波及数千家，足见这次火灾之严重。同年，澧州路慈利州"民葺茅以居，不戒于火，毁者辄数百家"⑥。

武宗在位的 4 年间，也有 4 起火灾发生，其中涉及湖广行省澧州路慈利州、江浙行省庆元路鄞县和徽州路婺源州。至大元年（1308），澧州路慈利州"乙丑火，丁卯又火"，民皆"藉君以给米粟千余石"⑦，足见所受火灾之严重。至大二年（1309）正月，庆元路"郡城火，延燎更楼，由廊及序，俱为瓦砾"。其中鄞县学也"郡大火，学毁之"，"毁于火"⑧。至大四年（1311），徽州路婺源州发生火灾，灵顺庙昭敬楼"毁于火"⑨。

仁宗在位 9 年间，可考者约 15 起。皇庆元年（1312），敬俨上任浙东道肃政廉访使之初，婺州路即发生火灾，"郡大火，焚数千家"，敬俨也只好"令发廪以赈贫馁"⑩。这次火灾发生在冬天，黄溍《密印院记》云：

① 《元史》卷50《五行志一》；卷21《成宗纪四》。

② 吴澄：《宜黄县学记》，《吴文正公集》卷20。

③ 《元史》卷96《食货志四》；卷197《孝友传一·李茂》。

④ 《元史》卷50《五行志一》；卷21《成宗纪四》。

⑤ 吴澄：《题野航谢公遗墨后》，《吴文正公集》卷28。

⑥ 谢端：《元故将仕郎澧州路教授王君墓志碣铭》，清同治《续修永定县志》卷11，引自李修生《全元文》第33册。

⑦ 谢端：《元故将仕郎澧州路教授王君墓志碣铭》，引自李修生《全元文》第33册。

⑧ 卓琰：《元帅府记》，清道光《敬止录》卷22，引自李修生《全元文》第35册；袁桷：《庆元路鄞县学记》，《清容居士集》卷18；段天祐：《重修鄞县学记》，清光绪十六年《两浙金石志》卷17，引自李修生《全元文》第45册。

⑨ 吴师道：《婺源州灵顺庙新建昭敬楼记》，《吴正传先生文集》卷12。

⑩ 《元史》卷175《敬俨传》。

"皇庆元年冬，居民不戒于火，院再毁。"①皇庆二年（1313），昌国州翁洲南香柏岩的吉祥寺发生火灾。②延祐元年（1314）闰三月，徽州路辖境发生火灾，休宁县等慈庵"不戒于火，庵烬焉"，星洲寺"不幸毁于火，仅存藏殿寝堂"，而婺源州晦庵书院也"毁于火"③。同年，温州之东岳行宫"毁于火"④。次年二月，扬州路真州扬子县火，官府遂有"发米减价赈粜"⑤之举。同年，杭州路临汝书院尊经阁"楼毁于火"⑥。延祐三年（1316）六月，四川行省重庆路发生火灾，"郡舍十焚八九"⑦，而抚州路瑞泉山清溪观因"流民止宿于观，遗火焚毁左右前后新旧屋庐，靡孑遗者"⑧。延祐五年（1318），池州路儒学因火灾"又毁"⑨。延祐六年（1319）四月，扬州路发生严重火灾，"燔官民庐舍一万三千三百余区"⑩。同年，杭州路凤凰山禅宗大报国寺"又以不戒于火，而寺尽废，侧金所布，鞠为荆榛"⑪。延祐七年（1320）七月，诸王告住等部火，朝廷遂"赈粮三月，钞万五千贯"⑫。同年，南康路庐山东林寺火，李邕所撰东林寺之碑因火而遭到破坏。⑬饶州路曾发生大火，"火延饶之东门"，卜天璋"具衣冠向火拜，势遂熄"⑭。

---

①黄溍：《金华黄先生文集》卷13。

②袁桷：《吉祥寺重建记》，《清容居士集》卷20。

③陈栎：《等慈庵记》《星洲寺记》，《定宇集》卷12；柳贯：《婺源州重建晦庵书院记》，《柳待制文集》卷15。

④章嚞：《东岳行宫碑》，民国十五年《平阳县志》卷64，引自李修生《全元文》第32册。

⑤《元史》卷25《仁宗纪二》。《元史》卷50《五行志一》有"延祐元年二月，真州扬子县火"。按"延祐元年"当为"延祐二年"之误。

⑥吴澄：《临汝书院重修尊经阁记》，《吴文正公集》卷20。

⑦《元史》卷50《五行志一》。

⑧吴澄：《瑞泉山清溪观记》，《吴文正公集》卷25。

⑨吴师道：《池州修学记》，《吴正传先生文集》卷13。

⑩《元史》卷50《五行志一》。

⑪黄溍：《凤凰山禅宗大报国寺记》，《金华黄先生文集》卷11。

⑫《元史》卷27《英宗纪一》。

⑬释大䜣：《题东林寺重刻李邕碑后》，《蒲室集》卷14。

⑭《元史》卷191《良吏一·卜天璋传》。

这次火灾当发生在卜天璋任饶州路总管期间。卜天璋皇庆初为归德知府，后升任浙西道廉访副使，"到任阅月，以更田制，改授饶州路总管"。按正常的迁转程序来看，这次火灾当发生于延祐年间。此外，杨景行于延祐二年进士第，授赣州路会昌州判官。当地百姓"不知陶瓦，以茅覆屋，故多火灾"[1]。可见杨景行任职会昌判官之前，会昌州有多起火灾发生。

英宗在位期间，发生火灾可考者有8起，主要集中在杭州路、扬州路，奉元路、上都路、绍兴路也有火灾发生。至治元年（1321）十月，杭州"都有不谨于火"[2]，发生火灾，大开元宫被毁。至治二年（1322）四月，扬州路真州发生火灾。[3]十二月乙酉，杭州又发生火灾，遂"赈之"。至治三年（1323）五月，奉元路行宫正殿发生火灾，上都利用监库火。[4]九月，扬州路江都县火灾"燔四百七十余家"，遂于十月"赈之"[5]。绍兴路蕺山戒珠寺和王右军祠堂因"僧弗戒于火"而发生火灾，但似并不严重。[6]十二月二十三日，杭州发生大火[7]。

泰定帝时期，见于记载的火灾约有12起，主要集中于江西行省袁州路、龙兴路，江浙行省庆元路、平江路昆山州、集庆路、杭州路，湖广行省辰州路以及中书省所辖的山东宁海州附近州县，而以龙兴路火灾发生频次较高，杭州路所遭受灾害最为严重。泰定元年（1324）五月，江西行省袁州路火，"燔五百余家"，"民饥，赈粮有差"[8]。因"守者不戒于火"，庆元路延庆寺"又以泰定甲子秋九月，废为瓦砾之区"[9]。泰定二年（1325）

---

① 《元史》卷192《良吏二·杨景行传》。

② 陈旅：《重建杭州开元宫碑》，《安雅堂集》卷11；陈旅：《玄坛祠碑有序》，《安雅堂集》卷10；柳贯：《开元宫后序》，《柳待制文集》卷16。

③ 《元史》卷28《英宗纪二》。按，《元史》卷50《五行志一》云"扬州、真州火"，真州为扬州路所辖州。又据《元史·英宗纪一》未见扬州发生火灾，故此处当为"扬州真州火"，不应点断。

④ 《元史》卷28《英宗纪二》；卷50《五行志一》。

⑤ 《元史》卷50《五行志一》；卷29《泰定帝纪一》。

⑥ 王沂：《王右军祠堂记》，《伊滨集》卷20。

⑦ 刘岳申：《渤海郡夫人王氏墓志铭》，《申斋刘先生文集》卷10。

⑧ 《元史》卷50《五行志一》；卷29《泰定帝纪一》。

⑨ 黄溍：《延庆寺观堂后记》，《金华黄先生文集》卷11。

春，集庆路蒋山寺"弗戒于火，鞠为灰烬"[①]。同年，江浙行省平江路昆山州"以不戒于火，一夕而烬"[②]，杭州路因火"赈贫民粮一月"[③]。泰定三年（1326）六月，龙兴路宁州高市火，"燔五百余家"。七月，奉新县火，龙兴路延真宫"又火"[④]。同月，湖广行省辰州路辰溪县火。八月，杭州火，"燔四百七十余家"，遂"赈粮一月"[⑤]。同年夏，主管山东盐运司事务的恭古行司宁海州等地，旁近诸县发生火灾，朝廷因此遣使赈之，恭古因赈济没有涉及灶户而上书，最终灶户受到赈济。[⑥]泰定四年（1327）八月，龙兴路又发生火灾。十二月，杭州路发生火灾，"燔六百七十家"[⑦]。由此，泰定帝在位时，总受灾人数达到两千余家。泰定三年、四年杭州两次火灾，总受灾人数达一千一百四十余家。

文宗、明宗、宁宗三位皇帝在位 5 年间，发生火灾可考者约 13 起，主要集中在江浙行省杭州路、建德路、池州路、常州路，四川行省绍庆路、重庆路，湖广行省武昌路，腹里怀庆路、大都等地，其中以杭州路发生火灾频次最高，而以武昌路江夏县所发生火灾最为严重，受灾范围波及四百余家。天历元年（1328）十一月甲戌日，杭州火，遂"命江浙行省赈被灾之家"[⑧]。天历二年（1329）三月，四川行省绍庆路彭水县发生火灾。四月，重庆路火灾"延二百四十余家"[⑨]。七月，武昌路江夏县火，延及四百余家。然《元史·五行志一》云"十二月，江夏县火，燔四百余家"，《元史·文宗纪二》十二月云："武昌江夏县火，赈其贫乏者二百七十户粮一月。"《元史·五行志一》所云七月和十二月所记武昌路江夏县两次火灾当为一次。

---

① 释大䜣：《杨云岩居士作蒋山僧堂偈序》，《蒲室集》卷7。

② 黄溍：《荐严寺碑记》，光绪《苏州府志》卷43，引自李修生《全元文》第29册。

③《元史》卷29《泰定帝纪一》。

④《元史》卷50《五行志一》；卷30《泰定帝纪二》；刘岳申：《延真宫铁柱殿记》，《申斋刘先生文集》卷5。

⑤《元史》卷50《五行志一》；卷30《泰定帝纪二》。

⑥ 张养浩：《恭古行司惠政碑有序》，《归田类稿》卷9。

⑦《元史》卷50《五行志一》。

⑧《元史》卷33《文宗纪二》。

⑨《元史》卷50《五行志一》。

虽然这次火灾波及四百余家，但受到官府赈济者仅约二百七十户。同年，江浙行省建德路建德县"毁于火"①。天历三年（1330，至顺元年）二月，河内诸县发生火灾，杭州也有火灾发生，"赈粮一月"②。至顺二年（1331，辛未）二月十三日，大都白塔因雷电发生火灾，受到破坏。张翥诗云："声声起蛰乍闻雷，骤落千山白雨来。恐有怪龙遭电取，未应佛塔被魔灾。人传妖鸟生讹火，谁觅胡僧话劫灰。岂复神灵有遗恨，冷烟残烬满荒台。"③七月，杭州火，"赈被灾民百九十户"。十月甲寅日，杭州发生火灾，文宗"命江浙行省赈其不能自存者"④。至顺三年（1332）五月，杭州火灾，"被灾九十一户"；池州路火，"被灾七十三户"⑤。同年秋，常州路无锡州洞虚宫"有不戒于火者，三元祠山之殿毁焉"⑥。

　　元顺帝时期所发生的火灾约 26 起，主要集中在江浙行省杭州路、绍兴路余姚州、台州路、徽州路、延平路、松江府华亭县、建康路溧水州、泉州路永春县、庆元路鄞县，江西行省龙兴路、兴国路、惠州路。此外，大都、陕西行省、湖广行省贵州等地也有火灾发生。元统元年（1333）正月，大都因"西僧为佛事内廷，醉酒失火"，而"延烧宫殿"⑦。六月甲申日，杭州发生火灾。这次火灾起于早晨，"自朝至日中、昃，始市西坊，清湖岸而止。焦土者万有余区，死如焚如弃如者，勿可以数计"。杭州龙翔宫"毁于邻火"，当发生在此次火灾中。⑧后至元二年（1336），江浙行省绍兴路余姚县发生火灾，"闾里煽灾"，余姚县学"复毁"，"毁于火，几

　　①吴师道：《建德县学产碑跋》，《吴正传先生文集》卷17。

　　②《元史》卷50《五行志一》；卷34《文宗纪三》。

　　③张翥：《雷火焚故宫白塔》，《张蜕庵诗集》卷4。

　　④《元史》卷35《文宗纪四》。

　　⑤《元史》卷36《文宗纪五》。

　　⑥陈旅：《洞虚宫三元洞仙殿记》，《安雅堂集》卷8。

　　⑦《元史》卷139《朵尔直班传》。

　　⑧《元史》卷51《五行志二》；叶森：《显忠庙碑记》，清光绪《仁和县志》卷7，引自李修生《全元文》第51册；叶广居：《重建龙翔宫碑记》，清光绪《仁和县志》卷11，引自李修生《全元文》第59册。

尽"，龙泉寺"复火，寺废"。① 至正元年（1341）四月辛卯，台州发生火灾。乙未（十九日）丑寅之交，杭州路发生火灾，烧毁官舍民居公廨寺观凡一万五千七百五十五间，烧死七十四人。② 这次火灾源于"细人之家不戒于火"。火灾起于杭州城，火势从东南到西北，波及近二十里。③ 至正二年（1342）正月，徽州路因"徽民不戒于火，延烧莞库"④。三月，杭州路再次发生火灾，"给钞万锭赈之"⑤。四月初一日，杭州火灾所受灾害最为严重。起火原因同样是"细人之家不戒于火"⑥，烧毁民庐舍四万余区，受灾者约二万三千余户。次年五月四日，杭州城又有发生火灾。⑦ 至正四年（1344）秋，龙兴路因"不戒于火"，"千室就烬"。⑧ 至正六年（1346）八月己巳日，延平路火，"燔官舍民居八百余区，死者五人"⑨。十一月某日清晨，松江府华亭县"郡城火，延所居宅"，"城中遗漏，延燎几二千家"⑩。至正八年（1348），江浙行省嘉兴路惠安禅寺"以民火延毁，赤地无余"⑪。至正十年（1350），兴国路"自春及夏，城中火灾不绝，日数十起"⑫。次年春正月二十日夜，大都清宁殿发生火灾，"焚宝玩万计"。这起火灾由"宦

① 韩性：《重建余姚县学记》，清乾隆《余姚志》卷30，引自李修生《全元文》第24册；汪文璟：《余姚州儒学增造记》，清光绪《余姚县志》卷16，引自李修生《全元文》第52册；高明：《余姚龙泉寺碑跋》，清光绪《余姚县志》卷11，引自李修生《全元文》第51册。

② 《元史》卷51《五行志二》；陶宗仪：《南村辍耕录》卷9《火灾》。

③ 黄溍：《重修广济库记》，《金华黄先生文集》卷9。

④ 唐元：《徽州路重建行用钞库记》，《筠轩集》卷10。

⑤ 《元史》卷40《顺帝纪三》。

⑥ 黄溍：《杭州路儒学兴造记》，《金华黄先生文集》卷10。

⑦ 杨维桢：《武林弭灾记》，《武林石刻记》卷2。

⑧ 虞集：《龙兴路新作南浦驿记》，《道园类稿》卷26。

⑨ 《元史》卷51《五行志二》。

⑩ 贡师泰：《元故处士夏君（濬）墓志铭》，《玩斋集》卷10；邵亨贞：《蒸溪邻居禳火醮词》，《野处集》卷4。

⑪ 杨维桢：《惠安禅寺重兴记》，《东维子文集》卷20。

⑫ 《元史》卷51《五行志二》。

官薰鼠"①引发。至正十二年（1352），建康路溧水州"兵火延其里"，袁氏孤女不忍舍弃母亲而离开，虽然被救出，但又返回起火的屋内，"抱母共焚而死"②。至正十四年（1354）六月，泉州路永春县"官署、民户毁于火"，而县学宫"岿然独存"③。至正十六年（1356）二月己巳夜，松江府夫子庙"内外举火，烈焰亘天，先生亟命阖闭门防寇，徒薪辟火，火且逼西北垣，乃率诸生李复、买兼善、吴克敏、宋起潜、尚德卿升屋大呼，注水沃之。又令民撤草坊，许新其居。既而火乃反风，若有鬼神相之者。故东西佛老之宫咸毁无存，此独岿然如灵光"④。至正二十年（1360），惠州路"城中火灾屡见"。至正二十三年（1363）正月乙卯夜，湖广行省贵州火，同知州事韩帖木不花、判官高万章及家人九口都死于火灾。这次火灾中，"居民死者三百余人，牛五十头，马九匹，公署、仓库、案牍焚烧皆尽"⑤。至正二十七年（1367）正月己卯，庆元路鄞县火，"民庐毁者若干所，且及夫子庙。学正程式复祷于神，风寻反灭火"⑥。同年，太原发生严重地震，"居民屋宇皆倒坏，火从裂地中生，烧死者数万人"⑦。至正二十八年（1368）二月癸卯，京师武器库发生火灾。己巳，陕西"有飞火自华山下，流入张良弼营中，焚兵库器仗"⑧。六月甲寅未时，"雷雨中有火自空而下"，作为世祖以来"百官习仪之所"的大都大圣寿万安寺遭遇火灾，"其殿脊东鳌鱼口火焰出，佛身上亦火起"，最终"唯东西二影堂神主及宝玩器物得免，余皆焚毁"⑨。此外，文献记载中多有具体时间不明者，如《元史·李稷传》载至正时，大都承天护圣寺发生火灾。

要之，除战争引发的火灾外，元代火灾可考者约 118 起，其中蒙古前四汗时期约 4 起，世祖时 16 起，成宗时 20 起，武宗时 4 起，仁宗时 15

①叶子奇：《草木子》卷3上《克谨篇》。

②《元史》卷201《列女传·袁氏孤女传》。

③卢琦：《重修永春县学记》，《圭峰集》卷下。

④贝琼：《故训导胡先生画像记》，《清江贝先生集》卷4。

⑤《元史》卷51《五行志二》。

⑥贝琼：《宋县令谢公庙记》，《清江贝先生集》卷18。

⑦叶子奇：《草木子》卷3上《克谨篇》。

⑧《元史》卷51《五行志二》。

⑨《元史》卷51《五行志二》；卷47《顺帝纪十》。

起，英宗时 8 起，泰定帝时 12 起，文宗、明宗、宁宗时 13 起，顺帝时 26
起。元代火灾主要集中发生在大都和江浙行省的杭州路、徽州路、庆元路、
松江府以及江西行省的龙兴路等地。较为严重的火灾比比皆是。元代火灾
造成众多房屋被烧毁，给人们生活带来了巨大的影响。太宗时，真定火灾
波及千余家。至元十九年（1282）杭州火灾最为严重，波及五万余户。元
贞元年（1295）徽州路火灾后仅存不过数十家。大德十一年（1307）冬临
江路清江镇火灾波及数千家。皇庆元年（1312）婺州路火灾波及数千家。
延祐三年（1316）重庆路火灾造成居民房舍十焚八九。延祐六年（1319）
扬州火灾烧毁建筑一万三千三百余处。泰定元年（1324）江西行省袁州
路火灾烧毁五百余家。泰定三年（1326）龙兴路宁州高市火灾，烧毁五百
余家。至正元年（1341）和至正二年（1342）杭州的两次火灾烧毁房舍
五万五千七百余间。至正四年（1344）龙兴路火灾"千室就烬"。至正六
年（1346）延平路火灾烧毁房舍八百余处，同年松江府华亭县火灾波及约
二千家。火灾还造成人畜的死亡。定宗三年（1248）北方牧场所遭受的火
灾造成"牛马十死八九"。至正元年（1341）杭州火灾烧死七十四人。至
正六年（1346）延平路火灾烧死五人，至正二十三年（1363）贵州火灾中，
贵州同知韩帖木不花、判官高万章和家人九口都被烧死，被烧死的居民约
三百余人，还有牛五十头、马九匹。

二、火灾产生的原因

火灾发生的原因众多，李采芹将火灾发生的原因归结为战争、用火不
慎、放火、雷击和地震等。[1]侯子罡则指出元代失火原因主要有战争、用火
不慎和雷电、地震等自然界因素。[2]元代火灾的成因较为复杂，除因人为故
意纵火外，大致可以分为三种情况：一是北方因自然因素而发生；二是由
于居民"不戒于火"而产生；三是元初战争中火铳、火炮等火器的大量使
用而导致。其中尤以居民用火不慎所发生的火灾影响较大。

自然因素。元代，北方的生态环境相对脆弱，野火自焚的现象频频
出现。壬寅年（1242），阳城县圣王庙火灾因"野火"所致。[3]定宗三年（1248），

①李采芹：《中国消防通史》上卷，第698～705页。

②侯子罡：《元代消防管理制度述略》，《康定民族师范高等专科学校学报》2008
年第6期。

③李俊民：《阳城县重修圣王庙记》，《庄靖集》卷8。

因"野草自焚",导致"牛马十死八九"①。煎盐草地因野火而发生的火灾比比皆是,以致朝廷规定"诸煎盐草地,辄纵野火延烧者杖八十七;因致阙用者,奏取圣裁。邻接管民官专一关防禁治"②。野火"自焚",或因雷电而产生者。至顺二年(1331),"雷火焚故宫白塔"③。"雷火"表明这次火灾因雷电而生。至正二十八年(1368)二月,陕西"有飞火自华山下","焚兵库器仗"④,此处"飞火"当为"雷火"。六月,"雷雨中有火自坠,焚大圣寿万安寺"⑤,这次火灾显然是雷电所致。此外,野火也有地震所诱发者。至正二十七年(1367)的太原地震,"火从裂地中出,烧死者数万人"⑥。

用火不慎。上文所列众多火灾中,有相当部分火灾都是因居民"遗火""不戒于火""不谨于火"所导致。明确记载因居民、僧众等"不戒于火"而产生的有 17 起。至元十九年(1282),杭州火灾因"遗火"所致。⑦元贞元年(1295),新安火灾的起火原因是"郡城不戒于火"⑧,澧州路火灾因"居民不戒于火"⑨而发生。大德十一年(1307),澧州路慈利州火灾、皇庆元年(1312)婺州密印院火灾、延祐元年(1314)休宁火灾都因居民"不戒于火"而发生。延祐三年(1316),抚州路瑞泉山清溪观火灾,因"流民止宿于观,遗火"⑩所致。延祐六年(1319),杭州大报国寺"以不戒于火"而被烧毁。至治元年杭州因"都有不谨于火"者而发生火灾。⑪泰定元年(1324),庆元路延庆寺因"守者不戒于火"发生火灾。次年,平江路昆山州火灾"以不戒于火"而发生,金陵蒋山僧堂因"寺弗戒于火"

① 《元史》卷50《五行志一》。

② 《元史》卷105《刑法志四·禁令》。

③ 张翥:《雷火焚故宫白塔》,《张蜕庵诗集》卷4。

④ 《元史》卷51《五行志二》。

⑤ 《元史》卷47《顺帝纪十》;卷51《五行志二》。

⑥ 叶子奇:《草木子》卷3上《克谨篇》。

⑦ 王恽:《玉堂嘉话四》,《秋涧先生大全集》卷96。

⑧ 郑玉:《尊己堂后记》,《师山集》卷5;郑玉:《唐氏砚铭》,《师山集遗文》卷4。

⑨ 姚燧:《澧州庙学记》,《牧庵集》卷5。

⑩ 吴澄:《瑞泉山清溪观记》,《吴文正公集》卷25。

⑪ 陈旅:《重建杭州开元宫碑》,《安雅堂集》卷11。

而化为灰烬。至顺三年（1332）秋，无锡洞虚宫仙殿因"不戒于火者"而被烧毁。至正元年（1341）四月，杭州广济库火灾、次年的杭州火灾都因"细人之家不戒于火"。至正二年（1342）正月徽州路火灾，至正三年（1343）秋，龙兴路火灾都因"不戒于火"而发生。此外，元统元年（1333），大都作佛事时，因西僧"醉酒失火"。同年杭州龙翔宫"毁于邻火"，显然这次火灾也因龙翔宫附近的居民用火不慎所致。① 至正八年（1348），嘉兴路惠安禅寺"以民火延毁"，显然也是因当地居民用火不慎而产生。②

值得注意的是，火灾的发生固然与居民用火不慎有关，而南方火灾的发生与其建筑特点有着密不可分的联系。大德十一年（1307），澧州路慈利州的火灾即以"州民葺茅以居，不戒于火"③ 而产生。赣州路会昌州"不知陶瓦，以茅覆屋，故多火灾"。而延祐时，杨景行为会昌州判官，教民"陶瓦以代茅茨"，"民始免于疾疠火灾"④。

战争。 元代火灾有相当大的比重是因战争而发生。据李采芹《中国火灾大典》统计，元代火灾中因战争而诱发的火灾占这一时期火灾总数的59%。⑤ 战争中，除战争双方故意纵火外，火攻方式和火器的使用也是这一时期火灾增多的原因。在宋代以前，战争双方的武器多为冷兵器。宋代开始，战争中开始使用火器。元代火攻和火器在战争中得到进一步的推广。宋元战争中，至元十一年（1274），阿术攻取鄂州时，"焚其战舰三千艘"⑥。次年四月，元军攻取沙市，"城不下，纵火攻之，沙市立破"⑦。七月，元军在焦山之战中"乘风以火箭射其（宋军——引者）箸篷"，"以火矢烧其蓬樯，烟焰涨天"。⑧ 十一月，伯颜率军进攻常州，"多建火炮"，"昼

---

① 叶广居：《重建龙翔宫碑记》，清光绪《仁和县志》卷11，引自李修生《全元文》第59册。

② 杨维桢：《惠安禅寺重兴记》，《东维子文集》卷20。

③ 谢端：《元故将仕郎澧州路教授王君墓志碣铭》，清同治《续修永定县志》卷11，引自李修生《全元文》第33册。

④ 《元史》卷192《良吏二·杨景行传》。

⑤ 李采芹：《中国消防通史》上卷，第698页。

⑥ 《元史》卷127《伯颜传》。

⑦ 《元史》卷128《阿里海涯传》。

⑧ 《元史》卷8《世祖纪五》；卷128《阿术传》。

夜攻之"①。元末农民战争中,身为浙东道宣慰使都元帅的泰不华分兵温州。不久,方国珍来攻温州,泰不华"纵火筏焚之,一夕遁去"。而在孛罗帖木儿与泰不华合兵讨论,到达大闾洋时,方国珍夜里率兵"纵火鼓噪",官军遂不战而退。②至正十二年(1352),亦怜真班身为江西行省左丞相。饶州安仁县和龙兴路相邻,乱事多发。亦怜真班出兵安仁招讨之,"不从者命子哈蓝朵儿只与江西左丞火你赤等乘高纵火攻散之"③。

　　除火攻外,火箭、火炮的使用也异常频繁,酿成多起火灾。甲戌(1214),郭宝玉从太祖讨伐契丹遗族,在暗木河时,"敌筑十余垒,陈船河中,俄风涛暴起,宝玉令发火箭射其船,一时延烧",遂乘胜破敌,一举攻占了马里等四城。④张荣子君佐率炮手兵南下攻宋。至元十一年(1274),到达沙洋时,伯颜命张君佐率炮手军攻其北面,"火炮焚城中民舍几尽,遂破之""又以火炮攻阳逻堡,破之"⑤。杨大渊之侄文安至元十一年(1274)攻取牛头城,"以火箭焚其官舍民居"⑥。至元二十四年(1287),平定乃颜之乱时,李庭随忽必烈亲征。李庭命壮士十人,持火炮,夜入其阵,"炮发,果自相杀,溃散"。次年,在追击乃颜余部时,"选锐卒,潜负火炮,夜溯上流发之,马皆惊走"⑦。元末,泰州李二起兵,纳速剌丁受命守高邮得胜湖。"贼船七十余柁,乘风而来,即前击之,焚其二十余船,贼溃去。"张士诚袭高邮,纳速剌丁在三垛镇挫其先锋,"后贼鼓噪而前,乃发火筒、火镞射之,死者蔽流而下"⑧。《元史》中记载火铳者仅有一处。至正末年(1370),达礼麻识理为上都留守,东镇三州,"约束东西手八剌哈赤、虎贲司,纠集丁壮苗军,火铳什伍相联,一旦布列铁幡竿山下,扬言四方勤王之师皆至",吓退了帖木儿。⑨值得注意的是,李庭命壮士十人"持火炮",

———————————

①《元史》卷127《伯颜传》。

②《元史》卷143《泰不华传》。

③《元史》卷145《亦怜真班传》。

④《元史》卷149《郭宝玉传》。

⑤《元史》卷151《张荣传》。

⑥《元史》卷161《杨大渊传附杨文安传》。

⑦《元史》卷162《李庭传》。

⑧《元史》卷194《忠义传二·纳速剌丁》。

⑨《元史》卷145《达礼麻识理传》。

选锐卒"潜负火炮"，可知火炮并不沉重，似为火铳。而元末纳速剌丁所发"火筒"可能就是"火铳"。

三、火灾的空间分布

火灾发生的原因众多，而战争引起的火灾更是举不胜举。火灾的发生有着较大的偶然性，并无自然规律可循。既有几年内仅见一起火灾的记载，也有一年内发生多起火灾的记录。因此，探讨火灾的时间分布并无太大意义。在此我们仅对由自然现象和居民用火不慎所诱发火灾的空间分布进行分析。

上述可考的 113 起火灾，2 起为诸王所部外，其他主要分布在江浙行省、江西行省和大都。今将元代火灾的发生区域作成表 7-3：元代火灾发生区域表。

表 7-3　元代火灾发生区域表（单位：次）

所属省份	具体发生路份	发生次数
江浙行省	杭州路	28
	庆元路、徽州路、泉州路、绍兴路、池州路、松江府、广德路、婺州路、温州路、台州路、饶州路、集庆路、建康路、平江路、建德路、常州路、延平路、嘉兴路	34
江西行省	龙兴路、抚州路、袁州路、临江路、赣州路、惠州路、南康路	14
湖广行省	澧州路、兴国路、武昌路、辰州路、贵州	10
河南行省	扬州路	7
陕西行省	奉元路等地	2
四川行省	重庆路、绍庆路	3
腹里地区	平阳路、真定路、彰德路、大都、般阳路	15

由表 7-3 可知，火灾主要发生在江浙行省、腹里地区、江西行省、湖广行省。江浙行省发生火灾 62 次，占到所统计火灾的一半以上。江浙行省62 次火灾分布在杭州路、庆元路、嘉兴路、绍兴路、池州路、松江府、广德路、婺州路、温州路、台州路、饶州路、集庆路、建康路、平江路、建德路、常州路、徽州路、延平路、泉州路等 19 个路份，其中以杭州发生火灾次数

最多，约 28 次，而庆元路鄞县、徽州路发生的火灾也较为严重。腹里地区火灾发生在大都、平阳路、真定路、彰德路和般阳路等地，而以大都所发生火灾最多，约 7 次。江西行省所辖龙兴路所发生的火灾最多，约为 6 次。湖广行省以澧州路发生火灾最多，为 5 次。河南行省发生的 7 次火灾均集中于扬州路。

由此，元代火灾多发生于南方地区。以杭州、庆元路、徽州路主要发生地的江浙地区和江西行省龙兴路、湖广行省澧州路、河南行省扬州路是火灾的高发区，且遭受的损失也较为严重。究其火灾发生原因而言，北方地区的火灾多因野火、雷击、地震等原因而产生，偶有用火不慎所致。南方火灾则多因居民、僧众"不戒于火"而发生。

四、杭州火灾

元代杭州火灾，已经受到众多学者的重视。林正秋根据《元史》记载，指出元代共发生 20 次杭州的火灾。[①] 苏力根据《元史》和龚嘉儁《杭州府志》卷 83《祥异》，并参照《中国火灾大典》，统计杭州较大规模的火灾约 28 起之多。[②] 鉴于地方志的记载准确与否值得考论，我们根据《元史》和元代文献，不完全统计，杭州发生火灾 28 起。

元世祖时期，杭州共发生 5 起火灾。最早见于文献记载的杭州火灾发生在至元十四年（1277），杭州因民间失火，飞烬波及宋行宫，"宫室焚毁殆尽"[③]。至元十七年（1280），杭州祐圣观"复毁，惟门台及陆君宗补虚白斋存焉"[④]。至元十九年（1282，壬午），杭州发生火灾。方回回忆了当时的情况："忆昔壬午杭火时，焚户四万七千奇，燉死暍死横道路，所幸米平民不饥。"[⑤] 可见此次火灾造成四万七千余户受灾，死者无算。王恽云"近杭州遗火，烧五万余家，延及御史台、少府监烬焉，至秘书监救得

---

① 林正秋：《杭州历史上的火灾之三——元代时期杭州的火灾》，《浙江消防》1994年第4期。

② 苏力：《元代杭州的火灾及其社会应对》，《学习与探索》2014年第7期。

③ 徐一夔：《宋行宫考》，《始丰稿》卷10。

④ 戴表元：《杭州祐圣观记》，《剡源戴先生文集》卷6。

⑤ 方回：《续苦雨行二首》，《桐江续集》卷13。

免"①，盖指这次火灾。至元二十八年（1291），杭州大火，"省及宫俱毁"②。"宫"即开元宫。

元成宗时期，杭州发生火灾 5 起。方回追忆了往日杭州花巷的繁华奢靡和火灾后景象："倾国倾城夸美色，千金万金供首饰。武林城中花巷名，绍兴年前人未识。亮死瓜洲再讲和，巷名不为栽花寘。象珠翠玳玉筓外，紫紫红红裁绮罗。是时永嘉有佳士，叹嗟花巷名太侈。繁华渐盛古朴衰，书谓乡人非美事。谁知鹜集一朝非，妇鬟女髻弥芳菲。冠梳簪珥向晓卖，百伪一真无关讥。戊戌年冬十月十，爇此阛阓成瓦砾。岂料郁攸再作祟，庚子春残小尽日。一十六度蓂荚新，两见焦头花巷人。买卖假花牟厚利，坐此得罪于神明。君不见九重一言轩轻易，头白纷纷无忌讳。人人一朵牡丹春，四海太平呼万岁。"③戊戌年即大德二年（1298）。可知大德二年十月十日，杭州花巷曾发生火灾，门墙成为瓦砾。大德三年（1299）十一月，杭州火灾，遂"发粟赈之"④。庚子年即大德四年（1300），三月二十九夜二更，杭州再遭火灾，"焚花巷、寿安坊，至四月一日寅卯止"。三月小尽，可见大火烧了很长时间。大德八年（1304）五月，杭州火灾"燔四百家"，八月又发生火灾，遂"发粟赈之"⑤。

仁宗到文宗时杭州共发生火灾 13 起。仁宗时，杭州共发生 2 次火灾。延祐二年（1315），杭州临汝书院尊经阁"楼毁于火"⑥。延祐六年（1319），杭州路大报国寺"又以不戒于火，而寺尽毁，侧金所布，鞠为荆榛"⑦。英宗时，杭州共发生 3 次火灾。至治元年（1321）十月某夜，杭州"都有不谨于火"，大开元宫因而被毁。"火夜起遂宫西民舍，逾宫中。郡侯子公

---

① 王恽：《玉堂嘉话四》，《秋涧先生大全集》卷96。

② 虞集：《开元宫碑》，《道园学古录》卷47；陈旅：《重建杭州开元宫碑》，《安雅堂集》卷11。

③ 方回：《三月二十九夜二更杭火焚花巷寿安坊至四月一日寅卯止》，《桐江续集》卷25。

④ 《元史》卷20《成宗纪三》。

⑤ 《元史》卷50《五行志一》；卷21《成宗纪四》。

⑥ 吴澄：《临汝书院重修尊经阁记》，《吴文正公集》卷20。

⑦ 黄溍：《凤凰山禅宗大报国寺记》，《金华黄先生文集》卷11。

元思与主宫事真人王公寿衍亟救不克，唯外门存。"① 次年十二月乙酉，杭州发生火灾，遂"赈之"②。至治三年（1323）十二月二十三日，杭州再次发生大火③。泰定帝时，杭州共发生 3 起火灾。泰定二年（1325），杭州路因火灾"赈贫民粮一月"④。泰定三年（1326）八月，杭州火，"燔四百七十余家"，"赈粮一月"⑤。次年十二月，杭州火，"燔六百七十家"⑥。文宗时，杭州共发生 5 起火灾。天历元年十一月甲戌日，杭州火，"命江浙行省赈被灾之家"⑦。次年二月，杭州火灾，"赈粮一月"⑧。七月杭州火，"赈被灾民百九十户"。十月甲寅日，杭州火，"命江浙行省赈其不能自存者"⑨。至顺三年五月，杭州火，"被灾九十一户"⑩。

　　顺帝时，杭州共发生火灾 5 起。元统元年（1333）六月甲申日，杭州发生火灾。这次火灾起于早晨，"自朝至日中、晨，始市西坊，清湖岸而止，焦土者万有余区，死如焚如弃如者，勿可以数计"。杭州龙翔宫"毁于邻火"，当在此次火灾中。⑪ 至正元年（1341）四月乙未（十九日）丑寅之交，杭州路发生特大火灾，"燔官舍民居公廨寺观，凡一万五千七百余间，死者七十有四人"，"毁官民房屋公廨寺观一万五千七百五十五间，烧死七十四人"⑫。而《山居新语》的记载更为详细"总计烧官民房

---

①陈旅：《重建杭州开元宫碑》，《安雅堂集》卷11；陈旅：《玄坛祠碑有序》，《安雅堂集》卷10；柳贯：《开元宫后序》，《柳待制文集》卷16。

②《元史》卷28《英宗纪二》；卷50《五行志一》。

③刘岳申：《渤海郡夫人王氏墓志铭》，《申斋刘先生文集》卷10。

④《元史》卷29《泰定帝纪一》。

⑤《元史》卷50《五行志一》；卷30《泰定帝纪二》。

⑥《元史》卷50《五行志一》。

⑦《元史》卷33《文宗纪二》。

⑧《元史》卷50《五行志一》；卷34《文宗纪三》。

⑨《元史》卷35《文宗纪四》。

⑩《元史》卷36《文宗纪五》。

⑪《元史》卷51《五行志二》；叶森：《显忠庙碑记》，清光绪《仁和县志》卷7，见李修生：《全元文》第51册；叶广居：《重建龙翔宫碑记》，清光绪《仁和县志》卷11，引自李修生《全元文》第59册。

⑫《元史》卷51《五行志二》；陶宗仪：《南村辍耕录》卷9《火灾》。

屋、公廨、寺观一万五千七百五十五间六所七披，民房计一万三千一百八间，官房一千四百二十四间六所七披，寺观一千一百三十间，功臣祠堂九十三间。被灾人户一万七百九十七户，大小三万八千一百一十六口；可以自赡者一千一十三户，大小四千六十七口。烧死人口七十四口，每口给钞一锭，计七十四锭。实合赈济者计九千七百八十四户"，赈米"总计米五千六百八十八石四斗"①。这次大火源于"细人之家不戒于火"②。火灾起于杭州城，"自东南延上西北，近二十里，官民闾舍焚荡迨半"③。大火"延及（广济）库门，自官厅吏舍，卫卒所庐，至于神祠尽毁"④。这次大火损失惨重，"遂使繁华之地鞠为蓁芜之墟"⑤。至正二年（1342）三月，杭州路再次发生火灾，"给钞万锭赈之"⑥。四月初一日，杭州火灾所受灾害最为严重。这次大火"毁民庐舍四万有奇"⑦，受灾者二万三千余户，也有不少居民被烧死。"杭城大火烧官廨民庐几尽"⑧，"又灾，尤甚于先，自昔所未有也。数百年浩繁之地，日就凋弊，实基于此"⑨。其中杭州路儒学也被烧毁，大火"飞燎及殿檐而止，持正、宾贤、崇礼、致道四斋与庙垣外比屋而居者数十家尽毁弗存"⑩。起火原因同样是"细人之家不戒于火"。次年五月四日，杭州城又发生火灾，火起于车桥，"火流如乌孛，如桴冲，所指即炎，势且逼西湖书院。在官工徒奔走莫遑救，武守、府守虽亢而无所于用"。肃政廉访司在西湖书院之东，最终火势有所收敛，"是

---

①杨瑀：《山居新语》卷3。

②黄溍：《重修广济库记》，《金华黄先生文集》卷9。

③杨瑀：《山居新语》卷3。

④黄溍：《重修广济库记》，《金华黄先生文集》卷9。

⑤杨瑀：《山居新语》卷3。

⑥《元史》卷40《顺帝纪三》。

⑦杨维桢：《武林弭灾记》，《武林石刻记》卷2。

⑧《元史》卷140《别儿怯不花传》。

⑨陶宗仪：《南村辍耕录》卷9《火灾》。

⑩黄溍：《杭州路儒学兴造记》，《金华黄先生文集》卷10。

院与司皆安堵如故，而城郭郊保赖以安全"①。

元代杭州火灾虽然有 28 起，较之南宋 21 起略多，但灾情相对减弱。除至元十九年（1282）杭州火灾受灾者达到四万七千户外，其他火灾受灾均相对较小，受灾人户大多为几十家至几百家，超过千家者较少。而至正初年的 4 起火灾中，至正元年（1341）、二年（1342）的两次火灾都十分严重，受灾人户分别达到一万七百余户和二万三千余户，烧毁各种建筑一万五千余间和四万余间。由此原为数百年浩繁之地的杭州城，日就凋弊。

杭州之所以高频次地发生火灾，或与其城市发展、建筑结构和社会风俗习惯有关。徐一夔指出："杭郡民庐比栉如栉，而寿安坊当阛阓四达之冲，又最嚣处也。"② 寿安坊即火灾高发地区。狭小的居住环境加之以竹木修建的建筑，容易发生火灾，并造成严重的后果。明人田汝成在总结宋代杭州多灾时指出："其一，民居稠比、灶突连绵；其二，板壁居多，砖垣特少；其三，奉佛太盛，家作佛堂，彻夜烧灯，幡幢飘引；其四，夜饮无禁，童婢酣倦，烛烬乱抛；其五，妇女娇惰，簟笼失检。"③ 元代杭州火灾多发的原因也不外乎此。

①杨维桢：《武林弭灾记》，《武林石刻记》卷2。李采芹将此次火灾系于至正二年四月初一日，误，苏力已指出其错误，见苏力：《元代杭州的火灾及其社会应对》，《学习与探索》2014年第7期。

②徐一夔：《晏居记》，《始丰稿》卷2。

③田汝成：《委巷丛谈》，《西湖游览志余》卷25。

下编

—— 灾荒对策 ——

第一章
应灾体制和朝廷集议"弭灾之道"

从汉朝起，封建王朝应对灾害的模式已大体形成，至唐、宋更加周密。蒙古前四汗时期，统治者忙于对外的军事活动和内部的争斗，对百姓的疾苦很少过问，除了个别赈恤和少数地区设置常平仓之外，总体来说，没有应对灾害的政策和措施。忽必烈即位后，积极推行"汉法"，按照中原的传统，逐步建立起比较全面的防灾减灾制度。以后的诸帝，大体沿袭忽必烈时代的政策，但又有所修改补充。有元一代，各种自然灾害频发，给各族居民造成极大的苦难。元朝政府的多种防灾减灾措施，在一定时期内在不同程度上缓解了各族民众的痛苦，对社会生产起到了有益作用。但是，由于政治的腐败，这些原本作用有限的措施，日益流于形式。随着时间的推移，灾害造成的破坏愈来愈大，得不到应有的防治，百姓生活日益困苦，导致各族群众反抗斗争不断发生，一度辉煌的元朝终于走向灭亡。

第一节　世祖时期

忽必烈在即位前便招徕中原士大夫为自己出谋划策。1250 年，蒙古第四代大汗蒙哥即位，任命其弟忽必烈管理"汉地"。忽必烈在漠南营建开平府（今内蒙古正蓝旗境内），作为自己在漠南的居留地。丁巳宪宗七年（1257），忽必烈在开平召见中原儒士李冶，询问治道。忽必烈问："昨者地震何如？"李冶回答："今之震动，或奸邪在侧，或女谒盛行，或谗慝宏多，或刑狱失中，或征伐骤举，五者必有一于此矣。然天之爱君，如爱其子，故出此以警之。苟能办奸邪，去女谒，屏谗慝，减刑狱，止征伐，上当天心，下合人意，则可变咎证为休征矣。"[①] 从现有记载来看，这大概是忽必烈首次接触到儒家修政事以弭天变的理论。蒙古人敬天，"每闻雷霆必掩耳屈身至地，若弹避状"[②]。中原传统的天人感应理论容易为他们所接受。忽必烈后来推行"汉法"，这种理论无疑对他产生影响。这一时期，另一位谋士姚枢向忽必烈献八目三十条，其中之一是"广储蓄，复常平，以待凶荒"。姚枢建议是应对灾害的具体措施。[③]

庚申（中统元年，1260）三月，忽必烈即位。这一年便对灾区实施赈济[④]，并讨论"常平救荒之法"[⑤]。以后在应对灾荒上，忽必烈采取很多措施，主要有以下几个方面：

一是开展农田水利建设。至元七年（1270），成立司农司，专门管理农业有关事宜。同年颁布了"农桑之制十四条"（即《劝农立社事理》），以后多次重申，成为有元一代管理农业的纲领性文件。"农桑之术，以备

---

① 苏天爵：《元朝名臣事略》卷13《内翰李文正公》。

② 彭大雅、徐霆：《黑鞑事略》。

③ 姚燧：《姚文献公神道碑》，见苏天爵：《国朝文类》卷60。

④ 《元史》卷4《世祖纪一》。

⑤ 王恽：《中堂事记上》，《秋涧先生大全集》卷80。

旱暵为先。"①"农桑之制十四条"以备荒抗灾为主题，突出了推广区田和兴修水利。以后还采取了其他一些有关措施。

二是建立灾情申报制度。中统元年五月《宣抚司条款》中，规定根据灾情大小减免赋税的办法。②至元五年（1268），设立御史台，作为中央监察机构。御史台的职责之一是："虫螟生发飞落，不即打捕申报，及部内有灾伤，检视不实，委监察并行纠察。"③次年又设立地方监察机构提刑按察司，"立按察司时分，有水旱灾伤，田禾不收呵，体覆来"④。即对灾伤进行复查。至元二十年（1283）正月，"以燕南、河北、山东诸郡去岁旱，税粮之在民者，权停勿征。仍谕：'自今管民官，凡有灾伤，过时不申，及按察司不即行视者，皆罪之'"⑤。地方行政系统官员必须及时申报灾情，监察系统官员必须立即进行核查，否则有罪。从而使灾情申报制度化。

三是建立赈恤制度并付诸实施。赈恤包括赈济和蠲免两个方面，是官府救灾的主要行为。中统元年（1260）三月，忽必烈即位。五月，建元中统。建元诏中说："百姓困于弊政久矣。今旱暵为灾，相继告病，朕甚悯焉。一切差发悉欲蠲免，休息吾民，然而国家经费浩大，实有不得已者。据今岁合着丝料包银，委宣抚司验被灾去处从实减免外，不被灾地面亦令量减分数。"⑥这是朝廷首次表示对被灾去处实施赋役蠲免。同年八月，"泽州、潞州旱，民饥，敕赈之。"这是见于记载的朝廷首次赈济灾民。中统三年（1262）闰九月，"济南民饥，免其赋税"⑦。此后赈恤之事无年无之。除了官府赈恤之外，还启动民间救济。

四是推行多种抗灾救灾措施。措施如下：

（1）直接的减灾行动，主要有捕蝗、修治堤防河道等。

（2）为赈恤作补充，主要是推行官办的常平仓和民间自救的义仓。

（3）减低因灾造成的饥荒的措施，主要是禁酒、开放山泽等。开放山

---

① 《元史》卷93《食货志一·农桑》。

② 《元典章》卷25《户部十一·减差·被灾去处量减科差》。

③ 《元典章》卷5《台纲一·内台·设立宪台格例》。

④ 《元典章》卷6《台纲二·体察·体察体覆事理》。

⑤ 《元史》卷12《世祖纪九》。

⑥ 张光大：《救荒活民类要·经史良法·元制》。

⑦ 《元史》卷4《世祖纪一》。

泽即允许民众打猎捕鱼，首见于记载是中统二年（1261）五月"弛诸路山泽之禁"①。至元十四年（1277）五月，"以河南、山东水旱，除河泊课，听民自渔"②。酒禁旨在控制粮食的消耗。最早是至元十四年（1277）翰林国史院官员建议的。③

五是禳灾，即祈求上天和神灵消除灾害。禳灾有多种形式。至元元年（1264）四月，"东平、太原、平阳旱，分遣西僧祈雨"④。这是首次朝廷禳灾活动。以后陆续不断。地方官府亦相应举行多种禳灾仪式。至元七年（1270），"会上（忽必烈——引者）以蝗、旱为忧，俾录山西、河东囚"⑤。"录囚"就是对囚犯进行重新审理，这是要以"减刑狱"以弭天变，无疑是忽必烈接受"汉法"的表现。

六是开启朝廷集议"弭灾之道"的风气。根据中国传统的儒家政治理论，"天变"是上天对当权者的警告。自然灾害的发生，与国家的政治生活有密切的关系。元代的一些官员和士人曾经反复陈述过："自昔人君之居天位，兢兢业业，不敢暇逸。所只畏者唯天而已。然而国家之政既修，则天地之和斯应，否则天出灾异以警惧之。"⑥"天心仁爱人君，凡灾异之见，所以示警戒也。人君畏惧，必修德以答天意，然后久安长治，享祚无疆。此有国之常经，古今之通议也。"⑦"故灾异者，天之所以谴告人君，使之惊惧。人君能应之以德，则异咎消亡；不能应之，祸败至矣。……夫政失于此，则变见于彼，验灾异之变，即知政事之失矣。"⑧"夫天之变异，盖不虚生，将恐人事有乖和气。当是之时，国家正宜访求直言，指切时政。……庶几消弭天灾，感召和气。"⑨这种理论认为，"修政事"可以弭"天变"。

---

① 《元史》卷4《世祖纪一》。

② 《元史》卷9《世祖纪六》。

③ 同上。

④ 《元史》卷5《世祖纪二》。

⑤ 姚燧：《中书左丞李忠宣公行状》，《牧庵集》卷36；《元史》卷163《李德辉传》。

⑥ 苏天爵：《建白时政五事》，《滋溪文稿》卷26。

⑦ 宋褧：《灾异封事》，《燕石集》卷13。

⑧ 王祎：《厄辞》，《王忠文公集》卷19。

⑨ 苏天爵：《灾异建白十事》，《滋溪文稿》卷26。

也就是说，在自然灾害发生时，朝廷要深刻反省，在政治上实行改革，只有这样才能感动上天和神祇，可以减灾免灾。至元十四年（1277）三月，"以冬无雨雪，春泽未继，遣使问便民之事于翰林国史院，耶律铸、姚枢、王磐、窦默等对曰：'足食之道，唯节浮费。靡谷之多，无逾醪醴曲糵。况自周、汉以来，尝有明禁。祈赛神社，费亦不赀，宜一切禁止。'从之"①。因灾害向翰林国史院的儒士征询"便民之事"，可以说是后来"集议弭灾之道"的预演。忽必烈听从儒士们的建议，随即采取了禁酒的措施。至元二十七年（1290），"是岁地震，北京尤甚，地陷，黑沙水涌出，人死伤数十万，帝深忧之。时驻跸龙虎台，遣阿剌浑撒里驰还，召集贤、翰林两院官，询致灾之由。议者畏忌桑哥，但泛引经、传及五行灾异之言，以修人事、应天变为对，莫敢语及时政。先是，桑哥遣忻都及王济等理算天下钱粮，已征入数百万，未征者尚数千万，害民特甚，民不聊生，自杀者相属。逃山林者，则发兵捕之，皆莫敢沮其事"。赵孟頫与阿剌浑撒里甚善，劝令奏帝集议"弭灾之道"。桑哥是忽必烈宠信的权臣，他推行的"理算天下钱粮"，大肆搜刮，旨在增加财政收入，以致民不聊生。翰林国史院和集贤院的"儒臣"不敢触及现实问题，南人赵孟頫劝蒙古大臣阿剌浑撒里向忽必烈建议蠲除理算钱粮，以此消弭"天变"②。至元二十七年（1290）九月"丙辰，赦天下"③。无疑是因灾集议的结果。而因灾大赦天下，是中原固有的政治传统。这在元朝是首次因灾集议，后来每次因灾集议，大多要发布大赦。

第二节　成宗至宁宗时期

忽必烈去世，孙铁穆耳嗣位（1295—1307），是为成宗。以后相继的是武宗、仁宗、英宗、泰定帝、文宗和宁宗。从成宗到宁宗，共七帝，约40年（1295—1332）。在此期间，各种自然灾害多发，比世祖时代严重。朝廷在应对灾害方面，大体上遵循世祖时代的制度，但又有所发展。朝廷中因灾大赦、廷臣因灾请辞、集议弭灾之道成为程序。朝廷和地方官府不

①《元史》卷9《世祖纪六》。

②《元史》卷172《赵孟頫传》。

③《元史》卷16《世祖纪十三》。

断举行各种祈禳仪式。应对水、旱灾的水利工程建设不断增多。各种赈恤措施的规模扩大；禁酒和开放山泽、常平仓、义仓等救灾措施继续施行，并推行入粟补官等筹集赈济物资的办法。民间救济有相当的规模，对救灾有积极的作用。严重的自然灾害导致流民众多和持久化，对流民的救济和安排成为朝政的一大难题。

成宗时代，各种灾害相继发生。大德元年（1297）十月，中书省臣奏："随处水旱等灾，损害田禾，疫气渐染，人多死亡。"成宗下旨：减免全国税粮。① 大德三年（1299）正月，"己丑，中书省臣言：'天变屡见，大臣宜依故事引咎避位。'帝曰：'此汉人所说耳，岂可一一听从耶？卿但择可者任之。'"② 省臣所说"故事"实际上是中原传统的模式，执政大臣要为"天变"承担责任，"引咎避位"。这在元朝是第一次。成宗对此持保留态度，指出这是"汉人"的理论，不能都照办。次日（庚寅），成宗"诏遣使问民疾苦。除本年包银、俸钞，免江南夏税十分之三"③。显然，前一天中书省臣的意见引起了皇帝的重视，产生了效果。自此，每遇大灾，省臣辞职，皇帝加以挽留，成为元朝的一种政治模式。

大德四年（1300）十一月、五年（1301）八月，成宗相继发布对被灾去处赈济和蠲免的诏书。大德六年（1302）三月，"丁酉，以旱、溢为患，诏赦天下"④。诏书中说："比年旱、溢为灾，民不聊生者众。"除实行大赦外，"在前年分民间应欠差税，尽行免征"⑤。这是忽必烈晚年因灾施赦的继续，同时普遍实施赈恤。同年十二月"辛酉，御史台臣言：'自大德元年以来数有星变及风水之灾，民间乏食。陛下敬天爱民之心无所不尽，理宜转灾为福，而今春霜杀麦，秋雨伤稼，五月太庙灾，尤古今重事。臣等思之，得非荷陛下重任者不能奉行圣意，以致如此。若不更新，后难为力。乞令中书省与老臣识达治体者共图之。'复请禁诸路酿酒，减免差税，

① 《元典章》卷3《圣政二·复租赋》。

② 《元史》卷20《成宗纪三》。

③ 张光大：《救荒活民类要·经史良法·元制》。

④ 《元史》卷20《成宗纪三》。

⑤ 张光大：《救荒活民类要·经史良法·元制》。大赦文字见《元典章》卷3《圣政二·霈恩宥》。

赈济饥民。帝皆嘉纳，命中书即议行之"①。 董士选时为御史中丞，"［成宗］召公与省臣议，公言：'首将非才，贪兵冒进，其败宜也。……'又言：'近年以来，星芒垂象，霜杀蚕桑，饥馑洊臻，灾延太庙，上天之谴告至矣。皆执政非人，泽不下究。宜蠲积弊，与天下更始。'"②董士选所言与上述"御史台臣"所言应是一事。御史台建议中书省与老臣"共图之"，实际上就是因灾集议。各种灾害的发生是由于"荷陛下重任者不能奉行圣意""执政非人"，矛头所向显然是中书省的首脑，意在迫使中书省臣引咎让位。大德七年（1303）三月，成宗"诏遣奉使宣抚循行诸道……并给二品银印，仍降诏戒饬之"③。诏书说："比岁不登，赈恤饥乏，蠲免差税，及贷积年逋欠钱粮，屡降诏旨，戒饬中外官吏。近闻百姓困乏者尚众，今遣官分道前去，宣布朕泽，抚安百姓，赈济饥贫。"诏书中对蠲免差发税粮和安置流民作出一些具体的规定。④可见，这次派遣奉使宣抚主要是因灾荒而引起的。同月，中书平章伯颜等八人罢官，右丞相完泽实际被架空，很快死去。而董士选也受到攻击，外放为江浙行省右丞。这次政局大动荡原因复杂，但监察官员因灾议政显然起了重要作用。

大德七年（1303）八月，山西太原等地发生特大地震，波及地区很广，都城大都亦受波及，朝廷为之震动。在赈恤的同时，皇帝下诏征求百官对"弭灾之道"的意见。引起一场热烈讨论。"大德七年八月，地震，河东尤甚，诏问弭灾之道。［陈］天祥上书，极言阴阳不和，天地不位，皆人事失宜所致。执政者以其言切直，抑不以闻。"⑤"七年八月戊申夜，地大震，诏问致灾之由及弭灾之道。公（太史院保章正齐履谦——引者）按《春秋》言：'地为阴而主静，妻道、臣道、子道也。三者失其道，则地为之弗宁。弭之之道，大臣当反躬责己，去专制之威，以答天变，不可徒为禳祷也。'时成宗寝疾，宰臣有专威福者，故履谦言及之。"⑥地震是由于阴阳失调，阴阳失调是由于"人事失宜"，矛头指向当政的权臣。"会地震，

---

① 《元史》卷20《成宗纪三》。

② 吴澄：《董忠宣公神道碑》，《吴文正公集》卷32。

③ 《元史》卷21《成宗纪四》。

④ 《救荒活民类要·经史良法·元制》。

⑤ 《元史》卷168《陈祐附陈天祥传》。

⑥ 《元史》卷172《齐履谦传》；苏天爵：《齐文懿公神道碑》，《滋溪文稿》卷9。

诏问弭灾之道，［张］孔孙条对八事，其略曰：'蛮夷诸国不可穷兵远讨；滥官放谴不可复加任用；赏善罚恶不可数赐赦宥；献鬻宝货不可不为禁绝；供佛无益不可虚费财用；上下豪侈不可不从俭约；官冗吏繁不可不为裁减；太庙神主不可不备祭享。'帝悉嘉纳之，赐钞五千贯。"①张孔孙应对"弭灾之道"，列举了当时种种弊政。刘敏中在这一年十月上书"言地震九事""良以有司不能尽体上心，扩充至化。况更张之始，宿弊年而尚存，新政郁而弗通，积阴凝结，阳气上行，不得宣达，而为此变也"。他提出九项改革措施。②以上是汉人儒臣就"弭灾之道"发表的意见。此外还有色目人爱薛。"大德癸卯，上弗豫，政出闱阃。秋八月，京师地震，中宫召谓公曰：'卿知天象，此非下民所致然耶？'公对曰：'天地示警戒耳，民何与？愿熟虑之。'……数年之间，灾异日起，公力陈弭变之道，词多激切，弗纳。"③"癸卯"是大德七年（1303）。爱薛来自拂林（今叙利亚），是基督徒，通晓天文历法之学，任崇福司使。崇福司是管理基督教的中央机构。成宗晚年多病，朝政多取决于皇后，所以地震发生后，"中宫"即皇后向爱薛咨询。显然，大德七年（1303）"弭灾之道"的讨论是规模很大而且颇为激烈的。大德八年（1304）正月己未，"以灾异故，诏天下恤民隐，省刑罚。杂犯之罪，当杖者减轻，当笞者并免"④，并减免各地差税。这应是群臣在讨论"弭灾之道"后朝廷采取的安抚措施。

此后，仍有官员就"弭灾之道"陈述意见。大德十年（1306），皇帝又因灾异下诏集议"弭灾之道"："中书省臣钦奉圣旨，以恒旸、暴风、星芒之变，问御史台、集贤翰林院会议者。"⑤这次集议参与者有中书省、御史台和集贤院、翰林院的官员，规模很大。南人程钜夫任翰林学士，是与会者之一。"十年，以亢旱、暴风、星变，钜夫应诏陈弭灾之策，其目有五：曰敬天，曰尊祖，曰清心，曰持体，曰更化。帝皆然之。"⑥他说："乃若政令之或爽，天必出灾异以徵之。……故明君遇此则必省躬以知惧，

---

① 《元史》卷174《张孔孙传》。

② 刘敏中：《奉使宣抚言地震九事》，《中庵先生刘文简公文集》卷15。

③ 程钜夫：《拂林忠献王神道碑》，《程雪楼文集》卷5。

④ 《元史》卷21《成宗纪四》。

⑤ 程钜夫：《议灾异》，《程雪楼文集》卷10。

⑥ 《元史》卷172《程钜夫传》。

昭德而塞违，诚格政修，天意乃得，于是灾变弭而和气复矣。"在"更化"的题目下，他提出对"财用不足""选法挠乱""官府不治"等弊政加以整顿的建议。色目人高克恭，"京师旱，自秋八月不雨，至于六月。公升[刑部]尚书，言明刑本以弼教，人道莫大于君臣、父子、夫妇、兄弟之序。今子证父，妇证夫，弟证兄，奴证主，搒掠成狱，大伤风理，宜禁绝。又中外囚系，岁瘐死不下数百人，凡此足干阴阳之和者也"①。高克恭的意见，应该也是参加这次讨论时提出的。

另据《元史》记载，武宗时，刘敏中为翰林学士承旨，"诏公卿集议弭灾之道，敏中疏列七事，帝嘉纳焉"②。"七事"见于刘敏中文集《中庵集》，分为《翰林院议事》《又二事》两篇。③《翰林院议事》开头说："钦奉圣旨，以恒旸、暴风、星芒之变，同御史台、集贤、翰林院会议者。"与上引程钜夫文开头相同。可以认为，《元史》记载有误，实际上"七事"是成宗大德十年集议时的建议。《翰林院议事》列举"畏天""敬祖""清心""持体""更化"五条，和程钜夫文完全相同，只是一曰"敬天，一曰"畏天"，无疑是两人共同的意见。刘敏中的《又二事》是"察吏治""民患"。由程钜夫、高克恭、刘敏中所言可知，这次集议又成为对朝政的检讨。

成宗继续忽必烈时代的政策，至元三十一年（1294）十二月，"禁侵扰农业者"。元贞元年（1295）五月，"诏以农桑水利谕中外"④。但对农业生产并无有力的措施。为了应对水、旱灾，在水利工程方面则有很大的支出。突出的是浙西水利、黄河治理和浙东海堤工程，还有许多中、小型工程。有的效果较好，有的没有明显的效果。成宗时代，因灾造成的流民问题逐渐严重。大德七年（1303）向各地派遣奉使宣抚，就突出了流民问题。以后接连几次诏书中都涉及流民⑤，并采取了一些安置流民和复业的措施。

武宗即位后，各种灾害更趋频繁。抗灾救灾日益成为朝廷政事的重要内容。武宗发布的多项诏书中都涉及救灾减灾问题。（1）赈恤。武宗时期因灾赈恤比前代增多。大德十一年（1307）十二月颁布的《至大改元诏书》

① 邓文原：《刑部尚书高公行状》，《巴西邓先生文集》。

② 《元史》卷178《刘敏中传》。

③ 刘敏中：《中庵先生刘文简公文集》卷15。

④ 《元史》卷18《成宗纪一》。

⑤ 《元典章》卷3《圣政二·恤流民》。

中说："近年以来，水旱相仍，缺食者众。"为此将山场、河泊、芦场开禁一年。① 至大二年（1309）正月颁布《上尊号恩诏》称："爰念即位以来，恒以赈灾恤民为务，而恩泽犹未溥博，流离犹未安集，岂有司奉行之不至欤？"② 为此宣布："被灾曾经赈济百姓，至大二年（1309）腹里差税、江淮夏税并行蠲免。"③ 至大三年（1310）十月辛酉，"以皇太后受尊号，赦天下。大都、上都、中都比之他郡，供给烦扰，与免至大三年秋税。其余去处，今岁被灾人户，曾经体覆依上蠲免"④。与此相应，入粟补官、开放山泽、禁酒等减灾措施继续推行。监察部门所收赃钞用于赈济。（2）流民处置。这一时期，因灾害造成的流民问题日益突出。《至大改元诏书》和《上尊号诏书》中都提到流民就地安置和招诱复业的问题。至大二年（1309）九月《改立尚书省诏书》有更具体的规定。北来流民大批流入中原地区，朝廷采取了一些专门的救济措施。（3）赦免犯罪饥民。灾民为求生存铤而走险，或盗窃抢劫，触犯刑律者多，社会矛盾日益突出。朝廷为此接连发布对犯罪饥民的赦令。至大元年（1308）十一月《肇建中都诏书》中说："又念诸路水旱疾疫，吏不能奉职，民不能自存，轻触刑宪，往往有之。……可赦天下。"⑤ 至大二年（1309）九月，为立尚书省发布诏书中说："年岁饥馑，良民迫于饥寒，冒刑者多，深可悯恻。令廉访司审录详谳，重囚疾早依例结案，其余罪犯如得其情，即与断遣，毋致冤滞。"⑥ 至大二年（1309）十月，武宗发布诏书："朕自临御以来，下诏万方，其所以抚安元元者，亦已至矣。而前岁江浙饥疫，今年蝗旱相仍，民或尽死，幸生者流离道路。虽尝遣使分道赈恤，终恐未能只到。夫既罹是天刑，其轻触宪网者必众，有司文以重法绳之，朕寔悯焉。其自十月十七日昧爽以前，中外罪囚大辟以下，已未发觉，并从释免。"⑦

至大元年（1308）九月，中书省臣因灾害频发，上言："'……政事

---

① 《元典章》卷3《圣政二·恤流民》。

② 《元典章》卷1《诏令》。

③ 《元典章》卷3《圣政二·复租赋》。

④ 《元史》卷23《武宗纪二》。

⑤ 《元典章》卷3《圣政二·霈恩宥》。

⑥ 《元典章》卷3《圣政二·理冤滞》。

⑦ 《元典章》卷3《圣政二·霈恩宥》。

多舛，有乖阴阳之和，愿退位以避贤路。'帝曰：'灾害事有由来，非尔所致，汝等但当慎其所行。'"①中书省臣因灾害表示"退位"，和大德三年（1299）中书省臣"引咎避位"的态度一致，而武宗的态度亦与成宗相同。可知这已成为元朝上层的一种应灾模式。但从现有记载来看，武宗一朝似没有集议"弭灾之道"的举动。

武宗去世，其弟爱育黎拔力八达嗣位，是为仁宗（1312—1320）。仁宗"通达儒术，妙悟释典，尝曰：'明心见性，佛教为深，修身治国，儒道为切'"②。在仁宗时代，各种赈恤和禳灾活动不断，禁酒、开河泊禁不时举行。仁宗还下令各社"复置义仓"，加强民间的自救，并采取多项遣返流民的措施。按照儒家的政治学说，灾异发生是上天对当政者的警告。仁宗当政期间，多次因天灾而自责，两次以"弭灾"而举行的朝臣"集议"，以求改革朝政，上应天心。

皇庆元年（1312）、二年（1313）接连大旱。仁宗亲自向神灵祈求消灾。皇庆元年（1312）十二月，"遣使祈雪于社稷、岳镇、海渎"③。皇庆二年（1313）三月，"秃忽鲁言：'臣等职专燮理，去秋至春亢旱，民间乏食，而又陨霜雨沙，天文示变，皆由不能宣上恩泽，致兹灾异，乞黜臣等以当天心。'帝曰：'事岂关汝辈耶？其勿复言'"。秃忽鲁是中书右丞相，延续前朝的模式因灾请辞。同月，"以亢旱既久，帝于宫中焚香默祷，遣官分祷诸祠，甘雨大注"。祈祷是真，"甘雨大注"是假，大旱仍在继续。六月，"秃忽鲁等以灾异乞赐放黜，不允"④。皇庆二年（1313）九月，"京师大旱，帝问弭灾之道，翰林学士程钜夫举汤祷桑林，帝奖谕之"⑤。"帝问弭灾之道"，无疑也是要有关部门"集议"。"时六月，大旱，上命廷臣讲求致灾之由，弭灾之道。众皆循习故常，各疏数事以进。公（程钜夫——引者）独举成汤桑林六事自责为对，每至一事，必曰：'不识今有是乎？有，即致灾之由。有而能改，即弭灾之道。'言极恳切，大忤时宰意。翌日，上命中使持上尊劳之，曰：'昨中书集议，唯卿所言甚当，后复遇事，

---

① 《元史》卷22《武宗纪一》。

② 《元史》卷26《仁宗纪三》。

③ 《元史》卷24《仁宗纪一》。

④ 同上。

⑤ 同上。

其极言无隐。'"①古代传说，商汤时七年大旱，汤祷于桑林，以五事自责。说明这次"集议"由"时宰"亦即中书省首脑主持，而参与者大多敷衍了事，只有程钜夫引古射今，有比较尖锐的意见。"时宰"应指权臣铁木迭儿，他依靠皇太后答己的支持，左右朝政。程钜夫的意见引起了铁木迭儿的不满。仁宗了解"集议"的情况，但似乎并无有力的措施。十二月甲申，"京师以久旱，民多疾疫，帝曰：'此皆朕之责也，赤子何罪。'明日，大雪"②。延祐元年（1314）正月庚戌，"中书省臣秃忽鲁等以灾变乞罢免，不允"③。秃忽鲁等接连三次请辞，可见此次旱灾延续时间较长，危害很大，当政者不得不有所表示。

延祐二年（1315）正月乙亥，"御史台臣言：'比年地震水旱，民流盗起，皆风宪顾忌失于纠察，宰臣燮理有所未至。或近侍蒙蔽，赏罚失当，或狱有冤，滥赋役繁重，以致乖和。宜与老成共议所由。'诏明言其事当行者以闻"④。"岁大旱，野无麦谷，种不入土。台臣言，燮理非其人，奸邪蒙蔽，民多宪滞，感伤和气所致。有旨会议。平章李孟曰：'燮理之责，儒臣独孟一人，请避贤路。'平章忽都不丁曰：'台臣不能明察奸邪，臧否时政，可还诘之。'[平章政事刘]正言：'台、省一家，当同心献替，择善而行，岂容分异耶！'孟摇首，竟如忽都不丁言。"⑤御史台臣的矛头显然指向当政者，要他们对灾害负责。"有旨会议"，可知御史台臣上奏后仁宗曾下诏集议。此次因灾害引起的一次集议，反映了御史台和中书省的矛盾。御史台的矛头所向，主要是得到皇太后答己支持的中书右丞相铁木迭儿。李孟时任中书平章政事，是仁宗的亲信，但因是汉人，一直为铁木迭儿及其党羽排挤。面对御史台的指责，平章忽都不丁反过来要追究御史台的责任。李孟为摆脱自己的困境，便"请避贤路"。可知灾害引发了朝廷内的派系斗争，"集议"完全是走过场，结果是李孟下台，铁木迭儿仍然掌权。

延祐四年（1317）正月庚子，"帝谓左右曰：'中书比奏百姓乏食，宜加赈恤。朕默思之，民饥若此，岂政有过差以致然欤？……然尝思之，

---

① 揭傒斯：《雪楼先生程公行状》《程雪楼文集》附录。

②《元史》卷24《仁宗纪一》。

③《元史》卷25《仁宗纪二》。

④ 同上。

⑤《元史》卷176《刘正传》。

唯省刑薄赋，庶使百姓各遂其生也'"①。席郁为监察御史，"延祐四年，畿辅久旱，春夏多霾风，和宁诸甸大雪盈丈，人畜死伤。公上言：'应天唯以至诚，爱民莫如实惠。阴阳偏胜，理有致然。宜合近臣经事多而识虑审者杂议之，凡政令得失，民情休戚，咸得上闻，庶有以启悟宸衷，图回天意。'"②可知当时天灾相当严重。席郁上言可能受仁宗表态的鼓励。他将天灾与政令得失联系起来，并建议"近臣""杂议"，实即举行朝臣"集议"，但并无结果。总的来说，仁宗一代的弭灾"集议"都和朝廷上层的矛盾纠缠在一起，没有在弭灾上取得什么有益的成果。

仁宗去世，子硕德八刺嗣位，是为英宗。延祐七年（1320）三月《登宝位诏》开列"合行事宜"七条，同年十二月《至治改元诏》有"便民事宜"十六条。两诏的第一、第二条都是讲赈恤的有关事宜，减免各地税粮、差发，开放河泊听民采取。可见减灾救灾已被视为朝廷的头等事务。③英宗在位仅三年，朝廷上层派系斗争激烈，导致皇帝被弑。派系斗争又与灾异的"集议"纠缠在一起。英宗尚未登基，权臣铁木迭儿即以太后的名义杀中书平章政事萧拜住和御史中丞杨朵儿只。延祐七年（1320）十二月乙卯，"河南饥，帝问其故，群臣莫能对。帝曰：'良由朕治道未洽，卿等又不尽心乃职，委任失人，致阴阳失和，灾害荐至。自今各务勤恪，以应天心，毋使吾民重困。'"④英宗说这番话，因天灾反思"治道"，似有革新之意。但紧接着至治元年（1321）二月就发生御史被杀事件。"英宗立……时敕建西山佛宇甚亟，御史观音保等以岁饥请缓之，近臣……激怒上听，遂诛言者。"⑤"近臣"是铁木迭儿之子琐南。⑥这次四位谏造佛寺的御史中，二人被杀，二人被杖，"窜于奴儿干地。"⑦奴儿干在东北极边之地（今俄罗斯尼古拉耶夫西南），环境非常艰苦。显然，在英宗心目中，因灾害造成"岁饥"，远不如佛寺兴建重要。英宗为此杀戮和流放御史，这在元代

①《元史》卷26《仁宗纪三》。

②柳贯：《席公墓志铭》，《柳待制文集》卷10。

③《元典章新集·国典·诏令》。

④《元史》卷27《英宗纪一》。

⑤《元史》卷176《曹伯启传》。

⑥《元史》卷124《塔本附锁咬儿哈的迷失传》。

⑦《元史》卷27《英宗纪一》。

是罕见的。

至治二年（1322）十一月己亥，"御史李端言：'近者京师地震，日月薄蚀，皆臣下失职所致。'帝自责曰：'是朕思虑不及致然。'因敕群臣亦当修饬，以谨天戒"。十二月癸未，"以地震、日食，命中书省、枢密院、御史台、翰林、集贤院，集议国家利害之事以闻"。这是英宗朝唯一因灾害引发的朝臣集议。"至治二年……冬，起［张］珪为集贤大学士。……会地震风烈，敕群臣集议弭灾之道。珪抗言于坐曰：'弭灾当究所以致灾者。'"[1]"会有天灾，求直言，会廷中，集贤大学士张珪、中书参议回回，皆称萧、杨等死甚冤，是致不雨。闻者失色，言终不得达。"[2]"会日食，上问其故，朝臣泛引汉、晋事，以天道悠远为言。公对曰：'日者，君象也。君不修德则天垂鉴戒。方今经理田赋，劳师边境，无罪杀杨朵儿只、萧拜住，皆足以致天变，唯陛下念之。'上韪其言。"[3]张珪、回回等利用集议的机会，想为萧、杨二人平反，但"言终不得达"，即未被皇帝采纳。所谓"上韪其言"是粉饰之词。"至治二年，召［邓文原］为集贤直学士。地震，诏议弭灾之道，文原请决滞囚，置仓廪河北，储羡粟以赈饥；复申前议，请罢榷茶转运司，又不报。"[4]邓文原曾任江东道廉访司金事，当地榷茶转运司增加茶课，"动以犯法诬民"，又"得专制有司"，横行霸道。邓文原"请罢其专司，俾郡县领之，不报"。此次集议，他又提出来，结果还是"不报"。由两件事可知，这次"集议"中提出的建议显然都是不了了之。至治三年（1323）二月癸酉，"畋于柳林，［英宗］顾谓拜住曰：'近者地道失宁，风雨不时，岂朕纂承大宝行事有阙欤？'对曰：'地震自古有之，陛下自责固宜，良由臣等失职，不能燮理。'帝曰：'朕在位三载，于兆姓万物，岂无乖戾之事。卿等宜与百官议，有便民利物者，朕即行之。'""英宗性刚明，尝以地震减膳、彻乐、避正殿，有近臣称觞以贺，问'何为贺？朕方修德不暇，汝为大臣，不能匡辅，反为谄耶！'斥出之。拜住进曰：'地震乃臣等失职，宜求贤以代。'曰：'毋多逊，此朕之过也。'"[5]英

---

① 《元史》卷175《张珪传》。

② 《元史》卷179《杨朵儿只传》。

③ 宋濂：《康里公神道碑铭》，《宋文宪公全集》卷41。

④ 《元史》卷172《邓文原传》。

⑤ 《元史》卷28《英宗纪二》。

宗几次为天灾表示"自责"，要做"便民利物"之事，为天灾承担责任，其实从上面杀谏臣和对集议的态度来看，此人刚愎自用，比起他的父亲来，对弭灾更无多少诚意。

泰定帝在位期间，曾接连三年下诏集议"弭灾之道"。泰定元年（1324）四月，"以风烈、月食、地震，手诏戒饬百官"。五月，监察御史"以灾异上言"，要求对一些官员、宗王定罪，"以销天变"。同月，御史台臣"以御史言：'灾异屡见，宰相宜避位以应天变'"。于是中书省官员"皆抗疏乞罢"，丞相旭迈杰、倒剌沙也要求退位，但泰定帝加以挽留。[①] 这一年六月，泰定帝在上都避暑，"先是，帝以灾异，诏百官集议，[中书平章政事张]珪乃与枢密院、御史台、翰林、集贤两院官，极论当世得失"[②]。张珪综合大都群臣集议的结果，到上都"以守臣集议事言：'逆党未讨，奸恶未除，忠愤未雪，冤枉未理，政令不信，赏罚不公，赋役不均，财用不节，请裁择之。'"[③] 泰定元年（1324），王结迁集贤侍读学士。"会有月蚀、地震烈风之异，天子徼惧，为下手诏，命儒臣集议中书。公昌言曰：'今朝廷君子、小人混淆，刑政不明，官赏太滥，以故阴阳错谬，咎征荐臻。宜修政事，以弭天变。'"[④] "泰定元年春……[宋本]调国子监丞。夏，风烈地震，有旨集百官杂议弭灾之道。……本适与议，本复抗言：'铁失余党未诛，仁庙神主盗未得，桓州盗未治，朱甲冤未伸，刑政失度，民愤天怨，灾异之见，职此之由。'辞气激奋，众皆耸听。"[⑤] 王结、宋本都是这次集议的参与者。他们的意见在张珪的上言中都有反映。张珪指出，存在诸多问题，"民怨神怒，皆足以感伤和气。唯陛下裁择，以答天意，消弭灾变"。显然希望以此为契机，对朝政有所改进。但"帝终不能从"[⑥]。

泰定二年（1325）正月乙未，"以畿甸不登，罢春畋"。庚戌，"诏谕宰臣曰：'向者卓儿罕察苦鲁及山后皆地震，内郡大小民饥。朕……常怀祗惧，灾沴之至，莫测其由。岂朕思虑有所不及而事或僭差，天故以此

---

① 《元史》卷29《泰定帝纪一》。

② 《元史》卷175《张珪传》。

③ 《元史》卷29《泰定帝纪一》。

④ 苏天爵：《王公行状》，《滋溪文稿》卷23；《元史》卷178《王结传》。

⑤ 《元史》卷182《宋本传》。宋褧：《国子祭酒宋公行状》，《燕石集》卷15。

⑥ 《元史》卷175《张珪传》。

示儆？卿等其与诸司集议便民之事，其思自死罪始，议定以闻。朕将肆赦，以诏天下。'"闰正月"壬子朔，诏赦天下，除江淮创科包银，免被灾地差税一年"①。这是又一次因灾害"集议"。仇浚时为监察御史。"二年，河决，雨水，百姓流殍。请会集元老大臣讲求致灾之由，弭灾之道。会地震、蝗旱，灾异逾甚。公及二三同列毅然上封事，谓：'地阴当静今动，得非执政有失调燮乎？又兵亦阴象，得非掌枢机之臣军政有所不修乎？宜修实效，答天戒。'俱不报。章三上，陈缺政，并言：'御史大夫秃忽都奸邪不忠，曩附阿宰相，曲庇参政杨某，自隳政纲，不胜重任。'移文上都分台，事闻，大夫罢，宰相不悦，缴天子怒，行幸还，将织罗罪名，逮捕治书侍御史苗某、治书侍蔡某等系诏狱置对，公等上印绶待罪于家，众惧祸不测，公泰然以处，狱久始释，置公等不问。"②仇浚上封事显然与"集议"有直接关系。但这次"集议"不但没有成效，而且几乎引起大狱。

泰定三年（1326）三月乙巳朔，"帝以不雨自责，命审决重囚，遣使分祀五岳四渎、名山大川及京城寺观"③。六月戊戌，"中书省臣言：'比郡县旱蝗，由臣等不能调燮，故灾异降戒。今当恐惧徼省，力行善政，亦冀陛下敬慎修德，悯恤生民。'帝嘉纳之"。八月甲戌，中书省臣"兀伯都剌、许师敬并以灾变饥歉乞解政柄，不允"④。曹元用为礼部尚书。"[泰定]三年夏，帝以日食、地震、星变，诏议所以弭灾者。元用谓：应天以实不以文，修德明政，应天之实也。宜撙浮费，节财用，选守令，恤贫民，严禋祀，汰佛事，止造作以力纾，慎赏罚以示劝惩。皆切中时弊。……议上，朝廷咸是之。"⑤可知泰定三年夏朝廷又曾集议"弭灾"事宜。曹元用所言，即为"集议"而发。八月，中书省臣因灾变乞解职，应是为应付"集议"作出的一种姿态。同月丁酉，"以星变，下诏恤民"⑥。"三年冬，乌伯都剌自禁中出，至政事堂，集宰执僚佐，命左司员外郎胡彝以诏稿示本，乃以星孛、地震赦天下，仍命中书酬累朝所献诸物之值，泰定间，数有天变，

① 《元史》卷29《泰定帝纪一》。

② 宋褧：《仇公墓志铭》，《燕石集》卷14。

③ 《元史》卷30《泰定帝纪二》。

④ 同上。

⑤ 《元史》卷172《曹元用传》。

⑥ 《元史》卷30《泰定帝纪二》。

地震，水旱之异。时相多西域人，西域富商以异石为宝，诳取国帑，又其私人多以贪墨夺官，至是托言累朝中献诸物值不时给，台宪所罪官吏弗克叙用，皆有怨言，故致灾变若此。天子信之，因肆大赦，播告四方。盖彼内以私结其党与，外以取悦于奸贪。公（孛朮鲁翀——引者）时为燕南宪副，力陈其不可。他宪虽亦有言，皆依违回护，不若公言明白剀切。已而事果不行。"①乌伯都剌即兀伯都剌。因天变而大赦，显然是"集议"的继续。但诏书认为引起"灾变"的原因是朝廷没有支付回回商人宝物的价钱，以及被贬逐的官员未能重新进用，都有怨气所致。这是当政的权臣以"弭变"为名，营私舞弊。此次大赦诏书可能没有颁行，但从随后的政事活动来看，其内容却是付诸实施的。泰定四年（1327）正月庚戌，"御史辛钧言：'西商鬻宝，动以数十万锭，今水旱民贫，请节其费。'不报"。致和元年（1328）三月庚午，"塔失帖木儿、倒剌沙言：'灾异未弭，由官吏以罪黜罢者怨诽所致，请量才叙用。'从之。"②前者"不报"，即不同意；后者"从之"，即照办。可见"集议"完全改变了性质。

四年六月，"丁丑，倒剌沙等以灾变乞罢，不允"。七月，"御史台臣言：内郡、江南，旱、蝗荐至，非国细故。丞相塔失帖木儿、倒剌沙，参议买奴，并乞解职。有旨：'毋多辞，朕当自徹，卿等亦宜各钦厥职。'"闰九月"壬申，以灾变赦天下"。十月，"癸丑，江浙行省左丞相脱欢答剌罕，平章政事高昉，以海溢病民，请解职，不允"③。天灾多发，中书省官乞求解职，皇帝加以慰留，表示责任在己。从成宗起不断重复。这已成为朝廷灾害对策必不可少的组成部分。行省长官以天灾乞解职，显然是受中书省臣的影响，同样只是一种表态而已。

总的来说，泰定一朝，灾害频发，皇帝接连三年下诏要臣僚集议致灾之由，弭灾之道，可谓恳切。《元史》说："泰定之世，灾异数见，君臣之间，亦未见其引咎责躬之实。"④这一批评似不准确。泰定帝为灾异接连三次举行百官集议，如此频繁，这是以前没有过的。他还为天灾自责，并颁布大赦。而当政的大臣亦曾多次引咎辞职。但对臣僚在"集议"中有关政治改革的

①苏天爵：《孛朮鲁公神道碑铭》，《滋溪文稿》卷8。

②《元史》卷30《泰定帝纪二》。

③同上。

④《元史》卷30《泰定帝纪二》。

建议，泰定帝和以前诸帝一样，都是不了了之，徒具形式而已。不仅如此，当政的权臣们还对批评者加以打击，甚至利用因弭灾宣布大赦的机会，为回回商人谋利，为已被黜斥的贪官谋复职。这在以前诸帝举行的"集议"也是没有过的，说明元朝政治的腐朽进一步加深了。

文宗图帖睦尔在位五年，灾害依旧接连不断。朝廷多次实行赈恤，并大规模推行纳粟补官之法，以及弛山林川泽等措施。这一时期，多次用盐课钞赈济。

文宗先是依靠将领燕铁木儿发动军事政变，从泰定帝之子手中夺取政权，后又毒死其兄和世㻋，得以登上皇帝宝座。这些重大政治事件造成朝廷中人心离散。文宗在位期间，不断制造大狱，打击异己势力。燕铁木儿把持朝政，"挟震主之威，肆意无忌"①。"时省、台诸臣，皆文宗素所信用、同功一体之人，"御史亦不敢言事。②和以前诸帝相比，文宗时代官员敢于议论朝政者极少。天历二年（1329）六月丁酉，"铁木儿补化以旱乞避宰相位，有旨谕之曰：'……今亢阳为灾，皆予阙失所致。汝其勉修厥职，祗修实政，可以上答天变'"。是月，"命中书集老臣议赈荒之策"。这无疑是一次有关弭灾的集议。九月乙亥，"史惟良上疏言：'今天下郡邑被灾者众……宜遵世祖成宪，汰冗滥蚕食之人，罢土木不急之役，事有不便者，咸厘正之。如此，则天灾可弭，祯祥可致。不然，将恐因循苟且，其弊渐深，治乱之由，自此而分矣。'帝嘉纳之"③。史惟良上疏，应与六月集议有关。但此次"集议"显然没有什么积极的效果。至顺三年（1332）春二月，"大雨雪。翰林直学士赵公（赵晟——引者）上言：'立天之道，曰阴与阳。……今自正月雨雪，至二月未已。京师二月未尝无雪，连绵二十余日，虽在隆冬犹以为异，况仲春乎。阳和弗兴，阴凝弗释，盖阳为君、为善、为君子，阴为臣、为恶、为小人，可不豫防其变乎！'中书以其言下礼部议，识者知公之意盖深远矣。"④史惟良和赵晟上书都是泛泛而论，没有具体内容，这是文宗朝政治气氛造成的。

① 《元史》卷138《燕铁木儿传》。

② 《元史》卷180《虞集传》。

③ 《元史》卷33《文宗纪二》。

④ 苏天爵：《赵惠肃侯神道碑铭》，《滋溪文稿》卷11。

第三节　顺帝时期

　　顺帝在位三十余年，大体可分两个阶段。前一阶段从即位到至正十一年（1333—1351）五月农民战争爆发前，后一阶段从农民战争爆发到至正二十八年（1368）元朝灭亡。

　　前一阶段，各种灾害频发而且日趋严重。朝廷继续推行赈恤、禳灾以及募民入粟补官、禁酒、开放山泽等措施；举行黄河治理工程；重建常平仓和义仓。总的来说，这一阶段朝廷在抗灾救灾方面还是比较积极的。但除了黄河治理以外，其他措施并无多大成效。由于长期积累的社会矛盾，元朝中期以后，财政收支出现很多严重问题。比较突出的是：国家掌握的粮食减少，不敷支出；纸币发行过多，不断贬值。元朝中期每年从南方由海道运往大都的粮食在三百万石以上。"历岁既久，弊日以生，水旱相仍，公私俱困。"再加上官吏从中作弊，风涛不测，盗贼劫掠，"自仍改至元之后，有不可胜言者矣"。至正元年（1341），"益以河南之粟，通计江南三省所运，止得二百八十万石。二年（1342），又令江浙行省及中政院财赋总管府，拨赐诸人、寺观之粮，尽数起运，仅得二百六十万石而已"①。海运粮食的减少反映出政府征收税粮亏损，可以用来赈济的粮食必然相应降低。元朝以纸币为主要货币，忽必烈时代先后发行的中统钞和至元钞一直沿用。但忽必烈以后诸帝常把多发钞作为解决财政困难的手段，以致物价不断上涨，钞不断贬值。顺帝至正十年（1350），不得不进行币制改革，为此颁布的诏书中说："历岁滋久，钞法偏虚，物价腾涌，奸伪日萌，民用匮乏。"②财政困难，在朝廷的赈济中充分显示出来。从现有的记载来看，顺帝朝赈济平均每年 8 起，而此前文宗朝平均每年 33 起（见本书下编第三章），赈济的粮食和其他钱物数量也明显减少。巨大的落差，可能因记载有所缺失，但更重要的则是财政困难所致。国家可以用来赈济的财物明显减少。这一阶段，官方动用"义仓"和"常平仓"赈灾的记载显著增多。各地的"义仓""常平仓"或则数量有限，或则徒有其名，官府以此赈济，不过是欺骗百姓而已。

　　顺帝即位后，不断有官员就救灾提出各种建议。元统元年，"〔朵尔

----

　　① 《元史》卷97《食货志五·海运》。

　　② 《元史》卷97《食货志五·钞法》。

直班〕擢监察御史。……又陈时政五事……五曰：'弭安盗贼，振救饥民。'
是时日月薄蚀，烈风暴作，河北、山东旱蝗为灾，乃复条陈九事上之。""九
事"是针对当时政治生活中各种弊端提出改革的意见。① 苏天爵时亦为监
察御史，所作《灾异建白十事》一文中云："迩者日月薄食，星文示变。
河北、山东，旱蝗为灾，"显然是与朵尔直班同时向御史台呈送的文字。
他列举朝廷的种种弊政，强调："伏愿朝廷哀矜黎民，诞敷实惠，更新庶
政，勿示虚文。庶几消弭天灾，感召和气，宗社臣民，不胜幸甚。"② 两人
都是因天灾进言，建议改革朝政。"复号至元之三年，〔宋褧〕拜监察御史。
时灾异并臻，公言：'列圣临御，治安百年，皇上继统，未闻过举。今一
岁之内，日月薄蚀，星文乖象。正月元日千步廊火；六月河朔大水，泛滥
城郭；八月京都地震，毁落宗庙殿壁，震惊神灵。岂朝政未修、民瘼未愈
而致然欤？宜集大臣讲求弭灾之道，务施实惠，勿尚虚文，庶可上答天谴，
下遂民生。'台臣以闻。上命中书集议弊政，诏天下。"③ 可知后至元三年
（1337），朝廷曾"集议"弭灾之道，这应是顺帝当政以后的首次，但具
体内容无记载可考。

后至元六年（1340）二月，顺帝贬逐权臣伯颜，政局为之一变，史称
"更化"。史惟良为江南行台御史中丞，"以首相多变乱祖宗法令，居一
月而辞归。更化之后，复以老人召拜集贤大学士、荣禄大夫。中书集议救灾，
众皆默然。公独上言三十三事，及录本朝诛阿合马、清冗职诏草，附礼部
尚书阿鲁灰等以闻，遂移疾而归。以论事激切，深为权要所惮，嗾言者奏
夺大学士，公殊不以为意"④。"首相"即伯颜，"更化"便指罢免伯颜之事。
史惟良因提出比较尖锐的意见竟受到免职处分。这次"集议"的实际效果
可想而知。这一年七月，"戊午，以星文示异，地道失宁，蝗旱相仍，颁
罪己诏于天下"⑤。上文所说"中书集议救灾"应与"颁罪己诏"有关。另
据记载，后至元六年（1340），崔敬拜监察御史。"时帝数以历代珍宝分

　　① 《元史》卷139《朵尔直班传》。

　　② 苏天爵：《滋溪文稿》卷26。

　　③ 苏天爵：《宋公墓志铭》，《滋溪文稿》卷13；宋褧：《灾异封事》，《燕石
集》卷13。

　　④ 黄溍：《史公神道碑》，《金华黄先生文集》卷26。

　　⑤ 《元史》卷40《顺帝纪三》。

赐近侍，敬又上疏曰：'……今山东大饥，燕南亢旱，海潮为灾，天文示儆，地道失宁，京畿南北，蝗飞蔽天，正当圣主恤民之日。近侍之臣不知虑此，奏禀承请，殆无虚日。甚至以府库百年所积之宝物，遍赐仆御阍寺之流、乳稚童孩之子，孥藏或空。万一国有大事，人有大功，又将何以为赐乎！乞追回所赐，以示恩不可滥，庶允公论。'"① 崔敬以天灾为言，应亦与"集议"有关。这是可考的顺帝时代第二次，也是元朝最后一次朝廷"集议弭灾之道"。

至正二年（1342），监察御史王思诚上疏说："京畿去年秋不雨，冬无雪，方春首月蝗生，黄河水溢。盖不雨者阳之亢，水涌者阴之盛也。尝闻一妇衔冤，三年大旱。往岁伯颜专擅威福，仇杀不辜，郯王之狱，燕铁木儿宗党死者，不可胜数，非直一妇之冤而已，岂不感伤和气邪？宜雪其罪。敕有司行祷百神，陈牲币，祭河伯，发卒塞其缺。被灾之家，死者给葬具。庶几可以召阴阳之和，消水旱之变，此应天以实不以文也。"② 至正四年（1344），盖苗"出为山东廉访使。民饥为盗，所在群聚，乃上救荒弭盗十二事，劾宣慰使骫骳不法者"③。至正元年（1341），陈思谦转兵部侍郎。俄丁内艰，服除，召为右司郎中。"岁凶，盗贼蜂起，剽掠州邑，思谦力言于执政，当竭府库以赈贫民，分兵镇抚中夏，以防后患。五年，参议中书省事。"④ "先是思谦建言：'所在盗起，盖由岁饥民贫，宜大发仓廪赈之，以收人心，仍分布重兵镇抚中夏。'不听。"⑤ 至正五年（1345），苏天爵为山东廉访使，上《山东建言三事》，其中说：山东盗贼群起，"今山东之民往往甘就死亡起而为盗者，盖有其由矣。始于水旱伤农，而贫穷岁无衣食饱暖之给。次则差役频并，而官吏日有会敛侵渔之害。此其为盗之原也。……年谷既已不收，衣食至甚不足。初则典田卖屋，急则鬻子弃妻。朝廷虽尝赈恤，一家能得几何。兼以去秋大水，今春疾疫，无牛者不克耕耨，下种者不克耘锄，致使田亩荒芜，蒿莱满野。即目秋成，民已无食，不知

① 《元史》卷184《崔敬传》。

② 《元史》卷183《王思诚传》。

③ 《元史》卷185《盖苗传》。

④ 《元史》卷184《陈思谦传》。

⑤ 《元史》卷41《顺帝纪四》。

来春，又将若何。欲民之不为盗，难矣"①。至正八年（1348），"是岁……监察御史张桢劾太尉阿乞剌欺罔之罪，又言：'……今灾异迭见，盗贼蜂起，海寇敢于要君，阃帅敢于顽寇，若不振举，恐有唐末藩镇噬脐之祸。'不听。监察御史李泌言：'世祖誓不与高丽共事，陛下践世祖之位，何忍忘世祖之言，乃以高丽奇氏亦位皇后。今灾异屡起，河决地震，盗贼滋蔓，皆阴盛阳微之象，乞仍降为妃，庶几三辰奠位，灾异可息。'不听。"②值得注意的是，陈思谦、苏天爵、张桢的意见，都提到了因灾害导致岁饥，以致所在"盗起"。这是以前诸帝时期因灾异上疏或"集议"很少涉及的，反映出社会矛盾的加深，动荡不安，危机四伏。

顺帝即位后，连年黄河泛滥。至正三年（1343）五月起，不断决口。③四年五月，"大雨二十余日，黄河暴溢，水平地深二丈许，北决白茅堤。六月，又北决金堤"。以后又不断决口，中下游广大地区均被淹没，"民老弱昏垫，壮者流离四方"④。与此同时，河南行省接连发生旱灾又大疫，灾情惨烈。其他地区亦有灾害发生。朝廷虽然进行赈济，但遭灾面积很大，杯水车薪，无济于事。六年闰十月，"诏赦天下，免差税三分，水旱之地全免"⑤。显然是为灾情高发而采取的措施。为了治理黄河，朝廷经过多次调查讨论，最后决定采取"疏塞并举，挽河使东行以复故道"的方针。至正十一年（1351）四月动工，征发军民十七万人。十一月完工，"河乃复故道，南汇于淮，又东入于海"，治河费用"通计中统钞百八十四万五千六百三十六锭有奇"⑥。治河本是件好事，但巨大的支出使本来已捉襟见肘的元朝财政更难以忍受。大批民工的聚集则为群众性事件的发生准备了条件。就在治河的前一年，元顺帝决定改革钞法。十一年发行新钞，"行之未久，物价腾踊，价逾十倍"⑦。治河和改钞，使元朝财政濒于破产，加剧了社会矛盾，是促使全国性农民战争爆发的两个重要

---

① 苏天爵：《滋溪文稿》卷27。

② 《元史》卷41《顺帝纪四》。

③ 同上。

④ 《元史》卷66《河渠志三·黄河》。

⑤ 《元史》卷41《顺帝纪四》。

⑥ 《元史》卷66《河渠志三·黄河》。

⑦ 《元史》卷97《食货志五·钞法》。

原因。而财政的巨大危机必然导致赈恤制度的崩溃。

　　顺帝当政的第二阶段，各种自然灾害仍然继续，而且和不断的战争交织在一起，造成的破坏更为严重，很多地方都出现了严重的饥荒，京师大都也成了重灾区。这一阶段长达十余年，但见于记载的官府赈恤只有寥寥数例。至正十二年（1352）六月，"中书省臣言：大名路开、滑、浚三州，元城十一县水旱，虫蝗，饥民七十一万六千九百八十口，给钞十万锭赈之"①。至正十五年（1355）正月"丙子，上都饥，赈粜米二万石"。同月"丙戌，大同路饥，出粮一万石减价粜之"。闰正月，"是月，上都路饥，诏严酒禁"②。至正二十七年（1367）五月，"以去岁水潦霜灾，严酒禁"③。这是见于记载的元朝最后几次以朝廷名义施行的赈济和减灾措施。事实上，酒禁已毫无意义。此时群雄并起，分裂割据，朝廷无力控制地方，同时国库空虚，财政完全破产，拿不出粮食和钞供救济之用。尽管各种灾害仍不断发生，但国家的应灾救济完全失效了。朝廷忙于应付各地起义斗争，而且统治集团内部冲突不断，再也无人关心救灾了。

　　① 《元史》卷42《顺帝纪五》。

　　② 《元史》卷44《顺帝纪七》。

　　③ 《元史》卷47《顺帝纪十》。

元代灾荒史
Yuandai Zaihuang Shi

第二章
灾害申报制度

　　蒙古前四汗时期，灾情申报和审核没有明确的制度。忽必烈即位后，实行政治改革，逐渐建立了完整的灾情申报和审核制度，但是弊端甚多。

第一节　灾情的申报程序

蒙古前四汗时期，灾情申报和减免并无明确的固定制度。窝阔台汗时，在"汉地"（原金朝统治区）设燕京等十路征收课税使，以陈时可等为使。从丙申到戊戌（1236—1238），"汉地"连年旱、蝗。十年戊戌，"秋八月，陈时可、高庆民等言诸路旱、蝗，诏免今年田租，仍停旧未输纳者，俟丰岁议之"。十一年"七月……以山东诸路灾，免其税粮"[①]。王玉汝为东平奏差官。"夏津灾，玉汝奏请复其民一岁。"[②] 夏津（今山东夏津）当时属东平，东平（今山东东平）是军阀严实的地盘。王玉汝以遭灾为由向蒙古汗廷奏请免除夏津一年的赋税，应与上述陈时可等上言有关，或即由王玉汝事引起。此后各地仍不断有各种灾害发生，申报与赈恤之事偶尔有之，为数有限。到了忽必烈时代，才发生了变化。

庚申年（1260）四月，忽必烈即位。五月，立十路宣抚司。颁布的《宣抚司条款》中规定："被灾去处，以十分为率，最重者虽多量减不过四分。其余被灾去处，依度验视，从实递减三分、二分等，科降差发，视此为差。""被灾去处差发，如无本色，许令折纳诸物。"[③] 中统二年（1261）正月十日，行中书省发布榜文，申明各项政务，其中之一是："为去岁桑蚕田禾间有灾伤去处，钦依诏书，已令各路宣抚司验灾伤分数从实减免差发外，不被灾地面亦令量减分数。"[④] 就指上述条款而言，因灾伤减免田租已成为各级政府职能的组成部分。可以说"宣抚司条款"是灾伤申报和减免趋于制度化的标志。忽必烈积极推行"汉法"，即中原传统的政治经济制度，比较重视民间疾苦。实行灾伤赈恤制度，正是"汉法"的一个重要内容。

如上所述，中统元年（1260）《宣抚司条款》规定的灾情减免办法，以十分为率，最重者量减不过四分。其余被灾去处，依度验视，从实递减

---

① 《元史》卷2《太宗纪》。

② 《元史》卷153《王玉汝传》。

③ 《元典章》卷25《户部十一·差发·减差·被灾去处量减科差》。按，原文作"中统五年"，误，应是中统元年。

④ 王恽：《中堂事记上》，《秋涧先生大全集》卷80。

三分、二分等，这个标准明显是很苛刻的。事实上，在执行过程中，已经做了调整。中统三年（1262）五月甲子，"蠲滨、棣今岁田租之半，东平十之三"。这是因"东平、滨、棣旱"而采取的措施。闰九月，"济南民饥，免其赋税"①。中统四年（1263）八月壬子，"彰德路及洺、磁二州旱，免彰德今岁田租之半，洺、磁十之六"②。至元七年（1270）十月丁亥，"以南京、河南两路旱、蝗，减今年差赋十之六"③。至元十八年（1281）三月，"以辽阳、懿、盖、北京、大定诸州旱，免今年租税之半"④。至元二十四年（1287）闰二月，"大都免包银俸钞，诸路半征之"⑤。以上诸例比起中统元年的规定来都有所放宽。至元二十八年（1291）颁布的行政法规《至元新格》中规定："诸水旱灾伤，皆随时检覆得实，作急申部。十分损八以上，其税全免。损七以下，止免所损分数。收及六分者，税既全征，不须申检。"⑥较之中统元年的《宣抚司条款》，一是对灾情向朝廷及时申报即"作急申部"作了明确规定，二是对灾伤减免的办法做了较大的调整。

唐朝制度："依令：'十分损四以上，免租。损六，免租、调。损七以上，课、役俱免。'"⑦宋朝沿袭了唐朝的法令。⑧元代赋税征收办法和唐、宋不同。但前代损七以上各种赋役均免，《至元新格》规定损八以上"其税全免"。相比之下，《至元新格》的规定对百姓负担来说显然比前代更重。对于赈济，宋朝制度，"在法，水旱及七分以上者振济"。宋高宗时，"诏自今及五分处亦振之"⑨。现存元朝文献中没有发现类似的规定。

从后来的情况来看，赋税的减免并未严格按照《至元新格》的标准执行。至元二十八年（1291）三月壬戌，"凡州郡田尝被灾者悉免其租，不被灾

① 《元史》卷5《世祖纪二》。

② 同上。

③ 《元史》卷7《世祖纪四》。

④ 《元史》卷11《世祖纪八》。

⑤ 《元史》卷14《世祖纪十一》。

⑥ 《通制条格》卷17《赋役·科差》。

⑦ 长孙无忌：《唐律疏议》卷13《户婚》。

⑧ 窦仪：《宋刑统》卷13《户婚律》。

⑨ 《宋史》卷178《食货志上六·赈恤》。

者免十之五"①。同年九月辛酉，"保定、河间、平滦三路大水，被灾者全免，收成者半之"②。值得注意的是，大德元年（1297）九月，"诏恤诸郡水旱疾疫之家"③。诏书中说："中书省奏：'随处水旱等灾，损害田禾，疫气渐染，人多死亡。'今降圣旨，被灾人户合纳税粮，损及五分之上者，全行倚免。有灾例不该免，以十分为率，量减三分。其余去处，普免二分。"④《至元新格》规定损及八分以上全免，而这件诏书则是五分以上全免；《至正条格》规定收及六分全征，这件诏书规定"有灾例不该免"者量减三分，也就是有灾即可免三分，减免的幅度放宽很多。从现存的记载来看，减免的分数似乎都是临时决定的。

宋朝灾伤申报有时间的限制："民间诉水旱，旧无限制，或秋而诉夏旱，或冬而诉秋旱，往往于收割之后，欺罔官吏，无从核实，拒之则不可，听之则难信。故太宗淳化二年正月丁酉，诏荆湖、江淮、二浙、四川、岭南管内州县诉水旱，夏以四月三十日，秋以八月三十日为限。自此遂为定制。"⑤元朝亦有同样的规定。至元四年（1267）六月，"左三部呈：'今后田禾如被旱涝灾伤，河南至洺、卫等路，夏田四月，秋田八月；其余路分，夏田五月，秋田、水田并以八月为限；人户经本处陈诉。若次月遇闰者，展限半月。非时灾伤，自被灾日为始，限一月陈诉。限外告者，皆不为理。'都省准呈"⑥。当时蒙古统治的农业区限于江、淮以北，故对人户申报灾情在时间上作如此规定。大德元年（1297），江浙行省提出："江南天气风土，与腹里俱各不同，稻田三月布种，四五月间插秧，九十月才方收成。若依腹里期限，九月内人户被灾，不准申告，百姓无所从出，致使逼迫流移。合无量展限期，秋田不过九月，非时灾伤，依旧一月为限。限外陈告，并不准理。庶望官民两便。"中书省表示同意，对江南地区的灾情申报时

①《元史》卷16《世祖纪十三》。

②同上。

③《元史》卷19《成宗纪二》。

④《元典章》卷3《圣政二·复租赋》。

⑤王栐：《燕翼贻谋录》卷4。

⑥《通制条格》卷17《赋役·田禾灾伤》；《至正条格·条格》卷27《赋役·灾伤申报限期》。

间做了调整。①

申报灾情是地方行政官员的责任。世祖初年，地方官员向中书省直接报告灾情。至元四年（1267），程介福为弘州（今河北阳原）知州，"岁饥，封州民所食木肤草实，上之中书，得发廪以赡"②。同年，崔斌"出守东平。……岁大侵，征赋如常年，斌驰奏以免，复请于朝，得楮币十万缗，以赈民饥"③。后来，元朝建立了中央和地方的监察系统，灾情的审核成为监察部门的一项重要职责。至元五年（1268），忽必烈下令设置御史台，作为最高的监察机构。御史台的职责之一是："虫螟生发飞落，不即打捕申报，及部内有灾伤，检视不实，委监察并行纠察。"④至元六年（1269）起，逐步建立地方的监察机构，称为提刑按察司。至元九年（1272）六月，中书省的一件文书中说："据御史台呈：河北河南道按察司申该：随路至元六年、七年透纳灾伤粮数。送户部议拟得：'今后各路遇有灾伤，随即申部许准，检踏是实，验原申灾地体覆相同。比及造册完备，拟合办实损田禾顷亩分数，将实该税石权且住催听候。如此，不致透纳。'都省准呈。"⑤"透纳"指虚报灾伤粮数。可知按察司已参预地方灾伤的审核。但当时申报和审核的程序不是很清楚的。至元十四年（1277）七月，立江南行御史台，颁布的《条画》中规定："蝗螟生发，官司不即打捕申报，及申检灾伤不实者，纠察。"⑥大体上重申御史台（中台）的有关规定，即对灾情申报和核实工作进行纠察。至元十七年（1280）九月，中书省左司报告说："民间水旱、虫螟灾伤，虑恐本处官司看徇不实，札付御史台行下体覆，其按察官不行随时亲诣，止差书吏、奏差人等，切恐未便。"为此，中书省规定："各道按察司，今后遇有灾伤即摘正官亲诣体覆。"⑦也就是说，每遇灾伤发生，各地地方官员往往申报不实，必须由监察部门"体覆"。"体

① 《通制条格》卷17《赋役·田禾灾伤》；《至正条格·条格》卷27《赋役·灾伤申报限期》。

② 姚燧：《程公神道碑》，《牧庵集》卷24。

③ 《元史》卷173《崔斌传》。

④ 《宪台通纪·设立宪台格例》，《宪台通纪（外三种）》卷2608。

⑤ 《元典章》卷23《户部九·农桑·灾伤·灾伤地税住催》。

⑥ 《南台备要·立行御史台条画》，《宪台通纪（外三种）》。

⑦ 《通制条格》卷17《赋役·田禾灾伤》。

覆，谓究覆虚实也。"① 也就是调查核实之意。但有些监察部门并不认真，指派属下办事的吏员（书吏、奏差人等）应付。中书省为此规定必须由按察司的"正官"即负责人亲自前去核实。此外，还有一种情况。至元十九年（1282），户部的一件文书中说："照得各处每年申到蚕麦秋田水旱等灾伤，凭准各道按察司正官检视明白，至日验分数，依例除免。近年以来，按察司官不为随即检踏，直待因轮巡按检勘，已是过时，又是番耕改种，以致积累合免差税数多。上司为无检伤明文，止作大数一体追征，逼迫人民，甚是生受。……今后各道按察司如承各路官司申牒灾伤去处，正官随即检踏实损分数明白，回牒各处官司，缴连申部，随即除免，庶使百姓少安。"② 灾情上报有时间的限制，而按察司（后改廉访司）的官员都有"分定路分"，"每年八月为始，分行各道，按视勾当"，至次年四月回司③。各地申报灾情，按察司的官员仍然按原来安排的路线，"因轮巡按检勘"，而不是"随即检踏"，这样就会错过灾区上报灾情的时间。上司因"无检伤明文"，便不予蠲免。因此户部强调，按察司收到申报灾伤的文书以后，必须"正官随即检踏"，以便在限期内上报。至元二十年（1283）正月二十一日，中书省奏："迤南二十余处'经值旱灾'道有。已前成吉思皇帝圣旨、哈罕皇帝圣旨：'八月已后，不收田禾道呵，不合准。'么道。如今该值灾伤去处，冬月至今年正月，才行申到。御史台官也奏来：'如今教省里差人，与按察司官踏觑去。'么道，奏来。俺商量得，如今正是农作动时分，不是催粮检灾时月。除已纳到官及征在主典手者，别无定夺，其余百姓身上未纳粮数权且听候今年秋田收成时定夺。据管民官每，田禾灾伤过时不申，及不曾被灾，妄申免税，并按察司依时不践踏，这般的，省家、台家差人取招，要罪过呵，怎生？"皇帝下旨："那般者。"④ "自今管民官凡有灾伤过时不申，及按察司不即行视者，皆罪之。"⑤ 管民官不及时申报，按察司官不依时"践踏"，都要追究责任。

皇庆二年（1313）中书省的一件文书中说：

①徐元瑞：《吏学指南·体量》。

②《元典章》卷23《户部九·农桑·灾伤·检踏灾伤体例》。

③《元典章》卷6《台纲二·按治·察司巡按事理》。

④《通制条格》卷17《赋役·田禾灾伤》。

⑤《元史》卷12《世祖纪九》。

自立按察司以来，田禾不收，水旱灾伤，一切教监察御史、按察司官体覆了，合纳的教纳，合除免的教除免来。……俺众商量来："'田禾水旱等灾伤，若不教监察、廉访司体覆呵，管民官通同捏合除免税粮，于勾当多有窒碍。这勾当自世祖皇帝立按察司、廉访司到今，行了四十余年也，不是创行的勾当。'么道，台官人根底也说将去来。如今正是收刈田禾时分，依先例只教他每体覆呵，怎生？"奏呵，"是行了多年的勾当也，依先例教体覆者。"么道，圣旨了也，钦此。[①]

可以看出，在灾伤申报过程中，监察部门的"体覆"是至关重要的。地方官府的申报只有监察部门"体覆"，即复核认可以后，才能生效。从以上这些官方文书可知，灾伤发生以后，受灾百姓申报，先由所在的州、县官进行初检，再由各路官员覆查，然后经过廉访司官员体覆，才能确定。元顺帝后至元四年（1338），宋褧为监察御史，奉命"按部京畿东道"。他在一份报告中说："窃见檀、顺、通、蓟等处去岁夏、秋霖雨及溪河泛涨，淹没田禾，十损八九。已蒙上司累次查验，卑职亦尝亲诣被灾乡村，一一体覆。"[②] 便是监察部门官员"体覆"的例子。

元贞元年（1295），广东"旱魃为虐，龟拆田畴，农失有秋，忧生菜色"。廉访司佥事张汝弼"巡按各路，贷米二千石赈济饥民，申免税粮六千二百余石"。大德元年（1297），"有夏徂秋，西潦浒至，田庐沦没，种植废遗"。廉访司佥事聂辉"备舟以踏淹没之田，委官视验，共减粮斛七千七百石有奇"[③]。张、聂二人亦是从事"体覆"。皇庆元年（1312），中书省的一件文书说："户部呈：奉省判：江浙省咨：近据各处申报到至大三年水旱灾伤官民田土二万三千四百八十顷三十四亩一分五厘一毫一丝，该粮二十九万六千一十一石一斗八合。州、县官检踏是实，路、府正官复踏相同。移准监察御史、各道廉访司牒，体覆得除实灾田土二万二千二十五顷三十三亩三分九厘八毫七丝八忽，粮二十七万九千二百六十九石七斗五升八合外，体覆出冒破灾伤复熟等田一千四百五十五顷七分五厘二毫三丝二忽，该粮一万六千七百四十一石三斗五升。"江浙省取得官吏虚报灾伤田

---

① 《通制条格》卷17《赋役·田禾灾伤》。

② 宋褧：《建言救荒》，《燕石集》卷13。

③ 赵鼎：《廉访张聂二公德政碑记》，光绪《肇庆府志》卷21，引自李修生《全元文》第35册，第25～26页。

粮招伏，将有关人员断罪黜降。户部认为："本部议得，国家经费，钱粮为重。人户申告灾伤，恐有不实，委自路府州县正官检踏是实，然后行移廉访司，依例体覆。今既体覆出冒破田土该粮一万六千余石，合准江浙行省所拟。如拟灾伤，若有似前虚申冒破，即将原委检踏官吏依例断罪，任满于解由内明白开写，以凭黜降。"中书省同意。①

综上所述，受灾人户申告，先是州、县官"检踏是实"（称为"初检"），其次是"路、府正官复踏相同"，然后由监察御史或廉访司官员"体覆"，才能上报行省，行省呈送中书省户部，这是灾情申报的一般程序。

以上说的是民田。其他各类土地先后也都采取同样的程序。延祐四年（1317）闰正月，崇祥院官员"奏过事内一件：'平江、镇江两处提举司管着的寺家常住地，每年申报水旱灾伤，为是廉访司不曾体覆，俺难准信有。今后若有水旱灾伤，有司检踏了，交廉访司体覆呵，怎生？'奉圣旨：'那般者'"。②崇祥院是管理皇家佛寺大承华普庆寺赀产的机构，在平江、镇江各设提举所，管理寺院的田土。这些田土遭灾向崇祥院申请减免，崇祥院因未经廉访司体覆，不予置理。皇家寺院的田土实际上是官田，可知官田申报灾情亦须廉访司体覆。延祐四年（1317）十月，"户部议得：'各处赡学地土，经值水旱灾伤，合与官民田土，一体检覆。'都省准拟"③。同年十二月，江浙行省一件文书答复儒学灾田问题，"看详：有司灾伤田土，例从州县初检，路官覆踏，廉访分司官体覆完备，然后除粮。其学院灾田，只是教官与各州县所委无职役一同踏视"，以致弊端甚多。"今后水旱田禾，莫若照官民田例，从州县委官初检，路官复踏，听候廉访分司体覆相同，准除粮米，庶革旧弊。"④至治元年（1321）正月，"兵部议得：'各卫屯田，官拨田、牛、种子，军人专一屯种。每遇水旱灾伤止令本管千户、百户检踏，切恐虚冒。今后关牒邻近州县摘委正官与千户、百户、署官一同踏验实损分数顷亩，备细连衔申覆。卫官复检相同，随即牒报，廉访司依例体覆准除。枢密院等衙门所辖各处屯田诸色田禾旱涝等灾伤，节次奏准，即与民间百姓田禾灾伤，一体除免差税。有司摘委正官踏验，庶免冒滥之弊。'都省

① 《元典章》卷54《刑部十六·杂犯一·虚妄·虚报灾伤田粮官吏断罪》。

② 《元典章》卷6《台纲二·体察·寺家灾伤体覆》。

③ 《至正条格·条格》卷26《田令·学田灾伤》。

④ 《元典章新集·户部·灾伤·儒学灾伤田粮》。

准拟"①。可知学田、军人屯田的灾情申报程序都与民田相同，即都必须由廉访司体覆，才能确定。

至元二十八年（1291）十一月，中书省的一件文书中说："据随路人民，但被旱、涝等灾伤，依期申报，体覆是实，保申到部呈省，合该税石未尝不免。近年以来，有司遇人户申报，不即检踏，又按察司过期不差好人体覆，中间转有取敛。……今后但遇人民申告灾伤者，令不干碍官司从实检踏，及就便行移肃政廉访司，随即差官体覆虚实，须管依期申部呈省。若有检踏体覆不实，违期不报，过期不检，及将不纳税地并不曾被灾捏合虚申者，挨问，严加究治。仰依上施行。"②"不干碍官司"指的是与受灾地面无关的官员。按此规定，某地发生灾伤后，还要由与该地无关的官员"从实检踏"，再行移肃政廉访司复核，"依期"即在规定时间内上报中书省。丁亥年（至元二十四年，1287），广德路建平县（今安徽郎溪）发生水灾，上司派邻近的溧阳路（治今江苏溧阳）总管元淮"亲行体访"，元淮核实后，"力为保申，少解倒悬"③，便是"不干碍官司"检踏的例子，可知在至元二十八年（1291）前已实行。这显然是防止本地官员虚报作弊。至治二年（1322）秋，上海县（今上海）县丞邓伯川"行田检灾"，接着嘉兴路（治今浙江嘉兴）治中高寿之"来覆视灾田"。上海县属松江府，可知覆查的官员不是来自直属的路、府，而是由他处调遣。④"不干碍官司"应是行省派遣。但总的来看，这种情况不多。

灾伤要逐级上报，一项重要工作是编订受灾的账册。大德八年（1304）奉使宣抚的一件文书说，淮安路推官报告："各处水旱，依例委官检踏，才候了毕，勾你（拘）州县人吏，赴路攒造备细账册三本，呈报行省、宣慰司、总管府衙门"，甚是不便，建议精简。户部提出："令亲管司县攒造村庄花名文册一本，监临官司收掌，以凭照勘。外，其余合干上司止类总数文解申报，庶免文弊。"中书省批准施行。⑤从有关的文书来看，"账

①《至正条格·条格》卷26《田令·屯田灾伤》。

②《元典章》卷23《户部九·农桑·灾伤·水旱灾伤减税粮事》。

③元淮：《书建平县驿》，《金困集》。

④杨弥昌：《上海县苗粮改科豆麦记》，嘉庆《松江府志》卷20，引自李修生《全元文》第52册，第22页。

⑤《元典章》卷23《户部九·农桑·灾伤·赈济文册》。

册"或"花名文册"应包括受灾人户姓名、受灾田土数目和受灾田土应纳税粮的数目。"类总数文解申报"就是将受灾田土和应纳税粮数目汇总上报，作为蠲免和赈济的依据。

地方官员和吏员不及时申报灾情，或不及时检踏，以致百姓流移死亡，都要断罪。官员一般是决三十七下，"解见任，降先职一等"。吏员是"三十七下，罢见役，期年后降等叙用"[1]。"各处官吏检踏灾伤不实，冒破官粮。受财者以枉法论。不曾受财检踏不实者，验虚报田粮多寡，临时斟酌定罪相应。"[2]

第二节　灾情申报与赈济的实施

上引至元十九年（1282）户部文书中说，按察司检踏以后，"回牒各处官司，缴连申部，随即除免"。至元二十八年（1291）中书省的一件文书中说，各地灾伤，"依期申报，体覆是实，保申到部呈省，合该税石未尝不免"[3]。至大三年（1310）十月，"以皇太后受尊号，赦天下"。其中宣布：大都、上都、中都免至大三年秋税，"其余去处，今年被灾人户，曾经体覆，依上蠲免"[4]。经过"体覆"以后，有关文书上报户部，户部转呈中书省，通常都能给予赈济和减免。也就是说，赈恤的权力在中书省。中书省下属左司设科粮房，内有赈济科，专门负责有关事宜。[5]行省及其以下各级衙门不能决定赈济和蠲免。泰定帝时，王结为辽阳行省参知政事，"辽东大水，谷价翔涌，结请于朝，发粟数万石，以赈饥民"[6]。盖苗为济宁路单州判官，"岁饥，白郡府，未有以应。会他郡亦以告，郡府遣苗至户部以请，户部难之。苗伏中书堂下，出糠饼以示曰：'济宁民率食此，况不得此食者尤多，岂可坐视不救乎！'因泣下。时宰大悟，凡被灾者咸获赈焉"[7]。

---

① 《元典章》卷54《刑部十六·杂犯一·违慢·人民饿死官吏断罪》。

② 《元典章》卷54《刑部十六·杂犯一·虚妄·官吏检踏灾伤不实》。

③ 《元典章》卷23《户部九·农桑·灾伤·水旱灾伤减税粮事》。

④ 《元史》卷23《武宗纪二》。

⑤ 《元史》卷85《百官志一》。

⑥ 《元史》卷178《王结传》。

⑦ 《元史》卷185《盖苗传》。

孙彻彻笃为林州（今河南林县）同知。林州属彰德路（治今河南安阳）。"法，预告灾后听告饥。吾府（彰德路——引者）未尝告灾而檄君驰传请赈，省部难之。君哀诉庙堂，极力营度，委曲百折，而后得请。"①先要向中书省申报灾情才能要求赈济，彰德路没有事先申报灾情便派人要求赈济，中书省显然不予认可。这位使者经过多方努力，才能得到中书省的同意。事实上，重大的赈济，需要支出数万甚至数十万石的，中书省亦不能作主，还要上报皇帝，批准以后才能实施。至元二十七年（1290）十月，"丁丑，尚书省臣言：'江阴、宁国等路大水，民流移者四十五万八千四百七十八户。'帝曰：'此亦何待上闻，当速赈之。'凡出粟五十八万二千八百八十九石"②。大德七年（1303），铁哥任中书平章政事。"平滦大水，铁哥奏曰：'散财聚民，古之道也。今平滦水灾，不加赈恤，民不聊生矣。'从之。"大德十年（1306），"从幸缙山，饥民相望，铁哥辄发廪赈之，既乃陈疏自劾，帝称善不已"③。中书省官决定发廪，事后负责者要"自劾"，可见中书省亦不能轻易决定赈济事宜。

　　收到有关灾情的报告、决定给予赈恤以后，朝廷有时授权地方政府或监察部门（行台、廉访司）实施，有时则派遣中央机构的官员去地方核实并施行。前一种情况如至元二十三年（1286），雷膺为江南浙西道提刑按察使，"时苏、湖多雨伤稼，百姓艰食，膺请于朝，发廪米二十万石赈之。江淮行省以发米太多，议存三之一。膺曰：'布宣皇泽，惠养困穷，行省臣职耳，岂可效有司出纳之吝耶！'行省不能夺，悉给之"④。可见行省和按察司都有实施赈济的责任。至元二十六年（1289），陆垕为江南浙江道按察副使，分司杭州。"是岁饥，诏发廪粟十余万赈之。公亲监视给散，人蒙实惠。"⑤这是监察部门负责赈恤。元贞元年（1295）六月乙卯，江西行省大水，朝廷"令有司与廉访司官赈之"⑥。至大元年（1308）二月甲午，"益都、济宁、般阳、济南、东平、泰安大饥"，朝廷"遣山东宣慰使王佐同

---

①许有壬：《孙丞事去思之碑》，《圭塘小稿》卷8。

②《元史》卷16《世祖纪十三》。

③《元史》卷125《铁哥传》。

④《元史》卷170《雷膺传》。

⑤陆文圭：《陆庄简公家传》，《墙东类稿》卷14。

⑥《元史》卷18《成宗纪一》。

廉访司核实赈济，为钞十万二千二百三十七锭有奇、粮万九千三百四十八石"。同年六月，中书省上奏江浙行省赈济情况，朝廷"令行省、行台遣官临视"①。行台即江南行御史台。由以上几则记载看来，通常似指定行省与廉访司同时负责。山东属腹里，无行省，故由宣慰使同廉访司同时负责。行省接到中书省赈济文书后，通常指定专人负责。臧梦解曾任海宁州（今浙江海宁）知州，"二十七年，梦解满去者至是已五年矣。属江阴饥，江浙行省委梦解赈之"②。于九思为奉化（今浙江奉化）知州，"岁适大裖，被省檄赈台州及昌国之饥"③。

后一种情况，如至元二十三年（1286）十一月戊寅，"遣使阅实宣宁县饥民，周给之"④。至元二十八年（1291），赵思恭为御史台（中台）监察御史，"山北饥，公上疏请亟赈贷，廷议竟以其便宜属公，请行。既至，即发廪以劝富民之积粟者，收其离散，拯其捐瘠"⑤。这一年二月，朝廷"遣官覆验水达达、咸平贫民，赈之"⑥。二十八年，畏兀儿人唐仁祖除翰林学士承旨，"辽阳饥，奉旨偕近侍速哥、左丞忻都往赈"⑦。成宗大德元年（1297）闰十二月"淮东饥，遣参议中书省事于璋发廪赈之"⑧。成宗时，王约"拜翰林直学士、知制诰同修国史。奉诏赈京畿东道饥民，发米五十万石，所活五十余万人"⑨。高克恭为翰林直学士，"会大德五年京师水，公与直学士王约赈济畿县，惠利周浃，民咸德之"⑩。可知翰林学士亦被外派到地方去赈济。仁宗时，元明善为翰林直学士，"奉旨出赈山东、河南饥"⑪。泰定二年（1325），"今湖广行省参知政事段转由为太常礼仪

① 《元史》卷22《武宗纪一》。

② 《元史》卷177《臧梦解传》。

③ 黄溍：《湖南道宣慰司于公行状》，《金华黄先生文集》卷29。

④ 《元史》卷14《世祖纪十一》。

⑤ 傅与砺，《赵公行状》，《傅与砺诗文集》卷10。

⑥ 《元史》卷16《世祖纪十三》。

⑦ 《元史》卷134《唐仁祖传》。

⑧ 《元史》卷19《成宗纪二》。

⑨ 《元史》卷178《王约传》。

⑩ 邓文原：《高公行状》，《巴西邓先生文集》。

⑪ 《元史》卷181《元明善传》。

院判官，奉堂帖发粟赈河间饥。饥民多，粟少，段擅发岁饲官马驼刍粟、钞五百余锭以足之。宰相怒，欲加罪。公（中书省左司都事宋本——引者）力言曰：'某向由江浙还都，道经河间，民褫榆树肤以食，今犹可验。且民七日不食则死，河间去都往返八百余里，比得请，无及矣。段能如此，是可褒者，何罪之有？'众善其说，乃罢"①。可知朝廷派出赈济地方的官员，授权也是有限的。顺帝至元六年（1340）十月庚寅，"奉符、长清、元城、清平四县饥，诏遣制国用司官验而赈之"②。至正七年（1347）四月，"是月，河东大旱，民多饥死，遣使赈之"③。

应该指出的是，元朝实行"食采分地"制度，将某些地区人户分封给贵族、功臣。这些地区遇到灾害，需要赈恤时，还必需得到受封者的同意。阎珪为修武县尹，"是岁秋夏蝗灾旱，年谷不登，民有流殍，又迫秋租。公宁受责，不忍急征。乃请于府，驰驿诣徽政，垂涕告曰：'夫民犹子也，子饥待哺，父母必食之。今民艰食，庶少宽今岁之租，为幸何大。'事启，皇太后以怀为汤沐邑，特允所请，阖郡赖庆"④。修武属怀孟路。蒙哥汗将怀、孟二州作为忽必烈的"汤沐邑"即分地，⑤忽必烈死，因太子真金早死，由皇孙铁穆耳嗣位。真金之妻阔阔真成为皇太后，该分地归她掌管。当地灾伤的减免必须得到她的首肯，才能生效。

灾情紧迫，人命关天，需要及时抢救。但是，从灾情申报到决定赈济，公文运作是一个相当长的过程，对于救灾是很不利的。元代中期，吴师道主持江西乡试时曾向应试者提问："开仓发粟，伺得请则常缓不及，当早计而先定欤？"⑥可知这是救灾时经常会发生的问题。"矫制擅发，国有明禁。"⑦元朝明令禁止各级官员自行决定开仓救济。面对在死亡线上挣扎的饥民，一些有良心的行省官员往往自行作主，开仓放赈，同时向上申报，

---

①宋褧：《宋公行状》，《燕石集》卷5。

②《元史》卷40《顺帝纪三》。

③《元史》卷41《顺帝纪四》。

④李天秩：《修武县阎令尹遗爱碑》，嘉靖《怀庆府志》卷11，引自李修生《全元文》第35册，第219页。

⑤《元史》卷58《地理志一》。

⑥吴师道：《江西乡试策问又一道》，《吴正传先生文集》卷19。

⑦陆文圭：《策问水旱》，《墙东类稿》卷3。

承担赔偿和罢官的责任。至元十五年（1278），贾居贞为江西行省参知政事。"时连雨饥，欲发廪以赈，或以为必咨中书乃可。公曰：'若然，则民其鱼矣。先行后闻，不从者于我乎偿。'所全活者数万人。"[1]武宗时，贺胜为光禄大夫、左丞相，行上都留守。"岁大饥，辄发仓廪赈民，乃自劾待罪。帝报曰：'祖宗以上都之民付卿父子，欲安之也。卿能如此，朕复何忧，卿其视事。'"[2]贺胜地位与行省长官相当，他自行作主发廪赈济，仍须"自劾待罪"，得到皇帝谅解，才能继续工作。文宗天历二年（1329），彻里帖木儿为河南行省平章政事。"岁大饥，彻里帖木儿议赈之。其属以为必自县上之府，府上之省，然后以闻。彻里帖木儿慨然曰：'民饥死者已众，乃欲拘以常格耶！往复累月，民存无几矣。此盖有司畏罪，将归怨于朝廷，吾不为也。'大发仓廪赈之，乃请专擅之罪。文宗闻而悦之，赐龙衣、上尊。"[3]至顺二年（1331）甲子，'扬州泰兴县饥民万三千余户，河南行省先赈以粮一月后以闻，许之"[4]。可知行省官员有时决定赈济，同时必须上报并请罪，但通常都得到认可，甚至奖励。

　　还有一些特殊的例子。邢秉仁"都事江西行省，婉书直辞，赞叶上下。议遣官出廪米五十万石赈贷属州饥，众难之。公请'异日有擅发罪，秉仁愿独坐。'万齿断断待哺以活者，不可指数也"[5]。胡彝为河南行省员外郎，"时河南大饥，使告发廪者如绎。省臣以格未即许，彝时代判省牍，乃专发米三十二万石，所活五十余万人"[6]。邢秉仁、胡彝是行省的普通官员。他们是不可能作主的，只能是积极建议，真正决断的还是行省一级的官员。曹敏中为宁国路推官，受命前往宁国县拯灾。"公闻命即行，还报曰：'义仓徒为文具，而劝赈未必能周遍，非得官仓之粟不可。'郡以公言上于行省，为发水阳仓米二万石，付公往赈之。"[7]廉访司官亦有作主赈济者。姚天福

────────

① 苏天爵：《元朝名臣事略》卷11《参政贾文正公》。

② 《元史》卷179《贺胜传》。

③ 《元史》卷142《彻里帖木儿传》。

④ 《元史》卷35《文宗纪四》。

⑤ 马祖常：《邢公神道碑》，《石田文集》卷12。

⑥ 马祖常：《胡魏公神道碑》，《石田文集》卷12。按，王沂：《胡公行状》（《伊滨集》卷24）云："仍代判省牍，擅发米二万石，所活五十余万人。"

⑦ 黄溍：《石首县尹曹公墓志铭》，《金华黄先生文集》卷33。

"俄宪河东。太原民饥，开廪赈恤。议者以擅罪公，上知不私，置勿问"[1]。"宪河东"指姚氏在至元十四年（1277）任河东山西道按察司副使。萧则平为南台监察御史，成宗大德六年（1302）、七年（1303）间，"分按江浙行中书省，水旱民流，议捐仓实以赈。或言：'咨可而发，无后忧。'曰：'民命急矣，毁家偿之不悔也。'"[2]姚天福和萧则平以地方监察部门官员，敢于作主开廪赈恤，这在元代是很罕见的。又如高纳麟为江西廉访使，"南昌岁饥，江西行省难于发粟，纳麟曰：'朝廷如不允，我当以家赀偿之。'乃出粟以赈民，全活甚众。"[3]

行省以下地方官员亦有自行作主开仓赈济的例子。世祖至元二年（1265），张弘范为大名路（今河北大名）总管。"岁大水，漂没庐舍，租税无从出，弘范辄免之。朝廷罪其专擅，弘范请入见，进曰：'臣以为朝廷储小仓，不若储之大仓。'帝曰：'何说也？'对曰：'今岁水潦不收，而必责民输，仓库虽实，而民死亡殆尽，明年租将何出？曷若活其民，使不致逃亡，则岁有恒收，非陛下大仓库乎？'帝曰：'知体，其勿问'。"[4]忽必烈时，赵炳为济南路（今山东济南）总管，"岁凶，发廪赈民，而后以闻，朝廷不之罪也"[5]。至元十年（1273），塔本为平滦路（今河北卢龙）总管，"值年，谷不登，公与僚佐议，欲发官廪以济，曰：'脱不蒙听，愿自偿之。'同僚皆从其言，恃以活者甚众"[6]。大德十年（1306），赵世延为安西路（今陕西西安）总管。"陕民饥，省、台议，请于朝赈之。世延曰：'救荒如救火，愿先发廪以赈，朝廷设不允，世延当倾家财若身以偿。'省、台从之，所活者众。"[7]江阴（今江苏江阴）"丁未旱潦相仍，岁大祲"。知州乔仲山"力请于行朝，官为赈贷。久之不报。州有财赋粮额隶正官，禁钥严甚。侯（乔仲山——引者）辄发之。吏叩头曰：'不俟旨易官粟，比擅兴罪，奈何？'同列瞠目相视不下笔。侯曰：'吾独署字，他日代偿，不以累若

① 孛术鲁翀：《大都路都总管姚公神道碑》，《国朝文类》卷68。

② 程钜夫：《萧则平墓志铭》，《程雪楼文集》卷16。

③ 《元史》卷142《纳麟传》。

④ 《元史》卷156《张弘范传》。

⑤ 《元史》卷163《赵炳传》。

⑥ 《塔木世系状》，《永乐大典》卷13993。

⑦ 《元史》卷180《赵世延传》。

等。且吾以拯饥获戾，甘受如饴，吾为汲长孺矣。'既而札下，诘专发状，侯辨折数四，卒无以加。是岁饥而不害"①。"丁未"是大德十一年（1307），江南大灾之年。孙泽任广西两江道宣慰副使，"分治左江道，经象州，岁饥民流，饿莩盈路。取责官吏，不为用心，辞以未奉明降。公曰：'无及矣，可便宜启廪以救涸辙。擅发之罪，吾自任之。'即出米二千石以赈之。又至临贺，诉缺食者拥马首不得行，公又赈米一千二百石。皆不待报，当路者恶其专而莫敢罪也"②。象州（今广西象州）、临贺（今广西贺县）隶属于广西两江道宣慰使司都元帅府。③由以上事例可知，多数路以下地方官员面对大灾，未得上司明文，都不敢发仓救济。而主张发廪者，大都为同列反对，要承担相当大的风险。乔仲山的行为，事后还被追究，幸得无事。但这样做往往能得到社会的同情和谅解，一般不会因此受处分。

地方官员用敕命作抵押借官粮赈济灾民之事时有发生。黄顺翁为金溪县（今江西金溪）县丞，"大德十一年，大饥，公持所受敕命质官仓之粟以赈之，人赖以活"④。泰定三年（1326），十里牙秃思为道州路（今湖南道县）同知，"其在道州也，遭岁饥……至郡以所得岁之俸倡官属，其属感而从之，助有差，民间以有余助者，为钞六千八百六十余锭。犹不足，又发官储五千五百余石。众或不敢，出所受宣命以为质，文书可见，活十六万二千九百余人"⑤。至顺元年（1330）正月，"衡州路饥，总管王伯恭以所受制命质官粮万石赈之"。二月庚戌，"茶陵州民饥，同知万家奴、江存礼以所受敕质粮三千石赈之"⑥。衡州路（治今湖南衡阳）、茶陵州（今湖南茶陵）均属湖广行省，相去不远。两地官员采取同样举动，后者可能受前者的启示。至正三年（1343）二月，"是月……宝庆路饥，判官文殊奴以所受敕牒贷官粮万石赈之"⑦。制命、勑命、宣命、敕牒均指官员的任职证书。以此为抵押，表示郑重和决心，这都是因为地方官无权发廪

①陆文圭：《送乔州尹序》，《墙东类稿》卷6。

②陆文圭：《江东肃政廉访使孙公墓志铭》，《墙东类稿》卷12。

③《元史》卷63《地理志六》。

④黄溍：《黄公墓志铭》，《金华黄先生文集》卷32。

⑤虞集：《捏古台公墓志铭》，《道园类稿》卷46。

⑥《元史》卷34《文宗纪三》。

⑦《元史》卷41《顺帝纪四》。

而灾民急待赈济而被迫采取的行为。

关于赈济决定权问题，有两次特殊的事件。一次发生在泰定帝时。宋本为中书左司都事。"天下州郡荐岁水旱，行省及守臣往往不暇请命于朝，擅发廪粟，先赈后闻。宰相患之，奏自今天下虽饥，远方州郡果见饿莩，方许权宜擅发，其他虽饥而未死者不许。敕准议，移咨行省。主章掾李彦国英署牍至公，公初不知，愕然曰：'安得有是。如此，则人皆惧擅发罪，遇饥须禀命始赈，民尽死矣，不可。'入覆中堂。宰相曰：'已得旨，奈何？'"宰相不肯覆奏，宋本与李彦商议，又征得治书侍御史王士熙同意，"共尼其牍"，也就是将有关公文压下不发。"未几，有赦，彦贺公曰：'可以免矣'。"① 由此可知，"擅发仓粟"的情况相当普遍，一般都没有处罚。泰定帝时宰相要将发廪的权力完全收归中央，如果实行，必然造成大量饥民死亡。由于宋本等人设法抵制，结果不了了之。另一次发生在文宗天历二年（1329）。这一年二月丙辰，"奉元临潼、咸阳二县及畏兀儿八百余户告饥，陕西行省以便宜发钞万三千锭赈咸阳，麦五千四百石赈临潼，麦百余石赈畏兀儿，遣使以闻，从之"。五月庚辰，陕西行省言："凤翔府饥民十九万七千九百人，本省用便宜赈以官钞万五千锭"。六月，"是月……命中书集老臣议赈荒之策。时陕西、河东、燕南、河北、河南诸路流民十数万，自嵩、汝至淮南，死亡相籍。命所在州县官以便宜赈之"②。"便宜"就是允许行省和州、县官动用仓粮赈济灾民。这一次灾情特大，涉及地区很广，流民遍野，社会动荡不安，元朝政府不得不全面采取下放灾区赈济权力的措施。由此两例可知，元代中期以后，由于各种灾害频繁发生，地方官员擅自发廪之事不断增多，朝廷被迫放宽尺度，作出一定的让步。至顺元年（1330）二月辛亥，"泰安州饥民三千户，真定南宫县饥民七千七百户，松江府饥民万八千二百户，及土蕃朵里只失监万户部内饥，命所在有司从宜赈之"③。显然是继续上一年的"从宜"赈济决策。

---

① 宋褧：《宋公行状》，《燕石集》卷15。

② 《元史》卷33《文宗纪二》。

③ 《元史》卷34《文宗纪三》。

第三节　灾情申报和检踏的弊端

有元一代灾伤众多，灾情的申报和检踏频繁，其中弊端甚多，灾情往往不能如实上报，主要原因有五个。

一是地方官府为了追求政绩，保证税收，或因官僚作风嫌事多添乱，往往不肯接受民间申报灾伤。元代荒政著作《救荒活民类要》说："有言灾荒饥馑，往往如讳病忌药，苟且侥幸，迁延岁月，以求升转而已。""灾伤水旱而告之官，岂民之得已。今之守令专务财赋，贪丰熟之美名，讳闻荒歉之事，不受灾伤之状，责令里正、主首以为熟收，为之职目。"① 诗人指责衙门吏役上门催税时写道："更有一言牢记取，断不许人言灾荒。"②元末名臣余阙说："国家置都水庸田使于江南，本以为民，而赋税为之后。往年使者昧于本末之义，民尝以旱告，率拒之不受，而尽征其租入。比又以水告，复逮系告者，而以为奸治之。其心以为，官为都水而民有水旱之患，如我何！"③ 平江（今江苏苏州）人郑元祐也有类似的看法："国初尝立都水监，近又立庸田司，岁预勒守令必具状，秋成有成数而水旱不恤也，于是农始告病焉。"④ 倪渊为当涂县（今安徽当涂）主簿，"时长官皆以故免去，公独理县事。……岁适大祲，民以状言灾伤，郡戒县勿受。公争之不得，即解印求去"⑤。这是郡（路）总管府下令不许县级衙门接受灾伤诉状，应是为了保证税收之故。大德二年（1298）三月壬子，"御史台臣言：'道州路达鲁花赤阿林不花、总管周克敬虚申麦熟，不赈饥民，虽经赦宥，宜降职一等。'从之"⑥。无疑也是为了完成税收。于九思为奉化知州，"岁适大侵，被省檄赈台州及昌国之饥。比还，则州人诉灾伤者，限已迫，吏白宜勿受，公悉受之"⑦。申诉灾荒有期限（见上），期限将近，衙门中办事的吏员拒收百姓的申报，这无疑是嫌百姓告灾添麻烦。

---

① 张光大：《救荒活民类要·救荒二十目·发廪·检旱》。

② 方逢辰：《田父吟》，《蛟峰文集》卷6。

③ 余阙：《送樊时中赴都水庸田使序》，《青阳文集》卷5。

④ 郑元祐：《祈晴有应序》，《侨吴集》卷8。

⑤ 黄溍：《倪公墓志铭》，《金华黄先生文集》卷32。

⑥ 《元史》卷19《成宗纪二》。

⑦ 黄溍：《湖南道宣慰使于公行状》，《金华黄先生文集》卷23。

地方路府州县的官员救灾是否积极主动，对于上层的决策有很大影响。元末，常州（今江苏常州）人谢应芳向朝廷派遣的奉使宣抚上书说：常州和镇江两地相邻，"岁之凶荒，实相似也。……然彼则有仰给官廪之喜，此则有饿死沟壑之忧。国家一视同仁，初无彼此厚薄之殊，特系有司之能告与否耳。嗟乎，常之民自冬徂春，诉饥郡邑，仅尝得义仓之粟三斗而已"[①]。

二是地方官吏检踏灾情时多有骚扰，百姓不胜其扰，宁可放弃申报。至元二十八年（1291）中书省的一件文书中说："据随路人民但被旱涝等灾伤，依期申报，体覆是实，保申到部呈省，合该税石未尝不免。近年以来，有司遇人户申报，不即检踏，又按察司过期不差好人体覆，中间转有取敛，人民避扰，不肯申报。虽报，不待检复，趁时番耕，以致上下相耽，官粮不得到官，民间虚被其扰。"[②]《救荒活民类要》说："人民亦虑委官过检踏，所费不一，故委行供认，以免目前陪备之费，不虑他日流离饿莩劫夺之祸，良可叹也。"[③] 平阳（今浙江平阳）"近岁水旱相仍，民贫已甚……近者八月十九，风雨大作，晚禾已出而未实者，并皆损坏。白穄弥望，全无可收者有之。是月二十一日，本州管下二都、三都农民百有余人，割刈白穄晚禾四十余担到州告诉。本州欲与申闻上司，又恐差官体覆，重为民困。以此之故，不与受理"[④]。这是州级官员因担心"上司"差官核实扰民，拒绝农民申报灾情，由此亦可见官吏检踏为害之烈。

三是官吏接到申报后，有的拖延不去检覆；有的虽然下乡检踏灾情，却弄虚作假，乘机勒索。拖延不去检覆是很普遍的现象，例如，至大元年（1308）"绍兴路山阴、会稽等处，田禾亢旸，尽皆晒死"。有关官员却"托故不行，以致不能检覆，使民失所"。又如，延祐四年（1317），延安路青峒县发生水灾，"河水泛涨，漂没房舍，头畜尽绝。县尹邢天瑞接受文状，不行踏验，飞申赈恤"[⑤]。有人说："昔人有言：检放之弊在于后时而失实。后时，所以失实也。州县，近民者也。稼之未敛，驱车而出，履亩而视之，

① 谢应芳：《上奉使宣抚书》，《龟巢稿》卷12。

② 《元典章》卷23《户部九·农桑·灾伤·水旱灾伤减税粮事》。

③ 张光大：《救荒活民类要·救荒二十目》。

④ 史伯璿：《代颂常平》，《青华集》卷1，引自李修生《全元文》第46册，第160页。

⑤ 《至正条格·断例》卷7《户婚》"灾伤不即检覆""水灾不申"。

尽在吾目中矣，时固未为后也。获既空矣，种既易矣，后来者无所考矣，田固不能言也。田不能言而里胥代之言，里胥之言则为民也，其意则为己也。"[1]如果及时检踏，可以了解真实的受灾情况。收获季节一过，农田易种他物，无法判断原貌，只能听凭"里胥"即地方职事人员（里正、主首）报告。也是在延祐四年（1317），江浙行省的一件文书中说，"有司灾伤田土，例从州县初检，路官覆踏，廉访司官体覆完备，然后除粮。其学院灾田，止是教官与各州县所委无职役人一同踏视，以致学官恃无路官覆踏，廉访分司体覆，通同吏仆、田甲，取要钞粮，以熟作荒，卖放分数，冒除粮米。或有十倍灾伤，无钱计嘱，却作成熟田粮拖欠之数"[2]。学田如此，其他田土覆检中，地方职事员（里正、主首）与官吏互相勾结"以熟作荒"也很普遍。大德十一年（1307）浙西行都水监的一件文书中说：大德十年（1306）浙西大水，"各州县豪猾官吏乡胥里正人等狃习旧弊，幸灾乐祸，乘其风水，并缘为奸，虚申田围损坏，妄报灾伤"。例如，"本府管下上海县人户凌瑞告，四十九保主首蒋千五提领等将熟田五顷三十一亩该粮二百九十八石，捏合灾伤，将别项田移易指引，冒破官粮。及凤万四等告，七十保主首储万十二等指要佃户告灾，除钱粮中统钞三百四十五锭八钱。伊男储富一用萝卜伪刊检田官花押擅批分数。及顾阿九告，上海县吏康子华与各保主首章新一官等商议，许下同康令史每石三两，主簿三两，主案二两，通同捏合风灾。有康令史节次要该钞二百七十五锭，俱系顾阿九赍付伊妻康小娘子等交收。本府受理，俱各不行追问。其他如平江路吴县谢复新告，本县检踏官林主簿等下乡检灾，每亩或二两五钱，或四两五钱，取受钞二百余锭，尽将得熟晚禾俱作灾伤。及昆山州贴书施忠告，检踏司吏人等通同里正增批风水灾伤，冒破官粮一万三千余石。常州路录事司徐居仁告，武进县栖鸾乡里正、主首通同本县官典司吏于各保虚检出移易都保，以熟为荒，冒除官粮九百余石。其余似此之类，不可枚数"[3]。县主簿从八品或正九品，月俸十三贯[4]，下乡虚报作弊一次所得便有二百余锭（一锭五十贯）。可知检灾是官吏贪污的重要机会。与之相反的则是以荒作熟，逼迫灾民交纳全

①陆文圭：《送丁师善序》，《墙东类稿》卷6。

②《元典章新集·田宅·灾伤·儒学灾伤田粮》。

③任仁发：《水利集》卷5。

④《元史》卷96《食货志四·俸秩》。

额赋税。元末"如昆山州等处，去年旱涝相兼，高田则禾苗枯槁，低田则积水弥漫。各都里正及佃户细民，经官告状，俱有堪信显迹。不期验灾官吏不行诣田踏视，从实免征，止坐各州县衙门及诸寺观，逼令乡胥里正一概伏熟。继后部粮官吏验数纳征，其细民弃业逃亡十去八九，但将各四十处里正絣扒吊打，责限赔比，破家荡产，终不能足"[1]。松江吏员袁介作《踏灾行》，记一个"种官田三十亩"的农民李福五，遭遇旱灾，"官司八月受灾状，我恐征粮吃官棒。相随邻里去告灾，十石官粮望全放。当年隔岸分吉凶，高田尽荒低田丰，县官不见高田旱，将谓亦与低田同。文字下乡如火速，逼我将田都首伏。只因嗔我不肯首，却把我田批作熟"。灾田成了熟田，必须全额纳租，李福五只好卖掉孙男，将未成年的孙女嫁到山里做童养媳，自己行乞苟延残喘。[2]

元代有人在学校考试时出题说："检核之令，半是虚文。贪吏受贿，以十为百，何以得其实欤！"[3]检踏不实、弄虚作假是很普遍的现象。元朝规定："诸郡县灾伤，过时而不申，或申不以实，及按治官不以时检踏，皆罪之。"[4]具体办法是："诸有司检覆灾伤，或以熟作荒，或以可救为不可救，一顷已上者罚俸，二十顷者笞一十七，二百顷已上者笞二十七，五百顷已上笞三十七。唯以荒作熟抑民纳粮者笞四十七，罢之。托故不行，妨误检覆者笞三十七。"[5]元朝末年，做了调整。顺帝至正元年（1341）四月，刑部与户部议得："各处灾伤，检踏不实，以熟作荒，以荒作熟，亲民州县官吏不行从实踏验等事。依验顷亩，立为等第，议拟到各各罪名。"经中书省批准，具体规定是："今后以熟作荒，冒破官粮，以荒作熟，抑征民税。一顷之下各罚俸半月。一顷之上至二十顷，各罚俸一月。二十顷以上至五十顷，笞决七下。五十顷以上至一百顷，一十七下。一百顷以上至二百顷，二十七下。二百顷以上至五百顷，三十七下。五百顷以上至一千顷，四十七下。一千顷以上，罪止五十七下，官解任，吏不叙。果有被灾去处，亲民正官、首领官吏不恤民瘼，畏避踏验，不听告理，

---

① 谢应芳：《上周郎中陈言五事启》，《龟巢稿》卷16。

② 陶宗仪：《南村辍耕录》卷23《检田吏》。

③ 陆文圭：《水旱》，《墙东类稿》卷4。

④ 《元史》卷102《刑法志一·职制上》。

⑤ 同上上。

坐视百姓流离失所者，官吏各笞四十七下，官解任，吏革去。覆踏路、府、州官吏不行亲诣体视，扶同踏验不实，以所管一县多者为重，减亲民官吏一等科罪。但有受赃通同作弊者，计赃以枉法论。廉访司官违期不行体视者，从监察御史依例纠劾。"①两相比较，惩罚明显加重了，说明这种情况已经到了很严重的程度。但元末政治腐败，这一规定的作用是有限的。至正十年（1350）二月，御史台的一件文书说："灾伤病及于民，不为不重，今乃视为泛常。其有司不为用心检踏，廉访司不行依期出巡，以致百姓灾伤耽延，弗与依例体覆。至于申报之际，往往违期，使民失所，深为未便。今后各道分司，须要八月中出巡，凡遇灾伤随即体覆。如是似前因循违慢，钦依究治施行。"②可知至正元年的规定并未发生应有的作用。

四是官吏在编制赈济文册时上下其手，捏合作弊。《救荒活民类要》说："寻常官司赈济多无奇策，只下主社抄户口姓名，中间有伪名捏合兄弟父子三四名者有之。既已抄录到官，无由分辩，所以有力者得之，贫者不能沾惠。"③至大三年（1310）户部的一件文书中说："查照得，随路报到科征至大二年（1309）差税倚免项下被灾曾经赈济人户姓名，与差定鼠尾并实征解内户名，递互差拨不同。……又赈济原文明该，受官［管］各处从下分间贫家不能自存小户赈济。今次查照得曾经赈济人户数内，有请钞一二两或支米三四斗，除免合该丝五七两，有至三二百两者，此等人民，难为贫下小户。亦有窎居人户正名不曾申告灾伤赈济，其各管头目人等代替申报，各州县并不照勘取问，便行移文原籍官司倚除。似此名项甚多，不能一一遍举。盖是各处当该官吏不以钱粮为重，纵令乡胥人等与人户通同，捏合作弊，冒倚差税。……如是依前供告不明，姓名差拨，冒申多倚，或头目人等代替申告，及将上、中户计妄作贫穷缺食下户支请钱粮，冒除差税，定将当该官吏追陪断罪，似望少革其弊。"④官吏"捏合作弊"，使上、中户"冒除差税"，当然他们从中会得到好处。由此可见，编制赈济文册时弄虚作假现象是很严重的。

五是申报程序烦琐，展转迟误，影响救济。大德时郑介夫上书，指出：

---

① 《至正条格·断例》卷7《户婚》"检踏灾伤"条。

② 《南台备要·体覆灾伤》，《宪台通纪（外三种）》。

③ 张光大：《救荒活民类要·救荒二十目·杂记》。

④ 《元典章》卷17《户部三·户计·籍册·灾伤缺食供写元籍户名》。

元代灾荒史
Yuandai Zaihuang Shi

"然民生不可一日无食，七日不食即死，安能忍饥以需赈济。若待所在官司申明闻奏，徐议拯救之术，展转迟误，往住流亡过半。"① 《救荒活民类要》说："近年以来，备荒之术，尤可哀痛。……官司坐视，调以虚文。及至民饥转甚，然后为之作急申覆，或差人驰驿，前赴上司计禀。比候措置拯救以来，已为饿莩，转徙道路，死填沟壑。"②

　　由于以上种种问题，各地发生的灾情，难以如实上报，对赈济有很大的影响。

　　①邱树森、何兆古：《元代奏议集录（卜）》。

　　②张光大：《救荒活民类要·救荒二十目·发廪》。

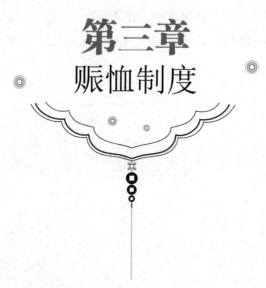

第三章
赈恤制度

赈恤即救济之意。《元史》卷九六《食货志四》的《赈恤》门，记录"灾免之制"。其中说："元赈恤之名有二：曰蠲免者，免其差税，即《周官·大司徒》所谓薄征者也；曰赈贷者，给以米粟，即《周官·大司徒》所谓散利者也。"① 也就是说，元朝官方的赈恤，和前代一样，可以分为两大项，一项是蠲免，即减免受灾人户的赋役负担，另一项是赈济（赈贷是赈济的一种），即给予受灾者粮食或钱钞，维持生活。

① 《元史》卷96《食货志四·赈恤》。

第一节 赈济

官方的临灾救济统称为"赈"或"赈济"。前四汗时期，已有赈济事例，例如，王忙兀答儿秀"少习军旅，事烈祖皇帝，以战功授西京、太原、真安、延安四路屯田达噜噶齐。辛卯，治忻州，课农有法。明年大饥，公言于上，咸逋租，以所屯粮给民，无私焉。……又请于朝，发仓粟以赈饥荒"①。"烈祖皇帝"即成吉思汗之父也速该。"辛卯"是窝阔台汗三年（1231），忻州即今山西忻州。"咸逋租"是允许欠租以后补交。"发仓粟"就是赈济。这应是现知前四汗时期"汉地"申报灾荒并得到赈济的最早记载。王善为中山府知府，其妻李氏。"岁戊戌，飞蝗为灾赵境，民大饥，夫人言于公，发私廪以济，赖以全活者甚众。"②"戊戌"是窝阔台汗十年（1238）。中山府治今河北定州。这是地方官员用自己家中的粮食拿出来救济。蒙古巴尔任彰德府（今河南安阳）达噜噶齐，"岁己亥，相、卫蝗，野无青草，民乏食。公诉告于执政大臣呼图克，分军储粮五千石以起饿者，用是民无流殍"③。"己亥"是窝阔台汗十一年（1239）。相州是唐代地名，金改彰德府（今河南安阳），元为彰德府，后升路。卫是卫州（今河南汲县），窝阔台汗时属彰德府，后改属卫辉路。这也是一起向汗廷申报灾荒并得到赈济的事件。元世祖时，监察御史王恽说："会验得常平仓国家自丁巳年初立，明年戊午，宣德、西京等处霜损田禾，谷价腾涌，百姓阙食，官为减价出粜，民赖以安。"④"丁巳""戊午"是蒙哥汗七年（1257）、八年（1258）。"减价出粜"即赈粜。但总的来说，蒙古前四汗时期"汉地"灾害频繁，官方赈济为数有限，并没有成为固定的制度。

忽必烈当政以后，积极推行"汉法"，灾伤赈济成为施政的一项重要内容。忽必烈曾说："饥民不救，储粮何为？"⑤说明他对赈济是重视的。

---

① 魏初：《故四路屯田达噜噶齐王公墓铭》，《青崖集》卷5。"达噜噶齐"即达鲁花赤。

② 李谦：《王善夫人李氏墓铭》，《常山贞石志》卷16。

③ 胡祗遹：《蒙古公神道碑》，《胡祗遹集》卷15。

④ 王恽：《论钞息复立常平仓事》，《秋涧先生大全集》卷88。

⑤ 《元史》卷13《世祖纪十》。

中统元年（1260）五月的《宣抚司条款》，明确提出灾伤减免的办法，已见上述。在实行灾伤减免租赋的同时，灾伤赈济也开始实施。这一年八月，"泽州、潞州旱，民饥，敕赈之"①。泽州（今山西晋城）、潞州（今山西长治）两地毗邻。这是忽必烈即位后首次见于记载的赈济举动。这一年十月，新设置的燕京行中书省讨论政务，"常平救荒之法，以次有议焉"②。设置常平仓，便为了赈济。从此以后，政府因灾伤采取的赈济，可以说无年无之，往往一年数起，甚至更多。《元史》卷九六《食货志四》的"赈恤"门，记录"水旱疫疠赈贷之制"，起自中统元年（1260），终于皇庆元年（1312），共43起，并对"京师赈粜之制"做了介绍。③这个数字是偏少的，而且称为"赈贷"亦不确切，应称"赈济"（见下）。根据《元史》诸帝《本纪》粗略统计，忽必烈在位34年，各类赈济154起。成宗在位13年，各类赈济87起。武宗在位4年，各类赈济38起。仁宗在位9年，各类赈济86起。英宗在位3年，各类赈济74起。泰定帝在位5年，各类赈济125起。文宗在位4年，各类赈济131起。顺帝在位35年，《元史》的《顺帝本纪》中至正十一年（1351）以前记事比较简单，其中从顺帝即位的元统元年到至正八年（1333—1348）共16年，见于《顺帝本纪》的各种赈济共133起。而至正九年（1349）、十年（1350）根本没有关于赈济的记载，显然有重大的遗漏。至正十一年（1351）以后，元朝的统治已陷于混乱，灾害频繁，政府赈济活动偶尔举行，但总的来说已趋于停顿。

据以上粗略统计，从世祖即位到顺帝至正八年（1260—1348）的88年间，元朝政府的各种赈济共808起，平均每年9.2起。但前后各帝有所不同。世祖朝平均每年4.5起，成宗朝平均每年6.7起，武宗朝平均每年9.5起，仁宗朝平均每年7.3起。从英宗朝起发生大的变化。英宗朝平均每年25起，泰定帝朝平均每年25起，文宗朝平均每年33起。从各朝的记载来看，元朝的各种赈济明显呈增长的趋势，这和有元一代各种自然灾害的不断加剧是一致的。顺帝前半期（1333—1334）平均每年8.3起，则似比以前减少。

---

① 《元史》卷4《世祖纪一》。按，《元史》卷96《食货志四·赈恤·水旱疫疠赈贷之制》载："中统元年，平阳旱，遣使赈之。"世祖时平阳路辖泽州、潞州。两者实为一事。

② 王恽：《中堂事记上》，《秋涧先生大全集》卷80。

③ 京师赈粜与一般赈粜有所不同，见下文。

原因不外两个。一是记载脱漏。如上所说，《元史》的《顺帝本纪》中至正十一年（1351）以前记事简单，赈济肯定有不少遗漏。例如，顺帝后至元元年（1335），王惟贤为大名路总管，"三年夏，河北大水，水入郡城，没官民舍且尽。公朝服致祷，捐俸募能治水者立给赏，分命有司缚木为舟以救民，又发官廪以食之。……亟使人告言于朝，天子为遣官赈恤，所全活者不可胜计"①。而《元史·顺帝纪》记，顺帝三年六月"辛巳，大霖雨，自是日至癸巳不止。京师、河南、北水溢，御河、黄河、沁河、浑河水溢，没人畜、庐舍甚众"②。两种记载所述无疑是一事，但前者明确说"天子为遣官赈恤"，《元史·顺帝纪》却没有提及。③另一个原因是，元朝的政治腐败，在顺帝一朝到了极点。各级政府中的官僚无心救荒，政府财政困难无钱可支，所以赈济也就不断减少了。

还值得注意的是，赈济涉及范围很广。元朝是一个统一多民族国家。赈济的地区，不仅有南北农业区，而且包括边疆民族地区。世祖至元二年（1265）三月乙未，"辽东饥，发粟万石、钞百锭赈之"。辽东指辽阳行省东部，居民中有蒙古人、女真人，也有汉人。六月己卯，"千户阔阔出部民乏食，赐钞赈之"。三年三月戊戌，"赈水达达民户饥"。水达达是女真的一支，居住在辽阳行省东北深山茂林之中，以渔猎为生。他们生活艰难，不时得到救济。④至元七年（1270）八月己巳，"赈应昌路饥"。应昌路是蒙古弘吉剌部首领的封地，居民主要是蒙古人。至元九年（1272）七月"赈水达达部饥"。八月，"赈辽东等路饥"⑤。至元十四年（1277）闰二月，"以女直水达达部连岁饥荒，移粟赈之，仍尽免今岁公赋及减所输皮毛之半"⑥。至元二十二年（1285）十月，"都护府言：合剌火州民饥。户给牛二头，种二石，更给钞一十一万六千四百锭，籴米六万四百石，为四月粮赈之"⑦。合剌火州即今新疆吐鲁番，畏兀儿人（今维吾尔族的先民）

① 苏天爵：《王公神道碑铭》，《滋溪文稿》卷17。

② 《元史》卷39《顺帝纪二》。

③ 宋濂：《周府君墓铭》，《宋文宪公全集》卷31。

④ 《元史》卷6《世祖纪三》。

⑤ 《元史》卷7《世祖纪四》。

⑥ 《元史》卷14《世祖纪十一》。

⑦ 《元史》卷13《世祖纪十一》。

聚居地。至元二十五年（1288）十一月，"丙申，合迷里民饥，种不入土，命爱牙赤以屯田余粮给之"。二十六年（1289）二月，"壬戌，合木里饥，命甘肃省发米千石赈之"[①]。"合迷里"即今新疆哈密，"合木里"应是"合迷里"的异译。至元二十九年（1292）五月，"甲午，辽阳水达达、女直饥，诏忽都不花趋海运给之"[②]。大德三年（1299）四月，"辽东开元、咸平蒙古、女真等人乏食，以粮二万五百石、布三千九百匹赈之"[③]。开元路（治今吉林农安）与咸平府（治今吉林开原）属辽阳行省，是女真、水达达、蒙古等族居住的地方。在仁宗延祐年间，"土番之民以饥馑告，天子怜悯，命出内帑钱赈之。公（孛朮鲁翀——引者）以西台御史承命而往，民赖其惠"[④]。泰定二年（1325）七月，"庆远溪洞民饥，发米二万五百石，平价粜之"[⑤]。元设庆远路（治今广西宜山），大德元年（1297）改置庆远南丹溪洞等处安抚司[⑥]。"溪洞"即"溪峒"，泛指生活在山林之中的南方少数民族。至顺元年（1330）二月壬寅，"土蕃等处民饥，命有司以粮赈之"。"辛亥……土蕃朵里只失监万户部内饥，命所在有司从宜赈之。"同年四月，"土蕃等处脱思麻民饥，命有司赈之"[⑦]。"土蕃"泛指藏族居住的地区。

对草原和从草原内迁的蒙古贫民，元朝政府给予特殊的照顾，赈济连年不绝。大德九年（1305），北方乞禄伦之地大风雪，"其部落之长咸来号救于朝廷。公（同知宣徽院事贾秃里坚不花——引者）为之请，官市驼马，内府出衣币，而身往给之，全活者数万人。……延祐四年（1317），朔方又以风雪告，公复为请，如大德时"[⑧]。"北方""朔方"均指漠北草原。元朝中期，漠北草原接连发生大灾。至大元年（1308），进入农业区的"北来贫民"达八十余万之多，元朝政府"给钞百五十万锭，币帛准钞

① 《元史》卷15《世祖纪十二》。

② 《元史》卷17《世祖纪十四》。

③ 《元史》卷20《成宗纪三》。

④ 苏天爵：《孛朮鲁公神道碑》，《滋溪文稿》卷8。

⑤ 《元史》卷29《泰定帝纪一》。

⑥ 《元史》卷63《地理志六》。

⑦ 《元史》卷34《文宗纪三》。

⑧ 虞集：《贾忠隐公神道碑》，《道园类稿》卷40。

五十万锭"①。延祐三年至七年间（1316—1320），继续有多次赈济"北边饥民"的措施。延祐七年（1320）二月壬申，"以辽阳、大同、上都、甘肃官牧羊马牛驼给朔方民户，仍给旷地屯种"。四月庚申，"括马三万匹，给蒙古流民，遣还其部"。同月己巳，"赈大都、净州等处流民，给粮马，遣还北边"。六月乙丑，"赈北边饥民，有妻子者钞千五百贯，孤独者七百五十贯"②。至顺二年（1331）四月甲子，"镇宁王那海部曲二百，以风雪损孳畜，命岭北行省赈粮两月"。八月甲寅，"斡儿朵思之地频年灾，畜牧多死，民户万七千一百六十，命内史府给钞二万锭赈之"③。相对农业区居民来说，蒙古饥民得到的待遇要好一些。至顺元年（1330）四月壬辰，"沿边部落蒙古饥民八千二百，人给钞三锭、布二匹、粮二月，遣还所部。"六月，"是月……迤北蒙古饥民三千四百人，人给粮二石、布二匹"④。对边疆民族地区特别是北方草原地区游牧民进行大量的赈济，这是元朝赈济的一个特色。

元代的荒政著作《救荒活民类要》中说："发廪一名，其目又有三。一曰赈济，二曰赈贷，三曰赈粜。"⑤"发廪"即官府发放粮食。但"三目"之说有可以讨论的地方。赈济一词，在当时有广义和狭义两重含义。狭义的赈济用来指无偿的赈给，上述"三目"说将"赈济"与"赈贷""赈粜"并列，即是此意。广义的赈济则用来泛指官府的各种无偿和部分有偿的救济。"赈济，赒救其急也。谓包括给粜之事，以致借贷、减放、展阁之类，皆通用也。"⑥对于涉及赈济的文献记载，必须做具体的分析。《元史·食货志》以"赈贷"和"蠲免"并列，也是不合适的，"赈贷"只是赈济的一种方式。总之，比较合理的分类，应将官府的"发廪"（赈济）分为赈给（有时亦称赈济）、赈借（或赈贷）、赈粜三种。

一类是赈给（或赈济），"济者施之于人而无酬偿之谓"⑦。"谓官司

---

① 《元史》卷22《武宗纪一》。

② 《元史》卷27《英宗纪一》。

③ 《元史》卷35《文宗纪四》。

④ 《元史》卷34《文宗纪三》。

⑤ 张光大：《救荒活民类要·救荒二十目·发廪》。

⑥ 徐元瑞：《吏学指南·救灾》。

⑦ 张光大：《救荒活民类要·救荒二十目·发廪》。

将物斛给散与民而不收价者。"①即官府完全无偿的以粮、钞救济民众。在记载中常见的"赈粮""发粟赈之",都是如此。应该指出的是,元代官方文献以及依据历朝实录编纂而成的《元史》诸帝《本纪》,凡提到"赈"者,一般均指无偿的赈给(赈济)而言,凡赈借(贷)、赈粜必明确说明。据《元史·世祖本纪》记载,至元二十六年(1290)元朝各种赈济共24起,内明确的赈粜6起,其余18起中可能有赈借(贷),但多数应为无偿的赈给。②成宗"大德之末岁凶,民流东南逾甚,死者无算"。宜兴(今江苏宜兴)知州王德亮"身亲效率,皆感其诚,于是得捐有济无之粟万石有奇以赈,捐贵就贱之粟六千以粜"③。"捐有济无"是无偿,故称之为"赈","捐贵就贱"是减价,故称之为"粜"(赈粜)。王德亮用地方人士捐献的粮食来救济,采取的是两种方式。天历二年(1329),镇江大旱,郡民饥疫。行省"量拨松江赤籼米四万石,照依原收时估赈粜"。地方官建议,"拟将所拨粮米,择其甚贫,验口赈济为便"。"省府从请,遂以八千赈济,余者粜焉,民赖以生。"④"八千赈济,余者粜焉",就是在官拨的四万石中,以八千石无偿发给贫民,其余则采用赈粜之法亦即减价出售,也是两种方式。

赈粮之外,又有赈钞。至元四年(1267),崔斌"出守东平"。五年,"岁大侵,征赋如常年,斌驰奏以免。复请于朝,得楮币十万缗,以赈民饥"⑤。东平路(今山东东平)属腹里,直隶中书省,故崔斌"驰奏",直接"请于朝"。"楮币十万缗"即中统钞十万贯,折合五千锭。吉士安为高唐(今山东高唐)知州。大德六年(1302),"岁荒,民饥,至割榆肤而食。君具以其状闻于朝,朝降宝券七万五千缗以赈之,均散贫民,获免流移之患"⑥。高唐州亦直隶中书省,故吉士安能直接"以其状闻于朝"。泰定一朝共五年,其中各地因灾赈济在百次以上,其中赈钞7次,同时

①徐元瑞:《吏学指南·救灾》。

②《元史》卷15《世祖纪十二》。

③程钜夫:《宜兴守王君墓志铭》,《程雪楼文集》卷21。

④俞希鲁:《至顺镇江志》卷20《杂录·陈策发廪》。

⑤《元史》卷173《崔斌传》。

⑥阎复:《吉公士安去思碑》,康熙《高唐州志》卷40,引自李修生《全元文》第9册,第276～277页。

赈粮、钞 15 次，两者相加共 22 次。可见赈钞在赈给（赈济）中比例是相当可观的。泰定帝致和元年（1328）五月，"燕南、山东东道及奉元、大同、河间、河南、东平、濮州等处饥，赈钞十四万三千余锭"①。这是泰定朝赈钞最多的一次。至正十二年（1352），余阙为淮东道廉访副使、淮西都元帅府佥事，"分兵守安庆。……明年，春夏大饥，人相食……请于中书，得钞三万锭以赈民"②。元末动乱，钞大贬值，用来赈济实际上已没有多大价值了。

第二类是赈借，或称赈贷。"贷者与之必偿之谓。"③"谓民饥，官借以粮，不取利息，候成熟依数还官者。今曰抵斗还官者是也。"④赈借（贷）粮食是相当普遍的一项灾伤救济措施。至元四年至七年（1267—1270），刘仁为成安县（今河北成安）簿尉，"圣旨以蝗、旱贫民食不足，以仓余粮借给贫民。公与仓吏约曰：'此皆圣主恩民，公等共承上意，成一段好事。'乃验实贫困者，甲乙其名，监视斗斛，分毫无私，贫因得济。此恤贫爱民之一端也"⑤。这是目前已知元朝地方实行赈借（赈贷）较早的记载。至元二十年（1283）或稍后，"卫辉、怀孟大水，［河北河南道按察副使程］思廉临视赈贷，全活甚众"⑥。卫辉路（治今河南卫辉）、怀孟路（治今河南沁阳）两地相邻。大德二年（1298）五月，"淮西诸郡饥，漕江西米二十万石以备赈贷"⑦。大德十年（1306）五月，"辽阳、益都民饥，赈贷有差"⑧。延祐七年（1320）二月，"命储粮于宣德、开平、和平诸仓，以备赈贷供亿"。五月，"大同、云内、丰、胜诸郡县饥，发粟万三千石贷之"⑨。

赈借（贷）与赈给不同，过一段时间必须偿还，但不取利息。通常是

---

① 《元史》卷30《泰定帝纪二》。

② 《元史》卷143《余阙传》。

③ 张光大：《救荒活民类要·救荒二十目·发廪》。

④ 徐元瑞：《吏学指南·救灾》。

⑤ 杨威：《簿尉刘公去思碑》，《成安县志》（1923年排印本）卷14，引自李修生《全元文》第8册，第43页。

⑥ 《元史》卷163《程思廉传》。

⑦ 《元史》卷19《成宗纪二》。

⑧ 《元史》卷21《成宗纪四》。

⑨ 《元史》卷27《英宗纪一》。

当年或次年秋熟归还。忽必烈时代，蝗旱连年，"尚书省将三路饥民分间，约量许贷米粮接济，却令今秋还纳"。"西京一路见阙食者三万余户，今许借贷米粮仓槛二万石，约户给七斗。"[1] 田滋任陕西行省参知政事，"开仓以麦五千余石给小民之无种者，俾来岁收成以偿官，民大悦"[2]。郝子明为江西廉访司佥事。"大德丙午夏，大饥，官以米贷民，期十月输之仓。既秋而禾不登，价视贷时贵一倍，堪输者倍，差吏征急，民悔且泣曰：'不如殍之愈也。'公建言，俾明年冬输之仓，于是民乃破涕解颜，如更得贷。"[3] 也是在成宗时，王构为济南路（今山东济南）总管，"官贷民粟，岁饥而责偿不已，构请输以明年"[4]。推迟还贷被视为德政。元仁宗时，盖苗为单州判官，"岁饥……有官粟五百石陈腐，以借诸民，期秋熟还官。及秋，郡责偿甚急，部使者将责知州，苗曰：'官粟实苗所赉，今民饥不能偿，苗请代还。'使者乃已其责"[5]。陈腐的官粟借贷于民，亦要偿还。朝廷偶尔亦有免除贷粮之举。如皇庆二年（1313）二月己卯，"免征益都饥民所贷官粮二十万石"[6]。

除了贷粮之外，还有贷钞者。如至元十七年（1280）正月，"磁州、永平县水，给钞贷之"[7]。磁州即今河北磁县，永平即今河北定县。《救荒活民类要》称贷钱救荒为"借官本"，"往年旱伤，宪台建言，曾以赃罚款赈给，民多受惠。倘郡守县令能于荒政体此意而推行之，于见在官钱借支，令廉干之人循环籴粜，以接济饥民，务令实惠均及。候至收成之日，方将官本依旧归还。如此则官无所损，民赖得济，是亦通变之法也。"[8] 但贷钱救荒在元代似不多见。

第三类是赈粜，"谓饥年将粮减价粜与缺食人户者"[9]。至元二年（1265）

① 王恽：《论借贷饥民米粮事状》，《秋涧先生大全集》卷87。

② 《元史》卷191《良吏一·田滋传》。

③ 徐明善：《宪金郝子明乐寿县去思碑》，《芳谷集》卷3。

④ 《元史》卷164《王构传》。

⑤ 《元史》卷185《盖苗传》。

⑥ 《元史》卷24《仁宗纪一》。

⑦ 《元史》卷11《世祖纪八》。

⑧ 张光大：《救荒活民类要·救荒二十目》。

⑨ 徐元瑞：《吏学指南·救灾》。

七月，"益都大蝗，饥，减价粜官粟以赈"①。这可能是忽必烈时代减价粜官粟的最早记载以后赈粜之事接连不绝。《元史》诸帝《本纪》中有关赈粜的明确记载，不下于40起。其中比较突出的，如至元二十五年（1288），"下其价粜贫民"，"出米下其值赈之"共4次。②至元二十六年（1289），元朝政府各种赈济24起，内明确"减估""下其估""减价"粜米6起。③成宗大德七年（1303），"减值粜粮"5起。④又如仁宗延祐元年（1314），各种赈济共12起，其中明确记载"减价赈粜"的共6起。⑤文宗天历二年（1329）正月丙戌，"大同路言：'去年旱且遭兵，民多流莩。'命以本路及东胜州粮万三千石，减时值十之三赈粜之"。四年十月，"湖广常德、武昌、澧州诸路旱饥，出官粟赈粜之"⑥。由以上记载可知，赈粜亦须朝廷下令施行。至元六年（1269），高良弼任河南路转运使，"他道为使，唯知邀宠专利，贼下罔止以自私，盈路怨咨，莫之省恤。独公轸岁旱荒，发庾下估市粟以济其饥"。"明年夏，旱蝗。公谋诸僚属曰：'用兵襄樊，河南为重地。今流莩日甚，乃何？'众永叹而已。公曰：'计诸仓储，米足支岁余。若取其羡，乘贵而贱出与民，岁熟以籴，犹多赢益。县官苟济此艰厄，善政大惠也。'皆不敢。公慨然曰：'脱有罪，吾任之。'即自为请于南省。报未下，亟发仓以粜，众赖以生存，执政韪之。"⑦"下估市粟""乘贵而贱出与民"，都是减价粜粮之意，可知必须请示才能发仓以出粜。高良弼自行作主，故作好"有罪"的准备。刘安仁为潭州路（今湖南长沙）治中，"值岁荒民饥……于是移文上司，未奉明降，先开官仓，减价赈粜三万斛"⑧。刘安仁的做法与高良弼相同。类似的情况时有发生。一般来说，朝廷对地方官未经明降自行赈粜，大多不予追究。塔海为庐州路（今安徽合肥）总管，

---

① 《元史》卷6《世祖纪三》。

② 《元史》卷15《世祖纪十二》。

③ 《元史》卷15《世祖纪十三》。

④ 《元史》卷21《成宗纪四》。

⑤ 《元史》卷25《仁宗纪二》。

⑥ 《元史》卷33《文宗纪二》。

⑦ 萧㪺：《高公墓志铭》，《勤斋集》卷4。

⑧ 吴澄：《张氏太夫人墓碑》，《吴文正公集》卷33。

"民乏食，开廪减值，俾民籴之，所活甚众"①。赈粜粮有官仓，亦有常平仓和义仓。大德元年（1297），常德（今湖南常德）大水，官员"发义仓积，下其估以廪饿人"②。义仓归村社成员公有，灾年分给社众，官府无权过问。将义仓粮用于赈粜，是不合理的。

赈粜减价比例似无统一规定。上引天历二年（1329）正月，"大同路（今山西大同）旱且遭兵"，赈粜粮"减时值十之三"。这是由朝廷规定减价比例。王都中在武宗时"迁饶州路总管。年饥，米价翔踊，公以官仓之米，定其价为三等，言于行省，以为须粜以下等价，民乃可得食，未报。又于下等价减十之二，使民就粜。时宰怒公专擅，公曰：'饶去杭几二千里，比议定，往还非半月不可，人七日不食则死，安能忍死以待乎！'"③饶州路治今江西波阳，离江浙行省所在地甚远。可知赈粜减价比例至少须经行省批准，路级官员自行作主便被认为是"专擅"，违反国家的制度。

减价赈粜之外，又有平价赈粜。大德五年（1301）六月，"平江等十有四路大水，以粮二十万石随各处时值赈粜"④。"随各处时值"就是按当地的粮价出售。上引天历二年（1329）镇江官粮"照依原收时估赈粜"，亦即平价赈粜。赈粜的基本原则是减价出售，以示国家的优惠。但在某些灾荒发生、粮食紧缺，以致价格飞涨的地区，粮食平价出售可以起到平抑物价的作用，显示了政府的恩惠，故亦称为赈粜。

《救荒活民类要》说："赈粜之法，其利有四。一曰民赖得济，二曰可以压下物价，三曰默消闭粜之风，四曰以陈易新，此皆实效也。"⑤其实赈济、赈贷也有同样的作用。那么，在各地灾伤发生时，依据什么标准，分别采用以上三种不同方式呢？元朝在农村立社，五十户为一社，社设社长，指导生产。又实行户等制，城乡居民按赀产丁力分上、中、下三等，分别承担不同的赋役，有些地方还分为三等九甲。《救荒活民类要》主张："官司当于平常之时，抄下各都户口，以四等之法。谓如上户、中户、下户、下下贫乏户。编排置成籍册，存留州县，以备缓急，庶免临期主社卖弄之弊。

① 《元史》卷122《铁迈赤附塔海传》。

② 姚燧：《武陵县重修虞帝庙记》，《牧庵集》卷9。

③ 黄溍：《江浙行省参知政事王公墓志铭》，《金华黄先生文集》卷31。

④ 《元史》卷20《成宗纪三》。

⑤ 张光大：《救荒活民类要·救荒二十目·发廪》。

元代灾荒史
Yuandai Zaihuang Shi

一遇荒歉，按籍便可赈救矣。""如遇荒歉去处"，由社长"逐社自行尽数抄札社内户口，除上户不该外，分拣第为三等，中户若干，下户若干，下下不能存活者若干，供报到官"。这是根据赈救的需要，对原来的户等稍作调整，三等之外增加下下贫乏户，就是最困难的人户。"今后荒歉去处，下户既已赈贷，下下之人赈济，其赈粜之法，当及中户不能周给之家并有艺不耕之人。"灾荒发生，有赀产的上户不需救济，下下户赈济即无偿救济。下户实行赈贷，即一定期限后要偿还。"此法当及下户乏力耕种之家，一则可以应荒岁之饥，一则使之不失于耕耨之时。比至收成，抽办还仓，自有伤损。"中户则实行赈粜。[①] 现有文献涉及这一问题的有限。有些记载强调"赈"以"贫者""尤贫者"为对象。例如，至元二十五年（1288）正月，"杭、苏二州连岁大水，赈其尤贫者"。"尤贫者"可以理解为上面所述下下户。同年四月，"尚书省臣言：今杭、苏、湖、秀四州复大水，民鬻妻女易食，请辍上供米二十万石，审其贫者赈之"。十一月，"巩昌路荐饥，免田租之半，仍以钞三千锭赈其贫者"[②]。大德五年（1301）八月钦奉诏书内一款："各处风水灾重去处，今岁差发、税粮，并行除免。贫破缺食之家，计口赈济。乏绝尤甚者另加优给。"[③] "贫破缺食者"应是"贫者"即下户，"乏绝尤甚者"更低，应是"尤贫者"，即是下下户。泰定二年（1325）十一月，"杭州路火，赈贫民粮一月"[④]。"贫民"应是下户，当然也应包括下下户。"赈"均指无偿的赈济而言。天历二年（1329），吴师道摄宣城县（今安徽宣城）事，即代理县尹。"措置荒政。……籍其户为九等，得粟三万七千六百石，以均赋饥人。明年春……廉访使者掾出，劝分旁郡，得钞三万七千七百锭，选郡府公能吏，以等第分与民。君独任其三之二。"[⑤] 这是明确将赈济与户等联系起来。上引天历二年镇江大旱，官仓粮"择其甚贫，验口赈济"。"甚贫"应该就是《救荒活民类要》所说的"下下户"，此处"赈济"无疑指无偿的赈给。至顺元年（1330）正月，"壬戌，中兴路饥，赈粜粮万石，

---

① 张光大：《救荒活民类要·救荒二十目·杂记》。

② 《元史》卷15《世祖纪十二》。

③ 《元典章》卷3《圣政二·赈饥贫》。

④ 《元史》卷29《泰定帝纪一》。

⑤ 张枢：《元故礼部郎中吴君墓表》，《吴正传先生文集》附录。

贫者仍赒其家”[①]。“赒”是救济之意，对“贫者”所得救济在“赈粜”之外，显然是无偿的赈给。总之，赈济采取何种方式，应与户等有关。但元朝对此有无明确的规定，以及不同地区具体实行的情况，都有待进一步研究。

赈济大多以口为单位。至元二十九年（1292）二月，山东棣州（今山东惠民）灾，“敕依东平例，发附近官廪，计口以给”[②]。大德五年（1301）八月，成宗下诏：“各路被灾重者，免其差税一年，贫乏之家，计口赈恤，尤甚者优给之。”[③]至大三年（1310）十一月，“河南水……验口赈粮两月，免今岁租赋，停逋责”[④]。至顺元年（1330）七月，“蒙古百姓以饥乏至上都者，阅口数给以行粮，俾各还所部”[⑤]。计口赈粮时要分大、小口。“二十八年（1291），［唐仁祖］除翰林学士承旨、中奉大夫。辽阳饥，奉旨偕近侍速哥、左丞忻都往赈，忻都欲如户籍数大小给之。仁祖曰：‘不可，昔籍之小口，今已大矣，可偕以大口给之。……卒以大口给之。’”[⑥]元成宗时，于九思为奉化（今浙江奉化）知州，遇灾伤，“仍为划拯救之策，家以四口为率，人与米三斗，幼稚则半之”[⑦]。成宗时，郑介夫上书，其中说：“今山东八路被灾阙食，朝廷拨降钞三万锭，委官计户见数，大口二斗，小口一斗。”[⑧]元仁宗时，漠北大风雪，“畜僵死且尽，人并走和林乞食”。和林是岭北行省所在地。行省官员“白其长，发廪赈之。人大者三斗，小六之一”[⑨]。这里所谓“二斗”“一斗”“三斗”，都是一次性的发放。嘉兴（今浙江嘉兴）“旱潦相仍……公（嘉兴州尹卢某——引者）乃括口定法，裂楮划期，大口人日二升，小口人日一升，俾民得什五相保，计口更番以籴。

①《元史》卷34《文宗纪三》。

②《元史》卷17《世祖纪十四》。

③《元史》卷20《成宗纪三》。

④《元史》卷23《武宗纪二》。

⑤《元史》卷34《文宗纪三》。

⑥《元史》卷134《唐仁祖传》。

⑦黄溍：《湖南道宣慰使于公行状》，《金华黄先生文集》卷23。

⑧《元代奏议集录（下）》，第78页。

⑨许有壬：《苏公神道碑铭》，《至正集》卷47。

及期，公必亲坐于堂，视民易粟庭下，如持左券责偿，无不足乃去"①。也有以户为单位的。如至大元年（1308），绍兴、台州等"六路饥，死者甚众。饥户月给米六斗"②。后至元五年（1339）三月，"滦河住冬怯怜户民饥，每户赈粮一石、钞二十两"③。"怯怜户，谓自家人也。"④"怯怜口，华言私属人也。"⑤其义为自己家内的人口，实际是蒙古王公贵族的奴仆。滦河在大都东北（今河北承德市境内）。六月，汀州路长汀县（今福建长汀）大火，"户赈钞半锭，死者一锭"。后至元六年（1340）二月，京畿"每户赈米两月"⑥。但有人对按户赈粮有不同意见，因为各户口数不等，不如按口合理。元成宗时，杭州火灾，行省丞相"令户赈之。君（郑深——引者）曰：'户有小大，必计口乃宜耳。'丞相从之"⑦。

赈粮发放一般都按时间计算。常见的是一月或两月（六十日）粮。（1）赈一月。如泰定三年（1326）十一月己巳，"崇明州海溢，漂民舍五百家，赈粮一月，给死者钞二十贯"⑧。天历二年（1329）六月，"益都莒、密二州春水，夏旱蝗，饥民三万一千四百户，赈粮一月"。同年九月癸未，"上都西按塔罕、阔于忽剌秃之地，以兵、旱，民告饥，赈粮一月"⑨。至顺元年（1330）正月辛巳，"濠州去年旱，赈粮一月"⑩。（2）赈二月。如上述郑介夫说山东"赈济两月"。至大三年（1310）十一月，"河南水，死者给槥，漂庐者给钞，验口赈粮两月，免今岁租赋"⑪。（3）赈三月（九十日）粮。如至元二十三年（1286）十一月，"以涿、易二州，良乡、宝坻县饥，

---

① 俞镇：《卢侯德政诗序》，光绪《嘉兴府志》卷82，引自李修生《全元文》第39册，第609页。

② 《元史》卷22《武宗纪一》。

③ 《元史》卷40《顺帝纪三》。

④ 徐元瑞：《吏学指南·户计》。

⑤ 《高丽史》卷123《印侯传》。

⑥ 《元史》卷40《顺帝纪三》。

⑦ 宋濂：《江东金宪郑君墓志铭》，《宋文宪公全集》卷49。

⑧ 《元史》卷30《泰定帝纪二》。

⑨ 《元史》卷33《文宗纪二》。

⑩ 《元史》卷34《文宗纪三》。

⑪ 《元史》卷23《武宗纪二》。

免今年租，给粮三月"。"十二月乙未，辽东开元饥，赈粮三月"①。至元二十七年（1290）有多次赈济，其中"给六十日粮"5起，"给九十日粮"5起，"给三十日粮"1起。②顺帝后至元五年（1339）六月，"乙卯，达达民饥，赈粮三月"③。（4）赈四月粮较少见。至元二十二年（1285）十月，合刺禾州民饥，除给牛、种外，给钞籴米，"为四月粮赈之"④。泰定三年（1326）二月，"河间、保定、真定三路饥，赈粮四月"。同年十一月，"永平路大水，免其租，仍赈粮四月"⑤。（5）赈五月粮是个别的。天历二年（1329），宁国路大旱，地方官员赈灾，"凡历时自十二月至四月，受米人二斗，幼半之，钞则如米之值，施合前后凡三焉"⑥。至顺三年（1332）七月壬辰，"给蒙古民及各部卫士钞、币有差，仍赈粮五月"⑦。当时有人指出："灾荒之地，自冬而春，春而夏，直至秋成，方可再生。纵得两月之粮，岂能延逾年之命。"⑧农业生产的周期很长，官府的赈济即使到位，在大多数情况下也无法解决灾民面临的实际困难。

元朝的赈济的数量很可观，常达数十万石。至大元年（1308）六月戊戌，"中书省臣言：'江浙行省管内饥，赈米五十三万五千石、钞十五万四千锭、面四万斤。又，流民户百三十三万九百五十有奇，赈米五十三万六千石、钞十九万七千锭，盐折值为引五千。'令行省、行台遣官临视"⑨。则一年之内两项赈米已在一百万石以上，还有钞三十余万锭、面四万斤、盐引五千。元代中期，江浙行省税粮所入为四百五十万石左右⑩，用于赈济的约为四分之一。这是一个很大的数额。尽管每年用来赈济的粮、钞很多，但和灾民的数目相比，实际上每户或每人分到是很有限的。大德四

① 《元史》卷14《世祖纪十一》。

② 《元史》卷16《世祖纪十三》。

③ 《元史》卷40《顺帝纪三》。

④ 《元史》卷13《世祖纪十》。

⑤ 《元史》卷30《泰定帝纪二》。

⑥ 吴师道：《宁国路修学救荒记》，《吴正传先生集》卷12。

⑦ 《元史》卷36《文宗纪五》。

⑧ 郑介夫：《上奏一纲二十目》，《元代奏议集录（下）》，第79页。

⑨ 《元史》卷22《武宗纪一》。

⑩ 《元史》卷93《食货志一·税粮》。

年（1300）九月，建康、常州、江陵饥民八十四万九千六十余人，"给粮二十二万九千三百九十余石"。平均每人不到4斗。[①]文宗天历二年（1329）四月，江南饥民六十余万户，"当赈粮十四万三千余石"。则每户不到两斗半。至顺元年（1330）四月庚寅，"中书省臣言：……去岁赈钞一百三十四万九千六百余锭，粮二十五万一千七百余石。今汴梁……等州饥民六十七万六千户，一百一万二千余口，请以钞九万锭、米万五千石，命有司分赈。制曰可"[②]。则每口可得钞半两（贯）、米1升多，真是杯水车薪，无济于事。加上官吏上下其手，从中作弊，灾民所得更要打折扣。

中原和江南赈济主要是粮食和钞。粮食以米为主，其次为粟，再次是麦。这是因为元代北方居民以粟和米为主，南方则以米为主，麦在粮食结构中所占比重不大[③]。至元十一年（1274），"是岁……诸路蚜蝻等虫灾凡九所，民饥，发米七万五千四百一十五石、粟四万五百九十九石以赈之"[④]。至元十二年至十八年（1275—1281）都有发米和粟赈济的记载，这是因为赈济的地区主要在北方。此外也有赈麦的记载，如至元二十六年（1289）十二月，"癸卯，发麦赈广济署饥民"[⑤]。广济署是大司农司系统的屯田机构，下属有一千二百三十户，在河北清（清州，今河北青县）、沧（沧州，今河北沧州）等处。[⑥]泰定三年（1326）七月庚申，"赈粜濠州饥民麦三万九千余石"[⑦]。元统元年（1333）二月癸未，"安丰路旱饥，敕有司赈粜麦万六千七百石"[⑧]。顺帝后至元二年（1336）十一月，"是月……安丰路饥，赈粜麦四万二千四百石"[⑨]。濠州，治今安徽凤阳，属安丰路。安丰路，今安徽寿县，在淮西，属河南行省。至正三年（1343）十二月，"河南等

---

① 《元史》卷20《成宗纪三》。

② 《元史》卷34《文宗纪三》。

③陈高华、史卫民：《中国风俗通史·元代卷》。

④ 《元史》卷8《世祖纪五》。

⑤ 《元史》卷15《世祖纪十二》。

⑥ 《元史》卷48《兵志三·屯田》。

⑦ 《元史》卷30《泰定帝纪二》。

⑧ 《元史》卷38《顺帝纪一》。

⑨ 《元史》卷39《顺帝纪二》。

处民饥，赈粜麦十万石"①。这大概是赈粜麦最多的一次，可知为数不多的赈麦集中在河南行省和腹里地区，有时也用粮食加工品来赈济。至大元年（1308）六月，"中书省臣言：'江浙行省管内饥，赈米五十三万五千石、钞十五万四千锭、面四万斤'"②。以面作为赈济物资，是罕见的。至元二十七年（1290）九月，"壬寅，河东山西道饥，敕宣慰使阿里火者炒米赈之"③。"炒米"赈济，只此一例。

前面说了不少赈钞的例子。赈钞通常用来买米赈济或折合米价。如至元二十四年（1287）二月，"雍古部民饥，发米四千石赈之，不足，复给六千石米价"④。给米价就是给钞。至元二十七年（1290）九月，"敕河东山西道宣慰使阿里火者发大同钞本二十万锭籴米赈饥民"⑤。郑介夫说："山东八路被灾阙食……阙食户四十六万四百余户，大小口一百九十万四千有另，该米六十七万三千九百八十石，折支钞三十三万四千八百余锭。"⑥有时专门赈钞用来购买谷种。文宗至顺元年四月戊申，"陕西行台言：'奉元、巩昌、凤翔等路以累岁饥，不能具五谷种，请给钞二万锭，俾分籴于他郡。'从之"。五月乙亥，"卫辉路之辉州，以荒乏谷种，给钞三千锭，俾籴于郡"⑦。显然为了资助农民恢复生产。此外，偶尔还用银和盐引作为赈恤之物。中统三年（1262）七月，"癸酉，甘州饥，给银以赈之"⑧。这一次朝廷"以课银一百五十锭济甘州贫民"⑨。有元一代用银赈济，似仅此一例。大德九年（1305）十二月，"赐冀宁路钞万锭，盐引万纸，以给岁费"⑩。冀宁路（今山西太原）连年遭灾，朝廷赐钞和盐引，亦与赈济有关。元朝制度，盐每引四百斤，"万纸"即一万张盐引，相当于盐四百万斤，可以

① 《元史》卷41《顺帝纪四》。

② 《元史》卷22《武宗纪一》。

③ 《元史》卷16《世祖纪十三》。

④ 《元史》卷14《世祖纪十一》。

⑤ 《元史》卷16《世祖纪十三》。

⑥ 郑介夫：《上奏一纲二十目》，《元代奏议集录（下）》，第78～79页。

⑦ 《元史》卷34《文宗纪三》。

⑧ 《元史》卷5《世祖纪二》。

⑨ 《元史》卷96《食货志四·赈恤》。

⑩ 《元史》卷21《成宗纪四》。

卖给盐商，换钞赈济。山西解州（今运城）盛产池盐，大德十一年（1307）以前，"岁办盐六万四千引，计中统钞一万一千五百二十锭"[1]。从中拿出一万引给冀宁路，应该说是相当可观的。元文宗时，以盐引赈济明显增多（见本章第五节）。

边疆民族地区的赈济，亦以粮、钞为主，还有牲畜、纺织品。如至元二十四年（1287）十二月，"诸王薛彻都等所驻之地雨土七昼夜，羊畜死不可胜计，以钞暨币帛绵布杂给之，其值计钞万四百六十七锭"[2]。大德九年（1305），"朔方乞禄伦之地，岁大风雪，畜牧亡损且尽，人乏食。其部落之长咸来号救于朝廷。公（同金宣徽院贾秃坚里不花——引者）为之请，官市驼马，内府出衣币，而身往给之，全活者数万人"[3]。至大元年（1308）三月乙丑，"以北来贫民八十六万八千户，仰食于官，非久计，给钞百五十万锭、币帛准钞五十万锭，命太师月赤察儿、太傅哈剌哈孙分给之，罢其廪给"[4]。有时还发给渔具和农具。至元二十六年（1289）十二月庚子，"伯颜遣使来言边民乏食，诏赐网罟，使取鱼自给"[5]。至大元年（1308）二月甲寅，"以网罟给和林饥民"[6]。至大三年（1310）六月乙卯，"和林省言：'贫民自迤北来者，四年之间靡粟六十万石、钞四万余锭、鱼网三千、农具二万。'诏尚书、枢密差官与和林省臣核实，给赐农具、田种，俾自耕食。其续至者，户以四口为率给之粟"[7]。"赐网罟"和"赐农具田种"，这种救灾行为对蒙古人的生产和生活方式都产生了积极的影响。

第二节　赋役蠲免

元朝官府的蠲免可以分为恩免、灾伤免两类。"时因庆遇，或行幸所

---

[1] 《元史》卷94《食货志二·盐法》。

[2] 《元史》卷14《世祖纪十一》。

[3] 虞集：《贾忠隐公神道碑》，《道园类稿》卷40；《元史》卷169《贾昔剌传》略同。

[4] 《元史》卷22《武宗纪一》。

[5] 《元史》卷15《世祖纪十二》。

[6] 《元史》卷22《武宗纪一》。

[7] 《元史》卷23《武宗纪二》。

过，恒赐差税。"① 也就是说，每遇节庆，或皇帝出巡经过，下诏减免赋税，以示恩惠，称为恩免。"或有灾沴，诏书迭下，除其赋税，以优民力，俾无流移之患。"则称为灾伤免。② 灾伤免顾名思义，是发生自然灾害后政府的救济措施。《元史·食货志》的"赈恤"门分别记载"恩免之制"和"灾免之制"。"恩免之制"始自世祖中统元年（1260），终于文宗至顺元年（1330），共45起。"灾免之制"起终时间同，共38起。其实"恩免"中有多次都是与灾伤有关，或者可以说，大多数"恩免"又是"灾免"，但上述两者相加，不过83起，与官方实际施行的蠲免相去甚远。众所周知，《元史·食货志》主要是根据官修政书《经世大典·赋典》编纂而成的，内容经过很多删节。"赈恤"门列举的只是部分例子，很不完整。蠲免赋役都用皇帝或朝廷的名义，颁发诏书，用以显示皇家的恩惠。

　　元朝将全国居民划分为诸色人户，主要有民户、军户、站户、匠户、儒户、僧户、道户等。各种户承担不同的赋役。元朝的赋主要有税粮和科差两类，此外还有"诸色课程"（各种税，如盐课、茶课、酒醋课、商税等）。元朝的赋南北不同。北方主要是科差、税粮两大类。科差包括包银、丝料和俸钞。南方也有俸钞或包银，但是局部的，数额有限。税粮南北不同，北方即原金朝统治的农业区，有的人户以丁为准，有的人户以地为准，故又称丁地税。南方的税粮，一般以地为准，分为夏税、秋粮。以秋粮为主，夏税比重较少。元代官方文书中经常出现"差发"一词，有时泛指各种赋役，有时则专指科差而言。朝廷有时还在某些地区蠲免其他赋税，如酒醋课、商税等。东北少数民族地区各族从事渔猎，以貂皮等实物作贡赋。元朝的百姓还有一项负担，便是杂泛差役。杂泛是力役，出人力和车牛。差役就是前代的职役，即从事某些职务，有里正、主首、库子等名目。

　　朝廷的蠲免就是减免居民负担的各种赋役。元代文献中时见"常赋""赋税""差赋""租赋"或"赋"等词。中统元年（1260），张文谦为大名等路宣抚使，因大旱"蠲常赋十之四，商、酒税十之二"③。中统三年（1262）闰九月，"济南民饥，免其赋税"④。至元六年（1269）九月，"丰州、云内、

---

① 《经世大典序录·赋典·蠲免·恩免差税》，苏天爵：《国朝文类》卷40。

② 《经世大典序录·赋典·蠲免·灾伤免差税》，苏天爵：《国朝文类》卷40。

③ 《元史》卷157《张文谦传》。

④ 《元史》卷5《世祖纪二》。

东胜旱，免其租赋"。十月，"广平路旱，免租赋"①。至元九年（1272）二月戊戌，"以去岁东平及西京等州县旱、蝗、水潦，免其租赋"②。至治二年（1322）五月庚寅，"河南、陕西、河间、保定、彰德等路饥，发粟赈之，仍免常赋之半"③。"赋"的含义原指土地税，故"常赋"应指税粮。"差赋"并列时，"差"即科差，"赋"指税粮，而"租赋"并列时，则可能"租""赋"均指税粮而言。至元六年（1269）六月，"癸巳，敕：'真定等路旱、蝗，其代输筑城役夫户赋悉免之。'"④为了修建大都城，朝廷从真定等路征发大量民工。这些人就是"筑城役夫"，他们应纳的"赋"即税粮则由各路其余人户分摊。因为遭受旱、蝗灾，朝廷免除了这部分本应分摊的税粮。

在《元史》诸帝《本纪》中，太宗十年（1238）八月，"陈时可、高庆民等言诸路旱、蝗，诏免今年田租，仍停旧未输纳者，俟丰岁议之"。十一年（1239）七月，"以山东诸路灾，免其税粮"⑤。另据记载，王玉汝是东平军阀严实的部属，为东平行台令史。"中书令耶律楚材过东平，奇之，版授东平路奏差官。……夏津灾，玉汝奏请复其民一岁。"⑥"复"是豁免之意。"复其民一岁"即蠲免夏津百姓一年的田赋（税粮）。此事发生在窝阔台汗时期，夏津（今山东夏津）当时属东平路。这是蒙古前四汗时期以朝廷名义灾伤蠲免的几次记载。总的来说，前四汗时期政治混乱，朝廷以掠取财物为急务，地方诸侯各自为政，为灾情蠲免的情况是很少的。

忽必烈推行"汉法"，赈恤逐渐形成制度。据《元史》诸帝《本纪》统计，世祖在位三十余年间，先后下令减免赋役共108起，成宗时期各种蠲免34起，武宗时期11起，仁宗时期8起，英宗时期19起，泰定帝时期18起，文宗时期12起。从世祖即位到文宗去世（1260—1330）共72年，见于《元史》诸帝《本纪》的各种蠲免共211起，平均每年3起。比起上面所说《元史·食货志》"赈恤"门所载次数要大得多，但上述统计数字

---

① 《元史》卷6《世祖纪三》。

② 《元史》卷7《世祖纪四》。

③ 《元史》卷28《英宗纪二》。

④ 《元史》卷6《世祖纪三》。

⑤ 《元史》卷2《太宗纪》。

⑥ 《元史》卷153《王玉汝传》。

存在两个值得注意的问题。一是有元一代各种自然灾害呈上升趋势[1]，而据上述统计，蠲免之事世祖朝较多，而成宗朝以后很少，显然不合情理。二是蠲免与赈济大多同时举行。根据《元史》诸帝《本纪》统计，有元一代各种赈济应在800起以上（见本章第一节），灾伤免亦应与之相近。现有《元史》诸帝《本纪》记载灾伤免仅211起。两者差距太大，不成比例。可以认为，《元史》诸帝《本记》中有关蠲免的记载虽然比《元史·食货志》"赈恤"门要多，仍是不完整的。

中统元年（1260）四月，忽必烈即位。"世祖中统元年，以各处被灾，验实减免科差。"[2]因灾蠲免成为国家的制度。这一年五月，立十路宣抚使。以张德辉为河东南北路宣抚使。"岁歉民乏食，请于朝，发常平粟贷之，及减其秋租有差。"[3]张文谦为大名彰德等路宣抚使，"临发，语［王］文统曰：'民困日久，况当大旱，不量减税赋，何以慰来苏之望？'文统曰：'上新即位，国家经费止仰税赋，苟复减损，何以供给？'文谦曰：'百姓足，君孰与不足。仰时和岁丰，取之未晚也。'于是蠲常赋什之四，商酒税什之二"[4]。前面说过，中统元年的宣抚司条款对减免赋税作出具体规定，最多不过四分，其余递减三分、二分。张德辉和张文谦的行为，说明这一条款已付诸实施。这应是世祖时代灾伤蠲免的最早记载。但是《元史·世祖纪》中并无当年河东和大名、彰德地区减租的记载，这是上述《元史》诸帝《本记》有关蠲免记载仍有缺失的具体例子。

在世祖朝蠲免的108起中，蠲免田租80起，蠲免科差（包银、丝料、俸钞）8起，免赋税（户赋、税、租赋、租税）9起，同时免租税、丝银3起，同时免租赋及酒醋课1起，免酒课1起，免税、逋税2起，免徭役1起，东北少数民族免租税和皮毛3起。以世祖一朝而言，至元二十七年（1290）蠲免最多，共计免田租21起，免税2起，免租税2起。应该说明的是，在元代多数文献中，租或田租指税粮而言，这是比较明确的；但赋税的含义有时比较模糊，可以指税粮、科差，也可以指其他各种税（酒税、商税等）。总之，可以看出，世祖一朝灾伤免以税粮为主，其次才是科差，然后是其

---

① 见本书上编第一章。

② 《元史》卷96《食货志四·赈恤》。

③ 苏天爵：《元朝名臣事略》卷10《宣慰张公》。

④ 《元史》卷157《张文谦传》。

他各种税即所谓"诸色课程"，这是没有疑问的。后来各朝的情况大体相同。成宗大德九年（1305）四月，大同路地震，损失惨重，"是年租赋、税课、徭役一切除免"①。大同路（今山西大同），这可能是最全面的蠲免，但这种情况是罕见的。

蠲免中免税粮的次数最多。税粮就是土地税，是国家财政中最重要的税种。在蒙古前四汗时期，"但种田者，依例出纳地税"。忽必烈当政初期，仍称地税。②后来改称税粮，地税一名作为税粮的一种，仍然保留（见下）。官方文书中，称为税粮之例甚多，如至元六年（1269）二月《提刑按察司条画》称："各路民户合纳丝银、税粮、差发，照依已立期限征纳，不再违限并征，仰常切体究。"③至元三十年（1293）中书省一件文书中称："照得科税条画内一款：钦奉圣旨节该：税粮初限十月终，中限十一月终，末限十二月终。"④成宗大德元年（1297）十月圣旨："被灾人户合纳税粮，"或"全行倚免"，或"量减三分"。⑤大德二年（1298）九月中书省文书中说："奏过事内一件：……税粮全教纳米来者，行了文书也。"⑥大德七年（1303）《奉使宣抚诏书》和八年（1304）、九年（1305）《诏书》，大德十一年（1307）武宗《登宝位诏书》，仁宗延祐元年（1314）正月《改元诏书》和延祐二年（1315）十一月《诏赦》中均称"除免税粮"。⑦致和元年（1328）二月庚申，"诏天下改元致和，免……被灾州郡税粮一年"⑧。此外，有的文书中则称"田粮"⑨。还有称为"租税"。如至元二十年（1283）世祖圣旨："江淮百姓生受，至元二十年合征租税，以十分为率，减免二分。"⑩

---

① 《元史》卷21《成宗纪四》。

② 《元典章》卷24《户部十·租税·纳税·种田纳税》。

③ 《元典章》卷6《台纲二·体察·察司·体察等例》。

④ 《元典章》卷24《户部十·租税·纳税·税粮违限官员科罪》。

⑤ 《元典章》卷3《圣政二·复租赋》。

⑥ 《元典章》卷21《户部七·仓库·余粮许粜接济》。

⑦ 《元典章》卷3《圣政二·复租赋》。

⑧ 《元史》卷30《泰定帝纪二》。

⑨ 《元典章》卷21《户部七·仓库·毋擅开收税粮》。

⑩ 《元典章》卷3《圣政二·复租赋》。

至元二十三年（1286）三月，江浙行省"拟到租税带收鼠耗粮米事"①。而
《元史》诸帝《本纪》中，一般称税粮为"租"或"田租"。以世祖一朝
为例，中统四年（1263）八月，因旱"免彰德田租之半，洺、磁十之六"。
十一月，"东平、大名等路旱，量减今岁田租"②。至元四年（1267），"是
岁……山东、河北诸路蝗，顺天束鹿县旱，免其租"。五年（1268）九月，
"中都路水，免今年田租"③。十年（1273）七月庚寅，"河南水，发粟赈
民饥，仍免今年田租"④。至元十三年（1276），"是岁……平阳路旱，济
宁路及高丽沈州水，并免今年田租"⑤。至元十五年（1278）三月，"以诸
路岁比不登，总免今年田租、丝银"。十六年（1279）三月甲戌，"以保
定路旱，减是岁租三千一百二十石"。七月癸酉，"以赵州等处水旱，减
今年租三千一百八十一石"⑥。至元十八年（1281），保定路等多水旱蝝，
"并免今年租，计三万六千八百四十石"⑦。至元二十三年（1286）十一
月，"以涿、易二州，良乡、宝坻县饥，免今年租，给粮三月。平滦、太原、
汴梁水旱为灾，免民租二万五千六百石有奇"⑧。二十五年（1288）二、六、
七、八、九、十一、十二月因各种灾害蠲免"租""田租""民租"共9起。
二十六年（1289）共免"租"或"田租"共10起。⑨二十七年（1290）免
"租"或"田租"共23起。二十八年（1291），免"租"或"田租"共8起。⑩
二十九年（1292），免"租"或"田租"共9起。三十年（1293）免"租"
或"田租"共3处。⑪成宗及以后诸帝《本纪》仍然如此。大德七年（1303）

① 《元典章》卷21《户部七·仓库·收粮鼠耗分例》。

② 《元史》卷5《世祖纪二》。

③ 《元史》卷6《世祖纪三》。

④ 《元史》卷8《世祖纪五》。

⑤ 《元史》卷9《世祖纪六》。

⑥ 《元史》卷10《世祖纪七》。

⑦ 《元史》卷11《世祖纪八》。

⑧ 《元史》卷14《世祖纪十一》。

⑨ 《元史》卷15《世祖纪十二》。

⑩ 《元史》卷16《世祖纪十三》。

⑪ 《元史》卷17《世祖纪十四》。

十二月，"甲申朔，诏内郡比岁不登，其民已免差者，并蠲免其田租"①。
延祐三年（1316）十月丁酉，"甘州、肃州等路饥，免田租"②。泰定三年
（1326）三月辛未，"大都、河间、保定、永平、济南、常德诸路饥，免
其田租之半"。泰定四年（1327）十二月己未，"大都、保定、真定、东平、
济南、怀庆诸路旱，免田租之半"③。

北方税粮分为丁税、地税，民户纳丁税，军户、匠户、僧道等纳地税。
延祐七年（1320）十一月《至治改元诏书》称："国家经费皆出于民，近
年以来，水旱相仍，艰食者众。其至治元年丁、地税粮，十分为率，普免
二分。"④泰定四年十月壬戌，"卫辉获嘉等县饥，赈钞六千锭，仍蠲丁、
地税"⑤。但如上所述，总的来说，圣旨中称税粮居多，《元史》诸帝本
纪则泛称"租"或"田租"，"丁地税"一名是不多见的。至元二十二年
（1285）二月圣旨称："京师天下之本，一切供给皆出民力，比之外路州
郡，实为偏重。近年有司奏请打量地亩，增收子粒，百姓被扰尤甚。今后
将大都一路军民等户合纳地税，尽行除免。"⑥这次免除大都的地税，不是
全部税粮，应是丁地税中的地税。但这是个别的例子。至大三年（1310）
十月，"以皇太后受尊号，赦天下。大都、上都、中都比之他郡，供给
烦扰，与免至大三年秋税。其余去处，今岁被灾人户，曾经体覆，依上蠲
免"⑦。江南税粮有夏、秋之分，大都、上都、中都均在北方，应交丁地
税，不分夏、秋税。此处"秋税"应包括丁、地税。⑧还应指出的是，朝
廷文书有时不称"减""免"，而称"赐"，这是为了颂扬蠲免是朝廷
的恩德。如至元二十四年（1287）十一月庚子，"大都路水，赐今年田租

① 《元史》卷21《成宗纪四》。

② 《元史》卷25《仁宗纪二》。

③ 《元史》卷30《泰定帝纪二》。

④ 《元典章》卷3《圣政二·复租赋》。

⑤ 《元史》卷30《泰定帝纪二》。

⑥ 《元典章》卷3《圣政二·复租赋》。

⑦ 《元史》卷23《武宗纪二》；《元典章》卷3《圣政二·复租赋》。

⑧ 《元史》卷163《张德辉传》。世祖初年，张德辉为河东南北道宣抚使。"初，
河东歉，请于朝，发常平贷之，并减其秋租有差。"此段文字源自王恽所撰《行状》
（见《元朝名臣事略》卷10，第208页）。则当时确有以"秋租"等同于税粮。

十二万九千一百八十石”①。“赐”田租就是免税粮。元朝宫廷食用的米，“苏门者为上，酿酒者多用”②。苏门即辉州，属卫辉路。苏门米属于宫廷酿酒专用。天历二年（1329）九月，“以卫辉路旱，罢苏门岁输米二千石”③，这是蠲免中的特例。

灾害严重时，既免税粮又免差发。“差税”是差发、税粮之意。成宗大德五年（1301）八月诏书中宣布：“各处风水灾重去处，今岁差发、税粮并行除免，贫破缺食之家计口赈济。乏绝尤甚者另加优给。”④元成宗大德七年（1303）三月，元成宗向各地派遣奉使宣抚，有关诏书中宣布，“内郡大德六年被灾阙食、曾经赈济人户，其大德七年差发、税粮，尽行蠲免”⑤。同年八月，山西地震，“仍免太原、平阳今年差税”⑥。大德八年（1304）正月“以灾异故，诏天下恤民隐，省刑罚”⑦。诏书中宣布：“去岁地震，平阳、太原两路灾重去处，系官、投下一切差发、税粮，自大德八年为始，与免三年。隆兴、延安两路与免二年。上都、大同、怀孟、卫辉、彰德、真定、河南、安西等处被灾人户亦免二年。”“大都、保定、河南路分连年水灾，田禾不收，人民缺食生受，别行赈济。外，保定、河间两路大德八年系官、投下一切差发，系官税粮，并行蠲免。”⑧武宗至大元年（1308）七月命相诏书中规定：“江南、江北水旱饥荒去处已尝遣使分道赈恤。去岁今春曾经赈济人户，至大元年差发、夏税并行蠲免。”至大二年（1309）二月上尊号诏书说：“被灾曾经赈济百姓，至大二年腹里差税、江淮夏税并行蠲免。”⑨至大二年十一月庚辰朔，“以徐、邳连年大水，百姓流离，悉免今岁差税。……东平、济宁荐饥，免其民差税之半，下户悉免之”⑩。至大三

---

① 《元史》卷14《世祖纪十一》。

② 忽思慧：《饮膳正要》卷3《米谷品》。

③ 《元史》卷33《文宗纪二》。

④ 《元典章》卷3《圣政二·赈饥贫》。

⑤ 《元典章》卷3《圣政二·复租赋》。

⑥ 《元史》卷21《成宗纪四》。

⑦ 同上。

⑧ 《元典章》卷3《圣政二·复租赋》。

⑨ 同上。

⑩ 《元史》卷23《武宗纪二》。

年（1310）十一月戊寅，"济宁、东平等路饥，免曾经赈恤诸户今岁差税，其未经赈恤者，量减其半"①。皇庆二年（1313）七月癸巳，"保定、真定、河间民流不止，命所在有司给粮两月，仍悉免今年差税"②。延祐元年（1314）正月改元诏书，称："上都、大都合纳差税，自延祐元年蠲免二年。""被灾去处，皇庆二年曾经赈济人户，延祐元年差发、税粮尽行蠲免。"延祐二年（1315）十一月诏赦内一款："大都、上都、兴和三路，供给繁重。合该差税，自延祐三年为始，与免三年。"延祐四年（1317）闰正月建储诏书内一款称，因"阿撒罕叛乱，百姓被扰"，陕西及宁夏路等地，"延祐四年差发、税粮，十分中与免三分"。延祐七年（1320）十一月，至治改元诏书称："大都、上都、兴和三路，供输繁重，自至治元年为始，合着差税全免三年。"③文宗至顺元年（1333）五月戊午，"是日，改元至顺，诏天下。河南、怀庆、卫辉、晋宁四路曾经赈济人户，今岁差发全行蠲免，其余被灾路分人民已经赈济者，腹里差发、江淮夏税亦免三分"④。至正六年（1346）闰十月乙亥朔，顺帝"诏赦天下，免差税三分，水旱之地全免"⑤。"免差税"就是同免科差、税粮。凡称免差税，一般均指江淮以北地区而言。凡涉及江南差发（包银）都要另加说明，如泰定二年（1325）闰正月壬子朔，"诏赦天下，除江淮创科包银，免被灾地差税一年"⑥。

江南税粮的蠲免，常常区分夏税、秋粮。元朝灭南宋、统一江南以后，原来只征秋税。"成宗元贞二年，始定征江南夏税之制。"⑦夏税在江南税粮中所占比重不大。大德元年（1297）十月圣旨："江南新科夏税，今年尽行倚免。已纳在官者，准算来岁夏税。"⑧这是元朝确定征收江南夏税的次年，故云"新科"。大德三年（1299）五月，"是月，鄂、岳、汉阳、

① 《元史》卷23《武宗纪二》。

② 《元史》卷24《仁宗纪一》。

③ 《元典章》卷3《圣政二·复租赋》。

④ 《元史》卷34《文宗纪三》。

⑤ 《元史》卷41《顺帝纪四》。

⑥ 《元史》卷29《泰定帝纪一》。

⑦ 《元史》卷93《食货志一·税粮》；《元典章》卷24《户部十·租税·起征夏税》。

⑧ 《元典章》卷3《圣政二·复租赋》。

兴国、常、澧、潭、衡、辰、沅、宝庆、常宁、桂阳、茶陵旱，免其酒课、夏税"[1]。以上各地均属湖广行省，地处江南。大德七年（1303）三月《设立奉使宣抚诏书》内一款："荆湖、川蜀州郡，拘该供给八番军储去处，夏税、秋粮，荆湖与免三分之二，川蜀与免四分之一。"[2] "荆湖"指河南行省属下的襄阳路（今湖北襄阳，忽必烈时代曾立荆湖行省，后罢），"川蜀"指四川行省，可知这两个地区亦征夏税。同年六月乙巳，"浙西淫雨，民饥者十四万，赈粮一月，仍免今年夏税并各户酒醋课"[3]。大德十一年（1307）五月，武宗《登宝位诏书》称："江南路分，今年夏税免五分，秋税免三分，已纳到官者，准下年数。"至大元年（1308）七月《命相诏书》中一款："江南、江北水旱饥荒去处……去岁今春曾经赈济人户，至大元年差发、夏税并行蠲免。"至大二年（1309）正月丙申，"诏……被灾百姓，内郡免差税一年，江淮免夏税"。至大四年（1311）正月仁宗《祀南郊诏书》内一款："江南夏税，与免三分"。延祐二年（1315）十一月《诏赦》内一款：江淮夏税，十分中减免三分。" "江西、福建因值贼人蔡五九、李社长作乱曾被残害百姓，合该夏税、秋粮，自延祐二年（1315）为始，与免二年。若已纳到官者，准下年数。"延祐四年（1317）闰正月《建储诏书》和七年（1320）三月英宗《登宝位诏书》中都提到"江淮夏税，普（一作并）免三分"[4]。文宗至顺元年（1300）五月戊午，"改元至顺，诏天下，江淮夏税，亦免三分"[5]。从上引记载可知，凡涉及夏税者多数作"江南"，但亦有作"江淮"者。至元十三年（1276）元朝在扬州建江淮行省，至元二十一年（1284）"自扬州迁江淮行省来治于杭，改曰江浙行省"[6]。自此以后，元朝没有以"江淮"命名的行政区域。从行文来看，"江淮"常与"腹里"并提，应指江南而言。

交纳税粮有远仓、近仓之别，"富户输远仓，下户输近仓"，应输远仓者如在近仓交纳，要另加脚钱。[7] 实际上多数民户都要输远仓。长途运输

---

① 《元史》卷20《成宗纪三》。

② 《元典章》卷3《圣政二·复租赋》。

③ 《元史》卷21《成宗纪四》。

④ 《元史》卷23《武宗纪二》。

⑤ 《元史》卷34《文宗纪三》。

⑥ 《元史》卷60《地理志五》。

⑦ 《元史》卷93《食货志一·税粮》。

是民户的额外负担。有些地方在发生灾荒时便将远仓改为近仓，作为一项救灾措施。"元贞改元，天下大熟，独本境高寒，雨鲜霜早，害于西成，民有饥色。又迫年例远输之役，人情恟惧，道路嗷嗷，牒诵有司，稽延不报。适会侯公耀卿来知是州，下车之始，首劝农民勉种二麦，为明年计。仍即同僚共议曰：'民唯邦本，食乃民天。食歉民饥，义当赈济，而复董远输，是在上弗及知也。我等亲临，安忍坐视。'遂与达鲁花赤小迷失径诣府庭，伸恳得免阖境远仓之输。百姓感悦，咸德二公。"① 但这是很特殊的例子。

北方的科差包括丝料和包银。至元七年（1270）五月壬戌，"大名、东平等路桑蚕皆灾，南京、河南等路蝗，减今年银丝十之三"②。这里的南京是金代旧名，后改汴梁路（今河南开封）。至元十五年（1278）三月，"壬寅，以诸路岁比不登，免今年田租、丝银"③。"银丝"或"丝银"即包银和丝料。至元二十四年（1287）六月壬申，"北京饥，免丝银、租税"。当时的北京即大宁路（今内蒙古宁城）。八月，"丁亥，沈州饥，又经乃颜叛兵蹂践，免其今岁丝银、租赋"④。沈州后改沈阳路，治乐郊（今辽宁沈阳）。大德四年（1300）四月，"丁巳，免今年上都、隆兴丝银，大都差税、地租"。隆兴路后改兴和路，路治高原（今河北张北）。同年十一月"壬寅朔，诏颁宽令，免上都、大都、隆兴大德五年丝银、税粮"⑤。从以上事例，可知免丝银的对象限于北方农业区和半农半牧区，和南方无关。

也有单免丝料或包银的情况。至元三年（1266），"以东平等处蚕灾，减其丝料"⑥。至元四年（1267）六月壬戌，"以中都、顺天、东平等处蚕灾，免民户丝料轻重有差"⑦。至元六年（1269），"以济南、益都、怀孟、德州、淄莱、博州、曹州、真定、顺德、河间、济州、东平、恩州、南京等处桑

① 杨仁风：《重修五龙庙记》，《长治县志》卷4，引自李修生《全元文》第31册，第2页。

② 《元史》卷7《世祖纪四》。

③ 《元史》卷10《世祖纪七》。

④ 《元史》卷14《世祖纪十一》。

⑤ 《元史》卷20《成宗纪三》。

⑥ 《元史》卷96《食货志四·赈恤》。

⑦ 《元史》卷6《世祖纪三》。

蚕灾伤，量免丝料"①。至元八年（1271）四月戊午，"以至元七年诸路灾，蠲今岁丝料轻重有差"②。至元二十七年（1290）六月，"辛丑，免河间、保定、平滦岁赋丝之半"。七月癸丑，"免大都路岁赋丝"③。延祐四年（1317）闰正月《建储诏书》称："腹里丝料……普免三分。"延祐七年（1320）三月英宗《登宝位诏书》中宣布："恤灾拯民，国有令典。应腹里路分被灾去处，曾经赈济者，据延祐七年合该丝线，十分为率，拟免五分。其余诸郡丝线并江淮夏税，并免三分。"同年十一月《至治改元诏书》云："腹里被灾人户，曾经廉访司体覆者，下年丝科与免三分。"④以上都是单免丝料。至元七年三月戊午，"益都、登、莱蝗、旱，诏减其今年包银之半"⑤。至大四年（1311）正月《祀南郊诏书》称："至大四年腹里百姓合纳包银，全行蠲免。"延祐七年（1320）十一月《至治改元诏书》称："合该包银除两广、海北海南权且倚阁，其余去处减免五分。"⑥以上是单免包银。单免丝料限于北方农业区或半农半牧区，但元英宗即位后在江南部分人户中征包银，《至治改元诏书》中所说包银减免则应包括江南在内。

元朝的蠲免一般是减免当年的税粮或科差，以《元史·世祖纪》所载蠲免来说，共108例，明确记载减免全部或部分当年税粮或科差共34起，只说减免田租或科差的有40余起，其中大多数亦应指当年的田租或科差。世祖以后的蠲免，有自当年起二年、三年"差税"者。大德六年（1302）三月"丁酉，以旱、潦为灾，诏赦天下。大都、平滦被灾尤甚，免其差税三年，其余灾伤之地，已经赈恤者免一年"⑦。大德八年（1304）正月己未，"以灾异故，诏天下恤民隐，省刑罚。……平阳、太原免差税三年。隆兴路被灾人户免二年。大都、保定、河间路免一年"⑧。至大二年（1309）九月，"庚辰朔，以尚书省条画诏天下。……诏：'……各处人民饥荒转徙复业者，

① 《元史》卷96《食货志四·赈恤》。

② 《元史》卷7《世祖纪四》。

③ 《元史》卷16《世祖纪十三》。

④ 《元典章》卷3《圣政二·复租赋》。

⑤ 《元史》卷7《世祖纪四》。

⑥ 《元典章》卷3《圣政二·复租赋》。

⑦ 《元史》卷20《成宗纪三》。

⑧ 《元史》卷21《成宗纪四》。

一切逋欠，并行蠲免，仍除差税三年。'"泰定四年（1327）十一月辛卯，"永平路水旱，民饥，蠲其赋三年"①。

　　元朝还有不少"免逋税"的记载，即免除过去拖欠未交的税粮。元朝诸帝登基时，常有免逋税之举，以示恩惠。至大三年（1310）十二月，中书省臣上奏说："在先世祖皇帝登宝位时分，将蒙哥皇帝时分拖下的钱粮不交追征，住罢了来。后头完泽笃皇帝登宝位呵，将世祖皇帝时分拖下的钱粮追征呵，为百姓生受的上头，完泽丞相为头省官人每奏了，不交追征，都住罢了来。如今将在先旧拖欠下的钱粮，交中书省官人每提调着，奉圣旨追征有。可怜见呵，依在先体例，自完泽笃皇帝以来中书省里应合追的旧钱粮，交住罢了，百姓也不生受，皇帝根底也得福的一般有。"元武宗表示："是也。依在先体例，中书省里提调着，应合追征的旧钱粮等，都休追征者。"②可知世祖、成宗（完泽笃皇帝）、武宗几朝都有免除前朝拖欠钱粮即"逋租"之举。以世祖一朝来说，至元十四年（1277），孙公亮任彰德路（今河南安阳）总管。"以三事躬请于朝。其一，比岁霖潦伤稼，民多阙食，准免逋税九千七百石。"③至元二十五年（1288）九月，"甘州旱饥，总免逋税四千四百石"。至元二十六年（1289）二月丁卯，"绍兴大水，免未输田租"。五月己亥，"辽阳路饥，免往岁未输田租"④。以上几项是没有明确年限的逋租。另一类是免除有明确年限的"逋租""未输田租"。如至元二十七年（1290）十二月，"免大都、平滦、保定、河间自至元二十四年至二十六年逋租十三万五百六十二石"。至元二十八年（1291）正月辛酉，"免江淮贫民至元十二年至二十五年所逋田租二百九十七万六千余石，及二十六年未输田租十三万石、钞千一百五十锭、丝五千四百斤、绵千四百三十余斤"。二月丙子，"上都、太原饥，免至元十二年至二十六年民间所逋田租三万八千五百余石"⑤。世祖以后各朝，亦时有免"逋租"的记载。成宗大德八年（1304）七、八、九月，因"去

----

① 《元史》卷30《泰定帝纪二》。

② 《元典章》卷21《户部七·仓库·免征·旧钱粮休追》。

③　王恽：《行工部尚书孙公神道碑铭》，《秋涧先生大全集》卷58。

④ 《元史》卷15《世祖纪十二》。

⑤ 《元史》卷16《世祖纪十三》。

岁霖雨"免顺德等地田租。① 所免应是去年拖欠的税粮。至大元年（1308）二月壬寅，"中书省臣言：'陕西行省言，开成路前者地震，民力重困，已免赋二年，请再免今年。'从之"②。"免赋二年"应是前两年拖欠的税粮。至大三年（1310）十一月庚辰，"河南水，死者给槥，漂庐舍者给钞，验口赈粮两月。免今岁租赋，停逋责"③。"停逋责"应指过去的逋欠。

元朝还在灾荒之年实行赋税"倚阁"或"权停"，也就是暂时停征，听候以后处理。至元八年（1271）五月，御史魏初奏："比闻朝廷以山东蝗、旱，民多阙食，已差官给粮赈济，及倚阁悬欠税粮，其民固已幸矣。"④ 虽给赈济，但没有及时蠲免税粮，只是"倚阁"，等待处理。至元九年（1272）六月，中书省的一件文书中说："据御史台呈，河北河南道按察司申该，随路至元六年、七年透纳灾伤粮数，送户部议拟得：'今后各路遇有灾伤，随即申部许准，检踏是实，验原申灾地体覆相同，比及造册完备，拟会办实损田禾顷亩分数，将实该税石权且住催听候。如此不致透纳。'都省准呈。"⑤ 至元二十年（1283）正月丙寅，"以燕南、河北、山东诸郡去岁旱，税粮之在民者，权停勿征"。"壬申，御史台言：'燕南、山东、河北去年旱灾，按察司已尝阅视，而中书不为奏免，民何以堪，请权停税粮。'制曰：'可'。"⑥ "倚阁"或"权停"可能是临时性的措施，一般来说，事后可以通过免逋税（租）得到解决。

赋税之外，百姓还要负担杂泛差役。一般来说，蠲免不包括杂泛差役。蠲免杂泛差役都要特别说明。

大德时，刘敏中在中书省集议时提出："即今诸处缺食，赈济不给，来春虑恐盗贼生发，官司难于制御。所据细民无田可耕，无财可营者，量与免放差役，或五年，或三年。……其诸不急之役，一切定罢。所以广恩

---

① 《元史》卷21《成宗纪四》。

② 《元史》卷22《武宗纪一》。

③ 《元史》卷23《武宗纪二》。

④ 魏初：《奏章九》，《青崖集》卷4。

⑤ 《元典章》卷23《户部九·农桑·灾伤·灾伤地税住催》。

⑥ 《元史》卷12《世祖纪九》。

泽，结人心也。"①"不急之役"指的是各种力役。②如，大德七年（1303）闰五月癸未，"各道奉使宣抚言，去岁被灾人户未经赈济者，宜免其差役。从之"③。大德九年（1305）四月乙酉，大同路地震，"是年租赋、税课、徭役一切除免"④。

元代腹里地区居民还有一项特殊的劳役，即为京城中的官员、宿卫饲养马、驼。"大驾岁幸上都，公卿宿卫之士扈从而还，悉出驼、马分饲山东、河朔，以少者留京师，度支即以刍料给之。"大德时，和洽为沛县尹，"朝廷岁命卫士以驼马分饲民家，及闻民多被扰，始命郡县筑驼圈作马厩，官吏董之，庶几编民不至受害。公时在沛，买地三十亩，作马厩数十楹"⑤。事实上养马扰民一直是河北、山东居民的沉重负担。如文宗时，马祖常参议中书省事。"勅卫士饲驼马者听借民冗舍以居。公曰：'卫士饲驼马已有定居，今不遵旧制，徒使细民横被惊扰。'"⑥但灾荒之年有时可减免。至元二十四年（1287）二月，"真定路饥，发沿河仓粟减价粜之。以真定所牧官马四万余匹分牧他郡"⑦。大德七年（1303）八月山西发生大地震，元朝采取多种救灾措施。这一年九月丙寅，"以太原、平阳地震，禁诸王阿只吉、小薛所部扰民，仍减太原岁饲马之半"⑧。至治元年（1321），赵晟为安喜县（今河北定州）尹，"朝廷……岁终又以卫士马分饲民间，公以县剧民困为言，并得蠲免"⑨。

税粮和差发（丝银）是元代赋税的主要项目。此外还有"诸色课税"，即各种税，灾害发生时，有时也在减免之列。

减酒税。元代的酒税比较复杂，有的地方实行"榷沽"，即国家专卖；多数地方实行"散办"，即对居民按财产征收不同数量的酒税，允许自行

---

① 刘敏中：《都堂提说事目》，《中庵先生刘文简公文集》卷15。

② 《元史》卷6《世祖纪三》。

③ 《元史》卷21《成宗纪四》。

④ 同上。

⑤ 苏天爵：《李公墓碑铭》，《滋溪文稿》卷17。

⑥ 苏天爵：《马文贞公墓志铭》，《滋溪文稿》卷9。

⑦ 《元史》卷14《世祖纪十一》。

⑧ 《元史》卷21《成宗纪四》。

⑨ 苏天爵：《赵侯神道碑》，《滋溪文稿》卷11。

造酒饮用。当天灾严重时，朝廷因粮食供应紧张，常颁布禁酒令，不许酿酒卖酒，但有时也允许造酒出卖，降低酒税，以示优惠。前面说过，中统元年（1260），因张文谦建议，在免常赋十之四的同时，减免"商、酒税十之二"[①]。至元七年（1270）九月丙寅，"山东饥，敕益都、济南酒税以十之二收粮"[②]。酒税原收钞，以十之二收粮是供救灾之用。至元二十五（1288）年五月，"丁酉，平江水，免所负酒课"[③]。至元二十七年（1290）八月庚辰，"免大都、平滦、河间、保定四路流民租赋及酒醋课"[④]。大德三年（1299）五月，"是月，鄂、岳……旱，免其酒课、夏税。"[⑤]大德七年（1303）六月乙巳，浙西饥民十四万赈粮一月，"仍免今年夏税并各户酒醋课"[⑥]。大德十一年（1307）七月癸酉，"江浙水，民饥，诏赈粮三月，酒醋门摊课税悉免一年"。同年十一月乙亥，"建康路属州县饥，诏免今年酒醋课"[⑦]。至大元年（1308）十一月丁未，"以杭州、绍兴、建康等路岁比饥馑，今年酒课免十分之三"[⑧]。元成宗时，集贤学士刘敏中建议："灾伤阙食最甚去处，宜与免放酒课，止许穷民小户造酒，货卖自养，诸有力之家，不许酤造，违者准私酒法科断。如此，即与赈济无异。"[⑨]刘的建议，免除酒税，允许穷人造酒出售，禁止富人造酒，是否被采纳，史无明文。总的来说，有元一代，因灾禁酒相当频繁（见下），减酒税也就没有多大意义了。

　　免商税。元代的商税一般是按交易数额提成的，通常是三十取一。各地的征税机构每年都有定额。山西在大地震之后，商品交换停滞，导致商税减少。大德九年（1305）七月乙巳，"禁晋宁、冀宁、大同酿酒，蠲晋宁、

① 《元史》卷157《张文谦传》。

② 《元史》卷7《世祖纪四》。

③ 《元史》卷15《世祖纪十二》。

④ 《元史》卷16《世祖纪十三》。

⑤ 《元史》卷20《成宗纪三》。

⑥ 《元史》卷21《成宗纪四》。

⑦ 《元史》卷22《武宗纪一》。

⑧ 同上。

⑨ 刘敏中：《都堂提说事目》，《中庵先生刘文简公文集》卷15。

元代灾荒史
Yuandai Zaihuang Shi

冀宁今年商税之半"①。大灾之年，商品交换必然减少。蠲免部分商税，是降低征税机构的定额，和受灾的百姓没有直接的关系。也就是说，商税减免和其他赋税的减免是不一样的。事实上，灾年减商税是不多见的。

免盐课。元代盐的销售，主要有两种方式。一种是盐商运销，一种是计口食盐。所谓计口食盐，即按居民户口分配一定数额的盐，直接征收盐价。这是强制的摊派，国家赋税的一种形式。每逢灾荒，百姓大批流亡，计口食盐的盐课就收不上来，官府不得不采取部分蠲免的措施。至元八年（1271）五月，御史魏初上奏说，"山东蝗旱，民多阙食"，朝廷已经赈济及倚阁悬欠税粮，"外据盐货，见行桩配，其法施之丰穰之岁，犹有所不堪，况其蝗、旱之余，阙食之际，岂可不为之更张哉"！魏初指出计口食盐是山东百姓的沉重负担，建议对遭灾地区应"从长讲究施行，是亦赈济之一大端也"②。但他的建议是否被接受，是不清楚的。延祐五年（1318）三月甲申，"免巩昌等处经赈济者差税、盐课"③。巩昌路（今甘肃陇西）属陕西行省，应是实行计口食盐。张昇为绍兴路（今浙江绍兴）总管。当地实行计口食盐。"初，大德、至大间，越大饥，且疫疠，民死者殆半，赋税、盐课责里胥代输，吏并缘为奸，害富家。昇为证于簿籍，白行省蠲之。"④大灾之年，居民死亡将近一半，本来按户口分摊的赋税和盐课收不上来，官府就强迫"里胥"亦即地方职事人员（里正、主首）承担，而里正、主首往往和吏员串通，转加在"富家"身上。绍兴路总管张昇则根据户籍向行省请求蠲免，即将死亡人口原应负担的盐课和其他赋税免除，这就被视为"德政"。又如，张世昌为高密（今山东高密）县尹。"岁歉，饥莩载道，盐司犹征常课。君蹙然谓同僚曰：'吾辈职居抚字，民实为天。民困如此，复征税以速流离，忍乎？'遂力陈转运使，请半蠲其课，少利饥民。盐使亦曰：'国以民为本，为民乞命，有何间焉。'允其请。"⑤这里所说的"盐司犹征常课"也是指计口食盐而言的。以上是灾区获得减免盐课的例子。顺帝至元二年（1336）

① 《元史》卷21《成宗纪四》。

② 魏初：《奏章九》，《青崖集》卷4。

③ 《元史》卷26《武宗纪三》。

④ 《元史》卷177《张昇传》。

⑤ 李廷实：《张尹去思碑记》，康熙《高密县志》卷10，引自李修生《全元文》第19册，第655页。

九月，监察御史帖木儿不花建言："至元元年各州县户口额办盐课，其陕西运司官不思转运之方，每年预期差人，分道赍引，遍散州县，甫及旬月，杖限追钞，不问民之无有。窃照诸处运司之例，皆运官召商发卖，唯陕西等处盐司，近年散于民户。……先因关陕旱饥，民多流亡，准中书省咨，至顺三年盐课，十分为率，减免四分。于今三载。尚有亏负。盖因户口凋残，十亡八九，纵或有复业者，家产已空。"可以看出，陕西地区实行计口食盐之法，由于灾荒，百姓流亡，政府不得不蠲免十分之四盐课。但是当地户口"十亡八九"，少数逃户复业也很穷困，盐课征收仍是严重的问题。"旧债未偿，新引又至，民力有限，官赋无穷。"[①]盐课本来就是百姓的沉重负担，在灾区更加突出。灾荒连年，百姓逃亡，计口食盐实际上已很难施行。至正四年（1344）十一月丁亥朔，"以各郡县民饥，不许抑配食盐"。但这是临时中止，还是完全取消，史无明文。至正八年（1348）四月"辛未，河间等路以连年河决，水旱相仍，户口消耗，乞减盐额，诏从之"。地方官府请求"减盐额"，应亦是减少计口食盐的数量。[②]

免皮货。东北以渔猎为生的民族，每年要交纳兽皮等物作为贡赋。忽必烈即位后，曾下令"禁断弓箭"。至元七年（1270），开元路报告："照得本路所辖，俱系诸王投下女直打捕人户，每年春种些小油麻，并无营运，从秋至冬，执把弓箭，打捕水獭、貂鼠、青鼠等皮货，如逢虎豹，射捕得到皮货，折纳包银布匹。"请求不要将"弓箭禁断"。中书省认为，"开元路人户别无出产，为藉打捕到皮货折纳差发，难同别路一体禁断弓箭"[③]。开元路治黄龙府（今吉林农安），辖地很广。当时开元路居住的女直（真）等户，以各种兽皮作为"差发"。至元六年（1269）二月，"开元等路饥，减户赋布二匹，秋税减其半。水达达户减青鼠二。其租税被灾者免征"[④]。前面"减户赋"的"户"应指当地从事农业的人户，后面的水达达户是女真的一部分，他们交纳青鼠皮作赋税，因灾减征。至元二十四年（1287）闰二月，"以女直、水达达部连岁饥荒，移粟赈之，仍尽免今年公赋及减

① 《元史》卷97《食货志五·盐法》。

② 《元史》卷41《顺帝纪四》。

③ 《元典章》卷35《兵部二·军器·许把·开元路打捕不禁弓箭》。

④ 《元史》卷6《世祖纪三》。

所输皮布之半"①。至元二十五年（1288）二月庚申，"辽阳、武平等处饥，除今年租赋及岁课貂皮"②。

元朝实行户等制，即将居民按丁力资产分为三等九甲，征收赋税、摊派差役，大多以户等为据。③元朝在实施灾伤蠲免时，亦以户等为据。至元二十三年（1286）八月，"平阳路岁比不登，免贫民税赋"④。"贫民"应即指下户而言。"至大二年（1309）十一月庚辰朔，东平、济宁荐饥，免其民差税之半，下户悉免之。"⑤至大三年（1310）十一月，户部的一件文书中批评地方官府对"被灾曾经赈济人户"申报不实，"若如是依前供报不明……及将上、中户计妄作贫穷缺食下户支请钱粮，冒除差税，定将当该官吏追陪断罪"⑥。在大多数情况下，蠲免的对象是贫穷下户，应无疑义。但是否普遍如此（如某些发生特大灾害的地区），还有待进一步研究。

蠲免与赈济是元朝赈恤制度的两个组成部分。一般来说，各地发生灾情，经过上报核实以后，就要蠲免赋税和给予赈济。元淮说，他奉命核实广德路建平县水灾。核实后"力为保申，少解倒悬。此去不特蠲租，其赈恤之惠兼行矣"⑦。"柘城岁为涝歉，县未达郡，民多转徙。簿（县主簿墅仙若思——引者）首举以闻，郡允所上，发仓赈济。会有诏恤被灾地，因得除其租税，民困少苏。"⑧可知两者是大体同步的，凡有赈恤者可免赋税，反之亦然。至元六年（1269）夏，"雨水淫溢，秋大蝗、旱，冬复无雪，民骚然有冻馁流移之患。七月，诏遣使决天下囚，降其罪。仍命户部视郡县民灾之轻重，减其租税。十二月，复遣使发诸道转运所蓄，大赈贫乏，至春始毕而雨"⑨。至元二十三年（1286）十一月，"丙子，以涿、易

①《元史》卷14《世祖纪十一》。

②《元史》卷15《世祖纪十二》。

③陈高华：《元代户等制略论》，《中国史研究》1979年第1期。

④《元史》卷14《世祖纪十一》。

⑤《元史》卷23《武宗纪二》。

⑥《元典章》卷17《户部三·户计·籍册·灾伤缺食供写原籍户名》。

⑦《书建平县驿》，《金困集》。

⑧奴都赤：《墅仙德政碑记》，康熙《柘城县志》卷4，引自李修生《全元文》第54册，第118页。

⑨刘敏中：《至元恩泽颂》，《中庵先生刘文简公文集》卷14。

二州，良乡、宝坻县饥，免今年租，给粮三月。平滦、太原、汴梁水旱为灾，免民租二万五千六百石有奇”。二十四年（1287）闰二月癸亥，“以女直、水达达部连岁饥荒，移粟赈之，仍尽免今年公赋及减所输皮毛之半”①。至元二十五年（1288）八月，“壬申，安西省管内大饥，蠲其田租二万一千五百名有奇，仍贷粟赈”②。至元二十六年（1289）八月，“辛酉，大都路霖雨害稼，免今岁租赋，仍减价粜诸路仓粮”③。大德六年（1302）三月丁酉，“以旱、溢为灾，诏赦天下。……其余灾伤之地，已经赈恤者免一年”④。至大元年（1308）七月，“是月……江南、江北水旱饥荒，已尝遣使赈恤者，至大元年差发、官税并行除免”⑤。至大三年（1310）十一月，“戊寅，济宁、东平等路饥，免曾经赈恤诸户今岁差税，其未经赈恤者量减其半”⑥。此处“赈恤”指赈济而言，不是广义的包括蠲免的“赈恤”。曾经得到赈济的人户可全免差税，未得到赈济者只能免半。由此亦反映出两者之间的联系。至大四年（1311）六月己巳，“河间、陕西诸县水、旱伤稼，命有司赈之，仍免其今年租”⑦。延祐元年（1314）正月丁未，“诏改元延祐。……其余被灾曾经赈济人户，免差税一年”⑧。至治二年（1322）二月癸亥，“辽阳等路饥，免其租，仍赈粮一月”⑨。泰定四年（1327）四月乙未，“永平路饥，免其租，仍赈粮两月”⑩。以上这些记载都说明蠲免与赈济是同时举行的。乌古孙泽为广西两江道宣慰副使，“两江荒远瘴疠……岁饥，上言蠲其田租，发象州、贺州官粟三千五百石以赈饥者，既发，乃上其事。时行省平章哈剌哈孙察其心诚爱民，不以专擅罪之”⑪。上引至大

---

① 《元史》卷14《世祖纪十一》。

② 《元史》卷15《世祖纪十二》。

③同上。

④ 《元史》卷20《成宗纪三》。

⑤ 《元史》卷22《武宗纪一》。

⑥ 《元史》卷23《武宗纪二》。

⑦ 《元史》卷24《仁宗纪一》。

⑧ 《元史》卷25《仁宗纪二》。

⑨ 《元史》卷28《英宗纪二》。

⑩ 《元史》卷30《泰定帝纪二》。

⑪ 《元史》卷163《乌古孙泽传》。

三年（1310）十一月尚书省文书中提到有些地区存在"将上、中户计妄作贫穷缺食下户支请钱粮、冒除差税"的情况。"支请钱粮"就是赈济，"冒除差税"就是蠲免，也说明两者大体是同步的，得到蠲免便应给予赈济。《元史》诸帝本纪中灾伤蠲免记载少而赈济多，是不合情理的。但事实上确有两者不一致的情况。元顺帝时，苏天爵上奏：天灾时见，百姓困苦，"宜从朝廷早赐闻奏，验彼灾伤去所，曾经赈济之家，合纳夏税，量与蠲免，庶几实惠普沾困穷，销愁怨之苦为欢悦之心"[①]。显然，灾民已经赈济，却未得到蠲免。而造成这种情况，应是官府工作的失误。

第三节　几种户的赈恤

有元一代，全国居民分为各种户，有民户、军户、站户、盐户、匠户、儒户、医户、僧户、道户等，统称诸色户计。各种户都要承担不同的义务，如民户主要承担田赋、科差、杂泛差役与和雇和买，军户、站户要承担军役、站役，而在田赋、科差、杂泛差役、和雇和买等方面则可以得到不同程度的减免。元朝因灾害发生实行赈恤时，面向诸色户计中的多数，但对有几种户则另行处理。此外，大都的居民，在赈济方面，得到比其他地区好得多的待遇。

盐户。盐户是盐业生产者。他们是由国家签发的，固定在盐场上，不能自由移动。盐户每年都要交纳一定数量的盐，国家则发给工本钞，作为报酬。元朝政府设立专门机构管理盐户生产，盐户归盐业机构管理，另立户籍。地方政府一般不能过问。因此，凡遇灾害发生时，官府进行赈济，盐户往往被忽略不计。关关任山东转运司同知。"泰定二年夏，旁近诸县水灾，朝廷遣使赈之，而漏灶民。公曰：'均饥于灾，此独屯其膏，何也？'遂遣吏再三请，乃更溥及。"[②]朝廷赈济，"灶民"即盐户不在数内，经过关关再三争取，才得到同样的待遇。可见在通常情况下，官方赈济不包括盐户。官府对盐户的赈济另有专门的措施。董孝良"以材果管勾三汊沽盐官事。至元十年秋，大霖，三汊被浸。亭户例狼藉阻饥。侯致恤，申明上官，

---

①苏天爵：《乞免饥民夏税》，《滋溪文稿》卷26。

②张养浩：《关关行司惠政碑》，《归田类稿》卷17。

发廪米四千余石，侯乃计口均给，民免菜色"①。"三汊沽"在今天津境内，"太宗丙申年，初于白陵港、三叉沽、大直沽等处置司，设熬煎办"②。三叉（汉）沽是大蒙古国控制北方最早建立的盐司之一。大雨淹没三汊沽盐场，导致当地"亭户"（盐户的别名）饥馑，官司发米救济，这是大蒙古国赈恤盐户的最早记载。泰定元年（1324）十二月，"温州路乐清县盐场水，民饥，发义仓粟赈之"③。至顺二年（1331）三月癸巳，"赈浙西盐丁五千余户"。四月辛酉，"以山东盐课钞……一千锭赈信阳等处盐丁"④。信阳场是山东盐运司属下盐场之一，盐丁是盐户中当役的劳动者。以上数例都是专门对盐业生产者进行赈济，赈济时有的是以口为单位发放，有的则以户或丁为单位。

忽必烈登基后，在前代基础上逐步对盐实行严格的专卖制度，从中获得巨大的利益。对各盐司、盐场，都规定具体的生产指标，称为"额盐"。为了增加盐课收入，中期以后，政府不断提高各盐司的生产指标，有时还在"额盐"之外，临时增加数量，称为"余盐"。"余盐"本是临时追加的，但过后并不取消。这样便大大增加了盐户的负担。每当各种灾害发生，盐户困苦流亡，元朝政府便减免盐户的额盐或余盐，以示优恤。

两浙盐运司原来"额盐"十五万九千引（每引四百斤），逐年增加到四十五万引，元顺帝元统元年（1333）又追加"余盐"三万引。"课额愈重，煎办愈难"，盐户生活日益困苦。后至元五年（1339），两浙运司的一份报告中说："各场原签灶户一万七千有余，后因水旱疫疠，流移死亡，止存七千有余。"⑤逃走、死亡的盐户原来承担的盐额都要由现存的盐户来承担。一遇灾害，他们更难以抗拒。至正元年（1341）四月，"丁酉，以两浙水灾，免岁办余盐三万引"⑥。这是因水灾允许免交当年的"余盐"。两浙盐司的原有"额盐"则不在豁免之列。

河间盐运司管理今河北地区沿海的盐场。原额二十五万引，逐

---

① 王恽：《宝坻董氏先德碑铭》，《秋涧先生大全集》卷55。

② 《元史》卷94《食货志二·盐法》。

③ 《元史》卷29《泰定帝纪一》。

④ 《元史》卷35《文宗纪四》。

⑤ 《元史》卷97《食货志五·盐法》。

⑥ 《元史》卷40《顺帝纪三》。

年增加到三十五引，元统元年又增"余盐"三万引。该运司原有灶户五千七百七十四户，至正三年（1343）存四千三百有一户。同年运司请求"权免余盐三万引"，中书省只准"住煎一万引"。运司继续报告："外有二万引，若依前勒令见户包煎，实为难堪。"请求"将余盐二万引住煎"。中书省只同意"住煎一年，至正四年煎办如故"①。至正五年（1345）五月"丁未，河间转运司灶户被水灾，诏权免余盐二万引，候年丰补还官"。遭灾本应减免，却只能"权免"，意为暂时豁免，以后仍要补交。至正八年（1348）四月，"辛未，河间等路以连年河决，水旱相仍，户口消耗，乞减盐额。从之"②。但这次减的"盐额"数量没有记载。至正九年（1349）四月，"壬午，以河间盐运司水灾，住煎盐三万引"③。所停"煎盐三万引"应是"余盐"。

以上是几处盐司因灾减免盐额的情况。盐额的减免实际上等同于一般民户的赋役蠲免，但数量是很有限的，有的只是推迟而已。盐税是财政收入中货币部分的主要来源，这是朝廷吝于减免盐额的主要原因。

盐户赈恤还有一些具体的事例。13世纪后期，荣淮在长芦盐使司任职，"年饥，人噉草根木皮。预虞灶民散亡，称贷钜家米为石千，布为端万，分赉之，约偿乐岁。又大雨水溢，灶多冒没，着不盈数，岁赋用逋。度支责征，系吏刺狱。再至京师，求遣御史，按覆得实，复捐七千缗。皆惠政也"④。海盐多数用海水煮熬而成，"灶"是煮熬海水的主要设备，"灶民"就是盐户。灶被淹没，生产就无法进行。这段记载前半讲的是，盐务机构从"钜家"（富户）借米和布，分给贫苦"灶民"，约定生产好的岁月再归还，这是有偿的赈贷。后半讲的是灶被淹没，经过荣淮的努力，监察部门（御史）核实，得以豁免应交的额盐。英宗至治初年，买奴为江北淮东道肃政廉访使。"通、泰二州盐灶毁于风涛，谕富商捐钞七千八百三十锭以救其灾，公私咸赖以济。后蒙省降钞四千五百锭，皆弗果用，复以归于官。"⑤盐商多富户，买奴以廉访使身份劝盐商捐钞赈济，和地方官"劝分"类似。泰定帝时，王

① 《元史》卷97《食货志四·盐法》。

② 《元史》卷41《顺帝纪四》。

③ 《元史》卷42《顺帝纪五》。

④ 姚燧：《荣公神道碑》，《牧庵集》卷22。

⑤ 黄溍：《定国忠亮公神道第二碑》，《金华黄先生文集》卷24。

惟贤任河间盐运司同知。"值秋大雨，飓风溢潮，舟坏没官盐七万五千余引，死者三百余人。公力陈于朝，复散楮币，令民煮盐以当其数，又给死者葬具。灶民感公之惠，绘像事之。"①滨海盐场生产的盐主要通过河道运往外地，有专门运盐的船只。暴雨引发海潮，运盐船毁坏，人死盐损。泰定帝时，河间盐司"岁办四十万引"②，这次损失五分之一；盐户四五千户，这次死亡三百余人。对盐司和盐户来说都是很大的灾难。王惟贤向朝廷报告，得到了一定的救济，但额盐仍需补齐。元末，祝大明为台州杜渎盐场管勾，"场课额固重，盐廪又濒海，海潮溢，损盐以千百计。灶氓鬻家赀偿官犹不足，相率逋逃他邑，前吏莫敢为计。府君言于朝，得减额三之一"③。这次也是海潮损盐，结果是减少额盐的数量。

站户。元朝为了"通达边情，布宣号令"，建立了覆盖全国的站赤制度。"站赤者，驿传之译名也。……凡站，陆则以马以牛，或以驴，或以车，而水则以舟。"元朝来往各地的使臣，"止则有馆舍，顿则有供帐，饥渴则有饮食，而梯航毕达，海宇会同，元之天下视前代所以为极盛也"④。为驿站服役的人户称为站户。他们都是政府强行签发的，有相对独立的管理系统。承当站役的站户要自备交通工具，充当马夫，负担来往人员的"祗应"（饮食），还要忍受他们的额外勒索。因而，经常处于贫困的状态。一旦各种自然灾害袭来，缺乏抵抗的能力，便会陷入破产的境地。而官府在实施减灾赈恤时，往往把站户排除在外。例如，元明善"奉旨出赈山东、河南饥，时彭城、下邳诸州连数十驿，民饿马毙，而官无文书赈贷。明善以钞万二千锭分给之，曰：'擅命获罪，所不辞也'"⑤。另有记载云：元明善"为直学士，出赈山东诸县饥，余楮镪四万缗，同使欲持归。公见驿民匮甚，将及之。使谓此为流民，非为驿也。君曰：'驿与民有别乎？且大夫出疆许专，《春秋》之义也。余虽无似，幸忝大夫之列。'卒赈而归"⑥。二者记事略有不同，但都说明在赈灾时站户是与民户有别的。站赤对元朝

① 苏天爵：《王公神道碑铭》，《滋溪文稿》卷17。

② 《元史》卷94《食货志二·盐法》。

③ 宋濂：《祝府君墓铭》，《宋文宪公全集》卷27。

④ 《元史》卷101《兵志四·站赤》。

⑤ 《元史》卷181《元明善传》。

⑥ 张养浩：《元公神道碑》，《归田类稿》卷20。

统治的稳定至关重要。为了维持站赤制度的运转，元朝对站户遭灾贫困是比较重视的，常常采取专门赈恤的措施。

元朝多次对站户加以赈恤。世祖至元二十年（1283）十二月，"癸卯，发粟赈水达达四十九站"①。"水达达四十九站"在辽阳行省。至元二十六年（1289）七月，"庚寅，黄兀儿月良等驿乏食，以钞赈之"②。至元二十七年（1290）十一月辛丑，"隆兴苦盐泺等驿饥，发钞七千锭赈之"。十二月乙未，"洪赞、滦阳驿饥，给六十日粮"③。至元二十九年（1292）正月，"壬子，桓州至赤城站户告饥，给钞计口赈之"④。成宗元贞元年（1295）二月癸卯，"以诸王亦怜真部马牛驿人贫乏，赐钞千锭"。四月辛巳，"赐章河至苦盐（泺）贫乏驿户钞一万二千九百余锭"⑤。元贞二年（1296）七月辛未，"甘、肃两州驿户饥，给粮有差"。大德元年（1297）六月丙辰，"赐……朵思麻一十三站贫民五千余锭"。"是月以粮……二百九十余石赈铁里干等四站饥户。"⑥大德五年（1301）七月癸亥，"称海至北境十二站大雪，马牛多死，赐钞一万一千余锭"⑦。大德七年（1303）八月，太原、平阳发生大地震。九年二月丙午，"平阳、太原地震，站户被灾，给钞一万二千五百锭"⑧。大德九年（1305）十一月丁未，"以去年冀宁地震，站户贫乏，诏诸王、驸马毋妄遣使乘驿"。这是控制来往冀宁路驿站的人员，用以减轻站户的负担，但这项措施很快就做了调整。大德十年（1306）十一月，"是月，河南府路申，昨为晋宁、冀宁地震，站赤被灾困乏，朝议出使人员十分为率，六分经过河南，四分径由平易（阳）、太原，即今地震已宁，乞依旧例给驿，似不偏负。兵部照拟：平阳、太原未经地震之前，与河南府路均给使臣驿传，合自大德十一年依旧例，中半应付相因（应）。

---

① 《元史》卷12《世祖纪九》。

② 《元史》卷15《世祖纪十二》。

③ 《元史》卷16《世祖纪十三》。

④ 《元史》卷17《世祖纪十四》。

⑤ 《元史》卷18《成宗纪一》。

⑥ 《元史》卷19《成宗纪二》。

⑦ 《元史》卷20《成宗纪三》。

⑧ 《元史》卷21《成宗纪四》。

都省准拟，依上施行"①。

大德十一年（1307）五月，武宗即位，"以大都迤北六十二驿驿户罢乏，给钞赒之"②。仁宗延祐元年（1314）二月，"是月，保定路言：'定兴等驿至柏乡，皇庆二年旱灾，人民至食木皮草叶。路当南北冲要，使客繁多，车力不敷，铺马损毙，站户当役不前，逃窜者众。若不补换赈济，诚恐隳废站赤。'都省议得：'良乡至柏乡马站一十二所，车站六所。每马一匹支刍粟钱中统钞三锭，车一辆支钞六锭。总支六千三百锭以赈之。'奏准圣旨，差官驰驿，同各处正官点视各站实有车马数目，钦依给散。所据在逃人户，督勒合属招谕复业"③。四月七日，"中书省奏：'通政院言：脱忽脱大王位下拨出铁里干站，自阔斡秃至小只凡一十驿，今春值风雪沙土，铺马多倒死，站户乏粮，只应无从所出。若不少加接年济，愈见困乏。'今议每站各与白米百石，中统钞百锭，令上都留守司、通政院差官给教之。'上曰'可'"。"是年冬，通政院准也可札鲁花赤口干、金通政院事那怀言：'木怜站迤里苦盐泊至札哈站，今岁天旱，禾苗不发，户口饥馑，铺马羸损。凡有使客，靡不失悟，所以赈济人马刍粮者，院官其图之。'又据兴和路脱脱禾孙申：'苦盐泊至燕只哥赤斤等四站，经值霜雹。阿察火都至宽迭怜不剌等五站自春至秋，旱暵无雨，禾草不生。'皆请接济粮料。""都省奏准，每站各与粮一百五十石，令通政院差官同河东宣慰司官，前去体勘，分别端的。贫下站户就与附近官仓支付，去仓远者验时价给钞赈之。"
延祐二年（1315）"三月二十四日，通政院准木怜阿失不剌、察罕忽鲁浑、察罕憨赤海三站言：'从壬子年至今天旱，刍草不生。去年递运军器，虽曾给散钞物，皆以销用。自冬徂春，连值大雪。黑风飘散积草，铺马缺食倒毙，所存不过二三十匹，以供走递，大率羸瘠，亦将死损。驰驿者既已失误递运，又且住滞，站户及妻子往往饥饿丧亡，乞救济事。'本院关部，议得：'川中阿失不剌等三站接连岭北一道，通报军情紧急重事，拟合斟酌接济。'具呈中书省。议得：每站增给马五十匹，准支价钱中统钞三百锭。从通政院委官关领前去，同河东宣慰司官给付各站买马当役。仍接济米粮各一百石，以给贫下站户，就于静州等处仓内放支，其去仓远者，验时值

① 《经世大典·站赤》，《永乐大典》卷19421。

② 《元史》卷22《武宗纪一》。

③ 《经世大典·站赤》，《永乐大典》卷19421。

准钞与之。于四月十七日，奉圣旨：'准'。"①延祐六年（1319）九月"辛卯，铁里干等二十八驿被灾给钞赈之"。十月"乙卯，东平、济宁路水陆十五驿乏食，户给麦十石。……丁卯，赈北方诸驿"②。

延祐七年（1320）正月仁宗死，英宗嗣位。二月壬子"赈大同、丰州诸驿饥"。三月甲午，"赈木怜、浑都儿等十一驿饥"。四月乙卯，"那怀、浑都儿驿户饥，赈之"。六月"戊辰，赈雷家驿户钞万五千贯"。七月"丙申，以昌平、滦阳十二驿供亿繁重，给钞三十万贯赈之"。十一月"己丑，宣德蒙古驿饥，命通政院赈之"。至治元年（1321）二月己未，"赈木怜道三十一驿贫户"。五月庚寅，"女直蛮赤兴等十九驿饥，赈之"③。"十一月二十九日，纳怜道哈剌兀孙脱脱禾孙客灭拙歹言：'哈剌温至哈必儿哈不剌一十四站，初无田土可耕。自薛禅皇帝时，官给马匹草料、站户口粮。延祐七年八月以来，雪重草死，官无刍粟，以致马匹瘦弱，迟误驿传。请接济事。'都省差通政院宣使朵儿赤赴甘肃行省、河东宣慰司，给散仡粟料三千五百六十四石。"至治二年（1322）三月"壬辰，赈上都十一驿"。九月"戊戌，大宁路水达达等驿水伤稼，赈之"。十一月"己亥，以立右丞相诏天下……站户贫乏鬻卖妻子者，官赎还之"④。至治三年（1323）正月壬寅，"和林阿兰秃等驿户贫乏，给钞赈之"。"至治三年正月一日，中书右丞相拜住、左丞速速等奏：'和林之南沙兰秃等六处马站，连年经值风雪，刍草不生，人马瘠乏。合无差官取勘户数，每户接济中统钞三十锭。'奉旨：'准'。都省差同知通政院事亦怜真驰驿至沙兰秃等站，给散仡钞六千二百锭，段匹折钞三千一百锭。"至治三年（1323）三月［丙辰］，"诸王火鲁灰部军驿户饥，赈之"。四月"丙寅，察罕脑儿蒙古军驿户饥，赈之"。七月壬辰，"真定路驿户饥，赈粮二千四百石"⑤。

泰定元年三月，"遣官赈给帖里干、木怜、纳怜等一百一十九站钞二十一万三千三百锭，粮七万六千二百四十四石八斗。北方站赤，每加津济，

①《经世大典·站赤》，《永乐大典》卷19421。

②《元史》卷26《仁宗纪三》。

③《元史》卷27《英宗纪一》。

④《元史》卷28《英宗纪二》。

⑤同上。

至此为最盛。"①八月庚申，"赈帖列干、木伦等驿户粮、钞有差"。十一月庚戌，"大都、上都、兴和等路十三驿饥，赈钞八千五百锭"。泰定二年（1325）正月己卯，"五花城宿灭秃、拙只干、麻兀三驿饥，赈粮二千石"。二月庚戌，"甘州蒙古驿户饥，赈粮三月"②。天历二年（1329）五月，"西木邻等四十三驿旱灾，命中书以粮赈之，计八千二百石"。六月，"甲寅，赈陕西临潼、华阴二十三驿钞一千八百锭，晋宁路十五驿钞八百锭"③。"六月二十六日，中书右丞阔儿吉思等奏：'陕西省言：奉元路在城并临潼、同官等二十三站，四年蝗旱，田禾不收，人自相食。若不接济，即见废绝。每站乞与钞四百锭以赈之。'奉旨若曰：'百姓消乏至此，微惠何能得济？闻来使之言，谓站户饥荒，大半逃亡。于已拟各站四百锭钞之上，议增给之。仍启于皇太子，就彼差人前去接济，然后奏闻。'既而中书复奏每站增给钞总为五百锭，上从之。都省委官同通政院佥院双台，驰驿至奉天等站，给散讫中统钞一万一千五百锭。"④陕西连年遭灾，造成站户大量逃亡，驿站难以运行，朝廷不得不专门予以赈济。天历二年（1329）九月辛酉，"赈甘肃行省沙州、察八等驿钞各千五百锭"。丙子，"赈陕西临潼等二十三驿各钞五百锭"⑤。至顺元年（1330）二月辛卯，"帖麦赤驿户及建康、广德、镇江诸路饥，赈粮一月"。壬寅，"新安、保定诸驿孳畜疫死，命中书给钞济其乏"。辛亥，"迤西蒙古驿户饥，给刍粟有差"。四月丁酉，"金兰等驿马牛死，赈钞五百锭"。"是月……赈怀庆承恩、孟州等驿钞千锭。"七月丙子，"赈木邻、扎里至苦盐泊等九驿，每驿钞五百锭"。八月"庚戌，河南府路新安、沔池等十五驿饥疫，人给米、马给刍粟各一月"。九月丁未，"铁里干、木邻等三十二驿自夏秋不雨，牧畜多死，民大饥，命岭北行省人赈粮二石。……辽阳行省水达达路自去夏霖雨，黑龙、宋瓦二江水溢，民无鱼为食。至是，末鲁孙一十五狗驿狗多饿死，赈粮两月，狗死者给钞补市之"。十月，"甲子，以奉元驿马瘠死，命陕西行省给钞三千锭补市之"⑥。

---

① 《元史》卷101《兵志四站赤》；《经世大典·站赤》，《永乐大典》卷19423。

② 《元史》卷29《泰定帝纪一》。

③ 《元史》卷31《明宗纪》。

④ 《经世大典·站赤》，《永乐大典》卷19421。

⑤ 《元史》卷33《文宗纪二》。

⑥ 《元史》卷34《文宗纪三》。

至顺二年（1331）五月丙申，"赈滦阳、桓州、李陵台、昔宝赤、失八儿秃五驿钞各二百锭"[①]。至顺三年（1332）三月丙申，"赈木怜、苦盐泺、札哈、扫怜九驿之贫者凡四百五十二户"。五月"壬申，赈木怜、七里等二十三驿，人米二石"。同月戊子，"赈帖里干、不老、也不彻温等十九驿，人米二石"[②]。顺帝至元五年（1334），权臣伯颜"面奏请以赐田岁入所积钞一万锭，赈帖列坚、末邻、纳邻三道驿置，及关北十三驿之困乏者"[③]。至元六年（1259）七月"庚辰，达达之地大风雪……并遣使赈怯烈干十三站，每站一千锭"[④]。至正七年（1347）九月甲辰，"辽阳霜旱伤禾，赈济驿户"。十一月己未，"迤北荒旱缺食，遣使赈济驿户"。至正八年（1348）正月"甲子，木怜等处大雪，羊马冻死，赈之"[⑤]。木怜即上述木怜道。

综上所述，可知元朝对站户的赈恤很频繁，不下于对民户的赈恤。对站户的赈济一般都落实到具体驿站，粮、钞数似较民户略多，如"户给麦十石""人米二石"等，这是由于驿站运行对维持统治有特殊的意义。站户的赈济程序不很清楚。从一些记载看来，似由主管驿站的通政院向中书省申报，批准后由中书省与通政院共同实施。监察部门亦起一定的作用。如，元仁宗皇庆初，买奴为监察御史，"分巡岭北……念民之受役，莫重于站赤，奏请官备和林首思，岁增给木连、帖［里］干两站米百石，有贫乏而鬻其妻子以应役者，赎而归之。……上皆可其奏，赎还其妻子者，仍户给羊百、牛马各十"[⑥]。但监察部门在驿站赈济中似乎不像在地方灾情申报中那样重要。

元代"北方立站：帖里干、木怜、纳怜等一百一十九站"[⑦]。帖里干又作铁里干或帖列干、怯烈干，蒙语"车"；木怜，蒙语"马"；纳怜，蒙语"小"。三者分别是中原通往漠北三条驿道的名称。纳怜道大多数驿站在甘肃境内，又称甘肃纳怜驿。帖里干、木怜两道连接腹里和岭北和林。上述苦盐泺、

---

① 《元史》卷35《文宗纪四》。

② 《元史》卷36《文宗纪五》。

③ 《元史》卷138《伯颜传》。

④ 《元史》卷40《顺帝纪三》。

⑤ 《元史》卷41《顺帝纪四》。

⑥黄溍：《定国忠亮公神道第二碑》，《金华黄先生文集》卷24。

⑦ 《元史》卷58《地理志一》。

燕只哥赤斤、丰州等都在木怜道上，上都至大都的驿站如滦阳、洪赞、桓州、赤城、失八儿秃、察罕脑儿等则是帖里干道的组成部分。[①]"大都以北"诸驿或"北方诸驿"亦指以上三道而言。从上面所说可以看出，元朝对驿站站户的赈济，以通往岭北三道驿站为重点，次数和数量都高于其他驿站。原因有二，一是岭北乃蒙古族兴起之地，元朝统治者特别重视维护中原与岭北的交通；二是这些驿站位于草原地区，普遍条件艰苦，一遇灾害，难以抵御，因此必须给予更多的优遇。站户赈恤还有不同于其他人户的措施是，作为交通工具的牲畜（马、狗等）因灾遭受损失，可以得到救济，通常是给钞补买，有时发给刍粟，这是出于维持驿站交通的特殊需要。

屯田户。元朝屯田的规模很大，遍布全国各地。元朝设置专门机构进行管理。屯田分军屯、民屯。军屯的劳动者是军人，民屯的劳动者有的从民间招募，有的是强制签发或安置。无论军、民屯，都由国家分配一定数量的土地，配备耕牛、农具和种子，收获以后按定额或分成的办法上交粮食。屯田的土地若遇水旱灾荒，呈报核实以后，上交的粮食亦可得到不同程度的蠲免。

屯田因灾蠲免田租之例甚多。世祖至元二十六年（1289）五月辛丑，"泰安寺屯田大水，免今岁租"。七月，"辛巳，两淮屯田雨雹害稼，蠲今岁田租"。十一月"丁巳，平滦昌国屯户饥，赈米千六百五十六石"[②]。平滦屯田是至元二十四年（1287）八月设置的，由"北京伐木三千户"组成，"立丰赡、昌国、济民三署，秩五品"[③]。后来改称永平屯田总管府，隶属大司农司，设在滦州（今河北滦县）。至元二十七年（1290），屯田因各种灾害免租事例甚多。四月辛巳，"芍陂屯田以霖雨河溢，害稼二万二千四百八十亩有奇，免其租"。五月，"庚戌，陕西南市屯田陨霜杀稼，免其租"。同月庚午，"尚珍署广备等屯大水，免其租"。七月，"终南等屯霖雨害稼万九千六百余亩，免其租"。十一月"辛丑，广济署洪济屯大水，免租万三千一百四十一石"。其中芍陂屯田万户府在安丰路（今安徽寿县），属河南行省。尚珍署是宣徽院属下的屯田，在兖州（今山东兖州）。终南屯属陕西屯田总管府。至元二十八年（1291）十二月癸未，"广济署大昌

①陈得芝：《元岭北行省诸驿道考》，《元史及北方民族史研究集刊》第1期。

②《元史》卷15《世祖纪十二》。

③《元史》卷14《世祖纪十一》。

等屯水，免田租万九千五百石"①。二十九年八月丙午，"以广济署屯田既蝗复水，免今年田租九千二百十八石"②。三十年八月戊申，"营田提举司所辖屯田百七十七顷为水所没，免其租四千七百七十二石"。十月辛亥，"广济署水，损屯田百六十五顷，免田租六千二百一十三石"③。广济署屯田在河北清州（今河北青县）、沧州（今河北沧州）等处，归大司农司管辖。营田提举司亦是大司农司属下的屯田机构，在漷州武清县（今天津武清）。

成宗元贞二年（1296），"是岁……芍陂旱，蠲其田租"④。大德二年（1298），瓜尔佳安仁任同知陕西等处屯田总管府事，"首以岁荒民困，力请蠲租额三万斛"⑤。大德三年（1299）十二月，"淮安、扬州饥，甘肃亦集乃路屯田旱，首赈以粮"⑥。亦集乃路（今内蒙古额济纳旗）屯田的是新附军即归附的南宋军人。大德八年（1304）四月，"庚子，以永平、清、沧、柳林屯田被水，其逋租及民贷食者皆勿征"⑦。清、沧等屯田即上述广济署屯田。延祐四年（1317）四月，"德安府旱，免屯田租"⑧。德安府（今湖北安陆）设德安等处军民屯田总管府，是军民混合屯。英宗至治二年（1322）四月，"甲寅，南阳府西穰等屯风、雹，洪泽、芍陂屯田去年旱、蝗，并免其租"⑨。南阳曾设屯田总管府，后归地方管辖。洪泽、芍陂各设屯田万户府，洪泽屯田万户府在淮安路（今江苏淮安）。泰定二年（1325）六月，"永平屯田丰赡、昌国、济民等署雨伤稼，蠲其租"。同年七月，"宗仁卫屯田陨霜杀禾……免其租"⑩。宗仁卫屯田位于大宁（今内蒙古宁城）等处。泰定三年（1326）五月，"庐州、郁林州及洪泽屯田旱……并

第三章 赈恤制度

---

① 《元史》卷16《世祖纪十三》。

② 《元史》卷17《世祖纪十四》。

③ 《元史》卷17《世祖纪十四》。

④ 《元史》卷19《成宗纪二》。

⑤ 同恕：《瓜尔佳公墓志铭》，《榘庵集》卷7。

⑥ 《元史》卷20《成宗纪三》。

⑦ 《元史》卷21《成宗纪四》。

⑧ 《元史》卷26《仁宗纪三》。

⑨ 《元史》卷28《英宗纪二》。

⑩ 《元史》卷29《泰定帝纪一》。

免其租"①。文宗天历二年（1329）六月，"陕西延安诸屯以旱免征旧所逋粮千九百七十石。永平屯田府昌国、济民、丰赡诸署以蝗及水灾，免今年租"。十月庚戌，"免永平屯田总管府田租"②。至顺二年（1331）四月，"甲子，陕西行省言：终南屯田去年大水，损禾稼四十余顷，诏蠲其租"③。以上是屯田蠲免的一些情况。

对屯田户的赈济也时有举行。至元二十六年（1289）有数起赈济。一起是平滦等处屯田。七月，"癸巳，平滦屯田霖雨损稼"。九月丙申，"平滦昌国等屯田霖雨害稼"。十一月，"丁巳，平滦昌国屯户饥，赈米千六百五十六石"④。另一起是保定等处屯田。九月，"甲辰，以保定、新城、定兴屯田粮赈其户饥贫者"。闰十月甲辰，"赈保定等屯田户饥，给九十日粮"。两条记载应是同一事。保定、定兴屯田属于枢密院系统的武卫屯田。⑤此外，十二月，"癸卯，发麦赈广济署饥民"⑥。广济署是大司农司所辖屯田，见前述。"是年，又赈左右翼屯田蛮军及月儿鲁部贫民粮，各三月。"⑦左右翼屯田万户府"于大都路霸州及河间等处开耕"。"蛮军"指原南宋军人。⑧霸州治今河北霸州市，河间路治今河北河间市。至元二十七年（1290）正月辛未，"丰闰署田户饥，给六十日粮"。丰闰署屯田设在大都路之丰闰县，属宣徽院管辖。二月丙子，"新附屯田户饥，给六十日粮"。三月，"戊申，广济署饥，给粟二千二百五十石以为种"。至元二十八年（1291）十二月癸未，"平滦路及丰赡、济民二署饥，出米万五千石赈之"⑨。大德二年（1298），"又赈金、复州屯田军粮二月"⑩。大德三年（1299）十二月癸酉，"淮安、扬州屯田女直户饥，赈粮一月"。

① 《元史》卷30《泰定帝纪二》。

② 《元史》卷33《文宗纪二》。

③ 《元史》卷34《文宗纪三》。

④ 《元史》卷15《世祖纪十二》。

⑤ 《元史》卷100《兵志三·屯田》。

⑥ 《元史》卷15《世祖纪十二》。

⑦ 《元史》卷96《食货志四·赈恤·水旱疫疠赈贷之制》。

⑧ 《元史》卷100《兵志三·屯田》。

⑨ 《元史》卷16《世祖纪十三》；《元史》卷100《兵志三·屯田》。

⑩ 《元史》卷96《食货志四·赈恤·水旱疫疠赈贷之制》。

元代灾荒史 Yuandai Zaihuang Shi

七月癸卯，"赐剌秃屯田贫民钞四十六万八千贯市牛具"①。至治三年（1323）九月，泰定帝即位。十月，"沅州黔阳县饥，芍陂屯田旱，并赈之"②。泰定元年（1324）六月，"甘肃河渠营田等处，雨伤稼，赈粮二月。大司农屯田、诸卫屯田……雨伤稼"，"皆发粟赈之"，九月癸丑，"诸卫屯田水……赈粮有差"③。泰定三年（1326）五月，"洪泽屯田旱……免其租"。七月，"乙巳，怯怜口屯田霜，赈粮二月"④。天历二年（1329）四月癸卯，"德安府屯田饥，赈粮千石"⑤。至顺元年（1330）正月庚午，"芍陂屯及鹰坊军士饥，赈粮一月"。四月，"芍陂屯饥，赈粮三月"。十一月辛丑，"命陕西行省赈河州蒙古屯田卫士粮两月"⑥。二年四月甲子，"陕西行省言：终南屯田去年大水，损禾稼四十余顷，诏蠲其租"⑦。顺帝后至元元年四月，"是月，河南旱，赈恤芍陂屯军粮两月"⑧。

元代屯田分属于枢密院、大司农司、宣徽院和各行省等不同系统。屯田户遇灾申报和赈恤应是各个系统的主管机构向中书省提出，然后分别实施的。

军户。军户需出丁从军。军户分散在各处，与民户杂居。各地申报灾情和赈恤时，一般似将军户与民户同样看待。但有时也有特殊的待遇。至元二十八年（1291）四月，"以地震故，免侍卫兵籍武平者今岁徭役"⑨。武平路治大定县（今内蒙古宁城）。世祖朝改革兵制，建立直属中央的侍卫亲军，"侍卫兵"即侍卫亲军中的军人。至元二十七年（1290）武平一带发生大地震，损失惨重。元朝在当地采取多种减灾措施。侍卫军中户籍在武平者可免至元二十八年（1291）的"徭役"即杂泛差役，这是一种优惠的待遇。大德六年（1302）正月，"以大都、平滦等路去年被水，其军

---

① 《元史》卷28《英宗纪二》。

② 《元史》卷29《泰定帝纪一》。

③ 《元史》卷29《泰定帝纪一》。

④ 《元史》卷30《泰定帝纪二》。

⑤ 《元史》卷33《文宗纪二》。

⑥ 《元史》卷34《文宗纪三》。

⑦ 《元史》卷35《文宗纪四》。

⑧ 《元史》卷38《顺帝纪一》。

⑨ 《元史》卷16《世祖纪十三》。

应赴上都驻夏者，免其调遣一年"①。元朝实行两都制，皇帝和朝廷大臣每年到上都避暑，同时调动大批侍卫军前去保卫。因大都、平滦等路遭受水灾，家在这些地区的军人可免去上都一年。大德七年（1303）八月，太原、平阳发生大地震，损失惨重。大德八年（1304）九月，"四川、云南镇戍军家居太原、平阳被灾者，给钞有差"。九年（1305）四月，"大同路地震"，损坏房屋多间，压死二千余人。十一月，"给四川镇戍军士其家居大同为地震压死者户钞五锭"②。武宗即位，大德十一年（1307）七月，"山东河北蒙古军告饥，遣官赈之"③。至顺三年（1332）七月，"丁丑，赈蒙古军流离至陕西者四百六十七户粮三月，遣复其居，户给钞五十锭"④。从漠北因灾内迁的流亡蒙古人通常只能得到一锭钞，这批流离到陕西的蒙古军户每户得到五十锭，相比一下，可知是特殊的照顾。

第四节　大都地区的赈恤

就地区而言，元朝的赈恤以首都大都最多。"赈贷有以鳏寡孤独而赈者，有以水旱疫疬而赈者，有以京师人物繁凑而每岁赈粜者。"⑤ 也就是说，京师大都实行的赈恤，主要因为它是京师所在，地位重要，人口众多，具有特殊性。大都居民的赈恤，有几种方式。国家对大都城居民每年有固定的赈粜，此外还有因灾害发放的赈粜和鳏寡孤独的赈济。

元朝以大都为都城，置大都路总管府，"领院二、县六、州十。州领十六县"。城区有北城（新城）、南城（旧城），北城分设右、左警巡院，后又添设南城警巡院。城郊设大兴、宛平二县分治。周围还有良乡、永清、宝坻、昌平四县。州十是涿州（领范阳、房山二县）、霸州（领益津、文安、大城、保安四县）、通州（领潞县、三河）、蓟州（领渔阳、丰闰、玉田、遵化、平谷五县）、漷州（领香河、武清二县）、顺州、檀州、东安州、固安州、龙庆州（领怀来一县）。至元七年（1270）统计，大都路 14 万

① 《元史》卷20《成宗纪三》。

② 《元史》卷21《成宗纪四》。

③ 《元史》卷22《武宗纪一》。

④ 《元史》卷36《文宗纪五》。

⑤ 《元史》卷96《食货志四·赈恤》。

7590 户，口 40 万 1350。^① 新城建成后，再无统计。一般认为城区居民约为 10 万户，口 50 万左右。^②

至元十四年（1277）十二月，"以大都物价腾涌，发官廪万石，赈粜贫民"^③。这是大都城区赈粜的首次记载，临时采取的措施。至元二十年（1283），"给京师南城孤老衣粮房舍"^④。这是针对大都南城孤老无依贫民的赈济。从至元二十二年（1285）起，大都居民减价赈粜成为制度。"至元二十二年，两城设铺，分遣官吏下其市值赈粜，岁以为常。"^⑤ "京师赈粜之制，至元二十二年始行。其法于京城、南城设铺各三所，分遣官吏，发海运之粮，减其市值以赈粜焉。凡白米每石减钞五两，南粳米减钞三两，岁以为常。"^⑥ 这种减价赈粜是经常的，固定的，并不限于灾荒，是出于维持首都社会安定采取的特殊措施，其他地区是没有的。至元二十五年（1288）二月，"京师水，发官米，下其价粜贫民"。同年五月，"减半价，赈京师"^⑦。二十六年（1289）十一月戊申，"敕尚书省发仓赈大都饥民"^⑧。二十七年（1290），"大都民饥，减值粜粮五万石"^⑨。至元二十八年（1291）七月，"大都饥，出米二十五万四千八百石赈之"。十二月，"大都饥，下其价粜米二十万石赈之"^⑩。三十年（1293）十月庚寅，"敕减米值，粜京师贫民，其鳏寡孤独不能自存者给之"^⑪。以上记载似说明京师减价赈粜粮数量，尚未固定。

成宗即位，"元贞元年，以京师米贵，益广世祖之制，设肆三十所，发粮七万余石粜之。白粳米每石中统钞一十五两，白米每石一十二两，糙

① 《元史》卷58《地理志一》。

② 陈高华：《元大都》。

③ 《元史》卷9《世祖纪六》。

④ 《元史》卷96《食货志四·赈恤·鳏寡孤独赈贷之制》。

⑤ 《经世大典序录·赋典·赈贷》，苏天爵：《国朝文类》卷40。

⑥ 《元史》卷96《食货志四·赈恤·京师赈粜之制》。

⑦ 《元史》卷15《世祖纪十二》。

⑧ 同上。

⑨ 《元史》卷96《食货志四·赈恤·水旱疫疠赈贷之制》。

⑩ 《元史》卷16《世祖纪十三》。

⑪ 《元史》卷17《世祖纪十四》。

米每石六两五钱。二年，减米肆为一十所，其每年所粜，多至四十余万石，少亦不下二十余万石"①。这是将大都减价赈粜进一步制度化。大德五年（1301）十一月丁未，"减值粜米，赈京师贫民，设肆三十六所。其老幼单弱不能自存者，廪给五月"②。这里说的是两种情况。一种是对贫民减值粜米，"贫民"应指前面所说下户；另一种是救济老幼单弱不能自存亦即生活极端困难者，类似前面所说下下户，无偿供应五个月的口粮。也是从大德五年（1301）开始，京师对贫民实行红帖之法。"赈粜粮之复有红帖粮。红帖粮者，成宗大德五年始行。初，赈粜粮多为豪强嗜利之徒用计巧取，弗能周及贫民。于是令有司籍两京贫乏户口之数置半印号簿文帖，各书其姓名口数，逐月对帖以给。大口三斗，小口半之。其价视赈粜之值，三分常减其一，与赈粜并行。每年拨米总二十万四千九百余石，闰月不与焉。"③大都的减价赈粜，原来是面向"贫民"的，但日久弊生，多为豪强嗜利之徒巧取，真正的"贫民"却得不到。朝廷为此进行调整，对贫民进行登记，逐月按登记名册"对帖"，按大小口发给减价的口粮。这样一来，大都存在两种赈粜。一种是原来减价的赈粜，另一种是比原来减价赈粜更低的红帖粮。红帖粮的对象是"贫民"，原来的赈粜实际上一般城市居民也能享受，成为一种普遍的福利。大德时，郑介夫向朝廷上书，针对时政提出多种建议。其中说："近睹省部议行赈济，标散户帖，每石六贯五百，放粜官米，每石一十六贯。"④"户帖"无疑即指红帖米而言。按照他的说法，红帖米与官米（原来减价赈粜米）价格相差很大，远不止三分之一。这个问题还需研究。

大德六年（1302）二月丙戌，"以京师民乏食，命省、台委官计口验实，以钞十一万七千一百余锭赈之"⑤。以钞赈济是很罕见的，似可认为供居民购买赈粜粮之需。武宗至大元年（1308）二月，"中书省刑部呈：'讲究得大都散粜米铺一十处，每日粜一百石，每人许粜一斗，可以赈粜千人。

①《元史》卷96《食货志四·赈恤·京师赈粜之制》。

②《元史》卷20《成宗纪三》。

③《元史》卷96《食货志四·赈恤·京师赈粜之制》。按，《元史·食货志》这段文字源自《经世大典序录·赋典·赈贷》（《国朝文类》卷40）。

④郑介夫：《因地震论治道疏》，《元代奏议集录（下）》，第131页。

⑤《元史》卷20《成宗纪三》。

每日如集三千人者，分作三日，编立号帖，牌甲日期。探帖先尽一千人数收钞散筹，于手臂上使讫印记，当日赴仓关支。一日赴仓支米，不满三千人数，从实发卖，待将依上再行编次，似为便益。又权豪势要之家并有俸人员不许籴买，违者笞三十七下，仍追中统钞三十五贯付告人充赏。添价转卖者照依旧例决五十七下，追钞一锭付告人充赏。红帖户将籴到米粮添价粜卖，追取红帖，除名，决四十七下，追中统钞二十五贯付告人充赏，其粮没官。粜米官监临米铺，巡军与粜买户通同作弊粜卖者，监临官笞四十七下，罢见役；受财者以枉法论；巡军决三十七下；籴买户决五十七下，原籴米粮没官；仍于犯人名下追中统钞一锭，付告人充赏。红帖人户除应籴本户红帖米粮外，又于散粜米铺内籴买者，笞一十七下，原籴米粮供告人充赏。'都省准拟"①。由以上记载可知，（1）京师的赈粜粮领取者分成两类，一类是普通民户，但权豪势要之家并有俸人员除外；一类是贫苦民户，经审查登记，发给红帖。分别按不同方式购米。（2）官府在大都设置的米铺先后多有变化。至大元年（1308）调整为 10 家米肆（散粜米铺），供应赈粜粮。普通居民要排队登记，交钞领筹，赴仓支米，一次许买一斗。持有红帖的贫苦居民，按月交钞支取。（3）每家米肆日供米百石，10 家米肆每天供米千石，每年合计在 40 万石左右。这和上面所说"多至四十余万石"是相符的。红帖粮每年 20 万石，应包括在 40 万石之内。（4）严禁倒卖赈粜的粮食，对四种情况作不同处理。一是权豪势要之家和有俸人员籴买赈粜粮；二是普通人户添价转卖赈粜粮；三是红帖户添价转卖红帖粮或籴买普通人户的赈粜粮；四是米铺官员与巡军作弊粜卖。说明以上情况都很严重，朝廷才有这样的决定。

另有记载说，至大元年（1308），"［六月］戊戌，大都饥，发官廪减价粜贫民，户出印帖，委官监临，以防不均之弊"。十月丁酉，"以大都艰食，复粜米十万石，减其价以赈之。以其钞于江南和籴"。闰十一月庚申，"以大都米贵，发廪十万石，减其值以粜粮"②。所谓"户出印帖"应指红帖米而言。这次"发官廪"的具体措施是"增两城米肆为一十五所，每肆日粜米一百石"③。这样，每日赈粜粮为 1500 石，每年通计应在 50 万

---

① 张光大：《救荒活民类要·救荒二十目》。

② 《元史》卷22《武宗纪一》。

③ 《元史》卷96《食货志四·赈恤·京师赈恤之制》。

石以上。四年（1311）正月庚辰，武宗死，仁宗嗣位。同月"庚子，减价
粜京仓米，日千石，以赈贫民"。三月，"壬辰，发京仓米，减价以粜，
赈贫民"。十一月，"甲子，敕增置京城米肆十所，日平粜八百石以赈贫民"①。
据此，则京仓粜米每日千石增八百石，合为 1800 石。同年，"增所粜米价
为中统钞二十五贯。自是每年所粜，率五十余万石"②。京师的赈粜粮是从
海运粮中拨给的。至大元年（1308）由江南海运到达大都的粮食为 120 万
石，京师赈粜几占一半，但从至大二年（1309）起海运粮增为 200 万石以上，
京师粜粮约为四分之一。仁宗后期增为 300 万石以上，京师赈粜粮所占海
运粮的比重也就下降了。相对于其他地区因灾发放的赈济来说，大都显然
受到特殊的待遇，减价赈粜数量是很大的。

　　英宗、泰定帝两朝，京师赈粜时有记载。英宗延祐七年（1320）八月，
"庚午，发米十万石赈粜京师贫民"。至治元年（1321）九月，"京师饥，
发粟十万石减价粜之"③。至治二年（1322）五月乙酉，"京师饥，发粟
二十万石赈粜"。三年（1323）二月，"京师饥，发粟二万石赈粜"④。泰
定元年（1324）正月，"粜米二十万石，赈京师贫民"。七月戊申，"大都……
处饥，赈粜有差"。二年（1325）二月庚戌，"大都……诸路饥，赈粜有差"。
十一月，"京师饥，赈粜米四十万石"⑤。泰定三年（1326）十月，"京师
饥，发粟八十万石，减价粜之"。四年（1327）十一月庚午，"减价粜京
仓米十万石，以赈贫民"。"十二月，庚子，发米三十万石，赈京师饥。"⑥
天历元年（1328）十月，癸卯，"赈粜京城米十万石，石为钞十五贯"⑦。
天历二年（1329）八月丙午，"出官米五万石，赈粜京师贫民"⑧。至顺元
年（1330）三月戊午，"发米十万石赈粜京师贫民"。七月丙寅，"增大

　　① 《元史》卷24《仁宗纪一》。

　　② 《元史》卷96《食货志四·赈恤·京师赈恤之制》。

　　③ 《元史》卷27《英宗纪一》。

　　④ 《元史》卷28《英宗纪二》。

　　⑤ 《元史》卷29《泰定帝纪一》。

　　⑥ 《元史》卷30《泰定帝纪二》。

　　⑦ 《元史》卷32《文宗纪一》。

　　⑧ 《元史》卷33《文宗纪二》。

都赈粜米五万石"。十一月"庚辰，命中书赈粜粮十万石，济京师贫民"①。
至顺二年（1331）四月丙午，"以粮五万石赈粜京师贫民"。八月己未，
"复命赈粜米五万石济京城贫民"②。至顺三年（1332）正月丁丑，"赈粜
米五万石，济京师贫民"。五月"壬午，复赈粜米五万石，济京城贫民"③。
以上都是《元史》诸帝本纪中的记载，肯定有脱漏，并不完备。④但泰定朝
京师赈粜数量很大，特别是三年为八十万石，超过了以前每年固定供应的
数目，有待进一步研究。

　　元朝通行纸币。中期以后，纸币贬值，物价上涨，但大都赈粜粮的价
格则是基本稳定的。前面说过，成宗时赈粜粮白粳米每石十五两（贯），
郑介夫说十六贯。至大四年（1311），赈粜粮每石涨到二十五贯。"泰定
二年，减米价为二十贯。致和元年，又减为一十五贯云。"⑤上面提到，天
历元年十月，"石为钞十五贯"。天历元年（1328）就是致和元年。也就
是说，武宗时米价曾小幅上涨，但泰定时又降下来，回到原来的价位。数
十年间，官府赈粜米价基本稳定，就是保证大都居民买得起，有饭吃。实
际上是为了社会的安定。

　　元朝的海运，"历岁既久，弊日以生，水旱相仍，公私俱困。……兼
以风涛不测，盗贼出没，剽劫覆亡之患，自仍改至元之后，有不可胜言者矣。
由是岁运之数，渐不如旧"⑥。"仍改至元"指元顺帝重新采用"至元"年
号（1335—1340）。也就是说，到了顺帝时期，海运衰落，运到大都的粮
食减少，必然影响赈粜粮的供应。后至元三年（1335）三月，"己未，大都饥，
命于南北两城赈粜糙米"。九月，"丙寅，大都南北两城添设赈粜米铺五所"。
四年（1338）十二月甲午，"大都南城等处设米铺二十，每铺日粜米五十石，
以济贫民，俟秋成乃罢"⑦。原来每铺日粜一百石，现改为五十石；原来全
年粜米，现改为"秋成乃罢"。这样，大都赈粜米数量显然是减少了。后

① 《元史》卷34《文宗纪三》。

② 《元史》卷35《文宗纪四》。

③ 《元史》卷36《文宗纪五》。

④ 《元史》诸帝本纪和《元史·食货志》中有关赈恤的记载，就有出入。

⑤ 《元史》卷96《食货志四·赈恤·京师赈恤之制》。

⑥ 《元史》卷97《食货志五·海运》。

⑦ 《元史》卷39《顺帝纪二》。

至元六年（1340）二月，顺帝罢黜权臣伯颜，杨瑀"于至元六年二月十五夜，御前以牙牌宣入玉德殿，亲奉纶音，黜逐伯颜太师之事。瑀首以增粜官米为言，时在侧者皆以为迂。瑀曰：'城门上钥，明日不开，则米价涌贵，城中必先哄噪。抑且使百姓知圣主恤民之心，伯颜虐民之迹，恩怨判然，有何不可！'上允所奏，命世杰班殿中传旨于省臣，增米铺二十，钞到即粜。都城之人，莫不举手加额，以感圣德"①。此次临时增开米铺，为的是保证赈粜粮的供应，由此举亦可见官粜米对大都社会的稳定与否关系极大。

至正四年（1344），别儿怯不花为中书左丞相。"明年，岁大饥，流民载道，令有司赈之，欲还乡者给路粮。又录在京贫民，日粜以粮。"②对大都城内贫民"日粜以粮"应即执行红帖粮之法。至正五年（1345），铁木儿塔识拜御史大夫。"居岁余，迁平章政事，位居第一。"③"大驾时巡，留镇大都。旧法：细民籴于官仓，出印券月给之者，其值斗三百文，谓之红贴米，赋筹而给之。尽三月止者，其值斗五百文，谓之散筹米。豪民贪夫，得买其筹贴为利。王请别发米二十万石，遣官坐市肆，使人持五十文即得米一升，奸弊遂绝，民蒙其惠。"④红贴米即前述红帖米，散筹米即卖给普通百姓的官米。可知倒卖赈粜粮谋利的现象一直存在，又可知一般赈粜粮与红帖米两种供应标准的差价。这是现在知道的大都赈粜的最后记载，此项供应终于何时尚难考定，但全国农民战争爆发后，海运粮断绝，大都的赈粜粮肯定难以为继了。

赈粜即官府减价售米。大都赈粜与其他地区的赈粜有明显的区别。（1）元朝在多数地区实行赈粜，主要是灾害发生时采取的措施，是临时性的；大都的赈粜，则是经常性的，固定的，每年都有，从二十万石到五十万石不等，最多达八十万石。（2）大都有两种赈粜，在一般赈粜之外，又有专供"贫民"、价格更低的红帖粮。一般赈粜实际上成为大都居民享受的福利。（3）多数地区赈粜粮价是根据当地时价适当降低的，大都赈粜粮的价格则是基本稳定的。（4）大都赈粜粮总数难以统计，但可以肯定的是，应为全

① 杨瑀：《山居新语》。

② 《元史》卷140《别儿怯不花传》。

③ 《元史》卷140《铁木儿塔识传》。

④ 黄溍：《敕赐康里氏先茔碑》，《金华黄先生文集》卷28。《元史·铁木儿塔识传》所记略同，但缺两"斗"字。

国之冠。大都赈粜是元朝为了保证大都社会稳定采取的特殊政策。

对于大都赈粜，当时就有人非议。成宗时，郑介夫针对红帖粮说："百姓均为皇帝之子，而限以有无户帖之分；米粮均为皇家之公储，而自为高下价钞之异。……每年海道运粮，幸赖洪休，安然得济，或遇不测之风涛，一岁所仰，没为泥沙，将何以继之？"[1] 顺帝时，吴师道在国学任教，他在一则"策问"中写道："先王之治，崇本抑末，惰游有禁。况乎京师者四方之所视效，其俗化尤不可以不谨也。今都城之民，类皆不耕不蚕而衣食者，不唯惰游而已，作奸抵禁，实多有之。而又一切仰县官转漕之粟，名为平粜，实则济之。夫其疲民力，冒海险，费数斛而致一钟，顾以养此无赖之民，甚无谓也。驱之而尽归南亩，则势有不能。听其自食而不为之图，则非所以惠恤困穷之意。繁欲化俗自京师始，民知务本，而国无耗财，则将何道而可？愿相与言之。"[2] 吴师道认为，京师赈粜得利者是游手好闲的"无赖之民"，反映出当时部分有识之士对这种制度的不满，但是又找不到解决的办法。

都城以外的大都路地区亦经常得到各种赈恤。上面说过，灾害的赈恤包括赈济和蠲免两类。赈济又分赈给（无偿救济），赈贷（又称赈借，官府借粮于民，不取利息，定期收回）和赈粜（减价售粮）三种方式，以赈给居多，赈粜次之，赈借很少。一般来说，文献中所记"赈"即指无偿赈给而言。大都路地区的赈济以赈给为主。如至元九年（1272）四月，"甲寅，赈大都路饥"[3]。二十六年（1289）闰十月，"通州河西务饥，民有鬻子去之他州者，发米赈之"[4]。二十七年（1290）三月，"蓟州渔阳等处稻户饥，给三十日粮"[5]。二十七年四月，"辛巳，命大都路以粟六万二千五百六十四石赈通州河西务等处流民。……己亥，命考大都路贫病之民在籍者二千八百三十七人，发粟二百石赈之"。平均每户不到一斗。[6]

---

① 郑介夫：《因地震论治道疏》，《元代奏议集录（下）》，第131页。

② 吴师道：《国学策问四十道》，《吴正传先生文集》卷19。

③ 《元史》卷7《世祖纪四》。

④ 《元史》卷15《世祖纪十二》。

⑤ 同上。

⑥ 《元史》卷16《世祖纪十三》。

二十九年（1292）闰六月"辛亥，河西务水，给米赈饥民"①。大德六年（1302）四月丁卯，"发通州仓粟三百石赈贫民"②。大德十一年（1307）"以饥赈……漷州谷一万石"。③仁宗皇庆元年（1312）二月，"通、漷州饥，赈粮二月"④。延祐七年（1320）正月，"戊申，赈通、漷二州蒙古贫民"⑤。泰定二年（1325）三月乙亥，"漷州、蓟州……处民及山东蒙古军饥，赈粮、钞有差"⑥。泰定三年（1326）正月戊辰，"大都路属县饥，赈粮六万石"。泰定四年（1327）四月乙未，"河南、奉元二路及通、顺、檀、蓟等州，渔阳、宝坻、香河等县饥，赈粮两月"。以上各州、县均属大都路。十月壬戌，"大都路诸州县霖雨，水溢，坏民田庐，赈粮二十四万九千石"⑦。泰定初，许有壬改中书左司员外郎。"京畿饥，有壬请赈之。同列让之曰：'子言固善，其如亏国何！'有壬曰：'不然。民本也。不亏民，顾岂亏国邪！'卒白于丞相，发粮四十万斛济之，民赖以活者甚众。"⑧五斗一斛，两斛一石，"发粮四十万斛"与上述"赈粮二十四万九千石"相近，应即一事。致和元年（1328）正月戊子，"大都路东安州、大名路白马县饥，并赈之"。东安州治今廊坊。四月戊午，"大都……之属州县饥，发粟赈之"⑨。文宗天历二年（1329）正月丁丑，"赈大都路涿州房山、范阳等县饥民粮两月"。四月丙辰，"大都……诸路……饥民六十七万六千余户，赈以钞九万锭、粮万五千石。大都宛平县……赈粮一月"⑩。至顺二年（1331）三月癸卯，"发通州官粮赈檀、顺、昌平等处饥民九万余户"⑪。至顺三年（1332）八

① 《元史》卷17《世祖纪十四》。

② 《元史》卷20《成宗纪三》。

③ 《元史》卷96《食货志四·赈恤·水旱疫疠赈贷之制》。

④ 《元史》卷24《仁宗纪一》。

⑤ 《元史》卷27《英宗纪一》。

⑥ 《元史》卷29《泰定帝纪一》。

⑦ 《元史》卷30《泰定帝纪二》。

⑧ 《元史》卷182《许有壬传》。

⑨ 《元史》卷30《泰定帝纪二》。

⑩ 《元史》卷33《文宗纪二》。

⑪ 《元史》卷35《文宗纪四》。

月辛丑，"赈大都宝坻县饥民以京畿运司粮万石"[①]。至顺四年（即元统元年，1333）六月，"大霖雨，京畿水平地丈余，饥民四十余万，诏以钞四万锭赈之"[②]。顺帝后至元三年（1337）三月辛亥，"发钞一万锭，赈大都宝坻饥民"。四年（1338）二月，"是月，赈京师、河南北被水灾者"[③]。后至元六年（1340）二月，"京畿五州十一县水，每户赈米两月"。至正元年（1341）二月，"是月，大都宝坻县饥，赈米两月"。三月己未，"大都路涿州范阳、房山饥，赈钞四千锭"[④]。至正五年（1345）三月，"大都、永平、巩昌、兴国、安陆等处并桃温万户府各翼人民饥，赈之"[⑤]。

赈粜或简称"粜"，如至元二十六年（1289）八月，"壬子，霸州大水，民乏食，下其估粜直沽仓米五千石"。"漷州饥，发河西务米二千石，减其价赈粜之。"[⑥]"下其估"与"减其价"是相同的，即降价出卖粮食。延祐二年（1315）七月，"是月，畿内大雨，漷州、昌平、香河、宝坻等县水，没民田庐。……出米减价赈粜"[⑦]。英宗至治二年（1322）正月癸巳，"漷州饥，粜米十万石赈之"[⑧]。泰定二年（1325）二月"庚戌，通、漷二州饥，发粟赈粜。……大都……诸路饥，赈粜有差"[⑨]。至正四年（1344）九月，董守简为中书左丞。[⑩]"公既视事，以畿甸之民阻饥，白于丞相，出京仓粟二十万石，下其值以济之。"[⑪]"下其值以济之"即赈粜。和大都城内不同，大都路赈济以赈给为主，赈粜为数不多。赈贷未见。

赈济之外，大都居民亦有多次蠲免赋税。如至元四年（1267）六月"以中都、顺天、东平等处蚕灾，免民户丝料轻重有差。五年（1268）九月"癸丑，

① 《元史》卷36《文宗纪五》。

② 《元史》卷38《顺帝纪一》。

③ 《元史》卷39《顺帝纪二》。

④ 《元史》卷40《顺帝纪三》。

⑤ 《元史》卷41《顺帝纪四》。

⑥ 《元史》卷15《世祖纪十二》。

⑦ 《元史》卷25《仁宗纪二》。

⑧ 《元史》卷28《英宗纪二》。

⑨ 《元史》卷29《泰定帝纪一》。

⑩ 苏天爵：《董忠肃公墓志铭》，《滋溪文稿》卷12。

⑪ 黄溍：《忠肃董公神道碑》，《金华黄先生文集》卷26。

中都路水，免今年田租"①。至元十九年（1282），"减京师民户科差之半"②。二十年（1283）六、七月，免大都、平滦两路丝料、俸钞。③二十二年（1285），"除民间包银三年，不使带纳俸钞，尽免大都军民地税"④。二十三年（1286）十一月，"丙子，以涿、易二州，良乡、宝坻县饥，免今年租，给粮三月"⑤。二十四年（1287）闰二月，"大都饥，免今岁银、俸钞，诸路半征之"。十一月，"大都路水，赐今年田租十二万九千一百八十石"。"赐"田租就是蠲免之意。⑥二十五年（1288）七月，"霸、漷二州霖雨害稼，免其今年田租"。二十六年（1289）八月，"大都路霖雨害稼，免今岁租赋"⑦。二十七年（1290）四月，"大都、辽阳被灾，免其包银、俸钞"⑧。同年八月，"庚辰，免大都、平滦、保定、河间四路流民租赋及酒醋课"。十二月，"戊寅，免大都、平滦、保定、河间自至元二十四年至二十六年逋租十三万五百六十二石"⑨。这一年"减河间、保定、平滦三路丝线之半，大都全免"⑩。二十八年（1291）九月辛酉，"免大都今岁田租"⑪。"二十八年，诏免腹里诸路包银、俸钞，其大都……十路丝线并除之"⑫。二十九年（1292）三月丙午，"中书省臣言：'京畿荐饥，宜免今岁田租。……'并从之。"⑬"是年，以大都去岁不登，流移者众，免其税粮及包银、俸钞。"⑭"三十

① 《元史》卷6《世祖纪三》。至元元年以燕京路为中都路，二十一年置大都路总管府。

② 《元史》卷96《食货志四·赈恤·灾免之制》。

③ 《元史》卷12《世祖纪九》。

④ 《元史》卷96《食货志四·赈恤·恩免之制》。

⑤ 《元史》卷14《世祖纪十一》。

⑥ 同上。

⑦ 《元史》卷15《世祖纪十二》。

⑧ 《元史》卷96《食货志四·赈恤·灾免之制》；《元史》卷16《世祖纪十三》。

⑨ 《元史》卷16《世祖纪十三》。

⑩ 《元史》卷96《食货志四·赈恤·恩免之制》。

⑪ 《元史》卷16《世祖纪十三》。

⑫ 《元史》卷96《食货志四·赈恤·恩免之制》。

⑬ 《元史》卷17《世祖纪十四》。

⑭ 《元史》卷96《世祖纪十四》。

年，免大都差税。""元贞元年，除大都民户丝线、包银、税粮。大德元年，以改元免大都、上都、隆兴民户差税三年。""四年，诏免上都、大都、隆兴明年丝银税粮，其数亦如之。"① 元贞二年（1296）五月戊辰朔，"免两都徭役"②。大德元年（1297）二月，"诏改元赦天下，免上都、大都、隆兴差税三年"③。大德六年（1302）三月丁酉，"以旱、溢为灾，诏赦天下。大都、平滦被灾尤甚，免其差税三年"④。八年（1304）正月，"以灾异故，诏天下恤民隐，省刑罚"，并免各路差税，大都等路免一年。九年（1305）二月辛丑，"诏赦天下。……免大都、上都、隆兴差税，内郡包银、俸钞一年"。十年（1306）闰正月丁亥，"免大都今年租赋"⑤。大德十一年（1307）五月，武宗即位，"免上都、大都、隆兴差税三年"⑥。至大三年（1310）十月，"以皇太后受尊号，赦天下。大都、上都、中都比之他郡供给烦扰，与免至大三年秋税"⑦。至大四年（1311）三月，仁宗即位，四月丁卯颁废至大钞诏，"仍免大都、上都、隆兴差税三年"⑧。延祐元年（1314）正月，"诏改元延祐……免上都、大都差税二年"⑨。延祐六年（1319）三月己巳，"免大都、上都、兴和、大同今岁租税"。十二月己巳，"免大都、上都、兴和延祐七年差税"⑩。延祐七年（1320）十二月，英宗颁改元至治诏，"免大都、上都、兴和三路差税三年"⑪。至治三年（1323）十二月，泰定帝下诏改元，"免大都、兴和差税三年"⑫。泰定三年（1326）三月辛未，"大都……诸路饥，免其田租之半"。泰定四年（1327）十二月己未，"大都……

---

① 《元史》卷96《食货志四·赈恤·恩免之制》。

② 《元史》卷19《成宗纪二》。

③ 同上。

④ 《元史》卷20《成宗纪三》。

⑤ 《元史》卷21《成宗纪四》。

⑥ 《元史》卷22《武宗纪一》。

⑦ 《元史》卷23《武宗纪二》。

⑧ 《元史》卷24《仁宗纪一》。

⑨ 《元史》卷25《仁宗纪二》。

⑩ 《元史》卷26《仁宗纪三》。

⑪ 《元史》卷27《英宗纪一》。

⑫ 《元史》卷29《泰定帝纪一》。

诸路旱，免田租之半"①。至顺二年（1331）七月，"大都、河间、汉阳属县水……并免今年田租"②。至顺三年（1332）十月，宁宗即位，大赦天下，"大都、上都、兴和三路，差税免三年"③。

元朝都城还有一项奇特的赈恤制度。延祐六年（1319）十二月癸酉，"敕上都、大都冬夏设食于路，以食饥者"④。这是对两都居民的特殊恩惠，其他城市没有这样的待遇。朝廷为什么采取这样的办法，具体施行的状况，都不清楚。

第五节　赈恤的弊端

灾荒之年，需要实施蠲免和赈济，作为救灾的重要措施，但官员们为了保证赋税收入，显示自己的政绩，常常不认真上报灾情，以致民众不能及时得到蠲免，这在前面已作过说明。又如张演任溧阳县主簿，"岁部粮，时大旱，贫民实不能具春薶，出俸钱市粟，代入其输"⑤。"春薶"指触犯刑律没入为奴，此处意为贫民因旱灾无力交纳赋税被官府拘禁，张演用自己的俸钱买粟代为交纳。可知虽大旱仍不得免。平江路（今江苏苏州）是元代税粮最多的地区，在元末，"比岁以来，水旱频仍，田畴淹没，昔日膏土今为陂湖者有之。而亲民之官，不识大体，重赋横敛，务求羡余，致有激变。所得有限，所费不贷。且以州县税粮言之，有额无田，有田无收者，一例闭纳，科征之际，枷系满屋，鞭笞盈道，直致生民困苦，饥寒迫身，此其为盗之本情也"⑥。虽遭水旱，官员"务求羡余"，"一例闭纳"，得不到蠲免。至正九年（1349），亦璘真为义乌达鲁花赤，"是岁大祲，官民租皆无所入。庸田使者按视，将征其半。公力言之，遂得免十之八，民用深德之"⑦。绝收之年尚须交纳一半税粮，经亦璘真力争得免十分之八，

① 《元史》卷30《泰定帝纪二》。

② 《元史》卷35《文宗纪四》。

③ 《元史》卷37《宁宗纪》。

④ 《元史》卷26《仁宗纪三》。

⑤ 柳贯：《张公墓碑铭》，《柳待制文集》卷12。

⑥ 朱德润：《平江路问弭盗策》，《存复斋续集》。

⑦ 胡助：《达鲁花赤亦璘真儒林公去思碑》，《纯白斋类稿》卷19。

但像亦璘真这样的官员是很少的。

官府的赈济，因有利可图，更是弊端重重。世祖末年，常德路推官薛友谅向廉访分司建言："官司虽曾赈粜，止及有资之家。贫苦细民，略不沾惠。至于发仓救济，必俟朝廷明降，不唯缓不及事，借使从请，止救一时之急，终非常久之策"[1]。元成宗时，郑介夫上书，历数赈济的弊端。他指出："然民生不可一日无食，七日不食即死，安能忍饥以需赈济？若待所在官司申明闻奏，徐议拯救之术，展转迟误，往往流亡过半，此不可一也。灾荒之地，自冬而春，春而夏，直至秋成，方可再生。纵得两月之粮，岂能延逾年之命，此不可二也。天虽雨玉，不可为粟；家累千金，非食不饱。若给以见粮，犹能济急。今散以钞物，非可充饥，纵有钞满怀，而无米可籴，亦唯拱手就死而已。官虽多费，而惠不及民，此不可三也。"[2]他列举的弊端：一是"展转迟误"，二是赈粮数少，三是赈钞无用。前面两项和薛友谅的看法一致。元代很多人也谈到赈济的弊病，与薛友谅、郑介夫所说弊端大体相同。

一是时间迟误。请求赈济的公文上报，展转于各衙门之间，要相当长的时间才能批复。王都中减价粜仓粮，"时宰怒其专擅。都中曰：'饶去杭几二千里，比议定往还，非半月不可。人七日不食即死，安能忍死以待乎！'"[3]达里麻吉而的为江阴州达鲁花赤，"岁大浸，公亟发廪以赈饥者。众请白行省，公曰：'俟省报必涉旬，民命危在旦夕，先发后闻可也。得罪则尽室以偿，不以累诸君。'卒发之，所活殆万人"[4]。都是针对迟误而发。事实上公文往来，常常不止"半月""涉旬"。监察御史王恽说："见阙食者，密州、莱阳等处二万七千余户，西京一路三万余户，上下累申，前后十月，才闻尚书省将三路饥民分间约量，许贷米粮接济，却令今秋还纳。"[5]

二是赈济的数量有限，不能满足灾民的基本需要。江西南丰州在成宗大德年间接连发生水旱灾荒，百姓乏食，"幸蒙省府矜恤，累次发粜官粮。……然官仓所粜，每户多者五斗，少者一二斗而止。略计人口不同，

① 《武陵续志·义济局》，《永乐大典》卷19781。

② 郑介夫：《上奏一纲二十目》，《元代奏议集录（下）》，第79页。

③ 《元史》卷1842《王都中传》。

④ 危素：《古速鲁公墓志铭》，《危太朴文续集》卷5。

⑤ 王恽：《论借贷饥民米粮事状》，《秋涧先生大全集》卷87。

大概仅充五日之食，所食既尽，又只忍饥"①。王恽说："如西京一路，见阙食者三万余户。今许借贷米粮仓槛二万石，约户给七斗。家以五口为率，日食二小升，是仅能支持月余。兼山后地寒，霜雪早至，设或天灾依然，二月之外，不知复何存活？"②泰定三年（1326），皇帝召见退休家居的大臣张珪："上曰：'卿来时，民间何如？'公曰：'臣老，寡宾客，不足远知。真定、保定、河间，臣乡邑也，民饥甚，朝廷幸出金粟赈之，而惠未及者十五六，唯陛下念之。'上恻然，敕有司毕赡之，如公意。"③原来得到朝廷赈济的灾民不到一半，张珪出面直接向皇帝申诉，才得到补给。可以想见，大多数赈济中"惠未及"的比例是很大的，而敢于向皇帝反映的则是很特殊的例外。苏天爵上书说山东灾荒，"初则典田卖屋，急则鬻子弃妻。朝廷虽尝赈恤，一家能得几何。……欲民之不为盗，难矣"④。也说赈济的粮食太少，灾民难以渡荒。

三是赈钞无用、粮米不堪食用。对于赈钞，郑介夫提出异议，已见前述。"大德十一年，山东待郡饥，诏［吴］鼎往赈之。朝廷议发米四万石，钞折米一万石。鼎谓同使者曰：'民得钞，将何从易米？'同使者曰：'朝议已定，恐不可复得。'鼎曰：'人命岂不重于米耶！'言于朝，卒从所请。"⑤另外，赈济的粮食常常是陈米甚至是不堪食用的。至元十六年（1279），"以江南所运糯米不堪用者赈贫民"。二十四年（1287）四月，"以陈米给贫民"⑥。平乡县"丁亥岁饥，诏赈粟万斛。伻匪其人，沃粟以水，土糠半之。令（县尹杨执中——引者）扬言：'朝廷忧民饥，赐以粟也。今粟乃尔，恐非恤民意。'固辞不受。使者屈服，乃择粟之佳者给之，故所得独为丰精"⑦。延祐五年（1318），盖苗为单州判官，"有官粟五百石陈腐，以借诸民，期秋熟还官。及秋，郡责偿甚急，部使者将责知州。苗曰：'官粟，实苗所贳，今民饥

---

①刘埙：《呈州转申廉访分司救荒状》，《水云村泯稿》卷14。

②王恽：《论借贷饥民米粮事状》，《秋涧先生大全集》卷87。

③虞集：《中书平章张公墓志铭》，《道园类稿》卷46。

④苏天爵：《山东建白三事》，《滋溪文稿》卷27。

⑤《元史》卷170《吴鼎传》。

⑥《元史》卷96《食货志四·赈恤》。

⑦秦锜：《邑令杨公去思碑》，民国《平乡县志》卷10，引自李修生《全元文》第54册，第74页。

不能偿，苗请代还。'使者乃已其责"①。

四是赈济过程中官吏作弊，谋取私利。各级衙门的官吏利用赈济作威作福，欺压百姓。大德七年（1303），"时台州旱，民饥，道殣相望，江浙行省檄浙东元帅脱欢察儿发粟赈济，而脱欢察儿怙势立威，不恤民隐，驱胁有司，动置重刑"②。弄虚作假，贪污赈济钱粮是常见的。如"至治二年（1322）五月，刑部议得，'奉元路录事司达鲁花赤乞里牙忽思、录事刘耀、典史姜茂，诡名印押红帖，减价冒籴官粮，各笞四十七下，解任别仕。'都省准拟。"③奉元路（今陕西西安）地方官和衙门中的吏员，用假名购买官府用来赈济的低价粮，发现后被处以笞刑，解除职务。没有发现的不知有多少。前面说过，官府赈济粮食的来源之一是在民间和籴。收购和发放时吏员都可以上下其手，"其最为患者，吏胥之奸。与钞之时，必有减克。交纳之际，必有诛求。稍不满欲，则桩配豪量之患，纷然而起。又收籴之时，主籴之官，掌仓之职，口法侵削，低价满量，豪夺于民。发散之时，谋利口私，惠归吏卒，而饥民实无所及。将以为利，适以为害也"④。有的官吏则与富民狼狈为奸，从中谋利。至元二十五年（1288）四月，"尚书省臣言：'近以江淮饥，命行省赈之，吏与富民因缘为奸，多不及贫者'"。⑤赈济的物资大多归于富民，贫民得不到。此时尚书省实际上取代中书省成为最高行政机构，尚书省臣有如此感慨，可知问题是何等严重。郑介夫说常平仓管理与发放，"贪官污吏，并缘为奸。若官入官出，民间未沾赈济之利，且先被打算计点之扰。及出入之时，又有克减百端之弊，适以重困百姓也"⑥。

---

① 《元史》卷185《盖苗传》。

② 《元史》卷190《儒学二·陈孚传》。

③ 《至正条格·断例》卷10《厩库·诡名籴粮》。

④ 张光大：《救荒活民类要·经史良法》。按，此为"李悝为魏文侯作平籴之法"的评论。《救荒活民类要》原本董煟云："所为患者，吏胥为奸，交纳之际，必有诛求，稍不满欲，量折监赔之患，纷然而起。故籴买之官，不得不低价满量，豪夺于民，以逃旷责。是其为籴也，乌得谓之和哉！"张光大作了很大改动，反映元代和籴赈济的弊端。

⑤ 《元史》卷15《世祖纪十二》。

⑥ 郑介夫：《上奏一纲二十目》，《元代奏议集录（下）》，第80页。

常平仓如此，官仓必然如此。"赈恤付群吏，所务惟刻削。"①"空名赈饥不得实，并缘官粟私门储。"②刘时中散曲《（正宫）端正好·上高监司》中写道："那近日劝粜到江乡，按户口给月粮。富户都用钱买放，无实惠尽是虚桩。充饥画饼诚堪笑，印信、凭由却是谎，快活了些社长、知房。"③这些诗和散曲都反映了官府赈济的真实情况。

元朝官方的赈恤制度是相当严密的，赈恤的范围和数量很大，对于减灾起到了积极的作用。特别是边疆地区的赈济，可以说是不同于前代的特色。但元朝政治腐败，官吏贪污成风，严重地影响了赈恤的开展，有时还引起社会矛盾的激化。

① 刘基：《过东昌有感》，《诚意伯文集》卷13。

② 吴师道：《后苦旱行》，《吴正传先生文集》卷4。

③ 隋树森：《全元散曲》，第670页。

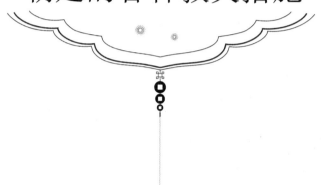

第四章
朝廷的各种救灾措施

　　元代中期，张养浩作《牧民忠告》，在"救荒"门中列有"多方救赈"目，他说："古之有民社者，或不幸而值凶荒夭扎之变，视其轻重，必有术以处之。或私帑之分，或公廪之发，或托之工役，或假以山泽，或已负蠲征募粟劝粜，或听民收其遗稚，或命医疗其疹疾。凡可以拯其生者，靡微不至。……呜呼，凡牧民者其以古之人为法，庶无彼我之间哉！"[①]元朝以前历代王朝在应对灾害方面，除了蠲免和赈济之外还有采取多种措施，积累了丰富的经验。元朝继续前代的做法，在蠲免和赈济的同时，推行其他多种应对措施。

---

①张养浩：《为政忠告·牧民忠告》。

第一节　开放山泽和禁猎

元代很多山林河泊归国家所有，百姓未经允许，不能捕鱼打猎。蒙古人特别重视狩猎，进入"汉地"以后，把大批土地作为专供狩猎的围场，专门签发打捕户、鹰房户为皇家服务。中统三年（1262），忽必烈下旨："照旧来体例，中都四面各五百里地内，除打捕人户依年例合纳皮货的野物打捕外，禁约不以是何人等不得飞放打捕鸡兔。"①"旧来体例"很可能指金朝的规定。文中的"中都"即燕京（今北京）。成宗大德元年（1297）五月的一道圣旨中说："如今自大都八百里以里，休打捕兔儿者。……八百里以里打捕兔儿的人每，有罪过者。"②则大都周围禁猎范围由五百里扩大到八百里。除了大都周围以外，"汉地"还有不少地区也都划为禁区，只许隶属于皇室的鹰房户、打捕户和部分蒙古人狩猎，不许百姓打猎。湖泊则设有专门管理机构或鱼官，征收赋税。忽必烈时代，雄、霸、武清等处鱼官甚至"陈告上司，将应有河泊尽拘属官，禁绝诸人不得采捕"③。这一建议曾否实行已不可知，但湖泊之利归国家所有由此可见。元世祖时，监察御史王恽针对"赤地千里"的蝗灾，提出多项建议。其中有："山林河泊之利，所在皆办外课。有无权时蠲免，听民采取，以供不给。兼前世已尝施行，稍足复禁如初。""山林原野，系禁地去处，如豕、鹿、麀、雁、鸡、兔之类，亦宜许令采捕，期以稍丰，复禁如初。"④后来在《便民三十五事·恤民》中又提出："弛山林、河泊、林木、鱼蒲之禁，令民恣得采取，以救饥乏不足。"⑤事实上，在王恽上书以前，弛禁已经推行，王恽不过再加强调而已。有元一代，每遇较大的灾荒，必有弛山泽之禁的命令，可以说是一项救灾的基本措施。

忽必烈时代，见于《元史》的弛禁有十余起。中统二年（1261）五月"弛

---

① 《通制条格》卷28《杂令·围猎》。

② 《元典章》卷38《兵部五·捕猎·违例·禁治打捕兔儿》。忽必烈在金中都旧址外建新城，称为大都。

③ 王恽：《为刘古乃打鱼事》，《秋涧先生大全集》卷87。

④ 王恽：《为蝗旱救治事状》，《秋涧先生大全集》卷88。

⑤ 王恽：《秋涧先生大全集》卷90。

诸路山泽之禁"①。这是见于记载的首次弛禁。此后弛禁分为两类。一类是弛猎禁，如至元十年（1273）九月，"辛巳，辽东饥，弛猎禁"②。十五年（1278）十月，"丁卯，弛山场樵采之禁"③。至元十九年（1282）十月庚寅，"以岁事不登，听诸军捕猎于汴梁之南"④。天灾影响农业收成，忽必烈命军人在汴梁之南捕猎，显然为了解决军粮之不足。二十五年（1288）正月戊戌，"敕弛辽阳渔猎之禁，惟毋杀孕兽"⑤。二十六年（1289）闰十月，"檀州饥民刘德成犯猎禁，诏释之"⑥。这是一起因饥荒被迫偷猎的事件。"至元二十六年十二月二十八日，尚书省奏：'伯颜阿丁与文书：檀州等处山后的禁地面里，刘德成等人每为杀了野物的上头，拿着问呵，招了也。么道有。俺寻思得，他每待依着圣旨体例里断没说了，俺那人每根底问呵，他每说：今年为不曾收田禾的上头阙食，譬如饿死，么道，将禁的野物杀吃来。道来。待断没呵，他每约有二十个牛有来。将那牛待断没了呵，后头怎养活喉嗉急。'么道，奏呵。休断没者。禁约呵，为这般上头，么道，圣旨了也。"檀州（今北京密云）在五百里禁猎范围之内，刘德成等因天灾歉收导致饥荒，被迫打猎，触犯禁令。本应没收家中财产（牛），考虑到没收后无法生活，得到忽必烈的宽大处理。⑦至元二十八年（1291）三月壬戌，"赈辽阳、武平饥民，仍弛捕猎之禁"⑧。辽阳路治今辽宁辽阳，武平路即大宁路，路治今内蒙古宁城。同年八月二十七日，"中书省奏：咸平府那里每'这几年田禾不曾收来，百姓每生受的其间，野物的不教禁约，教养百姓每喉嗉急呵，怎生？'么道，那里的宣慰司官人每说将来有。俺商量得，依他每言语不教禁约呵，怎生？商量来"。上奏后，忽必烈说："那里的怎生禁约来？

---

① 《元史》卷4《世祖纪一》。

② 《元史》卷8《世祖纪五》。

③ 《元史》卷10《世祖纪七》。

④ 《元史》卷12《世祖纪九》。

⑤ 《元史》卷15《世祖纪十二》。

⑥ 同上。

⑦ 《通制条格》卷28《杂令·围猎》。按，《元史》卷105《刑法志四·禁令》中有一条规定："诸年谷不登，百姓饥乏，遇禁地野兽，搏而食之者，毋辄没入。"应即据此。

⑧ 《元史》卷16《世祖纪十三》。

自正月至七月，为野物的皮子、肉歹，更为怀羔儿的上头，普例禁约有。除那的外，教采打食者。"[1] 咸平府治所在今辽宁开原，其辖地在今辽宁西部。忽必烈圣旨是说正月至七月不许打猎，其余时间开禁。同年十一月乙卯，"武平、平滦诸州饥，弛猎禁，其孕字之时勿捕"[2]。平滦路治所在今河北卢龙。武平和平滦二路辖境在今内蒙古、辽宁、河北交界处。"十一月乙卯"即十一月二十二日。有关此事的文书保留了下来：

至元二十八年十一月二十二日，御史台奏："武平路廉访司官人每说将来：'今年田禾不收，百姓饥饿有。在前滦河迤东采打野物呵，休禁断；滦河迤西打围的禁断者。么道，圣旨有来。如今他每河那壁城子所管的地面都禁断有。'么道，说将来。俺和贵赤明安一处说话来，河西里依旧禁断，河东里教百姓每采捕野物呵，怎生？"么道，奏呵，"索什么那般道，都交采打者"。么道，圣旨有呵，再奏："没界畔呵，侵将这壁厢来去也，交分地面呵，怎生？"奏呵，"那般者。么道。怀羔儿时分休教采打者，他每根底教省得者"。

因天灾饥荒，武平路廉访司请求开放滦河以东地区，允许百姓打猎渡荒，以西地区仍然禁止。忽必烈主张一律开放。御史台仍坚持区分地面，忽必烈表示同意，但指示野兽怀孕期不许打猎。这和八月间下的圣旨是一致的。

紧接着，元朝又对山东地面打猎场所作出了规定：

至元三十年五月十一日，中书省奏："山东东路宣慰司所辖的益都府、济南府、般阳路、宁海州、泰安州、东平府等七个城子有。这七处野物禁有，田地相邻，直至蛮子田地哏宽有。那里有的憨哈纳思、阿陈围场，一年呵也遍不得惹个地面有。如今这里差将人去和乐实等宣慰司家官人每一处，憨哈纳思、阿陈等打围的每根底，斟量标拨了他每地面，其余地面不教禁约，教与穷暴忍饥的百姓每养喉嗉急。"么道，奏呵，"不索寻思，那般者。有一句言语，好生严切说将去，更行文书有。依在先圣旨体例里，正月为头怀羔时分，河西每、憨哈纳思、阿陈每、汉儿人每，不拣谁休围场者。那其间里围场呵，肉瘦，皮子虫蛀，可惜了性命，无济有。野物也尽了去也。憨哈纳思等与汉儿人每递相体察者。九月、十月、十一月这三个月围场者，

---

① 《通制条格》卷28《杂令·围猎》。

② 《元史》卷16《世祖纪十三》。

除这三个月外休围场者。河西每根底，阿陈每根底，斟酌摽拨与了围场地面，其余的休禁者"。①

忽必烈这道圣旨有两个方面。第一是原来山东西部七处州、府、路广大地面只许憨哈纳思、阿陈等蒙古人、色目人围猎，汉人不许狩猎。现在对原有诸部划定"围场地面"，其余地方对穷苦饥民开放；第二是对打猎时间严格加以限制，只许九、十、十一三个月围猎，其余时间禁猎。总起来看，忽必烈时期弛猎禁主要在北方，弛禁同时有范围和时间的限制，特别突出不许在野兽孕育时狩猎，体现了游牧民族保护野生动物繁殖的意识。

另一类是弛河泊禁。至元十四年（1277）五月，"以河南、山东水旱，除河泊课，听民自渔"②。二十二年（1285）正月戊寅，"以命相诏天下……江淮以南江河鱼利，皆弛其禁"③。"二十二年……［忙兀台］拜银青荣禄大夫、行省左丞相，还镇江浙。时浙西大饥，乃弛河泊禁……"④二十四年（1287）三月乙卯，"辽东饥，弛太子河捕鱼禁。"十一月壬辰，"弛太原、保德河鱼禁"。十二月丁卯，"免浙西鱼课三千锭，听民自渔"⑤。"（十二月），丞相桑哥等……又奏：'浙西鱼泊，系官采取，岁课计钞三千锭，宜开其禁，听民采取。'并从之。"⑥二十六年（1289）十月癸酉，"以平滦、河间、保定等路饥，弛河泊之禁"⑦。二十八年（1291）三月壬戌，"杭州、平江等五路饥，发粟赈之，仍弛湖泊蒲鱼之禁"。同年四月，"庚辰，弛杭州西湖禽、鱼禁，听民网罟"⑧。至元二十九年（1292）三月丙午，"中书省臣言：'……汉地河泊隶宣徽院，除入太官外，宜弛其禁，便民取食。'并从之"⑨。弛河泊禁遍及南北各地，而以江南居多。

成宗时继续以弛山泽河泊之禁作为救灾的重要措施。成宗一代，见于

① 《通制条格》卷28《杂令·围猎》。

② 《元史》卷9《世祖纪六》。

③ 《元史》卷13《世祖纪十》；《元史》卷205《奸臣·卢世荣传》。

④ 《元史》卷131《忙兀台传》。

⑤ 《元史》卷14《世祖纪十一》。

⑥ 《经世大典·赋典·市籴粮草》，《永乐大典》卷11598。

⑦ 《元史》卷15《世祖纪十二》。

⑧ 《元史》卷16《世祖纪十三》。

⑨ 《元史》卷17《世祖纪十四》。

记载的弛禁和禁猎的诏旨有十余次。①元贞元年（1295）六月乙卯，"江西行省所辖郡大水无禾，民乏食，令有司与廉访司官赈之，仍弛江河湖泊之禁，听民采取"①。②成宗大德元年（1297）二月的一道圣旨，重申忽必烈时代不许孕期捕猎的规定："依在先行了的圣旨体例，如今正月初一日为头，至七月二十日，不拣是谁休打捕者。打捕的人每有罪过者。"②③大德元年（1297）闰十二月己卯，"淮东饥，遣参议中书省事于璋发廪赈之。弛湖泊之禁，仍听正月捕猎"③。上面说过，元朝世祖、成宗先后颁布圣旨，不许正月至七月捕猎。此次允许"正月捕猎"，可谓特例。④大德二年（1298）正月，"己酉，建康、龙兴、临江、宁国、太平、广德、饶、池等处水，发临江路粮三万石以赈，仍弛泽梁之禁，听民樵采"④。⑤大德三年（1299）五月，"江陵路旱、蝗，弛其湖泊之禁，仍并以粮赈之"⑤。⑥大德四年（1300）二月，"甲戌，发粟十万石赈湖北饥民，仍弛山泽之禁"⑥。⑦大德五年（1301）十月丙戌，"以岁饥，禁酿酒，弛山泽之禁，听民捕猎"⑦。⑧大德七年（1303）正月己酉，"以岁不登……弛饥荒所在山泽河泊之禁一年"⑧。⑨大德七年（1303）三月，《奉使宣抚诏书》内一款："河南山场河泊截日开禁，听饥民从便采取"⑨。⑩大德七年（1303）八月辛卯，"夜地震，平阳、太原尤甚……遣使分道赈济，为钞九万六千五百余锭，仍免太原、平阳今年差税，山场河泊听民采捕"⑩。⑪大德八年（1304）正月己未，"以灾异故，诏天下恤民隐，省刑罚。……仍弛山场河泊之禁，听民采捕"⑪。诏书内一款："禁断野物地面除上都、大同、山北等处，大都周回百里，其余禁断

---

① 《元史》卷18《成宗纪一》。

② 《元典章》卷38《兵部五·捕猎·违例·禁治打捕月日》。

③ 《元史》卷19《成宗纪二》。

④ 同上。

⑤ 《元史》卷20《成宗纪三》。

⑥ 同上。

⑦ 同上。

⑧ 《元史》卷21《成宗纪四》。

⑨ 《元典章》卷3《圣政二·赈饥贫》。

⑩ 《元史》卷21《成宗纪四》。

⑪ 同上。

去处并山场河泊依例并行开禁一年，听民采捕。其汉儿人毋得因而执把弓箭，二十人之上不许聚众围猎。各处管民官司提调，廉访司常加体察，违者治罪"①。大都周围原禁五百里，后改八百里。此处为"周回百里"，或有误，此后诸帝有关诏旨中仍以大都周围五百里为禁区（见下）。⑫ 大德九年（1305）八月己卯，"以冀宁岁复不登，弛山泽之禁，听民采捕"②。这是大德七年（1303）大地震的延续。⑬ 大德十年（1306）诏书内一款："被灾去处阙食人户已尝赈济。其本处山场河泊今岁课程权且停罢，听贫民从便采取，有力之家不得搀夺。"③ 大德十年（1306），韩冲任沔阳府（今湖北沔阳）知府。"郡以网罟之利甲天下……每岁孟春，湖官假贷富家预输一岁之赋，谓之结课。及夏、秋大水，方始捕鱼，羡余悉归于己。偶适岁侵，诏弛山泽之利以赈民饥，湖官苦之。公言行省，请还其输赋而后弛禁，一从之。众感其惠。"④ 可知十年（1306）诏书中"弛山泽之利"确实付诸实施。

以上大德五年（1301）十月、七年（1303）正月、八年（1304）正月、十年（1306）是针对所有被荒去处的，其余各次则都是专指某一地区的。还应指出的是，上述统计根据《元史·成宗纪》和《元典章》作出，实际弛禁次数应更多。如，元成宗时，"京畿、平滦等处饥，[董士选]请弛山泽之禁而禁酿，谷价得不踊"⑤。大德时，刘天孚为许州知州，"省檄论囚荆南，时荆楚大水，民饥。归，请撤禁山泽，以活昏垫。省移中书，如请，民济于阨"⑥。就不见于上述记载。

大德十一年（1307）是武宗即位之年，即有数次弛禁山泽的诏令。五月甲申，武宗即位，大赦天下。即位诏中说："被灾之处，山场湖泊课程，权且停罢，听贫民采取。"同年九月甲申，"敕弛江浙诸郡山泽之禁"⑦。这次开禁是浙西廉访司的文书引起的。文书中说："为苏、湖、常、秀等路自今春阴雨连绵，四月初八日雨复霖霈，塘路冲陨，围岸崩颓，稻秧浸烂，

---

① 《元典章》卷3《圣政二·赈饥贫》。

② 《元史》卷21《成宗纪四》。

③ 《元典章》卷3《圣政二·赈饥贫》。

④ 苏天爵：《韩公神道碑铭》，《滋溪文稿》卷12。

⑤ 吴澄：《董忠宣公神道碑》，《吴文正公集》卷32。

⑥ 李祁鲁翀：《知许州刘侯民爱铭》，引自李修生《全元文》第32册，第310页。

⑦ 《元史》卷22《武宗纪一》。

米价骤增。饥民远来陈诉，词理痛不可言。其余路分，阙食尚多。"为此，廉访司请求"将浙西、江东山场河泊课程权且住罢，听民采取，诚为救荒之急务"。"九月二十三日中书省奏过事内一件：'江浙省所辖去处，今年田禾不曾收成，阙食的百姓每根底，差人交赈济去了来。在前似这般田禾不曾收成时分，阙食的百姓每根底，交得济者，么道。'今'纳课租禁着的山场河泊，交开禁了来'。么道。行省官人每、台官、廉访司官提调说将来有。他每的言语是的一般有。比例田种收成，不交要课租，开禁呵，怎生？奏呵。奉圣旨：'那般者。'"①同年十二月庚申，发布《改元至大诏》，其中提到"弛山场、河泊、芦荡"②。诏旨中说："近年以来，水旱相仍，阙食者众。诸禁捕野物地面，除上都、大同、隆兴三路外，大都周围各禁五百里。其余禁断处所及应有山场、河泊、芦场，诏书到日并行开禁一年，听民从便采捕。诸投下及僧道权势之家占据抽分去处，并仰革罢。汉儿人等不得因而执把弓箭聚众围猎。管民官司用心钤束，廉访司严行体察。"③上次针对江南，这一次则针对各地。可见都把开放山泽河泊作为救灾的重要措施。至大二年（1309）正月丙申，"诏天下弛山泽之禁"④。同年二月《上尊号诏书》中规定："去年降诏赈恤，禁捕野物地面，除上都、中都、大同三路，于大都周围各禁五百里，其余开禁一年。至大二年依前再开禁一年，除天鹅、鸊鹈外，听从民便采捕。汉民不得因而执把弓箭，聚众围猎。"同时对投下等"占据抽分去处"的处置专列一款："诸位下、各投下及僧道权势之家占据山场河泊关津桥梁，并诸人扑认牙例诸色抽分等钱，诏书到日，尽行革罢。违者严行革断。监察御史、廉访司常加体察。"⑤值得注意的是，开放山场的圣旨中常有禁止"汉民""汉儿人""执把弓箭""聚众围猎"的规定，反映出统治者防备汉人的恐惧心理。

仁宗以后，见于记载的弛禁明显减少。皇庆二年（1313）七月癸巳，"保定、真定、河间民流不止……诸被灾地并弛山泽之禁"⑥。延祐二年（1315）

---

① 《元典章》卷22《户部八·课程·河泊·山场河泊开禁》。

② 《元史》卷22《武宗纪一》。

③ 《元典章》卷3《圣政二·赈饥贫》。

④ 《元史》卷23《武宗纪二》。

⑤ 《元典章》卷3《圣政二·赈饥贫》。

⑥ 《元史》卷24《仁宗纪一》。

禁畋猎。六年（1319）六月丁丑，"以济宁等路水……开河泊禁，听民采食"①。延祐七年（1320）九月癸巳，"沈阳水旱害稼，弛其山场河泊之禁"②。延祐七年（1320）英宗嗣位，十一月《至治改元诏书》云："燕南、山东、汴梁、归德、汝宁灾伤地面应有河泊，无问系官、投下，并仰开禁，听民采取。若有原委抽分头目人等，截日革去。"③至治二年（1322）闰五月甲子，"真定、山东诸路饥，弛其河泊之禁"④。泰定帝泰定三年（1326）十一月己巳，"弛永平路山泽之禁"。泰定四年（1327）十一月辛卯，"以岁饥，开内郡山泽之禁"⑤。文宗天历元年（1328）十二月戊午，"诏：'被兵郡县免杂役，禁酿酒，弛山场河淀之禁'⑥。天历二年（1329）四月丙辰，"河南廉访司言：河南府路以兵、旱民饥，食人肉事觉五十一人，饿死者千九百五十人，饥者二万七千四百余人。乞弛山林川泽之禁，听民采食"，并行入粟补官之令等。文宗"从之"。十月壬寅，"弛陕西山泽之禁以与民"⑦。顺帝后至元三年（1337）二月，"辛卯，发钞四十万锭赈江浙等处饥民四十万户，开所在山场、河泊之禁，听民樵采"⑧。

元末农民战争爆发（至正十一年，1351）后，社会动乱，朝廷再不提弛禁措施。至正十三至十四年（1353—1354）间，苏友龙为萧山（今浙江萧山）县尹，"会岁俭，弛湘湖之禁以利民"⑨。但这是个别地方官的行为，不是朝廷的诏令。

元朝皇帝和贵族、官僚习惯于游牧生活，以狩猎为乐事。所到之处，往往践踏农田，骚扰百姓，对农业生产和农民生活造成很大的破坏。在灾

① 《元史》卷26《成宗纪三》。

② 《元史》卷27《英宗纪一》。

③ 《元典章》卷3《圣政二·复租赋》。按，《元史》卷27《英宗纪一》载，延祐七年（1320）十二月乙巳朔，英宗下诏曰："……可以明年为至治元年。……开燕南、山东湖泊之禁，听民采取。"

④ 《元史》卷28《英宗纪二》。

⑤ 《元史》卷30《泰定帝纪二》。

⑥ 《元史》卷32《文宗纪一》。

⑦ 《元史》卷33《文宗纪二》。

⑧ 《元史》卷39《顺帝纪二》。

⑨ 宋濂：《苏公墓志铭》，《宋文宪公全集》卷27。

荒年代，有些贵族、官僚仍然如此。对灾区来说，如雪上加霜。元朝向饥民开放山泽，并规定："诸年谷不登，人民愁困，诸王、达官应出围猎者，并禁止之。"① 大德七年（1303）二月，"真定路饥，赈钞五万锭，仍谕诸王小薛及鹰师等，毋于真定近地纵猎扰民"。同年八月，山西大地震。九月，丙寅，"以太原、平阳地震，禁诸王阿只吉、小薛所部扰民，仍减太原岁饲马之半"②。与上一条记事对照，可知诸王所部"扰民"应指"纵猎"而言。大德七年（1303）十一月十八日，中书省官人每奏："这几年田禾不收，百姓每生受的其间，各枝儿飞放围猎的，住冬的，往来行的，喂养马疋的人等，将引老小，村坊里安下，取要饮食、草料，教百姓每生受有。"元成宗为此颁发"不教各枝儿骚扰百姓禁治的圣旨"。这道圣旨是八月禁令的延续③。大德十一年（1307）五月，武宗即位。九月二十三日，"钦奉圣旨：'今年百姓每田禾好生不曾收成来。怯薛歹、昔宝赤、诸王驸马的伴当每、外各枝儿等，食践田禾，入百姓每的场里夺要田禾、鸡、米、草、菜、萝卜，哏欺负百姓每也者。如今省官人每行文书禁约者。这般晓谕了，使气力夺要田禾、鸡、米、草、菜、萝卜等物的人每拿住呵，打七十七下，拿住的人根底与赏。'么道，传圣旨来。钦此"④。怯薛歹是皇帝、诸王的近卫、侍从，昔宝赤是蒙语音译，义为养鹰人。这道圣旨是说，灾荒年代，粮食歉收，但皇帝和诸王的侍从、猎人等以狩猎为名，欺侮百姓，要加以惩处。可以说是上面大德七年（1303）几道圣旨的继续。武宗至大三年（1310）十一月戊子，"以益都、宁海等处连岁饥，罢鹰坊纵猎，其余猎地，并令禁约，以俟秋成"⑤。"鹰坊"又作"鹰房"，是专为皇家养鹰的人户。⑥世祖时，王恽上《便民三十五事》，其中之一是"禁约侵扰百姓"，"每岁鹰房子南来，所经州县，市井为空，将官吏非理凌辱，百姓畏之，过于营马。及去，又须打发撒花等物，深为未便"⑦。可知鹰房依仗皇家的权势，

---

① 《元史》卷105《刑法志四·禁令》。

② 《元史》卷21《成宗纪四》。

③ 《通制条格》卷28《杂令·扰民》。

④ 《元典章》卷23《户部九·农桑·劝课·食践田禾断例》。

⑤ 《元史》卷23《武宗纪二》。

⑥ 《元史》卷101《兵志四·鹰房捕猎》。

⑦ 王恽：《秋涧先生大全集》卷90。

以狩猎为名对百姓多有扰害。武宗因益都路（治今山东青州）、宁海州（治今山东牟平）等处连年遭灾，对鹰房的活动加以一定的限制，亦可见鹰房为害之烈。仁宗皇庆元年（1312）正月，"参议中书省事秃鲁哈帖木儿、阿里海牙等奏：'飞放之时至矣。丞相帖木迭儿令臣等奏取圣裁。'上曰：'今年田禾多不收，百姓饥困，朕不飞放。'"[1] 每年冬春之交，元朝皇帝要在大都南郊沼泽之地纵鹰捕捉天鹅，称为"飞放"。飞放的场所称为飞放泊（今北京大兴区南海子）。飞放时兴师动众，扰民至大。仁宗因遇灾百姓饥困，不得不取消飞放。皇庆二年（1313）七月癸巳，"保定、真定、河间民流不止……诸被灾地并弛山泽之禁，猎者毋入其境"[2]。被灾地弛禁是允许饥民捕猎，不许入境的"猎者"无疑指贵族、官僚和鹰房。同年九月，"奉旨：'腹怀（里？）地今年田禾灾伤。诸位下毋令昔宝赤、八儿赤前去。'"[3] 八儿赤是蒙语，指养虎人。仁宗因发生灾荒，禁止王公贵族属下的猎人到农区狩猎。延祐三年（1316）正月丙午，"以真定、保定荐饥，禁畋猎"[4]。显然是上面皇庆二年（1313）有关诏旨的继续。尽管三令五申，但这些享有特权的特殊群体仍然我行我素，所以这些禁令的实际作用是有限的。

第二节　酒　禁

酿酒需耗费大量粮食。汉朝已有因雨多伤稼禁酤酒之令，以后各朝往往在灾害发生时禁止酿酒，用以减少粮食的消耗。蒙古人喜好饮酒，无酒不乐。忽必烈推行"汉法"，为减灾救灾实施酒禁。至元七年（1270），"南京、河南诸路大蝗"。八年（1271），上都、中都和腹里地区普遍发生蝗灾。[5] 监察御史王恽上《为蝗旱救治事状》，其中说："今随路大蝗，赤地千里，就使扑灭，已成灾伤。"他提出"安集民心"的多项"急务"，其中之一是："在都酒务，开沽者应有见在稻糯，官司亦宜见数权令停止酿造，此系前世屡

---

① 《经世大典序录·鹰房捕猎》，见苏天爵：《国朝文类》卷41。

② 《元史》卷24《仁宗纪一》。

③ 《经世大典序录·鹰房捕猎》，见苏天爵：《国朝文类》卷41。

④ 《元史》卷25《仁宗纪二》。

⑤ 《元史》卷50《五行志一》。

常施行。"①此次是否实行酒禁,史无明文。至元十四年(1277)三月,"以冬无雨雪,春泽未继,遣使问便民之事于翰林国史院,耶律铸、姚枢、王磐、窦默等对曰:'足食之道唯节浮费,靡谷之多,无逾醪醴曲蘗。况自周、汉以来,尝有明禁。祈赛神社,费亦不赀。宜一切禁止。'从之"②。至元十三年(1276)姚枢任翰林学士承旨。"明年,上以自九月不雨至于三月,问可以惠利斯民者。公曰:'靡谷之多,无若醪醴麹蘗,京师列肆百数,日酿有多至三百石者,月已耗谷万石。百肆计之,不可胜算。与祈神赛社费亦不赀,宜悉禁绝。'皆从之。"③"至元十四年丁丑岁……为春旱,禁酒,诏:'汉赐大酺,岁有常数。周申文诰,饮戒无彝。况靡谷者莫甚于斯,崇饮者刑则无赦。近缘春旱,朝议上陈,议禁市酤,以丰民食。朕详来奏,实为腴民。可自今年某月日民间毋得酿造酒醴,俾天物暴殄,重伤时和。其或违者,围有严典,悔其可追。上故兹诏示,想宜知悉。'"④至元十四年(1277)五月"癸巳,申严大都酒禁,犯者籍其家赀,散之贫民"⑤。可知因灾禁酒出于汉人谋士的建议,自此成为制度。

至元十五年(1278)正月,"壬寅,弛女直、水达达酒禁"。四月,"以时雨沾足,稍弛酒禁。民之衰疾饮药者,官为酝酿量给之。"十一月,甲午"开酒禁。"⑥也就是说,至元十四年(1277)实行酒禁,到十五年(1278)就逐步开放。至元十六年(1279),程思廉为河东山西道提刑按察司金事,"大同杨剌真等犯酒禁,有旨诛之,公以其罪不至死,论列数四,其忠君守法如此"⑦。杨某等是否被处死不得而知,但可知当时大同仍实行酒禁,而且对犯禁者处置严厉。至元十八年(1281)五月,"己酉,禁甘肃瓜、沙等州为酒"⑧。至元十九年(1282)八月,"真定以南旱,民多流移"。

①王恽:《秋涧先生大全集》卷88。

②《元史》卷9《世祖纪六》。

③姚燧:《姚文献公神道碑》,《牧庵集》卷15。

④王恽:《拟禁酒诏》,《秋涧先生大全集》卷67;又见《玉堂嘉话》卷1,同上书卷93。

⑤《元史》卷9《世祖纪六》。

⑥《元史》卷10《世祖纪七》。

⑦王思廉:《河东廉访使程公神道碑》,见苏天爵:《国朝文类》卷67。

⑧《元史》卷11《世祖纪八》。

九月，"赈真定饥民"①。王恽时为治书侍御史，上《便民三十五事》，其中之一是"禁酿酒"。他说："目今自真定路以南直至大河，地方数千里，自春至秋，雨泽衍期，旱暵成灾，致米麦涌贵，无处籴买，例皆阙食。百姓往往逃窜，莫能禁戢。有司诚宜多方计置，救灾恤民。窃见民间酿造杯酒，所用米麦，日费极多。略举真定一路，在城每日蒸汤二百余石，一月计该六千余石，其他处所费比较可知。若依至元十五年例，将民间酿造杯酒权行禁止，庶几省减物斛，以滋百姓食用，诚救灾恤民之大事也。"②至元十九年（1282）十月庚戌，"禁大都及山北州郡酒"③。胡祗遹为之作诗："至元壬午秋旱，米涌贵，人绝食，禁糜黍作酒，因以除酒课焉。喜为之赋诗。"诗中说："今年秋旱人绝粮，酒禁申明严律度。外方郡县内京畿，不见青帘蔽街路。"④诗中的"青帘"指酒铺的幌子，意为禁酒令行，从京师到地方酒店都关门了。至元二十年（1283）四月甲午，"申严酒禁，有私造者，财产、女子没官，犯人配役"。同年九月，"辛未，以岁登，开诸路酒禁"。这次为应对旱灾实行的酒禁对犯禁者有明确的条文，但实行时间不过一年左右。⑤二十三年（1286）八月，"甘州饥，禁酒"⑥。二十四年（1287）九月庚子，"以西京、平滦路饥，禁酒"⑦。二十五年（1288）二月己卯，"禁辽阳酒"⑧。至元二十八年（1291）三月，"太原饥，严酒禁"。同年十月丁亥，"严山后酒禁"⑨。二十九年（1292）四月己卯，"弛甘肃酒禁，榷其酤。辛巳，弛太原酒禁，仍榷酤"⑩。"榷"就是专卖。只许官府批准的人户制酒卖酒，不许民间造酒卖酒。

至元三十一年（1294）四月，成宗即位。六月壬辰，"以甘肃等处米

①《元史》卷12《世祖纪九》。

②同上。

③同上。

④胡祗遹：《胡祗遹集》卷4。

⑤《元史》卷12《世祖纪九》。

⑥《元史》卷14《世祖纪十一》。

⑦同上。

⑧《元史》卷15《世祖纪十二》。

⑨《元史》卷16《世祖纪十三》。

⑩《元史》卷17《世祖纪十四》。

价踊贵，诏禁酿酒"①。元贞元年（1295）闰四月己未，"弛甘州酒禁。"②
大德三年（1299）十一月庚辰，"禁和林酿酒。"③大德五年（1301）四月，
"癸巳，禁和林酿酒，其诸王、驸马许自酿饮，不得酤卖。"十月，"丙戌，
以岁饥禁酿酒"。十一月己亥"诏谕中书：'近因禁酒，闻年老需酒之人
有预市而储之者，其无酿具者勿问。'"④大德六年（1302）正月丙午，"陕
西旱，禁民酿酒"。十二月辛酉，"御史台臣言：'自大德元年以来数有
星变及风水之灾，民间乏食。……'复请禁诸路酿酒，减免差税，赈济饥
民。帝皆嘉纳，命中书即议行之"⑤。大德七年（1303）正月，"己酉，以
岁不登，禁河北、甘肃、陕西等郡酿酒"。五月己丑，"开上都、大都酒禁，
其所隶两都州县及山后、河南、山东、山西、河南尝告饥者，仍悉禁之"。
闰五月癸未，"诏上都路、应昌府、亦乞列思、和林等处依内郡禁酒"。
以上各地分布漠南漠北，主要居民是蒙古人。十月戊子"弛太原、平阳酒禁"。
十二月乙酉，"弛京师酒禁，许贫民酿酒"⑥。大德八年（1304）六月癸未，
"开和林酒禁，立酒课提举司"⑦。大德九年（1305）四月大同路地震，损
失惨重。五月"以地震改平阳路为晋宁，太原路为冀宁"。七月乙巳朔，"禁
晋宁、冀宁、大同酿酒"⑧。此次三地禁酒显然与大同地震有关。大德十年
（1306）正月丁卯，"弛大同路酒禁"⑨。元成宗时，董士选因"京畿、平
滦等处饥"，请开放山泽，并禁酿，已见上一节。具体时间不详。

大德十一年（1307）五月，武宗即位。九月丙子，"江浙饥，中书省
臣言：'……杭州一郡，岁以酒糜米麦二十八万石，禁之便。河南、益都
诸郡亦宜禁之。'制可"。十二月庚戌，"山东、河南、江浙饥，禁民酿

① 《元史》卷18《成宗纪一》。

② 同上。

③ 《元史》卷20《成宗纪三》。

④ 同上。

⑤ 同上。

⑥ 《元史》卷21《成宗纪四》。

⑦ 同上。

⑧ 同上。

⑨ 同上。

酒"①。此次禁酒范围很大，遍及南北。至大元年（1308）九月丙辰，"中书省臣言：夏、秋之间，巩昌地震，归德暴风雨，泰安、济宁、真定大水，庐舍荡析，人畜皆被其灾。江浙饥荒之余，疫疠大作，死者相枕藉。父卖其子，夫鬻其妻，哭声震野，有不忍闻"。中书省臣表示"愿退位以避贤路"。可知全国灾情严重。但相隔不到二十天，武宗却下令"弛诸路酒禁"②。显然，这次弛禁并非因为粮食生产有所好转，而是出于其他原因，有待研究。至大二年（1309）二月甲戌，"弛中都酒禁"。十月辛酉，"弛酒禁，立酒课提举司"。"戊寅，御史台臣……又言：'岁凶乏食，不宜遽弛酒禁。'有旨：'其与省臣议之。'"③御史台与中书省官员讨论的结果未见记载，说明弛酒令已付诸实施。至大二年（1309），拜降为资国院使。"母徐氏卒，遂奔丧于杭。时酒禁方严，帝特命以酒十罂，官给传致墓所，以备奠礼。"④则武宗朝后期仍曾实行酒禁。

仁宗皇庆二年（1313）二月庚辰，"冀宁路饥，禁酿酒"。三月庚子，"以晋宁、大同、大宁、四川、巩昌、甘肃饥，禁酒"。四月乙酉，"真定、保定、河间、大宁路饥，并免今年田租十之三，仍禁酿酒"。五月辛丑，"顺德、冀宁路饥，辰州水，赈以米、钞，仍禁酿酒"⑤。这一年禁酒的地区相当多。延祐元年（1314）正月丙申，"除四川酒禁。兴元、凤翔、泾州、邠州岁荒，禁酒"。十二月壬午，"汴梁、南阳、归德、汝宁、淮安水，敕禁酿酒，量加赈恤"⑥。延祐四年（1317）四月乙丑，"禁岭北酒"⑦。延祐五年（1318）三月癸未，"和宁、净州路禁酒"。十月辛卯，"禁大同、冀宁、晋宁等路酿酒"。十一月辛酉，"开成、庄浪等处禁酒"⑧。延祐六年（1319）三月壬午，"禁甘肃行省所属郡县酿酒"。六月丁丑，"以济宁水，遣官阅视其民，乏食者赈之，仍禁酒，开河泊禁，听民采食"。九月癸卯，

①《元史》卷22《武宗纪一》。

②同上。

③《元史》卷23《武宗纪二》。

④《元史》卷131《拜降传》。

⑤《元史》卷24《仁宗纪一》。

⑥《元史》卷25《仁宗纪二》。

⑦《元史》卷26《仁宗纪三》。

⑧同上。

"山东诸路禁酒"①。

延祐七年（1320）三月，英宗硕德八剌即位。四月己未，"申严和林酒禁"。五月辛卯，"弛陕西酒禁"。九月甲申，"罢上都、岭北、甘肃、河南诸郡酒禁"②。至治元年（1321）正月癸巳，"奉元路饥，禁酒"。十二月己未，"真定、保定、大名、顺德等路水，民饥，禁酿酒"③。至治二年（1322）二月壬子，"河间路饥，禁酿酒"。三月癸酉，"河南、两淮诸郡饥，禁酿酒"。四月丙辰，"恩州饥，禁酿酒"。五月己巳，"彰德府饥，禁酿酒"。十二月癸未，"弛河南、陕西等处酒禁"。至治三年（1323）五月乙巳，"岭北米贵，禁酿酒"④。

泰定元年（1324）六月庚申，"延安路饥，禁酒"⑤。泰定二年（1325）闰正月己卯，"河间、真定、保定、瑞州四路饥，禁酿酒"。四月辛丑，"禁山东诸路酒"。九月戊申，"以郡县饥，禁大都、顺德、卫辉等十郡酿酒"。十月壬午，"禁成都路酿酒"。十二月丁酉，"弛瑞州路酒禁"。壬寅，"大宁路、凤翔府饥，禁酿酒"⑥。泰定三年（1326）二月己丑，"禁汴梁路酿酒"。五月乙巳，"泾州饥，禁酿酒"。九月丁巳，"弛大都、上都、兴和酒禁"。十月庚子，"弛宁夏路酒禁"。十一月辛酉，"弛成都酒禁"。四年（1327）十一月"禁晋宁路酿酒"。致和元年（1328）二月癸卯，"弛汴梁路酒禁"⑦。

文宗天历元年（1328）十一月庚午，"汴梁、河南等路及南阳府频岁蝗旱，禁其境内酿酒"。十二月己酉，"开上都酒禁"。同月戊午，"诏被兵郡县免杂役，禁酿酒"⑧。天历二年（1329）三月甲戌，"开辽阳酒禁"。十月丙戌，"禁奉元、永平酿酒"。十二月丁未，"开河东冀宁路、四川重庆路酒禁"⑨。

① 《元史》卷26《仁宗纪三》。

② 《元史》卷27《英宗纪一》。

③ 同上。

④ 《元史》卷28《英宗纪二》。

⑤ 《元史》卷29《泰定帝纪一》。

⑥ 同上。

⑦ 《元史》卷30《泰定帝纪二》。

⑧ 《元史》卷32《文宗纪一》。

⑨ 《元史》卷33《文宗纪二》。

顺帝时期，因灾禁酒仍在继续。元统二年（1334）四月，"是月……益都、东平路水，设酒禁"①。后至元三年（1337）五月乙巳，"禁上都、兴和造酒"②。至正四年（1344）十一月，"戊申，河南民饥，禁酒"。至正五年（1345）七月"丙子，开上都、兴和等处酒禁"③。九月戊戌，"开酒禁"。至正六年（1346）五月壬午，"陕西饥，禁酒"。至正八年（1348）五月"丁巳，四川旱，饥，禁酒"④。至正十一年（1351），爆发了全国规模的农民战争。元朝各种抗灾减灾措施都趋于停顿，但仍有几次禁酒的措施。至正十四年（1354）九月，顺帝命丞相脱脱率大军征讨高邮。"是月……禁河南、淮南酒。"⑤ 元代高邮府是河南行省辖地，直属行省。宋代淮南路辖地包括今安徽北部和江苏北部。元朝淮南不是行政区划的名称，有时用来指原南宋淮南路辖地。这次禁酒应与征讨高邮张士诚部的军事行动有关。至正十五年（1355）闰正月，"上都路饥，诏严酒禁"⑥。至正二十七年（1367）五月丙子朔，"以去岁水潦霜灾，严酒禁"⑦。这两次禁酒都是灾害和饥荒引起的。

以上是《元史》诸帝本纪中关于酒禁和弛酒禁的记载。可以看出，每次酒禁时间都不长，通常是一年左右，也有少数两年左右。禁与弛两者不断反复。禁酿酒主要为了节约粮食，作为抗灾减灾的措施，往往与开放山泽等同时推行。弛酒禁原因比较复杂，酒课在财政收入中占有相当大比重，一旦禁酒就会影响财政收入，这是弛禁的重要原因。此外，元朝社会各阶层饮酒现象相当普遍，特别在社会上层人士中很流行。弛禁也为了适应社会各界的要求，特别是来自上层的压力。

---

① 《元史》卷38《顺帝纪一》。

② 《元史》卷39《顺帝纪二》。

③ 《元史》卷40《顺帝纪三》。

④ 《元史》卷41《顺帝纪四》。

⑤ 《元史》卷43《顺帝纪六》。

⑥ 《元史》卷44《顺帝纪七》。

⑦ 《元史》卷47《顺帝纪十》。

第三节　捕　蝗

　　有元一代，蝗灾频繁。据《元史》诸帝本纪统计，八十次左右，实际应该更多。蝗灾常与旱灾同时发生，对农业生产造成极大的破坏，"灾有大小，而蝗、旱为最"[1]。"备虫荒之法，惟捕之乃不为灾。"[2] 历代王朝都重视捕蝗，注意采取预防措施。元朝各级政府对治蝗总的来说也是比较积极的。

　　至元七年（1270）颁布的"农桑之制"中对捕蝗有专门的规定："若有虫蝗遗子去处，委各州县正官一员，于十月内专一巡视本管地面。若在熟地，并力翻耕。如在荒陂大野，先行耕围，籍记地段，禁约诸人不得烧燃荒草，以备来春虫蝻生发时分，不分明夜，本处正官监视，就草烧除。若是荒地窄狭，无草可烧去处，亦仰从长规划，春首捕除。仍仰更为多方用心，务要尽绝。若在煎盐草地内虫蝻遗子者，申部定夺。"[3] 这一规定后来曾重申，实际上是元朝农业政策的一个重要组成部分。世祖时代，监察御史王恽《为蝗旱救治事状》中说："准备翻耕，出曝蝗子，参详最为急务。"[4] 大德十一年（1307）正月，中书省的一件文书中说："检会先钦奉圣旨条画内一款：'遇有蝗虫坐落生子去处，委本路正官一员，州县正官一员，十月一日（月？）专一巡视本管地面。若在熟地，并力翻耕。荒地附近多积荒草，候春首生发，不分明夜，监视烧除。随即申报上司、本管官司，停滞日时不报者治罪降罚。'钦此。照得今后（岁？）各处多有申报虫蝻生发，已行合属并力捕除。所据飞蝗住落生子去处，钦依已降圣旨条画，摘差各路正官一员，厘勒合属正官，亲诣督责地方人户翻耕遗子。荒野田土如委力所不及，如法耕围，籍记旧有荒草，禁约诸人不得烧燃。来春若有虫蝗生发，就草随即烧除，毋致复为灾害。取本处官司重甘结罪文状。都省除外，仰照验施行。"[5] 此件文书中引用的"圣旨条画"，无疑就是至元七年（1270）"农桑之制"的内容，文字出入是元代政府文书中常见的现象。由上述两件文书可知，政府提倡的灭蝗措施，主要是两条，

---

[1] 王恽：《为救治虫蝗事状》，《秋涧先生大全集》卷89。

[2] 王祯：《农书·百谷谱·备荒论》。

[3] 《通制条格》卷16《田令·农桑》。

[4] 王恽：《秋涧先生大全集》卷88。

[5] 《元典章新集·劝课·农桑·虫蝗生发申报》。

一条是翻耕土地，一条是用火烧除。

至大三年（1310），御史台的一件文书中说："为涿州等处飞蝗生发，仰督责各处捕蝗官吏，并力捕除尽绝。"有一位监察御史接到文书后，"检照得至元七年二月钦奉圣旨定到劝农条画内一款"，即上列灭蝗文字；又"检阅古书，略陈治蝗方法"上报御史台。一条是"蝗不食豆苗"，建议广种豌豆；另一条是"取腊月雪水煮马骨，放水冷浴诸种子，生苗虫蝗不食"。尚书省将他的建议"遍行合属，照会施行"①。这两条建议是否合理，未经验证。但尚书省为此发文遍行各处，亦反映出朝廷对灭蝗的重视。皇庆二年（1313）七月二十一日，"大司农司奏：'奉圣旨节该：大都路为头五路里，种田的地壹半秋耕，其余路分听民尽力秋耕。依着这般行呵，也宜趁天气未寒时月，将阳气掩在地中，蝗蝻遗下种子也曝晒死，次年种来的苗稼，荣旺耐旱。依着这一般行呵，秋成丰稔，农事有成效的一般。'奏呵，奉圣旨：'那般者。依着薛禅皇帝行来的行者。您与省家文书，教遍行者。'"②仍是强调翻耕土地。宋人董煟的《救荒活民书》中有"捕蝗"一目，其中说："天灾非一，有可以用力者，有不可以用力者。凡水与霜，非人力所为，姑得任之。至于旱伤则有车戽之利，蝗蝻则有捕瘗之法。凡可以用力者，岂可坐视而不救耶！"书中接着举出吴遵路知蝗不食豆苗，便推广种豌豆，以及宋神宗命县令躬亲打扑蝗蝻，并用粮换取蝗蝻两个例子。元代张光大以《救荒活民书》为基础，加上当代的资料，编成《救荒活民类要》一书。其中"捕蝗"一目，开列"捕蝗法"共五条："蝗在苗稼深草中，每日侵晨聚稍食露，体重不能飞跃。宜用筲箕栲栳左右抄掠，倾入布袋，以汤浇灌。或掘坑焚火，倾入其中，烧令尽死方瘗。""蝗最难死，初生如蚁时可用旧皮鞋底或草鞋、旧鞋之类，蹲地捆搭，应手而毙。""蝗有在地者，掘坑于前，深阔五尺，长倍之，用板或门扇连接八字捕口，集众执木枝发嗽，赶逐入坑。有跳上者用扫帚扫下，覆以干草，发火焚之，仍以土压。一法：先以干柴茆草燃火于坑，然后赶扑入内亦佳。""捕蝗不必差官下乡，非惟文具，且一行人从未免蚕食里正、主社。里正、主社只取于民户，未见除蝗之利，先有捕蝗之扰，切宜禁约。却行刊印捕蝗法作手榜散示乡村，每米一升换蝗一斗，不问妇人小儿，携到即时交支，以

① 《元典章》卷23《户部九·农桑·灾伤·捕除虫蝗遗子》。

② 《通制条格》卷16《田令二·农桑》。

诱其用心捕打之意。""捕蝗略以五家为甲，姑且警众，使知不可不捕，其要法只在不惜常平、义仓钱米，博换蝗虫，虽不驱之令捕，而四远自然辐凑矣。只缘支偿钱米之际，或有减克邀勒之弊，则捕者阻矣。尤在临事设法关防。"①张光大的"捕蝗法"是蝗虫发生后如何治理，有两点最重要：一是将蝗虫赶入土坑，用火焚烧；二是不要派官吏下乡督促，只需推行以蝗换米即可。

挖坑焚烧法实际上是当时流行的灭蝗法。世祖时，监察御史王恽曾建议："又尝闻飞蝗虽难打捕，遇夜即须停止。于坐落厚处旁挑坑堑，燃薪草使之明照四远，然后惊赶，蝗必望明投赴，众力从而扑灭。"②"又至元六年之夏六月，大兴尹以京畿蝗闻于朝，俾其属乘传往捕之。蒙古学教授陈允恭数莅赈荒，有能绩，至是委捕蝗宝坻。允恭循行五十八社，见蝗甚而役夫社不满百，诸社不过六七千，又皆其人之贫且瘁者。允恭悉遣散去，更集富有力者，得二万余人，使伐蝗。其法：用牛犁田侧为长堑，中为子井，以苇席壁其一面，驱蝗入其中，杀而瘗之。蹂败稼者有罪。县长吏以下咸受要束，以告戒其民。"③亲身参与灭蝗的胡祗通，对此也有具体的描写："老农蹙额相告语，不惮捕蝗受辛苦。……奚待里胥来督迫，长壕百里半夜撅。村村沟堑互相接，重围曲陷仍横截。女看席障男荷锸，如敌强贼须尽杀。鼓声摧扑声不绝，喝死岂容时暂歇。枯肠无水烟生舌，赤日烧空火云裂。汗土成泥尘满睫，上下杆声如捣帛。""生机杀机谁控衡，强梁捕取理亦明。深堑百里中有坑，投躯一落不可升。亿万锸杆敌汝勍，肝脑涂地如丘陵。行人两月增臭腥，咄哉妖虫竟何能，火云赤日劳群氓。"④从这些记载可知，一旦发现蝗群将要来袭，挖出壕沟（长堑），村村连接，壕沟的中间挖有深井（坑），壕沟的一边树立苇席作为屏障。男女分工，女的看管苇席，男的拿着铁锸。蝗虫袭来时碰上苇席都掉入沟内，立刻用锸杀死，杆入井中，用土掩埋。王彦弼为南康路总管，"三岁再蝗，冒暑率民吏驱瘗，不能为灾"⑤。"驱瘗"显然就是用的以上这种方式。

---

①张光大：《救荒活民类要·救荒二十目·捕蝗》。

②王恽：《为蝗旱救治事状》，《秋涧先生大全集》卷88。

③陈旅：《陈允恭捕蝗序》，《安雅堂集》卷6。

④胡祗通：《捕蝗行》《后捕蝗行》，《胡祗通集》卷4。

⑤吴澄：《王安定公墓碑》，《吴文正公集》卷33。

每逢蝗、虫灾发生，元朝都要下达诏令，要求各级地方官员发动、督促民众，捕蝗灭蝗。有时还直接派遣官员到各地督捕。世祖初年，王磐为真定顺德等路宣慰使，"未几，蝗起真定，朝廷遣使者督捕，役夫四万人"①。"至元六年，北自幽蓟，南抵淮汉，右太行，左东海，皆蝗。朝廷遣使四出掩捕，仆（胡祗遹——引者）奉命来济南，前后凡百日乃绝。"② 至大二年（1309）四月至八月间，大都、山东、河北、山西、河南、湖广、江浙多处发生蝗灾。六月癸亥，"选官督捕蝗"③。这些都是朝廷直接派官灭蝗的例子。元朝还规定："诸虫蝗为灾，有司失捕，路官各罚俸一月，州官各笞一十七，县官各二十七，并记过。"④

地方捕蝗灭蝗声势往往很大。上述真定"役夫四万人"。至元二年（1265），陈祐为南京路（开封，今河南开封）治中。"适东方大蝗，徐、邳尤甚，祐部民丁数万人至其地，谓左右曰：'捕蝗虑其伤稼也，今蝗虽盛而谷已熟，不如令早刈之，庶力省而有得。'或以事涉专擅，不可。祐曰：'救民获罪，亦所甘心。'即谕之使散去，两州之民皆赖焉。"⑤ 徐指徐州（今江苏徐州），邳指邳州（今江苏邳县），两州当时都属南京路。⑥ 南京路管辖面积很大，但户口有限，壬子年（1252）登记"户三万一十八，口一十八万四千三百六十七"⑦。除去老幼妇女，男丁有限。十余年间增加不会太多。这次捕蝗动员"民丁数万人"，可以想见必是把农村劳动力都抽光了。陈祐为了农田收获，不得不停止捕蝗。但由此可见官府捕蝗力度之大。不少地方官员积极组织领导群众捕蝗。成宗大德末年，王德亮为宜兴（今江苏宜兴）守，"飞蝗大集，民大骇，君尽诚禜之，且设方略捕绝之，

①《元史》卷160《王磐传》。

②胡祗遹：《捕蝗行》，《胡祗遹集》卷4。胡祗遹"至元元年授应奉翰林文字，寻兼太常博士，调户部员外郎，转右司员外郎，寻兼左司"。（《元史》卷170《胡祗遹传》）奉命捕蝗应是任户部员外郎或右司员外郎时事。

③《元史》卷23《武宗纪二》。

④《元史》卷102《刑法志一·职制上》。

⑤《元史》卷168《陈祐传》。

⑥至元八年（1271），"令归德自成一府"，脱离南京路，徐、邳二州均属归德府。《元史》卷59《地理志二》。

⑦《元史》卷59《地理志二》。

稼以有秋"①。李思敬任新乡（今河南新乡）主簿。"至顺改元，蝗蝻飞布，害秋禾。君设法督捕，劝豪家发粟供食，阅月，捕击始尽，其年秋大稔。"②蝗虫活动能量很大，每次蝗灾涉及地区少则数县，大则数路，甚至更广，需要协同配合采取措施，长壕百里，万人上阵才有效果。这就需要地方官府甚至中书省出面组织。张光大所说不遣官吏下乡捕蝗事实上是行不通的。

当然，和其他官方行为一样，官吏以捕蝗为名扰害百姓、牟取私利亦是屡见不鲜的。世祖时，监察御史王恽纠弹赵州平棘（今河北赵县）县尹郑亨说："今夏捕蝗，自佛寺为头迤西村分，所至辄取要鸡酒，每饭杀鸡数只。且天灾如此，农民嗷嗷，困于捕役。当此之际，其郑亨恬不为意，饮酒食肉，以悦口腹，其为不恤，无重于斯。"③至元六年（1269），"洧川县达鲁花赤贪暴，盛夏役民捕蝗，禁不得饮水，民不胜忿，击之而毙"④。灭蝗本是好事，但在一些暴虐的官员掌控之下，却又成了暴政。张光大反对官吏下乡督促捕蝗，亦有其合理的一面。

张光大提倡以蝗换米，鼓励百姓捕蝗。后至元二年（1336）七月，"是月，黄州蝗，督民捕之，人日五斗"⑤。黄州路治今湖北黄冈。"督民捕之"应是地方官员。"人日五斗"应指每个参与捕蝗者必须每日上交五斗蝗虫。捕蝗有定额，仅此一见，但此五斗是否用来换米则不清楚。此外，不见有换米的记载。

关于捕蝗曾发生一起奇特的事件。大德三年（1299）七月，"扬州、淮安属县蝗，在地者为鹙啄食，飞者以翅击死，诏禁捕鹙"⑥。中书省为此事上奏说："扬州、淮安管着地面里，生了蝗虫呵。正打的其间，伍千有余秃鹙飞将来，不怕打蝗虫人每，吃得蝗虫饱呵，却吐了再吃。飞呵，一处飞起来，教翅打落，都吃了有。……自来不曾听得这般勾当，皇帝洪福也者，这般说有。"元成宗下旨："您行文书，这飞禽行休打捕者，好生

---

① 程钜夫：《宜兴守王君墓志铭》，《程雪楼文集》卷21。

② 孙公懋：《李思敬政事碑记》，乾隆《新乡县志》，引自李修生《全元文》第54册，第137页。

③ 王恽：《弹赵州平棘县尹郑亨事状》，《秋涧先生大全集》卷88。

④ 《元史》卷170《袁裕传》。

⑤ 《元史》卷39《顺帝纪二》。

⑥ 《元史》卷20《成宗纪三》。

元代灾荒史 Yuandai Zaihuang Shi

禁了者。"① 元末北京地方志中记载："秃鹙，能食蝗虫螟子，有旨不敢捕食。其形丑恶，来则成群，无虫蝗多少，悉能食之，而吐出复聚于石上，复食之。其头如长袋。"② 这确实是从未曾听说过的"勾当"。真的发生过，还是地方官员谎报，已无法求证。

蝗灾和各种虫灾发生时，地方官员通常也会举行各种禳灾活动，祈求神灵，消弭蝗、虫害。例如，上述大力捕蝗的陈允恭，同时求助于神灵："见蝶之在北乡者布地十五里，会渗灾之作，恐人力不足以胜之，则出私钱具礼神之物，祷于其乡之神。旦日，父老来言，蝗之大者食其小者殆尽矣。"③ 至元十五年（1278），许维祯为淮安路（今江苏淮安）判官，"境内旱、蝗，维祯祷而雨，蝗亦息。是年冬，无雪，父老言于维祯曰：冬无雪，民多疾，乃何！维祯曰：吾当为汝祷。已而雪深三尺"④。至正八年（1348），林兴祖为道州路（今湖南道县）总管，"春旱，虫食麦苗，兴祖为文祷之，大雨三日，虫死而麦稔"⑤。朱礼为房山（今北京房山）县尹，"至正八年……秋七月，螟伤稼，公遍祷神祠，越明日，螟虫尽抱草木而死"⑥。忽都帖木儿为上党县（今山西上党）达鲁花赤。至正十九年（1359）"六月初旬，山东飞蝗越太行而西，禾黍多被啮害，始至潞境，公辍政致祷，罪躬自归，令民捕逐，蝗遂越境而逝，终不为害"⑦。对待蝗灾还有一种奇特的方法。观音奴为归德府（今河南商丘）知府，"亳州有蝗食民禾，观音奴以事至亳，民以蝗诉，立取蝗向天祝之，以水研碎以饮，是岁蝗不为灾"⑧。亳州（今安徽亳州市）当时隶属于归德府。这是以自虐行为禳灾，古已有之。以上都是蝗灾发生后以祈祷来弭灾的例子。

值得注意的是，多数神庙是各种灾害都可以祈祷的，但有一种神庙仅

① 《通制条格》卷27《杂令·禁捕秃鹙》。

② 《析津志辑佚》，第236页。

③ 陈旅：《陈允恭捕蝗序》，《安雅堂集》卷6。

④ 《元史》卷191《良吏一·许维祯传》。

⑤ 《元史》卷192《良吏二·林兴祖传》。

⑥ 马守恕：《县尹朱公去思碑记》，康熙《房山县志》卷6，引自李修生《全元文》第53册，第620页。

⑦ 晋鹏：《前上党县达鲁花赤忽都帖木儿德政记》，《山右石刻丛编》卷39。

⑧ 《元史》卷192《良吏二·观音奴传》。

限于虫（蝗）灾，这就是八蜡庙。八蜡原是古代祭祀的名称。每年农事结束后举行八种祭祀，第八种祭昆虫，以免虫害。后来八蜡成为虫的代名词，民间建八蜡庙，祀奉虫王，又称虫王庙。延祐丁巳四年（1317）春，浚州（今河南浚县）重建八蜡庙，"夏，西郊有蝗，势若流水，守土者怀忧，徼福于神。应答如响，水鸟万集，啜食几尽。非神默相，其孰能御之哉！"[1]咬住为怀庆路（今河南沁阳）达鲁花赤，"郡尝有蝗大至，守臣咬住出郡百余里，祷于古蜡神之祠。一夕，大雨，蝗尽去"[2]。泰定时，李注为淇州（今河南淇县）知州，"明年（泰定三年——引者）夏，大蝗，淇之西北乡有蝗生焉。侯斋沐祷于浮山八蜡祠，至暮有群鸦飞集，食蝗皆尽，郡人神之"[3]。至正八年（1348），刘秉直为卫辉路（今河南卫辉）总管，"秋七月，虫螟生。秉直祷于八蜡祠，虫皆自死"[4]。以上诸例都发生在河南，可知八蜡庙祭祀至少在河南是很流行的。

第四节　常平仓

常平仓起于汉朝，"其法：丰年米贱，官为增价籴之，歉年米贵，官为减价粜之"[5]。"其法起于西汉，而近世讲之尤详。丰年则敛，饥岁则散，可以平物价，抑兼并。人有接食，官无接阙，法至良也。"[6]实行常平仓和义仓，"使饥不损民，丰不伤农，粟值不低昂，而民无菜色，诚救荒之良法也"[7]。常平仓是政府设置管理的，义仓则是在政府监督下由民间自行管

①孙秉文：《浚州八蜡庙记》，嘉庆《浚州志·金石录下》，引自李修生《全元文》第47册，第351页。

②虞集：《跋咬住学士孝友卷》《道园学古录》卷10。按，释大䜣《岳住留守捕蝗诗》（《蒲室集》卷2）云：岳柱（即咬住，同名异译）任怀庆路达鲁花赤时，"谷将登而蝗至"，岳柱"祷之唐太宗庙，一夕大雨，蝗尽死"。大䜣很可能认为八蜡祠是民间淫祀，有损岳柱形象，故改为唐太宗庙。

③苏天爵：《李府君神道碑》，《滋溪文稿》卷16。

④《元史》卷192《良吏二·刘秉直传》。

⑤《元史》卷96《食货志四》。

⑥姜渐：《崇明州常平仓记》，《吴都文粹续编》卷10。

⑦《经世大典序录·赋典·常平义仓》，见苏天爵：《国朝文类》卷40。

理的，两者性质有别。在元代，常平仓和义仓，仍被视为救荒的重要措施。

金朝在所统治的北方农业区曾普遍设立常平仓。[①]大蒙古国初期，北方农业区（当时称为"汉地"）社会动荡，各地的常平仓大多已废弛。乙亥年（1215）中山人鲜卑仲吉"首率平滦路军民诣军门降，太祖命为滦州节度使"。"岁壬辰，平蔡有功"。在他的许多头衔中，有一个"提举常平仓事"[②]，似说明滦州（今河北滦县）尚有常平仓存在。蒙哥汗即位，汗弟忽必烈被委以治理"汉地"的重任。忽必烈不断征召"汉地"的知名人士，访求治道。受征召者无例外地向他进言，要以中原传统的制度即所谓"汉法"，治理"汉地"，其中有些人便建议推行常平仓。庚戌年（1250）蒙哥即汗位、忽必烈受命治理"汉地"之年，原金朝进士魏璠应征到漠北，向忽必烈"条陈三十余事"，提出："汉之常平，宋之讲筵，万世可常行也。"[③]以后，姚枢受征召向忽必烈上书，"为条三十"，其中之一是"广储蓄，复常平，以待凶荒"[④]。此外，汪古部人月合乃"赞卜只儿断事官事，以燕故城为治所，月合乃慨然以治道自任，政事修举。……性好施予，尝建言立常平仓"[⑤]。月合乃的父亲曾在金朝做官，他本人显然受到中原传统文化的影响，故会提出立常平仓的建议。燕京断事官（蒙语称"札鲁忽赤"）是蒙哥汗时期管理"汉地"的最高行政长官。月合乃是断事官卜只儿的部属。他的建言是否被采纳不见记载。由以上记载可知，一方面，忽必烈幕府中有人主张推行常平仓，另一方面，燕京断事官幕僚中亦有人对此持积极态度。因此，在蒙哥汗时代（1251—1259），"汉地"不少地区相继建立了常平仓，设置了相应管理机构。"丙辰，刑部尚书冯公以君（徐玉——引者）廉干，为奏充提举河东南路常平仓事，凡一路鳏寡孤独及脱著民籍之户，皆兼领之。君赈贫救急，乐于为善。"[⑥]丙辰是蒙哥汗六年（1256）。徐玉提举河东南路常平仓事是"奏充"的，应是得到蒙古汗廷同意的。河东南

①脱脱：《金史》卷50《食货志五》。

②《元史》卷165《鲜卑仲吉传》。

③王恽：《中堂事记上》，《秋涧先生大全集》卷82。

④姚燧：《姚文献公神道碑》，《牧庵集》卷15。

⑤《元史》卷134《月合乃传》。

⑥王博文：《故河东南路提举常平仓事徐君墓碣铭》，《山右石刻丛编》卷27；姚燧：《提举太原盐使司徐君神道碑》，《牧庵集》卷18。

路辖区大致相当于今山西南部，面积颇广。元世祖时，监察御史王恽建议"复先帝常平之制，就各路已有之仓，令有司预为修理。……又会验得常平仓国家自丁巳年初立，明年戊午，宣德西京等处霜损田禾，谷价腾涌，百姓阙食，官为减价出粜，民顿以安"①。丁巳年是蒙哥汗七年（1257）。可见在丙辰、丁巳之间"汉地"已经设立常平仓，并设置相应的官员进行管理。王恽称之为"先帝常平之制"，证之以徐玉官职的"奏充"，似可认为，蒙哥汗曾为建立常平仓颁发过正式的诏令。此次建造的常平仓库房为数相当可观（见下）。广平肥乡（今河北肥乡）人毛宪，曾"监洺磁常平仓，受米八万石，责守其出。七年而绝，犹羡三千石"②。蒙哥二年（1252）立洺磁路，辖境在今河北南部，此亦应是蒙哥时代的事。

中统元年（1260）三月，忽必烈在开平称帝。四月，谋士郝经上《便宜新政》，"条奏当今急务"。其中之一是"罢诸路宣课、盐铁官冗员。罢常平仓，虽曰常平仓，实未尝有益于民，但养无用官吏数千百人"③。常平仓的官吏有数千百人之多，可见已在蒙古国统治下的"汉地"普遍设立。这一年七月，在燕京（今北京）立行中书省。十月，在行省研讨政务时，"常平救荒之法，以次有议焉"④。但具体内容不详。同年十一月戊子，"发常平仓赈益都、济南、滨棣饥民"⑤。中统元年（1260），张德辉为河东南北路宣抚使，"岁歉民乏食，请于朝，发常平粟贷之，及减其秋租有差"⑥。则此时河东（今山西）存在常平仓。但情况很快发生变化。"至元三年，（马亨）进嘉议大夫、左三部尚书，寻改户部尚书。……亨又建言立常平、义仓，谓备荒之具，宜亟举行。而时以财用不足，止设义仓。七年，立尚书省，仍以亨为尚书，领左部。"⑦马亨建议发生在至元三年到七年（1266—

---

① 王恽：《论钞息复立常平仓事》，《秋涧先生大全集》卷8。王颋《元代粮仓考略》（《安徽师大学报》1981年第2期）。根据上引《秋涧先生大全集》记载指出，蒙哥时代已立常平仓。

② 姚燧：《鄢陵主簿毛府君阡表》，《牧庵集》卷26。

③ 郝经：《陵川文集》卷34。

④ 王恽：《中堂事记上》，《秋涧先生大全集》卷80。

⑤ 《元史》卷4《世祖纪一》。

⑥ 苏天爵：《元朝名臣事略》卷10《宣慰张公》。

⑦ 《元史》卷163《马亨传》。

1270）之间。可以认为，中统元年（1260）以后，常平仓曾被废除，所以马亨会同时提出立常平仓、义仓。但"时以财用不足，止设义仓"之说，似可作进一步讨论。

元代中期官修政书《经世大典序录·赋典·常平义仓》说："国朝自至元六年诏立义仓于乡社，又置常平仓于路、府。"①明初修《元史》，其中《食货志》主要根据《经世大典序录·赋典·常平义仓》，亦云："常平仓，世祖至元六年始立。……义仓亦至元六年始立。"②则两者都在至元六年（1269）推行。王恽在至元五年（1268）到八年（1271）间任监察御史，曾两次就此事提出建议。至元十八年（1281）或稍后，王恽任行台治书侍御史时，呈送御史台转呈中书省的《便民三十五事》和至元二十九年（1292）《上世祖皇帝论政事书》中，都说至元八年（1271）设立常平仓。③王恽一直关注常平仓的建设，以上两文又是呈送中书省和皇帝的，所说必然有据。此外，元朝中书省的一份文书说："至元八年奏准：'随路常平仓收籴粮斛。'"④亦可证明"八年说"之可信。这和上述《经世大典》《元史》的"六年说"明显有些差别。

综合以上一些文献，似可认为，至元六年（1269）或以前马亨（可能还有他人）建议设置常平仓、义仓，元朝政府同意推行。义仓在七年（1270）即已正式实施，而常平仓则因条件所限（"财用不足"亦即所需费用一时难以解决），未能与义仓同时推行，推迟到至元八年（1271）才正式实施。也就是说，义仓实施在先，常平实施在后。

王恽任监察御史时建议说："今天下大约公私之间，曾无蓄积，以备凶年。……莫若复先帝常平之制，就各路已有之仓，令有司预为修理，讲明定法，不使有名无实。"⑤元代官修政书《经世大典》记，至元九年（1272）正月，"省札：'随路可以添盖常平仓处所。'户部议：若于随路添盖，虽官买木物，必须役民，即日春初，恐夺农务。如已后丰稔，故房不敷，陆续添盖。先将各路原有及可以续添间数，开呈省照"。元有版

---

① 《经世大典序录·赋典·常平义仓》，《国朝文类》卷40。

② 《元史》卷96《食货志四·常平义仓》。

③ 王恽：《秋涧先生大全集》卷90、卷35。

④ 《元典章》卷21《户部七·仓库·义仓·设立常平仓事》。

⑤ 王恽：《论钞息复立常平仓事》，《秋涧先生大全集》卷88。

仓一千五百二十间。新建厫仓"每间约储粮千石"①。王恽在另一篇事状中说："切见随路起盖常平仓厫二千余间，已是功毕。"②此文应在前文之后。王恽在至元五年（1268）起任监察御史，九年（1272）调任其他职务。后文应作于至元九年（1272）调任以前。他所说"二千余间"应包括原有和新盖在内。按每间千石计，"二千余间"可储粮二百万石以上。这是一个颇为庞大的数字。

常平仓库盖成后，打算贮存多少粮食，或者说，常平仓按什么标准贮备粮食，这是研究常平仓时必须注意的问题。上面说可以储藏二百多万石，是仓库的容积。事实上，常平仓受各种条件限制，不可能完全利用。元朝政府原来的设想不可得知。王恽在建议实施常平仓时说："常平一立，除屯田粮及正税外，复有百万余石之谷积于中而壮于外。"③据此可以认为，常平仓设立之初，计划贮粮百万石以上。常平仓设立后，王恽说，"窃见至元八年设立常平仓，验随路户数收贮米粟，约八十万石，以备缓急接济支用"④。可知常平仓的储备是按户数收贮的，总数曾达八十万石。据统计，至元八年（1271），"天下户一百九十万六千二百七十"⑤。这是元朝政府控制的"汉地"户数。考虑到当时存在大量逃户，似可认为，常平仓是按每户五斗的标准贮存的。

王恽曾建议："常平仓粮，官为和籴，以实仓庾。"但因不少地方"和籴粮斛，所委官吏往往作弊"，又建议将农民所纳课程折纳粮食。⑥至元十八年（1281）或稍后王恽任行台治书侍御史期间，上《便民三十五事》，其中之一是"复常平仓"。说："窃见至元八年设立常平仓……近年以来，起运尽绝，甚非朝廷恤民救荒本意。"他建议"向前收成去处，依前收籴，以实常平，恐亦恤民平估之一策也"。也就是以民间和籴作为常平仓的粮源。⑦至元十九年（1282），中书省专门就常平仓颁发文书，其中说："至

① 《大元仓库记·各路仓》。

② 王恽：《论宣课折纳米粟实常平仓状》，《秋涧先生大全集》卷89。

③ 王恽：《论钞息复立常平仓事》，《秋涧先生大全集》卷88。

④ 王恽：《便民三十事》；又见《上世祖皇帝论政事书》。

⑤ 《元史》卷7《世祖纪四》。

⑥ 王恽：《论宣课折纳米粟实常平仓状》，《秋涧先生大全集》卷89。

⑦ 王恽：《秋涧先生大全集》卷90。

元八年奏准：'随路常平仓收籴粮斛。'钦此。札付户部，行下合属，验每月时估，以十分为率，添答二分，常川收籴，委各处正官不妨本职提点，并不得桩配百姓。近年以来，有司灭裂，加之势要人等把柄行市，积坉收籴，侵公害私。除别行禁约外，都省今拟依旧设立用官降一样斛槩升斗，验各处按月时估，依上添答价值，常川收籴，画便支价，并无减克。贫家阙食者，仰令依例出粜。委自本处正官不妨本职提调。"① 可以和王恽所说相印证。可见，至元八年（1271）设常平仓后一度存粮八十万石，但很快便"起运尽绝"，显然被朝廷挪用（应是用于对南宋作战的军费）。至元十八至十九年（1281—1282）间，常平仓已废弛，空有其名。

朝廷又开始加以整顿。至元二十一年（1284）十月，"戊辰，立常平仓，以五十万石价钞给之"②。显然，朝廷有意重建常平仓。至元二十一年（1284）十一月，忽必烈任用卢世荣整顿财赋。卢世荣上奏："今国家虽有常平仓，实无所蓄。臣将不费一钱，但尽禁权势所擅产铁之所，官立炉鼓铸为器鬻之，以所得利合常平盐课，籴粟积于仓，待贵时粜之，必能使物价恒贱，而获厚利。"忽必烈接受这一建议。③ 卢世荣说常平"实无所蓄"，与上面一些记载吻合。卢世荣当政时，在一些地区立常平盐局，政府自行卖盐。"常平盐课"即常平盐局卖盐的收入。他主张用铁器专卖和常平盐局二者所得作为常平仓的本钱，买粮囤积，贵时出售。胡祗通诗《农器叹寄呈左丞公》："农人种田争寸阴，农器易求无止滞。年来货卖拘入官，苦窳偷浮价增倍。卖物得钞钞买铧，又忧官局迟开闭。"④ 可知确曾推行铁器专卖。但所得是否用于常平，则是不清楚的。卢世荣主张是国家垄断农具的产销，以此项收入和"常平盐课"的收入作为常平仓的本钱。他的意图不仅要使"物价恒贱"，而且要使国家通过常平仓的粮食买卖能"获厚利"。这一设想实际上使常平仓作为社会救济的性质发生根本变化。依靠铁器专卖和常平盐局筹集常平本钱可能不很见效，卢世荣很快又有新的主意。至元二十二年（1285）二月十九日，中书省"奏过事内一款节该，自今岁秋成为始，乘其时值价钱，将有粮最多之家，官用钱本，两平收籴。

---

① 《元典章》卷21《户部七·仓库·义仓·设立常平仓事》。

② 《元史》卷13《世祖纪十》。

③ 《元史》卷205《奸臣·卢世荣传》。

④ 《胡祗通集》卷4。

谓如收租一万石之上者三分中官籴一分，三万石之上者官籴一半，五万石之上者三分中官籴二分，官仓收贮。次年比及新陈相接之粮价贵，官为开仓减价粜卖"[1]。收购富户的粮食，次年减价出粜，无疑是常平仓之法。但"和籴"本意是两相情愿，所以十九年（1282）中书省文书中强调不得桩配百姓。这一件文书明文规定"有粮最多之家"按比例将地租收入卖给国家，明显是强制摊派，完全违反了"和籴"的精神。至元二十二年（1285）四月卢世荣即被废黜，他的常平仓改造计划也就成为泡影。

至元二十六年（1289）闰十月，"武平路饥，发常平仓米万五千石"[2]。世祖末年连年发生灾荒之地甚多，但明确提到常平仓救灾仅此一起，也反映出常平仓储粮有限。至元二十九年（1292），王恽向忽必烈提出治理国家的十六条建议，第十条是"复常平以广蓄积"。其中说："今仓廪具存，起运久空，甚非朝廷救荒恤民本意。"[3]大概就在王恽上书前后，胡祗遹也说，"常平仓既立，即今空无一粟"[4]。胡祗遹有诗《哀饥民》，诗中说："义仓虚名固无用，所费不赀无寸补。天下常平几万间，公廪空廒走饥鼠。"[5]应即此时所作。可见到世祖末年，常平仓大多已名存实亡了。

成宗大德七年（1303），郑介夫上《太平策》，其中谈到常平仓："汉立常平仓，谷贱增价而籴以利农，谷贵时减价而粜，民以为便，二千年间皆则而效之。朱文公尝行于浙东，最为得法。……备荒之策，无出此者。"但他认为，"然此法不可行于今矣。何也？贪官污吏，并缘为奸。若官入官出，民间未沾赈济之利，且先被打算计点之扰。及出入之时，又有克减百端之弊，适以重困百姓也"[6]。政治的腐败是常平仓难以实行的根本原因。郑介夫这段话实际上也说明，常平仓此时已经陷于全面废弛。武宗即位后，灾害相继，百姓流离。王结上书中书宰相，提出"前代之制可以济当今之务者"八条，其八是"务农桑以厚民生"。他建议："更考隋唐之法，各路立常平仓，官置本钱，兼储米粟布帛丝麻之类，贱则加价而收之，贵则下价而出之。

① 《元典章》卷26《户部十二·赋役·和籴》。

② 《元史》卷15《世祖纪十二》。

③ 王恽：《上世祖皇帝论政事书》，《秋涧先生大全集》卷35。

④ 胡祗遹：《论积贮》，《胡祗遹集》卷22。

⑤ 《胡祗遹集》卷4。

⑥ 《元代奏议集录（下）》，第79～80页。

令廉访司官提举检察，纠其不如法者。如此则虽水旱为灾，而物不腾贵矣。"[1]

至大二年（1309），元朝政府想通过改造钞法来摆脱财政危机，即发行新钞。这一年九月，发布诏书，颁行至大银钞。诏书中特别提出："随处路府州县，设立常平仓以权物价，丰年收籴粟麦米谷，值青黄不接之时，比附时估，减价出粜，以遏沸涌。"[2]"民间有以米麦回易至大钞者，验时值支给价钞。尚书省部斟酌路府州县大小，名数多寡，议给常平仓本钞，各处便宜摽拨官仓。如无仓廒去处，官为起盖。"[3]意图全面建立常平仓，防止物价波动。但是，就在这一年十月，"御史台臣言：'常平仓本以益民，然岁不登，遽立之，必及害民。罢之便。'……有旨：'其与省臣议之。'"[4]台、省商议的结果史无明文，很明显的是常平仓一事再无人提及，应是不了了之。仁宗皇庆二年（1313），郭贯任淮西廉访使，"建言'宜置常平仓，考校各路农事'"[5]。同样没有得到回应。延祐二年（1315），尉迟德诚任辽东道肃政廉访使，"上书言事，其略曰：……立常平以备荒年……未报而卒，年五十三"[6]。泰定四年（1327）正月，"燕南廉访司请立真定常平仓，不报"[7]。可见，到了元代中期，常平仓仍然停顿，虽然不断有人呼吁，但都没有得到朝廷的重视。

文宗天历二年（1329）十月，"命所在官司设置常平仓"[8]。这是武宗以后朝廷又一次明确表示要在全国重建常平仓。但是，成书于文宗至顺四年（1333）的《镇江志》（即《至顺镇江志》），记载了至元十九年（1282）和至大二年（1309）有关常平仓的诏令文书，却没有提到天历二年（1329）设常平仓的诏旨。而且，该书在丹阳、金坛两县"常平仓"条下，都注："今

① 王结：《上中书宰相八事书》，《文忠集》卷4。

② 《元史》卷23《武宗纪二》。

③ 俞希鲁：《至顺镇江志》卷13《公廨》。按，武宗《颁至大银钞铜钱诏》，《元典章》卷1有目无文。《元史》卷23《武宗纪二》载部分文字，故将《至顺镇江志》所载有关常平仓文字补入。

④ 《元史》卷23《武宗纪二》。

⑤ 《元史》卷174《郭贯传》。

⑥ 《元史》卷176《尉迟德诚传》。

⑦ 《元史》卷30《泰定帝纪二》。

⑧ 《元史》卷33《文宗纪二》。

废。"①显然，天历二年（1329）设置常平仓的诏旨并未在地方上产生作用。黄溍在《国学汉人策问》（其十三）中说："汉耿寿昌奏设常平仓，萧望之非之，而宣帝不听。常平法既行，民果以为便，后世因之，莫敢废也。……近代常平、义仓，领以专使。逮至我朝，乃有义仓，而无常平。顷尝有以复常平为请者，事下有司，将行而辄止。"②应即指此次设置常平诏令颁布而未能实施而言。高士贵字华父，文宗时为富州（今江西丰城）税务提领。"天历庚午之饥，行省议曰：'今救荒为急，富州大而民众，拯荒之事，非华父不足办。'檄君为之。……上救荒之术凡十事，省宪采用之。龙兴前守臣置常平仓一万二千石，岁久徒存其数，君为核得其实，足以备用。"③天历庚午即至顺元年（1330），可知龙兴路（治今江西南昌）原有常平仓，但有名无实。高士贵认真追查，才得其实。但像他这样认真的官员是不多的。

早在大德十一年（1307），监察部门的官员提议将本部门收存的赃款罚款用来救济灾民，皇帝同意。④后来，江南行御史台的一位监察御史说："常平之举，我朝每形于诏旨，盖所司奉行有所未至，而未效其事，岂非国用浩繁，籴粮之本未暇及欤！"他认为常平仓未能实行主要是缺少籴粮的钱钞。因此，建议将监察部门即"三台"（中央御史台、南台、西台）追到的赃款、罚款移作常平的本钱。文宗至顺年间（1330—1331），张光大重编《救荒活民类要》，认为这个御史所说是"良策"，建议将出卖僧道度牒所得，加上赃罚钱，"二者兼行，则常平籴本立矣"⑤。但他的主张在当时似乎并没有引起重视。

元顺帝即位（1333）后，连年灾荒，各种社会矛盾日益尖锐。为了维持统治，元朝政府不得不采取一些应对的措施，其中之一便是发挥常平仓的作用。元统二年（1334）四月，"成州旱饥，诏出库钞及发常平仓米赈之"。五月，"是月，中书省臣言：'江浙大饥，以户计者五十九万五百六十四，请发米六万七百石、钞二千八百锭，及募富人出粟，

---

①俞希鲁：《至顺镇江志》卷13《公廨》。

②《金华黄先生文集》卷2。

③虞集：《高州判墓志铭》，《道园类稿》卷47。

④《元典章》卷3《圣政二·救灾荒》。

⑤张光大：《救荒活民类要·一纲二十目·常平》。在此以前，郑介夫曾提出僧道纳粮换取度牒的建议。

发常平、义仓赈之，并存海运粮七十八万三百七十石以备不虞。'从之"①。据庆元路（今浙江宁波）地方志《至正四明续志》记载："元统二年发下官本中统钞一百二十一锭四十三两三钱三分，每年照时值籴谷，就于广盈仓收贮，别无定额。"②则朝廷已经对恢复常平仓采取具体的措施，由官府提供常平购粮的本钱。后至元元年（1335）九月，"是月，耒阳、常宁、道州民饥，以米万六千石并常平米赈粜之。"同年十一月，朝廷下令"立常平仓"③。后至元六年（1340）十一月，"是月，处州、婺州饥，以常平、义仓粮赈之"④。《至正四明续志》又记："至正元年九月，奉省札，钦遵诏旨，设立常平仓，谷贱则增价以籴，贵则减价以粜，随宜以济其民。今各处没官财产，系官赃罚，阙官子粒，并入粟补官、散济不尽钞数，从宜举行。将原拨籴粜数目、立仓处所，每季登答申呈，以凭点视。"庆元路共有常平本钱（包括上级原发本钱、没官赃罚钞、阙官子粒钱、阙官子粒米）五百五十四锭三十九两多，籴到稻谷二千伍百零六石多。⑤由上引《至正四明续志》两条记载，可知庆元路常平仓原已废弛，而在顺帝当政以后重新启动。但是，重建常平仓的规模是有限的。据统计，庆元路有二十四万余户，五十一万余口。⑥而至正二年（1342）购置的常平仓粮只有稻谷 2506 石多。平均每口可以分摊的稻谷只有半升左右，每户一升左右，如折合为成品粮就更少了。这和上面所说始设常平仓时大体按每户五斗计，相去太远，在真正发生饥荒时没有起到多大用处。庆元重建的常平仓显然是不合格的官样文章。

至正三年（1343），"诏立常平仓"⑦。应是朝廷再次督促地方重建。至正七年（1347）七月十七日，元顺帝颁布圣旨，任命朵儿只和纳麟为御

①《元史》卷38《顺帝纪一》。

②《至正四明续志》卷3《城邑·公宇》。《至正四明续志》成书于至正二年（1342）。

③《元史》卷38《顺帝纪一》。

④《元史》卷40《顺帝纪三》。

⑤《至正四明续志》卷6《赋役·常平仓》。"阙官子粒"应指地方官员阙位，其职田收入即归公。

⑥《元史》卷62《地理志五》。

⑦《元史》卷41《顺帝纪四》。

史大夫，要求他们"振举台纲"，也就是对监察系统的工作进行全面整顿，其中之一是："常平仓谷贱增价以籴，谷贵减价以粜，乃平籴之良规，裕民之善政。如有籴本不敷去处，三台并各道廉访司，今后但有追到赃罚，接续拨付，以充籴本，庶几实惠及民。"① 多次重申，说明顺帝急于重建常平制度以应对频繁发生的灾害。

顺帝时期，有关地方官员与常平仓关系的记载明显增多。有关记载可分为两类。一类是重建常平仓。吴秉彝为平江路（今江苏苏州）总管，当地"立常平仓官，本措无从，侯发官库额余若干缗钱，籴粮若干万斛，官民胥便之"②。吴氏任职的准确时间待考，大致可以断定在顺帝初年。从这条记载可知，平江的常平仓原已名存实亡。吴秉彝动用官库余额以为本钱，购粮作为库存，但"若干万斛"云云，大概是不尽可信的。至正四年（1344），魏从恕为应山县（今湖北应山）县尹，"常平之区划，侯籴至四千石，邻郡至二千石。应虽三遇饥年，民无馈食之忧"③。至正四年（1344）前后，胡国安为太平路（治今安徽当涂）总管，"常平素无仓储，集缺官俸米八百三十余石以实之"④。至正五年（1345），袁英为河南长社（今河南许昌）县尹，"许州常平仓贮五县粮，长社在其一，公亲为监督，起盖仓廒，农隙兴工，春首告成，人不知扰"⑤。至正二年（1342），撒儿塔温任安平县（今河北安平）达鲁花赤。"明年，岁大熟。……又明年，朝省议立常平仓，五县以下一仓，度地里远近设置，故鼓城等皆置。安平府檄命公总其事。时天将寒沍，公量宜经划，立限课责，使财不虚耗，民不蠹损，而功程完固。"⑥ 则五县集中立一所常平仓。至正六年（1346），程宗杰任

① 《宪台通纪续集·作新风宪制》，《宪台通纪（外三种）》卷2609。

② 杨维祯：《平江路总管吴侯遗爱碑》，《杨铁崖文集全录》卷2，引自李修生《全元文》第42册，第275页。

③ 鲁瑶玓：《魏县尹去思碑》，同治《应山县志》，引自李修生《全元文》第58册，第262页。

④ 陶安：《太平路总管胡侯遗爱碣》，《陶学士集》卷20。

⑤ 宫珪：《长社县尹袁公去思碑》，民国《许昌县志》卷16，引自李修生《全元文》第31册，第101页。

⑥ 王镛：《达鲁花赤撒儿塔温公德政记》，康熙《安平县志》卷8，引自李修生《全元文》第56册，第184页。

望江（今安徽望江）县尹，"论常平非得法，适兹民害，力陈当路，求县置一仓，以纾民下通患"①。应是针对有些地方数县（如上面"五县以下一仓"）合置而发，要求本县自置一处常平仓，便于管理。至正五年（1345），刘好礼任莒州知州，在任期间，"积常平、义仓，逾额以石计者二千有奇"②。显然是重建常平仓廒，与庆元类似。至正七年（1347），平阳（今浙江平阳）亦奉命兴办常平。"至正丁亥，适郡太守岳侯莅政之明年，境内小稔。其年秋，省府降帑楮以锭计者凡若干，付郡为常平价，侯即以付之愿籴之民，俾其谷输仓。……不拘其限，第使陆续输纳，毋致误官事而已。明年春，省府委官至郡催督，则在庚之额未半，而侯不能无违误之责矣。向也领价未输之民，恐其由己而为侯累也，不俟督勒，自相激励……曾未数日，公家廪庚皆满，且又露积充牣于外，而输过其额，见者无不悦服。"③ "逮至正六年（1346），钜鹿饥荒，阙食之家十室八九，饿莩相望，而朝廷以常平鲜储，和籴是县。公（钜鹿县尹宋某——引者）星奔上司，诉以民时阙食，非敢遏籴。上司不允所请。公还，亲诣各乡，谕以上意。民感公德，俱以己食之粟应之。其不支者，公以所收俸粟百余石以充所籴之数。"④ 至正七年（1347）或稍前，上海县尹刘辉曾"劝豪右出粟五百四十三石充义仓及常平仓本"⑤。"豪右出粟"的做法，和政府出资的原则相违背，实际上是难以普遍推行的。至正七年（1347），王文正为鲁山（今河南鲁山）县尹，"至于常平，更设前则无仓，公［与］监县撒公文德、判簿陈公文器共谋置仓，捐俸金，劝率富实集物鸠工，上不违法，下不病民，不月而成"⑥。至正十

① 罗汝成：《程尹惠政碑》，乾隆《望江县志》卷8，引自李修生《全元文》第56册，第376页。

② 董守中：《莒州知州刘侯去思碑》，康熙《莒州志》卷2，引自李修生《全元文》第52册，第438页。

③ 史伯璿：《常平仓诗序》，《青华集》卷1，引自李修生《全元文》第46册，第458页。

④ 吕巽：《县尹宋公功德碑铭》，光绪《钜鹿县志》卷12，引自李修生《全元文》第56册，第323页。

⑤ 《上海令刘侯去思碑》，《江苏通志金石稿》卷23。

⑥ 刘允：《王公去思碑》，嘉靖《鲁山县志》，引自李修生《全元文》第58册，第585页。

年（1350），马合末任正定路新乐县（今河北新乐）达鲁花赤，"同前县尹、王公从仕遵依诏旨，创建常平、义仓，丰年增价籴买，凶年减价平粜卖。先尽贫穷下户，次及缺食之家，咸被其赐。廪无余粟，野无饿莩。抚字黎元，不为小补"①。以上记载足以说明，在顺帝执政前期（至正十一年（1351）全国农民战争爆发以前），由于朝廷的推动，南北很多地方都开展了常平仓的建设。

另一类是用常平仓粮于赈济。至正四年（1344）六月，"巩昌陇西县饥，每户贷常平仓粟三斗，俟年丰还官"②。至正三至四年（1343—1344）间，苗益为新城县（今江西黎川）县尹，"岁饥，大府檄诸县议常平。苗君言：'仓宜散置山谷民所聚处，出内为便。'又言：'邑常平之储五千，留县之粟三千，请急以救民。'吏颇持其议。苗君曰：'此犹不得行，何用县令为？'取其所受勅纳郡而去。民诣府留之，邑人又遮其家使不得行。……则答曰：'幸见从，急出米济饥，敢不少留。'乃不候报，尽发常平及留县之米，而与富民约曰：'常平官价少，粟石贵，他日以官价取偿，必伤富家。今以所籴钞先散诸家，及冬略得营息以相补。'贫富皆欣然"③。可知当地常平仓有一定规模。而常平粮食显然是由"富民"提供的。至正五年（1345），李彦为章丘（今山东章丘）县尹。"县有常平仓，积米至三千石，众以官储，不敢救荒。公自陈抚字乖方，乞行解职于上。比得上司别行赈济，先发仓焉。民免捐沟壑者甚众。"④至正八年（1348），尚恕为庆都（今河北望都）县尹，"时颇不熟，米日踊贵。侯即命发常平粟，召四乡民减价粜之。同列以为难，侯曰：'常平本虞荒岁，今复何疑。'赖以全活者甚众"⑤。同年，昆山（今上海昆山）大水，松江知府王至和主张："常平有仓，官所以惠民也，口口诸？"其他官员表示疑虑，王至和说："设若以口口罪，吾独承之，不以累诸君也。"于是"尽发常平，口口得谷七千九十三石，

① 张乐善：《达鲁花赤马合末去思碑》，民国《重修新乐县志》卷5，引自李修生《全元文》第59册，第677页。

② 《元史》卷41《顺帝纪四》。

③ 虞集：《建昌路新城县重修宣圣庙学记》，《道园类稿》卷23。

④ 张友谅：《章丘县尹李彦德政碑》，道光《章丘县志》卷14《金石录》，引自李修生《全元文》第45册，第19页。

⑤ 苏天爵：《尚侯惠政碑铭》，《滋溪文稿》卷18。

米二千三百八十七石"，加上义仓粮，"散济之，民用少苏"①。霍某为鸡泽（今属河北永年）尹，"上年籴买常平粟一千七百余石，除设法出籴，为见饥乏食出借于民六百余石，至秋止均元价"。此事发生在"河南盗贼蜂起"即至正十一年（1351）前夕。②

常平仓的管理，"委自本处正官不妨本职提调。据合设仓官、攒典、斗脚，就于近上不作过犯［人户］内公同选差，除免各户杂役。仍按月将先发价钞、已未收籴支纳见在数目开坐，申部呈省"③。常平仓由各地正官（县尹、州尹等）负责，常平仓的工作人员（仓官、攒典、斗脚）则从民间选充。元朝将百姓划分户等，按丁力财产分为三等九甲。"近上"即上等户。元朝百姓一般要承担杂泛差役，杂泛是力役，差役就是前代的职役，包括里正、主首、仓官、库子等名目。④ 也就是说，选充常平仓工作人员的标准一是上等户，二是没有犯罪记录。他们的工作没有报酬，但可以免当杂泛差役（当仓官、库子可免充里正、主首）。常平仓的仓官、攒典、斗脚实际上是一种百姓承担的差役。文献中有关于"潍县常平仓使"⑤的记载，仓使是否即仓官，抑或临时性的名称，尚需研究。

顺帝时期重建常平仓，有一定的效果，同时也存在很多弊病。至正五年（1345），卢琦奉"使司札使，前往延建四路点视常平仓"。"使司"指福建宣慰使司都元帅府，这是行省的分治机构（福建地区归江浙行省管辖），"延建四路"指福建的延平路、建宁路、汀州路等。可知福建很多地区都设有常平仓，而分管福建地区军政事务的宣慰使司都元帅府把常平仓的管理作为自己的一项工作，派遣专人前去检查。卢琦"点视"以后指出，常平仓"诚良法也。然近年以来，但见其害，而不见其利。盖法立弊生，以至于此"。他历举常平仓施行中的八种弊病，要害是官吏与地方豪强"相

----

① 干文传：《知府王至和赈贷饥民记》，正德《华亭县志》卷8，引自李修生《全元文》第32册，第84页。

② 邢献臣：《霍公惠政碑》，《鸡泽县志》卷26，引自李修生《全元文》第59册，第350页。

③ 《元典章》卷21《户部七·仓库·义仓·设立常平仓事》。

④ 陈高华：《元代役法简论》，收入《元史研究论稿》。

⑤ 赵忠敬：《郭氏祖茔之记》，《潍县志》卷40，引自李修生《全元文》第24册，第61页。

与为奸邪"，欺上瞒下，中饱私囊。粜本被层层中饱，民户纳粮所费远高于官本。"省府发降粜本，在各路则减刻于府史之手，县不能得全数；在各县则减刻于县吏之手，乡都不能得全数。比及输仓，需求多门，而每石之费盖数倍于官本矣。"放粜时农民得不到，大多落入吏员和豪强之手。"立仓皆于郡邑城郭，然乡村之民近者三五十里，远者三百里，其不通舟楫之处，又多值饥寒。赈粜往复跋涉之费若干，听候逗留之费又若干，虽举以贷之，而不受其值，民亦未如之何也。已发仓之际，其司县贪猾之吏，市井俭巧之徒，与夫权豪势之强有力者，往往诡立姓名，悉空其仓而粜之，而闾阎田野困穷无聊之民，虽一夫不得与焉。"常平仓粜本挪作他用，上级检查时弄虚作假。"粜本发下各县，其提调官典该行吏贴，相与为奸邪，以青黄未接，民间艰粜为词飞申，上司既从其请，则移粜本以为他用。及至上司或差官盘点，或移文催征，往往仓皇失措，或私券而赔贷于富家，或低价而收买于铺户。粜未足而虚装作数，藏未久而浥变损坏。其后官吏仓官人等，或以罪去，或以满去，而赔偿之责，不过斗级数人而已。或斗级所不能偿，则凡有产之家，不免重受其害。"卢琦所说，可与《至正四明续志》记载相印证，也就是说，元顺帝当政之初确曾推行常平仓，但其实际效果是很有限的。卢琦还指出，福建建阳有平粜仓，"乃前邑令劝率产民舍米以充之，积至千石有奇，择士民之谨愿者司其出纳，而官不与焉。民甚便之，今尚无恙也。崇安亦有平粜仓，其法一如建阳。近因常平之设收粜未敷，本县迫于上司之点视，乃以平粜仓所积之米充其数。邑父老屡诉之，曾不为理。平粜所积悉归于官，常平之惠略不及民"。他的结论是："愿罢各处常平，悉归征原本还官。若欲必行赈粜之法，莫若劝率产民舍米，如建阳等处平粜仓，俾民自掌之。"[1]卢琦以常平仓和平粜仓作对比，反对官办，主张民办，官府不干预。但是他的意见没有引起任何反响。

在全国规模的农民战争爆发（至正十一年，1351）以后，常平仓在动乱之中肯定难以维持，必然走向消亡。但也有例外。大概在农民战争爆发后不久，苏友龙任萧山县尹，"会岁俭，弛湘湖之禁以利民，不足，启常平仓以活饥者。僚属力沮之，公大言曰：'发天子粟，活天子民，有何不可。倘有谴责，吾自任之。'民赖以生者以数万计"[2]。也是在这一时期，常熟（今

①卢琦：《建言常平》，《圭峰集》卷2。

②宋濂：《苏公墓志铭》，《宋文宪公全集》卷27。

江苏常熟）知州王德刚"广常平、义仓储蓄，以救灾恤患"①。至正二十二年（1362），孟集为崇明州（今上海崇明）同知。"其地不宜五谷……米粟之价，常倍于他处，不待饥岁而已困矣。"孟集认为："欲拯其困，非常平不可。""按此州旧有二仓，久已湮废。遂具文于州，转以达于大府，设常平故事。大府从其请，命以所储粟二千石令施行之。乃……相州治之南，建屋三楹，为常平仓，与永丰仓对立。其出纳仍命永丰仓官属兼掌之。功甫就，适春夏之交，阴雨鲜霁，二麦不登，居民嗷嗷，米价腾涌，遂开仓依旧制，损时值十三以粜，米价为之顿平。"②这也许是元朝常平仓的最后记载了。

第五节　农田水利建设

金、元之际，战火连年，"汉地"人口锐减，农业生产受到严重破坏，水利工程大多失修。当然也有一些例外。忽必烈为藩王时便招徕中原有声望的人士，他们相继提出治国必须重视农业生产。如姚枢主张"重农桑"③，刘秉忠建议"宜差劝农官一员，率天下百姓务农桑，营产业，实国之大益"④。忽必烈接受了他们的建议，"即位之初，首诏天下，国以民为本，民以衣食为本，衣食以农桑为本"⑤。至元七年（1270），忽必烈下诏立司农司，"专掌农桑水利"，后来改称大司农司。"是年，又颁《农桑之制一十四条》。"⑥这件文书就农村和农业生产的各种问题作出了具体规定，在有些文献中称为《劝农立社事理》。后来，这件文书在至元二十三年（1286）、二十七年（1290）曾相继重新颁布。⑦泰定帝致和元年（1328）正月，"颁《农桑旧制》十四条于天下，仍诏励有司以察勤惰"⑧。也是这件文书。官修的政书《通制条格》《至正条格》中都收录了这件文书。可以说，《劝农立社事理》

---

① 杨维祯：《平江路常熟州知州王公善政记》，《东维子文集》卷13。

② 姜渐：《崇明州常平仓记》，《吴都文粹续编》卷10。

③ 姚燧：《姚文献公神道碑》，《牧庵集》卷15。

④ 《元史》卷157《刘秉忠传》。

⑤ 《元史》卷93《食货志一·农桑》。

⑥ 同上。

⑦ 《通制条格》卷16《田令·农桑》，《元典章》卷23《户部九·农桑》。

⑧ 《元史》卷30《泰定帝纪二》。

是元朝农业政策的纲领性文件。接着，大司农司"遍求古今所有农家之书，披阅参考，删其繁重，撮其切要，纂成一书，目曰《农桑辑要》，凡七卷"。至元十年（1273）"颁布天下"[①]。此书在元代曾多次重印，对农业生产发挥了积极的作用。

《劝农立社事理》主旨是发展农业生产，防备灾荒。为此规定了多项措施：建立村社、兴修水利、栽种桑枣、开展互助、设立义仓、打捕虫蝗等。其中在农业生产方面突出推行区田："农民每岁种田……仍仰堤备天旱。有地主户量种区田，有水则近水种之，无水则凿井。如井深不能种区田者，听从民便。若有水田之家，不必区种。据区田法度另行发去，仰本路镂版，多广印散。"区田是中国古代一种应对旱灾的种植技术，适用于缺水少水的北方农区。要求在一定区域内，以充足的粪肥等距密植，加强田间管理，提高单位面积产量。后魏贾思勰的《齐民要术》即有记述。"区田法度"应即《齐民要术》中关于区田的记载。大司农司编纂的《农桑辑要》中也有专门的介绍，并引《务本新书》说："壬辰、戊戌之际，但能区种三五亩者，皆免饿殍。"[②]壬辰是窝阔台汗四年（金哀宗开兴元年，1232），戊戌是窝阔台汗十年（1238）。也就是说，在金元战乱之际，区种法在北方某些地区推行，对于缓解战乱造成的饥荒曾经发生过有益的作用。元朝政府正是汲取了历史的经验，故有意加以推广。胡祗遹曾长期在地方任职。他在《论司农司》一文中说："方今四道劝农，号令聚集，呼召教喻，一夫百亩，常力常业之外，督责种木、区田等事，议社议仓，民已困于烦扰。"[③]胡祗遹对司农司颇有微词，但亦可见推广区田是司农司工作之一。葛荣在中统三年（1262）为辉州（今河南辉县市）判官，"诏课农桑，时河北荐饥，部使者颁区田法，郡邑不皇于行。檄公按核，躬率野人，相宜授方，熟得百倍。士之磽埆者教以粪薤，邻境法焉"[④]。这是元初地方官员推行区田的例子。至元十五年（1278）起，王恽历任各道提刑按察副使。他颁发《劝农文》，"仰所在有司，照依已降《条画》，遍历乡村，奉宣天子德意，敦谕社长、耆老人等，随事推行，因利而利，察其勤惰而惩劝之"。他所

---

① 《元刻农桑辑要校释》，第550页。

② 《元刻农桑辑要校释》，第140页。

③ 胡祗遹：《论司农司》，《胡祗遹集》卷22。

④ 许有壬：《葛公墓碑》，《至正集》卷53。

说的"已降《条画》"，便是指《劝农立社事理》。在《劝农文》中，王恽劝诫农民努力耕种，"夫田功既尽，纵罹水旱，尚有所得。……稼事不勤，虽值丰穰，终无所获"。"如田多荒芜者，立限垦断，以广种莳。其有年深埆薄者，教之上粪，使土肉肥厚，以助生气。自然根本壮实，虽有水旱，终有收成。"同时在《劝农诗》中，他写道："年深莳种薄田畴，粪埌频加自昔留。田果粪余根本壮，纵遭水旱亦丰收。""锄头有雨润非常，此是田家耐旱方。果使锄跑功绩到，结多得米更精良。"① 王恽提倡的正是区田之法。元代中期，著名农学家王祯对此加以肯定："夫丰俭不常，天之道也，故君子贵思患而预防之。如向年壬辰、戊戌饥歉之际，但依此法种之，皆免饿殍，此已试之明效也。窃谓古人区种之法，本为御旱济时。……若粪治得法，沃灌以时，人力既到，则地利自饶，虽遇天灾，不能损耗。用省而功倍，田少而收多，全家岁计，指期可必，实救贫之捷法，备荒之要务也。"② 总之，在忽必烈当政时期，北方推行区田法，对于抗旱起了有益的作用。但后来元朝农政日趋废弛，区田法也不受重视。泰定二年（1325）十二月，"右丞赵简请行区田法于内地"③，但似乎并无效果。

元代农业生产中，值得注意的是救荒食物的种植。《劝农立社事理》中提出："仍仰随社布种苜蓿，初年不须割刈，次年收到种子，转转俵散，务要广种，非止喂养头疋，亦可接济饥年。"农学家王祯说："夫蔬蓏，平时可以助食，俭岁可以充饥。其果实，熟则可食，干则可脯，丰歉皆可以充饥。"④ 不少地方的官员提倡种植各种适于救荒的食物。王结为顺德路（治今河北邢台）总管，他"定拟到人民合行事理，名曰《善俗要义》，凡三十二件"，对群众进行教育。其中之一是"治园圃"："如地亩稍多，人力有余，更宜种芋及蔓菁、苜蓿，此物收数甚多，不唯滋助饮食，又可以救饥馑度凶年也。"⑤ 大德年间建昌路（今江西南城）官员"劝农竞种荞麦，为明年续食计，所收甚广"⑥。荞麦"种之则易为工力，收之则不妨农时，

---

① 王恽：《秋涧先生大全集》卷62。

② 王祯：《王祯农书·农器图谱之一·田制门》。

③ 《元史》卷29《泰定帝纪一》。

④ 王祯：《王祯农书·百谷谱集之一·百谷序引》。

⑤ 王结：《善俗要义·治园圃》，《文忠集》卷6。

⑥ 刘埙：《呈州转申廉访分司救荒状》，《水云村泯稿》卷14。

晚熟故也"①。因晚熟所以晚收，在青黄不接时可以续食，对救荒有很好的作用。武昌路推官聂以道"至京师，宰臣以河南水灾，给驿命召往赈之。赈已，复给驿还，沿道劝课农民树艺桑枣以助水旱，郡民争欢趋，比还，青青载道，已千余里，众谓此举在救荒。"②至正十四年（1354），吴普颜为东阳（今浙江东阳）县尹，"岁之大祲，侯忧民困瘁，以蔓菁、芦菔可以疗饥，乃捐己赀五百缗收籴种子以给民，使种之"③。

备荒是《劝农立社事理》的一个主题。"农桑之术，以备旱暵为先。"④《劝农立社事理》突出兴修水利抗旱。其中具体规定："随路皆有水利，有渠已开而水利未尽其地者，有全未曾开种并创可挑撅者。委本处正官一员，选知水利人员，一同相视，中间别无违碍，许民量力开引。如民力不能者，申覆上司，差提举河渠官相验过，官司添力开挑。外据安置水碾磨去处，如遇浇田时月，停住碾磨，浇溉田禾。若是水田浇毕，方许碾磨依旧引水用度，务要各得其用。虽有河渠泉脉，如是地形高阜不能开引者，仰成造水车，官为应付人匠，验地里远近，人户多寡，分置使用。富家能自置材木者令自置，如贫无材木，官为买给，已后收成之日，验使水之家，均补还官。若有不知造水车去处，仰申覆上司，开样成造。"⑤《劝农立社事理》要求民间和官府两方面配合，搞好水利建设。朝廷重视水利工程的兴建，采取很多措施。至元九年（1272）二月，忽必烈"诏诸路开浚水利"⑥。圣旨中说："近为随路可兴水利，遣官分道相视见数，特命中书省、枢密院、大司农司集议得，于民便益，皆可兴开。为此，特降圣旨，开仰大司农司定立先后兴举去处，委巡行劝农官于春首农事未忙、秋暮农工闲慢时分，分布监督，本路正官一同。开挑所用人工，先侭附近不以是何人户，如不敷，许于其余诸色人内差补。外，据修堰渠闸一切对象必须破用官钱者，仰各路于系官差发内从实应付，具申省部，务要成功。先从本路定立使水

①王祯：《王祯农书·百谷谱集之二·谷属·荞麦》。

②刘岳申：《广东道宣慰副使聂以道墓志铭》，《申斋刘先生文集》卷8。

③胡濙：《吴普颜去思碑》，道光《东阳县志》卷6，引自李修生《全元文》第54册，第23页。

④《元史》卷93《食货志一·农桑》。

⑤《元典章》卷23《户部九·农桑·水利·兴举水利》。

⑥《元史》卷7《世祖纪四》。

法度，须管均得其利。拘该开渠地面诸人不得遮挡，亦不得中间沮坏。如所引河水干碍漕运粮、盐，及动碾磨使水之家，照依中书省已奏准条画定夺，两不相碍。若已兴水利未尽其地，或别有可以开引去处，画图开申大司农司定夺兴举。劝农官并本处开渠官却不得因而取受，非理骚扰。"[①] 这可以说是具体落实《劝农立社事理》的举措。元朝还对在水利建设上渎职的官吏作出惩罚的规定："诸有司不以时修筑堤防，霖雨既降，水潦并至，漂民庐舍，溺民妻子，为民害者，本郡官吏各罚俸一月，县二十七，典史各一十七，并记过名。"[②]

朝廷重视，不少官员也把水利建设视为抗灾的至关重要的工作。监察御史王恽在《劝农文》中提倡深耕多用肥料的同时，强调兴修水利，"所在水利，常令修葺，毋得因循废弃。倘遇旱广，独沾丰润，是地利偏惠一方，人力可不加谨。又兼此系朝廷最重之事，切当用意仰至体怀"。他在《劝农诗》中写道："细思水利最无穷，普例灾伤独歉丰。倘有可兴须举似，已成毋得废前功。"[③] 许多地方官员积极发起或主持各类水利工程。民间人士在讨论备荒时也把水利放在重要的位置："堤防必筑，以泄水患。陂塘必泄，以通水利。修水旱之备也。"[④]"立堤防，浚沟浍"是备荒的"预备之策"。[⑤]

有元一代，兴修了大量水利工程，大体可以分为两大类。一类是与漕运有关的工程，另一类是与抗灾减灾有关的工程，而以后一类居多。后一类包括兴修和加固堤防，修治水渠，建筑海塘等。还有一项特大工程，就是黄河的治理。就规模而言，水利工程可分大、中、小三类。大型工程主要由朝廷主持进行。小型工程，则由地方官府组织。中型工程或由朝廷主持，或由地方官府组织。有的工程是平时修建的，旨在防灾。更多的工程是在灾后修建的，旨在减灾。各种防灾减灾的水利工程，不断被修建，可以说没有停止过。

大型水利工程很多。在北方主要有：①关中历史上最重要的灌溉工程是郑白渠。唐代郑渠作用不大，白渠下分三支，故又有"三白渠"之称。"自

① 《元典章》卷23《户部九·农桑·水利·兴举水利》。

② 《元史》卷103《刑法志二·职制下》。

③ 王恽：《秋涧先生大全集》卷62。

④ 陆文圭：《劝农文》，《墙东类稿》卷10。

⑤ 陆文圭：《策问备荒》，《墙东类稿》卷3。

元伐金以来，渠隄缺坏，土地荒芜，陕西之人虽欲种莳，不获水利，赋税不足，军兴乏用。"窝阔台汗十二年（1240），命梁泰充宣差规措三白渠使，拨二千户及木工二十人，官牛千头，修筑渠堰，就地屯田。这是蒙古前四汗时期最早由朝廷直接主持的水利工程。后来，大德八年（1304）、延祐元年（1314）、天历元年（1328）、至正四年（1344）多次修理。至正二十年（1360）又进行修治，"凡溉农田四万五千余顷"①。②宁夏水利工程。西夏立国，重视水利。"其地饶五谷，尤宜素稻麦。甘、凉之间，则以诸河为溉。兴、灵则有古渠曰唐来，曰汉源，皆支引黄河。故灌溉之利，岁无旱涝之虞。"②"兴"即夏国都城兴庆府，元改宁夏路，治今宁夏银川。"灵"即灵州，今宁夏灵武。西夏为蒙古所灭，渠堰荒废。忽必烈称帝，张文谦"以中书左丞行省西夏中兴等路"③，著名水利学家郭守敬随之前往。"先是，西夏濒河五州皆有古渠，其在中兴州者，一名唐来，长袤四百里，一名汉延，长袤二百五十里。其余四州，又有正渠十，长袤各二百里，支渠大小各六十八，计溉田九万余顷。兵乱以来，废坏淤浅。公（郭守敬——引者）为之因旧谋新，更立闸堰，役不逾时，而渠皆通。"④这些水渠的整修，对当地的农业生产以及抵御水旱灾荒起到了重要的作用。③怀孟路（治河内，今河南沁阳）有水渠，"引沁水以达于河"。世祖中统二年（1261）修成，"约五百余里，渠成名曰广济。设官提调，遇旱则官为斟酌，验工多寡，分水浇溉，济源、河内、河阳、温、武陟五县民田三千余顷咸受其赐"。后来因管理不善逐渐废坏。文宗天历三年（即至顺元年，1330），原灌溉地区"天久亢旱，夏麦枯槁，秋谷种不入土，民匮于食"。于是又重新开浚⑤。农学家王祯说："凡川泽之水，必开渠引用，可及于田。……今怀孟有广济渠，俱各溉田千百余顷，利泽一方，永无旱暵。所谓人能胜天，岂不胜哉！"⑥可见广济渠对怀孟地区抗旱有重要作用。

① 《元史》卷65《河渠志二·三白渠、洪口渠》；卷66《河渠志三·泾渠》。

② 《宋史》卷486《夏国传下》。

③ 《元史》卷157《张文谦传》。

④ 齐履谦：《郭公行状》，《国朝文类》卷50。

⑤ 《元史》卷65《河渠志二·广济渠》。

⑥ 王祯：《王祯农书·农器图谱集之十三·灌溉门》。

在南方主要有：①浙西太湖水利工程。元代的浙西，包括七路（平江、嘉兴、湖州、杭州、常州、镇江、建德）和松江府，是全国最富庶的地区。浙西农业生产对水利灌溉的依赖很大，而浙西的水利灌溉，以太湖为中心。宋朝重视浙西水利工程的兴修和管理。元朝灭南宋后，在一段时间内对太湖水系的管理漫不经心，以致灾荒连年发生。"自归附至今三四十年之间，江河塘浦围岸闸窦，缺官整治，遂致大坏。如遇大水则一二百里膏腴之低田皆为鱼鳖之乡。或值旱干，则数百里沃潮之高田尽为不毛之地。盖无以为蓄泄堤防水旱之备故也。若水旱小则害小，水旱大则害大。是以年年有水占旱荒不可畔之田矣。"① 元成宗的诏书中说："浙西近年以来，屡遭水患，百姓饥饿流移，不胜艰苦。推原其由，盖因进吴松江等处故道淤塞，每遇霖雨潦水涨溢，不能通泄，以致淹没田禾，民被其殃。"② 为此，水利学家任仁发提出："引水之法莫先于开河，防水之法莫急于筑岸，限水之法莫切于置闸"。元朝在浙西设行都水监，负责水利。大德八年（1304）十一月至九年（1305）三月，动员一万五千人浚治吴松江。大德十年（1306），浙西"雨水频并，河港盈溢，兼值数次飓风，决破围岸"。"平江、松江、湖州等路皆称：往年大水唯大德七年为最，今岁比大德七年之水不殊。"幸有吴松江工程，"比之大德七年水灾数目，止及三分之一"③。可见修治颇有成效。但是，过了一段时间，太湖水系又出现问题，"水旱连年，殆无虚日"。泰定元年至二年（1324—1325），在任仁发主持下，又动员四万余人，进行浚治。④ 顺帝至正元年（1341），江浙行省上奏："浙西水利，近年有司失于举行，堤防废弛，沟港湮塞，水失故道，民受重困。"于是又动员十余万人，浚治河道及诸塘。至正二十四年（1364），割据浙西的张士诚动员兵民十万，又一次浚治太湖水系，重点是整治白茅港。明初有人说："苏州之东，松江之西，皆水乡，地形洼下。上流之水迅发，虽有刘家港，难泄众流之横溃。张氏开白茅港，与刘家港分杀水势。自归附以来，十余年间，并无水害。"⑤ ②修治海塘。东南沿海地区时有海潮来

---

① 任仁发：《水利集》卷5。

② 任仁发：《水利集》卷1。

③ 任仁发：《水利集》卷5。

④ 《元史》卷65《河渠志一·吴松江》。

⑤ 王鏊等：《姑苏志》卷12《水利下》。

袭，造成居民生命财产的损失。为应对海潮，这些地区大规模修治海塘。盐官州（属杭州路，今浙江海宁）多次遭受海潮的冲击，泰定三年（1326）八月，"盐官州大风，海溢，坏堤防三十余里。遣使祭海神，不止，徙居民千二百五十家"①。泰定四年（1327）二月，风潮大作，冲坏盐官州的城郭。八月，秋潮汹涌，水势愈大。元朝政府建造大石塘防御，"作竹籧篨，内实以石，鳞次垒叠，以御潮势"。"籧篨"指粗竹制成的囷，装上石块，排列堆积成堤。"下石囷四十四万三千有奇，木柜四百七十余，工役万人。"先筑成二十九里许，后又接垒十里。石塘在天历元年（1328）八月筑成，自此"水息民安"，盐官州亦改名海宁州。② 浙东上虞（属绍兴路，今浙江上虞）"负海为邑，其北为潮汐上下之地，旧垒土为堤以障之"。"自大德以来，水暴溢则堤岸时有冲溃，既治辄坏。至元又元之六年六月，风涛大作，其地曰莲花池等处，啮入六里许，横亘二千余尺，并堤之田莽为斥卤。岁加缮完，民罢于筑堤之役。"邻近的余姚州（属绍兴路，今浙江余姚）"濒海诸乡同受其病"。"至元又元之六年六月"即顺帝后至元六年（1340）六月。余姚州先"以石易土"，上虞县在至正七年（1347）亦采取同样的办法，到至正九年（1349）完成。"其为制则错直坚木以为杙，入土八尺，卧护侧石以为防，高与杙等。然后叠巨石其上，纵横密比穹厚键固，复实刚土杂石而筑平之，重复以石。堤之崇卑视海埚为高下焉。既成，度计之，凡为一万九千二百四十尺。又即浚沟，上筑土堤，以为内备，高广过之，隐然若重城之捍蔽矣。"③"杙"是一头尖的木桩。可知上虞、余姚的海堤是以先打木桩，中实以土、石，筑平以后，上面再覆以石，和盐官州以竹囷盛石堆积成堤之法有区别，但二者都是以石为堤代替土堤，则是相同的。"埚"指隙地，即根据海边隙地情况安排石堤的高低。以上是两浙的海塘。淮东（今江苏北部）亦濒海，詹士龙为高邮兴化（今江苏兴化）县尹。"县东五十里滨海为患，当宋范文正公为县时，尝筑堤捍之，名捍海堰。岁久圮坏，咸卤浸溢。高邮、宝应、海陵诸郡田桑湮没，民流亡饥死者半。公悉以状闻，请发九郡人夫并修之。桩石畚锸，云委山积，食斛动以万计。……

---

① 《元史》卷30《泰定帝纪二》。

② 《元史》卷65《河渠志二·盐官州海塘》；卷62《地理志五》。

③ 夏泰亨：《重建海堤水闸记》，《上虞县五乡水利本末》卷上。

凡十有六月堤成，延亘三百余里，数郡利赖其泽，民至今歌思之。"①③都江堰整治。秦朝李冰修都江堰，灌溉川西平原，对当地农业生产有极大的贡献。但"历千数百年，所过冲薄荡啮，又大为民患"。后至元元年（1335），四川肃政廉访司佥事吉当普对都江堰进行全面的整治，在技术上有重大改革，"所至或疏旧渠而导其流，以节民力，或凿新渠而杀其势，以益民用。遇水之会，则为石门，以时启闭而畜之"。这是都江堰建成后规模最大的一次整治，有重要的作用。"常岁获水之用仅数月，堰辄坏，今虽缘渠所置碓砲纺绩之处以千万数，四时流转而无穷。"②

以上几项是持续时间较久、影响较大的工程。针对不断发生的水、旱灾害，朝廷随时采取一些水利方面的应对措施，或堵或疏，以求减少灾害的破坏。例如至元二十二年（1285）二月，"塞浑河堤决，役夫四千人"③。"浑河"即卢沟河，在大都附近，也就是今天的永定河。至元二十三年（1286）三月，"浚治中兴路河渠"。中兴路治今宁夏银川。④ "雄、霸二州及保定诸县水泛溢，冒官民田，发军民筑河堤御之。"⑤雄州（今河北雄县）属真定路，霸州（今河北霸州市）属大都路，都与保定路相邻。至元二十五年（1288）四月，"浑河决，发军筑堤捍之"。这是浑河水又一次泛滥，朝廷发军筑堤。二十六年（1289）四月，"沙河决，发民筑堤以障之"⑥。沙河在河北境内，又名北易水河。至元二十七年（1290）九月，"御河决高唐，没民田，命有司塞之"。"御河"即卫河，高唐州（今山东高唐）直属中书省。同年十一月"乙丑，易水溢，雄、莫、任丘、新安田庐漂没无遗，命有司筑堤障之"⑦。易水在河北，莫州（今河北任丘）属河间路，任丘（今河北任丘）属莫州，新安（今河北安新）属保定路。明德任工部员外郎。大德五年（1301），"京师大水，芦沟泛溢，决牙梳堰，坏民田若干顷。庙堂檄公治之。公命伐荆为巨困，贯石其中，以杀水势，使复故道，

---

① 刘楚：《詹公墓志铭》，《槎翁文集》卷17。

② 揭傒斯：《大元敕赐修堰碑》，《揭傒斯全集·文集》卷7。

③ 《元史》卷13《世祖纪十》。

④ 《元史》卷60《地理志三》。

⑤ 《元史》卷14《世祖纪十一》。

⑥ 《元史》卷15《世祖纪十二》。

⑦ 《元史》卷16《世祖纪十三》。

而堤遂完"①。"芦沟"即上述的卢沟河，在大都附近。大德五年（1301）七月，"浙西积雨泛滥，大伤民田。诏役民夫二千人疏导河道，俾复其故"②。延祐二年（1315）正月，"霖雨坏浑河堤堰，没民田，发卒补之"③。至治二年（1322）五月，"修溥河堤"④。"溥河"应即溥沱河（见下），由山西流入河北。泰定二年（1325）三月，"癸丑，修曹州济阴县堤，役民丁一万八千五百人"。济阴县（今山东曹县）属曹州，曹州直隶中书省。同月"辛酉，咸平府清河、寇河合流，失故道，坏堤堰，敕蒙古军千人及民丁修之"⑤。咸平府（治今辽宁开原）属辽阳行省。五月，"浙西诸郡霖雨，江湖水溢，命江浙行省及都水庸田司兴役疏泄之"⑥。泰定四年（1327）八月，"溥沱河水溢，发丁浚治河以杀其势"⑦。至顺三年（1332）十月，"楚丘县堤坏，发民丁二千三百五十人修之"⑧。楚丘县（今山东曹县）属曹州。以上这些水灾大多发生在中书省直辖的腹里的河北、山东地区，也就是说，朝廷对腹里地区发生的水灾特别重视，往往直接过问。

地方官员修建的中、小型水利工程，数量相当可观。当时有人把"浚陂渠，立堤防，课农桑，广储蓄"当作"循吏"应对天灾的措施，"设遇旱潦，恃以无恐"⑨。有不少能干的官员，把兴修水利作为施政的要务，而且做出了成绩。以北方来说。中统元年（1260），谭澄为怀孟路（今河南沁阳）总管，"岁旱，令民凿唐温渠，引沁水以溉田，民用不饥"⑩。至元八年（1271）辛未春，王复为顺德（今河北邢台）知府。"府居河下流，其秋水大至，环城为海，众胥沉为戚。君乃督棹师，浮舟楫，济民于丘陵林木上。遂相水冲，循横堤疏二渠，一注汏漊，一达河故道。水遂退，得腴田万顷，佃贫民。

---

①苏天爵：《郭敬简侯神道碑》，《滋溪文稿》卷11。

②《元史》卷20《成宗纪三》。

③《元史》卷25《仁宗纪二》。

④《元史》卷28《英宗纪二》。

⑤《元史》卷29《泰定帝纪一》。

⑥同上。

⑦《元史》卷30《世祖纪二》。

⑧《元史》卷37《宁宗纪》。

⑨陆文圭：《策问流民贪吏盐钞法四弊》，《墙东类稿》卷4。

⑩《元史》卷191《良吏一·谭澄传》。

仍请廪粟，得万五千石，活饥殍者。既而，复捷治回龙堤葛邑口于府西，以绝永患，曰：'乌可使吾民重溃于泉。'故水去而民益亲。"[1] 至元九年（1272），李德辉"以故官参知北京行中书省事。京南徙水，岁泛溢至城下为患，公筑堤捍去"[2]。北京路治今内蒙古宁城。董孝良三汊沽盐场管勾。至元十年（1273），大雨，盐场受灾。"水退，侯咨度原隰终复为患，议户抽一，推起土墇场，请于上，允焉。明年，水果至，无所虞矣。"[3] 三汊沽盐场在今河北。至元十六年（1279），李稷为肃宁（今河北肃宁）县尹。"邑之西南铁灯竿口，仍岁泛滥，并岸聚落，多致湮没。公寝食弗遑，庀徒具锸，浚古废河，筑塞防漫，安流而东，一境帖然。"[4] 获鹿（今河北获鹿）达鲁花赤阿昔脱怜，"癸未夏六月，天作淫雨，沁水瀑涨，决马撞口，汉堤北田墅悉黄潦沮洳，县南东护堤，水不浸板余。民大恐，公身先丁夫，冒雨昼夜周逻，增筑以免垫溺"[5]。癸未是至元二十年（1283）。至元二十年（1283），程思廉为河南道按察副使，"大河、清、沁皆泛溢，为卫辉、怀孟害。公亲乘舟临视赈贷，全活甚众。水浸卫城不没者数版，适群僚各以事出，公与屯戍万户张公集军民发仓廪，修筑堤防以捍其冲。昼夜督促，暴露城隅，阅数旬功始就。至今大水不复为患，卫人德之"[6]。至元二十八年（1291），冀德方任济州（今山东济宁）达鲁花赤，"市西有地卑污，人谓之黄土湾，霖潦之际，居民数被漂没。为雇役夫迹访故渠，疏导填阙，城达隍中，居民赖之以安"[7]。

南方地方官员兴修的工程比北方要多。梁琮任长兴县（今浙江长兴）尹。长兴在太湖西南。梁琮"由读《木兰院碑》载宋宝应丁亥'湖水大溢，流

① 王恽：《前御史中丞王公墓志铭》，《秋涧先生大全集》卷49。

② 姚燧：《李忠宣公行状》，《牧庵集》卷30。

③ 王恽：《宝坻董氏先德碑铭》，《秋涧先生大全集》卷55。

④ 张英：《肃宁县尹李公德政碑》，乾隆《河间府志》卷20，引自李修生《全元文》第13册，第274页。

⑤ 陶师渊：《达鲁火赤阿昔脱怜去思碑》，乾隆《卫辉府志》卷4，引自李修生《全元文》第13册，第465页。

⑥ 王思廉：《河东廉访使程公神道碑》，见苏天爵：《国朝文类》卷67。

⑦ 李谦：《前济州达鲁花赤冀侯颂》，咸丰《济宁直隶州志》卷9，引自李修生《全元文》第9册，第94页。

死数万，聚葬于此，若京观然'。遂尽伤心，罪前为令：罹是大厄，犹不为虞，安必异时湖水不再至耶？发民人筑防，延数十里，高袤及丈，日急其程，如水朝夕至者。悦以使之，民不怨劳。竟工，种柳杂木其上，以捍冲啮。……至元二十四年丁亥，去宝应实一甲子，湖大溢，水不冒防才二尺。民始叹曰：'微梁令，葬鱼腹矣，虽求为鱼，得乎！'"① 梁琮认真总结历史经验，筑堤预防湖溢，果然产生效果。浙东黄岩（今浙江台州黄岩）"为田亩百万，其在南乡者，负大海，贯河渠，七十一万五千有奇"。宋代修水闸，"启闭溢涸，大为农便。……由是黄岩号乐土。岁月浸久，楗腐石泐，水泄潮冲，前人之志荒矣"。大德三年（1299），韩国宝为黄岩县尹，"断以治水为养民第一义，乃命修闸。……苦心三年而后成"。"全百万亩无旱涝忧。"② 元成宗时，李良辅任江阴州（今江苏江阴）同知，"暨阳东南古河，导湖入江，岁久湮塞，高原不利。侯建策浚治，议者惮役，谤沮百端，同列疑之。侯自请督役，往来雨雪中，与畚锸者杂居。民力不罢，水势大泄，溉田十余万顷。会是岁，境内大旱，禾得不槁，人始服侯之识而深德之"③。"皇元大德之元，佥江南湖北道肃政廉访司事李仆庭咏，按部常德。夏六月，一夕洪水骤至，平地寻丈，几冒城郭。乃率曹牧诸君日夜行水，戒民具畚筑登埤以捍之。发义仓积，下其估以廪饿人。不足，则劝富人出谷以继。水去，今左丞相方平章湖广省，侯请曰：'常德为郡，岸沅之东，古人虞水啮城，当其冲波，西南为二石埽，延袤里所，尾入江中，顺导其势，以遏东溃。罹此暴涨，尽根株去，大浸稽天，四县概及。其实土为防者，宜荡而无有遗余也。可乘农休，急务修复。以仓粟佣役人，则民必舒困于今，而功亦赖垂于后也。'丞相是之，民利得食，争日赴程，工不逾时，众作断手，乃谒帝祠，而告成功。"④

大德十年（1306），朱霁任衢州路（今浙江衢州）总管，"衢之西南黄陵堰，溉田数百万顷，岁久弗治，水溢为害。公曰：'此农政先务也。'

① 姚燧：《梁公神道碑碣》，《牧庵集》卷25。

② 林昉：《先贤祠堂记》，乾隆《黄岩县志》卷11，引自李修生《全元文》第35册，第62页。

③ 陆文圭：《送李良辅同知北上序》，《墙东类稿》卷6。暨阳，三阴古名。

④ 姚燧：《武陵县重修虞帝庙记》，《牧庵集》卷5。

庀工完之。是岁江南旱饥，衢田藉堰灌溉，独获丰稔，民故无徙死者"[1]。
赵渥为蒙城（今安徽蒙城）县尹，"若遇淫雨为灾，泛没禾稼，尹率众预开田间水道，壑引至洫，洫浚导至沟，沟入大河，故遂以泄其势，必期秋成"[2]。卢克治为常熟州（今江苏常熟）知州，"岁饥，谕大家使赈其不能自食者，民用无转徙。既又以为水利未复，则旱涝之患不去。乃行视许浦、福山诸水湮废不治者十有六，募民浚导之如其旧。为水门，以时其蓄泄之宜而闭纵之。凡役工一百一十四万，所食米以石计者三万四千四百，盐以斤计者一万九千九百。官无毫末之一费，而民得其利，不以为病也"[3]。卢克治对旧有水利工程加以整顿，一是疏浚河渠使水流通畅，二是建造"水门"（水闸）控制流势。他"募民浚导"能不费一钱，显然也是动员"大家"出资。孙泽为海北海南道肃政廉访使。"宋何某为守，开湖万顷，久之陻塞，堤防不存，亢旱为虐。公深究水利，决意兴复。"于是募工浚湖，筑堤凿渠，置闸溉田，"自后东洋万顷，悉为沃埌"[4]。"筑堤"以阻挡水势，"凿渠"以疏通水流，"置闸"以控制流量，三管齐下，水灾变成水利。马称德为奉化（今浙江奉化）知州，"相其水利，则进林碶乃三乡田土数千顷之所仰，经百四十年，石崩木腐，鸠工再筑，三月而碶成，号为奇功。疏通古河道六十余里，凡陂堰无不修治，旱涝无忧，农旅俱便"[5]。"碶"是用石头砌成的水闸，马称德既修水闸，又疏河道、修陂堰，使奉化"旱涝无忧"，增强了抗灾的力量。

元代黄河不断泛滥，不下于三十次。每次泛滥都给沿岸百姓带来极大的灾难。例如，至元二十年（1283），"秋雨潦，河决原武，泛杞，灌太康。自京北东，潴为巨浸。广员千里，冒垣败屋，人畜流死"[6]。大德二年（1298）七月，"汴梁等处大雨，河决坏堤防，漂没归德数县禾稼

①苏天爵：《朱公神道碑》，《滋溪文稿》卷20。

②静一有：《赵侯去思碑记》，民国《蒙城县志》卷11，引自李修生《全元文》第55册，第109页。

③黄溍：《卢公墓志铭》，《金华黄先生文集》卷8上。

④陆文圭：《孙公墓志铭》，《墙东类稿》卷12。

⑤李洧孙：《知州马称德去思碑记》，乾隆《奉化县志》卷12，引自李修生《全元文》第11册，第150页。

⑥姚燧：《南京路总管张公墓志铭》，《牧庵集》卷2。

庐舍"①。至大三年（1310）十一月，"河北河南道廉访司言：'黄河决溢，千里蒙害。浸城郭，漂室庐，坏禾稼，百姓已罹其毒。'"②至正四年（1344）五至六月，连日大雨，黄河暴溢。中下游沿岸多处"皆罹水患，民老弱昏垫，壮者流离四方"③。诗人写道："去年黄河决，高陆为平川。今年黄河决，长堤没深渊。……岂惟屋庐毁，所伤坟墓穿。丁男望北走，老稚向南迁。"④每次泛滥以后，元朝都要动员大量人力进行修治，动辄数万人。例如，至元十四年（1277）三月，"汴梁河水泛溢，役夫七千修完故堤"⑤。至元二十三年（1286）十月，黄河泛滥，开封、祥符等十五处遭灾，"调南京民夫二十万四千三百二十三人，分筑堤防"⑥。大德元年（1297）五月，"河决汴梁，发民三万余人塞之"⑦。十年（1306）正月，"发河南民十万筑河防"⑧。泰定三年（1326）四月，"修夏津、武城河堤三十三所，役丁万七千五百人"。十月，"汴梁路乐利堤坏，役丁夫六万四千人筑之"⑨。元朝多次治理黄河收效不大，治河官员大多应付差使，敷衍了事。"今之所谓治水者，徒尔议论纷纭，咸无良策。水监之官，既非精选，知河之利害者百无一二。虽每年累驿而至，名为巡河，徒应故事。问地形之高下，则懵不知；访水势之利病，则非所习。既无实才，又不经练。乃或妄兴事端，劳民动众，阻逆水性，翻为后患。"而每次治理动员成千上万民夫，给百姓增加很大苦难："黄河历年既久，迁徙不常。每岁泛滥两岸，时有冲决，强为闭塞，正及农忙，科桩梢，发丁夫，动至数万，所费不可胜纪，其弊多端，郡县嗷嗷，民不聊生。"⑩至正十一年（1351），元朝以贾鲁为总治河防使，发民夫十五万、军人

① 《元史》卷19《成宗纪二》。

② 《元史》卷65《河渠志二》。

③ 《元史》卷66《河渠志三》。

④ 贡师泰：《河决》，《玩斋集》卷1。

⑤ 《元史》卷14《世祖纪十一》。

⑥ 同上。

⑦ 《元史》卷19《成宗纪二》。

⑧ 《元史》卷21《成宗纪四》。

⑨ 《元史》卷30《泰定帝纪二》。

⑩ 《元史》卷65《河渠志二》。

元代灾荒史
Yuandai Zaihuang Shi

二万治理黄河。四月动工，十一月工毕，"河乃复故道，南汇于淮，又东入于海"①。贾鲁治河，当时宣称成功。但由于治河直接引发了全国规模的农民战争，治理后的黄河，疏于管理，很快又出现了问题。至正十六年（1356）八月，"黄河决，山东大水"②。以后，郑州、东平等处黄河不断泛滥，"至正二十六年二月，河北徙，上自东明、曹、濮，下及济宁，皆被其害"。八月，"济宁路肥城县西黄水泛溢，漂没田禾民居百有余里，德州齐河县境七十余里亦如之"③。有元一代，黄河屡决屡修，但仍以失败告终。

以上对元代农田水利建设作了简要的叙述。总的来说，有元一代，朝廷对农田水利建设比较重视，采取了不少积极的措施，对某些地区的防灾抗灾起过有益的作用。有些地方官员在这方面也有值得肯定的贡献。但是，这些措施的作用是有限的，一则力度（财力、物力）实际不大，二则推行措施的官吏大多腐败无能，敷衍了事，甚至中饱私囊。各种灾害频繁发生，波及地区不断扩大，便从侧面说明了农田水利建设的失败。

第六节　其他救灾措施

为了应对灾荒，朝廷和各级地方政府还有其他多种措施。

禁闭粜。闭粜就是囤积粮食不卖。闭粜有两种情况。一种是灾区的富户囤积居奇，不肯出售粮食，为的是抬高粮价，牟取暴利。"凶岁必闭粜腾价，富不仁者率若是。"④例如，"己亥，关陕荐饥，豪富闭粜"⑤。"己亥"是窝阔台汗十一年（1239）。咸宁（今湖北咸宁）万国鉴，"天历己巳大旱，有储者皆闭遏以俟翔贵，君发廪平其值"⑥。"己巳"是天历二年（1329）。桐庐（今浙江桐庐）王玙，"庚午岁俭，道殣相望，孰不遏粜以徼善价，

①《元史》卷66《河渠志三》。

②《元史》卷44《顺帝纪七》。

③《元史》卷51《五行志二》。

④吴澄：《游竹坡墓志铭》，《吴文正公集》卷37。

⑤李国维：《毛尊帅蜕化铭》，《甘水仙源录》卷7。

⑥许有壬：《万君墓碣铭》，《至正集》卷54。

君能出粟赈之"①。"庚午"是文宗至顺元年（1330）。由以上数例可知灾荒之年富户"遏粜"是普遍现象。地方官府在灾年往往"行移出榜禁约，不许高抬米价"，这样做结果是"富豪商贾遂至深藏闭粜，细民愈见艰籴，渐为盗贼为饿殍者，皆不可测"②。也就是说，官府出面抑价，实际上只会助长"闭粜"。世祖时，监察御史王恽因蝗灾上书，提出多项建议，其一是："随路商贩积蓄之家，官宜出榜，验彼中时估量添价值发卖，仍禁不得擅恣增物价。如百石之上不出粜者究治。"③这条建议前面说的是灾荒时允许适当增加米价，以鼓励商贩和富人出售，但不能任意抬价；后半说的是贮藏粮食百石以上不卖就要惩罚。他的建议是否被接受不清楚，但反映出人们对商贾富人闭粜的不满。有些地方官员对富户"闭粜"严加打击，作为救荒的一种办法。廉访使董守中任湖北廉访使，"明年，天下大饥，武昌群豪控诸米商闭粜以徼大利，城中斗米至万钱。公适至，杖其党与七十余人，米大贱"④。此事应发生于文宗天历二年（1231）或三年（1232）。但用刑罚的手段进行压制，实际效果是可疑的。《救荒活民类要》认为："今后荒歉，宜出榜劝诱诸色有力人户，多方兴贩米谷及豆麦杂斛，发粜应济饥民，所有价值，听从民便，官司并不拘抑。如此则图利兴贩者广，上户惟恐发粜过时，米谷辐凑，则价钱自然平矣，初不在官府抑压之。"⑤这是主张用经济的手段，鼓励富户贩运，用以打破本地"闭粜"，降低米价。事实上，灾区常有人从外地贩运粮食，回乡救济，起到了有益的作用。例如，萧山（今浙江萧山）吴世澄从海道贩运粮食救济乡民："大德丁未之岁，江南北大旱，饿莩载道路。君顾家虽少积，安能独饱，时唯广东丰稔，乃衰家赀驾大舟循海而南，运粟以济其乡之人，乡人赖以活者亡算。"⑥兰溪（今浙江兰溪）姜泽，"丁未岁祲，人相食。君往粜七闽。时流民所在成群，动以数百计，乘间钞道，莫敢何问。君独以计脱，卒致白粲来归，六亲赖之以济"⑦。大

---

① 宋濂：《故晦岩居士王君墓志铭》，《宋文宪公全集》卷6。

② 张光大：《救荒活民类要·救荒二十目·不抑价》。

③ 王恽：《为蝗旱救治事状》，《秋涧先生大全集》卷88。

④ 揭傒斯：《董公神道碑》，《揭傒斯全集·文集》卷7。

⑤ 张光大：《救荒活民类要·救荒二十目·不抑价》。

⑥ 徐一夔：《吴君墓志铭》，《始丰稿》卷12。

⑦ 宋濂：《故姜府君墓碣铭》，《宋文宪公全集》卷10。

元代灾荒史
Yuandai Zaihuang Shi

德丁未是江浙大灾之年。上述两人分别从广东、福建运粮回乡，对救济饥民起了作用。有些地方官员在救灾中采用经济手段，产生效果。至正初年，亦辇真为辽阳行省左丞，"民饥则为之设法以劝分，薄关市之征，以通商旅，米价顿平，人无艰食之患"①。"薄关市之征"就是降低商税，鼓励商人贩米出售，这样一来，米价便趋于平稳，解决了缺粮的问题。

闭籴的另一种表现是地区之间的封锁。同一年间，各地丰歉不同，遭灾地区需要从其他粮食富裕地区调剂粮食，解决本地的困难。上述就是几个从外地贩运粮食的例子。至元二十三年（1286），陈思济同知浙东道宣慰司事，"未几，移节浙西。浙西大水，民饥，无宿储以济，而浙东多粟。公曰：'皆天子之民也，可坐视乎！'请于上，移粟以救之，民多全活"②。这是调拨浙东粮食救济浙西。天历二年（1329）镇江路大旱，当地官员要求行省出面，"于粮多路分仓内约量支拨，仍拨降官钱，于得熟处所和籴，作急赈济，生灵幸甚"。"于是，省府量拨松江赤籼米四万石，照依原收时估赈粜。……以八千赈济，余者粜焉，民赖以生。"③这是行省出面收购松江粮食，运到镇江，一部分作为官府赈济，一部分则用于出售。

事实上，粮食富裕地区的地方官府常常对粮食流动加以封闭阻拦。大德年间，谢让为户部员外郎。"时东胜、云、丰等州民饥，乞籴邻郡，宪司惧其贩鬻为利，闭其籴。事闻于朝，让设法立禁，闭籴者有罪，三州之民赖以全活者甚众。"④东胜州（今内蒙古托克托）、云州（今山西大同）、丰州（今内蒙古五原）是邻近草原的地区，一遇天灾，就会出现饥荒，需要从其他地区购买粮食。"宪司"亦即廉访司居然出面闭籴，可见这种情况之严重。天历二年（1329），乃蛮台为陕西行省平章政事。"关中大饥，诏募民入粟予爵。四方富民应命输粟，露积关下。初，河南饥，告籴关中，而关中民遏其籴。至是关吏乃河南人，修宿怨，拒粟使不得入。乃蛮台杖关吏而入其粟。"⑤河南饥荒需要救援时，邻近的关中地区即陕西行省曾采取"遏籴"的态度，以致后来河南人对其进行报复。《救荒活民类要》说："邻

---

① 黄溍：《亦辇真公神道碑》，《金华黄先生文集》卷24。

② 虞集：《陈文肃公神道碑》，《道园类稿》卷41。

③ 俞希鲁：《至顺镇江志》卷20《杂录·郡事陈策发廪》。

④ 《元史》卷176《谢让传》。

⑤ 《元史》卷139《乃蛮台传》。

郡相济，此古人通融活法也。今之诸郡，各私其民，一路饥则一路自为处置，其邻境路分官有远年之积陈，民有蓄藏之红腐，皆无恤给之心，反禁约米粮不许出境，坐视困饿，良可叹息。"①可知地区之间"遏籴"现象相当普遍。粮多地区为了本地供应，对于粮食外运往往加以拦阻。

元朝政府对地区之间拦阻现象明令取缔："诸救灾恤患，邻邑之礼。岁饥辄闭籴者，罪之。"②至元十二年（1275）六月，"御史台呈：'济宁府聂牙儿等状告，本处田禾不收，别路籴到物斛，各处官司当阑，不令出界。'户部议拟，取当该官吏不合当阑招伏，约量断罪外，合令各路禁约。都省准拟"③。这是首次将拦阻粮食出境论罪。大德时，谢让设法立禁，"闭籴者有罪"，见上述。这应是中书省的决定，但实际效果似不明显。大德十年（1306），江西南丰州（今江西南丰）"饥民充塞道途，沿门乞食，扶老携幼，气命如丝。……常年犹有客船运米，可以接续。今则州民前往下江贩运，多被龙兴、抚、建阑遏不许到州"，以致米价腾贵。南丰州儒生要求廉访分司"行下龙兴、抚、建诸路，放行米船，毋得阻遏。均是江西地面，一般饥民何忍妄分彼我瘠鲁肥杞也"④。江西地区龙兴（今江西南昌）、抚州（今江西临川）、建昌（今江西南城）等路对遭灾的南丰等地运粮救灾船只加以拦阻，故南丰州儒生要求廉访分司干预。下一年是大德十一年（1307），江西行省的一件文书中说："南康路申：本路达鲁花赤关：'切照本路今春以来，雨雪连绵，冰冻沍结，二麦无收，米谷艰籴。秋、夏之间，亢阳不雨，虫旱相仍，田产所收，仅及分数，五谷不登，百物皆贵。税家无蓄积之米，细民有饥馑之忧。山城小郡，产米有限，余靠荆、湘、淮、浙米谷通相接济。比闻所在官司，妄分彼我，禁止米谷毋令出境。所当听从民便，许令客旅通行兴贩，庶几米谷周流，荒稔通济。'"为此，江西行省"移咨湖广、江浙、河南行省，并下合属，听从商民便益"。同时还上报中书省，请求"行移禁治施行"。中书省同意。⑤南康路（治今

---

① 张光大：《救荒活民类要·救荒二十目·通邻郡》。

② 《元史》卷102《刑法志一·职制上》。按，原文作"闭籴"，应是"闭粜"。点校本已指出。《经世大典序录·赋典·赈贷》云："凡在民者，闭籴者罪。"亦误。

③ 《通制条格》卷28《杂令·阑籴》。

④ 刘埙：《呈州转申廉访分司救荒状》，《水云村泯稿》卷14。

⑤ 《元典章》卷3《圣政二·救灾荒》。

江西星子），在鄱阳湖畔，与长江相通，由水道可与湖广、江浙、河南行省连接，平时产米有限，依靠商船从三省运米接济。遇到灾年，三省又禁止米谷出境，真是雪上加霜。江西行省一方面行文三省，请求放行，同时又上报中书省，请求下令禁止闭籴。直到元朝末年，一遇饥荒，地区之间闭籴依旧盛行。"至正甲申，闽饥，君（蔡复初——引者）率里人转粟广东。宪阃方遏籴，君进言：'《春秋》之义，为邻分灾。闽、广唇齿，宁忍其饥而不恤耶！'广为弛其禁，粟得达数千艘，闽人以活。"[1]

工赈。灾荒之年，有些官员推行某些工程建设，吸收灾区劳动力，付以适当报酬，借以度过灾荒。这种方法就是以工代赈。元文宗时，董守简任淮安路总管，"淮安居南北之冲，江南贡赋皆由邗沟入淮以达京师。岁久邗沟填阏，又值旱干水涸。公请因岁歉官出钱募民浚治，以通舟楫，行省是之。逾月功成，公私称便"[2]。邗沟是运河的一部分，邗沟年久淤塞，旱年水涸不利船只通行。董守简在灾年招募民工浚河，既加深了河道，又使饥民得到救济。后至元三年（1337），赵知章为两浙都转运盐使司同知。盐场都临海，盐外运或经陆道，或经河道。"以陆运之重困民也，则白省府，因岁饥浚河，使民得钱以为食，官得河以利运。"[3]陆运困难，河运方便而且节省经费。但运盐河道常有堵塞之事，赵知章在饥年浚治河道，便于盐的运输，同时也使饥民得钱有饭吃，可解决眼前的困难。会通河亦是运河一部分，在邗沟以北。其地势中间高，南北低，需要修闸调节水势。至正元年（1341），都水监丞也先不华负责修闸。"先是，民役于河，凡大兴作，率有既廪为常制。是役将兴，时适荐饥，公因预期遣壕寨官李献赴都禀命，冀得请，俾贫窭者得齎其身，藉以有养。及以未获命，不忍坐视斯民饥且殍，遂出公帑，人贷钱二千缗，约来春入役还官。无何，粮亦至，民争趋令。"[4]此役正值饥荒之年，也先不华先贷钱给饥民，约定工役开始后再算账，帮助饥民渡过

① 林弼：《逸士蔡君墓志铭》，《林登州集》卷20。

② 苏天爵：《董忠肃公墓志铭》，《滋溪文稿》卷12。

③ 陈旅：《运司同知睢阳赵公德政碑记》，嘉庆《松江府志》卷29，引自李修生《全元文》第37册，第429页。

④ 楚惟善：《会通河黄洞新锸记略》，咸丰《济宁直隶州志》卷2，引自李修生《全元文》第31册，第145页。

难关。

至元三十年（1293）五月丙寅，"诏以浙西大水冒田为灾，令富家募佃人疏决水道"①。富人在水灾之年招募佃户疏通水道，必然付予一定报酬，是以工代赈的一种形式。东莞（今广东东莞）有福隆堤，"延袤万余丈，该田九千八百顷"，是宋代修建的。"皇元至正二年（1342），禾将秋成，雨霆潦涨，堤力不敌，崩溃者二十三所，半为渊潭。失业之民寄食于他境者十尝八九。"至正八年（1348），杨大举为东莞县尹，"度其寻长，计其徒庸，劝财于富，劝力于贫。贫者资佣食于目前，富者慕埤利于日后。农事既隙，竟欣趋之，三越月告成。……囊之迁民，尽复故业"②。福隆堤被洪水冲垮，百姓大多流亡他乡。县尹动员富人出资，雇佣贫民工作，使福隆堤得以重建，流民也能回家复业。地方官员出面组织，富者出资，贫者佣食，这也是以工代赈。

僧道余粮。致和元年（1328）四月己酉，"御史杨倬等以民饥，请分僧道储粟济之，不报"③。天历二年（1329）四月，"河南廉访司言：河南府路以兵、旱民饥，食人肉事觉者五十一人，饿死者千九百五十人，饥者二万七千四百余人。乞弛山林川泽之禁，听民采食，行入粟补官之令，及括江淮僧道余粮以赈。从之"④。张某为河西廉访司官员，适当文宗天历"兵荒之后"，除推行赈济之外，"大家及浮屠氏有余粟，俾悉以市值粜于民间，遏籴者则减其值之半"⑤。此则记载与上一则应为同时之事。天历"兵荒"即文宗与泰定帝之子为争夺帝位发生的战争，多地因此遭灾，地方官府为救灾有多项举措，括僧道余粮亦其中之一。元代朝廷崇尚佛教、道教，两种宗教庙宇享有种种特权，占有大量资产。括"僧道余粮"或要"浮屠氏"以市值粜粮是一回事，都要触犯佛寺、道观的经济利益，必然遭到二者反对，实际效果如何，并不清楚。

减私租。大德八年（1304）正月，"以灾异故，诏天下"。诏书中宣布："江

① 《元史》卷17《世祖纪十四》。

② 黎玉瑛：《重修福隆护田堤记》，民国《东莞县志》卷91，引自李修生《全元文》第58册，第294页。

③ 《元史》卷30《泰定帝纪二》。

④ 《元史》卷33《文宗纪二》。

⑤ 黄溍：《跋张经历德政记》，《金华黄先生文集》卷22。

南佃户承种诸人田土，私租太重，以致小民重困。自大德八年以十分为率，普减二分，永为定例。"① 这是以朝廷的名义，要地主在灾荒时降低田租。武宗至大元年（1308）十一月庚申，"绍兴被灾尤甚，今岁又旱，凡佃户止输田主十分之四"②。可知朝廷又一次把减租作为救灾的一项措施。但这些都应是临时性的措施，而且减租严重损害地主利益，是否得到切实贯彻是可疑的。

民间借贷限息和延期偿还。 至元二十九年（1292）十月，御史台的一件文书中说："比年以来，水旱相仍，阙食之家，必于豪富举借糇粮，不以利重，唯得是图，且救目前之急。自春至秋，每石利息重至一石，轻至五斗。有当年不能归还，将息通行作本，续倒文契，次年无还亦如之。有一石还至数倍不能已者。致使贫民准折田宅，典雇儿女，备偿不足，良为可惜。理宜禁断。"中书省将此件送礼部，议得："举借斛粟，合依乡原例，听从民便。举借年月虽多，不过一本一利。如有续倒文契，钦依已降条画追断。"中书省"准拟，仰照验施行"③。有些地方还采取推迟还债时间。至正十四年（1354），吴普颜为东阳（今浙江东阳）县尹。"民有以田之来牟将实者质谷于富家，以济其急。侯恻然于怀，以谓今日之得饱者暂［暂］也，麦福富家，则其饥饿者犹前日也。于是下令，凡民间借贷悉候秋成以偿其逋，不偿则治以罪。"④

就食他乡。 忽必烈时期，时有迁民就食之举。中统二年（1261），"迁曳捏即地贫民就食河南、平阳、太原"⑤。至元七年（1270）八月己巳，"诸王拜答寒部曲告饥，命有车马者徙居黄忽儿玉良之地，计口给粮；无车马者就食肃、沙、甘州"。九月丙寅，"西京饥，敕诸王阿只吉所部就食太原"⑥。至元二十五年（1288）七月乙巳，"诸王也真部曲饥，分五千户就食济南"。

---

① 《元典章》卷3《圣政二·减私租》。

② 《元史》卷22《武宗纪一》。

③ 《元典章》卷27《户部十三·钱债·私债·放粟依乡原例》。

④ 胡减：《吴普颜去思碑》，道光《东阳县志》卷6，引自李修生《全元文》第54册，第23页。

⑤ 《元史》卷96《食货志四·赈恤》。

⑥ 《元史》卷7《世祖纪四》。

至元二十六年（1289）十二月辛巳，"徙瓮吉剌民户贫乏者就食六盘"①。所迁者似都是蒙古各部饥民。但以后不见此类举动。

安置流民。对于流民，多数地方官府都持消极的态度。流民"所至之处，不能存恤。官吏便文自营，封廪不发，驱之出境，委曰无他"②。但也有一些地方官员积极对流民加以安置。大德十一年（1307），伯帖木儿为温州路（治今浙江温州）达鲁花赤，"明年，环温诸郡饥疫相仍，流民数千人来归。为之储偫以食之，为之庐舍以居之，为之药物以救其疾，为之椟轊以给其死，及其返也，又为之裹囊，而导之出疆"③。英宗时，董守简为淮安路（治今江苏淮安）总管，"旁郡流移而至者，则为粥以食之，虑众所聚易生疫疠，则处以闲旷高爽之地，死则收瘗焉"④。"当天历用兵之后，江、淮大旱，田苗槁死，民无所食。公下车，首倡僚寀捐俸以活之，郡大家争为出米及钱。凡居者则给钱治生，不令流徙，过者则具饘粥食之。虑有踩践之患，则处以宽大之所，尽三月而止。未几，朝廷发粟之令下，公始沛然足周其民矣。"⑤至正十二年（1352），卢琦为永春县（今福建永春）县尹。"［至正］十三年，泉郡大饥，死者相枕藉。其能行者，皆老幼扶携，就食永春。琦命分诸浮屠及大家使食之，所存活不可胜计。"⑥

医治灾民。有元一代不少地方曾发生各种传染病，引发人口大量死亡。大疫往往与其他灾害同时爆发，破坏性极大。不少地方官员在救荒时重视疾病的治疗。义坚亚礼"至元十五年为中书省宣使。尝使河南，适郑、汴大疫，义坚亚礼命所在村郭构室庐，备医药，以畜病者。由是军民全活者众"⑦。江浙行省平章政事赛典赤，"其在江浙行省也，适岁大饥，沿门疫且死，乃置药材，命医工家至户视以济疾病，全活者多"⑧。汪泽民为南安路（治今江西大余）推官，"广州岁祲，民大饥，疫疠洊臻，死亡相枕藉。

① 《元史》卷15《世祖纪十二》。

② 陆文圭：《流民贪吏盐钞法四弊》，《墙东类稿》卷4。

③ 程钜夫：《温州路达鲁花赤伯帖木儿德政序》，《程雪楼文集》卷15。

④ 黄溍：《董公神道碑》，《金华黄先生文集》卷10上。

⑤ 苏天爵：《董忠肃公墓志铭》，《滋溪文稿》卷12。

⑥ 《元史》卷192《良吏二·卢琦传》。

⑦ 《元史》卷135《铁哥术传》。

⑧ 任士林：《平章政事赛典赤荣禄公世美之碑》，《松乡集》卷3。

其毒气所薰蒸,鲜有能生者。江西行中书属先生行赈荒之政。先生绝无畏慑,命大姓发廪以哺尪羸,其病疠方炽者召医注善药,亲走其庐给之,活者数万。先生暨从者亦无他虞"①。仁宗时,普颜任赣州路石城县(今江西石城)达鲁花赤,"大疫,躬督医药,瘴气为息"②。李廷为江州路(今江西九江)总管,"天久不雨,施德化,理冤滞。……命医载药起民于疾者三百五十余人"③。汪维祺为青阳(今安徽青阳)县尹,"岁饥,民大疫,君不待请,发廪赈之,召医诊视,日往抚恤,活者甚众"④。

天历初,韩永为河南陇西道廉访司佥事,"关陕旱、饥,流民多就食,而露宿野处,病于风雨。公辍俸以倡,豪富争出钱以助,凡为屋二十余间。其所典鬻男女,官给衣食还其父母,于是死者得所,而生者不至于病矣"⑤。天历己巳,镇江"大旱,郡民饥疫"。知事沈德华"陈救荒之计",提出:"却令本路殷实之家,及有米寺观庵院,四散立镬设粥,以便就食,毋使聚集,以生疫疠之气,诚为急务。"⑥民间亦有人为灾民治疗。

收养灾民子女。流民无法维持生活,常常被迫抛弃子女,有的则出卖自身或子女为奴婢。例如,"乙酉年后,北方饥,子女渡江转卖与人为奴为婢"⑦。"乙酉年"是至正五年(1345),北方大灾之年。诗人吴师道云:"客行浙河东,妇女满路啼。徘徊耐驱遣,云是流人妻。昔岁遭饥凶,售身生别离。"⑧

世祖至元二十二年(1285),铁哥任司农卿,"桓州饥民鬻子女以为食,铁哥奏以官帑赎之"⑨。武宗至大元年(1308)闰十一月,"北来民饥,有鬻子者,命有司为赎之"⑩。延祐七年(1320)十二月《至治改元诏》中一

① 宋濂:《汪先生神道碑铭》,《宋文宪公全集》卷5。

② 许有壬:《普颜公神道碑》,《至正集》卷61。

③ 揭傒斯:《潞阳郡公墓志铭略》,《揭傒斯全集辑遗》。

④ 郑千龄:《故青阳县尹汪君行状》,《新安文献志》卷85。

⑤ 李毅:《韩公行状》,《稼亭集》卷120。

⑥ 俞希鲁:《至顺镇江志》卷20《杂录·郡事陈策发廪》。

⑦ 孔齐:《至正直记》卷3《乞丐不置婢仆》。

⑧ 吴师道:《归妇行》,《吴正传先生文集》卷2。

⑨ 《元史》卷125《铁哥传》。

⑩ 《元史》卷22《武宗纪一》。

款："其腹里百姓因值灾伤，典卖儿女，听依原价收赎。"①至治二年（1322）十一月己亥，"以立右丞相诏天下。……站户贫乏鬻卖妻子者，官赎还之"②。韩中为监察御史，"言事尤切。……江淮岁凶，民以男女质钱，或者转卖为奴，当出钱赎之，归其父母"③。世祖时，孙泽为兴化路总管，"见弃儿在道，枯胔填壑，恻然悯之……立慈幼局，以处孤儿"④。"廿八年，入拜监察御史。山北饥，公（赵思恭）疏上，请亟振贷，廷议竟以其便宜属公。……民有质鬻其男女者，或自没入为奴婢，则购出之，生数万人。"⑤

泰定二年（1325）七月，"敕山东州县收养流民遗弃子女"⑥。赛典赤为江浙行省平章政事，"流亡之民，父母有不顾其子抛弃在道，公收养之。左饘右粥，以治其生。迨力能还家，听之"⑦。永春县尹卢琦，"十三年，泉郡大饥，死者相枕籍，扶携能就食，皆来永春。幼稚弃于道者，君使人以舟载之，分诸浮屠及邑大家，使给之食，人所在活甚众"⑧。

煮粥施舍。灾荒之年，地方官员常以煮粥来救济灾民，延续生命。煮粥所需粮食，或出于国库，或由官员捐俸，或劝富户贡献。阿荣为湖南道宣慰副使，"会列郡岁饥，阿荣分其廪禄为粥，以食饿者，仍发粟赈之，所活甚众"⑨。东平路（今山东东平）"年比不登，民多缺食。侯（路总管苏炳——引者）率僚佐具状省部，朝廷给钞六千九百余锭，赈济贫乏。更劝富户，各出余粮，俾乡耆宋思温设灶永康门北，煮粥以食，赖以全活者甚众"⑩。天历二年（1329），镇江大旱，知事沈德华上救荒策，其中之一

① 《元典章新集·国典·诏令·至治改元诏》。

② 《元史》卷28《英宗纪二》。

③ 苏天爵：《韩公神道碑铭》，《滋溪文稿》卷12。

④ 陆文圭：《孙公墓志铭》，《墙东类稿》卷12。

⑤ 傅若金：《赵公行状》，《傅以砺文集》卷10。

⑥ 《元史》卷29《泰定帝纪一》。

⑦ 任士林：《平章政事赛典赤荣禄世美之碑》，《松乡集》卷1。

⑧ 林泉生：《送卢公调宁德任碑文》，清乾隆《永春县志》卷11，引自李修生《全元文》第47册，第73页。

⑨ 《元史》卷143《阿荣传》。

⑩ 霍希贤：《东平路总管府新政颂》，清康熙《东平州志》卷5，引自李修生《全元文》第39册，第668页。

便是："郊令本路殷实之家及有米寺观庵院，四散立镶设粥，以便就食。"①
至正五年（1345），铁木儿塔识为御史大夫。"近畿饥民争赴京城，奏出
赃罚钞，籴米万石，即近郊寺观为糜食之，所活不可胜计。"②元末叶琛摄
婺源州事。至正十三年（1353），"岁祲，道殣相望。……（叶琛）复煮
淖糜以食馁者，日以十斛计。侯躬自监分，所活者甚众"③。余阙为淮东宣
慰司副使，守安庆。"明年（至正十四年）春夏大饥，人相食，乃捐俸粥
以食之，得活者甚众。"④

收葬遗骸和死亡抚恤。饥民流亡各地，缺食乏医，死亡之事经常发生。
元朝制度："诸掩骼埋胔，有司之职。或饥岁流莩，或中路暴死，无亲属
收认，应闻有司检覆者，检覆既毕，就付地主邻人埋葬；不须检覆者，亦
就收葬。"⑤至大二年（1309）九月《改尚书省诏书》内有一款专论流民问
题，其中提到："田野死亡，遗骸暴露，官为收拾，于系官地内埋瘗。"⑥
至大三年（1310）十一月，"河南水，死者给椁，漂庐者给钞，验口赈粮
两月"⑦。泰定二年（1325）闰正月，"南宾州、棣州等处水，民饥，赈粮
二万石，死者给钞以葬"⑧。泰定三年（1326）八月，"扬州崇明州大风雨，
海水溢，溺死者给棺敛之"。十一月，"锦州水溢坏田千顷，漂死者百人，
人给钞一锭。崇明州海溢，漂民舍五赈粮一月，给死者钞二十贯。"十二月，
"大宁路大水，坏田五千五百顷，漂民舍八百余家，溺死者人给钞一锭"。
泰定四年（1327）正月，"大宁路水，给溺死者钞一锭"。七月，"衢州
大雨水，发廪赈饥者，给漂死者棺"⑨。至顺二年（1331）七月，"湖州安
吉县大水暴涨，漂死者百九十人，人给钞二十贯，瘗之，存者赈粮两月"⑩。

---

① 俞希鲁：《至顺镇江志》卷20《救荒议》。

② 《元史》卷140《铁木儿塔识传》。

③ 宋濂：《叶治中历官记》《宋文宪公全集》卷43。

④ 《元史》卷143《余阙传》。

⑤ 《元史》卷102《刑法志一·职制上》。

⑥ 《元典章》卷3《圣政二·恤流民》。

⑦ 《元史》卷23《武宗纪二》。

⑧ 《元史》卷29《泰定帝纪一》。

⑨ 《元史》卷30《泰定帝纪二》。

⑩ 《元史》卷35《文宗纪二》。

后至元五年（1339）六月，长汀县大水，漂没民庐，坏民田，"户赈钞半锭，死者二锭"。后至元六年（1340）十月，"河南府宜阳等县大水，漂没民庐，溺死者众。人给殡葬钞一锭，仍赈义仓粮两月"[①]。以上因水灾而死者，官府或给棺，或赈给殡葬钞，二十贯、一锭（五十贯）、二锭不等。至元年间，孙泽为兴化路（今江苏兴化）总管，"下令各乡，设立义冢，瘗理无主之骨，以千万数"[②]。张仲仁为都水监丞，分司东阿（今山东东阿），"遇流莩则男女异葬之，饿者为粥以食之，死而藏、饥而活者岁数千人"[③]。以上两例都是官方将"流莩"集中葬埋，称为义冢。

① 《元史》卷40《顺帝纪三》。

② 陆文圭：《孙公墓志铭》，《墙东类稿》卷12。

③ 揭傒斯：《重建济州会源闸碑》，《揭傒斯全集·文集》卷7。

第五章
民间救济

　　和官府的赈恤同时进行的，还有民间的救济。在救灾活动中，官府的赈恤无疑扮演主要的角色，民间的救济则起到补充的但必不可少的作用。元代民间的救济可以分为三个方面。一是民间集合的义仓；二是民间人士自发的救济行为；三是官府倡导的富户救济，即劝分。

第一节　义　仓

　　义仓是朝廷在民间推行的一项防灾减灾措施，起于隋朝。其原则一是
"丰年贮蓄，歉年食用"[①]；二是由民间自行管理。义仓在金朝亦曾推行，
但在蒙古前四汗时期，似乎已经废弛。"至元三年，［马亨］进嘉议大夫、
左三部尚书，寻改户部尚书。……亨又建言立常平、义仓，谓备荒之具，
宜亟举行。而时以财用不足，止设义仓。七年，立尚书省，仍以亨为尚书，
领左部。"[②]从这则记载来看，马亨关于常平、义仓的"建言"发生在至
元三年（1266）到至元七年（1270）之间。元代中期官修政书《经世大典
序录·赋典》说："国朝自至元六年，诏立义仓于乡社，又置常平仓于路、
府。"[③]明初修《元史》，《食货志》主要据《经世大典序录·赋典》编纂
而成，其中说："常平仓世祖至元六年始立。……义仓亦至元六年始立。
其法：社置一仓，以社长主之。丰年每亲丁纳粟五斗，驱丁二斗，无粟听
纳杂色，歉年就给社民"[④]。则义仓和常平仓都在至元六年（1269）正式推
行，而义仓的设立与元朝政府在农村推行社制有密切的关系。[⑤]另据《元史》
卷6《世祖纪三》载，至元六年（1269）八月，"诏诸路劝课农桑，命中
书省采农桑事列为条目。仍令提刑按察司与州、县官相风土之所宜，讲究
可否，别颁行之"[⑥]。现存文献中保存有六年（1269）八月《圣旨条画》内
一款："立定社外，其诸聚众作社，并行禁断。人家或因灾病，有许口愿
赴寺观、庙宇祷祭之类，不在禁限。"[⑦]二十余年后，赵天麟向朝廷上《太
平金镜策》，有"课义仓"一目，其中引用至元六年（1269）八月间圣旨
条画内一款："每社立一义仓，社长主之。每遇年熟，每亲丁留纳粟五斗，

①《通制条格》卷16《田令》。

②《元史》卷163《马亨传》。

③《经世大典序录·赋典·常平义仓》，《国朝文类》卷40。

④《元史》卷96《食货志四·常平义仓》。此段文字无疑出自至元六年（1269）八
月"条画"。

⑤《元史》卷96《食货志四·常平义仓》。

⑥《元史》卷6《世祖纪三》。

⑦《元典章》卷30《礼部三·礼制三·祭祀·人病祷祭不禁》。

驱丁二斗半。年粟不收，许纳杂色。官司并不得拘检借贷勒支。后遇歉岁，就给社民食用。社长明置收支文历，无致损耗。"①综合以上几条记载，可知至元六年（1269）八月忽必烈颁布"劝课农桑"的圣旨，主要是农村立社，同时推行以社为基础的义仓制度。也就是说，至元六年（1269）八月的圣旨是义仓建立的起点。

赵天麟认为："今条款使义仓计丁纳粟，其意以为及饥殍之时，计丁出之，故方其纳粟而计丁纳之，以取均也。又条款使驱丁半之，彼驱丁亦人也，尊卑虽异，口腹无殊，至俭之日，驱丁岂可独半食哉！又计丁出纳，则妇人不纳，岂不食哉！又同社村居而无田者岂可坐视而不获哉？且夫义仓者，贵其义也，若计出纳之锱铢，辨亲驱之多寡，则是有义之名，而无义之实也。"驱口就是奴隶。"驱丁半之"反映了统治者的阶级歧视观念。"丁"在户籍上指男性，"计丁出纳"意味妇女不在数内。赵天麟提出"驱丁亦人也"和妇女应有同样待遇，是很可贵的。应指出的是，上面引用《元史》卷96《食货志四》记载，至元六年（1269）有关义仓规定，"亲丁纳粟五斗，驱丁二斗"；而赵天麟则说至元六年（1269）《圣旨条画》中规定，亲丁五斗，驱丁二斗半，两者有所不同。众所周知，元朝北方民户的税粮每丁二石，驱丁一石，正好减半②。从税粮征收的情况来看，义粮征收时驱丁减半即二斗半是比较合理的。但如没有其他证据，两说只好存疑。

至元七年（1270）二月，中书省发布经过各方面讨论修订而成的《劝农条画》，其中规定：

诸县所属村疃，凡五十家立为一社，不以是何诸色人等，并行入社。令社众推举年高通晓农事有兼丁者立为社长。……每社立义仓，社长主之。如遇丰年收成去处，各家验口数，每口留粟一斗，若无粟抵斗，存留杂色物料，以备俭岁，就给各人自行食用。官司并不得拘检、借贷、动支，经过军马亦不得强行取要。社长明置文历，如欲聚集收顿，或各家顿放，听从民便。社长与社户从长计议，如法收贮，须要不致损坏。如遇天灾凶岁不收去处，

① 赵天麟.《树八事以丰天下之货·课义仓》，《太平金镜策》卷4，见《元代奏议集录（上）》，第357页。

② 陈高华：《元代税粮制度研究》，载《元史研究论稿》，第1～20页。

或本社内有不收之家，不在存留之限。①

这件文书对义仓作出了具体的规定。一是立义仓单位：每社都立义仓；二是义仓责任：义仓由社长负责；三是义仓收贮标准：丰年每口留粟一斗。这和原来按丁收贮相比是很大的改进；北方农村一般来说每家五口，也就是说大体上是每户五斗。②这个改动是比较合理的。四是义仓所有权：义仓贮粮归社众所有，官司和军队都不能支取；五是义仓存贮办法：可以聚集在一起，亦可各家自行屯放，听从民便。也就是说，义仓始立于至元六年（1269），至元七年（1270）作了重要的修订，正式成为制度。

义仓的建立是政府"劝农"措施的组成部分。至元十七年（1290）中书省札付要各地"提点正官深加劝课……兴举水利、义仓"③。至元二十三年（1286）六月、至元二十八年（1291），元朝政府两度重新颁布包括有建立义仓条款在内的上述《劝农条画》④。至元二十八年（1291）三月的另一件诏书中说："义仓旧例，丰年蓄其有余，歉岁补其不足。前年使民运赴河仓，有失设置义仓初意。今后照依原行法度收贮，以备饥岁，官司不得拘检。"⑤将义仓粮食运往河仓（官仓），实即收为国家所有，违反了原来的规定。这件诏书重申原来不许官司干预义仓的原则。同年六月，元朝政府颁布行政法规《至元新格》，其中一款是："诸义仓本使百姓丰年贮蓄，歉年食用，此已验良法。其社长照依原行，当复修举。官司敢有拘检烦扰者，从肃政廉访司纠弹。"⑥连续发布的诏令，都强调义仓不许官司拘检烦扰，可知当时这种现象是很普遍的，同时也说明朝廷对义仓建设的重视。

由于朝廷的态度，世祖时期，元朝的地方行政官员和监察部门的官员，常以建立义仓作为自己的政绩。例如，张懋在至元十六年（1279）任吉州路（治今江西吉安）总管，"新府治于残毁之余，设义仓以先饥馑之

---

① 《通制条格》卷16《田令·农桑》；《元典章》卷23《户部九·农桑·立社·劝农立社事理》。

② 胡祗遹：《匹夫岁费》，《胡祗遹集》卷23。

③ 《元典章》卷23《户部九·农桑·劝课·劝课趁时耕种》。

④ 《通制条格》卷16《田令·农桑》；《元典章》卷3《圣政二·救灾荒》。

⑤ 《元典章》卷3《圣政二·救灾荒》。

⑥ 《元典章》卷3《圣政二·救灾荒》；《通制条格》卷16《田令·理民》。

备，其所设施，文吏之善者不能过也"①。畅师文，"至元二十四年迁陕西汉中道巡行劝农副使。置义仓，教民种艺法"②。赵世延，"至元二十九年，转奉议大夫，出佥江南湖北道肃政廉访司事，敦儒学，立义仓"③。义仓初建时限于"汉地"，随着全国统一，南方也逐渐得到推广。上述三人中，张懋在江西，畅师文在陕西，赵世延在湖北，可知忽必烈当政期间义仓在大江南北已相当普遍。至元二十三年（1286），全国统计，"储义粮九万五百三十五石"④。至元二十五年（1288），"大司农言：……积义粮三十一万五千五百余石"⑤。至元二十八年（1291），"司农司上诸路……义粮九万九千九百六十石"⑥。"义粮"即义仓存贮之粮。就全国范围来说，"义粮"的数目应该是很有限的，但可见义仓确在推行。另一方面，时有朝廷以义仓粮用于赈济的记载。"二十一年新城县水，二十九年（1292）东平等处饥，皆发义仓赈之。"⑦至元二十六年（1289）十二月，"丁丑，蠡州饥，发义仓粮赈之"。同月丁亥，"河间、保定二路饥，发义仓粮赈之，仍免今岁田租"⑧。至元二十九年（1292）二月戊寅，"发义仓、官仓粮，赈德州、齐河、清平、泰安等处饥民"。至元三十年（1293）五月甲申，"真定路深州静安县大水，民饥，发义仓粮二千五百七十四石赈之"。九月辛巳，"登州蝗，恩州水，百姓阙食，赈以义仓米五千九百余石"⑨。可知在世祖统治后期，义仓粮用于赈济已相当普遍。

忽必烈当政末年，山东"东平布衣"赵天麟上《太平金镜策》，其中一项是"课义仓"。他说："臣窃见自是以来，二十余年于今矣，然而社仓多有空空如野之处。顷年以来，水旱相仍，蝗螟蔽天，饥馑荐臻，四方

①虞集：《张宣敏公神道碑》，《道园类稿》卷41；《元史》卷152《张子良附张懋传》。

②《元史》卷170《畅师文传》。

③《元史》卷180《赵世延传》。

④《元史》卷14《世祖纪十一》。

⑤《元史》卷15《世祖纪十二》。

⑥《元史》卷16《世祖纪十三》。

⑦《元史》卷96《食货志四·常平义仓》。

⑧《元史》卷15《世祖纪十二》。

⑨《元史》卷17《世祖纪十四》。

迭苦，转互就食。……彼隋立义仓之后而富，今立义仓之后而贫，岂今民之不及隋民哉，意者劝督未及、义风未行、天气未和、人事未尽以致之哉？"赵天麟对至元六年（1269）八月的《圣旨条画》中有关妇女和驱丁的规定提出批评，已见前述。他提出自己的义仓运作方案：

> 凡一社立社长、社司各一人，社下诸家共穿筑仓窖一所为义仓，凡子粒成熟之时纳则计田产顷亩之多寡而聚之。凡纳例，平年每亩粟率一升，稻率二升。凡又有年，听自相劝督而增数纳之。凡水旱蝗蝗，听自相免。凡同社万一丰歉不均，宜免其歉者所当纳之数。凡饥馑不得已之时，出则计排家口数之多寡而散之。凡出例每口日一升，储多每口日二升，勒为定体。凡社长、社司掌管义仓，不得私用。凡官司不得拘检借贷及许纳杂色，皆有前诏在焉。如是则非惟共相振救，而义风亦兴矣。①

赵天麟关于义仓的说法，留给我们不少疑问。他只提至元六年（1269）八月的《圣旨条画》，不提至元七年（1270）二月的《劝农条画》，令人不解。他建议义仓按田亩交纳。北方"汉地"农民一般每户五口，耕地百亩。百亩"好收则七八十石，薄收则不及其半"，应付日常生活和政府赋税差役已捉襟见肘，艰难度日。②按赵的方案，义仓粮每亩一升，则平年每户须纳粟一石。比起计口纳粟五斗（以五口计）来增加了一倍，加重了农民的负担，应该说是不现实的。这可能因为他是"布衣"，了解情况有限，提出建议亦不切合实际。但他所说"社仓多有空空如也之处"，"今立义仓之后而贫"，是值得注意的。显然，即使在忽必烈当政的后期，政府宣布义仓是"已验良法"的时代，义仓的实施效果也是有限的。

忽必烈死后，成宗铁穆耳即位。中书右司员外郎王约上书言二十二事，全面提出政治改革的建议，其中之一是"立义仓"③。可惜内容不详，但至少说明义仓仍是人们关心的问题。大德元年（1297）常德（今湖南常德）洪水成灾，廉访司官与地方官"发义仓积，下其估以廪饿人"④。义仓如用来分还社众，不应收钞。这里所说应是调拨义仓粮作地方赈济，减价赈粜。

① 赵天麟：《太平金镜策》，见陈得芝：《元代奏议集录（上）》，第357～358页。

② 胡祗遹：《匹夫岁费》，《胡祗遹集》卷23。

③ 《元史》卷178《王约传》。

④ 姚燧：《武陵县重修虞帝庙记》，《牧庵集》卷5。

用义仓粮赈恤，说明义仓粮存在，但这种做法实际上是对制度的破坏。成宗大德七年（1303），郑介夫上《太平策》，论述"备荒"时指出："伏睹《至元新格》，诸义仓本使百姓丰年储蓄，俭年食用，此已验良法，其社长照依原行，当复修举。文非不明也，意非不嘉也，越十三载未见举行。朝廷泛然言之，百官亦泛然听之，不过虚文而已。"《至元新格》颁布于至元二十八年（1291），到大德七年（1303）正好十三年。可见在许多地方，义仓只停留在表面上，实际上并未认真实施。郑介夫认为，就救荒而言，官办的常平仓不如民间的义仓，应该加强管理，认真推行："宜于各处验户多寡，或一乡一都，于官地内设立义仓一所，令百姓各输己粟，自掌出入之数，不费官钱，可免考较。民入一石之粟，自得一石之价，不费于公，亦无损于私。虽不若官支价钱之为便，然为仿古酌今之良法也。……若令自愿，必无应者，亦须官为立式，有地百亩之家，限以一岁出粟一石，如有好义愿自多出者听。"百亩之家岁出一石，这和赵天麟的计田出粟之法是相同的。他还认为，"夫收支出入，既无预于有司，若其规划未至，必须助以官府之力"。也就是说，义仓虽是民办，必须由政府指导帮助，才能成功。[1] 从以上这些建议来看，从世祖末年到成宗当政时期（13世纪末到14世纪初）义仓的实施大多处于停滞状态，而赵天麟、郑介夫等人的意见并没有引起朝廷的重视。

仁宗皇庆二年（1313），元朝政府"复申其（义仓——引者）令"[2]。"大司农呈：'皇庆二年七月二十一日奏：世祖皇帝时分，每一社立义仓。好收呵，各家每口留粟一斗，无粟纳杂色。不收呵，却与他每食。交廉访司、管民［官］提调整治着行呵，遇着凶年，百姓每得济的一般。'奏呵，奉圣旨'那般者'。钦此。具呈照详。"户部为此"检会到至元七年二月内钦奉圣旨条画内一款节该：'每社立义仓……不在存留之限。'钦此。除遵依外，今奉前因，本部议得，大司农司呈每社设立义仓，丰年蓄积，俭年食用，拟合钦依遍行相应"。中书省"咨请钦依施行"[3]。也就是说，大司农司上奏按世祖时制度设义仓，户部检出至元七年（1270）二月的《圣旨条画》，作为依据，中书省下令施行。这次"复申"立社规定的效果如何，

---

① 邱树森、何兆吉：《元代奏议集录（下）》，第79～80页。

② 《元史》卷96《食货志四·常平义仓》。

③ 《元典章》卷21《户部七·仓库·义仓·义仓验口数留粟》。

并不清楚。延祐四年（1317）二月，朝廷"敕郡县各社复置义仓"①。延祐七年（1320）五月丙午，"御史刘恒请兴义仓及夺僧道官"②。具体内容亦不得知。但接连发布有关的指示说明仁宗时代朝廷对义仓设置是比较重视的，当然也可以看出朝廷的诏令无多大效果。至治元年（1321）二月，江南行台监察御史的一件文书中说：

钦详每社设立义仓，验口数留粟，以备俭岁，实欲黎元乐养生之福。各处农事官不体朝廷恤民之意，将义仓视为泛常，今溧水州申报延祐四年、五年、六年三周物斛数目，稻三千八百五十三石六斗，米七千五百九十石七斗。卑职亲诣附郭上元等乡撞点得：里正刘文富不曾设置仓所，见在稻米又不如法收贮；及里正宋翊侵食旧管稻谷，旋将今岁新收物斛抵搪。官司取讫里正刘文富、宋翊并提调官达鲁花赤、知州招伏断罚。外，其余乡分不无一体。今本州提调农事官亲诣各乡，逐一从实点视前项米稻，如有短少，就便着落主典之人追征还仓。仍于各乡依例设义仓一所，于门首竖立绰屑，大书雕刊"义仓"二字，以表眉目。更置粉壁，开写某年厶乡厶人粮米若干。官司另置文簿二扇，依上开写，用印关防。官司收掌一扇，里正收掌一扇，里正每季将见在稻米开申本州。如里正役满，将文簿当官明白交割。仓门并米稻令提调官并里正、社长眼同关防封记。如此少革侵渔之弊。除令本州岛岛行移提调官依上施行，具点讫粮数、义仓处所并里正姓名保结开申外，又虑各路州县官司提调正官不为用心点检，亦有似此不立义仓去处，或有义仓，却无收到物斛。切详：义仓诚为拯荒之要。今主典之人多有侵食借用，虚申数目，其当该提点正官置之不问。又今岁南北俱有水旱灾伤，即目秋成犹可过遣，来年春首必有饥贫。其饥贫之家比及申明赈济以来，先赖义仓稻米以疗其馁。若各处义仓罄然虚空，百姓必致流移，呈乞照详。

御史台据此"行移有司，钦依施行。仍常加点视，务在必行"③，亦即通知各地，经常对义仓进行检查，使义仓得到落实。由这件文书可知，义仓设置是地方官府的职责，检查义仓是监察部门的一项工作。但义仓并不受重视，存在很多问题，有些地方"不立义仓"；有些地方义仓空有其名，

① 《元史》卷26《仁宗纪三》。

② 《元史》卷27《英宗纪一》。

③ 《元典章新集·户部·仓库·义仓·点视义仓有无物斛》。

"却无收到物斛"；有些地方义仓粮食被"主典之人""侵食借用"。总之，弊端甚多。监察部门提出的对策是加强地方官府对义仓的管理，主要由里正承担管理义仓的责任。值得注意的是，从这件文书看来，义仓制度在施行过程中已有很大的变化。一是至元七年（1270）的《圣旨条画》，义仓由每社设置，社长负责；而这件文书则说，义仓在每乡设立，由里正负责。二是原来规定义仓仓粮收贮办法由社长与民户商议，可以集中也可分散，"听从民便"；而这件文书则说，每乡设置仓库，集中贮存。管理制度的变化实际上为官府干预义仓的发放和官吏、职事人员偷盗、挪用开启了方便之门。泰定二年（1325）九月，"以郡县饥，诏运粟十五万石贮濒河诸仓，以备贮救，仍敕有司治义仓"[①]。这是又一次督促。

由于朝廷的多次诏令，从成宗至顺帝即位以前，有些地方官员比较重视义仓建设。王圭为茶陵（今湖南茶陵）尹，"延祐丙辰，荒旱尤甚，斯民待尽，无以为生。……先是，义廪名留实丧，司匪其人。乃革其弊，遴选公值者主之。发粟之际，躬临其事，尘坌眯目，竟日无堕，而救荒之政行矣"[②]。"延祐丙辰"是延祐三年（1316）。也是在元仁宗时，王结任顺德路（今河北邢台）总管，作《善俗要义》，下发到农村各社，"务令百姓通知"。此书"十一曰：聚义粮"，其中说："义仓者丰年贮蓄，俭岁食用。此朝廷之甲令，而近古之良法也。今岁稍有收成，随社人户合照依《条画》，各验口数，每口存留义粮一斗，或谷，或杂色物斛。社众商议于本社有抵业信实之家，如法收贮，勿致损坏。倘遇凶年，还验原纳口数，支散食用。所在官司，过往军马，不敢支升合。若有被灾人户田禾不收，不在存留之限。此乃有备无患之道，诸人亦当思患而预防之也。"[③]王结所说内容实际上是重申《劝农条画》的规定，但由此可知他把推行义仓作为地方施政的一项重要措施。元英宗至治年间（1321—1323），马称德任奉化（今浙江奉化）知州，"兴利补弊，无一事不就正"。其中之一是"义仓之积至八千余石"[④]。这一阶段朝廷启动义仓赈济亦时有发生。至治元年（1321）

---

① 《元史》卷29《泰定帝纪一》。

② 谭景星：《大乐桥碑》，《西翁近稿》卷8。

③ 《文忠集》卷6。

④ 李洧孙：《知州马称德去思碑记》，清乾隆《奉化县志》卷12，引自李修生《全元文》第11册，第150页。

十一月，"巩昌成州饥，发义仓赈之"①。泰定元年（1324）十月，"延安路饥，发义仓粟赈之，仍给钞四千锭"。十二月，"温州路乐清县盐场水，民饥，发义仓粟赈之"②。泰定四年（1327）六月乙未，"发义仓粟，赈盐官州民"③。元代中期，镇江路共有义仓九十六所，其中"录事司二所"，"丹徒县乡都三十二所"，"丹阳县市及乡都二十二所"，"金坛县市及乡都四十所"④。天历二年（1329），镇江大旱，地方官员呼吁上司赈济，"檄谕以先尽义仓稻谷赈济，不敷，则劝率富家接济"。但估计度荒需二十七万石，"义仓储谷止存七千，敷给已尽"⑤。按上述义仓九十六所计，每所平均储谷七十石，可知当地有义仓，但储存的粮食数量是有限的，对"度荒"起不了多大作用。

顺帝时期，朝廷发义仓粟赈济之事记载颇多。元统元年（1333）十一月，"江浙旱饥，发义仓粮，募人入粟以赈之"。元统二年（1334）三月，"杭州、镇江、嘉兴、常州、松江、江阴水旱疾疫，敕有司发义仓粮，赈饥民五十七万二千户"。五月，"是月，中书省臣言：'江浙大饥，以户计者五十九万五百六十四，请发米六万七百石、钞二千八百锭，及募富人出粟，发常平、义仓赈之，并存海运粮七十八万三百七十石以备不虞。'从之。"后至元元年（1335）八月"戊寅，道州、永兴水灾，发米五千石及义仓粮赈之"⑥。后至元二年（1336）九月，"是月台州路饥，发义仓、募富人出粟赈之"。十一月，"是月，松江府上海县饥发义仓粮及募富人出粟赈之"⑦。后至元三年（1337）三月，"是月……发义仓粮赈溧阳州饥民六万九千二百人"⑧。后至元六年（1340）十月，"是月，河南府宜阳等县大水，漂没民庐，溺死者众。仍人给殡葬钞一锭，仍赈义仓粮两月"。

---

①《元史》卷27《英宗纪一》。

②《元史》卷29《泰定帝纪一》。

③《元史》卷30《泰定帝纪二》。

④俞希鲁：《至顺镇江志》卷13《公廨仓》。

⑤沈德年：《至顺镇江志》卷20《备荒议》。

⑥《元史》卷38《顺帝纪一》。

⑦《元史》卷39《顺帝纪二》。

⑧同上上。

十一月，"是月，处州、婺州饥，以常平、义仓粮赈之"①。众所周知，义仓储存的粮食是很有限的，用义仓粮赈济数万甚至数十万饥民，可以说杯水车薪，画饼充饥。

这一时期，地方官员从事义仓建设，或动用义仓赈济，亦有一些记载。后至元丙子（二年，1336），高伯温任长清（今山东长清）县尹，"建义仓百有余区，实以粟千二百二十斛"②。每座义仓贮粟十石左右。后至元期间，王任为温县（今河南温县）县尹，"始公视章之日，适年饥甚，阅簿，岁积义仓粮余二千石，将发之。众牵故常，须报郡还。公曰：'是固民物也，十日命不下，民殆转沟壑。不允，吾自任罪且偿。'即周历以给，免流殍之患"③。可知义仓粮有限，而动用有限的义仓粮须经路总管府批准。后至元庚辰（六年，1340）到至正三年（1343）间，买住任松阳县（今浙江遂昌）达鲁花赤，"乡舍义仓法，前后皆按行政事，文具实亡。公曰：'此朝廷仁民之政，天地之大德寓焉。奉行可不谨乎！'于是申明旧章，身历乡社巡视，以时发敛，民多赖焉"④。至正四年（1344），"疫大作，旴（江西建昌路——引者）尤甚。省宪大发粟赈之，犹恐不给。先储义仓米在郡，尽以贷之。既而有司犹以其数，责偿于民。疮痍未复，无所入也。分宪至，命勿复征，更劝善良，相予出米，为义仓将来之备"⑤。义仓米用来救济，而且要求"责偿于民"，即被救济者返还，实际上违背了义仓原来的宗旨。至正丙戌（六年，1346）前后，胡敬先为汝州（今河南汝州）知州，"又于属邑之里社建吾夫子燕居堂，社学、义仓列置左右"⑥。至正八年（1348），昆山水灾见，松江知府王至和动用常平仓粮，"并各乡义仓粮六百五十九

①《元史》卷40《顺帝纪三》。

②程鼎：《高公伯温德政碑》，康熙《长清县志》卷12，引自李修生《全元文》第53册，第638～639页。

③靳煃：《县令王公德政碑记》，乾隆《温县志》卷11，引自李修生《全元文》第58册，第240页。

④季仁寿：《达鲁花赤买住公神道碑》，成化《处州府志》卷10，引自李修生《全元文》第47册，第33页。

⑤虞集：《江西分宪张公旴江生祠记》，《道园类稿》卷26。

⑥李俞：《汝州知州胡公德政碑》，正德《汝州志》卷8，引自李修生《全元文》第56册，第357页。

石有奇"，用来赈济。[①]至正十年（1350）至十四年（1354）间，常熟（今江苏常熟）知州王德刚曾"广常平、义仓储蓄，以救灾恤患"[②]。这也许是元朝有关义仓的最后记载了。

湖南常德民间，曾举办义济仓，作为民间赈济的一种行为。至元后期，湖南常德路（今湖南常德）大灾，推官薛友谅在民间"劝分"，动员田主借贷粮食给佃户，取得积极的效果。廉访司佥事赵世延认为："赈济一事，固活饥民，若后行之者委非其人，反为民扰。当为经久计。盍援龙阳义仓例，实无穷之惠。"赵世延"因行部至龙阳，见前尹毛沆义济仓规约，遂补其弊而更新之，曰：'此可行之天下，独不可行之一郡乎！'爰谕所属，乘丰年，量力义助，作仓储之，歉则计口贷贫民。一言之出，官民响应"。龙阳（今湖南汉寿）属常德路。毛沆所建义济仓的情况缺乏记载。薛友谅知道赵世延的意见后，"欣然遂劝率好事者，随所出谷蓄之，明置簿籍，以廉平者主之，仍请廉访分司巡行日点视，以革侵渔及多寡予夺之弊。始置是仓，石实潭丁公易东、丁坡赵公时燧，首倡各出谷五百斛。运副刘公良出一百斛，郡士陈天锡出三百斛而总管马公应翔、转运司同知安公衡，各出谷二百斛"。接着，薛氏又向廉访司报告："看详义仓之设，本以为民。近年以来，废而不立，百姓稍有饥荒，莫知所措。幸蒙廉访分司官力主其事，卑职遵奉分司兴复龙阳县义局美意，因委赈济间依上劝率，立到局分，似有条理。若将粜到谷价，于秋成日又行收籴入仓，不无生受。又恐所立局分，间有用人不当，似前侵用未便。照得本路见依奉上司对断没鲁希文等项官田，丈量到水田八千六百四十二亩六分，与其付之权豪，曷若于内选择膏腴田土三千亩，买为义仓之田，将每岁所收课利，于贫民阙食之时，一例赈济，不取价钱。不惟为救荒良法，可以久行，又且饥寒之民，永受实惠。"廉访司认可薛氏的建议，下文常德路，在没官田中留三千亩，"令本路义济等局照依官价，于本局粜到谷本内出备钞两收买"。所谓"没官田"就是没收罪犯的田土，归国家所有，成为"官田"（国有土地）。薛友谅建

<hr />

① 干文传：《知府王至和赈贷饥民记》，正德《华亭县志》卷8，引自李修生《全元文》第32册，第84页。

② 杨维祯：《平江路常熟州知州王公善政记》，《东维子文集》卷13。按，载于《东维子文集》清抄全录本的比《四部丛刊》本多出五百余字，以上引文即见清抄全录本。引自李修生《全元文》第41册，第348页。

议从"没官田"中选出比较肥沃亦即产量较高的田土三千亩，由义济局购买，这部分田土每年"课利"即地租，可用于免费赈济。从上所述，可知常德义济局用来救济的粮食来自两个方面，一是官员和地方人士的捐献，二是购买"没官田"三千亩，收得的地租。这和义仓由农民自己丰年储粮的本意不同；但不是政府出本，又与常平仓有别。义济局的救济，有两种方式。从上面"巢到谷本内出备钞两"来看，一部分是有偿赈巢；还有一部分则是"一例赈济，不取价钱"。义济局建成后，由官员负责，"轮儒生二人，苔其出入，府司不得与闻，防转移他用也"。义仓本意由农民自行管理，义济局有较多资产，必有专人负责，但不许地方政府干预，又与义仓有相通之意。可以说是义仓的一种发展。① 但是这种方式似局限于常德等地，并没有得到广泛推广。

需要指出的是，有元一代是中国历史上多灾的朝代，特别是中、后期，连年灾荒，政府的赈粮、赈钞，无年无之。就赈粮而言，发义仓粮赈济灾民的记载屈指可数，正好反映出义仓衰微。大多数地方，义仓名存而实亡。"今国家辑劝农之书，责部使者及守令劝课矣。而民储蓄不古，若一有水旱，发廪以济，然所及有限。而所谓义仓者，又名存而实亡。是以穷民不免流离，为居位者之忧。"② 而且，"朝廷虽设义仓，有司漫为文具，缓急不可倚也"③。元贞二年（1296）八月，"大司农司呈：'归德府萧县尹王铎，虚报义粮二十五石。'刑部议得：'王铎止凭社长郑旺等原申收纳人户义粮，不行计点，致有短少，量拟罚俸一月，标附。'都省准拟"④。这只是一个很小的例子，却说明义仓情况作弊成风。因此可以推知，不少"发义仓粮"赈济的命令徒具形式，实际上无粮可用，不能信以为真。

义仓被认为救荒良法，事实上却难以推行，原因何在呢？梁寅说："今

---

① 《武陵续志·义济局》，《永乐大典》卷19781。按《元史》卷180《赵世延传》云："（至元）二十九年，转奉议大夫，出金江南湖北道肃政廉访司事。敦儒学，立义仓，撤淫祠，修澧阳县坏堤……部内晏然。""立义仓"即指立义济局而言，不是一般意义的"义仓"。《蒙兀儿史记》卷135《赵世延传》、《新元史》卷149《赵世延传》都把"立义仓"删掉了。

② 蒲道源：《乡试三问》，《闲居丛稿》卷13。此文作于顺帝初年。

③ 吴师道：《江西乡试策问又一道》，《吴正传先生文集》卷19。

④ 《至正条格·断例》卷7《户婚·虚申义粮》。

日曰劝农也，明日曰劝农也，今日曰点视义仓也，明日曰检踏旱潦也，里胥奔走供给，常恐有缺，吏有得则去。……及其既去，里胥又科敛下户以偿其所费。"① 在大部分地区，义仓和其他劝农措施一样，徒具形式，成为官吏敛取财物的借口。梁寅认为："凡曰义仓，凡曰常平，徒事烦扰以长吏奸，虽不行可也。"② 张光大在《救荒活民类要》中说："百姓困于义仓，民间但见其害而不见其利。"他归纳为四大弊端，即"掌仓之弊""点检之弊""出贷之弊""回收之弊"。"今之掌仓者非革闲之吏贴祗候，则乡里无籍之泼皮，请托行求，公纳贿赂，投充是役，上以苟避差役，下以侵削小民。"其结果是："观其数则亿万有余，考其实则百十不足。官司视为具文，奸吏因缘为私。故自立义仓以来，展转繁文，州县徒有几千万石之名，饥荒之岁，民不沾惠。"③ 张光大强调"掌仓者"不得其人，这是对的。但更重要的是，义仓一旦建立，便为官府所控制，官吏凭借权势，为所欲为。"掌仓者"敢于胡作非为，亦因有上面的纵容和支持。程郇为绥宁（今湖南绥宁）县尹，"县有义仓粮二万余石，积为豪强所侵，公悉征理之。岁适大祲，赖以全活者甚众"④。即是义仓被豪强侵占之一例。夏邑（今河南夏邑），"义仓之设，已历四十年之久，各社之长，擅自出纳，名实相诬，殊无实效"⑤。按照原来的设想，歉年百姓可以领回自己的存粮。事实上每次义仓粮的发放，都要由政府来决定，而且可以挪作他用，这就为官吏和"掌仓者"提供了贪污作弊的许多机会。官府控制是义仓衰败的根本原因。

义仓的弊病在当时的文学作品中也有反映。散曲作家刘时中的《（正宫）端正好·上高监司》是一篇以灾荒为题材的作品，其中说："江乡相，有义仓，积年系税户掌。……无实惠尽是虚桩，充饥画饼诚堪笑，印信凭由却是谎，快活了些社长知房。"⑥ 元末高明的南戏《琵琶记》中，蔡伯喈

① 梁寅：《策略一·劝农》，《石门集》卷9。

② 梁寅：《策略一·荒政》，《石门集》卷9。

③ 张光大：《救荒活民类要·立义仓》。

④ 黄潜：《程公墓志铭》，《金华黄先生文集》卷32。

⑤ 侯有造：《重修庙学记》，嘉靖《夏邑县志》卷8，引自李修生《全元文》第46册，第160页。

⑥ 隋树森：《全元散曲》，第670页。

上京赶考，其妻赵五娘在家侍奉公婆，遭遇灾荒，"上司官点义仓，支谷赈济贫民"。但义仓的粮食都被里正、社长吃了，临时借了谷子来应付上司。上司追查，里正招道："说道义仓情弊，中间无甚跷蹊。稻熟排门收敛，敛了各自将归。并无仓廪盛贮，那有账目收支？纵然有得些小，胡乱寄在民居。官司差人点视，便籴些谷支持。上下得钱便罢，不问仓廪空虚。……年年把当常事，番番一似耍嬉。"赵五娘好不容易领到一份义仓粮，又被里正在半路上夺了回去。①《琵琶记》是一部杰出的戏剧作品，借汉代故事反映元代农村的生活真实。

第二节　民间人士的救济行为

每当灾害发生时，地方多数富户关心的是自家财产的安全，对救灾并不积极，不少人还乘机囤积居奇，牟取暴利。"木饥火旱际荒年，百姓流离状可怜。往往富人心似铁，累累饿殍口生烟。"②"利必取赢，凶岁必闭粜腾价，富不仁者率若是。"③但很多地方每遇灾荒，都有一些热心公益的人士挺身而出，发粮救济。"岁有凶荒，而民无盖藏，富家豪右惟坐视流殍而莫之恤。"溧阳（今江苏溧阳）人陈奎甫，"会癸卯岁侵，丙午、丁未复大侵，君设糜以食饿者，不足则发廪，下其值以赈之。又不足，则施予，计为石者余三千"④。"癸卯"是大德七年（1303），"丙午、丁未"是大德十年（1306）、十一年（1307）。乌程（今浙江湖州）人朱雪崖，"乡里称善人者也。……癸卯岁大侵，民艰食，饥殍流亡，相系于道。雪崖慨然创义，捐廪或捐价以济，或济口以食，自春及秋，远近之人赖以全活无虑万数，皆举手曰：'生我者朱师子也。'"⑤上海（今上海）人徐诚，"有田二万亩，他货无算，遂雄一乡"。"庚午、辛未，岁大祲，为饘粥以食饥者，活万余人。由是以积善闻，州府皆称居士而不字焉。"⑥"庚午、辛未"是

①《高则诚集》，第129页。

②杨载：《题夏氏济饥诗卷》，《杨仲弘诗集》卷7。

③吴澄：《游竹坡墓志铭》，《吴文正公集》卷37。

④邓文原：《陈君墓志铭》，《巴西邓先生文集》。

⑤牟巘：《朱雪崖朝奉墓志铭》，《陵阳文集》卷24。

⑥贝琼：《故徐居士碣铭》，《清江文集》卷30。

至顺元年（1330）、二年（1331）。云间（今上海松江）唐昱，"轻财好予，周贫赈急……至顺庚午，发帑财以施饥民，为馇粥以食老弱，凡阅数月乃已"[1]。建昌路（今江西南城）杨宗伯，"岁庚午，江淮大旱，君卖田买粟，赈救其宗族，次及邻里，故能不至于饥饿流亡"[2]。永新州（今江西永新）人贺性翁，"遇俭岁必赈贷其乡凡耕其田者，动以万计。至顺庚午，募入粟与流官，固不待劝而分隐（？），民食其粟者数千家。郡议以闻，则以母老辞。省部定以孝义旌其门"[3]。江阴州（今江苏江阴）人王德秀，"丙午、丁未岁大饥，君倒廪出粟振之，全活不可胜计。时募民入粟拜爵，君不自言"[4]。

在大疫流行之际，民间亦常有捐药治病者。鄞县（今浙江鄞县）人叶逊，"大德间岁祲……既而疫大作，府君致医者，为人切脉而合药施之，门闾中赖以全活者甚众"[5]。常熟（州治今江苏常熟）人瞿嗣兴，"岁丙申，常熟凶，民来依者数十辈。府君僦舍馆而食之，瘴气发者相枕藉，府君躬视粥药而时进之，卒赖以生"[6]。金陵（今江苏南京）人王进德，"每遇疫疠，施善药，命良医，家至户到，随证治疗。煮药之器，佐药之用，纤悉毕备。病愈能食，则啖以糜，其所全活甚众"[7]。顺帝至正初年，"河北、山东、荆襄、淮汉皆大饥疫，死者大半。余民转徙就食，渡大江而南，率先至建业。建业间阎阎细氓比比，为沴气熏染遭疾，淫邪所传，势张甚。时大姓王氏岂岩甫盡焉于怀，首作糜食殍为郡中倡，既又辟大屋一区，贾良药其中剂之，畀来告疾之人。且日遣精谨而勤者数辈，杂出访病者，随命善医四人分行胗疗之。或病家为特贫寠，则具病家所用物给与惟亟，所全活者甚众"[8]。建业即今江苏南京。鄞（今浙江鄞县）人韩性，"家素饶于赀"，"岁大疫，比闾中戒相过，辄率医往视，或舆致于家，既愈而遣之，未尝有矜色，于

①邵亨贞：《唐公行状》，《野处集》卷3。

②苏天爵：《杨府君墓志铭》，《滋溪文稿》卷19。

③刘岳申：《贺府君墓碣》，《申斋刘先生文集》卷11。

④陆文圭：《王德秀墓志铭》，《墙东类稿》卷13。

⑤王祎：《叶府君墓铭》，《王忠文公集》卷24。

⑥宋濂：《瞿员外墓志铭》，《宋文宪公全集》卷24。

⑦吴澄：《金陵王居士墓志铭》，《吴文正公集》卷42。

⑧杨翮：《王氏恤灾诗序》，《佩玉斋类稿》卷8。

是皆称曰：长者、长者"①。有的民间人士还收埋饥民遗骸。棣州（今山东阳信）高翥，"癸酉岁俭，大疫且四起，道殣相望，府君时买椁椟藏之"②。"癸酉"是顺帝元统元年（1333）。

民间人士自发救济常见的方式有两种。一种是有偿的赈贷，平价或减价的赈粜。庐陵（唐朝地名，原为吉安路，今江西吉安）人刘泰，"家居专以赈济为事，视农务之缓急，荒月之短长，斟酌损益以赈。跨两邑之境数十里之氓得粟如寄，虽甚凶岁无饥。邑积粟之家转相慕效，发廪平粜，不敢壅，君实为之倡也。春而贷粟，冬始收值，减时估之半，岁以为常。三十余年，谷不易价，至今守为家法"③。刘泰赈粜平价，赈贷利息较低。灾年粮荒，这样做就是优惠。吉州泰和县（今江西泰和）人胡祖舜，"每岁常蓄粟若干石，至歉月不易价发之。里之豪富，积庾廪如山，欲乘歉利己。胡故大家，人所响从，难与立异，遂不敢增一钱"④。"不易价"是平价粜粮。咸宁（今湖北咸宁）人万希孟，"天历己巳大旱，有储者皆闭遏，以俟翔贵。君发廪平其值，出入料斛不二。民有李、贾各弃田若山林易谷值，有成约。明年春，值增倍差，二子始来，如原值给之"⑤。茶陵（今湖南茶陵）人谭福焱，"会岁俭兼艰，乡邻苦之。……爰自大德丁未始，岁捐千石，视冬价不增。繇春二月至四月，月一粜；五、六月，月三粜。比贫口给之帖，分贮粜处，随其居近以便之。又以连岁不登甚，丁未、戊申增为二千石。他岁如初约。党余积充裕，岁增为无涯。条约明具，质之神明"⑥。婺州（今浙江金华）楼如浚，"大德丁未岁，大饥，道殣相望，赖君以活者甚众。间出粟贷之，逾年而来归所贷，皆不取息。贫不能偿，亦不问"⑦。同州（今陕西）赵居中，"八世医行其乡，不徙业。……取医值集谷，常千斛，岁歉，

① 贝琼：《故韩处士碣铭》，《清江文集》卷30。

② 宋濂：《故高府君圹铭》，《宋文宪公全集》卷6。

③ 吴澄：《故居士刘子清墓碣铭》，《吴文正公集》卷39。

④ 李祁：《胡谷隐墓志铭》，《云阳集》卷9。

⑤ 许有壬：《万君墓碣铭》，《至正集》卷54。

⑥ 刘将孙：《茶陵州谭氏孚善仓记》，《永乐大典》卷7514，引自李修生《全元文》第20册，第335页。

⑦ 黄溍：《楼文翁墓志铭》，《黄文献集》卷9下。

则贷之贫无积者"①。

　　还有一种是无偿的施舍。前述华亭（今上海松江）义门夏椿，"至元丁亥岁祲，出粟贱贾以粜。庚寅又祲，贱粜犹不给，则设糜僧寺。大德丁未旱，明年大饥，越尤甚，死相跆籍，幸不死，则气息仅属，携持老幼归夏氏。始至，为辟庐舍，具馈药，视其羸壮，食饮必时，生则赆之归，死则给椁以瘗，而书其姓名邑里于木，以俟来收骨者"②。"丁亥"是至元二十四年（1287），"庚寅"是至元二十七年（1290）。文中所说"设糜僧寺"即在佛寺施粥，是常见的无偿赈济方式。上海（今上海）徐诚，"惟乐赈施。……庚午、辛未岁大祲，为馈粥以食饥者，活万余人"③。黟县（今安徽黟县）汪泰初，"泰定间，比年岁饥，设糜粥活人"④。

　　当时有人对官府和民间赈恤加以比较："救荒之政，权在上则顺而易，在下则逆而难。然出于官吏之手，则又有敛散不时、抑配不均之患。出于乡大夫士而有司不预焉，则无侵欺之弊而实惠及民矣。"官府赈恤弊端甚多，民间救济实惠及民。"然大夫之贤、士之仁者，未易遇也。"⑤也就是说，真正肯发廪救济的民间人士是不多的。从现存的一些记载来看，民间从事赈济者多有相当赀产，才能为之，但亦有普通百姓。如上海浦东人何敬德，"布衣蔬食，汲汲以施贫赈乏为事"。"大德十一年大饥……敬德请杭好善有材智人凌、郭、杨、李，僧道心、性澄六七人，又择饥民得强壮者四五十人，借菩提寺作粥。夜瀹置大甍中，明旦，饥民以至先后为次，列堂庑下，或溢出门外道上，相向坐，虚其前以行粥，约各持器来食，无持则假与。两夫舁，一人执杓，挹以注器中，食已以次去。日瀹米七八石至十石。始六月三日，止八月十三日，凡七十日，饥民无死。"在此以前，"湖州作糜食饥人，糜脱釜，犹沸涌器中。人急得糜，食已。辄仆死百步间。饥未至死，食糜者百无一生。……长者夜作粥贮大瓮中，盖惩湖州事也"。"明年……夏，为粥如昨岁，始五月朔日。逾三十六日，敬德死，

　　①姚燧：《赵君和父墓志铭》，《牧庵集》卷29。

　　②邓文原：《旌表义士夏君墓志铭》，《巴西邓先生文集》。

　　③贝琼：《故徐居士碣铭》，《清江文集》卷30。

　　④倪士毅：《汪希贤行状》，嘉庆《黟县志》卷14，引自李修生《全元文》第49册，第41页。

　　⑤陆文圭：《赠华玉溪序》，《墙东类稿》卷6。

元代灾荒史 Yuandai Zaihuang Shi

年五十七。后十八日，所余钱米亦尽，遂止。"①何散德"布衣蔬食"，一介平民，而能献身救灾事业，实属难能可贵。雄县（今河北雄县）刘宁，"少孤贫……及壮，耕钓为业，而信义感慨动乡闾"。"河朔之乱，连岁不熟，民多为饥卒所食，骸骼遍野，腥秽塞天。遂率子弟，操畚锸，埋掩无遗。已而远近大饥，饿殍满道，则又堰河取鱼，以釜灶置水次，烹鱼食往来人。由是四方之逃乱者多归之。"②"河朔之乱"指元末动乱，军阀混战。刘宁是个"耕钓为业"的体力劳动者，在饥荒之年"堰河取鱼"用以赈济饥民，令人钦佩。

民间赈济的另一重要力量，则是佛道寺观。有的僧寺道观在灾害发生时用本身的力量赈济，有的则劝说富户出资赈济。前一类如己亥（蒙古窝阔台汗十一年，1239），"关洛荐饥，豪富闭籴。师（汝州北极观道士毛养素——引者）悉发余粮，均施困馁［喂］，赖以活者甚众。盖平昔乐于赒急，以仁为己任如此"③。释志德，"奉旨来建康，住天禧、旌忠二寺……岁饥，为食道上，活殍死数万"④。建康治今江苏南京。信阳（今河南信阳）观音院住持普善，"倘遇岁俭，饥民往来，师罄其所以而济之，终无吝乎。常叹曰：'斋僧当耳，其饥民吾不济者谁可谓？'"⑤四明（古名，原庆元路，治今浙江宁波）乾符寺观主太虚普容，"岁大饥且疫。为粥活其不能自食者，用阇维法敛送其死无归者"⑥。僧人劝说富户之例如杭州高僧湛堂性澄，"大德乙巳，出世住东天竺之兴元等寺。岁丁未，吴、越大旱，师为说法祷禳，好事之家多为感动，捐所有以活其不能自食者。死无以敛，则为掩其遗骸，仍作大会普度之"⑦。富阳（今浙江富阳）僧人行修为慈修庵住持。"初，丁未、戊申岁大祲饥，死疫者骸胔狼藉。师用浮屠法敛而焚之，且率其徒诵经环绕，喻以迷悟因缘。"⑧

①胡长孺：《何长者传》，《国朝文类》卷58。

②李继本：《刘义士传》，《一山文集》卷6。

③李国维：《颐真冲虚真人毛尊师蜕化铭》，《甘水仙源录》卷7。

④释大䜣：《德公塔铭》，《蒲室集》卷12。

⑤释印吉祥：《善公行实碑》，《湖北金石志》卷14。

⑥黄溍：《四明乾符寺观主容公塔铭》，《金华黄先生文集》卷42。

⑦黄溍：《卜天竺湛堂法师塔铭》，《金华黄先生文集》卷41。

⑧王沂：《慈修护圣禅院记》，《伊滨集》卷18。

民间有偿赈粜并不都是善举，有时也成为富户盘剥贫民的一种方式。高安（今江西高安）吴伯成，"隐居自乐。……庚午岁又大饥，馁馑相枕藉。君复发粟赈施，且为食以待饥者，得全活数百千人。秋成，贷者倍取息，君独不尔。贫不能偿，焚券不问"①。兰溪（今浙江兰溪）赵必璇，"大饥，贷细民粟，适岁大祲，无所偿。次年有秋，咸倍息征之。君叹曰：'比岁民阻饥，得免于流亡者十不二三，今虽小稔，忍即重困之乎！'凡贷于君者，尽原其息，为粟九百石"②。由以上两则记载，可知饥荒时借贷"倍取息"是普遍的现象。劝分（见下）内容之一是要求富户平价粜粮。郑介夫说："若勒令随处富家平粜，则流害滋甚。大户纵贿而求免，小户力贫以奉行，徒资官吏之买卖，初无济闾里之危急。"③各级官吏利用民间救济从中取利。有的官员乘机贪污富民捐款："岁丁未，浙大祲。戊申，复无麦。民相枕死。宣慰同知脱欢察议行赈荒之令，敛富人钱一百五十万给之。至县（宁海县——引者），以余钱二十五万属（主簿胡）长孺藏去，乃行旁州。长孺察其有干没意，悉散于民。阅月再至，索其钱，长孺抱成案进曰：'钱在是矣。'脱欢察怒曰：'汝胆如山邪，何所授命而敢无忌若此！'长孺曰：'民一日不食当有死者，诚不及以闻，然官书具在，可征也。'脱欢察虽怒，不敢问。"④

第三节　劝　分

民间人士的救济，有的是自发的，有的则是官府倡导和推动的。"遇有饥荒，官司劝率上户赈济"⑤。官府出面倡导和推动的民间富户救济，称为劝分或劝粜。"大德十年丙午岁春夏间，江浙大饥。……是年省府节节

---

①吴澄：《故乐溪居士吴君墓志铭》，《吴文正公集》卷37。

②王祎：《赵君行状》，《王忠文公集》卷22。

③郑介夫：《上奏一纲二十目》，邱树森、何兆吉：《元代奏议集录（下）》，第80页。

④宋濂：《胡长孺传》，《宋文宪公全集》卷48。

⑤王艮：《议免增科田粮案》，正德《华亭县志》卷4，引自李修生《全元文》第32册，第229页。

行下粜粮，又专官亲临赈济孤贫者，分遣郡官下乡劝谕大家减价发粜"[1]，便是一例。劝富家赈济原是地方官府的行为，后来为朝廷采纳，成为抗灾减灾的一项重要政策。元代中期以后，在官府赈济的同时，通常要在民间劝分。当时有人说："比岁螟蝗水旱，五谷不登，民有饥色。朝廷闻而怜之，辄出楮币遣使者分行振救。民犹不足，又命有司劝大家富民出所有以佐之。"[2] 如至顺元年（1330）八月，江浙大水，饥民数十万，"诏江浙行省以入粟补官钞三千锭及劝率富人出粟十万石赈之"[3]。"劝率富人出粟"就是动员富人拿出粮食来救济，亦即"劝分"。"十万石"则是劝分的具体指标。

至顺二年（1331）三月，浙西诸路比岁水旱，饥民八十五万余户。中书省臣提出多项应对措施，其中之一便是劝分富家。[4] 劝分有许多事例。名诗人萨都剌为镇江路录事司达鲁花赤，"天历己巳，岁大祲，民嗷嗷饥甚，官出粟捐值以粜，君慨然曰：'民命如缕，纵斗米三钱，钱从何出？'乃为辞白大府，意气恳激，于是尽发仓廪以济焉。既又劝分巨室，饥者食，病者药，死者瘗，流离者转移，以口计者八十余万，多赖以生"[5]。俞希鲁为归安（今浙江湖州）县丞，"岁凶，说巨室出粟振窭夫"[6]。陈克和"转吏上虞（今浙江上虞——引者），会岁饥，民道死相望。君言于令尹，发公藏易粟，劝巨室启廪赈贷，存活者甚众"[7]。泰定三年（1326），于九思为绍兴路（治今浙江绍兴）总管，"会岁复不登，俾州县募富家出米谷一万三千余石，钱二万四千余缗，赈其乏食者一万四千余口"[8]。元统元年（1333）十一月乙卯，"江浙旱饥，发义仓粮、募富人入粟以赈之"[9]。元

①刘埙：《呈州转申廉访分司救荒状》，《水云村泯稿》卷11。

②苏天爵：《关君墓碑铭》，《滋溪文稿》卷20。

③《元史》卷34《文宗纪三》。

④《元史》卷35《文宗纪四》。

⑤俞希鲁：《送录事司达鲁花赤萨都剌序》，清光绪《丹徒县志》卷54，引自李修生《全元文》第33册，第50页。

⑥宋濂：《俞先生墓碑》，《宋文宪公全集》卷31。

⑦宋濂：《会稽陈君墓志铭》，《宋文宪公全集》卷34。

⑧黄溍：《湖南道宣慰使于公行状》，《金华黄先生文集》卷23。

⑨《元史》卷38《顺帝纪一》。

统二年（1334）五月，"中书省臣言：'江浙大饥……募富人出粟，发常平、义仓赈之。'"七月，"池州青阳、铜陵饥，发米一千石及募富民出粟赈之"[①]。后至元二年（1336）九月，"台州路饥，发义仓，募富人出粟赈之"。十一月，"松江府上海县饥，发义仓粮及募富人出粟赈之"[②]。"募富人入粟"或"出粟"，实际上都是劝分，这从上述于九思"募富家出米谷"可以看得很清楚。至正丁亥（七年，1347）夏，昆山（今江苏昆山）大水。"明年春，告饥者日以千数。"知府王至和"尽发常平"，"并各乡义仓粮"，"散济之，民用少苏。复议劝分为之继。华亭治所也，君既任其责，上海则府判官聂君世英往焉。不兼旬而事集，合二邑所劝计之，为谷一万九千七百四十九石，中统钞四千三百锭，而饥者得以续食焉。未几，官给赈济米斛相继而至，麦三熟乃已"[③]。

可以看出，元代中期以后，劝分在江南各地赈灾中起到了重要的作用。劝分的对象是民间富户，和上面所说自发救济的民间人士大多数实际上是同一类人。但劝分是被动的，自发救济是主动的。事实上，富民自愿贡献者不多，即使官府劝分往往也不顺利。"为富从来多不仁，凶年遏籴最无情。"[④]大德时，郑介夫上书朝廷，其中说："风俗不古，急义者少，豪家巨室，为富不仁，惟想望饥年可以闭籴要价，谁肯以阴德济人为心。若令自愿，必无应者。"[⑤]诗人吴师道曾为宁国路（今安徽宣城）录事，参与灾荒赈济，他写道："我昔仕州县，天历遭岁荒。劝分走郊野，日夜忧彷徨。豪民方乐祸，射利闭囷仓。……稍稍绳以法，群怒几中伤。"[⑥]吴师道为劝分奔走，到处碰壁。这些诗句表达了他的愤激之情。"天历己巳，岁大祲，

---

① 《元史》卷38《顺帝纪一》。

② 《元史》卷39《顺帝纪二》。

③ 干文传：《知府王至和赈贷饥民记》，正德《华亭县志》卷8，引自李修生《全元文》第32册，第84页。

④ 《太和州耆儒王昭德诗》，见《运使复斋郭公敏行录》。

⑤ 郑介夫：《上奏一纲二十目·救荒》，邱树森、何兆吉：《元代奏议集录（下）》，第80页。

⑥ 吴师道：《关中张氏义行诗》，《吴正传先生文集》卷3。

元代灾荒史 Yuandai Zaihuang Shi

有司劝分巨室，闻者咸避。"①官员劝分，难度是很大的。在这种情况下，地方官员通常采取的办法有三种。

一是官员带头捐俸，作为表率，带动富户捐献。"劝率富民出粟，官吏捐俸，振贷为糜以食之。"②元末，刘秉直为卫辉（今河南卫辉）总管，"岁大饥，人相食，死者过半，秉直出俸米，倡富民分粟，馁者食之，病者与药，死者与棺以葬"③。董守简为淮安路（今江苏淮安）总管，"当天历用兵之后，江、淮大旱，田苗槁死，民无所食。公下车，首倡僚寀捐俸以活之，郡大家争为出米及钱。凡居者则给钱治生，不令流徙。过者则具馆粥食之。……未几，朝廷发粟之令下，公始沛然足周其民矣"④。李注为淇州（今河南淇县）知州，"方泰定乙丑，河北大水无麦禾，民无以为食。侯首捐俸以倡，富人共为出粟，得二千余石，分给贫民，以是民无死徙者"⑤。周天凤为江西分宜（今江西分宜）县丞，"县连岁水灾，屡请赈济。至是，民居多没溺，仪之（天凤字——引者）以私财籴官米二百斛，以舟载饭临屋山而食之。如是者环邑十余里，大家始相率出米以继"⑥。元亨为铅山州（今江西铅山）知州，"岁大饥，出禄米百五斛，倡大家赈之，和者至万石，人咏歌不能忘"⑦。宜兴（今江苏宜兴）知州王德亮"身亲劝率，皆感其诚，于是得捐有济无之粟万石有奇以赈，捐贵就贱之粟六千以粜"⑧。"济无之粟"即无偿的赈给，"捐贵就贱之粟"是减价赈粜。

第二种办法是推行入粟补官，鼓励富户做出贡献。关于入粟补官在前面有论述。还有第三种办法，那就是强制推行。江西南丰（今江西南丰）儒士刘垧上书廉访分司要求赈济饥民，其中提出："其有富户蓄米待价，

① 俞希鲁：《朱仲明墓志铭》，《续纂句容县志》卷20，引自李修生《全元文》第33册，第66页。

② 陆文圭：《吴侯墓志铭》，《墙东类稿》卷12。

③ 《元史》卷192《良吏一·刘秉直传》。

④ 苏天爵：《董忠肃公墓志铭》，《滋溪文稿》卷12。

⑤ 苏天爵：《李府君神道碑》，《滋溪文稿》卷16。

⑥ 刘岳申：《周君墓志铭》，《申斋刘先生文集》卷11。

⑦ 许有壬：《元公墓志铭》，《至正集》卷54。

⑧ 程钜夫：《宜兴守王君墓志铭》，《程雪楼文集》卷21。

固是愚而无知，不恤祸败，理宜督勒随时平粜，庶免后患，可保家业。"①
徐沂之为浙西宪司书吏，"其在浙西，岁适大浸，被行台檄分赈湖、松江二郡，
设策以劝分，豪民闭遏不奉命者，悉绳以法。不数日，得米数万斛。不足
则发官仓以继之。事讫乃闻，台府嘉其得权宜，而不责其专擅，所活以万
数"②。乔仲山为暨阳（古名，元诸暨州，今浙江诸暨）知州，大德丙午十
年（1306）水灾，"豪右幸岁灾，封廪自殖。细民晨入市，携什器易斗粟，
日晏，徒手返，妇子相携泣。牧不忍坐而视，其议出粟劝分，等货之高下
勿强，违者以法绳之。令始下，豪右大耸，各罄所有，有无相通，饥者得
哺"③。"悉绳以法"，"以法绳之"，就是采取强制的手段，迫使富户出
售粮食。赵秉政为江西廉访使，退休后居当涂（今安徽当涂），"岁丁未，
江南大饥，有司劝富民出粟，粟不能具，民且死。公谓吏曰：'尔以严刑威之，
粟终不可得也，当以善言谕之。'吏如公言，果得粟以活民甚众"④。"严
刑威之"就是"以法绳之"，在"严刑"之下，再动以"善言"，才能生效。
由以上数例，可知这种方法亦是各级官员经常采用的。"岁丙午、丁未，
大浸。君（黄岩郑应先——引者）……乃倾粟以济之。未几，官行赈助法，
吏知君力已竭，将议免。君曰：'前者私恩耳，今法也，其何辞。'遂鬻
资产以应令。"⑤"赈助法"应是规定富户按资产出粮赈济的法令。"大德间，
岁浸，朝廷令富民出粟，以赈贫乏。有司择乡里为人所素服者，俾第其多寡。
府君（鄞县叶逊——引者）首被其选，大家小户咸服其公平。"⑥"第其多
寡"就是按财产情况分配赈粮的数额，显然是带有强制性的。

劝分的钱粮和官府的救济相似，亦有无偿和有偿之分。例如，后至元
二年（1336）十二月，"是月江州诸县饥，总管王大中贷富人粟以赈贫民，
而免富人杂徭以为息，约年丰还之，民不病饥"⑦。"贷"就是富人出粟赈
济，可以免当"杂徭"（杂泛差役），而且丰年要偿还。刘安仁为潭州路（今

①刘埙：《呈州转申廉访分司救荒状》，《水云村泯稿》卷14。

②黄溍：《建德县尹致仕徐君墓志铭》，《金华黄先生文集》卷37。

③陆文圭：《送乔州尹序》，《墙东类稿》卷6。

④苏天爵：《赵忠敏公神道碑》，《滋溪文稿》卷10。

⑤贡师泰：《国子监丞郑君墓志铭》，《玩斋集》卷8。

⑥王祎：《叶府君墓铭》，《王忠文公集》卷24。

⑦《元史》卷39《顺帝纪二》。

湖南长沙）治中，"值岁荒民饥……于是移文上司，未奉明降，先开官仓，减价赈粜三万斛。又劝有谷之家贷十万余斛，施一万余斛"①。"贷""施"是两种方式，"贷"即赈贷，是有偿的；"施"即无偿的赈给。吴师道任宁国路（今安徽宣城）录事，天历二年（1329），"大旱，黎民阻饥，宣城一县仰食于官者三十三万口。廉访使者赈民，以君摄县事，措置县政。先是城人缺食，君礼劝大姓，得粟三百余石，平估而粜者一万余石，四墉之内无饥人。至是，悉召县民，礼劝如初，众皆听命"②。"大姓""出粟三百余石"是无偿的赈济，"一万余石"是有偿的平价赈粜。庐陵（古地名，今江西吉安）旷作成，至正甲午（十四年，1354）吉安"复大饥，大府劝粜之令下，君慨然首输粟八百石。而乡民告饥无以继，乃发帑币遣人告籴于他境。比归，较其值，每石增乡值为钱一千五百文。或请依增值以行贷者，君曰：'若是则民愈艰矣，宁损己，无伤民也。'比秋稔，止收其原贷之数，不求赢焉"③。"大府劝粜"即地方官府下达劝分的命令，旷氏首先响应。"首输粟"有偿还是无偿不清楚，他自他乡贩来的粮食则肯定是有偿的赈贷，但所收利息较低而已。临川（古地名，元抚州路，治今江西临川）艾道孙，"岁饥，君既出粟食之。明年，城中荦益甚。君率僮仆为粥而给之。官府劝分之命下，而君家粟已前匮，从乡邻亲戚籴至，扬去粃糠，薄酬而厚与之，无留券焉。民争告有司，愿求籴君家，不愿之余家也，其信于乡人如此"④。乐安（今江西乐安）游德洪，"辛未大饥，郡劝分三日一粜。居士谓：'饥者岂能待三日而后食！'请于邑令，计下籴户口数，分畀富家，日给其食，至早稻熟乃已"⑤。则当地官府劝分对赈粜还有时间上的具体要求。

劝分还有一种方式，即要求地主在灾年借贷粮食给自己的佃户，保障

---

① 吴澄：《张氏太夫人墓碑》，《吴文正公集》卷33。

② 张枢：《元故礼部郎中吴君墓表》（《吴正传先生文集》附录）。按吴师道《宁国路修学救荒记》（见前引）把救荒赈济的功劳都归之于廉访司官员。《元史》卷190《儒学二·吴师道传》则云："会岁大旱，饥民仰食于官者三十三万口，师道劝大家得粟三万七千六百石，以赈饥民；又言于部使者，转闻于朝，得粟四万石、钞三万八千锭赈之，三十余万人赖以存活。"三者互有出入，可以参证。

③ 刘楚：《故笕谷居士旷君行状》，《槎翁文集》卷16。

④ 虞集：《艾圣传墓志铭》，《道园类稿》卷48。

⑤ 吴澄：《游竹坡墓志铭》，《吴文正公集》卷37。

他们的最低生活，不致流亡。世祖三十年（1293），常德路（今湖南常德）"连年水旱相仍，百姓艰食，至于鬻妻卖子，不营一饱。贼盗公行，饿莩遍野"。推官薛友谅向廉访分司建议："又且湖右郡县，地瘠民繁，贫窘之人，率多就庸富室，甘任厮役之责者，饥寒使之然也。宜令所属司县富实主户，遇各家佃户阙食，随即借贷，无令饥饿。如是鬻妻卖子贷非为者，事发到官，主户一例坐罪。如此，则主户惟恐罪及其身，必能赈救佃户，不必鬻卖妻子矣。乡村豪富之家，果能协同周济困穷，使贫民不致失所者，亦仰本处官司依上保申上司定夺，亦劝善之一端，是一举而两得也。"廉访司支持他的建议，"行移合属，依上劝率。果有似此济民富实之家，所借米粮若及百石之上者，保勘是实，开具姓名，就申上司，别加优礼施行"。常德路便委派薛友谅"劝分赈济"。薛友谅"不惮劳瘁，于深山穷谷间，冒雨雪，涉险阻，始终六阅月，力就乃事"。"武陵、桃源二邑，为村百二十有二，劝主户七百五十有七，赈贷至百石以上者五十七户，百石以下者为户七百。通为谷二万四千二十四石有奇，而所活饥民为口凡三万三千八十五。"这种有特定对象的"劝分"，还推广到附近的澧州和辰阳（即龙阳）[1]。主户即地主，客户即佃户。由以上记载可知，常德路及其周围地区至迟在世祖末年已经由官府出面，由主户赈贷客户。这是一种有特定范围的"劝分赈济"。

大德八年（1304）正月，成宗"以灾异故"，发布"恤民隐，省刑罚"[2]诏书，其中规定："比及收成，佃户不给，各主接济，毋致失所。借过贷粮，丰年逐旋归还，田主无以巧计多取租数，违者治罪。"[3]可知荒年主户贷粮佃户的做法，得到朝廷的认可。文宗至顺二年（1331）三月戊子，"浙西诸路岁水旱，饥民八十五万余户，中书省臣请令官私、儒学、寺观诸田佃民，从其主假贷钱谷自赈，余则劝分富家及入粟补官，仍益以本省钞十万锭，并给僧道度牒一万道。从之"[4]。各类官田、公田的佃户都可以从田主处借贷钱、谷，私田佃户自然不能例外。显然，灾年地主向佃户贷借钱、谷，已成为一项固定的措施。这种办法，加强了佃户对地主的依附关系，有利于社会的相对稳定，因而为官府的推广。常熟州（今江苏常熟）知州卢克治，

---

① 《武陵续志·义济局》，《永乐大典》卷19781。

② 《元史》卷21《世祖纪四》。

③ 《元典章》卷3《圣政二·减私租》。

④ 《元史》卷35《文宗纪四》。

"岁饥，谕大家使赈其不能自食者，民用无转徙"①。"大家"指富户，"不能自食者"无疑是佃户和贫困的农民。这和圣旨中地主接济佃户是一致的。至大元年（1308），李拱辰为新昌（今浙江新昌）县尹，"岁饥，道殣相望。公稽贫民之数，老弱者赈给之，少壮者俾富家收而佣之，疾疫者救疗之，所全活甚众"②。这是地主雇佣贫民，也被作为一种赈济的方式。党项人崇喜，自祖父起定居濮阳（今河南濮阳），其母孙氏，"自［至正］四年（1344）冬至五年（1345）春，大歉。恭人（即孙氏——引者）命崇喜，令家人每旦多备粥饭，以食乞人之老弱。有少壮男子饥饿濒死，命收留养济以活者十余人。客户贫不能自存，辄贷粮以济者十余家"③。这是地主借粮给佃户的具体事例。称之为"贷"就是要归还的。而收留"少壮男子"无疑将他们留作佃户。

　　劝分是地方官吏操作的。这种方式有成功的例子，对救灾起了积极的作用，但亦有很大的弊端。这关键在于有关官吏的品质。上述常德薛友谅在灾荒之年劝分一事，得到地方监察部门官员即廉访司佥事赵世延的支持。但赵世延认为："此备急方，非远猷也。吏持符入乡，不特人劳于具饔飧，且有抑勒之害。甚者受赂逞私，擅多少予夺之柄，其何以堪？"④绍兴路（今浙江绍兴）总管宋文瓒认为："天灾流行，贫富同之。劝分固善，或者吏得舞手其间，则贫者未得其利，而富者先受其病矣。"⑤《救荒活民类要》说得更具体："此法当在牧民守令官之得人，盖得人则法行无弊，非人则虽令不从，弊端滋蔓，反为民病。常观荒歉之岁，上司举行劝粜，应济饥民，其司属贪官污吏不体忧民之念，以为奇货，先行差人勾集税户，不问高下有无，验地等则，抑令认定米数，勒令减价出粜。或作词申覆合干上司，夤缘下乡，首至税家，大张声势，问要原认米石，盘点见数。呼集社长，供报缺食户口，伺候收粜，以次需索饮食，百端巧言。田多富贵者畏其紧迫，恐受辱责，只得情嘱减免。倘如所欲，却令出备数石米谷或禾粟之类，阳散阴收。田少乏力者必不能从，则听不遵劝分，煅炼承伏，以令其余。

---

①黄溍：《卢公墓志铭》，《金华黄先生文集》卷31。

②同上。

③潘迪：《百夫长唐兀公碑铭》，引自李修生《全元文》第51册，第19页。

④《武陵续志·义济局》，《永乐大典》卷19781。

⑤黄溍：《宋公去思碑》，《越中金石记》卷9。

所至之处未了，即令走卒前村报信，安排远接，计禀人情。如此逐乡逐村遍行，有钱者得免，无力者受责。税户既被勾扰横取，无复乐愿赈粜。官吏既有所获，只得相与蒙蔽，虚申劝率到某人粜讫米若干，赈讫户口若干。文饰其辞，欺罔上司。如此则奚有劝分之实，适足以滋抑配扰民之弊矣。"[1]因"劝分"受扰的不仅是富户，还有社长和其他民户。元末谢应芳说："常州（今江苏常州）凶荒，有司方且移文核实，藉有田之家计亩科数，以为赈恤之政……徒使皂隶之徒，家至户到，叫嚣之声，鸡犬弗宁，是以有田者亦多为东西南北之人矣。"[2]"劝分"导致"有田者"被迫逃亡他乡。

①张光大：《救荒活民类要·救荒二十目·劝分》。

②谢应芳：《上奉使宣抚书》，《龟巢稿》卷12。

第六章
禳灾

朝廷、地方官府和民间常常举行各种仪式，祈求上天和各种神祇减灾、消灾，称为禳灾。禳是去邪除恶的祭祀活动。禳灾在中国由来已久，是历史上长期形成的社会习俗。元朝的禳灾，大体上是前代同类行为的延续。朝廷和地方官府的禳灾，大体可以分为两种类型。一种是朝廷和地方官员直接出面向上天和各类神祇祈祷，请求它们显灵免灾。另一种是朝廷和地方官员请僧道人士出面，作法祈祷，与上天或各类神祇沟通，以求免灾。民间的禳灾大体上也是一样。

第一节　朝廷的禳灾措施

中统庚申年（1260）四月，忽必烈即位时颁布的诏书中宣布："五岳四渎、名山大川、历代圣帝明王、忠臣烈士载在祀典者，所在官司，岁时致祭。"[1] 由国家和地方官府主持对上述各种对象的祭祀活动，是中原传统政治体制的重要组成部分。忽必烈的这项举措，是他推行"汉法"的具体体现。"岳镇海渎代祀，自中统二年（1261）始，凡十有九处，分五道。"十九处分为五岳（东岳泰山、南岳衡山、西岳华山、北岳恒山、中岳嵩山）、五镇（东镇沂山、南镇会稽山、西镇吴山、北镇医巫闾山、中镇霍山）、四渎（淮渎、济渎、河渎、江渎）、四海（东海、南海、西海、北海）和后土。[2] 至元八年（1271）正月，中书省根据大司农司的呈文，建议"照依旧例"，恢复对社稷、风师、雨师、雷师的祭祀。忽必烈同意后"遍行各路钦依施行"[3]。至元九年（1272），御史台的一件文书说："祀典未尽举行，是宜照依钦奉到诏书，检会旧例，诸载在祀典者，合行致祭，以广祈祷之礼。"[4] "诏书"即上述即位诏书，"旧例"应指金朝有关祭祀的各项规定。

"天地之大，生物之众，而水旱有不常岁也。是故祷于社稷，祷于山川，为国家常典。"[5] 朝廷的祭祀活动与禳灾有密切的关系。至元十年（1273）七月，中书省的一件文书中说："据大司农司呈：'先为随路霖雨不止，检会到旧制：霖雨不止，祈祠山川岳镇海渎社稷宗庙。为此，移准大司农司咨，于七月十一日闻奏过。奉圣旨：与省家一处商量祭去者。钦此。请钦依所奉圣旨事意，与中书省商量祭祀事。准此，仰行下合属，如霖雨不止去处，祭享施行。'"[6] 所谓"旧制"，与上述"旧例"应是同义。也就是说，沿袭前代的制度，每遇"霖雨不止"，就要举行各种祭祀仪式。"霖雨"如此，旱、蝗等其他灾害发生时当然也是如此。这件文书明确将禳灾视为官方祭祀的重要内容。

---

①《元典章》卷3《圣政二·崇祭祀》。

②《元史》卷76《祭祀志五·岳镇海渎》。

③《元典章》卷30《礼部三·礼制·祭祀·祭社稷风雨例》。

④《元典章》卷30《礼部三·礼制·祭祀·祭祀典神祇》。

⑤任士林：《诸暨州寿圣院观音殿记》，《松乡集》卷10。

⑥《元典章》卷30《礼部三·礼制·祭祀·霖雨不止享祭》。

每遇大的自然灾害，朝廷都要举行种种禳灾仪式。成宗大德九年（1305）五月丁未，"大都旱，遣使持香祷雨"。大德十年（1306）五月"辛未，大都旱，遣使持香祷雨"①。"持香祷雨"的对象无疑是山川河渎或其他神灵。成宗时期最大的灾害是大德七年（1303）山西平阳、太原大地震，波及陕西、河北、山东等地。为此朝廷采取了多种救灾措施，其中之一是祈祷中镇霍山。七年（1303）十月，"天子特遣近臣并祷郡望……致祭于霍山中镇崇德应灵王"。次年二月，又派人致祭中镇。武宗至大元年（1308），"为晋宁路地震不止上头"，皇太子"教本路新住完颜总管于晋宁路有的名山大川降香者"。于是完颜总管"敬赍所赐香"到"中镇崇德应灵王位前恭行祀礼"②。霍山在霍州（今山西霍州）境内，是五镇之一，为中镇，山神被封为崇德应灵王。霍州属晋宁路。霍山邻近平阳、太原，故被选中作为消弭晋宁路震灾的祈祷对象。这次地震延续时间很长，朝廷为此多次向霍山山神祀祷。

仁宗皇庆元年（1312），"冬无雪，诏祷岳、渎"③。皇庆二年（1313）三月，"以亢旱既久，帝于宫中焚香默祷，遣官分祷诸祠，甘雨大注"④。延祐四年（1317）十月壬寅，"遣御史大夫伯忽、参知政事王桂祭陕西岳镇、名山，赈恤秦州被灾之民"⑤。可知仁宗在灾害之年祀祷亦以岳镇、名山为主。泰定二年（1325），"圣天子以雨泽愆期，恒燠见谴，虑妨东作，特遣通政大夫、集贤侍读学士臣刘绍祖、大司农司丞臣定定，驰驿赍内香，致祷于济渎清源善济王洎北海广泽灵祐王。……抵祠下，恪修祀事。是夕，浓云布作，甘澍沛然，遄迩沾足，妖氛殄绝"⑥。这次因旱灾派遣官员祀祷的对象是济渎和北海。泰定三年（1326）三月，"帝以不雨自责，命审决

---

① 《元史》卷21《成宗纪四》。

② 以上文字见霍山碑石，转引自闻黎明：《大德七年平阳太原的地震》，《元史论丛》第4辑。

③ 《元史》卷50《五行志一》。

④ 《元史》卷24《仁宗纪一》。

⑤ 《元史》卷26《仁宗纪三》。

⑥ 董良弼：《代祀祷雨灵应记》，乾隆《怀庆府志》卷26，引自李修生《全元文》第45册，第125页。

重囚，遣使分祀五岳四渎、名山大川及京城寺观"①。

元文宗天历二年（1329）三月"壬申，以去冬无雪，今春不雨，命中书及百司官分祷山川群祀"。同年四月，"以陕西久旱，遣使祷西岳、西镇诸祀"②。关于这次祭祀，翰林学士虞集有详细的记载。他说，关陕大旱，地方官祈祷无效，要求皇帝派专使"持玉币以礼其山川，庶有济乎"！朝廷便选派翰林直学士普颜实立前去，先"祈西岳"，继到奉元（今陕西西安），"与行省、台臣共祷于城中之群祀"。又与"左丞亦邻真祷于太一元君庙，即大雨"。"又诣高山太白峡灵湫庙，湫在绝顶……大澍连日。"接着又"至凤翔，与宪使、郡守祀于雅腊蛮神之庙。雅腊蛮者，高昌部大山有神，高昌人留关中者移祠于此云。既祀又雨。丁丑，祀西镇之吴岳，亦雨"③。"吴岳"即吴山，在今陕西陇县境内。镇是一方的主山。元朝朝廷祭典中有五镇，西镇即吴山。此行官员遍祷西岳、西镇以及其他神祠，值得注意的是，还向"高昌"即畏兀儿人的神庙祈祷，这是历来祀典中没有的。回来报告说所到之处普降大雨。这样的神话显然为了博得皇帝的欢喜。

朝廷禳灾，常常动用僧侣、道士和巫者，他们被认为有和神灵沟通的力量。至元元年（1264）四月，"东平、太原、平阳旱，分遣西僧祈雨"④。这应是朝廷派遣宗教人士禳灾的开始。"西僧"即来自吐蕃的藏传佛教僧人。忽必烈笃信藏传佛教，以藏传佛教萨迦派领袖八思巴为帝师。遇到自然灾害，忽必烈寄希望于"西僧"是很自然的。元代学者吴澄说："以梵声咒雨咒晴而辄应，西僧至今能之。"⑤吴澄是元代著名的理学家。他也相信藏传佛教僧人有禳灾的能力。此后朝廷以僧人禳灾时有发生。如成宗大德六年（1302）三月，"丁酉，以旱、溢为灾，诏赦天下"。同月壬寅，"命僧设水陆大会七昼夜"⑥。这次水陆大会显然为旱、溢而举行。延祐七年（1320）五月己丑，"命僧祷雨"。六月甲寅，"京师疫，修佛事于万

① 《元史》卷30《泰定帝纪二》。

② 《元史》卷33《文宗纪二》。

③ 虞集：《诏使祷雨诗序》，《道园类稿》卷19。

④ 《元史》卷5《世祖纪二》。

⑤ 吴澄：《题朱法师求雨应验诗后》，《吴文正公集》卷30。

⑥ 《元史》卷20《成宗纪三》。

寿山"①。上面说过，天历二年（1329）朝廷遣使到陕西祀祷岳镇诸神。至顺元年（1330）四月，"以陕西饥，敕有司作佛事七日"②。陕西旱情继续蔓延，皇帝转而求助于僧人。

但从现有记载来看，有元一代，朝廷在禳灾时选派的主要是道士，僧人居其次。至元八年（1271），"螟蝗为灾，命师（太一道领袖李居寿——引者）即岱宗汾睢，设驱屏法供，秋乃大熟"③。浙西杭州道士董德时，"至元戊寅被征北觐，承旨祷旱而甘雨澍，祷雪而瑞霙霏，晋号修真通元体妙法师，宣授今官（浙西道教都提点——引者），开元宫都监住持"④。"至元戊寅"是至元十五年（1278）。至元二十九年（1292），定海（今浙江定海）道士陈可复，"扈从大驾上都。夏五月，西至滦阳，滦阳旱，逾月不雨。有旨西行祈祷。师奏曰：'臣坛在毂下，西方当自沾足。'明日，西土以雨闻。有旨：'西土既雨，宜令上都满盈。'师遂奉盘皿，盟诸天神，立表下漏，日中大雨，上都果满盈，逾西都"⑤。龙虎山正一道领袖张与材，"元贞初入见大明殿，授大素凝神广道大真人。大德二年（1298），海盐、盐官两州潮水大作，沙岸百里蚀啮殆尽，延及州城下。与材投铁符于水，符踊跃出者三，雷电晦冥，奸怪物，鱼首龟身，其长丈余，堤复故常。五年（1301）冬无雪，上曰：'冬无雪得毋有灾害乎！'与材为建坛祷之。是夜，雪下盈尺，上大喜。……八年，录平潮功，加授正一教主兼主领三山符箓，给以银印，视二品。九年，崇明州海堤崩，俾弟子持符往劾之。民梦有神填海者，遂安"⑥。"皇庆元年春三月，京师不雨。遍走群望，不雨。诏武当山道士张守清祷而雨。明年春不雨，祷而雨。夏，又不雨，又祷又雨，既沾既渥，乃大有秋。上宽忧顾，下苏饥穷。"⑦仁宗时，孙德彧为全真道掌教。"延祐二年夏，礼部尚书元明善代丞相祷雨长春宫。……夜半，真人曰：'上帝念民无辜，赐之雨三日。'果雨三日。""三年夏，

---

① 《元史》卷27《英宗纪一》。

② 《元史》卷34《文宗纪三》。

③ 王恽：《太一五祖演化贞常真人行状》，《秋涧先生大全集》卷47。

④ 何梦桂：《璇玑观记》，《潜斋先生文集》卷8。

⑤ 任士林：《庆元路道录陈君墓志铭》，《松乡集》卷3。

⑥ 宋濂：《汉天师世家序》，《宋文宪公全集》卷17。

⑦ 程钜夫：《均州武当山万寿宫碑》，《程雪楼文集》卷5。

中书参知政事王公桂祷雨，亦如之。兴圣宫遣重臣醮雨长春，七日止醮，雨大至。所遣重臣忧之。真人曰：'勿忧也。'比祭酒，雨止。"① 玄教大宗师吴全节从成宗到顺帝历朝备受尊奉。大德五年（1301），"公奉旨召嗣汉三十八代张天师与材，过扬州，为守臣祷旱，雨。至京师，为答剌罕丞相哈剌哈孙王祷旱，又雨。……仍改至元之元年，京师旱，公奉勅祷之，雨。冬，无雪，公奉勅祷之，雪。……五年，畿内有虫孽，执政请公祷之，三日尽除"②。

从上面一些记载看来，朝廷各种禳灾活动取得了很好的效果，其实是很可疑的。例如，上面提到，盐官州（今浙江海宁）海溢，龙虎山张与材曾行法治理。泰定元年（1324）十二月，"癸亥，盐官州海水溢，屡坏堤障，侵城郭。遣使祀海神，仍与有司视形势所便"③。泰定三年（1326）八月辛丑，"盐官州大风，海溢，坏堤防三十余里。遣便祭海神，不止，徙居民千二百五十家"。泰定四年（1327）四月癸未，"盐官州海水溢，侵地十九里，命都水少监张仲仁及行省官发工匠二万余人以竹落木栅实石塞之，不止"④。与此同时，中书省出面，请僧人诵经祈祷："盐官州海坍，中书省会集教、禅诸山往彼祈祷。"⑤ 汉地佛教有教、禅之分，禅即禅宗，教则包括禅宗之外各宗派，如天台宗、华严宗等。"教、禅诸山"即佛教各宗派的代表人物。其中有天岸弘济。"盐官夺岸崩，民朝夕惴惴，恐为鱼鳖。江浙行省右丞相脱骧甚忧之，祈崇观音大士于上天竺，仍请师（天岸弘济——引者）亲履其地，建水陆冥场大会七日夜。师冥心观想，取海沙诅之，亲帅其徒遍掷其处，凡足迹所及，岸为不崩，人咸异之。"⑥ 但僧人做佛事实际效果不大。泰定四年（1327）"五月五日，平章秃满迭儿、茶乃、史参政等奏：'江浙省四月内，潮水冲破盐官州海岸，令庸田司官征夫修堵，又令僧人诵经，复差人令天师致祭。臣等集议，世祖时海岸尝崩，遣使命天师祈祀，潮即退，

① 虞集：《玄门掌教孙真人墓志铭》，《道园学古录》卷50；邓文原：《孙公道行之碑》，《金石萃编未刻稿》卷2。

② 虞集：《河图仙坛碑》，《道园类稿》卷36。

③ 《元史》卷29《泰定帝纪一》。

④ 《元史》卷30《泰定帝纪二》。

⑤ 《笑隐和尚语录》。

⑥ 宋濂：《普福法师天岸济公塔铭》，《宋文宪公全集》卷28。

今可令直省舍人伯颜奉御香，令天师依前例祈祀。'制曰'可'"①。五月癸卯，"以盐官州海溢，命天师张嗣仁修醮禳之"。张嗣仁是张与材的儿子。②但天师张嗣仁（成）祈禳也无效果，朝廷不得不采取新的举措。致和元年（1328）三月，"甲申，遣户部尚书李家奴往盐官祀海神，仍集议修海岸。丙戌，诏帝师命僧作佛事于盐官州，仍造浮屠二百一十六以厌海溢"③。帝师来自藏传佛教萨迦派，朝廷指定的佛教领袖。他出面组织佛事、造浮屠（塔）效果如何，未见记载，显然也是失败的。为了解决盐官州海溢，佛、道二教领袖人物轮流上阵，极一时之盛。最后还是李家奴等与地方官员商议，将土塘改为石塘，"造石囤于其坏处叠之"，暂时解决了水患。④

朝廷禳灾还有其他方法。一种是革除某些弊政，希望以此感动上苍和神祇。常见的举措是录囚，即对在押囚犯进行审查，清理冤狱。李德辉为户部尚书，"［至元］七年，会上以蝗旱为忧，俾录山西、河东囚"⑤。将录囚与蝗旱灾联系起来，这在元朝可能是首次。忽必烈任用权臣桑哥，"征责财利，天下囹圄皆满，愁怨之声载路。会地震北京，公（阿鲁浑萨理——引者）极言地震职此之由，上诏罢之，尽以与民。诏下之日，京师民相庆，市酒为空"⑥。"戊子岁，地震北京。世祖问：'今岁刑部所报囚徒何烦多？'公（梁德珪——引者）对曰：'囚非犯刑罪，特以征索罗织，无所从纳，故悉为囚在狱中。'上大感悟，乃悉赦天下逋负。"⑦以上两条记载说的是同一件事。忽必烈因地震释放囚犯，清理冤狱，为的是禳灾。"戊子"是至元二十五年（1288）。除了清理冤狱，还有一种办法是改地名，以求平安。世祖至元三年（1266），以地震改宣德府为顺宁府，改奉圣州为保安州⑧，后恢复原名。成宗大德九年（1305）五月，"以地震，改平阳为晋宁，太

---

① 《元史》卷65《河渠志二·盐官州海塘》。

② 《元史》卷30《泰定帝纪二》。

③ 同上。

④ 《元史》卷65《河渠志二·盐官州海塘》。

⑤ 姚燧：《李忠宣公行状》，《牧庵集》卷30。

⑥ 赵孟頫：《全公神道碑铭》，《松雪文斋集》卷7。

⑦ 袁桷：《梁公行状》，《清容居士集》卷32。

⑧ 《元史》卷58《地理志一》。

原为冀宁"①。文宗天历元年（1328），修治盐官州海塘，"于是改盐官州曰海宁州"②。元顺帝后至元三年（1337）八月，大都地区发生强烈地震。十一月，"发钞万五千锭赈宣德等处地震死伤者"。次年八月"辛未，宣德府地大震"，癸未，改宣德府为顺宁府。③

第二节　地方官府和民间的禳灾活动

每遇灾荒，地方官员向上天和各类神祇祈祷，举行各种祀典，以求减灾消灾，是中原固有的传统。至元七年（1270）十月，"尚书户部承奉尚书省札付。礼部呈：据西京路申，为本境风旱祈雨，用过羊酒等物价钱，乞除破事。呈奉尚书省札付，除已依数除破外，仰遍行各路，今后遇天旱，预为申覆省府明文，无得一面支破官钱"④。地方官府禳灾所费价钱，允许报销，也就是承认禳灾是合理的政府行为。这件文书中提出"预为申覆省府明文"，意思是各路禳灾要事先申报得到明文认可才能举行，后来似乎并未严格执行。世祖时，监察御史王恽因多处天旱，建议："随路阙雨去处，合无令有司择日行雩祭之礼，为民祈谷。其于农政，实所先务。"⑤"雩祭"是传统的求雨祭典。他又说："惟有以精诚感格神明，致祷岳渎，为民祈谢而已。不然，令各路总管府官或郡守躬亲祀祷部内山川并社稷神，以示朝廷优恤元元之意。庶望和气一回，普沾嘉瑞，使民心慰安，且忘积年饥乏扑灭之苦。"⑥"致祷岳渎"是朝廷的责任，地方官府则要"躬亲祀祷部内山川并社稷神"。"部内"即辖境之内。"古者水旱之祭，曰雩、禜。或城门，或山川，或岳镇，或海渎，或社稷，郡县则祭其界内所得祭者焉。"⑦"山川薮泽，鬼神之所伏也。故风雨雪霜之不时，则岁有饥馑，

---

① 《元史》卷21《成宗纪四》。

② 《元史》卷65《河渠志二》。

③ 《元史》卷39《顺帝纪二》。

④ 《元典章》卷30《礼部三·礼制·祭祀·祈风雨不得支破官钱》。

⑤ 王恽：《春旱请祈雨事状》，《秋涧先生大全集》卷86。

⑥ 王恽：《冬旱请祈雪事状》，《秋涧先生大全集》卷89。

⑦ 陈基：《光福观音显应记》，《夷白斋稿》卷27。

人有疾病，祷于山川薮泽而除之。"①有关地方官员禳灾的记载在在皆是，而且常常被视为"良吏"关心民瘼的一种标志。

名山是重要的祈祷对象。在这一类山神庙宇中，五岳山神最受尊崇，五岳之中尤以东岳泰山地位最高。"夫山川之神，五岳最大，而岱为之宗。"②"岱"就是东岳泰山。传说中东岳神"司命万类，死生祸福，幽明会归，故所在骏奔奉祀，惟恐居后"③。张德辉为东平路（今山东东平）宣慰使，"方春旱，种不下，祷于泰山，一夕甘澍沾足。"④东岳崇拜在其他地方也很流行。每遇灾害发生，地方官员往往以当地东岳行祠为祈祷的首选。"今东岳之祠遍四方，穷陬下邑，往往而有。田夫里媪日扳援叫号，以祷以祓。"佘洪任嵊县（今浙江嵊县）县尹，"距县一里，有东岳行祠，比岁旱，祷即应。丁酉秋，青虫为孽，祷之，明日虫罔遗育"。"青虫"指蝗虫。"越己亥夏六月，大旱，早苗多槁死。……复走祠下，愿减己寿年为百里命，请命于神。越三日，果大雨，四境沾浃，焦卷尽活，苗怒长，乃有秋。"⑤"丁酉"是大德元年（1297），"己亥"是大德三年（1299）。西岳华山也有重要的地位。大德十年（1306），田滋改济南路总管，"寻拜陕西行省参知政事。时陕西不雨三年，道过西岳，因祷曰：'滋奉命来参省事，而安西不雨者三年。民饥而死，滋将何归！愿神降甘泽，以福黎庶。'到官，果大雨。"⑥天历二年（1329），关中大饥，张养浩任陕西行台中丞，"道经华山，祷雨于岳祠，泣拜不能起，天忽阴翳，一雨二日"⑦。不少地方都有本地的神山。终南山在陕西奉元路（今陕西西安）。元世祖时，廉希宪为秦蜀省平章政事，"其年自春涉夏大旱，王（廉希宪——引者）步祷终南，其夕大雨"⑧。大德四年（1300），平遥（今山西平遥）春、夏无雨，

①姚拜延普华：《雷公山感应碑记》，道光《大同县志》卷19，引自李修生《全元文》第58册，第361页。

②苏天爵：《新城镇东岳祠记》，《滋溪文稿》卷3。

③王恽：《平阳路景行里新修东岳行祠记》，《秋涧先生大全集》卷37。

④苏天爵：《元朝名臣事略》卷10《宣慰张公》。

⑤牟巘：《绍兴嵊县新建东岳行祠记》，《陵阳文集》卷10。

⑥《元史》卷191《良吏一·田滋传》。

⑦《元史》卷175《张养浩传》。

⑧元明善：《廉文正公神道碑》，《清河集》卷5。

"二麦于槁，草木焦卷"，县达鲁花赤完颜大帖木儿"躬诣灵山，谒神宇"，诚心祷雨，"不旋踵而玄云四合，洪雨河注"。"灵山"指当地的超山，"神宇"是超山山神庙，称为应润侯庙①。至正二年（1342），江西抚州路（今江西抚州）"春、夏之雨不阙，六月蕴旱，监郡倅贰参佐皆以为己忧，华山、相山皆二百四五十里，自昔吏、民之所同祷也"。于是分遣官员，"各陟山巅"，"祝告之词方宣，精神之敷已感，云潏兴于川谷，雨遥注于郡城。……合郡内外，无不告足"②。以上祈祷的都是山神庙宇。有些名山的泉、潭、湫被认为灵气所钟、山神住所，也是祈祷的对象。济南城东南的禹登山，"中有潭，时出云气，旱祷即雨"③。类似的还有海神。刘执中为滨州（今山东滨州）尹，"滨旱，祈祷逾月。侯至之日，屏去僧道巫觋，率僚属斋沐，虔告渤海东之神曰：'天久不雨，民且无食。吏实可谴，民其何辜？'三日澍雨沛洽"④。

"山川薮泽"之神中，龙神最受尊崇。龙是中国民间传说中一种神奇的动物，"善变化屈伸……能御大灾，捍大患，驱云降雨"。大江南北到处都有祭祀龙的祠宇。⑤水深的江河、湫、池、潭常被认为龙栖居之所，往往建有龙祠。每遇水旱疫灾，龙祠便是首选的对象。李注为淇州（今河南淇州）知州，"河朔大旱，侯祷于灵山龙祠者七，每祷辄雨，岁用丰稔"⑥。潞州（今山西长治）东南有五龙山，上有龙祠，每遇夏、秋无雨，冬季不雪，当地官员就要到龙祠祷雨，据说极其灵验，"屡祷屡应，捷如桴鼓"⑦。寿阳（今山西寿阳）的龙王庙，"岁有水旱疾病，祈无不应"⑧。千乘（今山东广饶）"当青、淄之下流，岁雨溢民田为灾"。地方官员"筑堤以庸水，

①武亮：《应润庙祈雨灵应记》，《山右石刻丛编》卷29。

②虞集：《抚州路经历赵师舜祈雨有感序》，《道园学古录》卷34。

③张养浩：《游龙洞山记》，《归田类稿》卷16。

④吴澄：《刘侯墓志铭》，《吴文正公集》卷37。

⑤刘贯：《龙王感应之记》，《山右石刻丛编》卷40。

⑥苏天爵：《李府君神道碑》，《滋溪文稿》卷16。

⑦杨仁风：《重修五龙庙记》，《山右石刻丛编》卷28；李章：《五龙庙祷雨感应记》，《山右石刻丛编》卷33；曹太素：《会应五龙王感应之记》，《山右石刻丛编》卷33。

⑧顾士安：《重修寿阳县北山龙王庙记》，《山右石刻丛编》卷38。

复建龙祠于其上"，以为旱潦时祈祷的场所①。以上是北方的例子。在南方，"壬戌之岁"（至治二年，1322），江阴州（今江苏江阴）"夏仲不雨，秧渐槁，里农皇皇"。州同知理伯雍前往城东数十里的龙湫焚香祈祷，"雷雨交作"，"甘泽涌然"②。常州（今江苏常州）"庚戌秋，旱，田禾将槁"。路达鲁花赤南达尔玛吉尔迪"访知魏村之金牛山有龙祠，晨冒暑途走数十里，抵湫上，焚香未退，云气郁然。……未及郭，雨骤至"③。"庚戌"是至大三年（1310）。吴江州（今江苏吴江）州东有甘泉龙王祠。"至正三年夏，大旱，田禾焦然就槁，民心皇皇无赖。"州达鲁花赤雅理"率僚幕胥吏之属悉徒跣谒龙于祠下，再拜稽首，为民请命"。同时又命道士"用其教法，役神召龙，炼铁符投桥水。符才入，而雷殷殷自水起，玄云四垂，雨即随至"④。丹阳（今江苏丹阳）东北嘉山有龙祠，称为善利庙。"山有龙池，遇旱涸。池甚灵异，每祷雨时，以祭状掷水上，诚之至者，则龟、鱼衔曳而没于水中。"⑤与龙相近的，还有某些水中动物的崇拜。鄞县（今浙江鄞县）有石墺庙，"在县西二十里，墺有灵鳗，能兴云雨"。又有显济庙，"在县西南六十里，即四明山之天井，其井有二，有多线蜥蜴，能显灵，兴云雨，郡旱祷之即应"⑥。至正二十七年（1367）五六月，慈溪（今浙江慈溪）"不雨，川涸土叠，禾病民瘵"，庆元路总制慈溪县事术温台"召所部官分诣山川神祇，以币祷"；他"躬访邑东山谷间龙湫，免冠拜"，接着"徒跣行道上，遍至神宇，叩头以请。越三日，大雨"⑦。这可能是元代地方官祷雨相关事例的最后记载了。

此外，还有多种神祠（包括城隍庙）、历代圣贤祠以及社稷坛等，都可祈祷禳灾。扬珠台为彰德路（今河南安阳）达鲁花赤，"至元二十二年（1285）夏旱，斋沐徒跣，凡可祷祀，无远近致诚竭虔。不三日，甘澍沾足，

① 程益：《千乘程氏重修龙祠记》，康熙《乐安县志》卷17，引自李修生《全元文》第52册，第14页。

② 陆文圭：《喜雨诗序》，《墙东类稿》卷5。

③ 陆文圭：《常州路达噜噶齐大中大夫德政碑》，《墙东类稿》卷9。

④ 郑元祐：《吴江甘泉祠祷雨记》，《侨吴集》卷9。

⑤ 俞希鲁：《至顺镇江志》卷8《神庙·丹阳县》。

⑥ 《延祐四明志》卷15《祠祀考》。

⑦ 乌斯道：《祷雨诗序》，《春草斋集》卷3。

是岁大熟"①。至正八年（1348），刘秉直为卫辉路总管，"秋七月，虫螟生，民患之，秉直祷于八蜡祠，虫皆自死。……天不雨，禾且槁，秉直诣城北太行之苍峪神祠，具词祈祝，有青蛇蜿蜒而出，观者异之。至辞神而还，行及数里，雷雨大至"②。绛州（今山西新绛——引者）有圣母祠，"岁凡水旱疾疫，有祷必应"。至正乙未（十五年，1355），当地大旱，地方官到圣母祠祈祷，"大雨滂沛三日乃止"③。崔府君崇拜在山西颇为流行，和顺县（今山西和顺）有崔府君庙，"水旱衍期祷于斯，寒暑乖候祷于斯，崇殃厉疾祷于斯，咸若有答焉"④。崇仁（今江西崇仁）有显应庙，奉祀东汉名臣栾巴。"斯邑之民，有求辄祷，有祷即应，千百年以来，殆不胜纪。"大德丁未（十一年，1307），"是年大旱，八月旦，迎神至县治，大雨连夜。……后三十四年，为至元庚辰之岁，其旱尤甚，苗有未入土者，民甚惶惧"。地方官"诣庙迎神像至县以祷，拜跪未终，艻燎方炽，而林风四起，阴云以兴"，大雨三日夜乃止。⑤安庆（今安徽安庆）居民信奉城隍，"出必祈，反必报，水旱疫疾必祷"⑥。元代各地均建有社坛（社稷坛）和风雷雨师之坛，有固定的祭祀方式，"庶几风雨以时，年谷屡登"⑦。"社与稷所以有土而生民百谷者也。……社与稷之祭，使之丰登盈足而无凶荒饥馑之患。"⑧天历二年（1329）关中大旱，张养浩为陕西行台御史中丞。赴任途中，祷雨于华山岳祠。"及到官，复祷于社坛，大雨如注，水三尺而止，禾黍自生，秦人大喜。"⑨

地方官府"祈泽于道观、僧寺"⑩更为常见。成吉思汗时期，全真道领

①胡祗遹：《扬珠台公德政去思碑》，《胡祗遹集》卷15。

②《元史》卷192《良吏二·刘秉直传》。

③赵恒：《绛州同知虎公圣母祠祷雨灵应记》，《山右石刻丛编》卷39。

④王仲安：《重修府君庙记》，《山右石刻丛编》卷35。

⑤虞集：《崇仁县显应庙冲惠侯汉栾君之碑》，《道园类稿》卷37。

⑥余阙：《安庆城隍显忠灵祐王碑》，《青阳集》卷2。

⑦杨翮：《风雷雨师坛记》，《佩玉斋类稿》卷2。

⑧文璧：《重修府学记》，光绪《广西通志》卷138，引自李修生《全元文》第9册，第309页。

⑨《元史》卷175《张养浩传》。

⑩吴澄：《抚州路达鲁花赤祷雨记》，《吴文正公集》卷19。

神丘处机备受尊奉。他到中亚谒见成吉思汗，回到燕京，住长春观（白云观）。丙戌（太祖二十一年，1226）"五月，京师大旱，农不下种，人以为忧。有司移市立坛，乃前后数旬，无应。行省差官赍疏请师为祈雨。醮三日两夜，当设醮请圣之夕，云气四合，斯须雨降，自夜半及食时未止。行省委官奉香火来谢曰：'京师久旱，四野欲然，五谷未种，民不聊生，赖我师道力，感通上真，以降甘澍，百姓皆曰神仙雨也。'师答曰：'相公至诚所感，上圣垂慈以活生灵，吾何与焉。'""丁亥，自春及夏又旱，有司祈祷屡矣，少不获应。京师奉道会众一日谒师为祈雨醮，既而消灾等会亦请作醮……及醮竟日，雨乃作。"[1]"丁亥"是太祖二十二年（1227）。全真道士李志明为太原路（今山西太原）天庆观住持，"戊子夏大旱，将为一路灾。府中祈雨，僚属以师主醮事，已而澍雨沾浃，岁以大丰"[2]。"戊子"是太祖二十三年（1228）。易州盘溪王真人应易州（今河北易县）长官卢某之邀，住持龙兴观，"尝有飞蝗大至，官民失色，师结坛设醮，一夕尽去，众皆悦服。又经久旱，师一祷之，寸澍阖境"[3]。北方道教太一道以卫州（今河南汲县）太一万寿观为祖庭，李居寿为五世祖。蒙哥汗时期，"卫大旱，守官致祷于师，即书太一灵符，浸巨盘中，腾咒未毕，云叶肤合，澍雨沾足"[4]。忽必烈时代，彰德路大旱。"至元癸巳，夏五六月不雨，民有旱之忧，物价增贵。路官协议曰：'炎月如火，六旬无雨，则饥馑荐臻。痛自克责以祈泽。'于是同寅协恭，斋戒沐浴，设坛于郭西道宫，请谒真人文公，达诚致恳，以尽祷祀之法。投文于洹水之渊，太行青白二龙洞，列百神位于祭所。香烛茶果，百物所须，总判黄公以月俸供具。朝夕叩首百拜，昼夜不离坛下。不五日而雨，明日又雨，越一月又雨。不惟西成无虞，而二麦播种复有来岁之望。"[5]"至元癸巳"是至元三十年（1293）。成宗大德七年（1303），"淮南蝗"，宣慰使礼请江南茅山派宗师许道孟"醮而禳焉。俄而未羽者殪于雨，羽者有鹫蔽空而至啄食之，食而复吐，吐而复啄，如是连日，蝗不复灾"。

---

① 李志常：《长春真人西游记》卷下。

② 王博文：《栖真子李尊师墓碑》，《甘水仙源录》卷6。

③ 敬铉：《大朝易州重修龙兴观之碑》，北图藏拓片，引自李修生《全元文》第5册，第20页。

④ 王恽：《太一五祖演化贞常真人行状》，《秋涧先生大全集》卷47。

⑤ 胡祗遹：《彰德路得雨诗序》，《胡祗遹集》卷8。

"淮南"指两淮（淮东、淮西）之地，约当今苏北和皖北。元朝曾设淮东道宣慰使司，故有宣慰使出面礼请道教宗师之事①。

元朝中期以后，灾害频繁，各地请道士作法之事更多。元仁宗时，"蜀大旱，祈祷无所应，吏民走以要汪君。君以其法致之，雨立至；大水，又以要汪君，雨立止，岁以不害。若夫疫疠鬼怪之挠吾民者，得汪君指顾，皆帖息如常时"②。"汪君"是正一派道士汪集虚。另一位正一派道士陈日新"尝道杭，杭方旱，遍祷弗应。行省丞相答剌罕候公以为请，公坐为致雨告足，杭人至今道之"③。"至正元年，浙东旱，明郡尤甚。二月至五月不雨，秧不得莳，已莳随槁。遍祷无效，公私忧惶。郡守真定王公居敬谋于郡人，礼延大瀛海宫主啬斋吕君至郡治祈祷。君登坛行事，叱咤之顷，玄云离合，若拥神物。雷电交作，大雨随至。观者如堵，且畏且喜。雨三日夜，四境沾足，岁则大熟。"④"明郡"即浙东庆元路（今浙江宁波）。正一派道士邓仲修"习召雷役鬼神之术"，"岁丙申，钱浦大旱，土毛尽焦。县大夫遍走群望，日愈赤如火。仲修仗剑登八卦坛，叩齿集神，飞符空蒙中，云肤寸而起"。立刻"大雨如泻"。"丙申"是至正十六年（1356）。"厥后六七年间，东浙则兰溪，西浙则严陵，江东则贵溪"，一遇干旱，"仲修出而应之，其致雨咸如钱浦时。人奇仲修，谓有弭灾之功云"⑤。至正甲辰（二十四年，1364），平江路（今江苏苏州）"连绵雨雪"，"秋将失望矣"。郡守请"精于道家法"的玄妙观道士周玄初，"用其法祷于天"，"由是顽云倏消，长空一碧，曜灵赫然"⑥。

僧人禳灾亦有不少例子。大德三年（1299），陕西邠州新平县（今陕西彬县）奉恩寺建成，"嗣岁寺境内疫大起，居无宁室，公（开山住持宗伟——引者）为梵语咒水，遍诣门饮之，皆苏，得不死者众，人益德之。

①元明善：《华阳道院碑》，《清河集》卷7。按，大德三年（1299）扬州、淮安等地曾发生秃鹙啄食蝗虫之事，时间略有差异，也没有提到道士的作用。见《通制条格》卷27《杂令·禁捕秃鹙》。

②虞集：《成都路正一宫碑》，《道园学古录》卷47。

③虞集：《陈真人道行碑》，《道园学古录》卷50。

④程端礼：《送道士啬斋吕君序》，《畏斋集》卷3。

⑤宋濂：《赠云林道士邓君序》，《宋文宪公全集》卷8。

⑥郑元祐：《祈晴有应序》，《侨吴集》卷8。

遇旱涝即有祷，雨旸随应"[1]。泰定二年（1325），盐官州海溢，行省官员请名僧前去祈祷，朝廷命帝师遣僧作佛事造浮屠，已见前述。大同是会稽（今浙江绍兴）宝林华严教院住持。元末，"状元忠介公泰不华守越，病旱，无以禳，佥谓非公不可。公为蒸香臂上以请雨，即澍"[2]。癸卯（至正二十三年，1363）"广德大旱"，宜兴（今江苏宜兴）禹门兴化庵住持永宁"徇乡民之求，结坛诵咒，焚咒未终，大雨如泻，岁乃登"[3]。释广铸为荆门当阳（今湖北当阳）玉泉禅寺住持，"设有水旱虫蝗之灾，师默祷辄应，环寺百数十里间未尝有凶岁"[4]。从现有记载看来，道士禳灾较多，僧人较少。而道教各宗派中，龙虎山正一道系统道士尤长于此道。

道教的祭祀仪式中，有专门禳灾的斋醮，如雷霆斋、碧玉斋、灵宝斋、一洞渊斋、孚泽斋、祈雨九龙醮等[5]。佛教亦有祷雨祈晴之法："凡有祈祷，须如法严治坛场，铺陈供养。……如祈晴祈雨，则轮僧十员、廿员，或三五十员，分作几引，接续讽诵。每引讽《大悲咒》《消灾咒》《大云咒》各三、五、七遍，谓之不断轮。终日讽诵，必期感应，方可满散忏谢。"[6] 僧、道作法为何能禳灾？关键在于天人感应。"道家者流，有符箓之法，谓能呼吸风雷，役召神鬼。或者疑焉。天人一也……天人之际，感与应而已。……愚夫愚妇，一念之烈，犹能有动，况高人德士栖身孤夐，练行精纯，志之所在，天必不违。"[7]

很多地方禳灾时往往多种方式兼用不悖。既有官员、地方人士到各种名山祈祷，又有道士、和尚举行各种宗教仪式。有的同时举行，更多则是轮流举行，一种无效再换一种。至顺三年（1332），抚州路（今江西抚州）六七月不雨，"民情惶惶"。地方官"祈泽于道观、僧寺"，"俱未应验"，于是到以"高峻"著称的华盖山和相山祈祷，果然得雨。但因"远近旱甚，

---

① 刘仁本：《陕西邠州新平县奉恩寺开山伟公行业记》，《羽庭集》卷6。

② 宋濂：《别峰同公塔铭》，《宋文宪公全集》卷28。

③ 宋濂：《宁公碑铭》，《宋文宪公全集》卷20。

④ 虞集：《广铸禅师塔铭》，《道园学古录》卷49。

⑤ 张泽洪：《道教斋醮符咒仪式》，第269页。

⑥ 德辉：《百丈清规》卷1《报恩章第二·祈祷》。

⑦ 元明善：《华阳道院碑》，《清河集》卷7。

犹未沾足"，于是又"祭于社稷坛"，祭毕大雨滂沛。[①] 至正七年（1347），休宁（今安徽休宁）不雨，县尹唐棣"率僚吏遍祷群祀，复大合群祀之神于芝山祠宇，禁市肆毋得粥鱼、肉，集老氏之徒，虔修醮仪。命学释者亦鸠其徒来会，日宣梵言，诵经译助焉。遂除坛于东山之上，请方士吴汝霖主，以其法符檄上下神祇及山川之能兴云雨者。遣父老以朱书铁券取水富郎潭，合邑官吏士庶郊迎导水至坛所。又遣吏取水谒潭，如富郎仪。谒潭水才至，云油然四合，雨来自西北。是夜雷电砰激，雨益沛注，四境之内沾足齐同。明日醮谢，乃归群祀之神，弛市禁，用牲于坛，以答神贶。于是旱不为灾，岁以大稔"[②]。唐棣是名画家，也是能干的地方官。他为祈雨动员了一切可以动员的力量，据说取得了可喜的效果。

中国古代习俗，有雩、禜之祭。雩以祈雨，禜以祈晴。"古者坛而树为祭天祷雨之处曰舞雩，是故旱而祷于坛，礼也。"[③] 禜礼是祭东门。在元代二者仍常有举行，据说颇有灵验。儒士蒲道源作《祈晴禜城东门神祝文》四篇，应是代地方官员所作。[④] "至元后戊寅夏，杜侯来守彰德。方旱，祷而雨。秋大雨乃不止，田将没，洹之涨且及城。八月四日，侯禜于城东门，雨俄息，翼日遂霁。按祭法，雩禜，祭水、旱也。历代典制，州郡县苦雨，各禜其城门。雨而禜门，古礼也。"[⑤] 魏秉彝为鲁山（今河南鲁山）县尹，"大旱弥月"，祷于龙祠得雨。"及后淫雨不止，公复祷东门，即时天雨开霁。"[⑥]

当时人们认为，禳灾活动能否见效，关键在于主事者有无诚意。"惟至诚能动之，祷祈之法，一以诚为主，求之则应。"[⑦] "苟神之灵，非诚之至不感也。苟诚之至，非神之灵不应也。神之灵矣，[诚]之至矣。"[⑧] "诚

---

① 吴澄：《抚州路达鲁花赤祷雨记》，《吴文正公集》卷19。

② 杨翮：《请雨记》，《佩玉斋类稿》卷2。

③ 乌斯道：《祷雨诗序》，《春草斋集》卷3。

④ 蒲道源：《闲居丛稿》卷22。

⑤ 许有壬：《禜门记》，《至正集》卷41。

⑥ 师升：《魏公德政碑记》，嘉靖《鲁山县志》卷9，引自李修生《全元文》第56册，第310页。

⑦ 陆文圭：《求雨诗序》，《墙东类稿》卷5。

⑧ 揭傒斯：《护国显应王庙祈雨感应记》，《山右石刻丛编》卷37。

则感神，祭则受福。……故有其诚则有其神，无其诚则无其神。"[1]只要有诚意，上天、神祇便会鉴察，答应弭灾。诚意主要表现在两个方面。一方面是"祈祷谢过"[2]，官员对施政活动中的过失认真反省，请求宽恕。元代中期，张养浩为县令时作《牧民忠告》，在"救荒"门列有"祈祷"条，他说："凡有祈祷，不必劳众，斋居三日，以思已愆。民有冤欤？己有赃欤？政事有未善欤？报国之心有未诚欤？无则如仪行事，有则必俟追改而后祷焉。夫动天地，感鬼神，非至诚不可，纤毫之愆未除，则彼此邈然矣。"[3]至正二十年（1360），福建大旱，"有司遍祷弗应"。官员们商议道："今旱若兹，祷且弗应，吾诚其有未至乎！不然，则是政失其平，行愆于常，虽有告，不吾听也。"[4]认真反省是诚意的表现。官员祈祷时的祭文常有自我谴责的言语，以求上天和神祇的谅解："顾天灾之洊降，皆吏政之不臧。敢罄哀衷，仰祈灵岳。仗神威而迅扫，庶日稦之无伤。"[5]"比者时雨愆常，秋种不下。重念无辜之者，将罹饥馑之灾，用是罢造作而弛土木，禁市酤而重糇粮，循省自修，冀回哀眷。"[6]另一方面是沐浴斋戒，以示虔诚，甚至采取某些自虐的行为，用以显示诚意。亦璘真为义乌县（今浙江义乌）达鲁花赤，"盛夏亢旱，原田告病，公斋戒遍祷神祠，不应。则露跣稽首以吁天，七昼夜不辍，雨乃时降"[7]。至正己亥（十九年，1359），上党（今山西长治）自春至夏，雨旸不时，县达鲁花赤忽都帖木儿"斋沐积诚，吁天祷神，往复露跣，昼夜数请城南五龙祠下，哀泣叩头，至于出血。天悯其衷，澍雨大降，秋成虽晚，而民无饥色，军食且足"[8]。至正乙未（十五年，1355）五六月，绛州（今山西新绛）不雨，"民用大恐"。州同知虎笃达尔率人到圣母祠祷雨。第一日无反应，第二日虎笃达尔"徒跣手香以出，众戚曰：'山磴萦回，石龃龉齿植锋利，非足所堪。'公曰：'吾自责耳，

① 李天禄：《灵惠齐圣广祐王新建外门记》，《山右石刻丛编》卷32。

② 萧㪺：《地震问答》，《勤斋集》卷4。

③ 张养浩：《为政忠告·牧民忠告》。

④ 贡师泰：《道山亭祷雨记》，《玩斋集》卷7。

⑤ 李庭：《祭飞蝗文》，《寓庵集》卷8。

⑥ 王恽：《祈雨青词》，《秋涧先生大全集》卷68。此文似是为朝廷写的。

⑦ 胡助：《达鲁花赤亦璘真儒林公去思碑铭》，《纯白斋类稿》卷19。

⑧ 晋鹏：《前上党县达鲁花赤忽都帖木儿德政记》，《山右石刻丛编》卷39。

若等第履，勿我恤。'时烈日苎午，地肤焚如，行数匝，众汗汤若气馈，若殆不能立，复首地以请。公曰：'我非矫情以干誉，必雨乃履。'众泣，公亦泣。俄而溘然云兴"。下了微雨，到晚上便有大雨。① 休宁县（今安徽休宁）先涝后旱，县达鲁花赤坊彦羣"既率僚吏行祷群祀暨名山大川于社于门矣，而不雨。既又召佛者、老者、方技者各使以其法求焉，而又不雨，则旱甚矣。……乃斋宿走祠所，再拜稽首，兴手瓣香，跽而祷之曰：'……民无罪而天绝之，吏有罪也。请以绝民者移诸吏。'言讫泪缘睫。又再拜稽首，退而屏处却食，期必得雨。乃以厥明日，雨于南郊"②。

一般来说，地方官员禳灾都是乞求神祇怜悯降福，但也有例外。元末名臣余阙以孤军镇守安庆（今安徽安庆）对抗红巾军闻名于世。安庆大旱，他在《祷雨文》中指责"南岳潜山之神"说："水旱之责不于汝而奚归！""今白露将近，虽雨无及，兹与神期，三日大雨，田禾熟成，将率吾民，修尔宫庙，奉尔祭祀。不然，将与民图变置，汝其无悔。"③ 公然以拆庙来威胁神灵。他的态度居然发生作用："是秋，大旱，为文祷于潜山之神，旋获甘澍，民大悦。"④ 至正二十一年（1361），大同（今山西大同）久旱不雨，官员"率同列斋沐祷雷山润济侯祠，焚香九拜，期于三日之内，必遂所请，当备牲醪以酬神惠，绘像以肃其威仪，立石以记其本末。若祷而不应，是神居其位而未能御灾捍患。《礼》：'旱干水溢则变置社稷'，亦当行国法，以彰神之不灵也。"可以说是对山神威胁利诱。次日果然"澍雨如注，彻夜达旦，霁而复雨"⑤。

平反冤狱可以感动上苍，因而历来被认为禳灾的一种有效方式。前面说过，朝廷以录囚来禳灾，地方官员亦有此类举动。至元二十年（1283），仇锷为巩昌路（今甘肃巩昌）治中。"会岁大旱，草木枯尽，僚吏请祷。公申：'得无以冤狱致是乎？'取某事按问得实，平反上之，大雨三日。"⑥ 元贞元年

---

① 赵恒：《绛州同知虎公圣母祠祷雨灵应碑》，《山右石刻丛编》卷39。

② 赵汸：《休宁监邑坊公闵雨记》，《东山存稿》卷4。

③ 余阙：《潜岳祷雨文》，《青阳集》卷5。

④ 朱善：《余廷心后传》，《朱一斋文集》卷6。

⑤ 姚拜延不华：《雷公山感应碑记》，道光《大同县志》卷19，引自李修生《全元文》第58册，第361页。

⑥ 赵孟頫：《仇公神道碑》，《赵孟頫文集》，此碑《松雪斋文集》未收。

（1295），姚天福为真定总管，"郡人集众象龙祝雨，公曰：无益。令撤去，乃虑狱囚，底平允，雨大霈"①。

除了官府禳灾，民间亦有自发的禳灾行为，且由来已久。蒙古前四汗时期即有发生。沁水西南"有墅曰土沃，墅之东有山"，山顶上"有虞舜、成汤二圣帝故行宫在焉"。"大朝庚戌年，春旱太甚。"刘源、徐玉率居民向二圣帝"祷雨救旱"，"遂使岁之凶歉，忽变为丰穰"②。"庚戌年"是海迷失后摄政二年（1250）。元武宗时，"当涂人坐杀牛祈雨，因系者六十余人，［太平路总管畅］师文悯而出之"③。当涂（今安徽当涂）属太平路。元朝法令，"诸私宰牛马者杖一百，征钞二十五两，付告人充赏。两邻知而不首者笞二十七。本管头目失觉察者笞五十七"④。杀牛祈雨无疑是民间的禳灾活动，私宰耕牛有禁，所以当事人被拘捕。但此事可见民间有自发的禳灾举动。顺帝后至元五年（1339），平定州（今山西平定）"春及夏无雨，谷不下种，麦苗亦口槁矣。市粜欲闭而四民嗷嗷"。于是，"官府奔走致祷方严"，"而白君仲和为一介之人"，不忍坐视，乃独谋于心曰："惟州之西有嘉山焉，其神曰灵源公，验诸见闻，有祷辄应。遂以香币而往。"他的诚心感动山神，"明日，雨既沾既足，百谷用成，乃为乐岁"⑤。绍兴韩明善"以学行著于东南，部使者数尉荐，益雅约不事荣进，且老矣……至元后丙子岁，夏五月至于秋七月不雨，原隰尽疐，陂渠胶舟，民瘝滋甚。先生斋洁潜祷于天地山川之神，乃大澍二日，槁苏滞行，物意条鬯"⑥。以上是两个个人禳灾的举动。总的来说，禳灾是天人之间的关系，只能由朝廷和官府举办。民间禳灾虽不见明文禁止，但不在提倡之列。

第三节　禳灾的非议

对于各种禳灾活动，元代朝野多数人可以说是支持的，认为这是救灾

---

① 孛术鲁翀：《姚公神道碑》，《国朝文类》卷68。

② 缑励：《圣王行宫之碑》，引自李修生《全元文》第51册，第38页。

③ 《元史》卷170《畅师文传》。

④ 《元史》卷105《刑法志四·禁令》。

⑤ 杨翰：《祈雨感应碑》，《山右石刻丛编》卷35。

⑥ 陈旅：《韩明善祷雨诗序》，《安雅堂集》卷6。

不可缺少的环节。但也有人对某些禳灾活动持保留态度。如著名文人虞集认为，祈祷的对象应限于社神和山神："郡邑之间，不幸有水旱之事，则有祷于神焉。社者，民之主也。高山，地之望也。民之主则其神萃焉，故祷于社为合礼，为足以尽诚。高山能出云雨，民心之望，亦神之所萃也，故祷之亦合于礼，亦可以尽其诚。为长吏则当为民祷者也。郡国有社矣，有望山矣，故其人祷之为合礼，而其人之诚亦以感之也。"另一方面，他认为，"今夫浮图、老子之宫，土木偶人之祀，群聚而号呼之，吏人或出于漫率财用，或出于掊克。或妖人术士鼓舞吁呼其间，或未必无所验者，然以为能尽其心而无愧于理，则不敢以为然也"①。著名学者吴澄也有同样的看法。他说："先儒尝论祷雨之事，其言曰：'名山大川能兴云致雨，今都不理会，却去土木人身上讨雨，土木人身果有雨乎？'世俗之敝政在乎此。至于道流建醮，此乃前代亡国君臣作此儿戏之举，亵渎甚矣。循习至今不改，良可叹恨。青词之类，皆矫诬借乱之词，适足以获罪于天耳，岂足以感格哉！若欲致祷，当用祭文于山川之神，罪己哀吁，庶乎其可。"②在虞集、吴澄看来，只有向山川之神祈祷是"合礼"的，佛道禳灾都不可取。他们的意见代表了相当一部分儒士的传统看法。还有人对禳灾加以尖锐的批评。如赵孟頫说："凶年饥岁，老弱将转乎沟壑矣。当此之时，为民父母，不以由己饥之、由己溺之之心处之，而泛泛然迎请观音大士，有同儿戏。具文之祈祷，安能召和气而回天意哉！为今之计，莫若讲行救荒之政，平籴价以宽民力，行赈济以救饥贫，放商税以通行旅，清狱讼以雪冤枉，察吏奸以禁贿赂，抑小人以扶君子，通下情以求民瘼。凡可以弭灾异、召和气者，尽心力而为之。忧国愿丰，出于一念之诚，则大士不须祈祷，而慧日自呈祥矣。"③但持这种看法的人是不多的。

事实上，上面列举的禳灾成功的种种事例，是否真实，是很值得怀疑的。其中有些可能是巧合，更多的可能是虚构或编造，下面几个例子可以说明

---

① 虞集：《书吴文正公所撰郡监塔不台祷雨后》，《道园类稿》卷35。

② 吴澄：《复崇仁申县尹书》，《吴文正公集》卷8。但吴澄并不完全排斥佛、道。他曾认为"西僧"求雨祈晴有应，有"苦行"的法师求雨有验，"然得其真者鲜矣"。（《题朱法师求雨应验诗后》，《吴文正公集》卷30）

③ 《上官府祈晴书》，光绪《川沙厅志》卷15，引自李修生《全元文》第17册，第57页。

襄灾的虚伪和可笑：

> 东阳县西鄙有石潭，在崇山上，相传有龙居焉。凡虵虺蛙黾蜥蜴之出其间者，人皆谓为龙也。至正十三年夏，大旱，县民相与诣潭下祈焉。有顷而龙见，既见而不雨自若也。[1]

> 丙子岁，松江亢旱。闻道士沈雷伯道术高妙，府官遣吏赍香币过嘉兴，迎请以来。骄傲之甚，以为雨可立致。结坛仙鹤观，行月孛法，下铁简于湖泖潭井，日取蛇、燕焚之，了无应验。羞赧，宵遁。僧柏子庭有诗，其一联云："谁呼蓬岛青头鸭，来杀松江赤练蛇。"闻者绝倒。[2]

> ［吕思诚］改景州蓚县尹。……天旱，道士持青蛇，曰卢师谷小青，谓龙也，祷之即雨。思诚以其惑人，杀蛇，逐道士，雨亦随至，遂有年。[3]

最生动的例子是至正二十年（1360）泰和（今江西太和）祈雨：

> 庚子夏闰五月不雨，居民以旱告。守土者即斋沐出宿城西延真观，礼法师之能祠雨者，饬坛壝，合群祀，具仪物，无敢不吊。既三日，不雨。有一男子扬言于市曰："我则有雨，乃不我求而求彼，彼焉能有也？"市人走致其说，守土者惊喜，命罗致之。要诸途以见，问曰："若能致雨乎？"曰："能也。"曰："将有戒备否乎？"曰："毋尔也，且请尽撤向之祠祷者。"则敬劳之曰："凡吾所请者，民也。果致雨，当厚报效。"因命徒卒数人从之，俾给劳焉。其人乃去，为坛设位于通市，要守土者拜而祈焉。以环玦掷庭中，踊跃出望，若见若闻。即自书揭于门曰："某与神约，某日云雷来会。某日当大雨，三日乃上（止）。"是日，自州长以下，至吏民农贾，无不稽仰瞻敬，谓雨之至者可跂而待也。比明日乃益炽。其人叱咤鞠跽，唇焦力疲。又明日，至于三日、五日、七日，云卒不兴，阳日以亢。……他日，请诣他祠，更焚檄焉。既又不雨，则又出其所绘神，秘祷之，以哀告，雨又不果。公府使人候之益急，乃撊然以身徇于路，且行且拜，裸袒顿跣，扣首出血，流汗被踵，喘不得息。则又曰："神告我矣，是龙匿于江之某潭，其速具舟，吾载而下索焉。"众弗之信，益固视之。自是，率夜号于市曰："天乎，何雨之不降也，今众强我，不我舍。"号已，则又语市人曰："曷不具薪焚我以速雨乎！"言已，辄长号不止。市人童子聚观而怜之，问之，

---

[1]王袆：《谕龙文》，《王忠文公集》卷23。

[2]陶宗仪.《南村辍耕录》卷27《讥方士》。

[3]《元史》卷185《吕思诚传》。

则为世奉婺源神胡巫之孙子也。……自某日阅二十九日，天卒不雨，巫遂遁。岁则大旱。[①]

这是一场可笑的闹剧，充分显示了禳灾的虚伪。

---

① 刘崧：《胡巫传》，《槎翁文集》卷2。

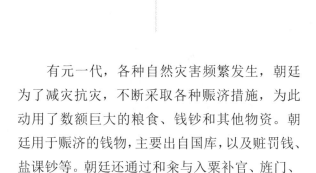

第七章
朝廷赈济钱物的来源

　　有元一代，各种自然灾害频繁发生，朝廷为了减灾抗灾，不断采取各种赈济措施，为此动用了数额巨大的粮食、钱钞和其他物资。朝廷用于赈济的钱物，主要出自国库，以及赃罚钱、盐课钞等。朝廷还通过和籴与入粟补官、旌门、卖僧道度牒等，为赈济得到大量粮食和钱钞。

第一节 国库支出、盐课钞与赃罚钱

元代官方赈济所需的财物，主要来自国库。元代财政收入，以粮、钞为主。就粮食来说，据元代中期统计，岁入税粮一千二百十一万四千七百零八石，其中江浙行省居首位，为四百四十九万余石，其次是河南行省二百五十九万余石，腹里二百二十七万余石，江西行省一百一十五万余石，湖广行省八十四万余石。[①]元朝建立了庞大的仓库系统，储存粮食。就货币来说，元朝以纸币为主要货币，称为钞，流行的是中统钞和至元钞，二者价值是一比五，即至元钞一锭等于中统钞五锭。但官方和民间各种开支、交易都以中统钞为计算单位。财政收入中货币部分来自包银、南方的夏税和诸色课程，而以盐课所占比重最大，商税、酒醋课、茶课等次之。至元二十九年（1292），"一岁天下所入凡二百九十七万八千三百五锭"[②]。文宗天历元年（1328），财政收入中钞在九百五十万锭以上，其中盐课钞七百六十六余锭，茶课二十八万余锭，酒醋课合计近五十万锭，商税九十余万锭。[③]元朝日常财政支出，主要有官员俸禄、宫廷费用、赏赐、各级政府开支、军费、赈济和工程建造费用等。赈济占用财政开支的比重虽没有准确的数字，但元代中期以后，每年赈济所费粮食常在百万石以上，钞数十万锭甚至更多，是很可观的。由于财政开支浩大，难以完全满足灾害赈济的需要，元代还推行和籴、入粟补官制度，以及动用赃罚钱等多种措施，作为赈济钱物的补充。

元代文献中常有发"沿河仓粟"、发"上供米"、发"官仓""官米""官租""官粟""官廪"进行赈济的记载，都指动用国家粮食储备。有的还明确指定某地官仓。至元十九年（1282）八月辛亥，"江南水，民饥者众；真定以南旱，民多流移。和礼霍孙请所在官司发廪以赈，从之"[④]。这是较早以官仓赈济的记载。至元二十九年（1292）二月戊寅，"发义仓、官仓

---

① 《元史》卷93《食货志一·税粮》。

② 《元史》卷17《世祖纪十四》。

③ 陈高华、史卫民：《中国经济通史·元代经济卷》，第510页。

④ 《元史》卷12《世祖纪九》。

粮，赈德州、齐河、清平、泰安州饥民"①。至元末年，乌古孙泽为广西两江道宣慰副使，"岁饥，上言蠲其田租，发象州、贺州官粟三千五百石以赈饥者"②。这是发象州（今广西象县）、贺州（今广西贺县）两地官仓存粮赈济贫民。大德十一年（1307）九月丙子，"江浙饥，中书省臣言：'请令本省官租，于九月先输三分之一，以备赈给。……'制可"③。所谓"官租"，即民户交纳给国家的税粮。中书省决定，江浙行省的税粮在九月先交三分之一，供赈济之用。至大元年（1308）六月戊戌，"益都水，民饥，采草根树皮以食，免今岁差徭，仍以本路税课及发朱汪、利津两仓粟赈之"④。皇庆元年（1312）八月辛卯，"滨州旱，民饥，出利津仓米二万石，减价赈粜"⑤。利津县（今山东利津）隶属于滨州（今山东滨州）。延祐四年（1317）十二月乙巳，"遣官即兴和路及净州发廪赈给北方流民"⑥。兴和路、净州都在漠南草原边缘地带。这是就近动用官仓赈济草原流民。延祐七年（1320）二月己未，"命储粮于宣德、开平、和林诸仓，以备赈贷供亿"⑦。至治元年（1321）正月癸巳，"诸王斡罗思部饥，发净州平地仓粮赈之"⑧。泰定二年（1325）九月戊申，"以郡县饥，诏运粟十五万石贮濒河诸仓，以备赈救，仍敕有司治义仓"⑨。泰定四年（1327）八月庚辰，"运粟十万石贮濒河诸仓，备内郡饥"⑩。"濒河诸仓"指黄河沿岸各粮仓。天历二年（1329）四月癸卯，"陕西诸路饥民百二十三万四千余口，诸县流民又数十万，先是尝赈之，不足，行省复请令商贾入粟中盐，富家纳粟补官，及发孟津仓粮八万石及河南、汉中廉访司所贮官租以赈，从之"⑪。孟津治

---

① 《元史》卷17《世祖纪十四》。

② 《元史》卷163《乌古孙泽传》。

③ 《元史》卷22《武宗纪一》。

④ 同上。

⑤ 《元史》卷24《仁宗纪一》。

⑥ 《元史》卷26《仁宗纪三》。

⑦ 《元史》卷27《英宗纪一》。

⑧ 同上。

⑨ 《元史》卷29《泰定帝纪一》。

⑩ 《元史》卷30《泰定帝纪二》。

⑪ 《元史》卷33《文宗纪二》。

今河南省孟津县，是黄河的一个重要渡口，邻近陕西，当地建有粮仓。至顺元年（1333）三月壬申，"信阳、息州及光之固始县饥，并以附近仓粮贮之"①。至顺二年（1334）三月丙戌，"赵王不鲁纳食邑沙、净、德宁等处蒙古部民万六千余户饥，命河东宣慰发近仓粮万石赈之。又发山东盐课钞、朱王仓粟赈登、莱饥民，兴和仓粟赈宝昌饥民"②。"朱王仓"即上面的"朱汪仓"，应在山东境内，故用来赈济登州（治今山东蓬莱）、莱州（治今山东掖县）饥民。宝昌州（治今内蒙古太仆寺旗）属兴和路，两地邻近，故用兴和仓粟赈济宝昌灾民。顺帝时，董守简为中书左丞，"既视事，以畿甸之民阻饥，白于丞相，出京仓粟二十万石，下其值以济之"③。救济"畿甸"即京师大都周围的饥民，就近动用京城粮仓的储备。从以上记载来看，发官仓粮食赈济在北方常见，赈济一般均采取就近调拨的原则。

后至元三年（1337）四月庚子，"龙兴路南昌、新建县饥，太皇太后发徽政院粮三万六千七百七十石赈粜之"④。"太皇太后"是文宗皇后卜答失里在顺帝即位后得到的尊称。徽政院是管理太皇太后位下事务的机构，拥有大量赀产。龙兴路应是太皇太后的分地，发生饥荒时才会动用徽政院的储粮进行救济。

至元十九年（1282）"二月，又用耿左丞言，令［江南税粮］输米三之一，余并入钞以折焉"⑤。耿左丞即中书左丞耿仁。他的建议是江南交纳税粮时，三分之一用米，三分之二折合成钞。成宗元贞二年（1296）七月初二日圣旨中说："江浙、湖广、江西三省所辖的百姓每合纳的粮，验着军人每合请的口粮，更别项支持的，斟酌交纳，除外交百姓纳轻赍钞者。"⑥"轻赍钞"即元朝发放的纸币中统钞和至元钞。这道圣旨是说除了军人口粮和其他官府必须用的粮食外，其余税粮都折合成钞，交纳国库。这是至元十九年（1282）政策的继续。到大德二年（1298）九月，发生了变化。中书省上奏说："腹里百姓每几处缺食，更蝗虫生发，百姓饥荒，商量预备粮米。

① 《元史》卷34《文宗纪三》。

② 《元史》卷35《文宗纪四》。

③ 黄溍：《董公神道碑》，《金华黄先生文集》卷26。

④ 《元史》卷39《顺帝纪二》。

⑤ 《元史》卷93《食货志一·税粮》。

⑥ 《元典章》卷24《户部十·纳税·官租秋粮折收轻赍》。

如今休教纳钱，税粮全教纳米来者。行了文书也。"成宗批准。江浙行省收到中书省文书后，建议："见在粮斛除支持外，余上粮数，即目正是青黄不接之际，各处物斛涌贵，百姓艰籴，合无斟酌出粜，接济贫民，不致失所。"中书省表示同意："除支持粮斛外，余有粮数，照依各处目今实值市口（估）挨陈出粜，接济贫民。仰行下合属，体察施行。"[1] 也就是说，原来税粮中有一部分折收钞，大德二年（1298）起因饥荒赈济的需要，不再折钞，全部收粮。江浙行省提出将税粮中必须支出的部分之外，其余都用来赈粜，接济贫民。得到中书省同意。这是江南税粮征收办法为了灾荒赈济需要做出的调整。元贞元年（1295）佘洪为嵊县尹，"秋粮以布代输，旧比邑输布一万二千奇。大德二年（1298）戊戌秋，已输五千二百奇，俄以淮郡旱蝗改征米。邻郡布皆退，公亲身诣府，力言不便，已入库布免退。尚当起米三千石奇，公谓滩险岭峻民敝，乞桩留备邑春歉。民又便之"[2]。据此，江南某些地区秋粮曾以布代输，但在大德二年（1298）因旱灾改征米，用来赈济灾区饥民。这和上述同年江浙行省"休教纳钱，税粮全教纳米"是一致的。

至大二年（1309）十月，尚书省平章政事"乐实言：'江南平垂四十年，其民止输地税、商税，余皆无与。其富室有蔽占王民奴使之者，动辄百千家，有多至万家者，其力可知。乞自今有岁收粮满五万石以上者，令石输二升于官，仍质一子而军之。其所输之粮，移其半入京师以养御士，半留于彼以备凶年。富国安民，无善于此。'帝曰：'如乐实言行之。'"[3] 乐实主张增加江南特大富豪的税粮百分之二（每石加二升），以其中一半作为备荒的储备物资。但是否实施，现存文献中没有具体的记载。至大四年（1311）正月武宗病死，仁宗嗣位，武宗时代权臣大多被杀，乐实也在其中。这项建议可能并未实行，也可能刚推行即被废止。

元朝不时还动用"海漕""海运粮"作赈济之用。元朝在江南以税粮名义征收的粮食，每年经海道运往北方，贮存在大都等地仓库中，供宫廷、衙门、军队和大都居民食用，最多时达三百余万石。海运粮是国家粮仓储

---

① 《元典章》卷21《户部七·仓库·余粮许粜接济》。

② 方回：《嵊县尹佘公遗爱碑》，《越中金石记》卷7。

③ 《元史》卷23《武宗纪二》。

备的重要来源。海运粮食常常在起运以前或运输途中即被指定调拨到灾荒地区作为赈济物资。至元二十四年（1287）九月，"戊申，咸平、懿州、北京以乃颜叛，民废耕作，又霜雹为灾，告饥。诏以海运粮五万石赈之"①。咸平府（今辽宁开原）、懿州（今辽宁阜新）、北京路（今内蒙古宁城）都在辽阳行省南部。至元二十五年（1288）正月，"发海运米十万石，赈辽阳省军民之饥者"②，应是上一年赈济的继续。至元二十七年（1290）九月，"戊申，武平地震，盗贼乘隙剽劫，民愈忧恐。平章政事铁木儿以便宜蠲租赋，罢商税……转海运米万石以赈之"③。按，北京路后改大宁路，又改武平路，路治所在今内蒙古宁城。至元二十九年（1292）五月甲午，"辽阳水达达、女直饥，诏忽都不花趣海运给之"④。大德五年（1301）十月丙寅朔，"以畿内岁饥，增明年海运粮为百二十万石"⑤。大德五年到达京师的海运粮预计 79 万余石，实到 76 万余石，朝廷要求增为 120 万石，也就是增加 40 万石，作为京师周围地区赈济之用。大德六年（1302）实到 132 万余石，超过了预期。⑥ 至大元年（1308）十月，"癸卯，中书省臣请以湖广米十万石贮于扬州，江西、江浙海漕三十万石，内分五万石贮朱汪、利津二仓，以济山东饥民。从之"⑦。至大四年（1311）十二月甲申，"浙西水灾，免漕江浙粮四分之一，存留赈济，命江西、湖广补运，输京师"⑧。仁宗延祐五年（1318）十一月壬戌，"山后民饥，增海漕四十万石"⑨。"山后"指今山西、河北长城内外之地。泰定时，张昇迁辽东道廉访使，"属永平大水，民多捐瘠，申请拨海道粮十八万石、钞五万缗，以赈饥民，且蠲其岁赋。朝廷从之，民得活者甚众"⑩。永平路治今河北卢龙。泰定三年（1326）八

① 《元史》卷14《世祖纪十一》。

② 《元史》卷15《世祖纪十二》。

③ 《元史》卷16《世祖纪十三》。

④ 《元史》卷17《世祖纪十四》。

⑤ 《元史》卷20《成宗纪三》。

⑥ 《元史》卷93《食货志一·海运》。

⑦ 《元史》卷22《武宗纪一》。

⑧ 《元史》卷24《仁宗纪一》。

⑨ 《元史》卷26《仁宗纪三》。

⑩ 《元史》卷177《张昇传》。

元代灾荒史
Yuandai Zaihuang Shi

月，监察御史建言"广赈救之术，以拯斯民"。"照得江浙等处税粮，例充海运，供给京师。江西、湖广、荆湖等处，以其地里窎远，往往变易轻卖（赉）。管见谓宜将此粮斛，移咨行省，广募船只，遣使装发，督以严限，顺江而下，并两浙积余粮斛，添雇船只，俱入海运，至直沽则以小料船只，攒运于沿河诸仓停顿"，用以救济灾民。但户部认为实行起来困难很多，"宜从都省移咨各省议拟可否，回咨相应"。[①]轻卖（赉）"谓本纳粮斛而今纳钞者"[②]。江西、湖广、荆湖等处税粮原来"往往变易轻卖（赉）"即出售换取钱钞，上交国库；监察御史建议将这些地方的粮食加上江浙地区余粮，都并入海运，运到直沽以后再分散到各处仓库，供赈济灾民之用。泰定四年（1327）八月，"运粟十万石，贮濒河诸仓，备内郡饥"[③]。很可能就是泰定三年御史建议的结果。顺帝元统二年（1334）五月，"江浙大饥，以户计者五十九万五百六十四"，中书省请发米、钞赈济，"并存海运粮七十八万三百七十石以备不虞。从之"[④]。江浙行省出现大饥荒，元朝不得不减少海运粮用于江浙行省赈济之用。后至元四年（1338）二月，"龙兴路南昌州饥，以江西海运粮赈粜之"[⑤]。龙兴路（今江西南昌）属江西行省。元朝海运粮来自江南三省，江西是其中之一。这条记载是说江西行省用于海运的税粮，当年留下供赈粜南昌州的饥民。至正七年（1347），铁木儿塔识为中书省左丞相。他"修饬纲纪……分海漕米四十万石置沿河诸仓，以备凶荒"[⑥]。这是将本应运往大都仓库的粮食改运到黄河沿岸粮仓贮存，供荒年赈济之用。至正八年（1348）四月乙亥，"平江、松江水灾，给海运粮十万石赈之"[⑦]。这是从江浙海运粮中留下一部分给平江、松江赈济灾民。由以上所述可知，海运粮原来运往大都，但经常调拨到北方各地供赈济之用，中期以后还留下部分供江南地区赈济。至正十一年（1351）全国农民战争爆发后，江南海运停止，再也不能用于南北赈济了。

---

①张光大：《救荒活民类要·救荒一纲》。

②徐元瑞：《吏学指南·钱粮造作》。

③《元史》卷30《泰定帝纪二》。

④《元史》卷38《顺帝纪一》。

⑤《元史》卷39《顺帝纪二》。

⑥《元史》卷140《铁木儿塔识传》。

⑦《元史》卷41《顺帝纪四》。

元朝屯田规模很大，屯田军民要交租，就是交税粮。屯田租有时也用于赈济。延祐元年（1314）四月，"丁亥，敕称海、五河屯田粟，以备赈济"[①]。"称海"即"镇海"，"五河"又作"五条河"。两处屯田都在漠北。朝廷这项命令显然是以两处屯田的税粮来赈济草原的灾民。延祐五年（1318）三月，"己丑，敕以红城屯田米赈净州、平地等处流民"[②]。红城是军屯，其上交的粮食用来救济草原的流民。天历二年（1329）八月甲寅，"河南府路旱、疫，赈以本府屯田租及安丰务递运粮三月"[③]。河南行省有四处屯田，"本府屯田"疑指南阳府民屯和德安等处军民屯田万户府。[④] 河西地区，"适当天历兵荒之后，用便宜发营田官粮。下其估十七以赈枲者一万石，其甚贫而计口给之者二千石。仍储其本钱，以籴新粮，归之官仓"[⑤]。总的来说屯田粮用于赈济是有限的。

粮食以外，朝廷用来赈济的货币一般直接由国库支拨。仁宗时，孛朮鲁翀为西台御史。"土番之民以饥馑告，天子怜悯，命出内帑钱赈之。公以西台御史承命而往，民赖其惠。"[⑥] "内帑钱"指宫廷仓库中贮存的钞。这是供宫廷使用的。"内帑钱"实际上也来自国库。对"土番之民"动用内帑钱赈济，主要用以表达皇帝的关怀，有特殊的意义。但总的来说，动用"内帑钱"赈济是罕见的。至正十三年（1353）以"内帑钱"在江南和籴（见下节）[⑦]，这是因国家财政困难，皇帝以此表示为民表率。

国库之外，朝廷常以监察部门的赃罚钱作为赈济之用。赃罚钱指监察部门没收贪官污吏的赃物。至元二十二年（1285），忙兀台为江浙行省左丞相，"时浙西大饥，乃弛河泊禁，发府库官货，低其值，贸粟以赈之"[⑧]。"官货"性质不明，可能是"舶货"，即海道进口货物的提成，也可能是没收的赃物。至元二十二年（1285），张孔孙为燕南提刑按察使。"二十八

---

① 《元史》卷25《仁宗纪二》。

② 《元史》卷26《仁宗纪三》。

③ 《元史》卷33《文宗纪二》。

④ 《元史》卷100《兵志三》。

⑤ 黄溍：《跋张经历德政记》，《金华黄先生文集》卷22。

⑥ 苏天爵：《孛朮鲁公神道碑铭》，《滋溪文稿》卷8。

⑦ 杨维桢：《吏部侍郎贡公平籴记》，《东维子文集》卷13。

⑧ 《元史》卷131《忙兀台传》。

年，提刑按察司改肃政廉访司，仍为使，莅治于大名，以所没赃籴粟五千斛，赈饥民。"① 这可能是元朝监察系统以没赃钱物用于赈济的开端，但取决于官员个人的决定。至元二十八年（1291）四月乙未，"以沙不丁等米赈江南饥民"②。沙不丁任江淮行省丞相，是权臣桑哥的党羽。至元二十八年（1291）正月桑哥罢官，二月，"命江淮行省钩考沙不丁所总詹事院江南钱谷"。此次用来赈济饥民的米，显然是"钩考"的结果，亦即没收沙不丁家的粮食。至元三十年（1293）九月，"癸酉，以御史台赃罚钞五万锭给卫士之贫者"③。朝廷真正决定动用赃罚钱赈济灾民是武宗即位初年的事。大德十一年（1307）八月癸卯，"江南饥，以十道廉访司所储赃罚钞赈之"④。此次决定起因是江南行御史台上报："江南诸处连年水旱相仍，米粮涌贵，见建康路米价腾涌，奈何官仓无粮，及无客旅贩到米粮，是致贫民夺借米谷，致伤人命。若不救济，利害非轻。所有本台五月终见在赃钞四千余锭，添助救济。专差令史梅鼎驰驿责咨计稟，希咨回示。"御史台认为："所据见咨，建康路无粮支散，将本台见在赃罚钞接续救济，宜准所拟。其余路分饥民，卒无钱粮赈济，若将各道廉访司见在赃罚钞锭，从省、台已差去官员斟酌，不能自存入户，支拨先行救济。"紧接着，大德十一年（1307）八月十七日，御史台上奏说："江南行台里孛罗罕的孩儿伯都小名侍御来说有，江南田禾不收的上头，百姓每眼忍饥的有，可怜见呵。江南行台里并所辖的十道廉访司，如今有的赃罚钱，忍饥的百姓根底，从下分拣着交与呵，怎生？"奏呵，奉圣旨："那般者，与者。"⑤ 原来江南行台要求动用本台现有赃罚钱赈济建康路（今江苏南京，南台所在地）灾民，中书省上奏时，不但同意南台要求，而且加上南台所辖十道廉访司贮存的赃罚钱，用来赈济"其余路分"灾民。另据记载，大德十年（1306），伯都任江南行台侍御史，"明年，江南大饥，遣属驿闻，请以十道赃金罚锾赈济"⑥。"十一年（1307），江南大饥，〔江南行台都事赵〕宏伟

---

① 《元史》卷174《张孔孙传》。

② 《元史》卷16《世祖纪十三》。

③ 《元史》卷17《世祖纪十四》。

④ 《元史》卷22《武宗纪一》。

⑤ 《元典章》卷3《圣政二·救灾荒》。

⑥ 吴澄：《鲁国文献公神道碑》，《吴文正公集》卷32。

请以赃罚钱赈之，民赖以生"①。江南行台动用赃罚钱的建议应与此二人有关。

武宗至大元年（1308）正月己巳，"绍兴、台州、庆元、广德、建康、镇江六路饥，死者甚众，饥户四十六万有奇。户给米六斗，以没入朱清、张瑄物货隶徽政院者鬻钞三十万锭赈之"。朱、张二人出身海盗，降元后经营海运，富可敌国。成宗大德七年（1303）被人举报，朱清自杀，张瑄处死，财产没官。以"没入朱清、张瑄物货"鬻钞，实际上与赃罚钱没有区别。六月己酉，"河南、山东大饥，有父食其子者，以两道没入赃钞赈之"②。"两道"指江北河南道肃政廉访司和山东东西道肃政廉访司。至大二年（1309）九月丙申，"御史台臣言：'顷年岁凶民疫，陛下哀矜赈之，获济者众。今山东大饥，流民转徙，乞以本台没入赃钞万锭赈救之。'制可"③。"至大三年（1310），尚书省立，［康里脱脱］迁右丞相……中台有赃罚钞五百万缗，脱脱请出以赈孤寡老疾诸穷而无告者。"④"缗"即贯。元制：钞五十贯为一锭。"五百万缗"即一万锭。此与前面至大二年（1309）"九月丙申"记载应为一事。至大三年（1310）十月甲寅，"山东、徐、邳等处水旱，以御史台没入赃钞四千余锭赈之"⑤。从上述记载，可知以赃罚钱赈济在武宗一朝多次实行。

仁宗延祐二年（1315）正月庚午，"敕以江南行台赃罚钞赈恤饥民"⑥。延祐三年（1316）四月癸酉，"河南流民群聚渡江，所过扰害。命行台、廉访司以见贮赃钞赈之"⑦。英宗至治元年（1321），许有壬上《风宪十事》，其中说："近承奉台札：'淮西河南廉访司将赃罚钱赈济饥民。奏准今后若有赈济，没俺文字，休交动支。'窃谓民以食为天，遇时有阻饥之患；国以民为本，救荒实为政之先。……夫廉访司所收赃罚钱物，始则实出于民，

---

①《元史》卷166《赵宏伟传》。

②《元史》卷22《武宗纪一》。

③《元史》卷23《武宗纪二》。

④《元史》卷138《康里脱脱传》。黄溍《敕赐康里氏先茔碑》（《金华黄先生文集》卷28）所记略同，应即《元史》所本。

⑤《元史》卷23《武宗纪二》。

⑥《元史》卷25《仁宗纪二》。

⑦《元史》卷25《仁宗纪二》。

皆滥污官吏掊克聚敛之物，与其他用，不如归之。且各处人民必见已饥而后陈报，未有逆料将来而敢预为申请者也。若有明文，恐有不及。如蒙详酌，若有赈济附近道分，拟候明降。其余远道官司，钱谷果有不敷，许令支用，庶望饥民不致失所。"①"台札"即御史台的公文，规定各廉访司将赃罚钱用于赈济必须得到御史台的同意，即所谓"没俺文字，休交动支"。许有壬认为灾情紧急，应该允许廉访司有一定的机动权力。文宗天历二年（1329），卜天璋为山南廉访使，"复止宪司赃罚库缗钱不输于台，留用赈饥，御史至，民遮道称颂"②。卜天璋的作为，显然和许有壬的意见是一致的。至顺元年（1330）三月，"安庆、安丰、蕲、黄、庐五路饥，以淮西廉访司赃罚钞赈之"③。顺帝至正五年（1345），铁木儿塔识拜御史大夫。"近畿饥民争赴京城，奏出赃罚钞，籴米万石，即近郊寺观为糜食之，所活不可胜计。"④至正七年（1347）七月十七日，元顺帝颁发圣旨，对监察系统进行整顿，其中之一是要"三台并各道廉访司，今后但有追到赃罚，接续拨付，以充［常平仓］籴本，庶几实惠及民"⑤。设立常平仓是用于灾年赈济，用赃罚钱作为常平仓本钱，实际上也是为赈济服务。

　　元代盐课收入在财政收入中占有重要的地位。盐课是通过发卖盐引来实现的。盐商出钞购买盐引，每张（道）盐引四百斤。凭引到盐场或指定的地方支盐，到各地销盐必须携带盐引。元朝政府以盐引为赈济的物资，似始于世祖时。据《元史·食货志》记："是年（大德十一年——引者），又以钞一十四万七千余锭、盐引五千道、粮三十万石，赈绍兴、庆元、台州三路饥民。"⑥大德十一年（1307）正月成宗崩，五月武宗即位。这一年七月，"是月，江浙、湖广、江西、河南、两淮属郡饥，于盐、茶课钞内折粟，遣官赈之"。与上述应是一事。同年九月丙子，"江浙饥，中书省臣言：……又两淮漕河淤涩，官议疏浚，盐一引带收钞二贯为佣费，计钞

①《至正集》卷75。

②《元史》卷191《良吏一·卜天璋传》。

③《元史》卷34《文宗纪三》。

④《元史》卷140《铁木儿塔识传》；黄溍：《敕赐康里氏先茔碑》，《金华黄先生文集》卷28。

⑤《宪台通纪续集·作新风宪制》。

⑥《元史》卷96《食货志四·赈恤》。

二万八千锭。今河流已通，宜移以赈饥民"。十一月，"丁丑，中书省臣言：'前为江南大水，以茶、盐课折收米，赈饥民。今商人输米中盐，以致米价腾涌，百姓虽获小利，终为无益。臣等议，茶、盐之课当如旧。'从之"①。据此，盐引原本用钞购买，改为换米，即商人输米，换取盐引。但因此导致米价腾贵，很快中止。《食货志》中所说以盐引五千道赈饥民，显然即令商人输米中盐。至大元年（1308）二月丙申，"淮安等处饥，从河南行省言，以两淮盐引十万贸粟赈之"。同年六月戊戌，"中书省臣言：'……又流民户百三十三万九百五十有奇，赈米五十三万六千石，钞十九万七千锭，盐折值为引五千。'"②盐引不能直接用于救济，必须换成钞或粮食，但这两条记载都未加说明。

"自延祐之后，腹里、江南饥民岁加赈恤，其所赈或以粮，或以盐引，或以钞。"③从现存记载来看，以盐课钞为赈济物资，在文宗时期，最为频繁。天历二年（1329）四月癸卯，因陕西诸路饥民数多，行省复请采取"令商贾入粟中盐"等措施。④具体办法不详。至顺元年正月戊寅，"命陕西行省以盐课钞十万锭赈流民之复业者"⑤。文宗天历元年（1328），起（张恩明）为江浙行中书省左丞。"会陕西大饥，中书拨江浙盐运司岁课十万锭赈之。吏白：'周岁所入已输京师，当回咨中书。'思明曰：'陕西饥民犹鲋在涸辙……其以下年未输者如数与之。有罪，吾当坐。'朝廷韪之。"⑥二月乙酉，"扬州、安丰、庐州等路饥，以两淮盐课钞五万锭、粮五万石赈之"。"淮安路民饥，以两淮盐课钞五万锭赈之。"辛亥，"济宁路饥民四万四千九百户，赈以山东盐课钞万锭"。三月甲寅，"东平路须城县饥，赈以山东盐课钞"。三月丁卯，"以山东盐课钞万锭赈东昌饥民三万三千六百户"。三月丙子，"河南登封、偃师、孟津诸县饥，赈以两淮盐课钞三万锭"。丁丑，"广平路饥，以河间盐课钞万三千锭赈之"。五月癸亥，"德州饥，赈以山东盐课钞三千锭"。十一月辛卯，

①《元史》卷22《武宗纪一》。

②同上。

③《元史》卷96《食货志四·赈恤》。

④《元史》卷33《文宗纪二》。

⑤《元史》卷34《文宗纪三》。

⑥《元史》卷177《张思明传》。

"给山东盐课钞三千锭，赈曹州济阴等县饥民"[①]。至顺二年（1331）二月甲戌，"以山东盐课钞万锭赈胶州饥"。三月壬午，"以陕西行省盐课钞万锭，赈察罕脑儿蒙古饥民"。丙戌，"又发山东盐课钞、朱王仓粟赈登、莱饥民"。三月癸卯，"以山东盐课钞三千五百锭赈益都三万余户"。四月辛酉，"以山东盐课钞五千锭赈博兴州饥民九千户，一千锭赈信阳等场盐丁"。五月癸卯，"以河间盐课钞四千锭赈河间属县饥民四千一百户"。八月，"是月……金州及西和州频年旱灾，民饥，赈以陕西盐课钞五千锭"[②]。至顺三年（1332）四月戊辰，"安州饥，给河间盐课钞万锭赈之"。七月甲午，"庆都县大饥，以河间盐课钞万锭赈之"[③]。以上诸次赈济都明确调拨盐课钞，涉及江浙、两淮、山东、河间、陕西等盐运司。元代中期以后，盐课在国家财政收入中比重愈来愈大，这应是赈济中大量动用盐课钞的原因。

第二节　和籴、入粟拜官与旌门、出卖僧道度牒

元朝常以和籴的名义，在民间收购粮食，补充国家粮库之不足，供灾年赈济和其他支出。"两顺曰和"，"和"是两相情愿、公平合理的意思。"和籴，谓两平买物也。"[④]"元和籴之名有二，曰市籴粮，曰盐折草，率皆增其值而市于民。"[⑤]"市籴粮"即国家为了备荒、赈济灾荒或增加边境地区的粮食储备、军事活动的需要，以合理的价格购买民间的粮食。忽必烈时代即已推行和籴，原来主要用来解决军粮和补充政府的粮食储备。事实上，"和籴"就是国家收购粮食，"和"是粉饰之词，实际上是带有强制性的。至元二十二年（1285）二月，"诏江南民田秋成，官为定例收籴，次年减价出粜"[⑥]。当时中书省臣卢世荣等上奏："江淮行省言：'今岁浙西米价涌贵，富户积粮，贪图高价贵籴，饥民不聊其生。自今岁秋成为始，乘其

---

① 《元史》卷34《文宗纪三》。

② 《元史》卷35《文宗纪四》。

③ 《元史》卷36《文宗纪五》。

④ 徐元瑞：《吏学指南》。

⑤ 《元史》卷96《食货志四·市籴》。

⑥ 《元史》卷96《食货志四·市籴》。

米价贱时，官用钱本，两平收籴。谓如租一万石之上者，三分中官籴一分；三万石之上者，平籴一半；五万石之上者，三分中官籴二分。官仓收贮，次年比及新陈相接，乏粮价贵，官为开仓减价粜卖，永为定例。'臣等议，江南富户地土广盛，每岁所收粮斛数多，依准江淮行省所据［拟］，依时籴买，于官仓内收贮，次年比及新陈相接，贫民阙食，减价振［赈］粜。"忽必烈批准了这一建议。①"两平收籴"当然就是和籴。这是明确将和籴粮食与赈济贫民联系起来。但卢世荣很快失势被处死，此事再无消息。至元二十四年（1287）十二月，"以扬州、杭州盐引五十万道兑换民粮。丞相桑哥等奏：'今年田禾未曾收成之处，百姓阙食，已行赈济。来年无粮，恐百姓生受。扬州、杭州两处宜与盐引五一［十］万道，令准备兑换米粮。如岁不收，官为出粜，其价钞亦常在。'……并从之"②。桑哥的建议是以盐引换取粮食，作为国家的储备，也是用和籴储备粮食，在灾年赈粜，和卢世荣的建议相似，但同样没有实现。以后和籴主要用于解决边境粮食问题，但有时亦用于赈荒。如至元二十七年（1290）九月，"敕河东山西道宣慰使阿里火者发大同钞本二十万锭，籴米赈饥民"③。

成宗大德六年（1302），岭北动荡。"海都犯边，边民大惊，宣慰司悉焚仓廪，独辇金帛南徙，久之方定。选官抚治"，以郭明德为宣慰副使、佥都元帅府事，前往岭北。他建议："或天有霜旱之灾，募民入粟塞下，厚值酬之。和林之钱或不足偿，以江淮、长芦盐引偿之，则数万之粟可坐而致。"④郭明德主张用盐引和籴。至大元年（1308）十月丁酉，"以大都艰食，复粜米十万石，减其价以赈之，以其钞于江南和籴"⑤。朝廷因大都饥荒缺粮，减价粜米10万石，用所得价钞在江南用和籴的名义收买粮食。仁宗时，岭北饥荒，"天复大雪，至丈余，畜僵死且尽，人并走和林乞食。时仓储仅五万，石米八十万钱，强者相食，弱者相枕藉死"。苏志道被任命为岭北行省郎中，"既至，愀然曰：'天下之事复有急于赈饥者乎！'白其长，发廪赈之。人大者三斗，小六之一。又赞省官为文，请于朝曰：'和

①《经世大典·赋典·市籴粮草》，《永乐大典》卷11598。

②同上。

③《元史》卷16《世祖纪十三》。

④苏天爵：《郭敬简侯神道碑》，《滋溪文稿》卷11。

⑤《元史》卷22《武宗纪一》。

林根本之地，今仓储无几，饿莩山积。赈饥人则失军饷，专军饷则坐视饥死，事不两立，揆其缓急，已便宜赈之。开平、沙、静差近，请高估募民致粟，次募四方，以先后至为差，厚酬其值，民必争赴，而边储可实。'朝廷从之。制致粟和林者，以三月至，石与五十万钱；从四月至，减十之一；五月至，又减其一。至即给值。于是民果争赴，而边储之实如旧"①。苏志道推行的办法也是和籴，对于缓解北方草原的灾荒起到了有益的作用。天历二年（1329），镇江大饥，知事沈德华上《救荒议》，建议："平江、嘉兴、湖州地土膏腴，人民富庶，访诸今岁，田禾倍收。以有及无懋迁之法，如以平江等三郡有粮富家，计口除一岁食用外，余粮运赴被灾去处，置场赈粜。极贫小户，官为给济。""拨降官钱，于得熟处所和籴，作急赈济，生灵幸甚。""于是省府量拨松江赤籼米四万石，照依原收时估赈粜。"② 这是在邻近丰收地区和籴，用来救济灾区。"至正十三年春三月，中书吏部侍郎贡公奉诏使江浙……朝廷又虑馈饷不继，赈贷不给，发内帑钱三十余万锭，俾公于稔地与民和籴。公抵吴兴，谂民储粟者，听自陈籴，凡六万有奇，于时值益其十之二，先付值，后纳所值粟。……既而民果听令，相与议曰：'往时物输官而值不给，虽给犹垂橐归。今公先与值，毫发不以干有司，吾何幸也。'复与平斗斛，使输粟者自概，司庾不得高下其手。"③ 这次和籴为的是增加政府粮食储备，用以供应军饷和灾荒赈贷，采取增价和先付价钱、使卖主"自概"的办法，取得了较好的效果。

　　和籴之外，元朝政府还推行入粟补官，以所得粮食救济灾民。元代中期，虞集说："会大旱，朝廷出不得已之政，试纳粟者以官。"④ 入粟补官不利于国家政治体制的正常运作，是政府为了救济灾荒的不得已之举。吴师道说："国家土宇之广，岁入之丰，而调度实繁，郡县寡储。年或不登，则所在告匮，茫然不知所措，赈救一仰于兼并之家，至不爱名器以假之。"⑤ "名器"指封建社会的等级制度，所谓"不爱名器以假之"就是说实行入粟补官和旌门等方式不利于等级制度的稳定。这代表了一部分儒生的观点。但

---

① 许有壬：《苏公神道碑》，《至正集》卷47。

② 沈德华：《救荒议》，《至顺镇江志》卷20。

③ 杨维祯：《吏部侍郎贡公平籴记》，《东维子文集》卷13。

④ 虞集：《靖州路达鲁花赤鲁公神道碑》，《道园类稿》卷43。

⑤ 吴师道：《江西乡试策问又一道》，《吴正传先生文集》卷19。

是，也有人指出："名器固不可滥，然饥荒之年，假此以活百姓之命，权以济事又何患焉。"①实际上，对于入粟补官作为救灾的措施，多数人是赞同的。

"豪民方乐祸，射利闭困仓。非无补官令，谁发升斗藏。"②为了鼓励民间富户出粟赈济，元朝政府推行出粟赈济补官的办法。至元五年（1268）至九年（1272），王恽为监察御史，屡上奏章。在《为蝗旱救治事状》中提出多种救灾措施，其中之一是："随路如富户有力之家能周赡贫乏，或为粥于道以济流民至千人以上者，官为旌赏，或听一子临官。"③但他的建议当时是否被采纳，并不清楚。嘉兴（今浙江嘉兴）商人项冠，"好义乐善。……至元二十年（1283），境内饥荒，慨然输粟一万石以赈，又作粥三月，全活者无算。世祖闻而嘉之，授以将仕郎、少府监令丞，公力辞不就"④。将仕郎阶正八品。可知至元二十年（1283）已经实行出粟赈济补官之法，但可能是临时性的。至元二十八年（1291）元朝颁布的《至元新格》中规定："诸遇灾伤缺食，或能不悋己物，劝率富有之家，协同周济困穷不致失所者，从本处官司保申上司，申部呈省。"⑤这是朝廷明确表示推行出粟奖励的政策。济南济阳（今山东济阳）人李惟恭，"世业农。……能服勤苦，由俭朴驯致饶足。至元癸巳，岁祲，民告饥。朝廷下令有司劝富家出粟赈乏绝，满五百石与官。乃出粟三百石以济乡里，又设粥道旁，周食道路之来往者，口不言禄"⑥。癸巳是至元三十年（1293）。龙泉（今浙江龙泉）项振宗，"倡义平粜，自丙戌始，凶岁不令腾踊。辛卯饥，给籴户三千值，减秋熟之半，廪五发而及新。施粥食饿，施粟赈贫，又广粜以赡远土。敛有先备，散有成规，尔后岁虽饥而不害。……赈荒格例，应赏

①张光大：《救荒活民类要·救荒二十目·鬻爵》。

②吴师道：《关中张氏义行诗》，《吴正传先生文集》卷3。

③王恽：《秋涧先生大全集》卷88。

④赵孟頫：《泉石散人墓表》，嘉庆《嘉兴府志》卷17，引自李修生《全元文》第19册，第318页。

⑤《通制条格》卷16《田令·理民》。

⑥张起岩：《李氏先茔碑铭》，民国《续修济阳县志》卷17，引自李修生《全元文》第36册，第135页。

授进义副尉、两浙都转运盐使司袁部场盐司丞，非所欲也"①。丙戌是至元二十三年（1286），辛卯是至元二十八年（1291）。进义副尉阶从八品。由以上数例，似可说明，至迟到忽必烈晚年，出粟救荒补官已经实行，且有具体的规定（格例），出粟五百石以上可授正从八品。

元成宗时，郑介夫上疏建议以纳粟补官为"备荒"的措施："宜仿汉时输粟为郎之例，发下从七品、正从八品虚名勅牒四千道，实拟散官遥授职事，分给行省，填名类报。从七一千道，每名米六百石。正八一千道，每名米四百石。从八二千道，每名米三百石。可得米一百六十万石。"②所谓"遥授"，"不厘公务之官也，俗云虚职"③，是一种虚名，没有具体的职务。郑介夫的建议是纳米者给予某种虚名官衔，当时是否为朝廷接受，史无明文。他提出的出粟标准比上面所说要低一些。大德七年（1303）三月，元朝派遣奉使宣抚循行各道，有关诏书内一款："被灾去处，有好义之家，能出己财周给贫乏者，具实以闻，量加旌用。"④措辞与《至元新格》大体相同，只要出粮赈济贫民便可选用。就在这一年，尚文任中书左丞，推行入粟补官。"［大德］七年，召拜资善大夫、中书左丞。浙西饥，发廪不足，募民入粟补官以赈之。"⑤具体标准是："民能施米上三百石，爵有差。"⑥与郑介夫建议相近。大德十一年（1307）五月，武宗即位。七月"诏富家能以私粟赈贷者，量授以官"。"以私粟赈贷"也就是用自己的粮食救济或借贷给贫民。至大元年（1308）闰十一月丙申，"止富民输粟赈饥补官"⑦，应是输粟补官至此告一段落。这次活动所得，一说"得米石五十万救吴越，饿殍为苏"⑧。一说"又劝率富户赈粜粮一百四十余万石，凡施米者，验其数之多寡，而授以院、务等官"⑨。后者所据是官方文献，应更精确。总之，

----

① 吴澄：《项振宗墓志铭》，《吴文正公集》卷38。

② 郑介夫：《上奏一纲二十目·备荒》，《元代奏议集录（下）》，第81页。

③ 徐元瑞：《吏学指南（外三种）·除授》。

④ 《元典章》卷3《圣政二·救灾荒》。

⑤ 《元史》卷170《尚文传》。

⑥ 李孟鲁瞻：《尚公神道碑》，苏天爵：《国朝文类》卷68。

⑦ 《元史》卷22《武宗纪一》。

⑧ 李孟鲁瞻：《尚公神道碑》，苏天爵：《国朝文类》卷68。

⑨ 《元史》卷96《食货志四·赈恤》。

·557·

这次以入粟补官得到的粮食数量是很可观的，对于缓解当时江浙地区的灾情有重要作用。

从成宗大德七年（1303）到武宗至大元年（1308）期间，富民出粟补官之例，如溧阳（今江苏溧阳）陈斗辉，"癸卯岁祲，丙午、丁未复大祲，君设糜以食饿者，不足则发廪下其值以赈之，又不足则施予，计为石余三千。近制，饥岁输粟者赐爵有差。由是有司以君名闻。或劝之仕，君亦不固拒，遂北上"①。嘉兴（今浙江嘉兴）人濮鉴，字明之。"大德丁未岁，大祲。濮君明之捐米千余石以食饿者，全活无数。府上其事，遂以应格登仕版焉。……初调富阳税务官，继授将仕郎、淮安路屯田打捕同提举。"将仕郎，正八品。②泰兴（今江苏）人陈杰，"丁未、戊申，岁大祲，出粟数千石饲饥民，全活甚众。官录其劳，授江陵路税课副使"③。癸卯是大德七年（1303），丙午、丁未是大德十年（1306）、十一年（1307），戊申是至大元年（1308）。这次江南灾荒从大德七年（1303）延续到至大元年（1308），入粟拜官在募粮救灾上发挥了有益的作用。

泰定二年（1325）九月戊申朔，"以郡县饥……募富民入粟拜官，二千石从七品，千石正八品，五百石从八品，三百石正九品，不愿仕者旌其门"④。这次启动的入粟拜官止于何时，没有明确的记载。所谓"旌其门"就是政府给予"义士"的称号，作为入粟补官的一种补充形式。例如陕西临潼李德邻，"岁饥，散所蓄粟麦千二百斛，折贷券二千五百余缗，周恤之多，有不可计。里人上其事，有司核其实，旌门曰：义士"⑤。泰定三年（1326）七月戊午，"敕：'入粟拜官者，准致仕铨格。'"⑥"铨格"即官员任用制度。"准致仕铨格"即按官员致仕（退休）办法办。元朝官员七十致仕，入粟拜官者亦按此处理。

元文宗时，入粟补官再次举行。天历二年（1329）四月，陕西大旱，饥民遍野。"先是尝赈之，不足，行省复请令商贾入粟中盐，富家纳粟补官，

① 邓文原：《陈君墓志铭》，《巴西邓先生文集》。

② 赵孟頫：《濮君墓志铭》，《松雪斋文集》卷9。

③ 陆文圭：《故税使陈君圹志》，《墙东类稿》卷13。

④《元史》卷29《泰定帝纪一》。

⑤ 蒲道源：《义士李德邻序引》，《闲居丛稿》卷20。

⑥《元史》卷30《泰定帝纪二》。

及发孟津仓粮八万石及河南、汉中廉访司所贮官租以赈，从之。"张养浩时为陕西行台中丞，负责救灾。"又率富民出粟，因上章请行纳粟补官之令。"[①]四月丙辰，"河南廉访司言：'河南府路以兵、旱民饥……乞弛山林川泽之禁，听民采食，行入粟补官之令，及括江淮僧道余粮以赈。'从之"[②]。江浙、江西、湖广以及腹里很多地方，相继告急。元朝决定全面推行"入粟补官之令"，作为救灾的重要措施：

天历三年（1330）二月，中书省咨：户部呈：照得陕西、河南、江浙、湖广、江西、腹里地面，去岁以来，亢旱为灾，人民缺食。虽屡赈恤，尚虑未周。即今青黄不接之际，恐致失所。行省、行台建言入粟补官之命，以此参详，济米补官等事，即系救荒急务。本部逐一议拟到下项事理，宜从都省可否闻奏相应，具呈照详。得此。于天历三年（1330）二月初六日，阿察赤怯薛第一日，奎章阁里有时分，奏：为救济河南、陕西等处饥民的上头，纳米补官的例，合行么道，行省、行台与将文书来。多人每也题说有。俺众人商量定拟了几件救荒的勾当，又救荒合行一切事理，俺从理商量了，行呵，怎生？奏呵。奉圣旨：'您商量的是有，那般者。'钦此。都省议得，江南、陕西、河南等处富实之家，自愿纳米补官者，须验粮数等第，从纳米人运至被灾处所，拘该官司委廉干官员划时两平收受，毋致习蹬，随即出给勘合朱钞，定茶盐流官受敕官。本处官司随即咨申省部。除授钱谷官，隶行省者行省注除，腹里吏部注授。考满依例升转，务在必行。其愿折纳价钞者，并以中统为则，咨请行下合属，多出文榜，钦依施行。[③]

这次颁行的具体办法[④]见下表：

官品／地区	陕西	河南并腹里	江南三省
正七品			一万石之上
从七品	一千五百石之上	二千石之上	五千石之上
正八品	一千石之上	一千五百石之上	三千石之上
从八品	五百石之上	一千石之上	二千石之上

---

① 《元史》卷175《张养浩传》。

② 《元史》卷33《文宗纪二》。

③ 张光大：《救荒活民类要·救荒二十目·鬻爵》。

④ 《元史》卷82《选举志二·铨法上·凡入粟补官》；《元史》卷96《食货志四·赈恤·入粟补官之制》略同。

（续表）

官品/地区	陕西	河南并腹里	江南三省
正九品	三百石之上	五百石之上	一千石之上
从九品	二百石之上	三百石之上	五百石之上
上等钱谷官	一百石之上	二百石之上	三百石之上
中等钱谷官	八十石之上	一百五十石之上	二百五十石之上
下等钱谷官	五十石之上	一百石之上	二百石之上

元代灾荒史 Yuandai Zaihuang Shi

这次规定很具体：一是分成九个纳粟等级。二是对三类地区定不同的标准，江南三省最高，河南并腹里次之，陕西又次之。江南大体上是陕西的三倍，这是由三个地区粮价差别很大造成的。三是明确可以"折纳价钞"，"并以中统钞为则。江南三省每石四十两，陕西每石八十两，河南并腹里每石六十两"①。

首先，补官者必须将粮食运到指定地点，经有关部门派遣官员接收，出给勘合朱钞，授予官职。过去在本地赈济即可算数。这是一个大的变化。其次，"先已入粟，遥授虚名，今再入粟者，验其粮数，照依资品，实授茶盐流官"。过去纳粮，得到的是虚名，这一次纳粟，则安排具体的职务，而且"考满依例升转"，和原有官员一样待遇。也就是说，可正式进入国家官僚体制的队伍，这也是一个变化。还值得注意的是，僧道亦相应可以入粟给师号："僧道能以自己衣钵济饥民者，三百石之上，六字师号，都省出给。二百石之上，四字师号；一百石之上，二字师号；俱礼部出给。"②《元史·食货志四·赈恤》中说："入粟补官之制，元初未尝举行。天历三年，内外郡县亢旱为灾，于是用太师答剌罕等言，举而行之。"③显然是不准确的。只能说天历三年（1330）在过去局部施行的基础上，制定并推行具体的全面的制度。

至顺元年（1330）闰七月，江浙多处大水，饥民四十余万户，"诏江浙行省以入粟补官钞三千锭及劝率富人出粟十万石赈之"。"入粟补官"都是向"官"交纳粮食，此处说"入粟补官钞"有两种可能，一种是制度上有所变动，纳钞亦可补官，但亦沿袭"入粟补官"的名义。另一种可能

① 《元史》卷82《选举志二·铨法上·凡入粟补官》。

② 同上。

③ 《元史》卷96《食货志四·赈恤·入粟补官之制》。

是以"入粟补官"之粟折合（或出售）成钞，供赈济之用。至于"劝率富人出粟"则应是"劝分"（见本书下编第五章第三节）。同年九月庚辰，"罢入粟补官例"①。但没有多久又重新推行。至顺二年（1331）三月戊子，朝廷下令赈济浙西饥民，措施有"劝分富家及入粟补官"。五月己丑，"益都路宋德让、赵仁各输米三百石赈胶州饥民九千户，中书省臣请依输粟补官例予官，从之"②。此次入粟补官的起点，据当时记载说："天历、至顺之间，天下大旱、蝗，民相食。天子下诏，赈粟五百石以上与秩有差，三百石者旌其门。"③则似有所调整，三百石只能旌门，不再予官。而上述宋德让、赵仁各赈米三百石，应属"旌其门"之列，中书省请予官，也许是作为特例加以鼓励。"天历二年，……关中大饥，诏募民入粟予爵。四方富民应命输粟，露积关下。"④这一时期入粟补官之例如：云间（今上海松江）唐昱，"善治生理，凡祖父产业悉充广之，十倍旧制。……至顺元年，郡境大饥。公慨然捐廪粟二千五百石，以赈施贫民，一境赖以全活者甚众。有司具其事闻于朝，朝臣奉诏议以八品恩例赏之，授进义副尉、浙西袁部场司丞"⑤。进义副尉阶从八品，与天历三年（1330）规定江南三省"二千石以上从八品"相符。"至顺间，朝廷募民入粟，赈关陕之饥。处士（杭州于潜人谢辅——引者）素乐施与，亟俾君（谢辅子谢瑞——引者）输米五百石，有司用例授以官，非君父子始望也。"⑥谢瑞授官横浦场盐司管勾。横浦场属两浙盐司，管勾从九品。⑦与天历三年（1330）规定亦相符。奉化（今浙江奉化）张元礼，"累荐不第，因授徒昌国之翁洲书院。至顺初，陕西饥，令民有入粟者以次受赏。君闻之，慨然曰：'古之人尝有入粟致位公卿者矣，吾何嫌，顾吾行何如耳！'遂倾所贮入之官，得芦花场盐司管勾"⑧。芦花场亦属两浙盐运司，张元礼亦应输米五百石左右，才能得此职。

---

① 《元史》卷34《文宗纪三》。

② 《元史》卷35《文宗纪四》。

③ 揭傒斯：《甘景行墓铭》，《揭傒斯全集·文集》卷8。

④ 《元史》卷139《乃蛮台传》。

⑤ 邵亨贞：《榷茶提举唐公行状》，《野处集》卷3。

⑥ 黄溍：《许村场盐司管勾谢君墓志铭》，《金华黄先生文集》卷37。

⑦ 《元史》卷91《百官志七》。

⑧ 贡师泰：《福建等处盐运司判官张君墓志铭》，《玩斋集》卷10。

元顺帝时，继续推行入粟补官之法。至正二年（1342）灾荒甚多。至正四年至五年间出现大面积灾荒。至正四年（1344）十一月丁亥，"复令民入粟补官，以备赈济"[①]。"至正乙酉间，江南富户多纳粟补官，倍于往岁。"[②]乙酉是至正五年（1345）。"至正四年，天子以河南北诸郡灾水，民死亡不可胜数，悼心殚虑，日夜不遑宁。惟拯其饥溺若弗及，是忧仓库之不足承。于是，募天下庶人之不隶刑籍者，入粟授官有差。而吾邑王君某，以五百石有奇受九品官，巡徼明之岑江，希遇也。"[③]王某捐粮五百余石，得任"明"即庆元路（今浙江宁波）岑江的巡检。"至正四年，河南北大饥，明年又疫，民之死者半。朝廷尝议鬻爵以赈之，江淮富民应命者甚众，凡得钞十余万锭，粟称是。会夏小稔，事遂已。然民罹此大困，田莱尽荒，蒿藜没人，狐兔之迹满道。时予为御史行河南北，请以富民所入钱粟贷民具牛种以耕，丰年则收其本，不报。"[④]这笔以纳粟补官名义从民间募得的粮食和钞并没有分到灾民手里，显然被各级官府挪用或官员吞没了。至正十年（1350），成遵为中书右司郎中。"时有令输粟补官，有匿其奸罪而入粟得七品杂流者，为怨家所告，有司议输粟例无有过不与之文。遵曰：'卖官鬻爵已非盛典，况又卖官与奸淫之人，其将何以为治。必夺其敕，还其粟，乃可。'省臣从之。"[⑤]"奸淫之人"不得入粟补官，与上面所说"募天下庶人之不隶刑籍者"是相同的，这是对入粟补官者的身份有所限制，即不许有犯罪记录。此次输粟补官，是为了救灾，还是其他原因，并不清楚，但亦是中书省主持操作。

至正十一年（1351），全国农民战争爆发。"至正乙未春，中书省臣进奏，遣兵部员外郎刘谦来江南，募民补路府州司县官，自五品至九品，入粟有差，非旧例之职专茶盐务场者比。虽功名逼人，无有愿之者。既而抵松江时，知府崔思诚惟知曲承使命，不问民间有粟与否也。乃拘集属县巨室，点科十二名。众皆号乞告诉，曾弗之顾，辄施拷掠，抑使承伏，即填空名告身授之。平江路达鲁花赤卒不避谴斥，力争以为不可，竟无一人应募者。崔闻之，

---

① 《元史》卷41《顺帝纪四》。

② 孔齐：《至正直记》卷4《江南富户》。

③ 宋禧：《送王巡检赴岑江序》，《庸庵集》卷12。

④ 余阙：《书合鲁易之作颍川老翁歌后》，《青阳集》卷8。

⑤ 《元史》卷186《成遵传》。

深自悔赧。"[1]农民战争爆发以后，很多地区陷于动乱，朝廷财政收入大减，而军费支出激增。这次募民入粟补官，显然是想以此获得粮食和钱钞，弥补财政困难。因此条件比以前优厚，一是以前限于七品，这次放宽到五品；二是以前只能任茶、盐、税务等职，这次可在路府州县各级地方行政系统任职。尽管如此，刘谦来到江南，却无人应命。原因很简单。至正十二三年间，徐寿辉部红巾军从长江中游沿江而下，一度攻克江浙行省都会杭州，后虽退走，但元朝在江南的统治已处于风雨飘摇之中。张士诚兴起于淮东，占领高邮（今江苏高邮）。至正十四年（1354），元朝以权臣脱脱为统帅，征讨张士诚，高邮指日可下。顺帝听信谗言，罢免脱脱，数十万大军一时溃散。长江以北的淮东地区，成为张士诚的地盘，随时可能南下。平江、松江与淮东隔江相望，当地的"巨室"自然心存观望，不肯应募了。过去入粟补官，很多无才识的富人得以入仕，遭到文人的嘲讽。"至乙未、丙申间，国家无才识之人当朝，而行纳粟之诏，许以二万石者正五品，于附近州县常选内委付，则诗人亦不暇嘲讽，而天下事可知矣。"[2]人们对入粟补官完全失去兴趣，说明"天下事"即政治形势已发生根本变化。

至正十七年（1357），崔敬为中书参知政事。"盗据齐鲁，敬与平章政事答兰、参知政事俺普分省陵州。……山东郡邑之复，敬之策居多。敬以军马供给浩繁，而民力日疲，乃请行纳粟补官之令，中书以其言闻，诏从之。河北燕南士民踵蹑而至，积粟百万石、绮段万匹，用以给军费，民获少苏。"[3]这是有记载可考的元朝最后一次推行"纳粟补官"，但主要是为了募集粮食供给军需，而不是救灾。应该指出的是，这时河北、山东屡经兵火，破坏殆尽，"积粟百万石、绮段万匹"之说，是夸大不可信的。

与入粟补官相近的是旌门。旌门即对捐粟救济灾民者用各种称号加以表彰。忽必烈时代即已有之。"至元十九年十二月，浙西道宣慰使司奉行中书省札，以徐洪甫赈济饥民，令府、县旌其闾，并将户下一切科役并行蠲免。"[4]徐洪甫是淳安（今浙江淳安）人。乌程（今浙江湖州）朱雪崖赈济饥民无虑万石，"郡邑、省、台次第列其状，宣抚使博采公论，具以实

---

① 陶宗仪：《南村辍耕录》卷7《鬻爵》。

② 孔齐：《至正直记》卷4《江南富户》。

③ 《元史》卷184《崔敬传》。

④ 方逢辰：《徐义士旌门记》，《蛟峰文集》卷5。

·563·

第七章　朝廷赈济钱物的来源

闻于朝，且谕郡邑推表其门曰：清节朱氏道义之门。人皆荣之"①。奉元路临潼县（今陕西临潼）李德邻，"岁饥，散所蓄粟麦千二百斛，折贷券二千五百余缗，周恤之多，有不可计。里人上其事，有司核其实，旌门曰：义士"②。松江夏椿，"松江故华亭邑，其地多上腴。自鸥夷子皮以善居积致累赀巨万，故俗喜矜富。迩岁夏氏以义士闻于乡。……乡之耆老叹曰：'义哉！夏氏之为也。'既白于有司曰：'夏氏名椿，字寿之。凶岁所赈施，锾若干，米若干，全活口若干，愿以闻。'有司以次具其事达于朝，将官之。夏君曰：'吾老矣。'乃官其长子，而表其门曰：义士，且旌其家云"③。文中的"夏君"即夏椿。他既得到旌门的荣誉，其子夏世泽又授官杭州狱丞。"延祐七年，大水坏民田，山东乏食。部使者督州县劝施，巨室皆难之。居士（邹平崔荣——引者）慨然出粟六百四十斛，输有司助赈。有司为之荐名于朝，表其门间。"④英宗至治三年（1323）正月，"曹州禹城县去秋霖雨害稼，县人邢著、程进出粟以赈饥民，命有司旌其门"⑤。

泰定二年（1325）九月，募民入粟拜官，"不愿仕者旌其门"⑥。这是首次明确将旌门与入粟联系起来。宁宗至顺元年（1332）全面推行"入粟补官之制"，其中规定"三十石之上，旌表门间。"⑦标准很低。在此以后，入粟旌门之事屡见记载。至顺二年（1333）正月辛巳，"大名魏县民曹革输粟赈陕西饥，旌其门"⑧。江西永新（今江西永新）贺性翁，"至顺庚午，募入粟与流官，固不待劝而分隐，民食其粟者数千家。郡议以闻，则以老母辞。省部定以孝义旌其门"⑨。上海人章梦贤得到义士称号，"以至顺元年浙西大水，朝廷募民能赈粟五百石以上者爵有差，君出粟二千余

①牟巘：《朱雪崖朝奉墓志铭》，《陵阳文集》卷22。

②蒲道源：《义士李德邻序引》，《闲居丛稿》卷20。

③邓文原：《旌表义士夏君墓志铭》，《巴西邓先生文集》。

④张临：《崔居士墓铭》，民国《邹平县志》卷17，引自李修生《全元文》第47册，第81页。

⑤《元史》卷28《英宗纪二》。

⑥《元史》卷29《泰定帝纪一》。

⑦《元史》卷96《食货志四·赈恤·入粟补官之制》。

⑧《元史》卷35《文宗纪四》。

⑨刘岳申：《贺府君墓碣》，《申斋刘先生文集》卷11。

石而不受爵，故以旌其门也"①。

"至正二年（1342），朝廷以民饥为忧，募民出粟，酬以义士之号。时晋宁尤甚，阳曲之良民有薛氏名辅者，请献其私财十七万五千缗，以与官籴粟，得七千余石，以之分赈，民得全活者甚众。晋宁守臣、河东部使者上其事于朝，旌表如令。"②此次山西募民出粟不见于《元史·顺帝纪》。至正五年（1345）四月，"是月……募富民出米五十石以上者，旌以义士之号"。比起原来的"三十石之上"，略有提高。六月，"庐州张顺兴出米五百余石赈饥，旌其门"③。

度牒是僧人、道士身份的凭证。元成宗时，郑介夫提出："又仿宋时官卖度牒之例，除西番僧外，发下度牒三十万张，散之各路。凡为僧、道，悉令例给，自至元十四年始截日终，出家者每名入米十石，可得米三百万石。归附以来，僧、道兼无凭据，粮不输官，储积最厚，使少出所余以济饥歉，亦无损于教门也。""度牒之法，今后出家者每人纳米四十石，永著为令。"④文宗至顺二年（1331）三月，浙西诸路水旱，元朝采取多种措施，其中之一是"给僧道度牒一万道"⑤。文宗时成书的《救荒活民类要》说："又僧道度牒，古者平时不轻出，必俟缓急之际。故宋淳熙岁荒，给降度牒，博换米硕，以济饥民，亦备荒救民之活法。矧今朝廷亦降度牒，发下诸郡，但为僧、道者，每道纳免丁钱至元折中统钞五锭。莫若酌古准今，申明朝廷，将所降度牒免丁钱，改拟愿为僧道者，每度牒一道以免丁钱纳量出米若干，永著为令。在城者输之于路仓，属县者纳之于县廪，方许簪剃。如此偿积，以为常平之本。"⑥元朝钞法，至元钞一贯等于中统钞五贯。度牒每道"至元折中统钞五锭"就是至元钞一锭，相当于五十贯。顺帝元统二年（1334），

---

①揭傒斯：《章梦贤墓志铭》，嘉庆《松江府志》卷79，引自李修生《全元文》第28册，第551页。

②虞集：《阳曲义士薛氏诗序》，《道园类稿》卷19。

③《元史》卷41《顺帝纪四》。

④郑介夫：《上奏一纲二十目·备荒》，邱树森、何兆吉：《元代奏议集录（下）》，第81页。

⑤《元史》卷35《文宗纪四》。

⑥张光大：《救荒活民类要·救荒一纲·常平法》。

"是岁……僧、道入钱五十贯，给度牒，方听出家"[①]。可知元朝曾以出卖度牒作为救荒的措施，有人建议以此作为常平之本。后来出卖度牒成为制度，但是否用来作为救荒之用，则是不清楚的。前面讲过纳粟补官时允许僧人纳粟授师号。给度牒和授师号，与纳粟补官实质上是一样的。

① 《元史》卷38《顺帝纪一》。

第八章
流民的安置

　　农民因战乱、暴政或自然灾害无法生存，离开家乡，到他处求生，便称为流民。有元一代，流民始终是个严重的问题。全国统一以前，战乱、暴政和自然灾害是流民产生的几个重要原因。全国统一以后，自然灾害成为造成流民的主要原因。大量流民的存在，导致社会不稳定。如何安置流民，成为灾后必须面对的一大问题。元朝为安置流民采取多种政策措施，但限于种种条件，收效不大。

第一节 流民状况

前四汗时期，流民现象已相当严重。但这一时期"农夫不得安于田里"，主要由于政治腐败，"淫刑虐政，暴敛急征"①所致。刘秉忠向时为藩王的忽必烈上书讲得很清楚："天下户过百万，自忽都那演断事之后，差徭甚大，加以军马调拨，使臣烦扰，官吏乞取，民不能当，是以逃窜。宜比旧减半，或三分去一，就见在之民以定差税，招逃者复业，再行定夺。"②窝阔台汗乙未年（1235）在"汉地"（原金朝统治后的北方农业区）籍户，约为百万。刘秉忠上书应在蒙哥汗即位（1251）前后。十余年间，见在人口只有原来的三分之二或一半，逃亡的比例是很大的。造成逃亡的原因主要是苛捐杂税和官吏的敲诈勒索，使百姓不得安生。

忽必烈称帝后，实行政治改革，推行"汉法"，农业生产得到发展，社会相对比较稳定。但是，流民现象并未消除，而且有不断增长的趋势。中统三年（1262）五月，"东平、滨、棣旱"；闰九月，"己丑，济南民饥，免其赋税"；"庚戌，发粟三十万（石）赈济南饥民"。中统四年（1263）八月，"滨、棣二州蝗"。同年九月，"招谕济南滨、棣流民"。③滨州（今山东滨州）和棣州（今山东阳信）都属济南路。可知中统三四年间济南路相继发生旱灾、蝗灾，当地的"流民"即人口流亡无疑是灾害造成。这是见于记载的忽必烈时代首次招谕流民。至元十九年（1282）八月，"真定以南旱，民多流移。和礼霍孙请所在官司发廪以赈之"。九月，"赈真定饥民，其流移江南者，官给以粮，使还故里"。④王恽上书说："窃见今岁真定等处春夏亢旱，谷菜皆无，米价踊贵，小民久已阙食……百姓多趁熟河南，今闻米粟亦贵，又无所往，是将坐视饥馑，以待其毙。"⑤可知真定等地饥民流移趁食现象已相当突出。到了至元二十年（1283），河北的流民问题更加严重。"二十年，河北复饥，民多转徙于南。朝廷遣使与汴梁

---

① 《元典章》卷3《圣政二·均赋役》。

② 《元史》卷157《刘秉忠传》。

③ 《元史》卷5《世祖纪二》。

④ 《元史》卷12《世祖纪九》。

⑤ 王恽：《便民三十五事·救灾》，《秋涧先生大全集》卷90。

官属，会宪司官于河上以扼之。公（河北河南道按察副使程思廉——引者）与总管张侯国宝决议放渡。"[①]"河北大旱，民流徙就饶及河朔数万人。郡县畏损户罪，谩以逃闻。省部遣使分道邀之，许发仓，人给三月食，还所籍。民聚谋曰：'吾得食三月，负难归，重难胜，鬻将何噉，且各卖质田庐而南，至家何为？'愁叹无聊，若出一喙。公（总管张国宝——引者）谓其使曰：'斯民非贼，河南非别界，皆圣上民社也。非不知奉命，不辄济，可以无罪，诚不忍老稚顿踣吾治，甘受祸以活此民。'则下令诸津急济。果有以专行上告者。事下御史大夫……察其无他，薄责而归，奏寝不下。"[②]至元十九年（1282）到二十年（1283）的流民无疑是旱灾引起的，而河北灾民向黄河以南迁移，则是南北统一以后的新动向。也是在至元二十年（1283），刑部尚书崔彧上疏说："内地百姓流移江南避赋役者，已十五万户。"[③]至元二十二年（1285）二月诏书中说："随［处］民户，或困于公役，或逼于私债，逃窜失业，谅非得已。今后如有复业者，将原抛事产尽行给付，仍遂一切拖欠差税。若有私债，权从倚阁，三年之后，依数归还。"[④]在皇帝的诏书中提到民户"逃窜失业"，这是第一次，可知问题已相当严重。至元二十三年（1286）四月，"以汉民就食江南者多，又从官江南者秩满多不还，遣使尽徙北还。仍设脱脱禾孙于黄河、江、淮诸津渡，凡汉民非赍公文适南者止之，为商者听"[⑤]。"汉民"指"汉地"即原金朝统治下农业区的百姓，可知北方农民流徙南方的趋势历经数年未能遏止。忽必烈统治晚期，山东东平布衣赵天麟上书说："顷年以来，水旱相仍，蝗螟蔽天，饥馑荐臻，四方迭苦，转互就食。隆寒盛暑，道途之中，襁属不绝，维持保抱，妇泣于后，子号于前。老弱不能远移，而殍者众矣。延及京畿，亦尝如是，不亦痛哉。"[⑥]水、旱、虫灾造成的饥荒，导致农民"转互就食"，即逃亡他乡，成为流民。赵天麟又说："逃民之故有五：一曰天，二曰官，三曰军，四曰钱，五曰愚。何谓天？有田之家，田为恒产，屡经饥俭，粮

① 姚燧：《程公神道碑》，见苏天爵：《国朝文类》卷67。

② 姚燧：《南京路总管张公墓志铭》，《牧庵集》卷28。

③ 《元史》卷173《崔彧传》。

④ 《元典章》卷3《圣政二·恤流民》。

⑤ 《元史》卷14《世祖纪十一》。

⑥ 赵天麟：《太平金镜策·课义仓》，陈得芝：《元代奏议集录（上）》，第357页。

竭就食，如此而逃者，天所致也。何谓官？守令苛刻，役敛横兴，富以赂免，贫难独任，如此而逃者，官所致也。何谓军？军资不赡，鬻卖田产，产既尽矣，无以供给，如此而逃者，军所致也。何谓钱？生理不周，举债干没，子本增积而不能速偿，债主称辞而诉官急征，如此而逃者，钱所致也。何谓愚？弗干父盅，陨坠遗业，悔恨不及，穷困失所，如此而逃者，愚所致也。夫逃民皆无奈之民也，倘能存生，岂肯逃哉！"[1]"天"即各种自然灾害，"官"即官吏横征暴敛，"军"即军户应当军役负担沉重，"钱"指高利贷盛行，"愚"指农民失业。以上各种原因导致农民破产，被迫逃亡。其中"天"即自然灾害，是第一位的。显然，前四汗时期的流民，主要是官府压迫造成的。而在忽必烈时代，总的来说，因灾荒导致的流民问题逐渐突出，但涉及地区不多，集中在河北、山西等地。自然灾害已成为这一时期流民产生的首要原因，而官府的压迫和富人的剥削也起了重要的作用。

成宗时代，流民现象日趋严重。大德七年（1303）三月，成宗向各地派遣奉使宣抚，诏书中说："饥民流移他所，仰所在官司，多方存恤，从便居住。如贫穷不能自存者，量与赈给口粮，毋致失所。"[2]接着，大德九年（1305）二月、大德十年（1306）五月，成宗又两次下诏"优恤"流民。大德十一年（1307）正月，成宗死。五月，武宗即位。这一年江南大灾，"流民所在成群"[3]。武宗在这一年五月的即位诏书和十二月的改元诏书中，都讲到流民问题。改元诏书中说："间者岁比不登，流民未还，官吏并缘侵渔，上下因循，和气乖戾。"[4]"近年以来，水旱相仍，缺食者众"，"人户流移，盖不得已"，并规定了"存恤"流民的若干措施。[5]可知水、旱灾是导致流民增多的根源。而在下一年，江南、江北继续发生水、旱灾荒，"内郡、江淮大饥"，江浙行省流民即达一百三十余万户，这是很惊人的数字[6]。至大二年（1309）二月"上尊号诏书"和同年九月"改尚书省诏书"中都要

---

① 赵天麟：《太平金镜策·宽逃民》，见陈得芝：《元代奏议集录（上）》，第361页。

② 《元典章》卷3《圣政二·恤流民》。

③ 宋濂：《故姜府君墓碣铭》，《宋文宪公全集》卷10。

④ 《元史》卷22《武宗纪一》。

⑤ 《元典章》卷3《圣政二·赈饥贫、恤流民》。

⑥ 《元史》卷22《武宗纪一》。

求对流民加以"存恤"①。至大三年（1310），张养浩向朝廷上《时政书》，其中说："比见累年山东、河南诸郡，蝗旱荐臻，疹疫暴作，郊关之外，十室九空。民之扶老携幼累累焉鹄形菜色就食他所者，络绎道路，其他父母子弟夫妇至相与鬻为食者在皆是。"②

仁宗、英宗、泰定帝相继继位，流民现象并未缓解。延祐元年（1314）正月的《改元诏书》，延祐七年（1320）十一月的《至治改元诏书》，都提到流民问题。③延祐二年（1315）正月，"御史台臣言：'比年地震水旱，民流盗起。'"④延祐四年（1317）四月，江南御史台的文书中说："腹里百姓为饥荒的上头，流移的，来江南隆兴、袁州、建康、太平、宁国等路分里，千百成群，骚扰百姓，抢夺钱物，斗打相争，伤死流民男女九人。"⑤隆兴路（今江西南昌）、袁州路（今江西宜春）属江西行省。建康路（今江苏南京）、太平路（今安徽当涂）、宁国路（今安徽宣城）属江浙行省。以上五路相邻，都在长江中游南岸。当时北方的流民"转徙就食，渡大江而南，率先至建业"⑥。建业亦即建康。由建康再转移其他地区。延祐七年（1320）十一月御史台的文书中说"建康等路流民""扰害百姓"。⑦可知北方腹里地区的百姓，因灾害引发的饥荒，千里迢迢，流亡到江南各地，历经数年，仍在当地活动。英宗至治元年（1321）七月，"诏河南、江浙流民复业"⑧。换住任江西行省平章，"泰定甲子，救流民水旱之灾，不知其几万人"⑨。显然，仍有不少北方流民逗留在江南。在北方，"泰定之际，关陕连岁大旱，父子相食，死徙者十九"⑩。致和元年（1328），陕西官员说："三四年来，

第八章　流民的安置

---

① 《元典章》卷3《圣政二·恤流民》。

② 张养浩：《归田类稿》卷2。

③ 《元典章》卷3《圣政二·恤流民》。

④ 《元史》卷25《仁宗纪二》。

⑤ 《元典章》卷6《台纲二·体察·拯济灾伤》。

⑥ 杨翮：《王氏恤灾诗序》，《佩玉斋类稿》卷8。

⑦ 《元典章新集·刑部·刑禁·分拣流民》。

⑧ 《元史》卷27《英宗纪一》。

⑨ 刘岳申：《江西和卓平章遗爱碑》，《申斋刘先生文集》卷7。

⑩ 揭傒斯：《吕公墓志铭》，《揭傒斯全集·文集》卷8。

旱魃为虐。……民今扶老携幼，流离播散，县邑为之一空。"①

　　文宗即位后灾荒几乎遍及全国，天历二年（1329）四月，江浙行省的江东、浙西等地"饥民六十余万户"。六月，"陕西、河东、燕南、河北、河南诸路，流民十数万，自嵩、汝至淮南，死亡相藉"。②这次全国性的大灾荒导致的人口大流动持续了两三年，到至顺二年（1331）才逐渐趋于缓和。"天历、至顺之间，天下大旱、蝗，民相食"的悲惨景象，③在当时文人的作品中有不少深刻的描述。张养浩的《哀流民操》④云：

　　哀哉流民，为鬼非鬼，为人非人。哀哉流民，男子无缊袍，妇女无完裙。哀哉流民，剥树食其皮，掘草食其根。哀哉流民，昼行绝烟火，夜宿依星辰。哀哉流民，父不子厥子，子不亲厥亲。哀哉流民，言辞不忍听，号泣不忍闻。哀哉流民，朝不敢保夕，暮不敢保辰。哀哉流民，死者已满路，生者与鬼邻。哀哉流民，一女易斗粟，一儿钱数文。哀哉流民，甚至不得将，割爱委路尘。哀哉流民，何时天雨粟，使汝俱生存。

　　张养浩积极领导陕西的救灾工作，积劳成疾，因此病故在陕西行台中丞任上。

　　在武宗当政时期，由于天灾人祸，北方草原的牧民大量涌入农业区，也加入了流民的行列。至大元年（1308）二月，"和林贫民北来者众"。三月间统计，"北来贫民八十六万八千户，仰食于官"。⑤这个数字可能有些夸大，但草原牧民大量流入农业区是可以肯定的。此后朝廷赈恤"岭北流民"之举不断见于记载。至大四年（1311）三月，仁宗即位。七月"壬戌，命赈恤岭北流民"。皇庆元年（1312）二月"庚寅，敕岭北省赈给蒙古流民"。延祐四年（1317）十二月，"遣官即兴和路及净州发廪赈给北方流民"。延祐五年（1318）三月"己丑，敕以红城屯田米赈净州、平地等处流民"，四月，"遣官分汰各部流民，给粮赈济"。延祐六年（1319）四月，"丙辰，

　　①同恕：《西岳祈雨文》，《榘庵集》卷10。

　　②《元史》卷33《文宗纪二》。"流民十数万"是不准确的，因为同卷"天历二年四月戊戌"条记，陕西诸路"饥民百二十三万余口，诸县流民又数十万"。陕西一地即有数十万，其他地区可想而知。

　　③揭傒斯：《甘景行墓铭》，《揭文安公文集》卷8。

　　④《归田类稿》卷12。

　　⑤《元史》卷22《武宗纪一》。

元
代
灾
荒
史
Yuandai Zaihuang Shi

命京师诸司官吏运粮输上都、兴和，赈济蒙古饥民"。[1]泰定元年（1324）
七月"赈蒙古流民"[2]。

元顺帝即位，元朝政治更加腐败，水旱虫灾连不断，百姓困苦，日甚
一日，流亡现象日益严重。后至元六年（1340），朝廷派遣祭祀西镇（吴山，
今陕西陇县境内）的使节王沂在"道中见民有操瓢囊，负任疏车，絜携老弱，
累累然而南，觊得水浆藜粮，窃活旦暮者，曰：'秦巩之间岁数不登，将就
食他壤。'"[3]至正四年（1344），黄河决口，中下游广大地区都罹水患，
由此又引发一场遍及全国的特大灾荒，延续数年之久。有人描述当时的情
景说："至正四年，河南北大饥，明年又疫，民之死者过半。……民罹大困，
田莱尽荒，蒿蓬没人，狐兔之迹满道。"[4]到了至正七年（1347），"河南
自正月至七月无雨，流民相属于道，哭声满野不忍闻"[5]。流民数量愈来
愈多，社会动荡不安的现象愈来愈严重，导致全国性的反抗斗争，元朝终
于走向灭亡。

第二节　处理流民的政策

流民的存在，带来两方面严重的社会问题：一方面，对于流民的原居
地来说，大量人口外流，意味着劳动力的丧失，农业、手工业生产难以照
常进行，赋税便无法征收，以致地方和国家财政困难；另一方面，流民经
过的地区，必然造成当地经济上的负担，以及社会治安的混乱。胡国安为
太平路（今安徽当涂）总管，"甲申春夏不雨，闾阎艰粜。淮民流徙入境，
谷遂穷价。遣使驰驿白行省，发官米一万石，损值出售，全活者众"[6]。太
平路原来已有旱灾，粮食供应艰难。两淮流民涌入，导致粮食供应断绝。
胡国安紧急上报行省，拨给官粮，才得渡过难关。这是流民增加地方负担
的例子。元朝中期以后流民闹事的情况不断发生。例如，皇庆二年（1313），

---

① 《元史》卷26《仁宗纪三》。

② 《元史》卷29《泰定帝纪一》。

③ 王沂：《祀西镇记》，《伊滨集》卷19。

④ 余阙：《书合鲁易之作〈颍川老翁歌〉后》，《青阳集》卷5。

⑤ 陈基：诗题，《夷白斋稿》外集。

⑥ 陶安：《太平路总管胡侯遗爱碣》，《陶学士集》卷20。

“流民数千过丹阳市，持弓矢刀槊，残害居民。民不堪，起而敌之”[①]。延祐四年（1317）五月，“黄州、高邮、真州、建宁等处，流民群聚，持兵抄掠”[②]。六月，淮东道宣慰司呈，流民一千余人“抢夺米物财货”[③]。延祐七年（1320），建康等路流民，“经过去处，或抢夺民物，或监打县官，扰害百姓”[④]。“至治二年，流民千余北渡淮，白昼剽掠，戕杀居民。界上惊扰。侯（武德将军寿春副万户吴继武——引者）禁之不听，遂至无为之石硼，擒其首常公乞，赴州论如律。”[⑤]文宗时期，张光大编纂《救荒活民类要》，其中说：“比年以来，流民动辄千百为群，暗藏器仗，骑坐驴马，经过州县，却行夹带当地一等凶强之徒在内……散布乡村，非理骚扰，所至之处，任从作践，鸡犬为之一空。甚至检拾财帛，毁坏屋宇，斗殴杀伤，紊烦官府。”[⑥]元末“江淮饥，流民群聚，率数百人，横行乡村，掠财物，无顾忌，居民往往逃避”[⑦]。总之，流民增多必然造成社会动荡不安。元朝不得不采取多种措施加以应对。

元朝对于流民的政策，大体可以分两个方面，一是要求流民所到之处当地官府就地加以适当安置；二是努力安排流民回乡复业，组织流民还乡。

元朝在相当长时间内曾要求流民所到之处，地方政府给予救济。忽必烈时代后期，已经开始。至元二十三年（1286）七月，“壬申，平阳饥民就食邻郡者，所在发仓赈之”[⑧]。至元二十五年（1288）七月，“发大同路粟赈流民”[⑨]。至元二十七年（1290）四月，“命大都路以粟六万二千五百六十四石赈通州河西务等处流民”[⑩]。大德七年（1303）三月《设立奉使宣抚诏书》中说：“饥民流移他所，仰所在官司多方存恤，从便居住。

①程文：《贞白先生郑公行状》，《新安文献志》卷86。

②《元史》卷26《仁宗纪三》。

③《元典章》卷57《刑部十九·诸禁·禁聚众·流民聚众扰民》。

④《元典章新集·刑部·禁聚众·分拣流民》。

⑤陆文圭：《吴侯墓志铭》，《墙东类稿》卷12。

⑥张光大：《救荒活民类要·救荒二十目·恤流民》。

⑦贡师泰：《邓君墓志铭》，《玩斋集》卷10。

⑧《元史》卷14《世祖纪十一》。

⑨《元史》卷15《世祖纪十二》。

⑩《元史》卷16《世祖纪十三》。

如贫穷不能自存者，量与赈给口粮，毋致失所。""所在官司"指流民所到之处的地方官府。"从便居住"是允许流民在所到之处安置，同时还要"赈给口粮"。大德九年（1305）二月诏书中说："往年流民趁食他乡，不能还业者，所在官司常加优恤。有官田愿种者，从便给之，并免差税五年。"这道诏书显然是针对就地安置的流民采取的措施，不仅分给官田，而且免差税五年。

大德十一年（1307）十二月《改元至大诏书》中说："间者岁比不登，流民未还。"提出要"招诱流移人户"。① 诏书内一款："人户流移盖不得已，所在官司凡有差役勿与本管户计一体科征。"② 至大二年（1309）正月，皇太子、诸王、百官为皇帝海山"上尊号"，《上尊号诏书》内一款："诸处流移人民仰所在官司详加检视，流民所至之处，随给系官房舍，并劝谕土居之家、寺观庙宇，权与安存。其不能自存者计口赈济。"③ 要将流民在所到之处安置下来，解决他们住的问题，并给予赈济。皇庆元年（1312）二月庚寅，"敕岭北行省赈给阙食流民"。这些"阙食流民"应指岭北行省准备流向内地的牧民。同一天，"赈山东流民至河南境者"。皇庆二年（1313）七月，"保定、真定、河间民流不止，命所在有司给粮两月，仍悉免今年差税"④。"所在有司"指流民所到之处。延祐元年（1314）正月《延祐改元诏书》内一款："流民所至去处，有司常加存恤，毋致失所，愿务农者验各户人家人力，官为给田耕种，不能自存者接济口粮。"⑤ 据此，则流民可以在所到之处分到土地，也就是在当地落户。延祐三年（1316）四月"河南流民群聚渡江，所过扰害，命行台、廉访司以见贮赃钞赈之"⑥。延祐三年（1316）十一月圣旨，庐州路等处流民发付回乡，"于内若端的不能回还的每有呵，休交似前聚集着，交他每各从自便，四散住坐者"。也就是说，就地安置的流民不能聚集在一起，必须分散居住。延祐四年（1317）三月中书省文书中说：江浙行省来文书，流民骚扰百姓，"如今

① 《元史》卷22《武宗纪一》。

② 《元典章》卷3《圣政二·恤流民》。

③ 《元典章》卷3《圣政二·恤流民》。

④ 《元史》卷24《仁宗纪一》。

⑤ 《元典章》卷3《圣政二·恤流民》。

⑥ 《元史》卷25《仁宗纪二》。

交管民官提调着，那人每根底分拣了，委系鳏寡孤独，所在州县官司系官粮内养济"。"少壮有头疋气力的每"送回本乡。皇帝同意。①延祐七年（1320）十一月，为建康路流民闹事，刑部建议发还本乡，"于内若有鳏寡孤独不能自存之人，官给口粮养济"②。从延祐四年（1317）三月和七年（1320）十一月的两件文书来看，就地落户的政策明显有变化，强调青壮年回归本土，流民中的鳏寡孤独可以就地安置，并由官府发给口粮。泰定二年（1325）十一月，"河间诸郡流民就食通、潦二州，命有司存恤之"③。

在允许就地安置的同时，朝廷还努力促使流民复业，回归乡里。至元二十六年（1289）闰十月，"河南宣慰司请给管内河间、真定等路流民六十日粮，遣还其土。从之"④。这可能是见于记载给粮遣送还乡的首例。至大二年（1309）二月《上尊号诏书》中提出："还乡者量给行粮。"延祐四年（1317）五月，"黄州、高邮、真州、建宁等处流民群聚，持兵抄掠。敕所在有司：'其伤人及盗者罪之，余并给粮遣归。'"⑤黄州路（今湖北黄冈）、高邮府（今江苏高邮）、真州（今江苏仪征）属河南行省，建宁路（今福建建瓯）属江浙行省。可知流民聚集抢劫的现象相当普遍。中书省的一件文书中说："近为庐州路等处流民缺食，延祐三年（1316）十一月二十日奏奉圣旨节该：'如今这里差人，行省里与将文书去，交他每提调着，将这的每应付与行粮，发付各还原业。于内若端的不能回还的每有呵，休交似前聚集着，交他每各从自便，四散住坐者。'钦此。都省移咨河南行省，依上施行。外，又照得延祐四年（1317）三月二十六日奏奉圣旨节该：'江浙行省与将文书来：俺所管的地面里各处来的流民聚着一两百人，自立头目，骚扰百姓行有。如今交管民官提调着，那人每根底分拣了。委系鳏寡孤独，所在州县官司，系官粮内养济。少壮有头匹、气力的每根底，与些少行粮，每起不过三十人，一程程接送至本乡。破落泼皮无籍之人，要了罪过，交发还本籍去呵，相应。依着他每说将来的交行文书呵，怎生？奏呵。那般者。'么道，圣旨了也。钦此。除钦依外，今准前因，都省移咨

---

① 《元典章》卷57《刑部十九·诸禁·禁聚众·流民聚众扰民》。

② 《元典章新集·刑部·刑禁·禁聚众·分拣流民》。

③ 《元史》卷29《泰定帝纪一》。

④ 《元史》卷15《世祖纪十二》。

⑤ 《元史》卷26《仁宗纪三》。

河南省，依例追问，更为设法关防。外，咨请若有聚集流民依上施行。"①
延祐七年（1320）十一月，江东廉访司申报，建康等路流民生事，扰害百姓。
刑部议得："今后此等流民……催督委官分拣。如因缺食趁熟，少壮有头
足气力者，每起不过三十人，官为应副行粮，接送转发本乡。于内若有鳏
寡孤独不能自存之人，官给口粮养济。或似前抢夺钱物，扰害百姓，所在
官司捉拿取问，痛行断罪，递发原籍。其有技艺足以适用，及系耕农，依
准御史台所呈，斟酌安置，接济存恤，候秋成起令复业相应。"②除了流民
中鳏寡孤独，所在州县官司给予赈济之外，其余分别处理。一类是遣送还乡。
"少壮有头足气力者"，集中起来，分批发给口粮，发还原籍，每批不超
过三十人，以免在经过之处闹事。还有一类是"有技艺"的手工业者和"耕
农"暂时安置在当地，秋收后再返回。这是临时性的，应是指老实本分
的流民。延祐七年（1320）十一月《至治改元诏书》中说："百姓流移，
盖非得已。如欲复业者，所在官司给行粮。"③至治二年（1322）八月，"给
庐州流民复业者行粮"④。致和元年（1328）五月"甲子，遣官分护流民还
乡，仍禁聚至千人者杖一百"。"癸酉，籍在京流民废疾者，给粮遣还。"⑤
至正五年（1345）四月"丁卯，大都流民官给路粮，遣其还乡"⑥。

对于北来的牧民，亦给行粮遣还所部。延祐五年（1318）六月，"遣
阿尼八都儿、只儿海分汰净州北地流民，其隶四宿卫及诸王、驸马者，给
资粮遣还各部"。延祐七年（1320）三月，英宗即位。四月，"括马三匹，
给蒙古流民，遣还其部。……赈大都、净州等处流民，给粮、马，遣还北边"。
十一月，"检勘沙、净二州流民，勒还本部"⑦。至治二年（1322）十二月，
"给蒙古流民粮、钞，遣还本部"⑧。英宗时，答失蛮为河北河南道肃政廉

---

① 《元典章》卷57《刑部十九·诸禁·禁聚众·流民聚众扰民》。

② 《元典章新集·刑部·刑禁·禁聚众·分拣流民》。

③ 《元典章》卷3《圣政二·恤流民》。

④ 《元史》卷28《英宗纪二》。

⑤ 《元史》卷30《泰定帝纪二》。

⑥ 《元史》卷41《顺帝纪四》。

⑦ 《元史》卷27《英宗纪一》。

⑧ 《元史》卷28《英宗纪二》。

访使，"以舟代车，送亚当吉北还，而不至于妨农"①。"亚当吉"是蒙语音译，意为贫民，此处即指来自北方草原的流民。泰定元年（1324）三月，"给蒙古流民粮、钞，遣还所部"。六月，"赈蒙古饥民，遣还所部"。②

对于流民复业，常常采取强制的措施。上面所说皇庆二年（1313）丹阳流民事件，当地百姓数万，"击鼓围之"。然后官府出面，"拘其械器，驱其徒众，送之过江"③。延祐四年（1317）和延祐七年（1320）文书中规定返乡流民三十人为一起，为的是便于管理，防止人多闹事；而"一程程接送"，"遣官分护"，就是在官员押送下，沿途官府互相交接，最后送到原籍。流民遣返的办法与罪犯差不多。泰定帝时，"河北饥，部使者下令尽逐流民之南渡者北归，公（河南行省参政董守中——引者）尽止而济之"④。处州龙泉（今浙江龙泉）吴益懋，"大德丁未岁，大祲。……浙右大饥，民流移徙他郡，而大府下令拘流民反原贯。在君邑者，君为具舟楫备糗粮遣送之，咸得无恙，而他邑所遣物故者多矣"⑤。因遣返而"物故"（死亡）者多，可以想象他们的遭遇是何等的不幸。

另一方面是在流民原居地实行减免赋役以及其他优惠的政策，用以招徕外出流民回归。"复业者返其田宅，正其疆界。利其家、复其身可也。"⑥忽必烈即位后，在中统二年（1261）四月颁布《谕十路宣抚司条画》，其中一款："逃户复业者，将原抛事产不以是何人种佃者即便分付本主，户下合着差税，一年全免，次年减半，然后依例验等第科征。"⑦世祖后期，赵天麟上《太平金镜策》，其中说："辛酉诏令：中统建元以前，逃户复业者，户下差税，第一年全免，次年减半，三年然后验等第依例科征。"⑧辛酉即是中统二年（1261）。赵天麟所说即是《谕十路宣抚司条画》的规定。忽必烈立宣抚司作为一级行政机构，显然，他已将招谕流民作为地方政府

① 黄溍：《定国忠亮公第二碑》，《金华黄先生文集》卷24。

② 《元史》卷29《泰定帝纪一》。

③ 程文：《贞文先生郑公行状》，《新安文献志》卷86。

④ 揭傒斯：《董公神道碑》，《揭傒斯全集·文集》卷7。

⑤ 王祎：《故石门书院山长吴君墓志铭》，《王忠文公集》卷24。

⑥ 陆文圭：《流民贪吏盐钞法四弊》，《墙东类稿》卷4。

⑦ 《元典章》卷19《户部五·田宅·荒田·荒闲田地给还招收逃户》。

⑧ 赵天麟：《太平金镜策·宽逃民》。

的重要工作。至元二年（1265），中书省的一件文书中说："如军民在逃，抛下事产有他人佃种，若本主复业，照依已降条画，给付本主。"① "已降条画"即上述《谕十路宣抚司条画》。后来对因灾伤逃移他乡的人户采取同样的政策，但有所调整。至元二十二年（1285）二月诏书中说："逃民如有复业者，将原抛事产尽行给付，仍免一切拖欠差税，若有私债，权从倚阁，三年之后，依数归还。"② 招诱流民的优惠政策包括减免差赋、给还原有事产（房屋、耕地）、放宽私债偿还时间。

至元二十七年（1290）八月，"庚辰，免大都、平滦、河间、保定四路流民租赋及酒醋课"。同年十二月"戊寅，免大都、平滦、保定、河间自至元二十四年至二十六年（1287—1289）逋租十三万五百六十二石"。无疑就是八月庚辰蠲免四路流民租赋之数。同月乙未，"大同路民多流移，免其田租二万一千五百八石"，亦是同类性质的措施。至元二十八年（1291）三月，"真定、河间、保定、平滦饥，平阳、太原尤甚，民流移就食者六万七千户，饥而死者三百七十一人"③。可知至元二十七八年间，大都、平滦、保定、河间、真定一带发生饥荒，后来又波及平阳和太原。朝廷减除"逋租"，应指原居地而言。

大德十年（1306）五月诏书中说："逃移户计，违弃乡井，盖非得已。仰本管官司用心招诱。复业者民户保免差税三年，军站人匠等户存恤三年。其原抛事产随仰给付，有昏赖据占者断罪。"大德十一年（1307）五月诏书内一款："各处逃移户计复业者，原抛事业随即给付，免差税三年。未复业者有司具实申报开除合该差税，毋令见户包纳。"至大二年（1309）二月《上尊号诏书》内一款："诸处流移人民……还乡者，量给行粮。据原抛事产、租赁钱物，官为知数，复业日给付。"又一款："诸处流移户计纳差税，勿令见户包纳，靠损百姓，前诏累尝及之。今仰管民官用心招诱，依例存恤。果有年久不能复业者及不知下落，立限具报，倚免差税，无得似前包纳。监察御史、廉访司严加体察。"④ 九月《改尚书省诏书》内一款："各处人民饥荒转徙，疾疫死亡，虽令有司赈恤而实惠未遍。今岁收成，

---

① 《元典章》卷17《户部三·户计·逃亡·复业户争事产》。

② 《元典章》卷3《圣政二·恤流民》。

③ 《元史》卷6《世祖纪十三》。

④ 《元典章》卷3《圣政二·恤流民》。

如转徙复业者，有司用心存恤，原抛事产依数给还，在官一切逋欠并行蠲免，仍除差税三年。田野死亡遗骸暴露，官为收拾，于系官地内埋瘗。"① 延祐元年（1314）正月《延祐改元诏书》内一款："流民……如有复业，并免三年差役，原抛事产尽皆给付。"又一款："逃户差税已尝戒饬，毋令见在人户包纳。虑有司奉行不至，仰照依累降条画，务在必行，毋蹈前弊。"延祐七年（1320）十一月《至治改元诏书》内一款："百姓流移盖非得已。如欲复业者，所在官司官给行粮。应有在前拖欠差发课程，并行倚阁，原抛事产全行付。仍免差税三年。其腹里百姓因值灾伤典卖儿女，听从原价收赎。"② 至治二年（1322）十一月己亥，"以立右丞相诏天下。流民复业者，免差税三年"③。泰定五年（1328）二月，"诏天下改元致和"规定："流民复业者差税三年"④。

总结起来，元朝的优惠政策主要是：①给还原抛事产。②以前拖欠差发课程并行倚阁。③豁免三年差税。④逃户差税勿令见在人户包纳。此外，有时还给复业流民一定数量的赈济。如至顺元年（1330）正月戊寅，"命陕西行省以盐课钞十万锭赈流民之复业者"；二月辛亥，"赈河南流民复业者钞五千锭"⑤。有些地方官员认真执行政策，安置本地流民。如袁英为长社县尹，"至正甲申岁凶荒，饥民流移外窜，弃妻鬻子，人相食者有之。田野荒芜，庐舍空旷，道路不通，蓬蒿口野，殆若无人之境。明年乙酉，公到任，存恤招诱，榜示乡村复业者免役三年，于是归者二百余户"⑥。江阴连年"旱潦相仍"，州尹乔仲山大力赈济。至大元年（1308）"春，招怀流佣，垦剔莱芜，贷以种粮，宽其徭役。秋大熟，田社晏然，州遂无事"⑦。

① 《元典章》卷3《圣政二·恤流民》。按，《元史》卷23《武宗纪一》云：庚辰朔，"以尚书省条画诏天下……诏：……各处人民饥荒转徙复业者，一切逋欠并行蠲免，仍除差税三年"。

② 《元典章》卷3《圣政二·恤流民》。

③ 《元史》卷28《英宗纪二》。

④ 《元史》卷30《泰定帝纪二》。

⑤ 《元史》卷34《文宗纪三》。

⑥ 宫珪：《长社县尹许公去思碑》，《许昌县志》卷16，1923年刊本，引自李修生《全元文》第31册，第100页。

⑦ 陆文圭：《送乔州尹序》，《墙东类稿》卷6。

王文彪为湘乡州（今湖南湘乡）知州，"所在荒田募民有能耕垦者，三年租税勿有所与，而境内无旷土。塘池陂堰修筑以时，水旱不复能为灾矣"①。

事实上，官府答应流民复业的种种优惠条件常常是不兑现的。李裕是至顺庚午科进士，授陈州同知。"初，大河南决，州民扶挈孱倪走旁郡，冻馁道路，伥伥无所归。及河复故道，府君适至，与民约曰：'尔亟还，安尔妻孥，治尔田庐，科繇之事，吾为尔缓诸。'民曰：'众未敢还者正坐此耳。'相率而归，至数千人"②。元仁宗时，集贤直学士邓文原"以地震应诏论弭灾之道"，其中之一是"河北流民复业，朝廷虽令计口给缗钱，而有司奉行不至，宜会计海运粮支发之羡余，随处置仓，以备凶年而赈之"。③至顺元年（1330），陈思谦为西台监察御史。"先是，关陕大饥，民多鬻产流徙，及来归，皆无地可耕。思谦言：'听民倍值赎之，使富者收兼并之利，贫者获已弃之业。'从之。"④可见回归的流民常常得不到安置。有元一代，流民始终是困扰朝廷和社会的严重问题，一直到元朝灭亡。

---

① 王祎：《王公行状》，《王忠文公集》卷22。

② 宋濂：《李府君墓铭》，《宋文宪公全集》卷5。

③ 黄溍：《邓公神道碑铭》，《金华黄先生文集》卷26。

④ 《元史》卷184《陈思谦传》。

（一）有元一代各种自然灾害频发，其次数之多，波及之广，在中国历史上是罕见的。各种自然灾害中，旱、蝗居多，破坏最烈，其次是水灾和大疫，地震、海潮又其次。从地区来说，遍及全国，而以"汉地"（北方农业区）最为严重，江南次之。边疆地区亦时有发生，北方草原灾情尤为突出。

（二）从忽必烈时代起，元朝采取多种抗灾减灾的措施。有预防灾害的农田水利建设和常平仓、社仓建设，有灾害发生后的赈恤制度、禳灾、开放山泽、禁猎、禁酒、捕蝗、入粟补官等。这些抗灾减灾措施，可以说都源自前代，有所变通而已。元朝在边疆地区做了很多抗灾减灾工作，这是前代没有或很少见的。总的来说，这些措施在不同程度上发挥了积极的作用。但是，有关的措施主要由各级官吏来执行，封建制度内在的因循敷衍、贪污舞弊等痼疾，必然严重影响抗灾救灾的效果。

（三）持久和严重的灾害，对社会生产各个方面造成很大的破坏。抗灾救灾动用巨额粮食和钱钞，成为国家财政的沉重负担。脱离土地的流民不断增加，分散到全国各地，造成社会的动荡不安。这些因素不断加剧，导致社会矛盾的尖锐化。元末全国规模农民战争的爆发，自然灾害起了重要的作用。

元代灾荒史事编年

Yuandai Zaihuang Shishi Biannian

太祖元年（1206）

太祖铁木真即汗位，号成吉思汗，大蒙古国正式建立。

太祖二十二年（1227）

成吉思汗病逝。西夏灭亡。

太宗六年（1234）

"端平入洛"之战。

太宗十年（1238）

秋八月，陈时可、高庆民等言诸路旱蝗，诏免今年田租，仍停旧未输纳者，俟丰岁议之。

太宗十一年（1239）

七月，以山东诸路灾，免其税粮。

太宗十二年（1240）

命梁泰充宣差规措三白渠使，拨二千户及木工二十人，官牛千头，修筑堤堰。

定宗三年（1248）

三月，定宗崩。是岁大旱，河水尽涸，野草自焚，牛马十死八九，民不聊生。

宪宗六年（1256）

春，大风起北方，沙砾飞扬，白日晦冥。

宪宗九年（1259）

合州瘴疠，宪宗崩于钓鱼山。

中统元年（1260）

五月，建元中统，颁布建元诏，蠲免被灾去处赋役。颁布《宣抚司条款》，规定灾情减免办法。六月辛亥，转懿州米万石赈亲王塔察儿所部饥民。八月癸亥，赈泽州、潞州、桓州饥民。十一月戊子，发常平仓赈益都、济南、滨棣饥民。是岁，量减丝料、包银分数。平阳旱，遣使赈贷之。

中统二年（1261）

五月，弛诸路山泽之禁。免西京、北京、燕京差发。迁曳捏即地贫民就食河南、平阳、太原。始行和籴之法，以钞一千二百锭，于上都、北京、西京等处籴三万石。

中统三年（1262）

五月，真定、顺天、邢州蝗。西京、宣德、威宁、龙门霜，顺天、平阳、河南、真定雨雹。东平、滨棣旱。七月癸酉，甘州饥，给银一百五十锭以赈之。八月，河间、平滦、广宁、西京、宣德、北京陨霜害稼。闰九月甲申朔，沙、肃二州乏食，给米钞赈之。己丑，济南民饥，免其赋税。庚戌，发粟三十万石赈济南饥民。

中统四年（1263）

四月丙寅，西京武州陨霜杀稼。六月壬子，河间、益都、燕京、真定、东平诸路蝗。七月，燕京、河间、开平、隆兴四路属县雨雹害稼。八月，彰德路及洺、磁二州旱，免彰德今岁田租之半，洺、磁十之六。滨、棣二州蝗，真定路旱。十一月东平、大名等路旱，量减今岁田租。是岁，以秋旱霜灾，减大名等路税粮，以钱粮币帛赈东平贫民，钞四千锭赈诸王只必帖木儿部贫民。

中统五年（1264）

四月壬子，东平、太原、平阳旱，分遣西僧祈雨，为首次朝廷禳灾活动。逃户复业者，免差税三年。五月己丑，以平阴县尹马钦发私粟六百石赡饥民，又给民粟种四百余石，诏奖谕，特赐西锦一端以旌其义。七月丁亥，诸王算吉所部营帐军民被火，发粟赈之。是岁，真定、顺天、洺磁、顺德、大名、东平、曹、濮州、泰安、高唐、济州、博州、德州、济南、滨、棣、淄莱、河间大水。诏减明年包银十分之三，全无业者十之七。

至元二年（1265）

三月，辽东饥，发粟万石、钞百锭赈之。六月，千户阔阔出部民乏食，赐钞百锭赈之。七月，益都大蝗饥，命减价粜官粟以赈。是岁，彰德、大名、南京、河南府、济南、淄莱、太原、弘州雹，西京、北京、益都、真定、东平、顺德、河间、徐、宿、邳蝗旱，太原霜灾。

至元三年（1266）

三月，赈水达达民户饥。是岁，东平、济南、益都、平滦、真定、洺磁、顺天、中都、河间、北京蝗，京兆、凤翔旱。减中都包银四分之一。以东平等处蚕灾，减其丝料。

至元四年（1267）

三月辛丑，夏津县大雨雹。五月乙未，应州大水。六月壬戌，以中都、顺天、东平等处蚕灾，免民户丝料轻重有差。左三部呈灾伤申告限期事。是岁，山东、河南北诸路蝗，顺天束鹿县旱，免其租。

至元五年（1268）

八月己丑，亳州大水。九月，中都路水，免今年田租。益都路饥，以米三十一万八千石验口赈之，以益都等路禾损，蠲其差税。十二月戊寅，以中都、济南、益都、淄莱、河间、东平、南京、顺天、顺德、真定、恩州、高唐、济州、北京等处大水，免今年田租。是岁，京兆大旱。置御史台，监察不实灾情。

至元六年（1269）

正月甲戌，益都、淄莱大水，恩州饥，命赈之。二月，开元等路饥，减户赋布二匹，秋税减其半，水达达户减青鼠二，其租税被灾者免征。三月戊午，赈曹州饥。四月，大名等路饥，赈米十万石。五月丙午朔，东平路饥，赈米四万一千三百余石。六月丁亥，河南、河北、山东诸郡蝗。癸巳，敕真定等路旱蝗，其代输筑城役夫户赋悉免之。七月壬戌，西京大雨雹。十月丁亥，广平路旱，免租赋。十二月，高唐、固安二州饥，以米二万六百石赈之。置提刑按察司，体覆灾伤。是岁，以济南、益都、怀孟、德州、淄莱、博州、曹州、真定、顺德、河间、济州、东平、恩州、南京等处桑蚕灾伤，量免丝料。立常平仓：丰年米贱，官为增价籴之；歉年米贵，官为减价粜之。又立义仓：社置一仓，以社长主之，丰年每亲丁纳粟五斗，驱丁二斗，无粟听纳杂色，歉年就给社民。

至元七年（1270）

五月，大名、东平等路桑蚕皆灾，南京、河南等路蝗，减今年银丝十之三，减差徭十分之六。七月，山东诸路旱蝗，免军户田租，戍边者给粮。八月辛卯，保定路霖雨伤禾稼。十月，赈山东淄莱路饥。尚书省札付祈风雨不得支破官钱。十一月，复赈淄莱路饥。置司农司，颁布《农桑之制十四条》（《劝农立社事理》）。忽必烈以蝗旱为忧，俾录山西河东因。

至元八年（1271）

正月，赈北京、益都饥。二月，以粮赈西京路急递铺兵卒。三月，赈益都等路饥。四月，以至元七年诸路灾，蠲今岁丝料轻重有差。五月，赈蔚州饥。六月，上都、中都、河间、济南、淄莱、真定、卫辉、洺磁、顺德、大名、河南、南京、彰德、益都、顺天、怀孟、平阳、归德诸州县蝗。辽州和顺县、解州闻喜县蚄蚄生。七月乙亥，巩昌、临洮、平凉府、会、兰等州陨霜杀禾。十月己未，檀、顺等州风潦害稼。是岁，以和籴粮及诸河仓所拨粮贮于常平仓。

至元九年（1272）

二月戊戌，以去岁东平及西京等州县旱蝗水潦，免其租赋。三月，赈济南路饥。四月，赈大都路饥。六月壬辰，是夜京师大雨，坏墙屋，压死者众。癸巳，敕以籍田所储粮赈民，不足，又发近地官仓济之。甲午，高丽告饥，转东京米二万石赈之。中书省准御史台呈，灾伤地税住催。七月，赈水达达部饥。八月癸丑，赈辽东等路饥。九月，赈益都路饥。

至元十年（1273）

七月，中书省拟《霖雨不止享祭》。诸路虫蜢灾五分，霖雨害稼九分，赈米凡五十四万五千五百九十石。司农司编《农桑辑要》成，颁行天下。复立大司农司，令探马赤随处入社，与编民等。

至元十一年（1274）

诸路蚄蚄等虫灾凡九所。民饥，发米七万五千四百一十五石、粟四万五百九十九石赈之。

至元十二年（1275）

八月，免河南路包银三分之二，其余路府亦免十之五。卫辉、太原等路旱，河间霖雨伤稼，凡赈米三千七百四十八石、粟二万四千二百六石。蠲免包银、丝线、俸钞。濮州等处饥，贷粮五千石。

至元十三年（1276）

东平、济南、泰安、德州、涟海、清河、平滦、西京西三州以水旱缺食，赈军民站户米二十二万五千五百六十石，粟四万七千七百十二石，钞四千二百八十二锭有奇。平阳路旱，济宁路及高丽沈州水，并免今年田租。

至元十四年（1277）

三月，以冬无雪，春泽未继，遣使问便民之事于翰林国史院。五月辛亥，以河南、山东水旱，除河泊课，听民自渔。十二月，冠州及永年县水，免今年田租。是岁，赈东平、济南等郡饥民，米二万一千六百十七石、粟二万八千六百十三石、钞万一百十二锭。立江南行御史台，颁布条画：蝗蝻生发，官司不即打捕申报，及申检灾伤不实者，纠察。

至元十五年（1278）

正月壬寅，弛女直、水达达酒禁。二月癸亥，咸淳府等郡及大良平，民户饥，以钞千锭赈之。辛未，以川蜀地多岚瘴，弛酒禁。三月壬寅，以诸路岁比不登，免今年田租、丝银。四月，以时雨霑足，稍弛酒禁，民之衰疾饮药者，官为酝酿量给之。六月丁卯，置甘州和籴提举司，以备给军饷、赈贫民。八月，两淮运粮五万石赈泉州军民。十一月甲午，开酒禁。十二月，海州赣榆县雹伤稼，免今年田租。是岁，西京奉圣州及彰德等处水旱民饥，赈米八万八百九十石、粟三万六千四十石、钞二万四千八百八十锭有奇。

至元十六年（1279）

二月，以江南漕运旧米赈军民之饥者。四月，大都等十六路蝗。六月丙戌，左右卫屯田蝗蝻生。癸卯，以临洮、巩昌、通安等十驿岁饥，供役繁重，有质卖子女以供役者，命选官抚治之。七月，以赵州等处水旱，减今年租三千一百八十一石。十月辛卯，赈和州贫民钞。是岁，保定等二十余路水旱风雹害稼。

至元十七年（1280）

三月癸亥，高邮等处饥，赈粟九千四百石。四月，宁海、益都等四郡霜，真定七郡虫，皆损桑。五月，真定、咸平、忻州、涟、海、邳、宿诸州郡蝗。八月，大都、北京、怀孟、保定、南京、许州、平阳旱，濮州、东平、济宁、磁州水。九月，左司呈灾伤随时检覆事。十月癸巳，诏谕和州诸城召集流移之民。赈巩昌、常德等路饥民，仍免其徭役。

至正十八年（1281）

二月，扬州火，发米七百八十三石赈被灾之家。浙东饥，发粟千二百七十余石赈之。三月，以辽阳、懿、盖、北京、大定诸州旱，免今年租税之半。四月辛巳，通、泰二州饥，发粟二万一千六百石赈之。五月甲辰，遣使赈瓜、沙州饥。己酉，禁甘肃瓜、沙等州为酒。庚申，严鬻人之禁，乏食者量加赈贷。八月壬辰，以开元等路六驿饥，命给币帛万二千匹，其鬻妻子者官为赎之。九月，给钞赈上都饥民。十一月，昌州及盖里泊民饥，给钞赈之。是岁，保定路清苑县水，平阳路松山县旱，高唐、夏津、武城等县蝱害稼，并免今年租，计三万六千八百四十石。

至元十九年（1282）

五月丙戌，别十八里城东三百余里蝗害麦。七月，发米赈乞里吉思贫民。八月，江南水，民饥者众；真定以南旱，民多流移；和礼霍孙请所在官司发廪以赈，从之。九月丁巳朔，赈真定饥民，其流移江南者，官给之粮，使还乡里。是岁，免诸路民户明年包银、俸钞，及逃户差税。减京师民户科差之半。户部议行《设立常平仓事》："除别行禁约外，都省今拟依旧设立，用官降一样斛秤升斗，验各处按月时估，依上添答价值，常川收籴，划便支价，并无减尅。贫家阙食者，仰令依例出粜。委自本处正官不妨本职提调；据合设仓官、攒典、斗脚，就于近上不作过犯内公同选差，除免各户杂役。仍按月将先发价钞、已未收籴支纳见在数目开坐，申部呈省。"中书省拟定检踏灾伤体例。

至元二十年（1283）

正月，以燕南、河北、山东诸郡去岁旱，税粮之在民者，权停勿征。仍谕：自今管民官，凡有灾伤，过时不申，及按察司不即行视者，皆罪之。壬申，御史台言："燕南、山东、河北去年旱灾，按察司已尝阅视，而中书不为奏免，民何以堪。请权停税粮。"制曰："可。"十月，立和林平准库。癸卯，发粟赈水达达四十九站，以帛千匹、钞三百锭，赈水达贫民。给布万匹赈女直饥民一千户。是岁，免大都、平滦民户丝线、俸钞。以水旱相仍，免江南税粮十分之二。

至元二十一年（1284）

四月己亥，涿州巨马河决，冲突三十余里。火儿忽等所部民户告饥，帝曰："饥民不救，储粮何为？"发万石赈之。六月乙丑，中卫屯田蝗。十月戊辰，立常平仓，以五十万石价钞给之。新城县水，发义仓粟赈之。

至元二十二年（1285）

二月，塞浑河堤决，役夫四千人。四月，大都、汴梁、益都、庐州、河间、济宁、归德、保定蝗。五月戊寅，广平、汴梁钧、郑旱。庚寅，真定、广平、河间、恩州、大名、济南蚕灾。戊戌，汴梁、怀孟、濮州、东昌、广平、平阳、彰德、卫辉旱。适暑雨疫作，兵欲北还思明州，命唆都等还乌里。六月，马湖部田鼠食稼殆尽，其总管祠而祝之，鼠悉赴水死。十月，都护府言：合剌禾州民饥，户给牛二头，种二石，更给钞一十一万六千四百锭，籴米六万四百石，为四月粮赈之。是岁，除民间包银三年，不使带纳俸钞，尽免大都军民地税，始行京师赈粜之制，于京城南城设铺各三所，分遣官吏，发海运粮，减值赈粜。

至元二十三年（1286）

二月辛丑，遣使以钞五千锭赈诸王小薛所部饥民。三月甲戌，雄、霸二州及保定诸县水泛滥，冒官民田，发军民筑河堤御之。五月甲戌，汴梁旱。庚寅，广平等路蚕灾。辛卯，霸州、漷州螟生。癸巳，京畿旱。七月壬申，平阳饥民就食邻郡者，所在发仓赈之。丁丑，斡脱吉思部民饥，遣就食北京，其不行者发米赈之。辛巳，八都儿饥民六百户驻八剌忽思之地，给米千石赈之。八月丙申，发钞二万九千锭、盐五万引，市米赈诸王阿只吉所部饥民。甘州饥，禁酒。十月，河决开封、祥符、陈留、杞、太康、通许、鄢陵、扶沟、洧川、尉氏、阳武、延津、中牟、原武、睢州十五处，调南京民夫二十万四千三百二十三人，分筑堤防。兴化路仙游县虫伤禾。十一月丙子，以涿、易二州，良乡、宝坻县饥，免今年租，给粮三月。平滦、太原、汴梁水旱为灾，免民租二万五千六百石有奇。戊寅，遣使阅实宣宁县饥民，周给之。十二月乙未，辽东开元饥，赈粮三月。是岁，大都饥，发官米低其价粜贫民。定铁法，以铁课籴粮充常平仓。

至元二十四年（1287）

正月，皇子奥鲁赤部曲饥，命大同路给六十日粮。二月，雍古部民饥，发米四千石赈之，不足，复给六千石米价。真定路饥，发沿河仓粟减价粜之。以真定所牧官马四万余匹分牧他郡。闰二月，以女直、水达达部连岁饥荒，移粟赈之，仍尽免今年公赋及减所输皮布之半。大都饥，免今岁银俸钞，诸路半征之。三月，辽东饥，驰太子河捕鱼禁。汴梁河水泛滥，役夫七千修完故堤。六月，北京饥，免丝银、租税。乙亥，霸州益津县霖雨伤稼。七月，以粮给诸王阿只吉部贫民，大口二斗，小口一斗。八月丁亥，沈州饥，又经乃颜叛兵蹂践，免其今岁丝银、租赋。九月，以西京、平滦路饥，禁酒。戊申，咸平、懿州、北京以乃颜叛，民废耕作，又霜雹为灾，告饥。诏以海运粮五万石赈之。十一月，大都路水，赐今年田租十二万九千一百八十石。十二月，诸王薛彻都等所驻之地，雨土七昼夜，羊畜死不可胜计，以钞暨币帛杂给之，其值计钞万四百六十七锭。浙西诸路水，免今年田租十之二。西京、北京、隆兴、平滦、南阳、怀孟等路风雪雹害稼。保定、太原、河间、般阳、顺德、南京、真定、河南等路霖雨害稼，太原尤甚，屋坏压死者众。平阳春旱，二麦枯死，秋种不入土。巩昌雨雹，蚄蛉为灾。是岁，免东京军民丝线、包银、俸钞。免北京饥民差税，扬州及浙西水，其地税在扬州者全免，浙西减二分。斡端民饥，赈钞万锭。

至元二十五年（1288）

正月，蛮洞十八族饥，死者二百余人，以钞千五百锭有奇市米赈之。杭、苏二州连岁大水，赈其尤贫者。二月甲戌，盖州旱，民饥，蠲其租四千七百石。豪、懿州饥，以米十五万石赈之。京师水，发官米，下其价粜贫民。三月丙戌，诸王昌童部曲饥，给粮三月。己酉，徐、邳屯田及灵璧、睢宁二屯雨雹如鸡卵，害麦。四月癸酉，尚书省臣言："近以江淮饥，命行省赈之，吏与富民因缘为奸，多不及于贫者。今杭、苏、湖、秀四州复大水，民鬻妻女易食，请辍上供米二十万石，审其贫者赈之。"帝是其言。五月己丑，汴梁大霖雨，河决襄邑，漂麦禾。丁酉，平江水，免所负酒课。减米价，赈京师。辛亥，孟州乌河川雨雹五寸，大者如拳。河决汴梁，太康、通许、杞三县，陈、颍二州皆被害。六月壬申，睢阳霖雨，河溢害稼，免其租千六十石有奇。乙亥，以考城、陈留、通许、杞、太康五县大水及河溢没民田，蠲其租万五千三百石。资国、富昌等一十六屯雨水、蝗害稼。七月丙戌，真定、汴梁路蝗。发大同路粟赈流民。保定路霖雨害稼，蠲今岁田租。胶州连岁大水，民采橡而食，命减价粜米以赈之。霸、漷二州霖雨害稼，免其今年田租。诸王也真部曲饥，分五千户就食济南。八月壬申，安西省管内大饥，蠲其田租二万一千五百石有奇，仍贷粟赈之。丙子，发米三千石赈灭吉儿带所部饥民。赵、晋、冀三州蝗。丁丑，嘉祥、鱼台、金乡三县霖雨害稼，蠲其租五千石。九月，甘州旱饥，免逋税四千四百石。己丑，献、莫二州霖雨害稼，免田租八百余石。十二月庚辰，六卫屯田饥，给更休三千人六十日粮。因雨雹、河溢害稼，除民租二万二千八百石。是岁，免辽阳、武平等处差发。

至元二十六年（**1289**）

二月壬戌，合木里饥，命甘肃省发米千石赈之。绍兴大水，免未输田租。三月，安西饥，减估粜米二万石。甘州饥，发钞万锭赈之。四月，辽阳省管内饥，贷高丽米六万石以赈之。宝庆路饥，下其估粜米万一千石。庚午，沙河决，发民筑堤以障之。五月癸未，移诸王小薛饥民就食汴梁。丙申，诏：“季阳、益都、淄莱三万户军久戍广东，疫死者众，其令二年一更。”辽东路饥，免往岁未输田租。辛丑，御河溢入会通渠，漂东昌民庐舍。泰安寺屯田大水，免今岁租。六月，桂阳路寇乱水旱，下其估粜米八千七百二十石以赈之。辽阳等路饥，免今岁差赋。移八八部曲饥者就食甘州。合剌赤饥，出粟四千三百二十八石有奇以赈之。济宁、东平、汴梁、济南、棣州、顺德、平滦、真定霖雨害稼，免田租十万五千七百四十九石。以霖雨免河间等路丝料之半。七月，尚珍署屯田大水，从征者给其家。己卯，驸马爪忽儿部曲饥，赈之。辛巳，两淮屯田雨雹害稼，蠲今岁田租。雨坏都城，发兵、民各万人完之。癸巳，平滦屯田霖雨害稼。甲午，御河溢。东平、济宁、东昌、益都、真定、广平、归德、汴梁、怀孟蝗。河间大水害稼。癸卯，沙河溢。铁灯杆堤决。八月壬子，霸州大水，民乏食，下其估粜直沽仓米五千石。辛酉，大都路霖雨害稼，免今岁租赋，仍减价粜诸路仓粮。壬戌，漷州饥，发河西务米二千石，减其价赈粜之。癸亥，诸王铁失、孛罗带所部皆饥，敕上都留守司、辽阳省发粟赈之。台、婺二州饥，免今岁田租。九月，平滦昌国等屯田霖雨害稼。十月癸丑，营田提举司水害稼。

平滦水害稼。以平滦、河间、保定等路饥，弛河泊之禁。闰十月，通州河西务饥，民有鬻子、去之他州者，发米赈之。左右卫屯田新附军以大水伤稼乏食，发米万四百石赈之。丙申，宝坻屯田大水害稼。河南宣慰司请给管内河间、真定等路流民六十日粮，遣还其土，从之。甲辰，武平路饥，发常平仓米万五千石。赈保定等屯田户饥，给九十日粮。以兴、松二州霜，免其地税。十一月戊申，敕尚书省发仓赈大都饥民。丁巳，平滦昌国屯户饥，赈米千六百五十六石。赈文安县饥民。陕西凤翔屯田大水。己巳，发米千石赈平滦饥民。武平路饥，免今岁田租。桓州等驿饥，以钞给之。十二月丁丑，蠡州饥，发义仓粮赈之。平滦大水伤稼，免其租。河间、保定二路饥，发义仓粮赈之，仍免今岁田租。秃木合之地霜杀稼，秃鲁花之地饥，给九十日粮。庚子，武平饥，以粮二万三千六百石赈之。拔都昔剌所部阿速户饥，出粟七千四百七十石赈之。癸卯，发麦赈广济署饥民。是岁，免灾伤田租：真定三万五千石，济宁二千一百五十四石，东平一百四十七石，大名九百二十二石，汴梁万三千九十七石，冠州二十七石。绍兴路水，免地税十之三。京兆旱，以粮三万石赈之，又赈左右翼屯田蛮军及月儿鲁部贫民粮各三月。

至元二十七年（1290）

正月庚申，赈马站户饥。丰闰署田户饥，给六十日粮。无为路大水，免今年田租。癸酉，忻都所部别笳儿田户饥，给九十日粮。二月丙子，新附屯田户饥，给六十日粮。顺德僧、道士四百九十一人饥，给九十日粮。开元路宁远等县饥，民、站户逃徙，发钞二千锭赈之。己卯，兴州兴安饥，给九十日粮。庚辰，伯答罕民户饥，给六十日粮。癸未，泉州地震。丙戌，泉州地震。河间任丘饥，给九十日粮。癸巳，晋陵、无锡二县霖雨害稼，并免其田租。阇兀所部阑遗户饥，给六十日粮。己亥，保定路定兴饥，发粟五千二百六十四石赈之。三月乙巳，中山畋户饥，给六十日粮。戊申，广济署饥，给粟二千二百五十石以为种。蓟州渔阳等处稻户饥，给三十日粮。永昌站户饥，卖子及奴产者甚众，命甘肃省赎还，给米赈之。四月癸酉朔，婺州螟害稼，雷雨大作，螟尽死。辛巳，命大都路以粟六万二千五百六十四石赈通州、河西务等处流民。芍陂屯田以霖雨河溢，害稼二万二千四百八十亩有奇，免其租。癸巳，河北十七郡蝗。千户也先、小阔阔所部民及喜鲁、不别等民户并饥，敕河东诸郡量赈之。平山、真定、枣强三县旱，灵寿、元氏二县大雨雹，并免其租。定兴站户饥，给三十日粮。五月庚戌，陕西南市屯田陨霜杀稼，免其租。平滦民万五千四百六十五户饥，赈粟五千石。江阴大水，免田租万七百九十石。尚珍署广备等屯大水，免其租。六月，河溢太康，没民田三十一万九千八百余亩，免其租八千九百二十八石。纳邻等站户饥，给九十日粮。泉州大水。己亥，棣州厌次、济阳大风雹害稼，免其租。怀孟路武陟县、汴梁路祥符县皆大水，蠲田租八千八百二十八石。七月，终南等屯霖雨害稼万九千六百余亩，免其租。戊申，江西霖雨，赣、吉、袁、瑞、建昌、抚水皆溢，龙兴城几没。凤翔屯田霖雨害稼，免其租。沧州乐陵旱，免田租三万三百五十六石。江夏水溢，害稼六千四百七十余亩，免其租。魏县御河溢，害稼五千八百余亩，免其租百七十五石。八月，沁水溢，害冀氏民田，免其租。丁丑，广州清远大水，免其租。庚辰，免大都、平滦、河间、保定四路流民租赋及酒醋课。癸巳，地大震，武平尤甚，压死按察司官及总管府官王连等及民七千二百二十人，坏仓库局四百八十间，民居不可胜计。己亥，帝闻武平地震，虑乃颜党入寇，遣平章政事铁木儿、枢密院官塔鲁忽带引兵五百人往视。九月壬寅，河东山西道饥，敕宣慰使阿里火者炒米赈之。敕河东山西道宣慰使阿里火者发大同钞本二十万锭，籴米赈饥民。丁未，御河决高唐，没民田，命有司塞之。戊申，武平地震，盗贼乘隙剽劫，民愈忧恐。平章政事铁木儿以便宜蠲租赋，罢商税，弛酒禁，斩为盗者，发钞八百四十锭，转海运米万石赈之。十月丁丑，尚书省臣言："江阴、宁国等路大水，民流移者四十五万八千四百七十八户。"帝曰："此亦何待上闻，当速赈之！"凡出粟五十八万二千八百八十九石。只深所部八鲁剌思等饥，命宁夏路给米三千石赈之。十一月辛丑，广济署洪济屯大水，免租万三千一百四十一石。兴、松二州陨霜杀禾，免其租。隆兴苦盐泺等驿饥，发钞七千锭赈之。隆兴路陨霜杀稼，免其田租五千七百二十三石。癸亥，河决祥符县义唐湾，太康、通许、陈、颍四州大被其患。乙丑，易水溢，雄、莫、任丘、新安田庐漂没无遗，命有司筑堤障之。十二月，大同路民多流移，免其田租二万一千五百八石。洪赞、滦阳驿饥，给六十日粮。是岁，减河间、保定、平滦三路丝线之半，大都全免，减值枲粮五万石。

至元二十八年（1291）

是年，置都水监，掌治河渠并堤防水利桥梁闸堰之事。正月，敕大同路发米赈瓮古饥民。二月，上都、太原饥，免至元十二年至二十六年民间所逋田租三万八千五百余石。遣使同按察司赈大同、太原饥民，给口粮两月或三月。壬辰，雨坏太庙第一室，奉迁神主别殿。遣行省、行台官发粟，赈徽之绩溪，杭之临安、余杭、于潜、昌化、新城等县饥民。三月己亥朔，真定、河间、保定、平滦饥，平阳、太原尤甚，民流移就食者六万七千户，饥而死者三百七十一人。太原饥，严酒禁。甲寅，常德路水，免田租二万三千九百石。辛酉，吕连站木赤五十户饥，赈三月粮。杭州、平江等五路饥，发粟赈之，仍弛湖泊蒲、鱼之禁。溧阳、太平、徽州、广德、镇江五路亦饥，赈之如杭州。武平路饥，百姓困于盗贼军旅，免其去年田租。凡州郡田尝被灾者悉免其租，不被灾者免十之五。赈辽阳、武平饥民，仍弛捕猎之禁。四月，以地震故，免侍卫兵籍武平者今岁徭役。以沙不丁等米赈江南饥民。丙申，以米三千石赈阔里吉思饥民。五月辛亥，以太原去岁不登，杭州被水，其太原丁地税粮、杭州地税并除之。赈上都、桓州、榆林、昌平、武平、宽河、宣德、西站、女直等站饥民。六月，湖广饥，敕以刺里海牙米七万石赈之。七月乙巳，大都饥，出米二十五万四千八百石赈之。辽阳诸路连岁荒，加以军旅，民苦饥，发米二万石赈之。雨坏都城，发兵二万人筑之。八月乙丑朔，平阳地震，坏民庐舍万有八百二十六区，压死者百五十人。抚州路饥，免去岁未输田租四千五百石。大名之清河、南乐诸县霖雨害稼，免田租万六千六百六十九石。婺州水，免田租四万一千六百五十石。九月乙巳，景州、河间等县霖雨害稼，免田租五万六千五百九十五石。乙卯，以岁荒，免平滦屯田二十七年田租三万六千石有奇。保定、河间、平滦三路大水，被灾者全免，收成者半之。免州路所负岁粮。十月，高丽国饥，给以米二十万斛。辛卯，诸王出伯部曲饥，给米赈之。癸巳，武平路饥，免今岁田租。十一月，塔叉儿、塔带民饥，发米赈之。武平、平滦诸州饥，弛猎禁，其孕字之时勿捕。中书省札付御史台水旱灾伤减免粮事。十二月，辽阳洪宽女直部民饥，借高丽粟赈给之。大都饥，下其价粜米二十万石赈之。赈阔阔出饥民米。广济署大昌等屯水，免田租万九千五百石。平滦路及丰赡、济民二署饥，出米万五千石赈之。是岁，诏免腹里诸路包银、俸钞。其大都、上都、隆兴、平滦、大同、太原、河间、保定、武平、辽阳十路丝线并除之。辽阳被灾者，税粮皆免征，其余量征其半。以去岁陨霜害稼，赈宿卫士怯怜口粮二月，以饥赈徽州、溧阳等路民粮三月。颁《至元新格》：“诸义仓，其社长照依原行，常复修举；诸遇灾伤缺食，或能不悋己物，劝率富有之家，协同周济困穷，不致失所者，从本处官司保申上司，申部呈省。""诸水旱灾伤，皆随时检覆得实，作急申部。十分损八以上，其税全免。损七以下，止免所损分数。收及六分者，税既全征，不须申检。"行《劝农立社事理》十五款。

至元二十九年（1292）

正月戊戌，清州饥，就陵州发粟四万七千八百石赈之。壬寅，以武平地震，全免去年税四千五百三十六锭，今年量输之，止征二千五百六十九锭。己酉，兴州之兴安、宜兴两县饥，赈米五千石。壬子，桓州至赤城站户告饥，给钞计口赈之。二月乙丑，给辉州龙山、里州和中等县饥民粮一月。发通州、河西务粟，赈东安、固安、蓟州、宝坻县饥民。发义仓官仓粮，赈德州、齐河、清平、泰安州饥民。壬辰，山东廉访司申："棣州境内春旱且霜，夏复霖涝，饥民啖藜藿木叶，乞赈恤。"敕依东平例，发附近官廪，计口以给。三月丙午，中书省臣言："京畿荐饥，宜免今岁田租。上都、隆兴、平滦、河间、保定五路供亿视他路为甚，宜免今岁公赋。汉地河泊隶宣徽院，除入太官外，宜弛其禁，便民取食。"并从之。戊申，以威宁、昌等州民饥，给钞二千锭赈之。敕都水监分视黄河堤堰，罢河渡司。五月甲午，辽阳水达达、女直饥，诏忽都不花趋海运给之。罢东平路河道提举司事入都水监。己未，龙兴路南昌、新建、进贤三县水，免田租四千四百六十八石。真定之中山新乐、平山、获鹿、元氏、灵寿，河间之沧州无棣，景之阜城、东光，益都之潍州北海县，有虫食桑叶尽，无蚕。六月甲子，平江、湖州，常州、镇江、嘉兴、松江、绍兴等路水，免至元二十八年田租十八万四千九百二十八石。丙子，大宁路惠州连年旱涝，加以役繁，民饿死者五百人，诏给钞二千锭及粮一月赈之，仍遣使责辽阳省臣阿散。丁亥，湖州、平江、嘉兴、镇江、扬州、宁国、太平七路大水，免田租百二十五万七千八百八十三石。铁木塔儿、薛阇秃、捏古带、阔阔所部民饥，诏给米四千石付铁木塔儿、薛阇秃，一千石付捏古带、阔阔，俾以赈之。闰六月丁酉，辽阳、沈州、广宁、开元等路雹害稼，免田租七万七千九百八十八石。岳州华容县水，免田租四万九百六十二石。东昌路蝗。辛亥，河西务水，给米赈饥民。太平、宁国、平江、饶、常、湖六路民艰食，发粟赈之。高丽饥，其王遣使来请粟，诏赐米十万石。乙卯，济南、般阳蝗。八月，以广济署屯田既蝗复水，免今年田租九千二百十八石。高丽、女直界首双城告饥，敕高丽王于海运内以粟赈之。九月丁丑，以平滦路大水且霜，免田租二万四千四十一石。十一月庚申，岳州华容县水，发米二千一百二十五石赈饥民。十二月，敕应昌府给乞笞带粮五百石，以赈饥民。丁巳，敕都水监修治保定府沙塘河堤堰。是岁，以大都去岁不登，流移者众，免其税粮及包银、俸钞。

至元三十年（1293）

三月，雨坏都城，诏发侍卫军三万人完之，仍命中书省给其佣值。五月，诏以浙西大水冒田为灾，令富家募佃人疏决水道。甲申，真定路深州静安县大水，民饥，发义仓粮二千五百七十四石赈之。六月己酉，诏浚太湖。壬子，大兴县蝗。易州雨雹，大如鸡卵。八月，营田提举司所辖屯田百七十七顷为水所没，免其租四千七百七十二石。九月辛巳，登州蝗，恩州水，百姓阙食，赈以义仓米五千九百余石。十月戊子，诏修汴堤。壬寅，敕减米值，粜京师饥民，其鳏寡孤独不能自存者给之。平滦水，免田租万一千九百七十七石。广济署水，损屯田百六十五顷，免田租六千二百一十三石。是岁，真定、宁晋等处，被水、旱、蝗、雹为灾者二十九。免大都差税。

至元三十一年（1294）

四月，即墨县雹。五月，密州诸城县、大都路武清县雹，峡州路大水。六月，免腹里军、站、匠、船、盐、铁等户税粮，及江南夏税之半。东安州蝗。七月，棣州阳信县雹，大风拔木发屋，真定路之南宫、新河，易州之涞水等县雹。八月癸未，平滦路迁安等县水，蠲其田租。己丑，以大都留守段贞、平章政事范文虎监浚通惠河，给二品银印。令军士复浚浙西太湖、淀山湖沟港，立新河运粮千户所。是月，德州之安德县大风雨雹。九月，赵州之宁晋等县水。十月，辽阳行省所属九处大水，民饥，或起为盗贼，命赈恤之。十二月，常德、岳、鄂、汉阳四州水，免其田租。成宗即位，诏免天下差税有差。复赈宿卫士怯怜口粮三月。

元贞元年（1295）

正月，以陨霜杀禾，复赈安西王山后民米一万石。四月，真定路之平山、灵寿等县有虫食桑。五月，巩昌府金州、西和州、会州雨雹，无麦禾。饶州、镇江、常州、湖州、平江、建康、太平、常德、沣州皆水。六月戊申，济南路之历城县大清河水溢，坏民居。以近边役烦及水灾，免咸平府民八百户今年赋税。乙卯，江西行省所辖郡大水无禾，民乏食，令有司与廉访司官赈之，仍弛江河湖泊之禁。是月，汴梁路蝗，利州、盖州螟，泰安、曹州、济宁路水，巩昌、环州、庆阳、延安、安西旱。以粮一千三百石赈隆兴府饥民，二千石赈千户灭秃等军。七月，大都、辽东、东平、常德、湖州武卫屯田大水，隆兴路雹，太原、平阳、安丰、河间等路旱。八月癸亥，赈辽阳民被水者粮二月。金、复州屯田有虫食禾，汴梁、安西、真定等路旱，平江、安丰等路大水。九月，宣德府大水，军民乏食，给粮两月。武卫万盈屯及延安路陨霜杀禾，高邮府、泗州、贺州旱，平江、庐州等路大水。是岁，以京师米贵，设肆三十所，发粮七万余石粜之。

元贞二年（1296）

二月，赈安西王米三千石，以赈饥民。三月，以合伯及塔塔剌所部民饥，赈米各千石。刑部议定修堤失时官吏受罚事。五月，野蚕成茧。河中府之猗氏雹。太原之平晋，献州之交河、乐寿，莫州之莫亭、任丘，及湖南醴陵州皆水。济宁之济州螟。六月，大都、真定、保定、太平、常州、镇江、绍兴、建康、沣州、岳州、庐州、汝宁、龙扬州、汉阳、济宁、东平、大名、滑州、德州蝗。大同、隆兴、顺德、太原雹。海南民饥，发粟赈之。七月，平阳、大名、归德、真定蝗，彰德、真定、曹州、滨州水。怀孟、大名、河间旱。太原、怀孟雹。福建、广西两江道饥，赈粟有差。八月，德州、彰德、太原蝗。咸宁县，金、复州，隆兴路陨霜杀禾。宁海州大雨。大名路水。九月，常德之沅江县水，免其田租。河间之莫州、献州旱。河决河南杞、封丘、祥符、宁陵、襄邑五县。十月，广备屯及宁海之文登水。十一月，象食屯水，免其田租。是岁，大都、保定、汴梁、江陵、沔阳、淮安水，金、复州风损禾，太原、开元、河南、芍陂旱，蠲其田租。减京师米肆为一十所。

元贞三年、大德元年（1297）

正月，汴梁、归德水。木邻等九站饥，以米六百余石赈之。三月，归德、徐、邳、汴梁诸县水，免其田租。道州旱，辽阳饥，并发粟赈之。岳木忽而及兀鲁思不花所部民饥，以乳牛牝马济之。四月，以米二十石赈应昌府。五月丙寅，河决汴梁，发民三万余人塞之。漳河溢，损民禾稼。饶州鄱阳、乐平及隆兴路水。亦乞列等三站饥，赈米一百五十石。五月，拟定江南申灾限次。江浙行省咨灾伤申告限期事。六月，平滦路虫食桑。归德徐、邳州蝗。太原风、雹。河间、大名路旱。和州历阳县江涨，漂没庐舍万八千五百余家。以粮四千余石赈广平路饥民，万五千石赈江西被水之家，二百九十余石赈铁里干等四站饥户。七月，宁海州饥，以米九千四百余石赈之。河决杞县蒲口。彬州路、耒阳州、衡州之酃县大水山崩，溺死三百余人。怀州武陟县旱。八月，扬州、淮安、宁海州旱。真定、顺德、河间旱、疫。池州、南康、宁国、太平水。九月丙寅，诏恤诸郡水旱疾疫之家。卫辉路旱、疫，沣州、常德、饶州、临江等路，温之平阳、瑞安二州大水，镇江之丹阳、金坛旱，并以粮给之。十月，庐州路无为州江潮泛滥，漂没庐舍。历阳、合肥、梁县及安丰之蒙城、霍丘自春及秋不雨。扬州、淮安路饥。韶州、南雄、建德、温州皆大水，并赈之。中书省臣奏随处水旱等灾，诏减免全国税粮。十一月，常德路大水，常州路及宜兴州旱，并赈之。闰十二月，般阳路饥疫，给粮两月。是岁，济南及金、复州水、旱。大都之檀州、顺州，辽阳，沈阳，广宁水。顺德、河间、大名、平阳旱。河间之乐寿、交河疫，死六千五百余人。以饥赈辽阳、水达达等户粮五千石，公主囊加真位粮二千石，腹里并江南灾伤之地赈粮三月。

大德二年（1298）

正月壬辰，诏以水旱减郡县田租十分之三，伤甚者尽免之，老病单弱者差税并免三年。己酉，建康、龙兴、临江、宁国、太平、广德、饶、池等处水，发临江路粮三万石以赈，仍弛泽梁之禁，听民渔采。二月乙丑，立浙西都水庸田司，专主水利。浙西嘉兴、江阴、江东建康溧阳、池州水旱，并赈恤之。湖广省汉阳、汉川水，免其田租。甘肃沙州鼠伤禾稼。大都檀州雨雹。归德等处蝗。四月，发庆元粮五万石，减其值以赈饥民。江南、山东、江浙、两淮、燕南属县百五十处蝗。五月，淮西诸郡饥，漕江西米二十万石以备赈贷。壬寅，平滦路旱，发米五百石，减其值赈之。卫辉、顺德旱，大风损麦，免其田租一年。六月，山东、河南、燕南、山北五十处蝗。山北辽东道大宁路金源县蝗。七月，汴梁等处大雨，河决堤防，漂没归德数县禾稼、庐舍，免其田租一年。江西、江浙水，赈饥民二万四千九百有奇。九月，刑部议定淮安路虫蝻失捕事。十二月，扬州、淮安两路旱、蝗，以粮十万石赈之。是岁，赈金复州屯田军粮二月。

大德三年（1299）

五月，鄂、岳、汉阳、兴国、常、沣、潭、衡、辰、沅、宝庆、常宁、桂阳、茶陵旱，免其酒课，夏税；江陵路旱、蝗，弛其湖泊之禁，仍并以粮赈之。七月丙申，扬州、淮安属县蝗，在地者为鹜啄食，飞者以翅击死，诏禁捕鹜。八月，汴梁、大都、河间水，隆兴、平滦、大同、宣德等路雨雹。九月，扬州、淮安旱，除两路税粮。十月，以淮安、江陵、沔阳、扬、庐、随、黄旱，汴梁、归德水，陇、陕蝗，并免其田租。十一月丁酉，浚太湖及淀山湖。杭州火，江陵路蝗，并发粟赈之。十二月，淮安、扬州饥，甘肃亦集乃路屯田旱，并赈以粮。

大德四年（1300）

二月甲戌，发粟十万石赈湖北饥民，仍弛山泽之禁。三月乙未，宁国、太平两路旱，以粮二万石赈之。五月，同州、平滦、隆兴雹。扬州、南阳、顺德、东昌、归德、济宁、徐、濠、芍陂旱、蝗。真定、保定、大都通、蓟二州水。七月，杭州路贫民乏食，以粮万石减其值粜之。八月，大名之白马县旱。九月，建康、常州、江陵饥民八十四万九千六十余人，给粮二十二万九千三百九十余石。十一月，真定路平棘县旱。十二月，鄂州等处民饥，发湖广省粮十万石赈之。

大德五年（1301）

四月，大都、彰德、广平、真定、顺德、大名、濮州食桑。五月，商州陨霜杀麦。六月乙亥，平江等十有四路大水，以粮二十万石随各处时值赈粜。是月，汴梁、南阳、卫辉、大名、濮州旱。大都路水。顺德、怀孟蝗。七月戊戌朔，晦暴风起东北，雨雹兼发，江湖泛溢，东起通、泰、崇明，西尽真州，民被灾死者不可胜计，以米八万七千余石赈之。乙巳，辽阳省大宁路水，以粮千石赈之。浙西积雨泛滥，大伤民田，诏役民夫二千人疏导河道，俾复其故。称海至北境十二站大雪，马牛多死，赐钞一万一千余锭。大都、保定、河间、济宁、大名水。广平、真定蝗。八月己巳，平滦路霖雨，滦、漆、泲、汝河溢，民死者众，免其今年田租，仍赈粟三万石。庚辰，诏：各路被灾重者，免其差发、税粮一年，贫破缺食之家，计口赈济，乏绝尤甚者另加优给。顺德路水，免其田租。九月丙辰，江陵、常德、沣州皆旱，并免其门摊、酒醋课。十一月，减值粜米，赈京师贫民，设肆三十六所，其老幼单弱不能自存者，廪给五月。是岁，汴梁、归德、南阳、邓州、唐州、陈州、和州、襄阳、汝宁、高邮、扬州、常州蝗。峡州、随州、安陵、荆门、泰州、光州、扬州、滁州、高邮、安丰霖。汴梁之封丘、阳武、兰阳、中牟、延津、河南渑池、蕲州之蕲春、广济、蕲水旱。大名、宣德、奉圣、归德、宁海、济宁、般阳、登州、莱州、益都、潍州、博兴、东平、济南、滨州、保定、河间、真定、大宁水。京师始行红帖粮，令有司籍两京贫乏户口之数，置半印号簿文帖，各书其姓名口数，逐月对帖以给，与赈粜并行。

大德六年（1302）

正月，陕西旱，禁民酿酒。乙卯，筑浑河堤长八十里，仍禁豪家毋侵旧河，令屯田军及民耕种。以大都、平滦等路去年被水，其军应赴上都驻夏者，免其调遣一年。二月，以京师民乏食，命省、台委官计口验实，以钞十一万七千一百余锭赈之。三月丁酉，以旱、溢为灾，诏赦天下。大都、平滦被灾尤甚，免其差税三年，其余灾伤之地，已经赈恤者免一年。今年内郡包银、俸钞，江淮已南夏税，诸路乡村人户散办门摊课程，并蠲免之。四月，发通州仓粟三百石赈贫民。乙亥，浚永清县南河。庚辰，上都大水民饥，减价粜粮万石赈之。戊子，修卢沟上流石径山河堤。真定、大名、河间等路蝗。五月戊申，太庙寝殿灾。丁巳，福州路饥，赈以粮一万四千七百石。济南路大水。扬州、淮安路蝗。归德、徐州、邳州水。六月，湖州、嘉兴、杭州、广德、饶州、太平、婺州、庆元、绍兴、宁国等路饥，赈粮二十五万一千余石。大同路、宁海州亦饥，以粮一万六千石赈之。广平路大水。七月，建康民饥，以米二万石赈之。大都诸县及镇江、安丰、濠州蝗。顺德水。十月，济南滨、棣、泰安、高唐州霖雨，米价腾涌，民多流移，发粟赈之，并给钞三万锭。十二月辛酉，御史台臣言："自大德元年以来数有星变及风水之灾，民间乏食。陛下敬天爱民之心，无所不尽，理宜转灾为福。而今春霜杀麦，秋雨伤稼。五月太庙灾，尤古今重事。臣等思之，得非荷陛下重任者不能奉行圣意，以致如此。若不更新，后难为力。乞令中书省与老臣识达治体者共图之。"复请禁诸路酿酒，减免差税，赈济饥民。帝皆嘉纳，命中书即议行之。云南地震。戊辰，又震。保定等路饥，以钞万锭赈之。

大德七年（1303）

二月己卯，尽除内郡饥荒所在差税，仍令河南省赈恤流民，给北师钞三十八万锭。罢江南都水庸田司。三月己丑朔，保定路饥，赈钞四万锭。都城火，命中书省与枢密院议增巡防兵。乙未，真定路饥，赈钞六百六十

余锭。赈李陵台等五站户钞一千四百余锭。辽阳等路饥，赈钞万锭。颁
《设立奉使宣抚诏》，设立奉使宣抚，内郡大德六年被灾缺食、曾经赈
济人户，其大德七年差发、税粮，尽行蠲免；被灾去处，有好义之家能出
己财周给贫乏者，具实以闻，量加旌用。四月，卫辉路、辰州螟。济南路
陨霜杀麦。五月，开上都、大都酒禁，其所隶两都州县及山后、河东、山
西、河南尝告饥者，仍悉禁之。甲寅，浚上都滦河。济宁、东昌、济南、
般阳、益都虫食麦。太原、龙兴、南康、袁、瑞、抚等路，高唐、南丰等
州饥，减值粜粮五万五千石。东平、益都、济南等路蝗。般阳路陨霜。闰
五月丁卯，平江等十五路民饥，减值粜粮三十五万四千石。癸未，各道奉
使宣抚言，去岁被灾人户未经赈济者，宜免其差役，从之。汴梁开封县虫
食麦。六月壬辰，武冈路饥，减价粜粮万石以赈之。给钦察千户等贫乏者
钞三万七千八百余锭。浙西淫雨，民饥者十四万，赈粮一月，仍免今年夏
税并各户酒醋课。命甘肃行省修阿合潭、曲先壕以通漕运。大宁路蝗。七
月辛酉，常德路饥，减值粜粮万石以赈之。八月辛卯夜，地震，平阳、太
原尤甚，村堡移徙，地裂成渠，人民压死不可胜计，遣使分道赈济，为钞
九万六千五百余锭，仍免太原、平阳今年差税，山场河泊听民采捕。九月，
以太原、平阳地震，禁诸王阿只吉、小薛所部扰民，仍减太原岁饲马之半。
诏谕诸司赈恤平阳、太原。十月戊子，弛太原、平阳酒禁。以江浙年谷不登，
减海运粮四十万石。刘敏中上《言地震九事》。天子特遣近臣并祷郡望，
致祭于霍山中镇崇德应灵王。十二月甲申朔，诏内郡比岁不登，其民已免
差者，并蠲免其田租。平滦路以水患改永平路。

大德八年（1304）

正月，颁《恤隐省刑诏》，以平阳、太原地震，免差税三年。隆兴、
延安及上都、大同、怀孟、卫辉、彰德、真定、河南、安西等路被灾人户，
亦免二年。保定、河间两路系官投下一切差发、系官税粮，并行免一年。
自荥泽至睢州，筑河防十有八所，给其夫钞人十贯。是月，平阳地震不止，
已修民屋复坏。二月，遣使致祭中镇。三月，滦城、济阳等县陨霜杀桑。
四月庚子，以永平、清、沧、柳林屯田被水，其逋租及民贷食者皆勿征。
益都临朐、德州齐河蝗。五月，中书省臣言："吴江、松江实海口故道，
潮水久淤，凡湮塞良田百有余里，况海运亦由是而出，宜于租户役万五千
人浚治，岁免租人十五石，仍设行都水监以董其程。"从之。庚辰，以去

岁平阳、太原地震，宫观摧圮者千四百余区，道士死伤者千余人，命赈恤之。是月，蔚州之灵仙，太原之阳曲，隆兴之天城、怀安，大同之白登大风雨雹伤稼，人有死者。大名之浚、滑，德州之齐河霖雨。汴梁之祥符、太康，卫辉之获嘉，太原之阳武河溢。六月，益津蝗，汴梁祥符、开封、陈州霖雨，蠲其田租。扶风、岐山、宝鸡诸县旱，乌撒、乌蒙、益州、忙部、东川等路饥、疫，并赈恤之。七月，以顺德、恩州去岁霖雨，免其民租四千余石。八月，太原之交城、阳曲、管州、岚州，大同之怀仁雨雹陨霜杀禾，杭州火，发粟赈之。以大名、高唐去岁霖雨，免其民租四千余石。九月，四川、云南镇戍军家居太原、平阳被灾者，给钞有差。潮州飓风起，海溢，漂没庐舍，溺死者众，给其被灾户粮两月。以冀、孟、辉、云内诸州去岁霖雨，免其田租二万二千一百石。　十一月，以平阳、太原去岁地大震，免其税课一年。是岁，中书省咨灾伤赈济文册等事。

大德九年（1305）

正月壬申，弛大都酒禁。二月，以归德频岁被水，民饥，给粮两月。平阳、太原地震，站户被灾，给钞一万二千五百锭。三月，以济宁去岁霖雨伤稼，常宁州饥，并赈恤之。河间、益都、般阳属县陨霜杀桑，抚之。宜黄、兴国之大冶等县火，给被灾者粮一月。四月乙酉，大同路地震，有声如雷，坏官民庐舍五千余间，压死二千余人。怀仁县地裂二所，涌水尽黑，漂出松柏朽木，遣使以钞四千锭、米二万五千余石赈之，是年租赋税课徭役一切除免。以汴梁、归德、安丰去岁被灾，潭州、彬州、桂阳、东平等路饥，并赈恤之。五月，大都旱，遣使持香祷雨。以地震，改平阳为晋宁，太原为冀宁。以晋宁、冀宁累岁被灾，给钞三万五千锭。宝庆路饥，发粟五千石赈之。以陕西渭南、栎阳诸县去岁旱，蠲其田租。道州旱。六月甲午，潼川霖雨江溢，漂没民居，溺死者众，敕有司给粮一月，免其田租。以琼州屡经叛寇，隆兴、抚州、临江等路水，汴梁霖雨为灾，并给粮一月。桓州、宣德雨雹。凤翔、扶风旱。通、泰、静海、武清蝗。七月乙巳朔，禁晋宁、冀宁、大同酿酒。蠲晋宁、冀宁今年商税之半。沔阳之玉沙江溢，陈州之西华河溢，峄州水，赈米四千石。扬州之泰兴、江都、淮安之山阳水，蠲其田租九千余石。潭、彬、衡、雷、峡、滕、沂、宁海诸郡饥，减值粜粮五万一千六百石。八月，涿州、东安州、河间、嘉兴蝗，象州、融州、柳州旱，归德、陈州河溢，大名大水，扬州饥。十月，升都水监正三品。十一月，以去年冀宁地震，站户贫乏，诏诸王、驸马毋妄遣使乘驿。给四川征戍军士其家居大同为地震压死者户钞五锭。十二月乙亥，赐冀宁路钞万锭、盐引万纸，以给岁费。是岁，澧阳县火，赈粮两月。

大德十年（1306）

正月丙午，浚吴松江等处漕河。庚戌，浚真、扬等州漕河，令盐商每引输钞二贯，以为佣工之费。壬戌，发河南民十万筑河防。弛大同路酒禁。奉圣州怀来县民饥，给钞九百锭。闰正月甲戌，赈合民所部留处凤翔者粮三月。赈暗伯拔突军屯东地者粮两月。丁亥，免大都今年租赋。是月，以曹之禹城去岁霖雨害稼，民饥，发陵州粮三千余石赈之。晋宁、冀宁地震不止。二月，升行都水监为正三品。镇西武靖王搠思班所部民饥，发甘肃粮赈之。是月，大同路暴风大雪，坏民庐舍，明日雨沙阴霾，马牛多毙，人亦有死者。三月，道州营道等处暴雨，江溢山裂，漂没民庐，溺死者众，复其田租。以济州任城县民饥，赈米万石。柳州民饥，给粮一月。四月，以广东诸郡、吉州、龙兴、道州、柳州、汉阳、淮安民饥，赣县暴雨水溢，赈粮有差。郑州暴风雨雹，大若鸡卵，麦及桑枣皆损，蠲今年田租。真定、河间、保定、河南蝗。五月辛未，大都旱，遣使持香祷雨。辽阳、益都民饥，赈贷有差。大都、真定、河间蝗。平江、嘉兴诸郡水伤稼。六月，大名、益都、易州大水。景州霖雨。龙兴、南康诸郡蝗。七月，宣德等处雨雹害稼。大同之浑源陨霜杀禾。平江大风，海溢，漂民庐舍。道州、武昌、永州、兴国、黄州、沅州饥，减值赈粜米七万七千八百石。八月，开成路地震，王宫及官民庐舍皆坏，压死故秦王妃也里完等五千余人，以钞万三千六百锭、粮四万四千一百余石赈之。成都等县饥，减值赈粜米七千余石。十月，吴江州大水，民乏食，发米万石赈之。十一月丁亥，武昌路火，给被灾者粮一月。益都、扬州、辰州岁饥，减值赈粜米二万一千余石。是岁，诏："被灾去处缺食人户，已尝赈济。其本处山场、河泊，今岁课程权且停罢，听贫民从便采取，有力之家不得掺夺。"

大德十一年（1307）

五月，建州大雨雹。真定、河间、顺德、保定等郡蝗。六月辛酉，汴梁、南阳、归德、江西、湖广水。保定属县蝗。七月，江浙水，民饥，诏赈粮三月，酒醋、门摊、课程悉免一年。江浙、湖广、江西属郡饥，诏行省发粟赈之。

山东、河北蒙古军告饥，遣官赈之。安西等郡旱饥，以粮二万八千石赈之。是月，江浙、湖广、江西、河南、两淮属郡饥，于盐茶课钞内折粟，遣官赈之。保定、河间、晋宁等郡水。德州蝗。八月，浙东、浙西、湖北、江东郡县饥，遣官赈之。江南饥，以十道廉访司所储赃罚钞赈之。东昌、汴梁、唐州、延安、潭、沅、归、沣、兴国诸郡饥，发粟赈之。冀宁路地震。河间、真定等郡蝗。隆平、文水、平遥、祁、霍邑、靖海、容城、束鹿等县水。九月，江浙饥，中书省臣言："请令本省官租，于九月先输三分之一，以备赈给。又两淮漕河淤涩，官议疏浚，盐一引带收钞二贯为佣费，计钞二万八千锭，今河流已通，宜移以赈饥民。杭州一郡，岁以酒糜米麦二十八万石，禁之便。河南、益都诸郡，亦宜禁之。"制可。辛卯，御史台臣言："……粤自大德五年以来，四方地震水灾，岁仍不登，百姓重困，便民之政，正在今日。……"是月，襄阳霖雨，民饥，敕河南省发粟赈之。十月，杭州、平江水，民饥，发粟赈之。十一月庚午，卢龙、滦河、迁安、昌黎、抚宁等县水，民饥，给钞千锭以赈之。建康路属州县饥，诏免今年酒醋课。丁丑，中书省臣言："前为江南大水，以茶、盐课折收米，赈饥民。今商人输米中盐，以致米价腾涌，百姓虽获小利，终为无益。臣等议，茶、盐之课当如旧。"从之。十二月，山东、河南、江浙饥，禁民酿酒。是岁，以饥赈安州高阳等县粮五千石，漷州谷一万石，奉符等处钞二千锭，两浙、江东等处钞三万余锭、粮二十万石。又劝率富户赈粜粮一百四十余万石，凡施米者，验其数之多寡，而授以院务等官。颁《至大改元诏》：除大都、大同、隆兴三路外，大都周围各禁五百里，其余禁断处所及应有山场、河泊、芦场，并行开禁一年，听民从便采捕。又以钞一十四万七千余锭、盐引五千道、粮三十万石，赈绍兴、庆元、台州三路饥民。

至大元年（1308）

正月丙寅，从江浙行省请，罢行都水监，以其事隶有司。己巳，绍兴、台州、庆元、广德、建康、镇江六路饥，死者甚众，饥户四十六万有奇，户月给米六斗，以没入朱清、张瑄物货隶徽政院者，鬻钞三十万锭赈之。二月，汝宁、归德二路旱、蝗，民饥，给钞万锭赈之。益都、济宁、般阳、济南、东平、泰安大饥，遣山东宣慰使王佐同廉访司核实赈济，为钞十万二千二百三十七锭有奇、粮万九千三百四十八石。淮安等处饥，从河南行省言，以两浙盐引十万贸粟赈之。中书省臣言："陕西行省言，开成路前者地震，民力重困，已免赋二年，请再免今年。"从之。甲寅，和林贫民北来者众，以钞十万锭济之，仍于大同、隆兴等处籴粮以赈，就令屯田。以网罟给和林饥民。刑部议定赈粜红帖粮罪赏事。三月，以北来贫民八十六万八千户，仰食于官，非久计，给钞百五十万锭、币帛准钞五十万锭，命太师月赤察儿、太傅哈剌哈孙分给之，罢其廪给。五月己巳，管城县大雨雹。癸未，济南、般阳雨雹。渭源县旱饥，给粮一月。真定、大名、广平有虫食桑。宁夏府水，晋宁等处蝗。东平、东昌、益都蝝。六月丁酉，巩昌府陇西、宁远县地震。云南乌撒、乌蒙，三日之中地大震者六。戊戌，大都饥，发官粟减价粜贫民，户出印帖，委官监临，以防不均之弊。中书省臣言："江浙行省管内饥，赈米五十三万五千石、钞十五万四千锭、面四万斤。又流民户百三十三万九百五十有奇，赈米五十三万六千石、钞十九万七千锭，盐折值为引五千。"令行省、行台遣官临视。内郡、江淮大饥，免今年常赋及夏税。益都水，民饥，采草根树皮以食，免今岁差徭，仍以本路税课及发朱注、利津两仓粟赈之。河南、山东大饥，有父食其子者，以两道没入赃钞赈之。中书省议灾伤不即检覆事。七月，济宁大水入城，诏遣官以钞五千锭赈之。己巳，真定淫雨，水溢，入自南门，下及藁城，溺死者百七十七人，发米万七百石赈之。江南、江北水旱饥荒，已尝遣使赈恤者，至大元年差发、官税并行除免。八月戊子，大宁雨雹。己酉，大同陨霜杀禾。扬州、淮安蝗。九月丙辰朔，以内郡岁不登，诸部人马之入都城者，减十之五。中书省臣言："夏秋之间，巩昌地震，归德暴风雨，泰安、济宁、真定大水，庐舍荡析，人畜俱被其灾。江浙饥荒之余，疾疫大作，死者相枕藉。父卖其子，夫鬻其妻，哭声震野，有不忍闻。臣等不才，猥当大任，虽欲竭尽心力，而闻见浅狭，思虑不广，以致政事多舛，有乖阴阳之和，百姓被其灾殃，愿退位以避贤路。"帝曰："灾害事有由来，非尔所致，汝等但当慎其所行。"丙寅，蒲县地震。十月癸巳，蒲县、陵县地震。丁酉，以大都艰食，复粜米十万石，减其价以赈之，以其钞于江南和籴。罢大都榷酤。癸卯，中书省臣请以湖广米十万石贮于扬州，江西、江浙海漕三十万石，内分五万石贮朱汪、利津二仓，以济山东饥民，从之。十一月，诏免绍兴、庆元、台州、建康、广德田租，绍兴被灾尤甚，今岁又旱，凡佃户止输田主十分之四。山场、河泺、商税，截日免之。诸路小稔，审被灾者免之。闰十一月己丑，以大都米贵，发廪十万石，减其价以粜赈贫民。北来民饥，有鬻子者，命有司为赎之。以杭州、绍兴、建康等路岁比饥馑，今年酒课免十分之三。是岁，增京师两城米肆为一十五所，每肆日粜米一百石。

至大二年（1309）

正月丙申，颁《上尊号诏》，天下弛山泽之禁，恤流移，毋令见户包纳差税，被灾百姓，腹里免差税一年，江淮免夏税。二月，赈真定路饥民粮万石，搭搭境六千石。甲戌，弛中都酒禁。三月己酉，济阴、定陶雹。四月，益都、东平、东昌、济宁、河间、顺德、广平、大名、汴梁、卫辉、泰安、高唐、曹、濮、德、扬、滁、高邮等处蝗。六月，金城、崞州、源州雨雹。延安之神木碾谷、盘西、神川等处大雨雹。霸州、檀州、涿州、良乡、舒城、历阳、合肥、六安、江宁、句容、溧水、上元等处蝗。七月癸未，河决归德府境。己亥，河决汴梁之封丘。是月，济南、济宁、般阳、曹、濮、德、高唐、河中、解、绛、耀、同、华等州蝗。八月丁丑，永平路陨霜杀禾。真定、保定、河间、顺德、广平、彰德、大名、卫辉、怀孟、汴梁等处蝗。九月丙申，御史台臣言："顷年岁凶民疫，陛下哀矜赈之，获济者众。今山东大饥，流民转徙，乞以本台没入赃钞万锭赈救之。"制可。十月戊寅，御史台臣言："常平仓本以益民，然岁不登，遽立之，必反害民，罢之便。"又言："岁凶乏食，不宜遽弛酒禁。"有旨："其与省臣议之。"十一月庚辰朔，以徐、邳连年大水，百姓流离，悉免今岁差税。东平、济宁荐饥，免其民差税之半，下户悉免之。十二月壬戌，阳曲县地震，有声如雷。

至大三年（1310）

二月，尚书省行治蝗之法。四月，灵寿、平阴二县雨雹。盐山、宁津、堂邑、茌平、阳谷、高唐、禹城等县蝗。五月癸巳，东平人饥，赈米五千石。是月，合肥、舒城、历阳、蒙城、霍丘、怀宁等县蝗。六月，襄阳、峡州路、荆门州大水，山崩，坏官廨民居二万一千八百二十九间，死者三千四百六十六人。汝州大水，死者九十二人。六安州大水，死者五十二人。沂州、莒州、兖州诸县水没民田。威州、洺水、肥乡、鸡泽等县旱。七月丙戌，循州大水，漂庐舍二百四十四间，死者四十三人，发米赈之。丁酉，泚水、长林、当阳、夷陵、宜城、远安诸县水，令尚书省赈恤之。磁州、威州诸县旱、蝗。八月，汴梁、怀孟、卫辉、彰德、归德、汝宁、南阳、河南等路蝗。九月，上都民饥，敕遣刑部尚书撒都丁发粟万石，下其价赈粜之。十月，山东、徐、邳等处水、旱，以御史台没入赃钞四千锭赈之。十一月戊寅，济宁、东平等路饥，免曾经赈恤诸户今岁差税，其未经赈恤者，量减其半。庚辰，河南水，死者给椑，漂庐舍者给钞，验口赈粮两月。免今年租赋，停逋责。以益都、宁海等处连岁饥，罢鹰坊纵猎，其余猎地，并令禁约，以俟秋成。户部议定《灾伤缺食供写原籍户名》：今后各处倘遇申告灾伤或称缺食者，须要人户供写原籍户名及见告某人名字，称说系是户头某人子侄弟婿男外甥，审问明白，方许受理。十二月戊申，冀宁路地震。命大司农总挈天下农政，修明劝课之令，除牧养之地，其余听民秋耕。

至大四年（1311）

正月庚子，减价粜京仓米，日千石，以赈贫民。三月壬辰，发京仓米，减价以粜，赈贫民。六月，济宁、东平、归德、高唐、徐、邳诸州水，给钞赈之。河间、陕西诸县水、旱伤稼，命有司赈之，仍免其今年租。七月丁丑，巩昌宁远县暴雨，山土流涌。癸未，甘州地震，大风，有声如雷。是月，江陵属县水，民死者众，太原、河间、真定、顺德、彰德、大名、广平等路，德、濮、恩、通等州霖雨伤稼，大宁等路陨霜，敕有司赈恤。闰七月壬戌，命赈恤岭北流民。甲子，宁夏地震。大同宣宁县雨雹，积五寸，苗稼尽殒。九月，江陵路水漂民居，溺死十有八人。十月甲子，敕增置京城米肆十所，日平粜八百石以赈贫民。赈诸军粮七千六十石。十二月。浙西水灾，免漕江浙粮四分之一，存留赈济；命江西、湖广补运，输京师。

皇庆元年（1312）

二月壬申，以霸州文安县屯田水患，遣官疏决之。庚寅，敕岭北省赈给缺食流民。赈山东流民至河南境者。通、漷州饥，赈粮两月。四月，以都水监隶大司农寺。赵王汝安部告饥，赈粮八百石。龙兴新建县霖雨伤禾。彰德安阳县蝗。五月，赈宿卫士粮二万石。彰德、河南、陇西雹。六月，给羊马钞价，济岭北、甘肃戍军之贫者。巩昌、河州等路饥，免常赋二分。八月，滨州旱，民饥，出利津仓米二万石，减价赈粜。宁国路泾县水，赈粮两月。十二月壬申，晋王也孙铁木儿所部告饥，赈钞一万五千锭。冬无雪，丁亥，遣官祈雪于社稷、岳镇、海渎。

皇庆二年（1313）

二月己卯，免益都饥民所贷官粮二十万石。庚辰，冀宁路饥，禁酿酒。三月，以晋宁、大同、大宁、四川、巩昌、甘肃饥，禁酒。壬子，秃忽鲁言：

"臣等职专燮理，去秋至春亢旱，民间乏食，而又陨霜雨沙，天文示变，皆由不能宣上恩泽，致兹灾异，乞黜臣等以当天心。"帝曰："事岂关汝辈耶？其勿复言。"丙辰，以皇后受册宝，遣官恭谢太庙。以亢旱既久，帝于宫中焚香默祷，遣官分祷诸祠，甘雨大注。四月，真定、保定、河间、大宁路饥，并免今年田租十之三，仍禁酿酒。五月，顺德、冀宁路饥，辰州水，赈以米、钞，仍禁酿酒。檀州及获鹿县螟。六月己未朔，京师地震。丙寅，京师地震。上都民饥，出米五千石减价赈粜。河决陈、亳、睢州、开封、陈留县，没民田庐。七月，保定、真定、河间民流不止，命所在有司给粮两月，仍悉免今年差税，诸被灾地并弛山泽之禁，猎者毋入其境。壬寅，京师地震。云州蒙古军乏食，户给米一石。兴国属县螟，发米赈之。户部议定大都路宝坻县地震不申事。八月，扬州路崇明州大风，海潮泛溢，漂没民居。九月，京师大旱，帝问弭灾之道，翰林学士程钜夫举汤祷桑林事，帝奖谕之。二十一日，中书省奏闻风宪体覆灾伤事。十二月，京师以久旱，民多疾疫，帝曰："此皆朕之责也，赤子何罪。"明日，大雪。以嘉定州、德化县民灾，发粟赈之。是岁，重申义仓之令。

延祐元年（1314）

正月，颁《延祐改元诏》：被灾去处，皇庆二年曾经赈济人户，延祐元年差发、税粮，尽行蠲免。兴元、凤翔、泾州、邠州岁荒，禁酒。二月戊辰，大宁路地震。三月戊戌，真定、保定、河间民饥，给粮两月。闰三月丁丑，畿内及诸卫屯军饥，赈钞七千五百锭。汴梁、济宁、东昌等路，陇州、开州，青城、齐东、渭源、东明、长垣等县，陨霜杀桑果禾苗，归州告饥，出粮减价赈粜。四月甲申朔，大宁路地震，有声如雷。丁亥，敕储称海、五河屯田粟，以备赈济。武昌路饥，命发米减价赈粜。五月，武陵县霖雨，水溢，溺死居民，漂没庐舍禾稼，潭州、汉阳、思州民饥，并发廪减价粜赈之。肤施县大风、雹，损禾并伤人畜。户部议定《义仓验口数留粟》："大司农司呈每社设立义仓，丰年蓄积，俭年食用，拟合钦依遍行相应。"六月，衡州、彬州、兴国、永州路、耒阳州饥，发廪减价赈粜。宣平、仁寿、白登县雹损稼，伤人畜。七月，沅陵、卢溪二县水，武清县浑河堤决，淹没民田，发廪赈之。八月丁未，冀宁、汴梁及武安、涉县地震，坏官民庐舍，武安死者十四人，涉县三百二十六人。台州、岳州、武冈、常德、道州等路水，发廪减价赈粜。九月，肇庆、武昌、建德、建康、南康、江州、袁州、建昌、赣州、杭州、抚州、安丰等路水，发廪减价赈粜。十一月，大宁路地震，有声如雷。静安路饥，发粮赈之。十二月壬午，汴梁、南阳、归德、汝宁、淮安水，敕禁酿酒，量加赈恤。癸未，赈诸王铁木儿不花部米五千石，秃满部二千石。沔阳、归德、汝宁、安丰等处饥，发米赈之。

延祐二年（1315）

正月戊午，怀孟、卫辉等处饥，发米赈之。丙寅，霖雨坏浑河堤堰，没民田，发卒补之。戊辰，晋宁等处民饥，给钞赈之。敕以江南行台赃罚钞赈恤饥民。御史台臣言："比年地震水旱，民流盗起，皆风宪顾忌失于纠察，宰臣燮理有所未至。或近侍蒙蔽，赏罚失当，或狱有冤滥，赋役繁重，以致乖和，宜与老成共议所由。"诏明言其事当行者以闻。诸王脱列铁木儿部阙食，以钞七千五百锭给之。益都、般阳、晋宁民饥，给钞、米赈之。二月，晋宁、宣德等处饥，给米、钞赈之。真州扬子县火，发米减价赈粜。四月，潭州、江州、建昌、沅州饥，发廪赈粜。五月乙丑，秦州成纪县山移。是夜，疾风雷雹，北山南移至夕河川，次日再移；平地突出土阜，高者二三丈，陷没民居。敕遣官核验赈恤。是月，发粟三百石，赈诸王按铁木儿等部贫民。奉元、龙兴、吉安、南康、临江、袁州、抚州、江州、建昌、赣州、南安、梅州、辰州、兴国、潭州、岳州、常德、武昌等路，南丰、沣州等处饥，并发廪赈粜。六月辛巳，察罕脑儿诸驿乏食，给粮赈之。戊戌，阇王南忽里等部困乏，给钞俾买马羊以济之。河决郑州。辛丑，以济宁、益都亢旱，汰省宿卫士刍粟。七月，畿内大雨，漷州、昌平、香河、宝坻等县水，没民田庐；潭州、全州、永州路，茶陵州霖雨，江涨，没田稼，出米减价赈粜。十二月癸巳，给钞买羊马，赈北边诸军。是岁，河南、归德、南阳、徐、邳、陈、蔡、许州、荆门、襄阳等处水，免其民户税粮。鲁明善撰《农桑撮要》。

延祐三年（1316）

正月乙巳，汉阳路饥，出米赈之。增置都水太监二员。以真定、保定荐饥，禁畋猎。二月，河间、济南、滨棣等处饥，给粮两月。四月，河南流民群聚渡江，所过扰害，命行台、廉访司以现贮赃钞赈之。辽阳盖州及南丰州饥，发廪赈之。五月，潭、永、宝庆、桂阳、沣、道、袁等路饥，发米赈粜。六月，河决汴梁，没民居，辽阳之盖州饥，并发粮赈之。九月己未，冀宁、晋宁路地震。十月壬午，河南路地震。甘州、肃州等路饥，免其民户税粮。十二月，诸王按灰部乏食，给米三千一百八十六石济之。

延祐四年（1317）

正月壬戌，冀宁路地震。闰正月，汴梁、扬州、河南、淮安、重庆、顺庆、襄阳民皆饥，发廪赈之。二月甲辰，敕郡县各社复置义仓。曹州水，免今年田租。四月己亥，德安府旱，免屯田租。帝尝夜坐，谓侍臣曰："雨旸不时，奈何？"萧拜住对曰："宰相之过也。"帝曰："卿不在中书耶？"拜住惶愧。顷之，帝露香默祷，既而大雨，左右以雨衣进，帝曰："朕为民祈雨，何避焉！"五月壬午，黄州、高邮、真州、建宁等处，流民群聚，持兵抄掠，敕所在有司："其伤人及盗者罪之，余并给粮遣归。"七月己丑，成纪县山崩，土石溃徙，坏田稼庐舍，压死居民。辛卯，冀宁路地震。九月，岭北地震三日。十月，赈恤秦州被灾之民。壬子，给钞五万锭、粮五万石，赈察罕脑儿。户部议定学田灾伤事。十二月，遣官即兴和路及净州发廪赈给北方流民。刑部议定饥荒不申事及水灾不申等事。

延祐五年（1318）

正月甲戌，懿州地震。赈晋王也孙铁木儿等部贫乏者。二月，和宁路地震。秦州秦安县山崩。壬子诸王答失蛮部乏食，敕甘肃行省给粮赈之。三月，赐钞万锭，命晋王也孙铁木儿赈济辽东贫民。己丑，敕以红城屯田米赈净州、平地等处流民。四月丁酉，诸王雍吉剌带部乏食，赈米三千石。木邻、铁里干驿困乏，济以马五千匹。辽阳饥，海漕粮十万石于义、锦州，以赈贫民。五月，诸王按塔木儿、不颜铁木儿部乏食，赈粮两月。己卯，德庆路地震。巩昌陇西县大雨，南土山崩，压死居民，给粮赈之。六月己亥，北地诸部军士乏食，给粮赈之。庚子，遣阿尼八都儿、只儿海分汰净州北地流民，其隶四宿卫及诸王、驸马者，给资粮遣还各部。七月戊子，巩昌路宁远县山崩。九月，豳王南忽里等部贫乏，命甘肃省市马万匹给之。大同路金城县大雨雹。十月辛卯，禁大同、冀宁、晋宁等路酿酒。十一月辛酉，开成、庄浪等处禁酒。山后民饥，增海漕四十万石。

延祐六年（1319）

三月己未，给赈钞济上都、西番诸驿。禁甘肃行省所属郡县酿酒。四月，命京师诸司官吏运粮输上都、兴和，赈济蒙古饥民。壬子，伯颜铁木儿部贫乏，给钞赈之。六月庚戌，大同县雨雹。给钞三十锭，赈诸位怯怜口被灾者。以济宁等路水，遣官阅视其民，乏食者赈之，仍禁酒，开河泊禁，听民采食。晋阳、西凉、钧等州，阳翟、新郑、密等县大雨雹。汴梁、益都、般阳、济南、东昌、东平、济宁、泰安、高唐、濮州、淮安诸处大水。八月，伏羌县山崩。闰八月，浚会通河。九月辛卯，铁里干等二十八驿被灾，给钞赈之。山东诸路禁酒。浚镇江练湖。发粟赈济宁、东平、东昌、高唐、德州、济南、益都、般阳、扬州等路饥。十月乙卯，东平、济宁路水陆十五驿乏食，户给麦十石。上都民饥，发官粟万石减价赈粜。己卯，浚通惠河。济南滨、棣州、章丘等县水，免其田租。十一月，河间民饥，发粟赈之。十二月，敕上都、大都冬夏设食于路，以食饥者。

延祐七年（1320）

正月戊申，赈通、漷二州蒙古贫民。二月，赈大同、丰州诸驿饥。复以都水监隶中书。三月壬午，赈陈州、嘉定州饥。赈宁夏路军民饥。赈木怜、浑都儿等十一驿饥。降都水监从三品。颁《登宝位诏》：腹里路分被灾去处，曾经赈济者，据延祐七年合该丝线，十分为率，拟免五分。其余诸郡丝线并江淮夏税，并免三分。四月乙卯，复都水监，秩正三品。那怀、浑都儿驿户饥，赈之。括马三万匹，给蒙古流民，遣还其部。己巳，河间、真定、济南等处蒙古军饥，赈之。赈大都、净州等处流民，给粮马，遣还北边。是月，左卫屯田旱、蝗，左翊屯田虫食麦苗，亳州水。五月辛巳，汝宁府霖雨伤麦禾，发粟五千石赈粜之。大同云内、丰、胜诸郡县饥，发粟万三千石贷之。弛陕西酒禁。甲午，沈阳军民饥，给钞万二千五百贯赈之。六月，京师疫，修佛事于万寿山。乙卯，昌王阿失部饥，赐钞千万贯赈之。乙丑，赈北边饥民，有妻子者钞千五百贯，孤独者七百五十贯。益都蝗。荆门州旱。棣州、高邮、江陵水。七月，诸王告住等部火，赈粮三月、钞万五千贯。后卫屯田及颍、息、汝阳、上蔡等县水，霸州及堂邑县蝻。八月，赈晋王部军民钞二百五十万贯。辛亥，赈龙居河诸军。庚午，发米十万石赈粜京师贫民。甲戌，广东新州饥，赈之。河间路水。九月，罢上都、岭北、甘肃、河南诸郡酒禁。沈阳水旱害稼，弛其山场河泊之禁。十一月，检核沙、净二州流民，勒还本部。己丑，宣德蒙古驿饥，命通政院赈之。颁《至治改元诏》：其至治元年丁地税粮，十分为率，普免二分，合该包银，除两广、海北、海南权且倚阁，其余去处，减免五分；腹里被灾人户，曾经廉访司体覆者，下年丝料与免三分；燕南、山东、汴梁、归德、汝宁灾伤地面，应有河泊，无问系官投下，并仰开禁，听民采取。是岁，河决汴梁原武，浸灌诸县；滹沱决文安、大城等县；浑河溢，坏民田庐。秦州成纪县暴雨，山崩，朽壤坟起，覆没畜产。汴梁延津县大风尽晦，桑多损。大同雨雹，大者如鸡卵。诸卫屯田陨霜害稼。益津县雨黑霜。

至治元年（1321）

正月癸巳，诸王斡罗思部饥，发净州、平地仓粮赈之。蕲州蕲水县饥，赈粮三月。奉元路饥，禁酒。兵部议定屯田灾伤事。二月，汴梁、归德饥，发粟十万石赈粜。河南、安丰饥，以钞二万五千贯、粟五万石赈之。赈木怜道三十一驿贫户。三月，发民丁疏小直沽白河。庚子，赈宁国路饥。癸卯，益都、般阳饥，以粟赈之。四月，江州、赣州、临江霖雨，袁州、建昌旱，民皆告饥，发米四万八千石赈之。丁巳，广德路旱，发米九千石减值赈粜。五月，赈益都、胶州饥。丁丑，霸州蝗。濮州大饥，命有司赈之。以兴国路去岁旱，免其田租。庚寅，赈诸王哈宾铁木儿部。女直蛮赤兴等十九驿饥，赈之。高邮府旱。癸巳，宝定路飞虫食桑。壬寅，开元路霖雨。六月戊午，泾州雨雹。滁州霖雨伤稼，蠲其租。大同路雨雹。戊辰，卫辉、汴梁等处蝗。临江路旱，免其租。通济屯霖雨伤稼。霸州大水，浑河溢，被灾者二万三千三百户。七月，辽阳、开元等路及顺州、邢台等县大水。癸酉，卫辉路胙城县蝗。乙亥，赈南恩、新州饥。丙子，淮安路属县水。戊寅，通州潞县榆棣水决。滹沱河及范阳县巨马河溢。壬午，通许、临淮、盱眙等县蝗。乙酉，大雨，浑河防决。庚寅，清池县蝗。蒲阴县大水。诏河南、江浙流民复业。淮西蒙城等县饥。蓟州平谷、渔阳等县大水。大都、保定、真定、大名、济宁、东平、东昌、永平等路，高唐、曹、濮等州水。顺德、大同等路雨雹。乞儿吉思部水。八月壬寅朔，修都城。安陆府水，坏民庐舍。癸卯，赈胶州饥。甲辰，高邮兴化府水，免其田租。丙午，泰兴、江都等县蝗。壬戌，淮安路盐城、山阳县水，免其租。雷州路海康、遂溪二县海水溢，坏民田四千余顷，免其租。秦州成纪县山崩。九月，京师饥，发粟十万石减价粜之。庚子，安陆府汉水溢，坏民田，赈之。十月，以内郡水，罢不急工役。己未，肇庆路水，赈之。十一月戊戌，巩昌成州饥，发义仓赈之。十二月，广远路饥，真定路疫，并赈之。甲寅，疏玉泉河。真定、保定、大名、顺德等路水，民饥，禁酿酒。河间路饥，赈之。宁海州蝗。归德、辽阳、通州等处水。

至治二年（1322）

正月，保定雄州饥，赈之。己卯，山东、保定、河南、汴梁、归德、襄阳、汝宁等处饥，发米三十九万五千石赈之。仪封县河溢伤稼，赈之。潬州饥，粜米十万石赈之。二月，顺德路九县水旱，赈之。河间路饥，禁酿酒。戊午，赈真定等路饥。癸亥，辽阳等路饥，免其租，仍赈粮一月。甲子，恩州水，民饥、疫，赈之。三月，临安路河西诸县饥，赈之。癸酉，河南两淮诸郡饥，禁酿酒。丙子，延安路饥，赈粮一月。河间、河南、陕西十二郡春旱秋霖，民饥，免其租之半。癸未，赈辽阳女直、汉军等户饥。乙酉，赈濮州水灾。庚寅，曹州、滑州饥，赈之。壬辰，赈上都十一驿。赈奉元路饥。四月己亥，岭北蒙古军饥，给粮遣还所部。庚子，彰德路饥。壬寅，真州火，徽州饥，并赈之。辛亥，泾州雨雹，免被灾者租。甲寅，南阳府西穰等屯风、雹、洪泽、芍陂屯田去年旱、蝗，并免其租。丙辰，恩州饥，禁酿酒。赈东昌、霸州饥民。松江府上海县水，仍旱。五月，免德安府被灾民租。修滹沱河堤。彰德府饥，禁酿酒。睢、许二州去年水旱，免其租。庚辰，赈固安州饥。赈夏津、永清二县饥。京师饥，发粟二十万石赈粜。庚寅，河南、陕西、河间、保定、彰德等路饥，发粟赈之，仍免常赋之半。甲午，赈巩昌阶州饥。闰五月，睢阳县亳社屯大水，饥，赈之。戊申，奉元路郿县及成州饥，并赈之。乙卯，以淮安路去岁大水，辽阳路陨霜杀禾，南康路旱，并免其租。壬戌，安丰属县霖雨伤稼，免其租。兴元褒城县饥，赈之。甲子，真定、山东诸路饥，弛其河泊之禁。六月戊辰，扬州属县旱，免其租。己巳，庆元路绵谷、昭化二县饥，官市米赈之。甲戌，新平、上蔡二县水，免其租。丙子，修浑河堤。壬午，辰州江水溢，坏民庐舍。丁亥，奉元属县水，淮安属县旱，并免其租。庚寅，思州风、雹，建德路水，皆赈之。七月戊戌，淮安路水，民饥，免其租。南康路大水，庐州六安县大雨，水暴至，平地深数尺，民饥，命有司赈粮一月。八月，给庐州流民复业者行粮。己卯，庐州路六安、舒城县水，赈之。甲午，瑞州高安县饥，命有司赈之。九月戊戌，大宁路、水达达等驿水伤稼，赈之。甲寅，赈淮东泰兴等县饥。癸亥，地震。甲子，临安河西县春夏不雨，种不入土，居民流散，命有司赈给，令复业。十一月，御史李端言："近者京师地震，日月薄蚀，皆臣天下失职所致。"帝自责曰："是朕思虑不及致然。"癸卯，地震。岷州旱、疫，赈之。宣德府宣德县地屡震，赈被灾者粮、钞。平江路水，损官民田四万九千六百三十顷，免其租。十二月甲子朔，南康建昌州大水，山崩，死者四十七人，民饥，命赈之。以地震日食，命中书省、枢密院、御史台、翰林、集贤院，集议国家利害之事以闻。敕两都营缮仍旧，余如所议。弛河南、陕西等处酒禁。乙酉，杭州火，赈之。给蒙古流民粮、钞，遣还本部。徽州、庐州、济南、真定、河间、大名、归德、汝宁、巩昌诸处及河南芍陂屯田水，大同、卫辉、江陵属县及丰赡者大惠屯风，河南及云南乌蒙等处屯田旱，汴梁、顺德、河间、保定、庆元、济宁、濮州、益都诸属县及诸屯田蝗。

至治三年（1323）

正月，曹州禹城县去秋霖雨害稼，县人邢者、程进出粟以赈饥民，命有司旌其门。和林阿兰秃等驿户贫乏，给钞赈之。甲辰，镇西武宁王部饥，赈之。二月癸酉，畋于柳林，顾谓拜住曰："近者地道失宁，风雨不时，岂朕纂承大宝行事有阙欤？"对曰："地震自古有之，陛下自责固宜，良由臣等失职，不能燮理。"帝曰："朕在位三载，于兆姓万物，岂无乖戾之事。卿等宜与百官议，有便民利物者，朕即行之。"癸未，赈北边军钞二十五万锭、粮二万石。丙戌，雨土。京师饥，发粟二万石赈粜。三月丁酉，平江路嘉定州饥，发粟六万石赈之。戊戌，安丰芍陂屯田女直户饥，赈粮两月。庚子，崇明州饥，发米万八千三百石赈之。甲辰，台州路黄岩州饥，赈粮一月。诸王火鲁灰部军驿户饥，赈之。四月丙寅，察罕脑儿蒙古军驿户饥，赈之。己巳，浚金水河。蒙古大千户部比岁风雪毙畜牧，赈钞二百万贯。戊子，南丰州民及巩昌蒙古军饥，赈之。五月庚子，大风，雨雹，拔柳林行宫内外大木二千七百。丙辰，东安州水，坏民田千五百六十顷。戊午，真定路武邑县雨水害稼。奉元行宫正殿火灾。上都利用监库火，帝令卫士扑灭之。因语群臣曰："世皇始建宫室，于今安焉。朕嗣登大宝，而值此毁，此朕不能图治之故也。"大名路魏县霖雨。大同路雁门屯田旱损麦。诸卫屯田及永清县水。保定路归信县蝗。六月，留守司以雨请修都城，有旨："今岁不宜大兴土功，其略完之。"乙酉，易、安、沧、莫、霸、祁诸州及诸卫屯田水，坏田六千余顷。七月，真定路驿户饥，赈粮二千四百石。漷州雨，水害屯田稼。真定州诸路属县蝗。冀宁、兴和、大同三路属县陨霜。东路蒙古万户府饥，赈粮两月。九月，大宁蒙古大千户部风雪毙畜牧，赈米十五万石。南康、漳州二路水，淮安、扬州属县饥，赈之。十月，扬州江都县火，云南王、西平王部卫士饥，皆赈之。十一月，袁州路宜春县、镇江路丹徒县饥，赈粜米四万九千石。沅州黔阳县饥，芍陂屯田旱，并赈之。十二月，浚镇江路漕河及练湖，役丁万三千五百人。平江嘉定州饥，辽阳答失蛮、阔阔部风、雹，并赈之。沣州、归德饥，赈粜米二万石。是年夏，诸卫屯田及大都、河间、保定、济南、济宁五路属县，霖雨伤稼。秋，沂州定襄县及忠翊侍卫屯田所营田，象食屯田所陨霜杀禾。土番岷州春疫，夏旱。

泰定元年（1324）

正月，粜米二十万石，赈京师贫民。广德、信州、岳州、惠州、南恩州民饥，发粟赈之。二月，绍兴、庆元、延安、岳州、潮州五路及镇远府、河州、集州饥，发粟赈之。三月，临洮狄道县，冀宁石州、离石、宁乡县旱，饥，赈米两月。四月庚辰，以风烈、月食、地震，手诏戒饬百官。木怜撒儿蛮部及北边蒙古户饥，赈粮、钞有差。江陵路属县饥。云南中庆、昆明屯田水。五月，袁州火，龙庆、延安、吉安、杭州、大都诸路属县水，民饥，赈粮有差。六月，赈蒙古饥民，遣还所部。延安路饥，禁酒。大都、真定晋州、深州，奉元诸路及甘肃河渠营田等处，雨伤稼，赈粮二月。大司农屯田、诸卫屯田、彰德、汴梁等路雨伤稼，顺德、大名、河间、东平等二十一郡蝗，晋宁、巩昌、常德、龙兴等处饥，皆发粟赈之。大同浑源河，真定滹沱河，陕西渭水，黑水，渠州江水皆溢，并漂民庐舍。宣德府、巩昌路及八番金石番等处雨雹。河间、晋宁、泾州、扬州、寿春等路，湖广、河南诸屯田皆旱。七月己亥，赈蒙古流民，给钞二十九万锭，遣还，仍禁毋擅离所部，违者斩。奉元路朝邑县、曹州楚丘县、大名路开州濮阳县河溢，大都路固安州清河溢，顺德路任县沙、沣、洺水溢，真定、广平、庐州等十一郡雨伤稼，龙庆州雨雹大如鸡子，平地深三尺，定州屯河溢、山崩，免河渠营田租。大都、巩昌、延安、冀宁、龙兴等处饥，赈粜有差。八月甲寅朔，彻彻儿、火儿火思之地五千贫乏，赈粮二月。赈帖列干、木伦等驿户粮、钞有差。秦州成纪县大雨，山崩，水溢，壅土至来谷河成丘阜。汴梁、济南属县雨水伤稼，赈之。延安、冀宁、杭州、潭州等十二郡及诸王哈伯等部饥，赈粮有差。九月，奉元路长安县大雨，沣水溢，延安路洛水溢，濮州馆陶县及诸卫屯田水，建昌、绍兴二路饥，赈粮有差。十月，真州珠金沙河，松江府、吴江州诸河淤塞，诏所在有司佣民丁浚之。延安路饥，发义仓粟赈之，仍给钞四千锭。广东道及武昌路江夏县饥，赈粜有差。十一月，河间路饥，赈粮二月。汴梁、信州、泉州、南安、赣州等路饥，赈粜有差。嘉定路龙游县饥，赈粮一月。大都、上都、兴和等路十三驿饥，赈钞八千五百锭。十二月，察罕脑儿千户部饥，赈粮一月。延安路雹灾，赈粮一月。温州路乐清县盐场水，民饥，发义仓粟赈之。两浙及江东诸郡水、旱，坏民田六万四千三百余顷。

泰定二年（1325）

正月乙未，以畿甸不登，罢春畋。庚戌，诏谕宰臣曰："向者卓儿罕察苦鲁及山后皆地震，内郡大小民饥，朕自即位以来，惟太祖开创之艰，世祖混一之盛，期与人民共享安乐，常怀祗惧，灾沴之至，莫测其由。岂朕思虑有所不及而事或僭差，天故以此示儆？卿等其与诸司集议便民之事，其思自死罪始，议定以闻，朕将肆赦，以诏天下。"肇庆、巩昌、延安、赣州、南安、英德、新州、梅州等处饥，赈粜有差。闰正月壬子朔，诏赦天下，除江淮创科包银，免被灾地差税一年。己巳，修滹沱河堰。罢松江都水庸田使司，命州县正官领之，仍加兼知渠堰事。己卯，河间、真定、保定、瑞州四路饥，禁酿酒。保定路饥，赈钞四万锭、粮万五千石。雄州归信诸县大雨，河溢，被灾者万一千六百五十户，赈钞三万锭。南宾州、棣州等处水，民饥，赈粮二万石，死者给钞以葬。五花城宿灭秃、拙只干、麻兀三驿饥，赈粮二千石。衡州衡阳县民饥，瑞州蒙山银场丁饥，赈粟有差。二月辛卯，赈安定王朵儿只班部军粮三月。庚子，姚炜以河水屡决，请立行都水监于汴梁，仿古法备捍，仍命濒河州县正官皆兼知河防事，从之。庚戌，通、漷二州饥，发粟赈粜。蓟州宝坻县、庆元路象山诸县饥，赈粮二月。甘州蒙古驿户饥，赈粮三月。大都、凤翔、宝庆、衡州、潭州、全州诸路饥，赈粮有差。三月癸丑，修曹州济阴县河堤，役民丁一万八千五百人。辛酉，咸平府清河、寇河合流，失故道，坏堤堰，敕蒙古军千人及民丁修之。荆门州旱，漷州、蓟州、凤州、延安、归德等处民及山东蒙古军饥，赈粮、钞有差。肇庆、富州、惠州、袁州、江州诸路及南恩州、梅州饥，赈粜有差。四月，奉元路白水县雹。巩昌路伏羌县大雨，山崩。镇江、宁国、瑞州、桂州、南安、宁海、南丰、潭州、涿州等处饥，赈粮五万余石，陇西、汉中、秦州饥，赈钞三万锭。五月，浙西诸郡霖雨，江湖水溢，命江浙行省及都水庸田司兴役疏泄之。大都路檀州大水，平地深丈有五尺，汴梁路十五县河溢，江陵路江溢，洮州、临洮府雨雹，潭州、兴国属县旱，彰德路蝗，龙兴、平江等十二郡饥，赈粜米三十二万五千余石。巩昌路临洮府饥，赈钞五万五千锭。六月丁未，立都水庸田使司，浚吴、松二江。通州三河县大雨，水丈余。潼川府绵江、中江水溢入城郭。冀宁路汾河溢。秦州秦安山移。新州路旱，济南、河间、东昌等九郡蝗，奉元、卫辉路及永平屯田丰赡、昌国、济民等署雨伤稼，蠲其租。济宁、兴元、宁夏、南康、归州等十二郡饥，赈粜米七万余石。镇西武靖王部及辽阳水达达路饥，赈粮一月。七月辛未，立河南行都水监。庆远溪洞民饥，发米二万五百石，平价粜之。敕山东州县收养流民遗弃子女。延安、鄜州、绥德、巩昌等处雨雹，般阳新城县蝗，宗仁卫屯田陨霜杀禾，睢州河决，顺德、汴梁、德安、汝宁诸路旱，免其租。梅州、饶州、镇江、邠州诸路饥，赈粜米三万余石。八月，大都路檀州、巩昌府静宁县、延安路安塞县雨雹。卫辉路汲县河溢。南恩州、琼州饥，赈粮一月。临江路、归德府饥，赈粮二月。衡州、建昌、岳州饥，赈粜米一万三千石。九月，以郡县饥，诏运粟十五万石贮濒河诸仓，以备赈救，仍敕有司治义仓。禁大都、顺德、卫辉等十郡酿酒。甲寅，禁饥民结扁担社，伤人者杖一百，著为令。丁丑，浚河间陈玉带河。汉中道文州霖雨，山崩。檀州雨雹。开元路三河溢。琼州、南安、德庆诸路饥，赈粮、钞有差。十月壬午，禁成都路酿酒。宁夏路、曹州属县水。霸州、衢州路饥，赈粮二月。十一月，京师饥，赈粜米四十万石。内郡饥，赈钞十万锭、米五万石。河间诸郡流民就食通、漷二州，命有司存恤之。杭州路火，赈贫民粮一月。常德路水，民饥，赈粮万一千六百石。十二月壬寅，大宁路凤翔府饥，禁酿酒。济南、延川二路饥，赈钞三千五百锭。惠州、杭州等处饥，赈粜有差。是岁，陕西府雨雹。御河水溢。

泰定三年（1326）

正月，置都水庸田司于松江，掌江南河渠水利。大都路属县饥，赈粮六万石。恩州水，以粮赈之。二月庚辰，赈鲁王阿儿加失里部瓮吉剌贫民钞六万锭。己丑，禁汴梁路酿酒。归德属县河决，民饥，赈粮五万六千石。河间、保定、真定三路饥，赈粮四月。建昌路饥，赈粜米三万石。三月己巳朔，帝以不雨自责，命审决重囚，遣使分祀五岳四渎、名山大川及京城寺观。永平、卫辉、中山、顺德诸路饥，赈钞六万六千余锭。宁夏、奉元、建昌诸路饥，赈粮二月。大都、河间、保定、永平、济南、常德诸路饥，免其田租之半。四月，修夏津、武城河堤三十三所，役丁万七千五百人。五月，泾州饥，禁酿酒。雄州饥，太平、兴化属县水，并赈之。庐州、郁林州及洪泽屯田旱，扬州路属县财赋官田水，并免田租。六月，中书省臣言："比郡县旱蝗，由臣等不能调燮，故灾异降戒。今当恐惧儆省，力行善政，亦冀陛下敬慎修德，悯恤生民。"帝嘉纳之。赈昌王八剌失里部钞四万锭。奉元、巩昌属县大雨雹，峡州旱，东平属县蝗，大同属县大水，莱芜等处冶户饥，赈钞三万锭。光州水，中山安喜县雨雹伤稼，大昌屯河决，大宁、庐州、德安、梧州、中庆诸路属县水旱，并蠲其租。七月乙巳，怯怜口屯田霜，赈粮二月。河决郑州、阳武县，漂民万六千五百余家，赈之。永平、大都诸属县水，大风，雨雹。龙兴、辰州二路火。大名、永平、奉元诸路属县旱。汴梁路水。大名、顺德、卫辉、淮安等路，睢、赵、涿、霸等州及诸位屯田蝗。大同浑源河溢。檀、顺等州两河决。温榆水溢。赈永平、奉元钞七万锭。赈巢濠州饥民麦三万九千石。命瘗京城外弃骸，死状不白者，有司究之。八月甲戌，兀伯都剌、许师敬并以灾变饥歉乞解政柄，不允。戊寅，修澄清石闸。甲午，以灾变罢猎。赈河南探马赤军，籍其余丁。盐官州大风，海溢，坏堤防三十余里，遣使祭海神，不止，徙居民千二百五十家。大都昌平大风，坏民居九百家。龙庆路雨雹一尺，大风损稼。真定蠡州、奉元蒲城等县及无为州诸处水，河中府、永平、建昌邛部、中庆、太平诸路及广西两江饥，并发粟赈之。扬州崇明州大风雨，海水溢，溺死者给棺敛之。杭州火，赈粮一月。九月丁巳，弛大都、上都、兴和酒禁。赈潜邸贫民钞二十万锭。扬州、宁国、建德诸属县水，南恩州旱，民饥，并赈之。汾州平遥县汾水溢。庐州、怀庆二路蝗。十月，河水溢，汴梁路乐利堤坏，役丁夫六万四千人筑之。京师饥，发粟八十万石，减价粜之。沈阳、辽阳、大宁等路及金、复州水，民饥，赈钞五万锭。怀庆修武县旱，免其租。宁夏路万户府、庆远安抚司饥，并赈之。弛宁夏路酒禁。十一月，加封庐陵江神为显应。弛成都酒禁。弛永平路山泽之禁。广宁路属县霖雨伤稼，赈钞三万锭。沔阳府旱，免其税。永平路大水，免其租，仍赈粮四月。汴梁、建康、太平、池州诸路及甘州亦集乃路饥，并赈之。锦州水溢，坏田千顷，漂死者百人，人给钞一锭。崇明州海溢，漂民舍五百家，赈粮一月，给死者钞二十贯。十二月，敕以来年元夕构灯山于内廷，御史赵师鲁以水旱请罢其事，从之。

丁亥，宁夏路地震，有声如雷，连震者四。保定路饥，赈米八万一千五百石。怀庆路饥，赈钞四万锭。亳州河溢，漂民舍八百余家，坏田二千三百顷，免其租。广西静江、象州诸路及辽阳路饥，并赈之。大宁路大水，坏田五千五百顷，漂民舍八百余家，溺死者人给钞一锭。

泰定四年（1327）

正月，御史辛钧言："西商鬻宝，动以数十万锭，今水旱民贫，请节其费。"不报。盐官州海水溢，坏捍海堤二千余步。丁卯，燕南廉访司请立真定常平仓，不报。筑漷州护仓堤，役丁夫三万人。辽阳行省诸郡饥，赈钞十八万锭。彰德、淮安、扬州诸路饥，并赈之。大宁路水，给溺死者人钞一锭。二月，奉元、庐州、淮安诸路及白登部饥，赈粮有差。永平路饥，赈钞三万锭、粮二月。三月癸卯，和宁地震，有声如雷。郡王朵来，兀鲁兀等部畜牧灾，赈钞三万五千锭。浑河决，发军民万人塞之。大宁、广平二路属县饥，赈钞二万八千锭。河南行省诸州县及建康属县饥，赈粮有差。四月癸未，盐官州海水溢，侵地十九里，命都水少监张仲仁及行省官发工匠二万余人，以竹落木栅实石塞之，不止。河南、奉元二路及通、顺、檀、蓟等州，渔阳、宝坻、香河等县饥，赈粮两月。河间、扬州、建康、太平、衢州、常州诸路属县及云南乌撒、武定二路饥，赈粮、钞有差。永平路饥，免其租，仍赈粮两月。五月癸卯，以盐官州海溢，命天师张嗣成修醮禳之。河南、江陵属县饥，赈粮有差。汴梁属县饥，免其租。常州、淮安二路，宁海州大雨雹。睢州河溢。大都、南阳、汝宁、庐州等路属县旱蝗。卫辉路大风九日，禾尽偃。河南路洛阳县有蝗可五亩，群乌食之既，数日蝗再集，又食之。六月丁丑，倒剌沙等以灾变乞罢，不允。己卯，永兴屯被灾，免其租。发义仓粟，赈盐官州民。庐州路饥，赈粮七万九千石。镇江、兴国二路饥，赈粜有差。中山府雨雹。汴梁路河决。汝宁府旱。大都、河间、济南、大名、峡州属县蝗。七月，御史台言，内郡、江南，旱、蝗荐至，非国细故，丞相塔失帖木儿、倒剌沙、参知政事不花、史惟良，参议买奴，并乞解职。有旨："毋多辞，朕当自儆，卿等亦宜各钦厥职。"塞保安镇渠，役民丁六千人。是月，籍田蝗。云州黑河水溢。衢州大雨水，发廪赈饥者，给漂死者棺。延安属县旱，免其租税。辽阳辽河、老撒加河溢，右卫率部饥，并赈之。八月，滹沱河水溢，发丁浚冶河以杀其势。庚辰，运粟十万石贮濒河诸仓，备内郡饥。发卫军八千，修白浮、瓮山河堤。是月，扬州路崇明州、海门县海水溢，汴梁路扶沟、兰阳县河溢，没民田庐，并赈之。建德、杭州、衢州属县水。真定、晋宁、延安、河南等路屯田旱。大都、河间、奉元、怀庆等路蝗。巩昌府通渭县山崩。碉门地震，有声如雷，尽晦。天全道山崩，飞石毙人。凤翔、兴元、成都、峡州、江陵同日地震。九月壬寅，宁夏路地震。保定、真定二路饥，赈粮三万石、钞万五千锭。闰九月，建昌、赣州、惠州诸路饥，赈米四万四千石。土番阶州饥，赈钞千五百锭。奉元、庆远、延安诸路饥，赈粜有差。十月辛亥，监察御史亦怯列台卜答言，都水庸田使司扰民，请罢之。癸丑，江浙行省左丞相脱欢答剌罕、平章政事高昉，以海溢病民，请解职，不允。大都路诸州县霖雨，水溢，坏民田庐，赈粮二十四万九千石。卫辉获嘉等县饥，赈钞六千锭，仍蠲丁地税。龙兴路属县旱，免其租。大名、河间二路属县饥，并赈之。十一月庚午，禁晋宁路酿酒。减价粜京仓米十万石，以赈贫民。以岁饥，开内郡山泽之禁。永平路水旱，民饥，蠲其赋三年。诸王塔思不花部卫士饥，赈粮千石。冀宁路阳曲县地震。十二月庚子，发米三十万石，赈京师饥。大都、保定、真定、东平、济南、怀庆诸路旱，免田租之半。河南、河间、延安、凤翔属县饥，并赈之。是岁，汴梁、延安、汝宁、峡州旱，济南、卫辉、济宁、南阳八路属县蝗。汴梁诸属县霖雨，河决。扬州路通州、崇明州大风，海溢。

致和元年、天顺元年、天历元年（1328）

正月己卯，帝将畋柳林，御史王献等以岁饥谏，帝曰："其禁卫士毋扰民家，命御史二人巡察之。"诸王星吉班部饥，赈钞万锭、米五千石。河间、真定、顺德诸路饥，赈钞万一千锭。大都路东安州、大名路白马县饥，并赈之。颁《农桑旧制》十四条于天下，仍诏励有司以察勤惰。二月癸卯，弛汴梁路酒禁。免河南自实田粮一年，被灾州郡税粮一年，流民复业者差税三年。陕西诸路饥，赈钞五万锭。河间、汴梁二路属县及开成、乾州蒙古军饥，并赈之。三月塔失帖木儿、倒剌沙言："灾异未弭，由官吏以罪黜罢者怨诽所致，请量才叙用。"从之。甲申，遣户部尚书李家奴往盐官祀海神，仍集议修海岸。丙戌，诏帝师命僧修佛事于盐官州，仍造浮屠二百一十六，以压海溢。晋宁、卫辉二路及泰安州饥，赈钞四万八千三百锭。冀宁路平定州饥，赈粜米三万石。陕西、四川及河南府等处饥，并赈之。四月壬寅，李家奴以作石囤捍海议闻。己酉，御史杨倬等以民饥，请分僧道储粟济之，不报。大都、东昌、大宁、汴梁、怀庆之属州县饥，发粟赈之。

保定、冠州、德州、般阳、彰德、济南属州县饥，发钞赈之。是月，灵州、浚州大雨雹。蓟州及岐山、石城二县蝗。广宁路大水。崇明州大风，海溢。五月甲子，遣官分护流民还乡，仍禁聚至千人者杖一百。癸酉，籍在京流民废疾者，给粮遣还。是月，燕南、山东东道及奉元、大同、河间、河南、东平、濮州等处饥，赈钞十四万三千余锭。峡州属县饥，赈枭粮五千石。冀宁、广平、真定诸路属县大雨雹。汝宁府颍州、卫辉路汲县蝗。泾州灵台县旱。六月，诸王喃答失、彻彻秃、火沙、乃马台诸部风雪毙畜牧，士卒饥，赈粮五万石、钞四十万锭。奉元、延安二路饥，赈钞四千八百九十锭。彰德属县大雨雹。南宁、开元、永平诸路水。江陵路属县旱。河南德安屯蠮食桑。七月辛酉朔，宁夏地震。己卯，大宁路地震。十月，赈枭京城米十万石，石为钞十五贯。以度支刍豆经用不足，凡诸王、驸马来朝并节其给，宿卫官已有廪禄者及内侍宫人岁给刍豆，皆权止之。籴豆二十万石于濒御河州县，以河间、山东盐课钞给其值。十一月，汴梁、河南等路及南阳府频岁蝗旱，禁其境内酿酒。杭州火，命江浙行省赈被灾之家。御史台臣言："行宣政院、行都水监宜罢。"从之。十二月己酉，开上都酒禁。陕西自泰定二年至是岁不雨，大饥，民相食，免其科差一年。杭州、嘉兴、湖州、镇江、建德、池州、太平、广德等路水，没民田万四千余顷。

天历二年（1329）

正月，陕西告饥，赈以钞五万锭。赈大都路涿州房山、范阳等县饥民粮两月。陕西大饥，行省乞粮三十万石、钞三十万锭，诏赐钞十四万锭，遣使往给之。大同路言：去年旱且遭兵，民多流殍，命以本路及东胜州粮万三千石，减时值十之三赈枭之。二月，庐州路合肥县地震。丙辰，奉元临潼、咸阳二县及畏兀儿八百余户告饥，陕西行省以便宜发钞万三千锭赈咸阳，麦五千四百石赈临潼，麦百余石赈畏兀儿，遣使以闻，从之。永平、大同二路，上都云需两府，贵赤卫，皆告饥。永平赈粮五万石，大同赈枭万三千石，云需府赈粮一月，贵赤卫赈粮二月。真定平山县、河间临邑、宁津等县、大名魏县，有虫食桑，叶尽，虫俱死。三月，蒙古饥民之聚京师者，遣往居庸关北，人给钞一锭、布一匹，仍令兴和路赈粮两月，还所部。壬申，以去岁冬无雪，今春不雨，命中书及百司官分祷山川群祀。丁亥，雨土，霾。四月，浚漷州漕运河。戊戌，以陕西久旱，遣使祷西岳、西镇诸祠。陕西诸路饥民百二十三万四千余口，诸县流民又数十万，先是尝赈之，不足；行省复请令商贾入粟中盐，富家纳粟补官，及发孟津仓粮八万石及河南、汉中廉访司所贮官租以赈，从之。德安府屯田饥，赈粮千石。常德、沣州慈利州饥，赈枭粮万石。赈卫辉路饥民万七千五百余户。河南廉访司言："河南府路以兵、旱民饥，食人肉事觉者五十一人，饿死者千九百五十人，饥者二万七千四百余人。乞弛山林川泽之禁，听民采食，行入粟补官之令，及括江淮僧道余粮以赈。"从之。江浙行省言："池州、广德、宁国、太平、建康、镇江、常州、湖州、庆元诸路及江阴州饥民六十余万户，当赈粮十四万三千余石。"从之。诸王忽剌答儿言黄河以西所部旱蝗，凡千五百户，命赈粮两月。大都、兴和、顺德、大名、彰德、怀庆、卫辉、汴梁、中兴诸路，泰安、高唐、曹、冠、徐、邳诸州，饥民六十七万六千余户，赈以钞九万锭、粮万五千石。大都宛平县、保定遂州、易州，赈粮一月。靖州赈粮九千八百石。濮州鄄城县蚕灾。大宁兴中州、怀庆孟州、庐州无为州蝗。五月，西木怜等四十三驿旱灾，命中书以粮赈之，计八千二百石。赵王马札罕部落旱，民五万五千四百口不能自存，敕河东宣慰司赈粮两月。水达达路阿速古儿千户所大水。陕西行省言："凤翔府饥民十九万七千九百人，本省用便宜赈以官钞万五千锭。又，丰乐八屯军士饥死者六百五十人，万户府军士饥者千三百人，赈以官钞百三十锭。"从之。大名路蚕灾。六月，陕西行省告饥，遣使还都，与诸老臣议赈救之。甲寅，赈陕西临潼、华阴二十三驿钞一千八百锭，晋宁路十五驿钞八百锭。是月，铁木儿补化以久旱启于皇太子（文宗），辞相位，乞更选贤德，委以燮理。皇太子遣使以闻。帝谕阔儿吉思等曰："修德应天，乃君臣当为之事，铁木儿补化所言良是。天明可畏，朕未尝斯须忘于怀也。皇太子来会，当与共图其可以泽民利物者行之。卿等其以朕意谕群臣。"己亥，江浙行省言：绍兴、庆元、台州、婺州诸路饥民凡十一万八千九十户。丙午，永平屯田府所隶昌国诸屯大风骤雨，平地出水。是月，陕西雨。命中书集老臣议赈荒之策。时陕西、河东、燕南、河北、河南诸路流民十数万，自嵩、汝至淮南，死亡相藉，命所在州县官，以便宜赈之。益都莒、密二州春水，夏旱蝗，饥民三万一千四百户，赈粮一月。陕西延安诸屯，以旱免征旧所逋粮千九百七十石。永平屯田府昌国、济民、丰赡诸署，以蝗及水灾，免今年租。汴梁蝗。卫辉蚕灾。峡州旱。淮东诸路、归德府徐、邳二州大水。七月壬申，监察御史把的于思言："朝廷自去秋命将出师，勘定祸乱，其供给军需，赏赉将士，所费不可胜纪。若以岁入经赋较之，则其所出已过数倍。况今诸王朝会，旧制一切供亿，俱尚未给，而陕西等处饥馑荐臻，饿殍枕藉，加以冬春之交，雪雨愆期，麦苗枯死，秋田未种，民庶遑遑，流移者众。臣伏思之，此正国家节用之时也。如果有功必当赏赉者，宜视其官之崇卑而轻重之，不惟省费，亦可示劝。其近侍诸臣奏请恩赐，宜悉停罢，以纾民力。"台臣以闻，帝嘉纳之，仍敕中书省以其所言示百司。宗仁卫屯田大水，坏田二百六十顷。戊午，大都之东安、蓟州、永清、益津、潞县春夏旱，麦苗枯，六月壬子雨，至是日乃止，皆水灾。冀宁阳曲县雨雹，大者如鸡卵。以淮安海宁州、盐城、山阳诸县去年水，免今年田租。真定、河间、汴梁、永平、淮安、大宁、庐州诸属县及辽阳之盖州蝗。八月，发诸卫军浚通惠河。出官米五万石，赈粜京师贫民。河南府路旱、疫，又被兵，赈以本府屯田租及安丰务递运粮三月。莒、密、沂诸州，饥民采草木实，盗贼日滋，赈以米二万一千石，并赈晋宁路饥民钞万锭。大名、真定、河间诸属县及湖、池、饶诸路旱。保定之行唐县蝗。九月，赈甘肃行省沙州、察八等驿钞各千五百锭。乙亥，史惟良上疏言："今天下郡邑被灾者众，国家经费若此之繁，帑藏空虚，生民凋瘵，此政更新百废之时。宜遵世祖成宪，汰冗滥蚕食之人，罢土木不急之役，事有不便者，咸厘正之。如此，则天灾可弭，祯祥可致。不然，将恐因循苟且，其弊渐深，治乱之由，自此而分矣。"帝嘉纳之。以卫辉路旱，罢苏门岁输米二千石。赈陕西临潼等二十三驿各钞五百锭。上都西按塔罕、阔干忽剌秃之地，以兵、旱，民告饥，赈粮一月。十月，给钞十五万锭，赈陕西饥民。申饬都水监河防之禁。壬寅，弛陕西山泽之禁以与民。大宁路地震。免征奉元路民间商税一年。命所在官司设置常平仓。湖广常德、武昌、沣州诸路旱饥，出官粟赈粜之。陕西凤翔府饥民四万七千户，皆赈以钞。十一月，冠州旱。甲子，庐州旱饥，发粮五千石赈之。江西龙兴、南康、抚、瑞、袁、吉诸路旱。十二月甲午，冀宁路旱饥，赈粮二千九百石。癸卯，蕲州路夏秋旱饥，赈米五千石。开河东冀宁路、四川重庆路酒禁。赈上都留守司八剌哈赤二千二百余户，烛剌赤八百余户粮三月，钞有差；牙连秃杰鲁迭所居鹰坊八百七十户粮三月。武昌江夏县火，赈其贫乏者二百七十户粮一月。黄州路及恩州旱，并免其租。

天历三年、至顺元年（1330）

正月，怀庆路饥，赈钞四千锭。壬戌，中兴路饥，赈粜粮万石，贫者仍赒其家。庚午，芍陂屯及鹰坊军士饥，赈粮一月。宁海州文登、牟平县饥，赈以粮三千石。丙子，衡州路饥，总管王伯恭以所受制命质官粮万石赈之。命陕西行省以盐课钞十万锭赈流民之复业者。濠州去岁旱，赈粮一月。大名路及江浙诸路俱以去年旱告。永平路以去年八月雹灾告。二月，扬州、安丰、庐州等路饥，以两淮盐课钞五万锭，粮五万石赈之。真定、蕲、黄等路，汝宁府、郑州饥，各赈粮一月。开元路胡里改万户府军士饥，给粮赈之。帖麦赤驿户及建康、广德、镇江诸路饥，赈粮一月。卫辉、江州二路饥，赈钞二万锭。宁国路饥，尝赈粮二万石，不足，复赈万五千石。癸巳，卫辉路胙城、新郑县大风雨灾。甲午，自庚寅至是日，京师大霜尽雺。乙未，中书省言："江浙民饥，今岁海运为米二百万石，其不足者来岁补运。"从之。赈常德、沣州路饥。土番等处民饥，命有司以粮赈之。新安、保定诸驿孳畜疫死，命中书给钞济其乏。癸卯，汴梁路封丘、祥符县霜灾。豫王阿剌忒纳失里所部千六百余人饥，赈粮两月。淮安路民饥，以两淮盐课钞五万锭赈之。赈河南流民复归者钞五千锭。泰安州饥民三千户，真定南宫县饥民七千七百户，松江府饥民八千二百户，及土番朵里只失监万户部内饥，命所在有司从宜赈之。济宁路饥民四万四千九百户，赈以山东盐课钞万锭。杭州火，赈粮一月。察罕脑儿宣慰司所部千户察剌等卫饥者万四千四百五十六人，人给钞一锭。三月，东平路须城县饥，赈以山东盐课钞。安庆、安丰、蕲、黄、庐五路饥，以淮西廉访司赃罚钞赈之。发米十万石赈粜京师贫民。以山东盐课钞万锭赈东昌饥民三万三千六百户。濮州临清、馆陶二县饥，赈钞七千锭。光州光山县饥，出官粟万石，下其值赈粜。信阳、息州及光之固始县饥，并以附近仓粮赈之。河南登封、偃师、孟津诸县饥，赈以两淮盐课钞三万锭。巩昌、临洮、兰州、定西州饥，赈钞三千五百锭。沂、莒、胶、密、宁海五州饥，赈粮五千石。中兴、峡州、归州、安陆、沔阳饥户三十万有奇，赈粮四月。广平路饥，以河间盐课钞万三千锭赈之。广德、太平、集庆等路饥，凡数百万户。濮州诸县虫食桑叶将尽。四月庚寅，中书省臣言："迩者诸处民饥，累常赈救，去岁赈钞百三十四万九千六百余锭、粮二十五万一千七百余石。今汴梁、怀庆、彰德、大名、兴和、卫辉、顺德、归德及高唐、泰安、徐、邳、曹、冠等州饥民六十七万六千户，一百一万二千余口，请以钞九万锭、米万五千石，命有司分赈。"制曰：可。以陕西饥，敕有司作佛事七日。沿边部落蒙古饥民八千二百，人给钞三锭、布二匹、粮二月，遣还其所部。金兰等驿马牛死，赈钞五百锭。天临之醴陵、湘阴等州、台州之临海等县饥，各赈枭米五千石。晋宁、建昌二路民饥，赈粮五万五千石、钞二万三千锭。戊申，陕西行台言：奉元、巩昌、凤翔等路以累岁饥，不能具五谷种，请给钞二万锭，俾分籴于他郡。从之。是月，沧州、高唐州属县虫食桑叶尽。芍陂屯饥，赈粮三月。土番等处脱思麻民饥，命有司赈之。赈怀庆承恩、孟州等驿钞千锭。五月，河南、怀庆、卫辉、晋宁四路曾经赈济人户，今岁差发全行蠲免。其余被灾路分人民已经赈济者，腹里差发、江淮夏税，亦免三分。壬戌，归德府之谯县雾伤麦。德州饥，赈以山东盐课钞三千锭。武昌路饥，赈以粮五万石、钞二千锭。赈卫辉、大名、庐州饥民钞六千锭、粮五千石。开元路胡里该万户府、宁夏路哈赤千户所军士饥，各赈粮两月。卫辉路之辉州，以荒乏谷种，给钞三千锭，俾籴于他郡。是月，右卫左右手屯田大水，害禾稼八百余顷。广平、河南、大名、般阳、南阳、济宁、东平、汴梁等路，高唐、开、濮、辉、德、冠、滑等州，及大有、千斯等屯田蝗。六月，镇江饥，赈粮四万石。饶州饥，亦命有司赈之。黄河溢，大名路之属县没民田五百八十余顷。丙午，朵思麻蒙古民饥，赈粮一月。是月，高唐、曹州及前、后、武卫屯田水灾。大都、益都、真定、河间诸路，献、景、泰安诸州，及左都威卫屯田蝗。迤北蒙古饥民三千四百人，人给粮二石、布二匹。七月，通渭山崩，压民舍，命陕西行省赈被灾者十二家。真定路之平棘，广平路之肥乡，保定路之曲阳、行唐等县，大风雨雹伤稼。调诸卫卒筑漷州柳林海子堤堰。增大都赈枭米五万石。大都之顺州、东安州大风雨雹伤稼。开平路雨雹伤稼。赈木邻、扎里至苦盐泊等九驿，每驿钞五百锭。海潮溢，漂没河间运司盐二万六千七百余引。开元、大同、真定、冀宁、广平诸路及忠翊侍卫左右屯田，自夏至于是月不雨。奉元、晋宁、兴国、扬州、淮安、怀庆、卫辉、益都、般阳、济南、济宁、河南、河中、保定、河间等路、武卫、宗仁卫、左卫率府诸屯田蝗。闰七月丙戌，忠翊卫左右屯田陨霜杀稼。宁夏、奉元、巩昌、凤翔、大同、晋宁诸路属县陨霜杀稼。庚子，鲁王阿剌哥识里所部三万余人告饥，赈钞万锭、粮二万石。大都、大宁、保定、益都诸属县及京畿诸卫、大司农诸屯水，没田八十余顷。杭州、常州、庆元、绍兴、镇江、宁国诸路及常德、安庆、池州、荆门诸属县皆水，没田一万三千五百八十余顷。松江、平江、嘉兴、湖州等路水，漂民庐，没田三万六千六百余顷，饥民四十万五千五百七十余户，诏江浙行省以入粟补官钞三千锭及劝率富人出粟十万石赈之。宝庆、衡、永诸处，田生青虫，食禾稼。八月庚戌，河南府路新安、沔池等十万驿饥疫，人给米、马给刍粟各一月。九月庚辰，江浙行省言："今岁夏秋霖雨大水，没民田甚多，税粮不满旧额，明年海运本省止可二百万石，余数令他省补运为便。"从之。籴豆二十三万于河间、保定等路，冠、恩、高唐等州，出马八万匹，令诸路分牧之。大宁路地震。铁里干、木邻等三十二驿，自夏秋不雨，牧畜多死，民大饥，命岭北行省人赈粮二石。辽阳行省水达达路，自去夏霖雨，黑龙、宋瓦二江水溢，民无鱼为食。至是，末鲁孙一十五狗驿，狗多饿死，赈粮两月，狗死者，给钞补市之。十月甲子，以奉元驿马瘠死，命陕西行省给钞三千锭补市之。十一月庚辰，命中书赈枭粮十万石，济京师贫民。癸未，赈上都滦河驻冬各宫分怯怜口五万千七百户粮二万石。给山东盐课钞三千锭，赈曹州济阴等县饥民。命陕西行省赈河州蒙古屯田卫士粮两月。十二月，赈辽阳行省所居鹰房户粮一月。是岁，以内外郡县亢旱为灾，用太师答剌罕言，行入粟补官制，凡江南、陕西、河南等处定为三等，令富实民户依例出米，无米者折纳价钞。陕西每石八十两，河南并腹里每石六十两，江南三省每石四十两，实授茶盐等钱谷官，考满依例升转。鲁明善《农桑撮要》重刊。

至顺二年（1331）

正月辛巳，大名魏县民曹革输粟赈陕西饥，旌其门。给钞五千锭，赈宁海州饥民。二月，以山东盐课钞万锭，赈胶州饥。是月，深、冀二州有虫食桑为灾。三月，以陕西盐课钞万锭，赈察罕脑儿蒙古饥民。冠州有虫食桑四十余万株。丙戌，雨土，霾。赵王不鲁纳食邑沙、净、德宁等处蒙古部民万六千余户饥，命河东宣慰发仓粮万石赈之。又发山东盐课钞、朱王仓粟赈登、莱饥民，兴和仓粟赈宝昌饥民。浙西诸路比岁水旱，饥民八十五万余户，中书省臣请令官私、儒学、寺观诸田佃民，从其主假贷钱谷自赈，余则劝分富家及入粟补官，仍益以本省钞十万锭，并给僧道度牒一万道，从之。己丑，赈云内州饥民及察忽凉楼戍兵共七千户。赈浙西盐丁五千余户。陕州诸县蝗。大同路累岁水旱，民大饥。发通州官粮赈檀、顺、昌平等处饥民九万余户。以山东盐课钞三千五百锭赈益都三万余户。是月，陕西行省遣官分给复业饥民七万余口行粮。赈诸王伯颜也不干部内蒙古饥民千余口。真定、汴梁二路，恩、冠、晋、冀、深、蠡、景、献等八州，俱有虫食桑为灾。四月，真定涉县地震，逾月不止。辛酉，以山东盐课钞五千锭赈博兴州饥民九千户，一千锭赈信阳等场盐丁。潞州潞城县大水。癸亥，诸王完者也不干所部蒙古民二百八十余户告饥，命河东宣慰司官发粟赈之。甲子，陕西行省言终难屯田去年大水，损禾稼四十余顷，诏蠲其租。镇宁王那海部曲二百，以风雪损孳畜，命岭北行省赈粮两月。扬州泰兴县饥民万三千余户，河南行省先赈以粮一月后以闻，许之。命辽阳行省发粟赈字罗部内蒙古饥民。衡州路属县比岁旱蝗，仍大水，民食草木殆尽，又疾疠，死者十九，湖南道宣慰司请赈粮米万石，从之。河中府蝗。晋宁、冀宁、大同、河间诸路属县，皆以旱不能种告饥。五月，安庆之望江县、淮安之山阳县去岁皆水灾，免其田租。常德之桃源州去岁水灾，免其租。益都路宋德让、赵仁各输米三百石赈胶州饥民九千户，中书省臣请依输粟补官例予官，从之。赈驻冬卫士二万一千五百户粮四月。赈滦阳、桓州、李陵台、昔宝赤、失八儿秃五驿钞各二百锭。赈辽阳东路蒙古万户府饥民三千五百户粮两月。高邮、宝应等县去岁水，免其租。以河间盐课钞四千锭赈河间属县饥民四千一百户。东昌、保定二路，濮、唐二州，有虫食桑。宁夏、绍庆、保定、德安、河间诸路属县大水。六月，发米五千石赈兴和属县饥民。壬戌，以钞万五千锭赈国王朵儿只等九部蒙古饥民三万三百六十二户。庚午，以扬州泰兴、江都二县去岁雨害稼，免今年租。是月，晋宁、亦集乃二路旱。济宁路虫食桑。河南、晋宁二路诸属县蝗。大都、保定、真定、河间、东昌诸路属州县及诸屯水。彰德路临漳县漳水决。七月，德安府去年水，免今年田租。癸巳，辰州、兴国二路虫伤稼，免今年租。甲午，归德府雨伤稼，免今年租。杭州火，赈被灾民百九十户。高邮府去岁水灾，免今年租。湖州安吉县大水暴涨，漂死百九十人，人给钞二十贯瘗之，存者赈粮两月。是月，河南、奉元属县蝗。大都、河间、汉阳属县水，冀宁属县雨雹伤稼，庐州去年水，宁夏霜为灾，并免今年田租。赈宁夏鸣沙、兰山二驿户二百九十，定西州新军户千二百，应理州民户千三百粮各一月。又赈龙兴路饥民九百户粮一月。八月，斡儿朵思之地频年灾，畜牧多死，民户万七千一百六十，命内史府给钞二万锭赈之。复命赈粜米五万石济京城贫民。是月，江浙诸路水潦害稼，计田十八万八千七百三十八顷。景州自六月至是月不雨。沣州、泗州等县去年水，免今年租。沅州饥，赈粜米二千石。金州及西和州频年旱灾，民饥，赈以陕西盐课钞五千锭。九月己卯，发粟五千石赈兴和路鹰坊。赈兴和宝昌州饥民米二千石。湖州安吉县久雨，太湖溢，漂民居二千八百九十户，溺死男女五十七人，命江浙行省赈恤之。思州镇远府饥，赈米五百石。十月甲寅，杭州火，命江浙行省赈其不能自存者。丁巳，中书省臣言："江浙平江、湖州等路水伤稼，明年海漕米二百六十万石，恐不足，若令运百九十万，而命河南发三十万，江西发十万为宜。又，遣官赍钞十万锭、盐引三万五千道，于通、潞、陵、沧四州，优价和籴米三十万石。又，以钞二万五千锭、盐引万五千道，于通、潞二州，和籴粟豆十五万石；以钞三十万锭，往辽阳懿、锦二州，和籴粟豆十万石。"并从之。吴江州大风雨，太湖溢，漂没庐舍资畜千九百七十家，命江浙行省给钞千五百锭赈之。十一月丁丑，兴和路鹰坊及蒙古民万一千一百余户，大雪畜牧冻死，赈米五千石。庚辰，左、右钦察卫军士千四百九十户饥，命上都留守司赈之。赈左钦察卫撒敦等翼顶也儿古驻冬军千五百八十户。

至顺三年（1332）

正月，赈枭米五万石，济京师贫民。赈永昌路流民。庆远南丹等处溪洞军民安抚司言，所属宜山县饥疫，死者众，乞以给军积谷二百八十石赈枭，从之。江西行省言，梅州频年水旱，民大饥，命发粟七百石以赈枭。己丑，赈肇庆路高要县饥民九千五百四十口。二月，德宁路去年旱，复值霜雹，民饥，赈以粟三千石。邛州有二井，宋旧名曰金凤、茅池，天历初，九月地震，盐水涌溢，州民侯坤愿作什器煮盐而输课于官，诏四川转运盐司主之。三月，洛水溢。赈木怜、苦盐泺、札哈、扫怜九驿之贫者凡四百五十二户。高唐、德、冀诸州，大名、汴梁、广平诸路，有虫食桑叶尽。四月戊申，大宁路地震。免四川行省境内今年租。戊辰，免云南行省田租三年。安州饥，给河间盐课钞万锭赈之。东昌、济宁二路及曹、濮诸州，皆有虫食桑。五月壬申，赈木怜、七里等二十三驿，人米二石。云南大理、中庆等路大饥，赈钞十万锭。京师地震有声。壬午，复赈枭米五万石，济京城贫民。赈帖里干、不老、也不彻温等十九驿，人米二石。甘州大雹。扬州之江都、泰兴，德安府之云梦、应城县水。汴梁之睢州、陈州、开封、兰阳、封丘诸县河水溢。滹沱河决，没河间清州等处屯田四十三顷。常宁州饥，赈枭米二千四百石。杭州火，被灾九十一户，池州火，被灾七十三户，命江浙行省量赈之。六月，晋宁、冀州桑灾。益都、济宁大雨。无为州、和州水。七月丁丑，赈蒙古军流离至陕西者四百六十七户粮三月，遣复其居，户给钞五十锭。给蒙古民及各部卫士钞币有差，仍赈粮五月。赈宗仁卫军士九百户各钞一锭。滕州民饥，赈粜米二万石。庆都县大饥，以河间盐课钞万锭赈之。八月，赈大都宝坻县饥民以京畿运司粮万石。己酉，陇西地震。是月，江水又溢，刑部议定冒除灾伤差税遇革事。九月辛巳，是夜地震有声来自北。是月，益都路之莒、沂二州，泰安州之奉符县，济宁路之鱼台、丰县，曹州之楚丘县，平江、常州、镇江三路，松江府、江阴州，中兴路之江陵县，皆大水。河南府之洛阳县旱。十月丙寅，楚丘县河堤坏，发民丁二千三百五十人修之。

至顺四年、元统元年（1333）

六月，大霖雨，京畿水平地丈余，饥民四十余万，诏以钞四万锭赈之。泾河溢，关中水灾。黄河大溢，河南水灾。两淮旱，民大饥。七月，霖雨。潮州路水。八月壬申，巩昌徽州山崩。九月，秦州山崩。赈恤宁夏饥民五万三千人一月。十月丙寅，凤州山崩。十一月丙申，巩昌成纪县地裂山崩，令有司赈被灾人民。辛亥，秦州山崩地裂。江浙旱饥，发义仓粮、募富人入粟以赈之。

元统二年（1334）

正月庚寅朔，雨血于汴梁，着衣皆赤。辛卯，东平须城县、济宁济州、曹州济阴县水灾，民饥，诏以钞六万锭赈之。二月甲子，塞北东凉亭雹，民饥，诏上都留守发仓廪赈之。癸未，安丰路旱饥，敕有司赈粜麦万六千七百石。是月，滦河、漆河溢，永平诸县水灾，赈钞五千锭。瑞州路水，赈米一万石。三月庚子，杭州、镇江、嘉兴、常州、松江、江阴水旱疾疫，敕有司发义仓粮，赈饥民五十七万二千户。是月，山东霖雨，水涌，民饥，赈粜米二万二千石。淮西饥，赈粜米二万石。湖广旱，自是月不雨至于八月。四月，益都、东平路水，设酒禁。大名路桑麦灾。成州旱饥，诏出库钞及常平仓米赈之。河南旱，自是月不雨至于八月。五月，中书省臣言："江浙大饥，以户计者五十九万五百六十四，请发米六万七百石，钞二千八百锭，及募富人出粟，发常平、义仓赈之，并存海运粮七十八万三百七十石以备不虞。"从之。六月丁巳朔，中书省臣言："云南大理、中庆诸路，曩因脱肩、败狐反叛，民多失业，加以灾伤，民饥，请发钞十万锭，差官赈恤。"从之。戊午，淮河涨，淮安路山阳县满浦、清冈等处民畜房舍多漂溺。丙寅，宣德府水灾，出钞二千锭赈之。是月，彰德雨白毛。大宁、广宁、辽阳、开元、沈阳、懿州水旱蝗，大饥，诏以钞二万锭，遣官赈之。七月，池州青阳、铜陵饥，发米一千石及募富民出粟赈之。八月，京师地震。鸡鸣山崩，陷为池，方百里，人死者甚众。南康路诸县旱蝗，民饥，以米十二万三千石赈粜之。九月壬子，吉安路水灾，民饥，发粮二万石赈粜。十一月，济南莱芜县饥，罢官冶铁一年。

元统三年、后至元元年（1335）

三月壬辰，河州路大雪十日，深八尺，牛羊驼马冻死者十九，民大饥。己亥，龙兴路饥，出粮九万九千八百石赈其民。是月，益都路沂水、日照、蒙阴、莒县旱饥，赈米一万石。四月，河南旱，赈恤芍陂屯军粮两月。五月，京畿民饥，诏有司议赈恤。永新州饥，赈之。六月，大霖雨。七月，西和州、徽州雨雹，民饥，发米赈贷之。八月戊寅，道州、永兴水灾，发米五千石及义仓粮赈之。沅州等处饥，赈米二万七千七百石。九月，耒阳、常宁、道州民饥，以米万六千石并常平米赈之。十一月，立常平仓。十二月丙子，安庆、蕲、黄地震。宝庆路饥，赈粜米三千石。闰十二月丙午，诏平章政事塔失海牙领都水、度支二监。是年，江西大水，民饥，赈粜米七万七千石。赐天下田租之半。

后至元二年（1336）

正月乙丑，宿松县地震，山裂。置都水庸田使司于平江。三月，顺州民饥，以钞四千锭赈之。陕西暴风，旱，无麦。五月丙午朔，黄河复于故道。乙卯，南阳、邓州大霖雨，自是日至于六月甲申，湍河、白河大溢，水为灾。壬申，秦州山崩。婺州不雨，至于六月。六月庚子，泾河溢。七月，黄州蝗，督民捕之，人日五斗。八月，高邮大雨雹。大都至通州霖雨，大水，敕军人修道。九月，台州路饥，发义仓，募富人出粟赈之。沅州路卢阳县饥，赈粜米六千石。十月，抚州、袁州、瑞州诸路饥，发米六万石赈粜之。十二月，江州诸县饥，总管王大中贷富人粟以赈贫民，而免富人杂徭以为息，约年丰还之，民不病饥。庆元路慈溪县饥，遣官赈之。是岁，江浙旱，自春至于八月不雨，民大饥。

后至元三年（1337）

正月，临江路新淦州、新喻州，瑞州民饥，赈粜米二万石。二月，绍兴路大水。辛卯，发钞四十万锭，赈江浙等处饥民四十万户，开所在山场、河泊之禁，听民樵采。是月，发义仓米赈蕲州及绍兴饥民。三月，发钞一万锭，赈大都宝坻饥民。己未，大都饥，命于南北两城赈粜糙米。是月，天雨线。发义仓粮赈溧阳州饥民六万九千二百人。四月，以米八千石、钞二千八百锭，赈哈剌奴儿饥民。龙兴路南昌、新建县饥，太皇太后发徽政院粮三万六千七百七十石赈之。五月乙巳，以兴州、松州民饥，禁上都、兴和造酒。六月辛巳，大霖雨，自是日至癸巳不止。京师、河南、北水溢，御河、黄河、沁河、浑河水溢，没人畜、庐舍甚众。壬辰，彰德大水，深一丈。中书省奏闻官员赈济迟慢笞二十七下。七月己亥朔，漳河泛溢至广平城下。河南武陟县禾将熟，有蝗自东来，县尹张宽仰天祝曰："宁杀县尹，毋伤百姓。"俄有鱼鹰群飞啄食之。乙卯，怀庆水。八月，遣使赈济南饥民九万户。壬午，京师地大震，太庙梁柱裂，各室墙壁皆坏，压损仪物，文宗神主及御床尽碎；西湖寺神御殿壁仆，压损祭器。自是累震，至丁亥方止，所损人民甚众。河南地震。修理文宗神主并庙中诸物。九月丙寅，大都南北两城添设赈粜米铺五所。十一月癸亥，发钞万五千锭，赈宣德等处地震死伤者。宣德府，以地震改顺宁府。

后至元四年（1338）

二月乙酉，奉圣州地震。赈京师、河南、北被水灾者。龙兴路南昌县饥，以江西海运粮赈粜之。四月辛未，京师天雨红沙，昼晦。癸巳，车驾薄暮至八里塘，雨雹，大如拳，其状有小儿、环玦、狮、象、龟、卵之形。五月，临沂、费县水，发米三万石赈粜之。六月己丑，邵武路大雨，水入城郭，平地二丈。信州路灵山裂。七月己酉，奉圣州地大震，损坏人民庐舍。丙辰，巩昌府山崩，压死人民。八月辛未，宣德府地大震。丙子，京师地震，日二三次，至乙酉乃止。十二月甲午，大都南城等处设米铺二十，每铺日粜米五十石，以济贫民，俟秋成乃罢。

后至元五年（1339）

正月，濮州甄城、范县饥，赈钞二千一百八十锭。冀宁路交城县饥，赈米七千石。桓州饥，赈钞二千锭。云需府饥，赈钞五千锭。开平县饥，赈米两月。兴和宝昌等处饥，赈钞万五千锭。二月庚寅朔，信州雨土。三月辛酉，八鲁剌思千户所民被灾，遣太禧宗禋院断事官塔海发米赈之。戊辰，滦河住冬怯怜口民饥，每户赈粮一石，钞二十两。五月己未朔，晃火儿不剌、赛秃不剌、纽阿迭烈孙、三卜剌等处六爱马大风雪，民饥，发米赈之。六月庚戌，汀州路长汀县大水，平地深可三丈余，没民庐八百家，坏民田二百顷，户赈钞半锭，死者一锭。乙卯，达达民户饥，赈粮三月。是月，沂、莒二州民饥，发粮赈粜之。七月丙子，开上都、兴和等处酒禁。甲申，常州宜兴山水出，势高一丈，坏民庐。八月庚寅，宗王脱欢脱木尔各爱马人民饥，以钞三万四千九百锭赈之。宗王脱怜浑秃各爱马人民饥，以钞万一千三百五十七锭赈之。九月丁巳，沈阳饥，民食木皮，赈粜米一千石。十月，衡州饥，赈粜米五千石。辽阳饥，赈米五百石。文登、牟平二县饥，赈粜米一万石。十一月癸酉，瑞州路新昌州雨木冰，至明年二月始解。八番顺元等处饥，赈钞二万二十锭。十二月辛卯，复立都水庸田使司于平江。先是尝置而罢，至是复立。是岁，袁州饥，赈粜米五千石。胶、密、莒、潍等州饥，赈钞二万锭。

后至元六年（1340）

正月，察忽、察罕脑儿等处马灾，赈钞六千八百五十八锭。邳州饥，赈米两月。二月，增设京城米铺，从便赈粜。福宁州大水，溺死人民。京畿五州十一县水，每户赈米两月。三月乙卯，益都、般阳等处饥，赈之。丁巳，大斡耳朵思风雪为灾，马多死，以钞八万锭赈之。癸亥，四怯薛役户饥，赈米一千石、钞二千锭。成宗潜邸四怯薛户饥，赈米二百石、钞二百锭。是月，淮安路山阳县饥，赈钞二千五百锭，给粮两月。顺德路邢台县饥，赈钞三千锭。五月，济南饥，赈钞万锭。六月己亥，秦州成纪县山崩地坼。是月，济南路历城县饥，赈钞二千五百锭。七月乙卯，奉元路鳌屋县河水溢，漂流人民。戊午，以星文示异，地道失宁，蝗旱相仍，颁罪己诏于天下。庚辰，达达之地大风雪，羊马皆死，赈军士钞一百万锭；并遣使赈怯烈干十三站，每站一千锭。十月庚寅，奉符、长清、元城、清平四县饥，诏遣制国用司官验而赈之。是月，河南府宜阳等县大水，漂没民庐，溺死者众，人给殡葬钞一锭，仍赈义仓粮两月。十一月，处州、婺州饥，以常平、义仓粮赈之。十二月，东平路民饥，赈之。宝庆路大雪，深四尺五寸。

至正元年（1341）

湖南诸路饥，赈粜米十八万九千七十六石。二月乙酉，济南滨州露化等县饥，以钞五万三千锭赈之。是月，大都宝坻县饥，赈米两月。河间莫州、沧州等处饥，赈钞三万五千锭。晋州饶阳，阜平，安喜，灵寿四县饥，赈钞二万锭。三月己未，汴梁地震。大都路涿州范阳、房山饥，赈钞四千锭。般阳路长山等县饥，赈钞万锭。彰德路安阳等县饥，赈钞万五千锭。四月戊寅，彰德有赤风自西北起，昼晦如夜。丁酉，以两浙水灾，免岁办余盐三万引。彰德饥，赈钞万五千锭。刑部和户部议定检踏灾伤不实官吏受罚等事。五月，赈阿剌忽等处被灾之民三千九百一十三户，给钞二万一千七百五锭。六月，扬州路崇明、通、泰等州，海潮涌溢，溺死一千六百余人，赈钞万一千八百二十锭。

至正二年（1342）

正月丙戌，开京师金口河，深五十尺，广一百五十尺，役夫一十万。是月，大同饥，人相食，运京师粮赈之。顺宁保安饥，赈钞一万锭。广平磁、威州饥，赈钞五万锭。二月，彰德路安阳、临漳等县饥，赈钞二万锭。大同路浑源州饥，以钞六万二千锭、粮二万石兼赈。大名路饥，以钞万二千锭赈之。河间路饥，以钞五万锭赈之。三月辛巳，冀宁路饥，赈枭米三万石。是月，顺德路平乡县饥，赈钞万五千锭。卫辉路饥，赈钞万五千锭。杭州路火灾，给钞万锭赈之。四月辛丑朔，冀宁路平晋县地震，声鸣如雷，裂地尺余，民居皆倾。五月，东平雨雹如马首。六月壬子，济南山崩，水涌。是月，汾水大溢。七月庚午朔，惠州路罗浮山崩。八月，冀宁路饥，赈枭米万五千石。九月，归德府睢阳县因黄河为患，民饥，赈枭米三千五百石。十二月己酉，京师地震。

至正三年（1343）

二月，汴梁路新郑、密二县地震。宝庆路饥，判官文殊奴以所受敕牒贷官粮万石赈之。秦州成纪县，巩昌府宁远、伏羌县山崩，水涌，溺死人无算。四月，两都桑果叶皆生黄色龙纹。五月，河决白茅口。七月，兴国路大旱。河南自四月至是月，霖雨不止。十二月，胶州及属邑高密地震，河间等处民饥，赈枭麦十万石。诏立常平仓，罢民间食盐。

至正四年（1344）

正月庚寅，河决曹州，雇夫万五千八百修筑之。是月，河又决汴梁。闰二月辛酉朔，永平、沣州等路饥，赈之。五月，大霖雨，黄河溢，平地水二丈，决白茅堤、金堤，曹、濮、济、兖皆被灾。六月戊辰，巩昌陇西县饥，每户贷常平仓粟三斗，俟年丰还官。七月戊子朔，温州飓风大作，海水溢，地震。是月，滦河水溢。八月丁卯，山东霖雨，民相食，赈之。莒州蒙阴县地震。九月丙午，命太平提调都水监。十月乙酉，议修黄河、淮河堤堰。十一月丁亥朔，以各郡县民饥，不许抑配食盐。复令民入粟补官，以备赈济。己亥，保定路饥，以钞八万锭、粮万石赈之。戊申，河南民饥，禁酒。十二月癸亥，汉阳地震。是月，东平地震。赈东昌、济南、般阳、庆元、抚州饥民。

至正五年（1345）

正月，蓟州地震。三月，大都、永平、巩昌、兴国、安陆等处并桃温万户府各翼人民饥，赈之。四月丁卯，大都流民，官给路粮，遣其还乡。是月，汴梁、济南、邠州、瑞州等处民饥，赈之。募富户出米五十万石以上者，旌以义士之号。五月丁未，河间转运司灶户被水灾，诏权免余盐二万引，候年丰补还官。六月，庐州张顺兴出米五百余石赈饥，旌其门。七月丁亥，河决济阴。九月戊戌，开酒禁。苏天爵上《山东建言三事》。江南多纳粟补官，倍于往岁。十一月，《至正条格》成。

至正六年（1346）

二月辛未，兴国雨雹，大者如马首。是月，山东地震，七日乃止。四月，发米二十万石赈枭贫民。五月壬午，陕西饥，禁酒。丁酉，以黄河决为患，立河南山东都水监，以专疏塞之任。九月戊子，邵武地震，有声如故，至夜复鸣。闰十月乙亥朔，诏赦天下，免差税三分，水旱之地全免。是岁，黄河决。颁《至正条格》于天下。

至正七年（1347）

正月，大寒而风，朝官仆者数人。二月己卯，山东地震，坏城郭，棣州有声如雷。四月己丑，发米二十万石赈枭贫民。是月，河东大旱，民多饥死，遣使赈之。五月乙丑，右丞相别儿怯不花以调燮失宜、灾异迭见罢，诏以太保就第。临淄地震，七日乃止。六月，彰德路大饥，民相食。九月甲辰，辽阳霜早伤禾，赈济驿户。十一月乙巳，中书户部言：“各处水旱，田禾不收，湖广、云南盗贼蜂起，兵费不给，而各位怯薛冗食甚多，乞赐分拣。”帝牵于众请，令三年后减之。怀庆路饥。以河决，命工部尚书迷儿马哈谟行视金堤。迤北荒旱缺食，遣使赈济驿户。十二月丙子，以连年水旱，民多失业，选台阁名臣二十六人出为郡守县令，仍许民间利害实封呈省。壬午，晋宁、东昌、东平、恩州、高唐等处民饥，赈钞十四万锭、米六万石。

至正八年（1348）

正月辛亥，黄河决，迁济南路于济州。甲子，木怜等处大雪，羊马冻死，赈之。二月，以前奉使宣抚贾惟贞称职，特授永平路总管。会岁饥，惟贞请降钞四万余锭赈之。河水为患，诏于济宁郓城立行都水监，以贾鲁为都水。三月，京畿民饥。四月辛未，河间等路以连年河决，水旱相仍，户口消耗，乞减盐额，诏从之。平江、松江水灾，给海运粮十万石赈之。五月丁酉朔，大霖雨，京城崩。庚子，广西山崩，水涌，漓江溢，平地水深二丈余，屋宇、人畜漂没。壬子，宝庆大水。丁巳，四川旱，饥，禁酒。六月，山东大水，民饥，赈之。七月戊申，西北边军民饥，遣使赈之。八月己卯，山东雨雹。

至正九年（1349）

正月癸卯，立山东河南等处行都水监，专治河患。四月壬午，以河间盐运司水灾，住煎盐三万引。五月庚子，诏修黄河金堤，民夫日给钞三贯。白茅河东注沛县，遂成巨浸。蜀江大溢，浸汉阳城，民大饥。七月，大霖雨，水没高唐州城；江汉溢，漂没民居、禾稼。

至正十年（1350）

三月，奉化州山石裂，有禽鸟、草木、山川、人物之形。九月庚午，命枢密院以军士五百修筑白河堤。十二月辛卯，以大司农秃鲁等兼领都水监，集河防正官议黄河便益事。

至正十一年（1351）

四月壬午，诏开黄河故道，命贾鲁以工部尚书为总治河防使，发汴梁、大名十三路民十五万，庐州等戍十八翼军二万，自黄陵冈南达白茅，放于黄固、哈只等口，又自黄陵西至阳青村，合于故道，凡二百八十里有奇，仍命中书右丞玉枢虎儿吐华、同知枢密院事黑厮以兵镇之。冀宁路属县多地震，半月乃止。诏加封河渎神为灵源神祐弘济王，仍重建河渎及西海神庙。丁酉，孟州地震。乙巳，彰德路雨雹，形如斧，伤人畜。五月癸丑，文水县雨雹。七月丙辰，广西大水。是月，开河功成，乃议塞决河。八月丁丑朔，中兴地震。十月，天雨黑子于饶州，大如黍菽。十一月，黄河堤成，散军民役夫。十二月己卯，立河防提举司，隶行都水监，掌巡视河道。

至正十二年（1352）

三月，陇西地震百余日，城郭颓夷，陵谷迁变，定西、会州、静宁、庄浪尤甚。会州公宇中墙崩，获弩五百余张，长者丈余，短者九尺，人莫能挽。改定西为安定州，会州为会宁州。六月丙午，中书省臣言，大名开、滑、浚三州，元城十一县水旱虫蝗，饥民七十一万六千九百八十口，给钞十万锭赈之。是岁，立都水庸田使司于汴梁，掌种植之事。

至正十三年（1353）

三月，会州、定西、静宁、庄浪等州地震。五月己巳，命东安州、武清、大兴、宛平三县正官添给河防职名，从都水监官巡视浑河堤岸，或有损坏，即修理之。夏，蓟州大水。七月丁卯，泉州天雨白丝，海潮日三至。十二月庚戌，京师天无云而雷鸣，少顷，有火坠于东南。怀庆路及河南府西北有声如击鼓者数四，已而雷声震地。是月，大同路疫，死者大半。是岁，自六月不雨至于八月。

至正十四年（1354）

正月甲子朔，汴梁城东汴河冰，皆成五色花草如绘画，三日方解。立辽阳等处漕运庸田使司，属分司农司。四月癸巳朔，汾州介休县地震，泉涌。江西、湖广大饥，民疫疠者甚众。命各卫军人修白浮、瓮山等处堤堰。六月辛卯朔，蓟州雨雹。七月甲子，潞州襄垣县大风拔木偃禾。是月，汾州孝义县地震。十二月，诏："被灾残破之处，令有司赈恤，仍蠲租税三年。"癸卯，命哈麻提调经正监、都水监、会同馆，知经筵事，就带原降虎符。己酉，绍兴路地震。是岁，京师大饥，加以疾疫，民有父子相食者。

至正十五年（1355）

正月丙子，上都饥，赈粜米二万石。丙戌，大同路饥，出粮一万石减价粜之。闰正月，上都路饥，诏严酒禁。六月丁丑，保德州地震。荆州大水。是岁，蓟州雨血。诏浚大内河道，以宦官同知留守埜先帖木儿董其役。埜先帖木儿言，自十一年以来，天下多事，不宜兴作，帝怒，命往使高丽，改命宦官答失蛮董之。

至正十六年（1356）

正月，蓟州地震。八月，黄河决，山东大水。

至正十七年（1357）

八月丙寅，庆阳府镇原州大雹。蓟州大水。十月，静江路山崩，地陷，大水。十二月丁酉，庆元路象山县鹅鼻山崩。是岁，河南大饥。

元代灾荒史
Yuandai Zaihuang Shi

至正十八年（1358）

五月，辽州蝗。山东地震，天雨白毛。六月，汾州大疫。七月，京师大水，蝗，民大饥。

至正十九年（1359）

四月癸亥朔，汾水暴涨。五月，山东、河东、河南、关中等处，蝗飞蔽天，人马不能行，所落沟堑尽平，民大饥。七月，霸州及介休、灵石县蝗。八月己卯，蝗自河北飞渡汴梁，食田禾一空。是月，大同路蝗，襄垣县螟蝝。

至正二十年（1360）

十一月甲寅朔，黄河清，凡三日。

至正二十一年（1361）

正月癸酉，石州大风拔木，六畜俱鸣，民所持枪，忽生火焰，抹之即无，摇之即有。十一月戊申朔，温州乐清县雷。戊辰，黄河自平陆三门碛下至孟津，五百余里皆清，凡七日。命秘书少监程徐祀之。是岁，京师大饥，屯田成，收粮四十万石。

至正二十二年（1362）

四月，绍兴路大疫。七月，河决范阳县，漂民居。

至正二十三年（1363）

七月戊辰朔，京师大雹，伤禾稼。

至正二十四年（1364）

五月甲子朔，黄河清。

至正二十五年（1365）

五月甲子，京师天雨氂，长尺许，或言于帝曰："龙丝也。"命拾而祀之。七月，京师大水。河决小流口，达于清河。

至正二十六年（1366）

六月壬子朔，汾州介休县地震。平遥县大雨雹。绍兴路山阴县卧龙山裂。七月，徐沟县地震。介休县大水。十二月庚午，蒲城洛水和顺崖崩。

至正二十七年（1367）

三月丁丑朔，莱州大风，有大鸟至，其翅如席。庚子，京师大风自西北起，飞沙扬砾，白日昏暗。五月，以去岁潦霜灾，严酒禁。辛巳，大同陨霜杀麦。

是月，山东地震，雨白氂。六月丁卯，沂州山崩。

至正二十八年（1368）

四月丙午，陨霜杀菽。六月庚子朔，徐沟县地震。甲寅，雷雨中有火自天坠，焚大圣寿万安寺。壬戌，临州、保德州地震，五日不止。七月癸酉，京城红气满空，如火照人，自旦至辰方息。乙亥，京城黑气起，百步内不见人，从寅至巳方消。

参考文献

Cankao Wenxian

［波斯］拉施特：《史集》，余大钧、周建奇译，商务印书馆，1983 年。

《安徽通志稿·金石古物考》，《辽金元石刻文献全编》，北京图书馆出版社，2003 年。

《湖北金石志》，《辽金元石刻文献全编》，北京图书馆出版社，2003 年。

《金石萃编未刻稿》，《辽金元石刻文献全编》，北京图书馆出版社，2003 年。

《明洪武实录》，江苏国学图书馆藏钞本。

《永乐大典》，中华书局，1986 年。

《越中金石记》，《辽金元石刻文献全编》，北京图书馆出版社，2003 年。

《运使复斋郭公敏行录》，《北京图书馆古籍珍本丛刊》本。

安熙：《默庵集》，《影印文渊阁四库全书》本。

贝琼：《清江贝先生集》，《四部丛刊》初编本。

蔡巴·贡噶多吉：《红史》，东嘎·洛桑赤列校注，陈庆英、周润年译，西藏人民出版社，1988 年。

曾世荣：《活幼口议》（影印本），中医古籍出版社，2015 年。

陈得芝、邱树森、何兆吉辑点：《元代奏议集录》（上，下），浙江古籍出版社，1998 年。

陈高华、张帆、刘晓、党宝海等点校：《元典章》，中华书局、天津古籍出版社，2011 年。

陈孚：《陈刚中诗集》，《影印文渊阁四库全书》本。

陈基：《夷白斋稿》，《四部丛刊》三编本。

陈栎：《定宇集》，《影印文渊阁四库全书》本。

陈旅：《安雅堂集》，《元代珍本文集汇刊》本。

陈谟：《海桑集》，《影印文渊阁四库全书》本。

陈恬：《上虞县五乡水利本末》，民国精钞本。

陈镒：《午溪集》，《影印文渊阁四库全书》本。

程端礼：《畏斋集》，《四明丛书》本。

程端学：《积斋集》，《影印文渊阁四库全书》本。

程钜夫：《程雪楼文集》，《元代珍本文集汇刊》本。

程敏政：《新安文献志》，《影印文渊阁四库全书》本。

达仓宗巴·班觉桑布：《汉藏史集》，陈庆英汉译，西藏人民出版社，1986 年。

戴表元：《剡源戴先生文集》，《四部丛刊》初编本。

戴良：《九灵山房集》，《四部丛刊》初编本。

德辉：《敕修百丈清规》，李继武点校，中州古籍出版社，2011 年。

邓文原：《巴西邓先生文集》，《北京图书馆古籍珍本丛刊》本。

额尔登泰、乌云达赉校注：《蒙古秘史》，内蒙古人民出版社，1991 年。

范梈：《范德机诗集》，《影印文渊阁四库全书》本。

方逢辰：《蛟峰文集》，《影印文渊阁四库全书》本。

方龄贵校注：《通制条格校注》，中华书局，2001 年。

方回：《桐江续集》，《影印文渊阁四库全书》本。

傅若金：《傅与砺诗文集》，《影印文渊阁四库全书》本。

高则诚：《高则诚集》，张宪文、胡雪冈辑校，浙江古籍出版社，2013 年。

贡师泰：《玩斋集》，《影印文渊阁四库全书》本。

顾嗣：《元诗选（三集）》，中华书局，1987 年。

韩国学中央研究院校注：《至正条格》，Humanist，2007 年。

郝经：《郝文忠公陵川文集》，《北京图书馆古籍珍本丛刊》本。

何梦桂：《潜斋先生文集》，《影印文渊阁四库全书》本。

忽思慧：《饮膳正要》，《四部丛刊》续编本。

胡聘之：《山右石刻丛编》，清光绪二十七年刻本，山西人民出版社，

1988 年。

胡祇遹：《胡祇遹集》，魏崇武、周思成点校，吉林文史出版社，2008 年。

胡助：《纯白斋类稿》，《影印文渊阁四库全书》本。

黄玠：《弁山小隐吟录》，《影印文渊阁四库全书》本。

黄溍：《黄文献集》，《影印文渊阁四库全书》本。

黄溍：《金华黄先生文集》，《四部丛刊》初编本。

江苏省建湖县《田家五行》选释小组：《〈田家五行〉选释》，中华书局，1976 年。

揭傒斯：《揭傒斯全集》，李梦生点校，上海古籍出版社，1985 年。

孔齐：《至正直记》，庄敏、顾新点校，上海古籍出版社，1987 年。

李道谦：《甘水仙源录》，《正统道藏》本。

李穀：《稼亭集》，《韩国历代文集丛书》本。

李继本：《一山文集》，《影印文渊阁四库全书》本。

李俊民：《庄靖集》，《影印文渊阁四库全书》本。

李祁：《云阳集》，《北京图书馆古籍珍本丛刊》本。

李庭：《寓庵集》，《藕香零拾》本。

李修生：《全元文》，凤凰出版社，2004 年。

李志常：《长春真人西游记》，党宝海点校，河北人民出版社，2001 年。

梁寅：《石门集》，《元人文集珍本丛刊》本。

林弼：《林登州集》，《影印文渊阁四库全书》本。

林景熙：《霁山文集》，《影印文渊阁四库全书》本。

刘秉忠：《藏春诗集》，《北京图书馆古籍珍本丛刊》本。

刘昌：《中州名贤文表》，《影印文渊阁四库全书》本。

刘鹗：《惟实集》，《影印文渊阁四库全书》本。

刘基：《诚意伯文集》，《四部丛刊》初编本。

刘将孙：《养吾斋集》，《影印文渊阁四库全书》本。

刘敏中：《中庵先生刘文简公文集》，《北京图书馆古籍珍本丛刊》本。

刘仁本：《羽庭集》，《影印文渊阁四库全书》本。

刘诜：《桂隐先生集》，《元人文集珍本丛刊》本。

刘崧：《槎翁文集》，《中华再造善本》，国家图书馆出版社，2014 年。

刘埙：《水云村泯稿》，清道光十八年爱余堂刻本。

刘岳申：《申斋刘先生文集》，《元代珍本文集汇刊》本。

柳贯：《柳待制文集》，《四部丛刊》初编本。

卢琦：《圭峰集》，《影印文渊阁四库全书》本。

陆文圭：《墙东类稿》，《元人文集珍本丛刊》本。

罗福颐校录：《满洲金石志》，艺文印书馆，1976 年。

吕诚：《来鹤亭集》，《影印文渊阁四库全书》本。

马祖常：《石田文集》，《北京图书馆古籍珍本丛刊》本。

缪启愉校释：《元刻农桑辑要校释》，农业出版社，1988 年。

牟巘：《陵阳文集》，《吴兴丛书》本。

乃贤：《金台集》，《元人十种诗》本。

倪瓒：《清閟阁全集》，《影印文渊阁四库全书》本。

蒲道源：《闲居丛稿》，《影印文渊阁四库全书》本。

齐德之：《外科精义》，胡晓峰整理，人民卫生出版社，2006 年。

钱谷：《吴都文粹续集》，《影印文渊阁四库全书》本。

钱惟善：《江月松风集》，《影印文渊阁四库全书》本。

权衡：《庚申外史》，任崇岳校，中州古籍出版社，1991 年。

任仁发：《水利集》，《续修四库全书》影印明钞本。

任士林：《松乡集》，《影印文渊阁四库全书》本。

邵亨贞：《野处集》，《影印文渊阁四库全书》本。

沈涛：《常山贞石志》，清道光二十二年刻本，《辽金元石刻文献全编》，北京图书馆出版社，2003 年。

盛增秀：《王好古医学全书》，中国中医药出版社，2015 年。

石茂良：《避戎夜话》，上海书店，1982 年。

释大䜣：《蒲室集》，《影印文渊阁四库全书》本。

释善住：《谷响集》，《影印文渊阁四库全书》本。

释惟则：《天如惟则禅师语录》，《大日本续藏经》本。

宋褧：《燕石集》，《北京图书馆古籍珍本丛刊》本。

宋濂：《宋文宪公全集》，《四部丛刊》续编本。

宋濂：《元史》，中华书局，1976 年。

宋无：《翠寒集》，《影印文渊阁四库全书》本。

宋禧：《庸庵集》，《影印文渊阁四库全书》本。

苏伯衡：《苏平仲文集》，《四部丛刊》初编本。

苏天爵：《国朝文类》，《四部丛刊》初编本。

苏天爵：《元朝名臣事略》，中华书局，1996年。

苏天爵：《滋溪文稿》，陈高华、孟繁清点校，中华书局，1997年。

隋树森：《全元散曲》，中华书局，1964年。

石声汉校注：《农桑辑要校注》，中华书局，2014年。

谭景星：《西翁近稿》，《日本宫内厅书陵部藏宋元版汉籍影印丛书（第二辑）》，线装书局，2003年。

唐元：《筠轩集》，《影印文渊阁四库全书》本。

陶安：《陶学士集》，《影印文渊阁四库全书》本。

陶宗仪：《南村辍耕录》，中华书局，1959年。

田汝成：《西湖游览志》，上海古籍出版社，1982年。

田汝成：《西湖游览志余》，中华书局，2008年。

田思胜：《朱丹溪医学全书》，中国中医药出版社，2015年。

同恕：《榘庵集》，《影印文渊阁四库全书》本。

脱脱：《金史》，中华书局，1975年。

汪克宽：《环谷集》，《影印文渊阁四库全书》本。

王鏊：《姑苏志》，明嘉靖增刻本。

王逢：《梧溪集》，《影印文渊阁四库全书》本。

王珪：《泰定养生主论》，学苑出版社，2003年。

王祎：《王忠文公集》，《金华丛书》本。

王结：《文忠集》，《影印文渊阁四库全书》本。

王汝鹏：《山西地震碑文集》，北岳文艺出版社，2003年。

王沂：《伊滨集》，《影印文渊阁四库全书》本。

王栐：《燕翼贻谋录》，中华书局，1981年。

王元恭：《至正四明续志》，《宋元方志丛刊》本，中华书局，1990年。

王恽：《秋涧先生大全集》，《元人文集珍本丛刊》本。

王祯：《王祯农书》，王毓瑚校本，农业出版社，1981年。

王晓欣点校：《宪台通纪（外三种）》，浙江古籍出版社，2002年。

危素：《说学斋稿》，《影印文渊阁四库全书》本。

危素：《危太朴文续集》，《元人文集珍本丛刊》本。

魏初：《青崖集》，《影印文渊阁四库全书》本。

乌斯道：《春草斋集》，《四明丛书》本。

吾衍：《闲居录》，元至正十八年孙道明钞本。

吾衍：《竹素山房诗集》，《影印文渊阁四库全书》本。

吴澄：《吴文正公集》，《元人文集珍本丛刊》本。

吴师道：《吴正传先生文集》，《元代珍本文集汇刊》本。

萧㪫：《勤斋集》，《影印文渊阁四库全书》本。

谢应芳：《龟巢稿》，《四部丛刊》初编本。

谢毓寿、蔡美彪：《中国地震历史资料汇编（第一卷）》，科学出版社，1983 年。

徐明善：《芳谷集》，《影印文渊阁四库全书》本。

徐一夔：《始丰稿》，《影印文渊阁四库全书》本。

徐元瑞：《吏学指南》（外三种），杨讷点校，浙江古籍出版社，1988 年。

许衡：《鲁斋遗书》，《北京图书馆古籍珍本丛刊》本。

许敬生：《罗天益医学全书》，中国中医药出版社，2006 年。

许敬生：《危亦林医学全书》，中国中医药出版社，2015 年。

许谦：《许白云先生文集》，《四部丛刊》续编本。

许有壬：《圭塘小稿》，《影印文渊阁四库全书》本。

许有壬：《至正集》，《元人文集珍本丛刊》本。

杨翮：《佩玉斋类稿》，《影印文渊阁四库全书》本。

杨宏道：《小亨集》，《影印文渊阁四库全书》本。

杨奂：《还山遗稿》，《北京图书馆古籍珍本丛刊》本。

杨维桢：《东维子文集》，《四部丛刊》初编本。

杨维桢：《铁崖古乐府》，《影印文渊阁四库全书》本。

杨维桢：《铁崖漫稿》，《影印文渊阁四库全书》本。

杨维桢：《武林石刻记》，《石刻史料新编》第三辑。

杨瑀：《山居新话》，中华书局，2006 年。

杨载：《翰林杨仲弘诗集》，《四部丛刊》初编本；清抄本。

姚燧：《牧庵集》，《四部丛刊》初编本。

耶律铸：《双溪醉隐集》，《知服斋丛书》本。

叶子奇：《草木子》，中华书局，1959 年。

殷奎：《强斋集》，《影印文渊阁四库全书》本。

余阙：《青阳先生文集》，《四部丛刊》续编本。

俞希鲁：《至顺镇江志》，杨积庆点校，凤凰出版社，1999年。

虞集：《道园类稿》，《元人文集珍本丛刊》本。

虞集：《道园学古录》，《四部丛刊》初编本。

元好问：《遗山先生文集》，《四部丛刊》初编本。

元淮：《金囦集》，《涵芬楼秘笈》本。

元淮：《水镜元公诗集》，《元诗选》，中华书局，1987年。

元明善：《清河集》，《影印文渊阁四库全书》本。

袁桷：《清容居士集》，《四部丛刊》初编本。

张光大：《救荒活民类要》，《续修四库全书》本。

张林堂：《响堂山石窟碑刻题记总录》，外文出版社，2007年。

张年顺：《李东垣医学全书》，中国中医药出版社，2015年。

张廷玉：《明史》，中华书局，1974年。

张养浩：《归田类稿》，元元统刻本。

张之翰：《张之翰集》，郑瑞全、孟祥静点校，吉林文史出版社，2009年。

张翥：《张蜕庵诗集》，《四部丛刊》续编本。

长孙无忌：《唐律疏议》，刘俊文点校本，中华书局，1983年。

赵汸：《东山存稿》，《影印文渊阁四库全书》本。

赵孟𫖯：《松雪斋文集》，《四部丛刊》初编本。

赵孟𫖯：《赵孟𫖯文集》，上海书画出版社，2010年。

郑玉：《师山先生文集》，《中华再造善本》影印元至正刻明修本。

郑元祐：《侨吴集》，《北京图书馆古籍珍本丛刊》本。

郑趾麟：《高丽史》，朝鲜，1957年。

周密：《癸辛杂识》，吴企明点校，中华书局，1988年。

周霆震：《石初集》，《豫章丛书》本。

朱德润：《存复斋续集》，《四部丛刊》续编本。

朱善：《朱一斋先生文集》，《明别集丛刊》，黄山书社，2013年。

朱橚：《普济方》，《影印文渊阁四库全书》本。

朱元璋：《明太祖文集》，黄山书社，1991年。

本书的绪论、上编第一章和下编由陈高华撰写，上编第二章至第七章由张国旺撰写。元代灾荒史事编年由张国旺编写。

元代灾害史资料来源庞杂，且所涉问题颇多，素来号称难治。本书在前人研究的基础上，力图较为充分地占有资料，以形成对元代灾害发生史和灾荒对策的整体认识。但囿于作者学力，书中肯定有不少遗漏错谬之处，请大家批评指正。

作者谨识

元代灾荒史
Yuandai Zaihuang Shi